第八届海洋强国战略论坛论文集

中国海洋学会
中国太平洋学会 编

海洋出版社

2016 年 10 月 · 北京

图书在版编目（CIP）数据

第八届海洋强国战略论坛论文集/中国海洋学会，中国太平洋学会编 . —北京：海洋出版社，2016. 10
ISBN 978-7-5027-9590-0

Ⅰ.①第… Ⅱ.①中… ②中… Ⅲ.①海洋战略-中国-文集 Ⅳ.①P74-53

中国版本图书馆 CIP 数据核字（2016）第 242934 号

责任编辑：朱 林 高 英
责任印制：赵麟苏

海洋出版社 出版发行

http://www.oceanpress.com.cn

北京市海淀区大慧寺路 8 号 邮编：100081
北京朝阳印刷厂有限责任公司印刷 新华书店北京发行所经销
2016 年 10 月第 1 版 2016 年 10 月第 1 次印刷
开本：880 mm×1230 mm 1/16 印张：23
字数：732 千字 定价：108.00 元
发行部：62132549 邮购部：68038093 总编室：62114335
海洋版图书印、装错误可随时退换

目　次

以五大发展理念解决海洋经济发展面临的五大问题

陈明鹤[1]

（1. 辽宁省委党校经济学教研部，辽宁 沈阳 110004）

摘要： 海洋经济是我国经济的重要组成部分，多年来在国民经济中所占的比重一直在增加。在陆地资源给经济发展带来越来越多束缚的今天，海洋经济成为世界经济新的竞争点。面对竞争，我国海洋经济发展存在的五大问题成为海洋经济发展的制约因素。这五大问题是海洋经济创新驱动发展效应不足，海洋经济发展不均衡问题，海洋生态环境问题，开放型海洋经济问题以及海洋空间资源供给侧结构性改革问题。"创新、协调、绿色、开放、共享"五大发展理念，有针对性的为解决上述五大问题提出对策，指导我国海洋经济未来发展。在这五大发展理念的指导下，将以创新发展为海洋经济提供发展的新动力，以协调发展拓展海洋经济发展空间，以绿色发展实现海洋经济可持续发展，以开放发展实现海洋经济合作共赢，以共享理念使海洋经济发展成果惠及于民。

关键词： 海洋经济；五大发展理念；可持续发展

1 引言

海洋经济不断发展，不断有新的问题影响发展。五大发展理念既是对以往中国经济发展的继承和总结，又结合新问题，提出了具体的解决方法。在海洋经济发展中，要以"创新、协调、绿色、开放"为发展手段，以"共享"为发展目标。

2 我国海洋经济发展的现状

十八届五中全会通过的中央关于制定"十三五"规划的建议，确立了"创新、协调、绿色、开放、共享"五大发展理念，并且明确提出"拓展蓝色经济空间。坚持陆海统筹，壮大海洋经济，科学开发海洋资源，保护海洋生态环境，维护我国海洋权益，建设海洋强国"。一个国家对海洋的控制、开发、利用和保护在 21 世纪已经成为衡量一国综合实力的标准。在 21 世纪这个"海洋世纪"里，海洋不仅体现了丰富的资源，更成为国家间进行竞争的武器和砝码，只有成为海洋强国，才能成为世界强国。

海洋强国包括海洋权益、海洋经济、海洋文化、海洋科技、海洋环境以及海上力量等考核标准，包括以海强国、国海互兴、人海协调这三方面的综合能力。海洋经济综合能力是海洋强国衡量标准体系中的第一位，经济的发展和发达程度历来是一个国家强大的有力表现，海洋经济蕴藏着无限潜力，以海洋开发带动各类相关产业和经济活动的发展，使海洋经济在经济领域中扮演着越来越重要的角色。《中国海洋经济发展报告 2015》显示，"十二五"以来，我国海洋经济总体平稳增长，取得了巨大成就。在世界经济持续低迷和国内经济增速放缓的大环境下，我国海洋经济继续保持总体平稳的增长势头，2011—2014 年，全国海洋生产总值分别为 45 580 亿元、50 173 亿元、54 949 亿元和 59 936 亿元，年均增速 8.4%；海洋生产总值占国内生产总值的比重始终保持在 9.3% 以上；海洋经济三次产业结构由 2010 年的 5.1∶47.8∶47.1，调整

作者简介： 陈明鹤（1984—），女，吉林省辽源市人，从事经济学理论及其应用研究。E-mail: greatzoe@126.com

为 2014 年的 5.4∶45.1∶49.5。2014 年全国涉海就业人员 3 554 万人，较"十二五"初期增加 132 万人，占全国就业人数的比重达到 4.6%。

3　我国海洋经济发展中的问题

尽管我国海洋经济一直在稳步发展，但在发展中存在五大问题。

3.1　海洋经济创新驱动发展效应不足

海洋经济与其他经济一样都是创新是第一动力，但我国海洋经济创新能力不足，最突出的表现就是海洋科技创新能力不足，与海洋经济协调发展需求偏离。当今世界海洋经济竞争的趋势是以较高的科技贡献率来确立和维持海洋经济优势。我国平均海洋科技对海洋经济的贡献率仅为 30%，而海洋经济强国，如美国、日本等国海洋科技对海洋经济的贡献率达到 70%～80%。受制于高科技的限制，我国海洋经济只能长期依赖于海洋传统产业，而传统产业又难以实现产业升级，使我国海洋经济仍属于粗放型，正如传统的海洋捕捞业难以升级，形成高收益的海洋捕捞、海水养殖、水产品精加工的现代海洋渔业。相应的，我国海洋科技投入中，科技人才少、科研经费不足、科研机构规模小、水平低等问题都制约着海洋科技创新能力的发展，影响我国在世界海洋经济中的竞争力。

3.2　海洋经济发展不均衡问题

海洋经济发展不均衡问题成为影响我国海洋经济发展的另一个难题。不均衡问题体现在产业布局的不协调上，我国海洋经济仍依赖于以海洋渔业、船舶制造业和海洋交通运输业等传统海洋产业，而以海洋休闲旅游业为代表的海洋服务业仍然没有发挥应有的效率及效益，在提供就业机会和增加税收方面都远逊于美国等海洋服务业发达的国家。海洋经济发展不均衡问题体现在区域之间的不协调发展、恶性竞争和重复建设上，不仅是省与省之间存在恶性竞争和重复建设的问题，同一个省的各市之间也存在这些问题，例如环渤海地区的河北、天津和辽宁省内的几个沿海城市之间。海洋经济发展不均衡体现在海陆统筹问题上，因为"重陆轻海"导致了一系列的问题，如海洋资源退化、海洋环境生态系统承载力下降等[1]。

3.3　海洋生态环境问题严峻

对于海洋生态环境问题的关注，在我国是一个从被动变主动的过程。赤潮、浒苔等海洋环境灾害的发生和公众在沿海旅游的体验和观感都使我国开始关注生态环境问题。《2015 年中国海洋环境状况公报》指出，我国近岸海域环境问题依然突出。部分近岸海域污染依然严重，面积在 100 平方千米以上的 44 个大中型海湾中，21 个海湾全年四季均出现劣四类海水水质。典型海洋生态系统健康状况不容乐观，实施监测的河口、海湾、滩涂湿地、珊瑚礁等典型海洋生态系统 86% 处于亚健康和不健康状态。陆源入海污染居高不下，陆源入海排污口达标排放率仍然较低，88% 的排污口邻近海域水质不能满足所在海洋功能区环境质量要求。当前我国海洋生态环境问题集中在近岸海域，不是因为远岸海域没有问题，而是因为我国对深海的开发和利用能力还不足，也就是说当前我国海洋利用还集中在近岸海域，而发展带来的污染呈现难以治理和污染加剧的现状。

3.4　开放型海洋经济尚未形成

海洋开发本身就具有开放性的特征，所以海洋经济发展具备开放型这一特征[2]。李克强总理在 2014 年的中希海洋合作论坛上阐述了努力建设"和平合作和谐之海"的中国特色海洋观。他表示，中国愿同海洋国家一道，积极构建海洋合作伙伴关系，共同建设海上通道、发展海洋经济、利用海洋资源、探索海洋奥秘，为扩大国际海洋合作做出贡献。"合作之海"就是我国建设开放型海洋经济的有效途径，也点出了针对我国当前海洋经济中的不足之处。一是"走出去"不足，我国是海水养殖业发达的国家，养殖面积和产量均连续多年位居世界第一，工厂化循环水、智能化深水网箱等健康养殖模式已形成规模，但水产养殖业国际影响不足，产品和技术输出不成规模。二是"引进来"不足，海洋科技的国际合作不足，我国海洋科技创新能力尚不能支持海洋开发、利用的需求，而与国际科技的交流与合作还没有真正实现利用国外先进技术促进我国技术进步这一目标；同时，我国与国外部分沿海地区之间在产业、项目、平台对接等方面都没有实现，难以消除贸易壁垒，贸易和投资成本较高，影响沿海区域经济的循环速度和质量。

3.5 海洋空间资源供给侧结构性改革问题

随着我国对海洋的持续开发和利用，我国海洋资源供需矛盾逐渐加大。2014 年海洋空间资源开发利用度为 17.27%，其中大陆海岸线开发利用负荷不断增加，我国海洋空间资源开发利用最集中的区域在 0~15 m 水深以内的浅海资源和滩涂资源，距离大陆海岸线 1 km 范围内海洋空间利用面积已经超过 80%，重度开发岸线长度占总长度的近 17%。这样的开发程度，不仅难以满足我国居民对海洋水产品的需求，而且存在严重的粗放型利用的问题、近海污染问题[3]。随着我国城镇化率的持续增长，我国居民的消费结构在发生变化，对海洋产品的需求不仅在量更在质；随着我国居民消费能力的提高，旅游产业用海需求也在快速增加；随着我国大力开展"中国制造 2025"计划，我国工业用海需求也在增加。这些矛盾的解决都需要进行海洋空间资源供给侧改革。

4 以五大发展理念解决海洋经济发展面临的五大问题

"创新、协调、绿色、开放、共享"这五大发展理念有着这样的逻辑顺序，前四大发展理念是实现经济发展目标的路径和方法，而最后"共享"这一理念是前四大理念的落脚点，即在发展中遵循前四大理念取得的经济增长的成果要惠及大众。这五大发展理念是要以"创新、协调、绿色、开放"的发展思路和指导思想，最终实现发展成果的"共享"。"创新、协调、绿色、开放、共享"这五大发展理念的提出，针对海洋经济发展面临的五大问题提出了对策，并且为中国海洋经济的发展指明了道路。

4.1 以创新发展为海洋经济提供发展的新动力

创新不仅是中国经济发展的新动力，更是海洋经济发展的新动力。创新包括理念的创新和技术的创新。在理念上，要改变以往的重陆轻海的思想，树立新的海洋价值观、国土观和经济观，注重海洋文明建设。培育国民海洋意识，普及海洋知识，宣传海洋文化，使国民认识海洋、了解海洋、尊重海洋。在新理念的基础上，进行技术创新。海洋高新技术的发展重点要解决人才和资金这两个问题。《中国海洋经济发展报告 2015》显示，我国在"十三五"期间，仍然是以传统海洋产业为主。在世界海洋经济竞争中，传统海洋产业必须升级，升级就要依靠科技创新。以美国为例，在海洋经济较发达的国家中，美国是发展较晚的，在 20 世纪 60 年代中期才发展起来，但在"科技兴海"的战略下，海洋经济得以迅速发展。以高科技升级海洋传统捕捞业，完善船舶制造业等。在人才培养上，美国政府有重点和针对性的兴建科学研究机构。在资金上，以政府为主导，形成多元的资金链条[4]。这都对我国海洋经济中的创新发展提供了可借鉴的经验：在人才培养上，要注重海洋科技人才的引进、培养和使用，营造人才流动的良好环境，加大对人才的利益激励；在资金上，要形成以政府为主导，企业、金融机构、社会资本共同参与的多元体系；加大海洋科研财政投入，完善吸引资本投入的鼓励政策；在技术上，注重以本土创新为主，结合对引进技术的消化吸收再创新。

4.2 以协调发展拓展海洋经济发展空间

海洋资源丰富，但受到开发、利用技术的限制，相对的海洋资源也是有限的，如何利用"有限"的海洋资源，更好的拓展海洋经济的发展空间是"协调"这一发展理念的核心。首先，实施科学的海洋主体功能区规划。全国海洋主体功能区规划是推进形成海洋主体功能区布局的基本依据，是海洋空间开发的基础性和约束性规划。根据不同海域资源环境承载能力、现有开发强度和发展潜力，合理确定不同海域主体功能，科学谋划海洋开发，调整开发内容，规范开发秩序，提高开发能力和效率，着力推动海洋开发方式向循环利用型转变，实现可持续开发利用，构建陆海协调、人海和谐的海洋空间开发格局。其次，要优化海洋产业结构。提升海洋传统产业，大力扶持发展海洋新兴产业。结合"创新"发展理念，在海洋产业结构优化升级的过程中大量使用高新技术，实现海洋经济增长方式由"粗放型"向"集约型"、"高收益型"的转变。再次，要协调海陆统筹发展。真正实现海洋与陆地的有效结合，推动陆地与海洋在资源配置、产业发展、生态保护、灾害风险防控等方面的统筹协调，协调发挥陆地、海洋在经济功能、生态功能和社会功能上的融合，实现综合效益的最大化。最后，以构建统一综合的海洋管理体制来协调无序竞争和重复建设。我国现行的海洋管理体制是分部门、分行业的分散式管理模式，区域分工不完善，缺乏区域间的分工、协作。因此，应该在顶层设计上成立专门的海洋综合协调决策机构，形成中央统筹制定重大战略和方针，地方以分支机构为配合的海洋管理体制。

4.3　以绿色发展实现海洋经济可持续发展

经济发展和生态保护二者之间是辩证统一的关系，正如习近平所说："我们既要绿水青山，也要金山银山。宁要绿水青山，不要金山银山，而且绿水青山就是金山银山。"海洋经济发展必须遵循"绿色"发展理念，实现海洋经济可持续发展。2015年，国家海洋局印发了《国家海洋局海洋生态文明建设实施方案》（2015—2020年），方案提出了10方面31项主要任务以推进海洋生态文明建设，实现海洋生态环境保护和资源节约利用，提高海洋管理保障能力。实现海洋经济的绿色发展就必须要严格保障方案的实施[5]。

《实施方案》关注的是生态文明建设，而绿色发展还要求海洋开发、利用方式的转变，要推动开发方式由资源消耗型向循环利用型转变，节约、集约利用海洋资源，以高新科技提高海洋资源的利用效率和生产率。同时，以生态环境状况良好的海洋环境为基础，大力开展海洋旅游业，满足人民群众消费需求的同时实现绿色海洋的旅游经济属性，实现以"绿色"促发展，以发展促"绿色"的良性循环，实现经济发展和生态保护二者之间的辩证统一关系。

4.4　以开放发展实现海洋经济合作共赢

海洋的开放性特征决定了海洋经济是一种合作经济，合作共赢就要打造"和平合作和谐之海"。实现中国海洋的"走出去"、"引进来"战略。以"21世纪海上丝绸之路"建设为契机，支持涉海企业"走出去"，参与更多的国际合作。主动了解、遵循，进而构建国际海洋产品生产、交易标准，提升我国海洋产业在全球价值链中的比重。以合作实现我国与国外部分沿海地区之间的产业、项目、平台对接，消除贸易壁垒，降低贸易和投资成本，提高沿海区域经济的循环速度和质量。实施"引进来"策略，加强在海洋管理与保护、海水淡化与可再生能源、海洋防灾减灾等领域的合作；引入更多国际领先海洋高新技术。

4.5　以共享理念使海洋经济发展成果惠及于民

海洋经济是我国经济的重要组成部分，而经济发展的根本目的是让更多发展的成果惠及于民，正如邓小平同志所说："社会主义的本质是要实现共同富裕"。因此，海洋经济发展的最终目的是要使发展的成果满足人民群众的消费需求。因此，海洋经济要进行供给侧改革，提供人民大众所需的更多、更好的涉海公共产品和公共服务。创造良好的海洋生态环境，使海洋空间真正实现为民所用，促进海洋经济科学、可持续的发展。

参考文献：

[1]　洪伟东．促进我国海洋经济绿色发展[J]．宏观经济管理，2016(1)：64-66．
[2]　马凤媛．我国海洋强国战略视角下的海洋环境保护问题研究[D]．青岛：中国海洋大学，2014．
[3]　杜贤琛．中国海洋文化与海洋经济协同演化研究[D]．上海：上海海洋大学，2014．
[4]　赵玉杰，杨瑾．海洋经济系统科技创新驱动效应研究[J]．东岳论丛，2016(5)：94-102．
[5]　国家海洋局海洋发展战略研究所课题组．中国海洋发展报告[M]．北京：海洋出版社，2015．

"海上丝绸之路"经略与中华民族兴衰考察

季超[1]，姜海霞[1]，王玲[1]

(1. 河海大学 港口海岸与近海工程学院，江苏 南京 210098)

摘要：中华民族的历史命运与海上丝绸之路经略息息相关，汉族的称谓与丝绸之路的兴起紧密相连；随着海上丝绸之路的发展，中华民族不断成长和强盛，一度成为海上贸易中心；海上丝绸之路的两次禁锢，使中华民族日益衰落，甚至面临存亡危机。在国家实现现代化的关键节点上，"21世纪海上丝绸之路"的经略至关重要，不仅要结合客观国际环境，积极与海权强国展开合作，还要提高自身保障能力，在政治、军事、经济、文化等各个层面不断拓展。这其中，人才起着至关重要的作用，做好大学生思想政治教育工作是各项工作之基石。

关键词：海上丝绸之路；民族兴衰；经略；教育

1 引言

长期以来，思想政治教学中往往向学生们强调中国有960多万平方千米的陆地面积，从而激发他们的自豪感，却忽略了300多万平方千米的"海洋国土"，32 000 km的海岸线以及6 500多个海上岛屿。作为一个面朝大海的国家，中国的兴衰同海洋息息相关。考察中华民族的历史命运与海上丝绸之路之间的相互联系、相互影响的发展进程，不仅有助于学生了解历代海上丝绸之路的变化轨迹，更加有利于学生进一步理解在当前国家利益拓展背景下，21世纪海上丝绸之路的建设对中国未来发展的重要意义，从而在学习和实践中积极投身相关领域的建设中。

2 海上丝绸之路与民族的兴衰

中国是当今世界上历史最悠久的文明古国之一，几千年来，生息在这片土地上的人民，创造出了无数光辉灿烂的文化产品与精美的手工制品（如丝绸、麻纺织品、茶叶和陶瓷等）。中国人将这些产品通过一条条对外通道源源不断地运往世界各地，和远近各国开展了广泛的经济文化交流。

2.1 海上丝绸之路：起源与民族诞生

春秋战国以后，战争在造成灾难和痛苦的同时也从客观上促进了各地商品经济的发展，从而促使人民在各诸侯国之间以及与边远地区各民族之间的通道上，不断地进行贸易往来。从这个时期开始，逐渐形成了我国最早的一条由中国四川经云南大理出境到缅甸、印度等东南亚、南亚及中亚地区各国的海陆两栖商贸通道——"蜀身毒道"（或"蜀布之路"）[1-2]。同时，随着生产实践中对江河的不断利用，人们也逐渐意识到水路潜藏的巨大价值，有意识地加以保护和改造河流通道，这恰恰是人类水利建设思想在古代的渊源。秦始皇统一六国后，先后12次巡视今天的河北、山东、江苏、浙江等沿海各地，显示出对海洋极大的热情。到西汉时期，我国形成了正式的对外通道，出于政治和外交的考虑，西汉政府把商品贸易的通

作者简介：季超（1989—），男，江苏省南京市人，硕士，主要从事思想政治教育、国际政治教育研究。E-mail：hhujichao@hhu.edu.cn

道纳入政府管辖之下，开辟了闻名于世界的"丝绸之路"①。同时，在汉武帝时代，朝廷消灭了沿海几个割据政权，扩充了国家领土，使得疆土直面大海，中国通向南亚的海上通道与对外关系也得到初步发展[3]。这条通道就是后来逐渐发展起来的"海上丝绸之路"（maritime silk route）②，据《汉书·地理志》记载，这条海上丝绸之路依海岸通航，通过马六甲，可至今天的斯里兰卡③。相比于前代，西汉王朝有利的国家政策使得中国对外交流的规模取得了重大发展。

2.2 海上丝绸之路：稳定与民族兴盛

经历南北朝动荡不定的乱世后，隋朝实现全国统一，稳定了社会政治秩序，促进了经济的恢复发展。而隋炀帝时期建造的南北大运河，使得长江以南沿海地区的海上交通也随之发展起来，以海上丝绸之路为主进行的中外往来开始增多。到唐朝时，随着对外交流的增强，中国的政治、经济和文化都达到了前所未有的水平，成为当时世界上最为强盛的国家之一，吸引了周边各国的朝拜。此时，据《新唐书》卷四三下《地理七下》记载，（唐朝）有7条道路可以通往国外[4]。但由于陆上丝绸之路时常受到其他民族的干扰，而航海、造船技术取得了较好的发展，于是对外交流的通道逐渐转为以海路为主。当时"西南大海中诸国舶至"，"广人与夷人杂处，地征薄而丛求于川市"，而统治者也深刻认识到海上贸易有利可图，遂"日发十余艇，重以犀象珠贝，称商贷而出诸境。周以岁时，循环不绝。"④而福建泉州也是当时最为开放的港口城市之一，阿拉伯教士、波斯商人、印度商人、沿着欧亚大陆南沿海路，频繁来到泉州进行贸易和文化交流[5]，南方经济由此得到了迅速发展。汉唐两代海上丝绸之路的长期稳定，使中国农业文化从内陆沿着黄河、长江、淮河、珠海向沿海地区扩展，推动了整个国家农业经济的发展[6]。

这种情况一直延续到宋元时期。虽然整个宋朝时代，宋人自始至终面临着来自北方民族的威胁，但是其与海外邻国的关系却发展甚好，有利地保障了日本和东南亚方向的海上丝绸之路的安全。通过稳定的海上丝绸之路贸易，宋朝甚至能够与陆上受到阻隔的朝鲜保持非常密切的交往，而正是南宋在海防上采取的措施和战略保障了作为政治、经济、文化重心所在之地的东南沿海地区的安全[7]。因此，宋朝虽一再受到辽、夏、金、元的进攻和挑战，但始终可以危而不亡。元朝形成了中国有史以来最为广阔的领土范围，也使得通往西方的陆上通道和海上通道的安全都得到了有力的保障。当时的大航海家汪大渊，先后两次随商船浮海东南亚、南亚、西亚、北非、东非沿海诸地，实地考察体验了异国他乡的风土人情，并且将其经历记录成书《岛夷志略》⑤，为明朝初期郑和"七下西洋"的大规模远洋航行奏响了序曲。此时，虽然西方也掀起了开辟远洋航行通道的热浪，但他们取得成就的时间远远落后于郑和。葡萄牙航海探险家迪亚士比郑和首次下西洋（1405年）晚了82年才发现了好望角，西班牙航海家哥伦布在87年后到达美洲，葡萄牙探险家达·伽马93年后才发现印度，而西班牙麦哲伦在116年后不幸丧命菲律宾，才完成了中西航线的对接。郑和一生共开辟了21条远洋航线，总航程7万海里以上[8]。并且，他还将马六甲作为明朝皇家舰队物资集散中心，进而确立了明朝海上贸易中心的地位，并巩固了中国南海印度洋海上丝绸之路的安全[9]。

---

① 丝绸之路概括地讲，是自古以来从东亚开始，经中亚、西亚进而联结欧洲及北非的东西方经济、政治、文化交流通道的总称。按线路有陆上丝路与海上丝路之别，陆上丝路因地理走向不一，又分为"北方丝路"与"南方丝路"。这里主要指的是北方丝路。

② 海上丝路起于汉朝，兴于隋唐，盛于宋元，明初达到顶峰，明清因海禁而衰落。按照地理方向的不同，通常将其分为东西两条，东向通道又称之东海丝路，是由中国东部沿海到达朝鲜，再经朝鲜海峡，最终抵达日本的海上通道。西向通道又称南海丝路，是从中国东南沿海出发，经南海、印度洋至东南亚、西亚和东非的海上通道。

③ 参见：《汉书·地理志》卷二十八下，粤地条后记载："徼外诸国赍斋宝物，自海路来贸货"，"大秦王（指罗马国王）安敦遗使日南徼外来献，汉世唯一通焉。其国人行贾，往往至扶南、日南、交趾。"

④ 即：西南大海中各国船舶驶至，广州人与夷人杂处，地税征收不多因而都聚众求利于河市。（王锷）每天发遣十余艘小艇，多载犀角、象牙、珍珠、海贝，自称是商货而出境，以数月为周期，循环不绝。引自：《新唐书·王锷传》。

⑤ 原作《岛夷志》，共一卷，一百余篇纪略，涉及东西两洋周边两百多个国家和地区，是研究古代亚非等地区历史地理的重要著作。其中对于台湾、澎湖等现代中国东南边疆和澳洲大陆北部的记述，为"台湾自古以来就是中国领土不可分割的一部分"和东南亚领土主权的论断提供了重要的历史依据。参见：《岛夷志略·澎湖》。

2.3 海上丝绸之路：割弃与民族存亡

中国海洋事业在即将在达到高峰时却戛然而止。在郑和首下西洋的当年，明朝皇帝便下诏出台了"禁海"政策[1]，从此开始了对中国面向海上丝绸之路的口岸实行严格管控，甚至封锁的政策。"中国人的撤离，在东亚和南亚海域，留下了权力真空区。于是日本倭寇骚扰抢劫中国沿海，而阿拉伯人又恢复了以往印度洋上的优势……因此，1498 年，葡萄牙人绕过非洲，进入印度洋时，没有遇到任何有力的抵抗，便建立起他们的西方海上霸权[10]。从此，马六甲海峡成为了葡萄牙人的属地，进而成为其控制远东和太平洋海上丝绸之路贸易的重要堡垒。尤其是葡萄牙人就此掌握了打开海上丝绸之路的钥匙，并以马六甲为基地，不断窜犯中国东南沿海，讹诈中国领土（澳门）。此后，相继有荷兰人、西班牙、日本人接踵而来，前后企图占据中国台湾、澎湖、琉球等地。然而面对中国海上丝绸之路状况的急剧恶化，虽有郑和等人的不断谏言，明清的统治者并未认识到海上丝绸之路与制海权、海上通道安全、海上贸易、国家富强之间的辩证关系[11]。

直至 1840 年的鸦片战争，英国人的坚船利炮毫无阻拦地通过了中国近乎赤裸的海岸，撬开了这个古老国家的大门，随后，帝国主义列强纷纷从海上侵入中国，致使海上安全环境逐步恶化。甲午战争之后，中国的海防彻底崩溃，中国完全失去了博弈于海洋的实力和资格。自此，统治者才梦中惊醒，深刻地领悟到"海禁"政策的惨痛教训[2]。然而此时的中国已经国门洞口，丧失独立主权，自然经济解体，国家社会动荡，整个民族陷入了灾难深重的危机中。

3 海上丝绸之路与民族的生存和发展

海上丝绸之路是中华民族汲取外界营养的血管，彻底失去海上丝绸之路，中国人将面临生存问题，不能好好利用海上丝绸之路，中国也无从发展。

3.1 海上丝绸之路：重启与救亡图存

正是意识到这个问题，近代中国，不断有志士仁人救亡图存，筹办船政，甚至举办海军（水师）学堂，派送留学生，希望能够加强中国海军建设，从而保障中国海洋安全，甚至重新开启中国的海上丝绸之路。然而当时政府腐败无能、国家积贫积弱、列强欺压，加上禁锢多年的民间海上贸易思想，致使这些人的屡次努力都惨遭失败[3]。为此，孙中山领导辛亥革命，推翻帝制，开始探寻新的强国之路。他总结近代中国的惨痛教训，醒悟到："世界大势变迁，国力之盛衰强弱，常在海而不在陆，其海上权优胜者，其国力常占优胜。"[12]因此在《建国方略》中，孙中山提出了建设"北方大港"、"东方大港"和"南方大港"的宏伟计划；而在《实业计划》中他也指出中国应该积极对外开放，向海洋求生存、求发展[13]。但在这一想法真正落实以前，孙中山便离开人世，徒留下一个中国海权的梦想。此后各系军阀与国民政府派系都忙于"抢占地盘"，争夺利益，再无人真正关心中国的海上丝绸之路。加上日本迫不及待地发动了侵华战争，此时，中国面临的主要问题不再是发展，而是生存了。

---

① 参见：《明太宗实录》卷六十八。当时明政府下令，不许军民等私通外境，私自下海贩鬻番货，否则依法治罪，同时，在 1433 年，在郑和船队胜利返航之际，朱棣还下达了更为严峻的禁海政策，朝廷的海上活动也受到了限制。

② 甲午战争前，清政府虽遭遇了"千古未有之变局"，然而依然顽固推行"海禁"政策，沿海居民"寸板不能下水"，海外华人也被视为"弃民"，得不到祖国的丝毫支持和保持。这一政策直到 1893 年才被清廷取消。

③ 事实上，中国的"海防"还一直面临着"陆防"的严重制约。早在 1874 李鸿章等人已经提出"海疆不防"乃国家的心腹大患，积极筹备海军建设，然而清廷保守派为了牵制李鸿章，于 1885 年专门设立了海军衙门，由醇亲王担任。可见内耗也是中国近代海军建设的重要原因。

3.2 海上丝绸之路：禁锢与国家动荡

新中国成立后，海上安全环境较近代①有了根本性改观。首先一点，外国炮舰横行于中国领海、甚至是长江黄河等内水的景象不复存在；此外，来源于近海的直接外部威胁也得到了有效遏制。这样一来，中国人民尤其是沿海居民的生命、财产安全得到了基本保障，海上生产和经营活动的安全空间逐渐扩大[14]。但是海上方向依然是中国面临帝国主义和霸权主义侵略和威胁的主要方向，海上贸易在相当长的时间处于紧张状态，不仅影响着中国的社会经济结构，也禁锢了人民的思想。

二战之后，中国人民虽成功将日本赶出了大陆，收复了被割据的领土，却不得不面对一个拥有更加强大的海权且对自己充满敌意的国家——已经挺进太平洋西岸的美国。随着冷战的展开，中国与苏联的结盟固然使得中国周边陆上防卫形势得到改善，但也造成中国直接面临美国在海上方面的全面封锁和遏制。通过与日本、韩国结盟，公开支持台湾国民党当局，以及在东南亚地区建设军事基地等一系列措施，美国在中国周边构建了一条完整的弧形军事包围圈。并且，美国时常派出航空母舰游弋于东海、台湾海峡、南海等对中国而言至关重要的"海路"上，对中国施加压力。而在美国支持下的台湾当局，不顾民族大义，实行所谓的"闭港政策"，企图以金马岛为前哨，配合美国封锁大陆近海通道，甚至对中国海岸沿线通道上正常行驶的船舶进行拦截、追逐、炮击和扣押等手段，迫使中国周边海域成为国内外商船的"禁区"，以至于中国货船每次出航只能紧贴海岸在岛屿内侧绕行[15]。美国的禁运政策与蒋介石当局的海上封锁政策严重制约了中国外向型经济的发展②，加上 20 世纪 60 年代后，中苏关系开始公开破裂，中印之间也爆发了大规模的边界战争，中国的整体安全环境都变得复杂和严峻，此时中国人只能再次被迫开始了"闭关锁国"。此后，中国的政治、经济、文化又出现了一系列问题，国家和社会也陷入了动荡之中。

3.3 海上丝绸之路：贯通与民族新生

一直到了 20 世纪 80 年代，随着中美关系的改善和正式建交，美国减少了对台湾的军事支持，海峡两岸关系缓和，不但台湾海峡变为通途，中国通向南北美洲与欧洲大陆的海上之路也变得快捷和安全。正是"海路"安全环境的积极变化，为中国推行全方位的对外开放政策提供了基本的环境条件[16]。远离了文革动乱的中国人，在邓小平同志的支持和鼓舞下，渐渐放心大胆地走出国门，重新审视欧洲诸国和已经走在前面的海上邻国，探索本国经济模式，使得国家经济在市场体制下取得了空前的飞跃。随着不断加强与欧美等发达国家的政治、经济、科技、文化等领域的交往，国家整体的面貌与国人的思想也都发生了翻天覆地的变化。截至到 90 年代末，中国的经济贸易已经遍及全球，其中各条"海路"承担了国家 90%以上的对外贸易运输任务。今天，随着中国经济的高速增长和对外贸易的增多，国家和人民的利益和"海路"的联系更加紧密了，一旦海上之路出现大的危机，中国将再次陷于灾难之中③。

4 海上丝绸之路变迁的历史考察

考察"海路"历史变迁，有利于从历史脉络的时空框架、国家发展的关键节点、经略"海路"安全的手段等 3 个方面去把握、理解和促进国家经济建设和民族发展。

4.1 民族荣辱兴衰取决于"海路"经略

综观两千多年来中国"海路"经略与国家兴衰的历史轨迹，我们可以清晰地看到，中华民族的荣辱

---

① 西方国际关系史学界认为近代的划分以 1648 年三十年战争以后签订的《威斯特伐利亚条约》为界，中国学界对近代的划分以 1840 年鸦片战争为界，这里使用后者的划分方法。

② 在建国初期，新中国领导人原本是积极支持国家发展外向型经济的，早在 1944 年，毛泽东接见美国记者福尔曼时就表示："我们欢迎外国人及外国资本来中国做这些事。中国是落后国家，所以我们非常需要外国的投资。"

③ 考虑到目前我国经济发展长期超过 50%的对外贸易依存度，并且其中的 90%以上是通过海上通道实现的情况，海上通道的安全环境变化对国家的发展已经具有强制性影响。

兴衰，在某种意义上取决于对海上丝绸之路的经略。汉唐宋元时期，因朝廷积极鼓励对外交流，开放并积极建设海上丝绸之路，促进了国家和民族的进步，从而社会经济政治文化不断发展。而到了封建时代后期的明清时期，历代朝廷一味地闭关自守、妄自尊大，封闭沿海口岸，严重阻碍了通过海洋的经济文化交流，进而也丧失了对"海路"的控制。从此，国家社会始终处于一个封闭的圈内循环，偶尔的中外信息交流也经常因为统治者妄自称大和广大国民的无知愚昧而被阻隔，因此政治文化日益腐朽，综合国力落后于人，造成了近代长达100多年的屈辱史。这正反映澳大利亚公立大学山姆·贝德曼教授所言不虚："18世纪以来，海上之路是海洋国家的至关重要的利益，不仅是维持经济繁荣和施加全球影响的手段，而且甚至是国家的生存手段。"

同时，对"海路"的经略，还必须考虑到国家的客观情况，将商业活动与军事行动结合起来。郑和七下西洋的事业，成为了中华民族海洋史上最耀眼的一幕，然而当时朝廷，一方面派遣他出国"耀兵异域"、"教化天下"，另一方面却禁止民间的捕鱼活动和对外贸易，由此国家渐渐耗尽了钱财，"即使是一代壮举，也难以为继"[18]这也正是"21世纪海上丝绸之路"政策提出的重要立足点：保障国家海上之路安全，不能单纯依靠军事力量，还需要将本国利益与沿线国家的发展相互结合，通过经济和文化交往，使"21世纪海上丝绸之路"成为合作共赢的典范。

4.2 现代化事业的发展离不开"海路"经略

在近代中国人争取国家现代化过程中，同样是"海路"的形势的恶化，直接导致了各种努力的失败。各种有关现代化和发展的理论提出了一个重要的共同命题，即在欠发达国家的现代化进程中，中央政府起着异常重要的作用：它是现代化的领导者、计划者、推动者和实行者，中央政府能力的强弱决定了本国现代化进程的快与慢、成与败[19]。对近代中国来说，海上列强通过武力与殖民手段，从破坏中国自古建立的朝贡体系开始，逐步削弱和瓦解了中国中央政府的能力。一方面，周边属国对中国的海上丝绸之路经略具有重要意义，他们的存在以及与中国的密切联系，客观上构成了中国"海路"安全的外部屏障，随着这些国家被殖民化，中国也就陷入了孤立的境地①。另一方面，中国自古建立的这种朝贡体系具有深厚的"华夏文明圈"色彩②，而随着各国属国被相继殖民，极大的消灭了邻国对中国王朝权威的认同，也使中央政府的外部权威受到破坏[20]。此外，列强的坚船利炮，不但直接撬开了中国的海岸关口（如广州、福州、宁波、上海等各港口），而且深入长江、黄河等内水通道耀武扬威，致使中国广阔的经济腹地都在其威慑之下。这种举措，从摧毁中国的自然经济体系开始，逐渐动摇了上层建筑，最终彻底瓦解清政府的内部威信，使得中央政府能力几乎丧失殆尽，难以发挥积极的推动作用③。最后，甲午战争的失败，使得中国保卫海上通道的最后一丝力量也土崩瓦解。战后的中国，彻底失去了海上屏障，更加无暇考虑国家现代化的问题，只能在陆地上保存最后一点生息。

4.3 "海路"经略不能脱离客观的国际环境

中国与海权强国的合作，保障了"海路"安全，促成中华民族浴火重生。二战期间，中国人民的抗日战争有力地支援了世界各国的反法西斯战争，同样，中国的抗战也得到了包括美国在内的世界海上强国的援助。抗战爆发后，日本为了切断中国的对外通道，下令封锁中国沿海，造成中国作战物资严重紧缺。1938年，美国和英国通过印度洋通道，连接滇缅国际交通线，不断给予中国物资援助，对于中国正面战场的抗战起到了"输血管"式至关重要的积极作用。在滇缅公路被切断后，1942年10月至1945年8

---

① 东南亚国家相继沦落，致使中国失去了通向印度洋和欧洲的海上通道；琉球被日本吞并，转而成为其牟取福建、台湾的跳板；而台湾的丧失，也使中国通向大洋的全部通道都掌握在外国手中。往后，殖民者在距离中国很近的地方就可以发动侵略，直接威胁国家安全。

② 中国早在周朝，其政治区域就有了"五服"之说，构建了以王朝为中心的环形地缘政治结构，强调了中华民族生存圈内中央政权的核心权威。

③ 正如马汉所言："谁拥有了长江流域这个中华帝国的中心地带，谁就具有了最可观的政治权威。"参见：马汉．海权论：亚洲问题[M]．北京：中国言实出版社，1997：277.

月止，美国又开辟了空中援华路线——驼峰航线，支撑中国抗战。同时，美国对中国收回一定的海洋权益发挥过积极作用：在美国的影响下，中、美、英三国于 1943 年分别签署了《中美新约》和《中英新约》，正式废除了包括中国沿海内河航行权在内的部分特权；在开罗会议上，罗斯福与蒋介石达成了在战后归还台湾和澎湖列岛于中国的共识。这些行为的意义及其所发挥的实际作用，应给予充分的肯定。如今，中国选择了积极融入资本主义的世界体系来谋求本国利益拓展的发展道路，在一定程度上，依然需要保持和依靠与海权强国的合作，也许正如《美国华盛顿邮报》所说的那样，"中国正免费利用由美国海军保护的海上通道"[22]。无奈而现实的是，中国约 55% 的石油从波斯湾进口，一直以来中国享受着美国安全保护伞的庇护[23]，依靠稳定和畅通的世界海上通道，中国的船舶得以每天往来于世界的各个角落，石油、铁矿、木材等各类物资源源不断地被运往国内各个工厂，中国人民也能够放心大胆地建设自己的国家。

4.4 "海路"经略最终需要依仗自身的力量

新中国成立前夕，中国共产党就开始了建设一支强大海军的光辉历程，1949 年 1 月，中央政治局在《目前形势和党在 1949 年的任务》决议中，目前提出要争取组建"一支保卫沿海沿江的海军"。1949 年 4 月 23 日，中国人民海军正式诞生，次年 4 月 14 日，根据中央军委的决定，海军领导机关在北京成立，从此人民海军作为一个独立军种崭新出现了。鉴于"海路"安全面临的诸多挑战，毛泽东同志特意将"保障海道运输的安全"写入了海军建设总任务中[24]。为此，通过一系列的反击战，中国海军解放了万山群岛，突破了珠江口封锁，恢复了华南沿海海上通道安全；在华东沿海解放了除台湾、澎湖、金门、马祖以外的全部岛屿，基本上恢复了浙东、苏南等地的沿海交通运输和渔业生产安全。1973 年 9 月，由美国背后支持的越南当局悍然宣称将南沙群岛中的南威岛、太平岛等 10 多个岛屿划入其版图，对此，中国人民海军舰队坚决进行了"西沙群岛自卫反击作战"，收复了被越南侵占的珊瑚岛、金银岛和甘泉岛。这是近代以来，中国人民海军第一次在与外国海军交锋中的胜利，捍卫了国家领土主权。1987 年，借助联合国教科文组织决定由中国建立 5 个海洋观测站之际，中国派遣人员前往永暑礁建站，经过"314 海战"，中国收复南沙群岛的永暑礁、华阳礁、东门礁、南薰礁、渚碧礁、赤瓜礁共 6 个岛礁，填补了中国对南沙群岛实际控制的空白点。正是这些岛屿，在当前"21 世纪海上丝绸之路"的建设中，发挥着至关重要的作用。20 世纪 80 年代中期后，在邓小平同志确定的"近海防御"战略思想指引下，人民海军取得了长足的发展和进步，并以截然不同的面貌迈向世界，并且开创了新的"七下西洋"①。如今航空母舰在祖国海洋边疆上游弋，舰队在亚丁湾护航，军舰远赴利比亚海域撤侨，这些成就，正是一代代自强不息的中国人通过努力创造的。

2013 年 10 月，习近平总书记在访问东盟时提出的"21 世纪海上丝绸之路"战略，是中国在世界格局发生复杂变化的当前，主动创造合作、和平、和谐的对外合作环境的有力手段，为中国全面深化改革创造良好的机遇和外部环境。这其中，不单单需要中国政府的推动，更加需要相关行业的从业者以及在校的大学生去参与和实践，需要有更多的优秀人才去创新和创造。做好大学生思想政治教育工作，正是培养有能力有思想的人才之基础。当前做好大学生思想政治教育工作，正需要结合国际环境的大背景，紧密联系国家"一带一路"政策，将大学生专业教育与人文教育相结合，以理想主义的信念和正确的价值观来引导学生，使其回归曾经的使命感和责任感，以克服专业学习的功利化色彩，真正地做到学以致用。

参考文献：

[1] 黄泽平. 古代中国的几条对外开放通道[J]. 文史杂志,1994(5):18-19.

---

① 即 1984 年，首次南下太平洋进行南极考察；1985 年，首次下"西洋"航行访问南亚三国；1994 年，首次北上日本海访问俄罗斯太平洋舰队；1997 年，首次东渡太平洋访问美洲 4 国；2000 年，首次南下印度洋抵达非洲大陆好望角；2001 年，首次远航大西洋访问欧洲四国；2002 年，首次环球航行访问亚非拉欧美诸国。

[2] 汪海. 畅想中国对外开放的五大通道[J]. 国际经济合作,1989(2):61-63.

[3] 王银荣. 西汉对外贸易研究[D]. 济南:山东师范大学,2009.

[4] 马珺. 浅论中国古代的对外贸易[J]. 河南社会科学,1999(5):63-65.

[5] 王生荣. 海权对大国兴衰的历史影响[M]. 北京:海潮出版社,2009:323.

[6] 武金铭. 中国全史·中国隋唐五代经济史[M]. 北京:人民出版社,1994:57.

[7] 王青松. 南宋海防初探[J]. 中国边疆史地研究,2004(3):100-109,151.

[8] 刘少峰,刘志云. 郑和七下西洋的当地意义[C]∥纪念郑和下西洋600周年国际学术论坛论文集. 北京:社会科学文献出版社,2005:40.

[9] 王生荣. 海权对大国兴衰的历史影响[M]. 北京:海潮出版社,2009:324-327.

[10] 斯塔夫里阿诺斯. 全球通史——1500年以前的世界[M]. 上海:社会科学出版社,1988:333.

[11] 郑一钧. 论郑和下西洋[M]. 北京:海洋出版社,1985:419-442.

[12] 王生荣. 海权对大国兴衰的历史影响[M]. 北京:海潮出版社,2009:347.

[13] 时平. 孙中山海权思想研究[J]. 海洋开发与管理,1998(1):76-79.

[14] 冯梁. 中国的和平发展与海上安全环境[M]. 北京:世界知识出版社,2010:74.

[15] 郑学祥. 论毛泽东对外开放思想的内容和特点及其历史局限性[J]. 广东行政学院学报,2000(3):13-21.

[16] 冯梁. 中国的和平发展与海上安全环境[M]. 北京:世界知识出版社,2010:79-80.

[17] Sam Bateman,Stephen Bates. The Seas Unite:Maritime Cooperation in the Asia Pacific Region[M]. Canberra:Australian National University Printing Service,1996:27.

[18] 孙光圻. 中国古代航海史[M]. 北京:海潮出版社,2005:420.

[19] 唐贤兴,唐丽萍. 南京国民政府时期国家整合的失败与现代化计划的受挫[J]. 江苏社会科学,1998(5):99-107.

[20] 叶自成. 地缘政治与中国外交[M]. 北京:北京出版社,1998:144.

[21] 陶文钊. 中美关系史(上卷)[M]. 上海:上海人民出版社,2004:225-226.

[22] 美称中国正免费利用美国海军保护的海上通道[EB/OL]. http://bbs.tiexue.net/post_4953904_1.html? s=data,2011-3-18.

[23] 大卫·申克尔.中国因波斯湾石油需求对中东兴趣大增[EB/OL]. http://oversea.huanqiu.com/political/2013-04/3879222.html? from=mobile,2013-04-27.

[24] 卢如春. 海军史[M]. 北京:解放军出版社,1989:31.

经略"21世纪海上丝路"：战略支撑点的构建

郑崇伟[1,2,3]，高占胜[1]，高成志[1]

(1. 海军大连舰艇学院，辽宁 大连 116018；2. 中国科学院大气物理研究所 LASG 实验室，北京 100029；3. 解放军理工大学 气象海洋学院，江苏 南京 211101)

摘要： 伴着亚丁湾护航、辽宁舰下水、歼-15成功着舰、蛟龙号深潜……，我国的大航海时代再次掀开崭新的一页。"一带一路"、"亚投行"、"非洲援建"、"协助多国撤侨"……，更是处处彰显我国延续和平与发展主题、为整个人类社会谋福祉的负责任大国风范。经略"21世纪海上丝路"，战略支撑点建设是重中之重，尤其海军力量必须在平时就要在关键地点预置。目前为止，关于"海上丝路"战略支撑点的科学研究可谓凤毛麟角。本研究首先探析了战略支撑点建设的必要性，进而展望其功能：综合补给、舰船维修、情报收集、海洋监测、人道救援、医疗救护、海洋权益维护等，为军事、非战争军事行动提供保障。打造一系列战略支撑点，将显著提高海军的续航能力，继而提升护航能力、可持续作战能力，保驾"海上丝路"建设为国际经济大动脉、海军战略延伸线。"海上丝路"的健康发展更能彰显人民海军的重要性，有效促进"海上丝路"与海军战略的良性循环。

关键词： 海上丝路；战略支撑点；海军战略延伸线；良性循环

1 引言

"海上丝路"开启了人类合作共赢、平等互助的新篇章，主要涉及南海—北印度洋，该海域的战略地位不言而喻，这就要求人民海军在护航、海洋权益维护、人道救援等军事、非战争军事行动中积极参与、助力"海上丝路"建设[1-2]。但是，续航能力历来是远洋活动的难点。打造坚实、稳定、高效的战略支撑点，有助于将"21世纪海上丝路"建设为国际经济大动脉、海军战略延伸线[3]，助力人民海军迈向深蓝、贡献军地海洋建设。

目前为止，关于"海上丝路"战略支撑点的科学研究可谓凤毛麟角。本文首先探析了战略支撑点建设的必要性，进而展望其功能：综合补给、舰船维修、情报收集、海洋监测、人道救援、医疗救护、海洋权益维护等。打造一系列战略支撑点，将显著提高海军的护航能力、可持续作战能力，保驾"海上丝路"建设。"海上丝路"的健康发展更能彰显人民海军的重要性，有效促进"海上丝路"与海军战略的良性循环。

2 战略支撑点建设的必要性

目前，世界军事强国都特别注重关键地点预置。以美国为例，夏威夷群岛位于北太平洋中部，是美国北太平洋战略的重要中继站；迪戈加西亚位于印度洋的中心，是美国在整个印度洋的战略支撑点。但是，目前为止，我们关于战略支撑点建设方案的研究较少。迈向深蓝，助力"海上丝路"，人民海军须平时就

基金项目： 国家重点基础研究发展规划项目（2013CB956200）；高端科技创新智库青年项目。

作者简介： 郑崇伟（1983—），男，四川省宜宾市人，工程师，主要研究海战场环境建设、物理海洋学及海洋能资源评估。E-mail：chinaoceanzcw@ sina. cn

要在关键地点预置，海上军事预置包括反海盗护航、反恐怖主义巡航、海上维和行动、海上联合军演、海上联合搜救、海上军事试验、海上军事训练等形式，特别是海上军事演习，实际上就是军事力量预置。

打造坚实、稳定、高效的战略支撑点，将有效提升海军的远洋能力、对海洋的管控能力，同时还可以为我国远洋的货船提供支持，促进军地海洋建设的可持续发展，助力"海上丝路"。

2.1　提升远洋能力、保驾"海上丝路"

"海上丝路"主要涉及南海—北印度洋，航线漫长，舰艇补给、设备维修是难点，也亟待解决。尤其海军在执行远洋任务时，通常严重依赖补给舰，设想如果航线上具备综合补给、舰船维修、医疗救护等功能的战略支撑点，可减少对补给舰的依赖，有效提高舰船的续航能力、可持续作战能力，增强为"海上丝路"保驾护航的能力。"海上丝路"的健康发展更能彰显人民海军的重要性，有效促进"海上丝路"与海军战略的良性循环。

2.2　提升管控能力、加强"海权维护"

广袤的中国南海海疆上镶嵌着很多宝石般的岛礁，这些岛礁也必将是"海上丝路"建设、我国海洋权益维护的关键支撑点。但远离大陆，电力、淡水等资源供应紧张、生态脆弱等诸多困难，严重制约着边远海岛的生存能力、可持续发展能力，长期以来也一直是一项世界性难题。郑崇伟等[4-6]曾明确指出：因地制宜，在这些支撑点开发利用蕴藏丰富、利于环保的新型海洋能资源，如海浪发电、海上风力发电、风力海浪联合发电、光伏发电、海水淡化等，实现岛礁的电力自给自足，提升岛礁的生存能力、可持续发展能力。

2.3　军民融合发展、促进"良性循环"

战略支撑点不仅可以保障海军，同样可以在护航、医疗救助、人道救援等方面为我国的远洋货船提供支持。反过来，远洋货轮通常吨位较大，可以为战略支撑点携带各种物资、设备，从而达到一个互助的良性循环。

3　"海上丝路"战略支撑点的构建

在"海上丝路"建设一系列的战略支撑点，赋予其以下重要功能：综合补给、舰船维修、情报收集、海洋监测、人道救援、医疗救护、海洋权益维护等，将助力"海上丝路"建设成为人类友谊与发展的新纽带。"海上丝路"示意图见图1，"海上丝路"的点、线、面战略见图2。以南海为例，构建一系列重要的战略支撑点（图3），使其互为犄角、相互支援，辐射整个南海，将显著增强我国的海洋建设能力、海权维护能力、以及对南海局势的掌控能力；增强我国承担和履行海上搜救、防灾减灾等国际责任与义务的能力。

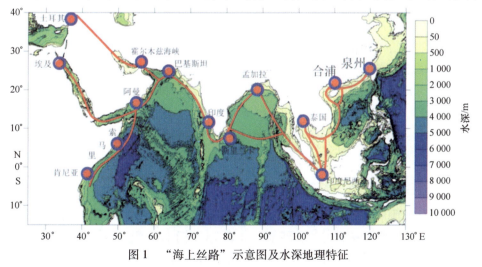

图1　"海上丝路"示意图及水深地理特征

图 2　"海上丝路"战略支撑点建设的点、线、面战略

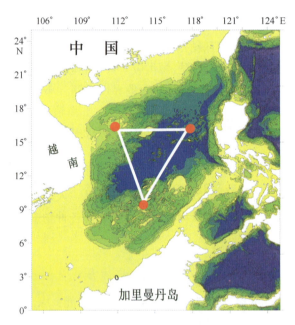

图 3　南海的战略支撑点建设假想图

3.1　综合补给、船舶维修

船舶执行远洋任务时,补给困难不言而喻。将战略支撑点打造为综合补给站,提供常规的淡水、食物、生活用品等方面的补给,将有助于增强船舶的远洋能力。同时,远洋的船舶可为战略支撑点携带物资,形成良性循环,促进战略支撑点的可持续发展。此外,船舶在远洋过程中,设备维修也是一个非常棘手的问题。例如,某工程设备在进行海上施工时,有一小设备出现故障,但没有携带备用设备。目前,陆上的物流已经较为便捷,但海上较为困难,如果依靠船只运送,消耗时间太长,人员和装备的消耗会大大增加工程的成本。无奈之下,负责人只能租用一架直升机运输。在关键节点打造一系列的战略支撑点,配备常用的设备,赋予其船舶维修的功能,将起到积极的有益贡献。

3.2　信息收集、海洋监测

组建全天候、立体监测网:战略支撑点可以建立陆基、海基监测站,并提供设备维修保养等保障,增强信息收集、监测能力。结合天基、空基、陆基、海基等观测手段,组建全天候、立体监测网,提供强有力的信息支援,提高对海洋环境的实时监测能力,也可以为防灾减灾做出有益贡献。设想在"海上丝路"

存在强大的海洋监测体系，寻找失联马航370就有可寻之机。

迈向深蓝，必须充分掌握海洋环境特征，建立丰富的海洋大数据库，是研究海洋、开发利用海洋的重要基础。世界海洋强国往往极为重视海洋数据，这对于提升海洋科学研究有着重要的意义。海洋数据库建设的重中之重当属海洋观测数据，相较于气象观测网络，海上测站稀疏、资料时效性难以保证，这些妨碍着海洋学科的发展进程。海洋数值、动力机制的理解都离不开海洋观测数据的支撑。

3.3 人道救援、医疗救护

沧海茫茫、灾害频发让人类对海洋望而生畏。1970年11月，发生在孟加拉湾沿岸的一次风暴潮，造成30余万人死亡、100余万人无家可归，而孟加拉湾刚好属于"海上丝路"的关键区域之一。我国在人道救援方面长期以来一直积极贡献人类。在实际的救援过程中，自然环境、装备等方面的都会对救援效果产生较大影响。如马航370失踪事件，多国海军投入了很大人力、物力、财力，但收效甚微。设想如果我们在一系列的战略支撑点预先配备救援装置、专业救援人员，可随机应变处理海上灾害事故，同时结合这些节点上的海洋监测数据，救援形势必然更加清晰、事半功倍。

在远洋过程中，船员容易出现水土不服、晕动病、突发疾病等现象，而船舶上的医疗条件是非常有限的。例如，2016年2月，我国包机回送亚丁湾护航患病战士。在战略支点配备医护人员，并定期轮换，便可解决远洋的医疗救助问题，也可以为人道主义救援提供支持[7]。

3.4 反恐维和、海权维护

中国人民解放军成立至今，一直担当着维护人类和平与发展的神圣使命。也门协助多国撤侨、利比亚撤侨、亚丁湾护航……，处处彰显人民军队在维和反恐中的重要作用。强有力的战略支撑点也必将促进人民军队在诸多国际事务中积极作用。远洋战备巡逻、海上联合军演、海洋权益维护等各个重要领域对战略支撑点都有着迫切需求。

4 战略支撑点建设的难点及对策建议

海洋战略支撑点建设，通常以岛礁为依托。但是岛礁开发建设长期以来一直是一项世界性难题，电力困境、淡水紧缺严重困扰着岛礁居民的生存能力、可持续发展能力。在高度电气化的当今时代，没有电，很多设备无法运转，甚至瘫痪；没有淡水，人员难以生存。通常的做法是以船舶运补的柴油进行发电，但存在两大不足：补给线漫长，海况恶劣会影响补给；岛礁生态较为脆弱，柴油发电存在较大污染，一旦岛礁生态遭到破环，很难修复。

因地制宜，充分开发利用战略支撑点附近的海洋资源，大力实施海浪发电、海上风电、风力海浪联合发电、光伏发电等，可帮助岛礁实现电力自给自足。电力问题解决之后，海水淡化随即解决，从而提升战略支撑点的生存能力、可持续发展能力。战略支撑点的良好发展可推动旅游观光、深远海开发利用等经济建设活动，两者相得益彰，助力"海上丝路"健康发展。

此外，海浪发电具有隐蔽性好、战时防破坏能力强、抗自然灾害能力强等诸多优点。目前，美军利用海浪发电隐蔽性好的优点，已在夏威夷建立水下充电站，潜艇不用浮出水面就能充电。古人云"师夷长技以制夷"，我们同样可以在战略支撑点建立水面/水下充电站，为执行远洋任务的船舶、AUV（自主式水下航行器，Autonomous Underwater Vehicle）、UUV（无人水下航行器，Unmanned Underwater Vehicle）等充电，提高其续航能力、隐蔽能力，为反海盗护航、反恐怖主义巡航、海上维和行动、海上联合军演、海上联合搜救等军事、非战争军事行动提供保障。

"海上丝路"也是亚丁湾护航的必经之地，人民海军为"海上丝路"保驾护航，"海上丝路"的健康发展反哺海军战略延伸，两者相辅相成、良性循环。打造一系列战略支撑点势在必行，本文在此展望"海上丝路"未来的研究方向，抛砖引玉，期望更多同仁可以积极贡献"海上丝路"建设，助力"海之梦"和人类社会的共同繁荣进步。

参考文献:

[1] 方江. 保护"海丝路"通道安全是海军的使命[EB/OL]. http://news. gmw. cn/2015-08/08/content_16588676_3. htm,2015-08-08/2015-
     08-22.
[2] 方江. 中国海军拟建"海外战略支撑点"[EB/OL]. http://news. takungpao. com/mainland/focus/2015-07/3050139. html,2015-07-12/
     2015-08-22.
[3] 郑崇伟,潘静,孙威,等. 经略21世纪海上丝路之海洋环境特征系列研究[J]. 海洋开发与管理,2015,32(7):4-9.
[4] 郑崇伟,李崇银. 中国南海岛礁建设:风力发电、海浪发电[J]. 中国海洋大学学报(自然科学版),2015,45(9):7-14.
[5] 郑崇伟,游小宝,潘静,等. 钓鱼岛、黄岩岛海域风能及波浪能开发环境分析[J]. 海洋预报,2014,31(1):49-57.
[6] 郑崇伟,李崇银,杨艳,等. 巴基斯坦瓜达尔港的风能资源评估[J]. 厦门大学学报(自然科学版),2016,55(2):210-215.
[7] 张先清,王利兵. 海洋人类学:概念、范畴与意义[J]. 厦门大学学报(哲学社会科学版),2014,32(7):4-9.

"一带"和"一路"如何成为"一带一路"

——基于国家战略安全的整体思考

胡红伟[1]

(1. 公安海警学院基础部，浙江 宁波 315801)

摘要："一带一路"战略最早分别以"一带"和"一路"提出，这两者之间的关系有分有合。其分处在于两者所承载的海陆差别，其合处在于经贸交流乃是战略实现的主要方式。但经贸交流的背后，还有更为重要的国家战略安全问题，尤其是中国目前的经济能源安全和领土主权安全。这需要将"一带一路"放在国家战略安全层面去思考，同时借助"一带"和"一路"促进中国大陆战略和海洋战略的互动，形成合力，助力中国中心大国地位的实现。

关键词：一带；一路；战略安全

1 引言

2013 年 9 月和 10 月，国家主席习近平在出访中亚和东南亚国家期间，先后提出共建"丝绸之路经济带"（以下简称"一带"）和"21 世纪海上丝绸之路"（以下简称"一路"）的重大倡议，并很快上升成为"一带一路"（One belt and one road）的统一战略，由此引发了国内各界的热议，也得到国际社会的高度关注。虽然最初的设想主要基于经济发展和合作的考虑，但其"涟漪效应"却越发明显，一直延伸到政治、军事、文化等多个领域，逐渐形成了一个多层面、多方位、综合性的国家战略。现在人们热议的主要是"一带一路"的统一战略口径，但"一带"和"一路"的自身条件和所承载的任务是否有差别，两者如何能够形成一个统一的战略整体，这似乎需要认真思考一下。所谓"名不正则言不顺，言不顺则事不成"，厘清这些观念正是为了更好地行动。

2 "一带"和"一路"的分与合

"一带"和"一路"本来是两个倡议，一经提出，很快合成"一带一路"并作为"战略"正式提出。所谓统一的战略，"一带一路"的共性目标是显而易见的，其着力点是本着互利互惠的原则加强沿线相关国家之间的经贸交流，这也是"一带一路"最原本的构想。但"一带"和"一路"面对的国家和承担的任务却是有所差别的。可以说其中有分有合。

从分的角度看，"一带"和"一路"所面对的国家有很大差别，"一带"所经过的主要是内陆国家；"一路"沿线则主要是沿海国家。从经贸交流的角度来说，陆上交通和海上交通可能是两者之间的主要差别。这导致"一带一路"战略的实施过程中，需要认真区别海陆差别。当然，由于现代航空线路的拓展，人员货物的往来也可以直接通过飞机实现，但对于大宗经贸交流来说，陆海交通仍是主要途径，其差异仍显得十分重要。从周边安全形势看，"一路"所经的海域有着严重的主权争端；而"一带"所必然经过的国内新疆等地区，目前也不太稳定。前者目前成为国际争端，后者属国内安全问题。

作者简介：胡红伟（1983—），男，安徽省怀远县人，公安海警学院基础部讲师，历史学博士，主要研究中国与周边国家关系、中国海洋发展问题。E-mail：qunxin1983@126.com

　　从合的角度看，"一带一路"的合作方式主要靠经贸交流。整体的发展方向是"西向"而非"东向"——即使和东盟有关国家进行合作，也避免不了要思考如何应对"马六甲困局"，而最终的走向应该是西向的。这其中有着重要的能源安全考虑。同时，"一带一路"经过的很多热点区域，地区矛盾冲突不断，大国角力其中，可以说是目前世界最乱的地方。即使如此，由于和国家战略安全关联十分紧密，使得中国必须面对这些问题。加之更为严重的海洋争端和新疆暴恐问题，"一带"和"一路"的合处不能仅仅停留在经贸层面，而应该上升到国家战略安全的高度。这也是"一带一路"回避不了的挑战。

　　需提及的是，"一带一路"战略目前来看不是一个十分具体的"方案"，更像是一个宏大的战略"意图"，如《老子》对"道"所形容的那样"惟恍惟惚"。"一带一路"作为战略更多的体现在"道"的层面，而非具体的"术"，因而不可能过于具体。这一战略是需要在实际的开展中不断完善自身，正是由于这种特点，其后面才可以不断加入更新更具体的内容，随着时间的推移，这些内容会越发的清晰。

3　国家战略安全应成为"一带一路"战略的根本落脚点

　　国家战略安全是一个宏大的综合概念，包括的层面非常多。目前除了领土主权安全外，经济能源安全是我们优先考虑的问题。"一带一路"所经国家，有少数和我们有领土海洋争端，这些问题无法很快解决。当下的经济能源安全则十分突出，直接影响到国家的长治久安和和平崛起。而将"一带一路"仅仅停留在经贸交流层面，或者再加入人民币国际化等因素，固然显得直接简单。但是，经贸合作乃是双向选择，你情我愿方能成功，那么我们力推"一带一路"，难免有些国家心存顾盼、疑虑重重，深怕其中夹带了太多的野心和"私货"。更无法避免大国的介入和阻碍，这就容易走向"剃头担子——一头热"的不利境地。和相关国家搞经济合作，要避免"一头热"甚至"自说自唱"是十分困难的。

　　同时，中国现在以经济建设为中心，发展经济当然是我们现在一切工作的重心。我国现在有世界最为庞大的外汇储备，某些行业也出现了严重的产能过剩，于是"走出去"就成为一种自然而强烈的需求。但经济是讲收益率的，靠"撒钱"来交朋友可以缓解一时的压力，但却并非长久之计。况且各国的政治、文化差异很大，尤其是一些国家，此时的执政党和我们关系甚好，一旦下台，国家关系又会出现很大的波折，直接影响到我们的切身利益。人们常说，在国际关系上，没有永远的敌人，也没有永远的朋友，只有永远的利益。道理似很简单，问题是朋友关系往往是利益载体，朋友经常变换会产生过高的成本，这又如何能够维护好自身的利益呢！这一点在当下对外经贸交流中经常出现，因此有必要将"一带一路"进一步深化成为关乎国家整体战略安全的系统工程，系统全面地研究各国国情，不能光靠钱去解决问题。

　　除此之外，"一带一路"所经过的区域如东海、南海、新疆等地区，是涉及国家安全的敏感地带，安全问题解决不了，经贸交流就容易出现变数。我们经常讲"胡萝卜加大棒"，"钱"犹如胡萝卜，但不能保证别人一定来吃。"兵者，危道也。"但通过"兵"（军事）又何尝不能更好地维护国家利益！我们已经偃武休兵30余年，士气、经验都亟需提升，长久的和平环境会影响我们的战斗力和国民精神。我们固然十分希望"和平崛起"，但面对严重安全威胁时，切不可轻视武力威慑的作用。"和平崛起"当然好，但发展大棒威力不能被束缚，问题只在于选择更为合适的方式。国际维和、海军护航都是已有的选项，但内容还是相对狭窄，未来能否有更多的选项，需要我们好好探索。归根到底，要想维护国家利益，尤其是领土主权安全，大棒或许要适时"走出去"。

　　但不能否认，在很多国家看来，中国能否和平崛起成为21世纪最大的地缘政治挑战。"一带一路"倡议的提出本身就具有很深的文化考量，也是为了尽可能降低相关国家的一些抵触情绪。"一带一路"战略的提出表明了中国和平崛起的决心，必然会对世界经济政治格局造成很大影响。然而，一旦明确将之定位成国家的安全战略，或许显得有点多虑，可能还会有很多无形的阻碍甚至抵制。可以说，在对外战略上，有些说得做不得，有些则做得说不得。所以，"一带一路"的热议和过多解读，反而不见得是好事。但无论如何，即使"一带一路"没有上升到国家战略安全层面，却仍应以国家战略安全为落脚点，由此才能发挥其更深层的作用。

4　以“一带一路”促进中国海洋战略与大陆战略的互动

“一带一路”必然涉及海洋战略和大陆战略的关系问题。说到海洋战略和大陆战略，不由得让人想起晚清的“海防”和“塞防”之争。以当时清政府所处的形势看，由于列强环伺，加之自身的贫弱落后，很难同时面对两场大规模的防御性战争，顾此失彼在所难免。虽然左宗棠平定新疆而收之于陆，但后来甲午战争北洋水师覆灭而失之于海，可以说是海陆战略矛盾的一个注脚，也是弱国自守所面临的必然困境。以今天中国形势而言，已与晚清有明显的不同：其一乃是晚清仍在走下坡路，而今中国国力明显处在迅速上升期；二是国际环境已大为改善，晚清时期面临的亡国危机不复存在，今天中国面对的则是如何扩大自身的国家利益和势力影响。作为传统的陆地大国和新兴的海洋大国，陆海战略如何对接互动以成整体，始终是我们面临的矛盾抉择。以内在军事力量的对比而言，中国自朝鲜战争之后一直是陆军强国，而今随着海洋地位和矛盾的凸显，大力发展海洋军事力量已经提上日程。习主席领导下进行的军事改革体现了这一点，合理配置海陆军事力量正是为了解决这一矛盾。“一带一路”战略的提出，无形中促进了人们对中国海洋战略和大陆战略之间关系的思考。

中国在传统上是一个大陆性国家，从历史、经济、文化等诸多方面都能看到这一点。历来中国最大的威胁也主要来自欧亚大陆的腹地，即中国的北部和西部，长城就是这一历史形势的见证。历史上，凡是中国处在鼎盛时期，往往中原王朝都能够很好地驾驭北部和西部的疆域；凡是中国衰落期，也恰是北部和西部陆权被侵蚀甚至丧失的时期。因此，陆权，尤其是西北方向的陆权，乃是保障中原地带稳定的基石。这种单向的陆地防御形势在明清时期开始被逐渐打破，先是来自海上的倭寇袭扰，后来更为严峻的是西方列强通过海洋对中华民族形成了最大的挑战。海洋上的威胁是不小的，期间日本对中国造成了近代以来最为严重的民族灾难，但最终海上威胁没有对中国的领土主权造成严重侵害。相反，由于陆权得不到保障，导致中国丧失了大片领土，至今犹令国人为之扼腕。因此，作为传统的大陆国家，陆权仍是主权的基础，加之中国的陆地边界要比海岸线长得多，因此重视大陆战略乃是维护主权的根本。

但从目前来看，由于近代以来中国的工业基础主要集中在东部沿海地区，改革开放也是以沿海作为前沿，海洋成为中国发展的必由之路。中国目前最发达的地区全部在沿海，长三角、珠三角、京津冀地区是中国经济的三大重心。中国对外贸易的主要通道也是海洋，能源、矿产的输入主要通过海洋。尤其是我们目前的油气资源主要来自中东非洲等地，当前面临着严重的“马六甲困局”。加之东海尤其南海出现的领土主权争端，使我们必须极其重视海权的维护。世界进入近现代史以来，随着资本主义的发展，世界财富的汇聚已经脱离了传统的农业而转向工商业，海洋成为世界贸易的最主要通道。陆续兴起的大国，几乎都是海权强国。在当今，由于海洋自身的国际法定位，使它成为世界上最为宽广的自由贸易通道。正如海权论者所指出的那样，谁控制了海洋，谁就控制了世界。没有强大的海洋军事力量，就无法保障国家的经济利益和战略安全。因此，为了中国的发展，又要极为重视海洋战略。

“一带一路”战略的提出，正是陆海统筹发展的最好见证。以陆为基础，以海为拓展。海陆之间不是偏重，而是各司其责，相互配合，犹如手足之关系。以“一带”促进中国内陆的经济发展，有助于西部地区的稳定。“西部大开发”可由此上升为“西部大开放”战略，“边疆”变成“前沿”。这有助于我国经济的内在均衡，减轻东部沿海的经济安全压力。随着和“一带”沿途相关国家的合作越发密切，可以很好缓解中国的能源安全问题。所面临的挑战，主要是新疆暴恐问题和西藏问题。西部的全面开放可能暂时无法实现，但有限开放是可控可行的，亦不能因噎废食、错失良机。同时，以“一路”深化中国沿海地区的开放水平，可以进一步促进沿海产业的转型升级，巩固东部地区的经济重心地位。加之我国海洋军事力量的长足发展，海洋也成为我国发展的主要战略空间。“一带一路”可以说是目前为止我们提出的一个最为重要的对外战略构想，由此也能够促进中国大陆战略和海洋战略的互动。

5　结语

作为世界上邻国最多的国家之一（另一个是俄罗斯），中国的地缘环境十分复杂。“多邻国家”往往容易成为四战之国，在关乎国家安全的战略选择上难免顾此失彼。尤其当周边出现被包围的危机局面时更是如此，中国目前的处境就很接近这一状态。除了北边目前因中俄关系相对稳定而比较平静，东南西三个方向都出现了不同程度的地缘安全挑战。如何化解这种不利局面，"一带一路"在目前看是一次突破性尝试，结果如何还有待实践的检验。然而地缘格局属于地理范畴，我们无法改变国家之间的地理形势，但可以利用地理形势制定合理的战略举措来提升国家的战略安全，追求国家利益的最大化。

人们在思考"一带一路"战略时，倾向于把中国作为"起点国"，很多省市也在争相充当新丝路的起点。这种"起点思维"首先在思想上就容易将中国"边缘化"。按照传统的"丝绸之路"这一提法，中国固然就是起点。但这样一来，我们就难以摆脱"线性思维"，不自觉地将中国视为一个虽然重要但却似乎很边远的一端。这且不说已经不符合中国当下的地缘环境，也完全有悖于中国中心大国地位的实现。作为多邻国家，我们完全可以利用自身的位置优势，将自己打造成为各国海陆交往尤其是"两洋一陆"（太平洋、印度洋和欧亚大陆）各项合作交流的中心枢纽，而关键钥匙掌握在自己手中，纵横捭阖，机由我发。中国应该重新成为中央之国，发挥世界经贸文化等各个方面交流的枢纽作用。由此，"一带一路"作为一个整体战略将会显得更为有力。

中国也应该努力成为世界发展的中心。如同车轮之辐辏，那些争当新丝路起点的省市，都是"辐"之内端，中空之处是国内广阔的市场空间，我们越发庞大发达的国内交通信息网络同时起到类似于电脑主机芯片的集成电路的作用。因此，我们要摆脱"起点思维"，拥抱"轴心思维"。以这个角度看待中国的周边环境，那么周边关系的复杂、多变已经不是劣势，反而能够提供巨大的发展可能，这一点将是其他任何国家甚至美、俄都无法比拟的。以中国当前的实力和优势，如果善加运用，在可预见的未来，实现这种中心枢纽地位的可能性是极大的。中国的地缘格局、人口规模，加之经济实力、基建能力，尤其是高铁等交通工具的长足进步，在实现这一地位过程中，将能够充分发挥自身的潜力。我们长足发展的军事力量能够成为坚强的保障，要利剑在手，而不轻于一发。最重要的是我们的革新魄力，以及实现中华民族伟大复兴的坚定决心，相信"一带一路"的顺利开展，会让中国的未来更加辉煌！

东盟国家"一带一路"互联互通指数聚类

杨理智[1]，张韧[1,2]，葛珊珊[1]，宋晨烨[3]

（1. 解放军理工大学 气象海洋学院，江苏 南京 211101；2. 南京信息工程大学 气象灾害预报预警与评估协同创新中心，江苏 南京 210044；3.61867 部队气象台，北京 101114）

摘要：基于"一带一路"沿线国家与我国互联互通情况对我国"一带一路"战略构想建设的重要性，文章选取东盟国家作为研究对象，运用云模型理论，构建了语义云距离公式，采用定量和定性相结合的数据资料，对东盟十国与我国互联互通指数开展了定量化的聚类分析，聚类结果符合客观事实，可为我国"一带一路"建设提供决策支持。

关键词：一带一路；互联互通；语义云距离；聚类分析

1 引言

"一带一路"重大战略构想是中国加强与合作国往来的重要战略途径，能有效解决中国产能过剩、能源对外依存度极高、工业及基础设施过于集中沿海等的安全隐患。而实施"一带一路"战略构想，必须以"政策沟通、设施联通、贸易畅通、资金融通、民心相通"为前提和基础，提高贸易和投资合作水平，开展新型合作方式。

由于"一带一路"战略构想的重要性，国内外学者展开了大量的研究，围绕其战略意义[1]、金融相关风险[2]、安全风险[3-4]等方面发表了一系列有重大影响的专著和报告。关于"互联互通"方面，主要围绕"互联互通"对我国的战略意义[5]、某单一方面的"互联互通"情况[6-7]以及中国与"一带一路"关键地区的互联互通现状[8-9]开展了部分研究。王继民构建了评价"一带一路"沿线国家互联互通指数的指标体系，并用专家打分法、标准化等方法进行量化打分[10]。参阅大量文献可以看出，"一带一路"相关研究丰富，研究所涉及的范围广泛。但大量研究都存在一个共性的问题，即对于问题的分析仅停留在定性层面，未能与定量的数据相结合，因此得出的结论缺乏科学的依据来支撑。在"互联互通"方面的研究，缺乏对"一带一路"合作国家与我国互联互通情况的分析。而沿线国家的政治、经济、文化等方面与我国的联通情况是我国与该国开展一切合作的前提和基础。

综上所述，本文结合各国的基本情况与发展态势，拟采用定量化的方法对"21世纪海上丝绸之路"的门户——东盟地区的各个国家与我国政治、经济、文化等方面的互联互通水平进行了聚类分析。由于互联互通指数指标众多，部分指标拥有统计数据，但部分指标属于定性范畴，仅有定性的文字资料。因此，互联互通指数的聚类需要建立能够同时处理定量、定性混合属性数据的聚类模型。本文引入云模型理论，提出一种新的云距离的运算方法，以此解决上述问题，其方法过程可为类似聚类问题提供模型，聚类结果可为我国政府进行相关科学决策、企业投资、智库研究等提供参考。

2 数学模型

2.1 云模型理论

定性概念和定量数据之间的转换最常是通过专家打分法实现。专家打分法是专家根据自己的经验和判

作者简介：杨理智（1990—），女，四川省绵阳市人，博士生，主要研究方向：海洋安全战略。E-mail：yangli199001@126.com

断给出具体数值的一种方法。然而，人类对事物的认知往往是通过语言表达的，如"好"、"一般"，很难给出具体数值。因此，要实现定性语言和定量数据的科学转换是建立聚类模型的关键所在。

人类语言的不确定性包含随机性和模糊性两个方面，现有数学方法往往只偏重于解决其中一个特性，如概率论解决不确定性中的随机性，而模糊数学则侧重于事件的模糊性。因此，李德毅院士结合概率论及模糊数学理论，提出了隶属云的概念，其基本思想是[11]：设 U 为精确数值的定量论域，A 是 U 上的定性概念，x 是定性概念 A 的一次随机实现，则对 $\forall x \in U$ 都存在一个有稳定倾向的随机数 $\mu(x) \in [0, 1]$，称为 x 对 A 的隶属度。隶属度 x 在 U 上的分布即为隶属云，简称云，每一个 x 都是一个云滴，云的整体形状就是对定性概念的整体反映。隶属云是云模型理论的核心思想，旨在用数学理论方法将自然语言中的模糊性与随机性进行结合并表达，体现两者关联性，从经典的随机理论和模糊集合理论出发，实现定性概念与定量数值的不确定性转化，同时避免用过于复杂的数学运算表达概念，以确保在评价中保留人类思维的本质，更好地将人类思维反映在量化数值上。

定性概念的整体定量特性通常通过云的 3 个数字特征来反映：期望 Ex、熵 En、超熵 He：

（1）期望 Ex：定性概念的信息重心值，是最能够代表定性概念的点。

（2）熵 En：定性概念的不确定性度量。首先它反映的是对定性概念模糊性的度量，即概念亦此亦彼的裕度，反映了可被概念接受的云滴的取值范围；其次它是对定性概念随机性的度量，反映了云滴的离散程度；最后它反映了模糊性和随机性的关联性。一般情况下，熵越大，模糊性和随机性越大，量化越困难。

（3）超熵 He：定性概念不确定性的不确定性度量，即熵的熵，是偏离正态分布程度的度量，由模糊性和随机性共同决定。也可理解为是对云模型成熟度的度量。

2.2 语义云距离

隶属云之间的距离实际上是指语义之间的差距，是语义差距的量化表达，也可以用来比较语义之间的差距，如可以度量"很好"和"一般"之间的距离。

自云模型理论提出以后，云模型相关理论得到了飞速的发展，许多学者就云的距离进行了研究：张勇等[12]提出相似云的概念，并提出一种基于随机选取云滴并计算其平均距离值来表征云的相似度的算法（IBCSC），该算法计算量极大，且计算结果不稳定；张光卫等[13]从相似性度量方法出发，提出了一种基于云模型的相似度计算方法（LICM），用夹角余弦来计算相似度，简化了计算过程，却忽视了熵和超熵的作用；李海林等[14]克服了前两种算法的缺点，通过求解云模型期望曲线（ECM）和最大边界曲线（MCM）相交的重叠部分面积来表示云模型的相似度，前者忽略了超熵的作用，后者放大了超熵的作用，并且，仅仅通过交叠面积来计算两朵云之间的相似度是不够的，忽略了云形状的相似性所代表的语义意义，且计算积分函数复杂度较高；杨萍[15]提出了一种综合相似度的测算方法，实际上是将基于云滴距离计算的相似度结果和基于数字特征的相似度结果结合起来，并没有优化上述算法中存在的问题；孙妮妮等[16]通过计算云模型重叠度优化了 ECM 及 MCM 计算复杂的问题，但依然没有关注云的形状对云相似度的重要性，且算法中确定度的选择过于简单，缺乏依据。

两朵云之间的距离应从两个方面出发进行测量：云的位置和云的形状。当两朵云位置相近，但形状不同时，之间也存在一定的差异，这也是从云重叠面积考虑云之间相似性存在的问题。云的形状由云的三个数值特征决定，而从云期望曲线边缘位置考虑云的位置的差异也是一种简单可行的方法。因此本文提出一种新的同时考虑云的整体位置和云的形状的云距离测度的方法（SSCM），如公式（1）所示：

$$d(C_1, C_2) = \frac{1}{2}\left\{\frac{1}{3}\left[\left(\frac{Ex_1 - Ex_2}{\max(|Ex_1|, |Ex_2|)}\right)^2 + \left(\frac{En_1 - En_2}{\max(|En_1|, |En_2|)}\right)^2 + \left(\frac{He_1 - He_2}{\max(|He_1|, |He_2|)}\right)^2\right]\right\}^{1/2}$$

$$+ \frac{1}{2}\left\{\frac{1}{2}\left[\left(\frac{(Ex_1 - 3En_1) - (Ex_2 - 3En_2)}{\max(|Ex_1 - 3En_1|, |Ex_2 - 3En_2|)}\right)^2 + \left(\frac{(Ex_1 + 3En_1) + (Ex_2 - 3En_2)}{\max(|Ex_1 + 3En_1|, |Ex_2 + 3En_2|)}\right)^2\right]\right\}^{1/2}.$$

$$(1)$$

为了与以往算法进行对比，选用文献［16］的例子，如图 1 所示。

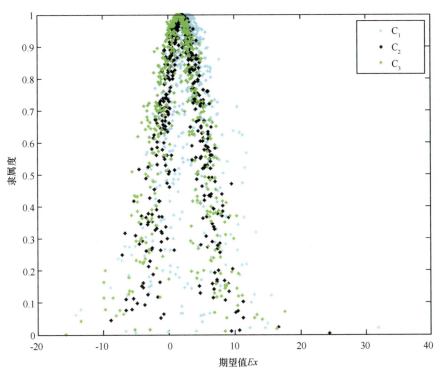

图 1　C_1、C_2、C_3 正态云示意图

文献［16］将自己的方法（OECM、OMCM）与其他方法进行了比较，本文直接引用其结果与本文所提方法进行对比，结果如表 1 所示。

表 1　SSCM 方法与现有云距离方法的对比

方法	云参数	相似度/%			方法	云参数	相似度/%		
		C_1	C_2	C_3			C_1	C_2	C_3
IBCSC 方法	C_1	97.02			OECM 方法	C_1	100.00		
	C_2	95.59	97.69			C_2	90.60	100.00	
	C_3	95.19	97.55	98.41		C_3	87.40	91.33	100.00
ECM 方法	C_1	100.00			OMCM 方法	C_1	100.00		
	C_2	87.03	100.00			C_2	78.40	100.00	
	C_3	83.22	91.09	100.00		C_3	89.96	88.00	100.00
MCM 方法	C_1	100.00			本文的方法（SSCM 方法）	C_1	100.00		
	C_2	78.49	100.00			C_2	77.28	100.00	
	C_3	89.55	88.02	100.00		C_3	72.32	80.44	100.00
LICM 方法	C_1	100.00							
	C_2	97.17	100.00						
	C_3	94.38	98.50	100.00					

由表 1 可见，除 MCM 和 OMCM 方法外，本文提出的方法结果与其他方法结果一致。MCM 和 OMCM 方法由于放大了 He 的作用，导致结果与其他结果不一致。另外，从图 1 可以看出，C_2 和 C_3 除在云位置上有一定差别以外，云的形状上也有一定的差别，C_3 云明显比 C_2 云离散程度更高，不确定性更大。其余方法高达 90% 的相似度估值偏高，是由于其余方法仅考虑云滴的位置，未考虑云的整体形状的影响。本文的结果在一定程度上降低了相似度的高估值，且计算简便，实用性较高。

3　聚类模型构建

K 均值聚类方法是常用的聚类方法，但 K 均值聚类方法的初始分类对其运算量和结果均有较大的影响。因此，本文先运用最小距离法将对象集进行聚类，聚类结果作为 K 均值聚类的初始类簇，而后运用 K 均值聚类的方法得到更为稳定的聚类结果。具体步骤如下：

A. 专家对缺失定量数据的指标进行评价，给出评语；

B. 运用云模型理论将专家评语转化为云的 3 个数值特征；

C. 令每一个国家为单独的一个分类，运用公式（2）计算每组数据之间的距离，得到距离矩阵。

$$d(A_1, A_2) = \sum_{j=1}^{n} \omega_j \left| \theta_{A_1}(x_j) - \theta_{A_2}(x_j) \right|$$

$$+ \left\{ \frac{1}{2} \left\{ \frac{1}{3} \sum_{k=1}^{n} \omega_k \left[\left(\frac{Ex_{A_1}(x_k) - Ex_{A_2}(x_k)}{\max(|Ex_{A_1}(x_k)|, |Ex_{A_2}(x_k)|)} \right)^2 + \left(\frac{En_{A_1}(x_k) - En_{A_2}(x_k)}{\max(|En_{A_1}(x_k)|, |En_{A_2}(x_k)|)} \right)^2 \right. \right. \right.$$
$$\left. \left. + \left(\frac{He_{A_1}(x_k) - He_{A_2}(x_k)}{\max(|He_{A_1}(x_k)|, |He_{A_2}(x_k)|)} \right)^2 \right]^{1/2} \right\}$$
$$+ \frac{1}{2} \left\{ \frac{1}{2} \sum_{k=1}^{n} \omega_k \left[\left(\frac{(Ex_{A_1}(x_k) - 3En_{A_1}(x_k)) - (Ex_{A_2}(x_k) - 3En_{A_2}(x_k))}{\max(|Ex_{A_1}(x_k) - 3En_{A_1}(x_k)|, |Ex_{A_2}(x_k) - 3En_{A_2}(x_k)|)} \right)^2 \right. \right.$$
$$\left. \left. \left. + \left(\frac{(Ex_{A_1}(x_k) + 3En_{A_1}(x_k)) - (Ex_{A_2}(x_k) + 3En_{A_2}(x_k))}{\max(|Ex_{A_1}(x_k) + 3En_{A_1}(x_k)|, |Ex_{A_2}(x_k) + 3En_{A_2}(x_k)|)} \right)^2 \right]^{1/2} \right\} \right\} \quad (2)$$

其中，$X = \{x_1, x_2, \cdots, x_n\}$ 为一有限集合，代表 A_1、A_2 事件中的指标，ω_j、ω_k 为第 j 和第 k 个指标的权重，当第 j 个指标为单数值时直接计算数值距离，而当第 k 个指标为云模型数据时用云模型距离测度进行计算。

D. 搜索距离最小的两组事件 A_i 和 A_j，将 A_i 和 A_j 合并成一个新的类别 A_{ij}，同时用浮动云算法[17] 和均值法计算 A_{ij} 的中心；

E. 代入 A_{ij}，并更新距离矩阵；

F. 重复 D、E 步骤，直到聚为 3 类；

G. 将该 3 类作为 K 均值聚类的初始分类，计算初始分类的中心；

H. 计算每个事件到中心的距离，将事件分配到最近的中心去；

I. 重新计算事件中心；

J. 重复 H、I 步骤直到中心稳定。

4　仿真实验

本文引用王继民团队所构建的"一带一路"沿线国家互联互通指数评价指标体系[10]，根据合理性和数据来源的可获取性，对部分指标进行了修改。指标体系如表 2 所示，分为 4 个层次，共 28 个评价指标。

表 2 "一带一路"沿线国家互联互通指数评价指标体系

目标层	指标层	次级指标层	准则层
"21世纪海上丝绸之路"沿线国家互联互通指数	政策沟通	政治互信 c1	高层交流频繁度 d1
			伙伴关系 d2
		合作机制 c2	驻我国使领馆数 d3
		政治环境 c3	政治稳定性 d4
			政府效率 d5
			清廉指数 d6
	设施联通	交通设施 c4	物流绩效指数 d7
			是否与中国直航 d8
			是否与中国铁路联通 d9
			是否与中国海路联通 d10
		通信设施 c5	电话线路覆盖率 d11
			互联网普及率 d12
		能源设施 c6	道路交通输送能力 d13
	贸易畅通	畅通程度 c7	关税水平 d14
			双边贸易额 d15
		投资水平 c8	双边投资协定 d16
			中国对该国直接投资流量 d17
	资金融通	金融合作 c9	货币互换合作 d18
			金融监管合作 d19
			投资银行合作 d20
		信贷体系 c10	信贷便利度 d21
			信用市场规范度 d22
		金融环境 c11	外汇储备量 d23
			外债占 GDP 比值 d24
	民心相通	旅游活动 c12	旅游目的地热度 d25
		科教交流 c13	孔子学院数量 d26
		民间往来 c14	我国网民对该国的关注度 d27
			民众好感度 d28

4.1 数据说明

文章数据来源包括 IFS 数据库、国际清廉指数、物流绩效指数、中国-东盟国家统计手册、中国外交部网站相关文件资料、国家统计局数据、国家商务部统计数据、国家银监会发布文件资料、世界银行公布的世界各国营商便利指数等。部分指标根据所得资料进行评价，评语分为 5 个等级。另外，d8~d10 指标，若有直航，打分为 1，若无直航，打分为 0。所有指标数据和评语如表 3 所示。

表 3　东盟十国关于互联互通指数指标的数据和评语

	印度尼西亚	马来西亚	菲律宾	新加坡	泰国	文莱	越南	老挝	缅甸	柬埔寨
d1	中等	较高	较高	较高	中等	较低	极高	较高	中等	极高
d2	中等	中等	极低	较高	较高	极高	较低	极高	中等	极高
d3	3	4	4	6	6	1	6	6	4	4
d4	较低	中等	较低	极高	极低	极高	较高	较高	极低	较低
d5	2.427	3.697	2.582	4.778	2.776	3.416	2.338	1.759	1.052	1.76
d6	3.038	4.779	2.584	10	3.708	5.931	2.892	2.238	1.551	2.375
d7	3.08	3.59	3	4	3.43		3.15	2.39	2.25	2.74
d8	1	1	1	1	1	1	1	1	1	1
d9	0	0	0	0	0	0	1	0	0	0
d10	1	1	1	1	1	1	1	0	1	1
d11	17.75	14.84	8.46	33.32	9.538	17.68	20.83	1.828	1.468	3.299
d12	14.16	36.27	14.24	55.14	20.62	40.7	8.152	4.407	14.3	2.226
d13	0.581 35	0.153 78	0.534 01	0.727 86	0.620 52	0.797 35	0.161 88	0.318 72	0.168 2	0.803 6
d14	极低	极低	极低	极低	极低	极低	极低	极低	极低	极低
d15	635.8	1020.2	432.81	797.4	726.7	19.36	836.4	27.4	69.7	24.99
d16	1	1	1	1	1	0	1	1	1	1
d17	127 198	52 134	22 495	281 363	83 946	−328	33 289	102 690	34 313	43 827
d18	极高	较低	较高	中等	较高	极低	较低	极低	极高	极高
d19	2	1	1	1	1	0	1	0	0	1
d20	1	1	1	1	1	0	1	1	1	1
d21	中等	极高	中等	极高	较高	较高	较高	极低	极低	较高
d22	7	7	5	9	7	7	7	5	5	7
d23	934	1305	738	2705	1590	30	255	8.39	76	44
d24	8.049	−40.24	−4.862	−298.3	−16.15	−1056	−6.512	54.36	36.65	21.92
d25	较高	极低	较低	中等	极高	极低	较高	极低	较低	较低
d26	1	1	3	1	12	0	1	1	1	1
d27	较高	中等	极高	中等	较高	极低	极高	极低	较低	极低
d28	中等	较高	极低	较高	中等	中等	极低	较高	较低	极高

4.2　聚类结果及分析

将评语用云模型理论在 [0，1] 之间生成对应的云，同时对数值进行标准化处理。将处理后的数据集带入聚类模型中，得到最终的聚类结果，如表 4 所示，三类簇的中心值如表 5 所示。

表 4　东盟十国聚类结果

类别	国家
一类	印度尼西亚、菲律宾、泰国、马来西亚、新加坡、越南
二类	老挝、柬埔寨、缅甸
三类	文莱

表5　三类簇的中心值

	d1	d2	d3	d4	d5	d6	d7	d8	d9	d10
一类	(0.775, 0.05, 0.000 1)	(0.387, 0.04, 0.000 1)	0.885	(0.587, 0.04, 0.000 1)	0.602	0.404	(0.725, 0.04, 0.000 1)	1	0.5	1
二类	(0.3, 0.033, 0.000 1)	(0.9, 0.067, 0.000 1)	0.167	(0.9, 0.067, 0.000 1)	0.715	0.593	(0.7, 0.03, 0.000 1)	1	0	1
三类	(0.65, 0.04, 0.000 1)	(0.7, 0.05, 0.000 1)	0.75	(0.3, 0.05, 0.000 1)	0.294	0.193	(0.5, 0.03, 0.000 1)	1	0	0.75

	d11	d12	d13	d14	d15	d16	d17	d18	d19	d20
一类	0.576	0.353	0.414	(0.1, 0.06, 0.000 1)	(0.69, 0.037, 0.000 1)	1	(0.45, 0.037, 0.0001)	(0.34, 0.052, 0.000 1)	0.531	1
二类	0.531	0.738	0.992	(0.1, 0.06, 0.000 1)	(0.1, 0.06, 0.000 1)	0	(0.1, 0.06, 0.000 1)	(0.9, 0.06, 0.000 1)	0	0
三类	0.06	0.16	0.454	(0.1, 0.06, 0.000 1)	(0.1, 0.06, 0.000 1)	1	(0.45, 0.03, 0.000 1)	(0.35, 0.059, 0.000 1)	0.125	1

	d21	d22	d23	d24	d25	d26	d27	d28
一类	(0.71, 0.04, 0.000 1)	0.8	(0.49, 0.04, 0.000 1)	(0.89, 0.06, 0.000 1)	(0.66, 0.06, 0.000 1)	(0.36, 0.03, 0.000 1)	(0.78, 0.05, 0.000 1)	(0.3, 0.05, 0.000 1)
二类	(0.7, 0.03, 0.000 1)	0.8	(0.1, 0.06, 0.000 1)	(0.9, 0.06, 0.000 1)	(0.1, 0.06, 0.000 1)	(0.1, 0.06, 0.000 1)	(0.1, 0.06, 0.000 1)	(0.5, 0.03, 0.000 1)
三类	(0.25, 0.06, 0.000 1)	0.65	(0.1, 0.06, 0.000 1)	(0.45, 0.03, 0.000 1)	(0.25, 0.04, 0.000 1)	(0.3, 0.03, 0.000 1)	(0.2, 0.05, 0.000 1)	(0.6, 0.05, 0.000 1)

　　分析三类中心值可看到，一类中心评值通常偏向于良好的畅通度，各指标评级优良，以越南、马来西亚、泰国等为代表国家，可定义为畅通型国家。二类中心指标评级差异较为明显，部分指标评级较高，但部分指标评级过低，联通性不均衡，以柬埔寨等为代表，可定义为良好型国家。三类中心指标评级属于中等偏低，是由于文莱国家虽然经济良好，与我国也有一定的交流合作，但该国整体对外交流度不高，且国家受国民关注度不高，在贸易、资金、民心等方面联通度较低，可定义为潜力型国家。以各国靠近聚类中心的程度为依据，得到各国聚类示意图，如图2所示。

图2　东盟十国聚类结果示意图

5 结论

本文以"一带一路"战略构想的提出为背景，构建了语义云距离的算法，运用云距离对东盟 10 个国家与我国互联互通情况进行了聚类，解决了聚类指标中既有定量数据又有定性评语的问题，能够客观、定量地根据所获取的数据资料对各个国家的联通情况进行聚类，聚类结果可信度较高。

由于数据的可获取性，文章的指标大多是以我国为主，缺少他国对我国的直接投资、民众好感度等，在后一步工作中，需要进一步完善评价体系，使评价指标更为全面。此外，"一带一路"沿线国家众多，后一步工作将搜集其他国家的数据、资料，对其与我国的互联互通程度进行客观、定量地聚类分析，为我国"一带一路"战略构想的建设提供建议和意见。

参考文献：

[1] 王灵桂．国外智库看"一带一路"[M]．北京：社会科学文献出版社，2015．

[2] 经济学人智库．愿景与挑战——"一带一路"沿线国家风险评估[EB/OL]．http://wenku.baidu.com/link？url=XsCZRzYfKI_CT2LEr8Bxmq2VdXHcLmBUTIZAIMFySI2WJnWA7SCU2VAbLq8afMmfxFU-MbE6bTwA8K5P5pXtQuPxKmyxDp7BD5nVF-m79H7．

[3] 《"一带一路"沿线国家安全风险评估》编委会．"一带一路"沿线国家安全风险评估[M]．北京：中国发展出版社，2015．

[4] 张洁．中国周边安全形势评估（2016）[M]．北京：社会科学文献出版社，2016．

[5] 赵亚丽．"一带一路"背景下的互联互通[J]．港口经济，2016(3)：21-22．

[6] 魏晖．"一带一路"与语言互通[J]．云南师范大学学报(哲学社会科学版)，2015，47(4)：43-47．

[7] 李楠．"一带一路"战略支点——基础设施互联互通探析[J]．企业经济，2015(8)：170-174．

[8] 冯氏惠．"一带一路"与中国—东盟互联互通：机遇、挑战与中越合作方向[J]．东南亚纵横，2015(10)：32-37．

[9] 谢静．"一带一路"与中国-东盟互联互通中的印度因素[J]．东南亚纵横，2015(10)：38-41．

[10] 王继民．一带一路"沿线国家互联互通指数研究[C]//海洋信息助推海洋强国战略实施研讨会．北京，2015．

[11] 李德毅，孟海军，史雪梅．隶属云和隶属云发生器[J]．计算机研究与发展，1995，32(6)：15-20．

[12] 张勇，赵东宁，李德毅．相似云及其度量分析方法[J]．信息与控制，2004，33(2)：129-132．

[13] 张光卫，李德毅，李鹏，等．基于云模型的协同过滤推荐算法[J]．软件学报，2007，18(10)：2403-2411．

[14] 李海林，郭崇慧，邱望仁．正态云模型相似度计算方法[J]．电子学报，2011，39(11)：2561-2567．

[15] 杨萍．基于正态云模型的不确定信息集结模型研究[D]．南京：南京航空航天大学，2014．

[16] 孙妮妮，陈泽华，牛昱光，等．基于云模型重叠度的相似性度量[J]．计算机应用，2015，35(7)：1955-1958．

[17] 杨理智，张韧．"21 世纪海上丝绸之路"地缘环境分析与风险区划[J]．军事运筹与系统工程，2016(1)：5-11．

坚持走中国特色的海洋强国道路

林昆勇[1]

(1. 广西大学 海洋学院，广西 南宁 530004)

摘要：海洋强国建设是中国特色社会主义的重要组成部分。深入学习和贯彻落实党的十八大报告精神和习近平总书记关于海洋事业的重要论述，认为我们做好海洋工作、发展海洋事业的根本方向是必须坚持走中国特色海洋强国道路，立足国情、高举旗帜、开拓进取；行动指南是必须坚持推动党的海洋强国理论政策创新发展，解放思想、实事求是、与时俱进；基本方法是必须坚持妥善处理海洋工作领域的重大关系，统筹兼顾、突出重点、把握关键。走中国特色的海洋强国之路，必须把海洋强国理念融入社会主义现代化建设进程中，坚持走依海富国、以海强国、人海和谐、合作共赢的发展道路。

关键词：海洋强国；中国特色道路；人海和谐；统筹兼顾

海洋是地球生命孕育的摇篮，是人类文明发祥的源泉，是人类社会的共同遗产。15 世纪欧洲新航路的开辟，标志着人类社会进入海洋时代。我国是一个海洋大国，拥有 1.8 万千米大陆海岸线，300 多万平方千米的管辖海域，海洋资源丰富[1]，海洋强国战略问题始终是关系国家领土主权和领海权益的重大战略问题。把握海洋强国的战略问题，需要对民族和国家抱持一种责任和自信，需要历史的眼光，尤其需要大历史胸怀，理性认真地理解当代中国的海洋问题，从历史辩证法和宏观与微观的系统整合的角度去看待和把握海洋强国战略问题。党的十八大以来，习近平总书记着眼于中国特色社会主义事业发展全局和海洋强国战略高度，对我国海洋事业作出重要论述，对我们党关心海洋、认识海洋和经略海洋的思想认识、思维理念、战略部署、目标任务、政策策略等一系列重大理论和实践问题进行了积极探索，成功走出一条中国特色的海洋强国之路。走中国特色海洋强国之路，必须把陆海统筹理念融入社会主义现代化建设进程中，实现依海富国、以海强国、人海和谐的发展道路。

1 必须坚持走中国特色海洋强国的正确道路，立足国情、高举旗帜、开拓进取，这是我们做好海洋工作、发展海洋事业的根本方向

海洋是地球生命的发源地，海洋能够为人类社会的可持续发展提供广阔的发展空间，通过开发利用海洋进行有效解决人类社会面临的人口膨胀、资源短缺和环境恶化等难题。"建设海洋强国是中国特色社会主义的重要组成部分。党的十八大作出了建设海洋强国的重大部署，实施这一重大部署，对推动经济持续健康发展，对维护国家主权、安全、发展利益，对实现全面建成小康社会目标、进而实现中华民族伟大复兴都具有重大而深远的意义。"[2]这是习近平总书记的一个重要论述，其强调海洋强国是提高国家核心竞争力和综合国力的战略支撑，必须摆在社会主义现代化建设全局的核心地位。我们要深刻理解建设海洋强国的重大意义、重要作用和正确方向，突出重点、攻克难点，打好建设海洋强国攻坚战，进一步关心海洋、认识海洋、经略海洋，坚持走中国特色海洋强国的发展道路。

我们党结合我国海洋事业发展的实际，自党的十七届五中全会和《中华人民共和国国民经济和社会

作者简介：林昆勇（1977—），男，广西壮族自治区陆川县人，博士，博士后，副研究员，从事生态文明建设、珊瑚礁与海洋生态环境、南海问题方面研究。E-mail：nnskylky@163.com

发展第十二个五年规划纲要》明确提出"制定和实施海洋发展战略"重要海洋战略思想以来，党的十八大进行了建设"海洋强国"的战略部署，强调走出一条中国特色的海洋强国道路。这就是：在中国共产党的领导下，高举中国特色社会主义伟大旗帜，始终把统筹国内国际两个大局作为海洋事业发展的关键，始终坚持陆海统筹的原则，走一条依海富国、以海强国、人海和谐、合作共赢的发展道路。这条道路集中体现了我国在维护国家主权、安全、发展利益中的突出地位，体现了海洋在国家生态文明建设中的显著角色，是一条实现国家富强、民族振兴、人民幸福的海洋强国发展之道。

坚持走中国特色海洋强国的正确道路，我国海洋事业取得了举世瞩目的巨大成就。党的十八大作出了建设海洋强国的重大部署，通过推动我国海洋经济向质量效益型转变，依靠发展我国海洋科技，进行突破制约我国海洋发展和环境保护的瓶颈，进行统筹兼顾维护国家海洋主权和海洋权益。建设海洋强国，关键是要解决两个问题：一个是明确海洋强国的建设方向，最根本的问题是"走什么路"、"举什么旗"，这是制定和实施海洋发展战略的根本目的和最终目标；另一个是维护海洋权益问题，坚决捍卫我国海洋主权和海洋权益，找到和平解决南海争端的有效途径和方式。把中国特色的海洋强国道路不断推向前进，是时代赋予我们的崇高使命。要深刻把握我国海洋事业发展的阶段性特征，从实际出发研判南海局势、制定海洋强国战略政策、部署海洋事业发展工作。一是要用中国特色的海洋强国事业发展去凝聚全国人民意志，坚定各族人民走中国特色海洋强国道路的信心和决心。二是要把人才资源开发放在海洋科技创新最优先的位置，改革海洋人才培育、引进、使用、激励等机制，努力造就一批世界水平的科学家、海洋科技领军人才、工程师和高水平海洋创新团队，不断提高海洋科技发展的原始创新、集成创新和引进消化吸收再创新能力。三是要积极主动地整合和利用好全球海洋科技创新资源，从我国海洋科技发展的现实需求和发展需求出发，有选择、有重点地参加国际海洋科学探测和海洋科研基地及其中心平台建设和利用，实现与国际社会的相互借鉴和互利共赢。四是要准确把握我国海洋事业重点领域科技发展的战略机遇，选准关系海洋强国战略全局和长远发展的战略必争领域和优先发展方向，通过高效合理配置资源，深入推进海洋科技联合攻关的协同创新与开放创新，构建起一个高效强大的海洋科技共性关键技术供给体系，努力实现我国海洋领域关键技术的重大突破和掌握海洋科技核心技术发展的主动权。五是要积极围绕海洋产业链部署海洋科技创新链，围绕海洋科技创新链进行进一步完善海洋产业发展的资金链，聚焦国家海洋强国战略目标，集中资源，形成合力，突破关系海洋高新技术发展的重大关键问题，继续深化对中国特色海洋强国道路的探索，努力使这条道路越走越宽。

2 必须坚持推动党的海洋理论政策创新发展，解放思想、实事求是、与时俱进，这是我们做好海洋工作、发展海洋事业的行动指南

党的海洋强国战略理论是海洋事业发展理论与我国海洋事业发展问题实际相结合的产物。以习近平总书记为核心的党的中央领导集体，确立了以关心海洋、认识海洋、经略海洋为核心的中国特色海洋强国的海洋理论和海洋政策。以习近平总书记为核心的党中央领导集体，强调"海洋事业发展得怎么样，海洋问题解决得好不好，关系我们民族生存发展，关系我们国家兴衰安危"，突出"建设海洋强国是中国特色社会主义的重要组成部分"。

党的海洋强国战略理论是我国海洋事业工作的行动指南，海洋强国战略政策是我国海洋事业发展工作的生命线。中国共产党成立95年来，特别是改革开放以来，在党的中国特色社会主义现代化建设理论政策的指引下，我国各族人民心连心、同呼吸、共命运，共同谱写了中国特色社会主义现代化建设事业发展的壮丽史诗，共同奏响了中华民族伟大复兴的时代最强音。解放思想，实事求是，与时俱进，不断推进党的海洋强国战略理论政策的发展创新，是我国海洋事业阔步前进的必然要求。要深化对海洋工作实践的研究，不断推动中国特色社会主义海洋强国理论政策体系的发展和完善。要继续解放思想，在实践中积极探索中国特色社会主义海洋强国事业发展的新小法、形成对中国特色社会主义海洋强国事业发展的新认识、总结好中国特色社会主义海洋强国事业发展的新经验，始终保持中国特色社会主义海洋强国理论创新的旺盛生命力。要积极开展海洋科技交流，扩大海洋科技创新视野。海洋科技是世界性、时代性的，发展海洋

高新技术必须具有全球视野和国际眼光，立足海洋科技创新发展新趋势，积极开展国际海洋科技交流合作，用好国际国内两种资源，才能在更高起点上推进海洋科技自主创新，攀登世界海洋科技高峰。要坚持从实际出发，与时俱进，根据时代发展的新需要和南海局势发展的新形势，不断研究制定出符合中国实际的海洋强国战略政策。

当前，我国面临着众多的海洋问题，包括东海问题、南海问题和其他海洋问题和争议。这些海洋问题和争议已经严重影响到我国的国家安全、核心利益乃至我国和平发展进程。现在，建设海洋强国方向已经明确，关键在于细则，重点做好深入海洋强国战略的贯彻落实工作，既是我们对待海洋的立场、态度和方法，也是摆在海洋工作者面前一个重大而紧迫的课题。一是要抓紧制定海洋强国建设的有关文件，搞好海洋事业发展的总体规划和顶层设计；抓紧起草出台繁荣发展海洋事业的文件和规定，为建设海洋强国提供依据和规范；抓紧制定相关海洋事业发展的配套建设意见，为建设海洋强国创造良好条件[3]。二是积极拓展建设海洋强国的有效途径和方式。2015 年 10 月 29 日党的十八届五中全会通过的《中共中央关于制定国民经济和社会发展第十三个五年规划的建议》提出，拓展蓝色经济空间，坚持陆海统筹，壮大海洋经济，科学开发海洋资源，保护海洋生态环境，维护我国海洋权益，建设海洋强国[4]。要将这"一个拓展"、"一个坚持"、"一个壮大"、"一个开发"、"一个保护"和"一个维护"进一步具体化、明细化，同时，积极探索建设海洋强国的多种有效形式。三是选择易于突破的海洋领域和环节先行推开。重点选择能够加快推进的海洋领域和环节先行一步，方式上可以实现"三个转变"：海洋经济向质量效益型转变、海洋科技向创新引领型转变和海洋开发方式向循环利用型转变。相对政治、国防和战略而言，我们要强化海洋意识、海疆意识和前沿意识，可以尽可能选择进一步关心海洋、认识海洋和经略海洋。沿海各级地方政府和有关部门应积极推出海洋事业建设与发展的总体规划和突破领域，以确保我国建设海洋强国的战略部署尽快取得实质性的重大进展[5]。四是加快推进海洋海岛生态环境保护。积极开展海洋生态修复工程，着力推进海洋自然保护区建设，重点加强海洋海岛分类管理，主要拓展海洋蓝色经济发展空间，更加深入实施科教兴海战略。实施海洋强国战略，繁荣发展海洋事业，虽然面临不少困难和问题，但只要进一步统一思想认识，坚定信念信心，积极奋力进取，大胆勇于探索，这项事关民族生存发展和国家兴衰安危的重大战略部署一定能够得到积极推进和稳步发展。

3 必须坚持妥善处理海洋工作领域的重大关系，统筹兼顾、突出重点，把握关键，这是我们做好海洋工作、发展海洋事业的基本方法

统筹兼顾是科学发展观的根本方法，也是党在中国特色社会主义现代化建设事业发展方面的重要领导艺术。中国共产党成立 95 年来，特别是改革开放以来，我们党既统筹兼顾，又突出重点，妥善处理改革开放和现代化建设问题工作重大关系，推动我国社会主义现代化建设事业顺利发展。

我们党按照统筹兼顾的原则，始终注意妥善处理陆海统筹工作领域的重大关系。一是统筹处理好中国特色社会主义事业的全局工作与建设中国特色海洋强国的海洋事业的关系。始终把海洋事业作为关系民族生存发展和国家兴衰安危全局的一项重大工作，把建设海洋强国作为中国特色社会主义的重要组成部分，同时又把围绕中国特色社会主义现代化建设中心、服务中国特色社会主义事业发展大局作为海洋事业发展始终遵循的重要原则。处理好海洋事业与中国特色社会主义现代化建设事业的关系，既是推进中国特色社会主义现代化建设稳定快速健康发展的必然要求，也是贯彻实施海洋强国战略、繁荣发展海洋事业的重大举措。二是统筹处理好海洋资源开发与海洋经济发展的关系。既制定一系列事关海洋事业全局发展的海洋资源开发政策，又坚持因地制宜、分类指导，制定并实施加强海洋产业规划，优化海洋产业结构，提高海洋经济增长质量和培育壮大海洋战略性新兴产业等专项规划，实施海洋经济向质量效益型转变，加快现代化海洋产业基地建设，提高海洋资源开发水平，保障我国海洋资源安全和海洋权益作出积极贡献[6]。三是统筹处理好发展海洋高新技术与推动海洋科技创新转型的关系。把发展海洋科学技术，推动海洋科技向创新引领型转变作为解决制约我国海洋经济发展和海洋生态保护的海洋科技瓶颈的关键，把大力发展海洋高新技术作为加快建设海洋强国的保障，坚持两手抓、两手硬、两促进，既考虑海洋科技创新总体规划，

还注意在深水、绿色和安全领域的海洋高新技术取得突破性的核心技术和关键共性技术的研究开发，兼顾科技兴海、海洋科技创新和海洋人才优先方面的有机统一。四是统筹处理好海洋开发方式转变与海洋海岛生态环境保护的关系。把海洋生态文明建设纳入海洋开发利用的总体布局之中，将海洋生态文明建设作为海洋经济发展模式转变的重要引擎。海洋生态环境问题是在海洋经济发展过程中产生，必须通过海洋经济发展加以解决。这就要求我们必须将合理开发和节约利用海洋资源放到海洋生态文明建设的全局考虑，走内涵式发展道路。这既是改善我国海洋生态环境和科学合理开发利用海洋资源的现实需要，也是实现让人民群众吃上绿色、安全、放心的海产品和享受碧海蓝天、洁净沙滩的客观要求。要将海洋生态文明的价值理念渗透到海洋经济发展模式转变的全过程，通过坚持海洋资源开发和保护并重，海洋污染防治和海洋生态修复并举，将从源头上进行有效控制陆源污染物入海排放，建立健全海洋生态补偿和生态损害赔偿制度，最能维护海洋自然再生能力、最能推进海洋自然保护区建设，推动海洋经济、生态、社会效益高的海洋海岛生态环境保护新格局。五是统筹处理好和平发展与维护海洋权益的关系。既确保我国的和平发展的总体国家战略，坚持走和平发展的中国特色海洋强国之路，主张通过对话、谈判等和平方式，认真解决好事关国家领土主权和领海权益的海洋争端问题[7]，又引导人民群众把认识和行动统一到维护国家海洋主权和海洋权益这个中华民族最高利益上来，我们坚持走和平发展道路，但是绝不能放弃我们的正当海洋权益，更不能牺牲国家核心利益。同时，我们有意愿、有信心通过和平方式进行维护和实现海洋利益。

21世纪是海洋世纪，习近平总书记强调指出，实现中华民族伟大复兴的中国梦，就是要实现国家富强、民族振兴和人民幸福。要实现"中国梦"，必先实现"海洋梦"。当前和今后一个时期，贯彻落实海洋强国战略，繁荣发展我国海洋事业，处理好海洋工作领域的重大关系，必须在重点工作和关键环节上取得突破。既要谋划涵盖我国海洋事业发展全局和海洋强国战略部署的重大政策举措，又要根据南海、东海和其他海洋问题的实际，重点推进我国有关海岛吹填工程建设和海洋科技创新发展以及捍卫海洋领土主权和海洋权益保护。既要大力倡导和平发展的中国特色海洋强国道路，深入推进友好协商、谈判解决海洋争端问题，又要有针对性地在一些关系海洋领土主权和海洋权益方面进行切实维护国家的海洋主权和海洋权益[8]。既要积极开展多领域多层次的国际海洋合作，又要参与构建一个公平合理的国际海洋秩序。既要做好积极促进南海问题的妥善解决工作，也要加强维护海洋主权和海洋权益特别是海洋资源保护工作，切实维护国家海洋主权安全和海洋权益。要准确把握国家海洋主权安全形势变化新特点新趋势，坚持总体国家海洋权益安全观，走出一条中国特色国家海洋权益安全道路，大力开展我国走和平发展海洋强国之路宣传和通过对话与谈判等和平方式解决海洋争端行动，积极配合宣传部门做好宣传报道，让中国特色海洋强国在全社会蔚然成风，同时增进国际社会对我国走和平发展的中国特色海洋强国道路的认同。要及时化解南海争端国际化和复杂化的倾向性、苗头性问题，切实维护国家海洋主权和海洋权益，关键要着眼于中国特色社会主义事业发展全局，重点在于统筹国际国内两个大局，立足于海陆统筹，坚持走一条依海富国、以海强国、人海和谐、合作共赢的发展道路，主要通过和平、发展、合作和共赢方式，扎实稳步推进我国海洋强国建设。

参考文献：

[1] 徐胜. 走中国特色的海洋强国之路[J]. 求是,2013(21):41-42.
[2] 孙景淼. 建设海洋强国的行动指南[J]. 求是,2015(6):57-58.
[3] 朱建庚. 海洋环境保护的国际法[M]. 北京:中国政法大学出版社,2013:1.
[4] 中共中央关于制定国民经济和社会发展第十三个五年规划的建议[J]. 求是,2015(22):7.
[5] 金永明. 海洋问题专论(第2卷)[M]. 北京:海洋出版社,2012:序言.
[6] 李双建. 主要沿海国家的海洋战略研究[M]. 北京:海洋出版社,2014:47-54.
[7] 舒尔茨,赫尔曼,塞勒. 亚洲海洋战略[M]. 鞠海龙,吴艳,译. 北京:人民出版社,2014:14-22.
[8] 刘锋. 南海,祖宗海与太平梦[M]. 北京:外文出版社,2015:137-143.

西方国家经略海洋经验对我国海上丝绸之路的启示

窦博[1]

（1. 中国海洋大学法政学院，山东 青岛 266000）

摘要： 西方大国从地中海文明开始开创了海洋文明，凭借港口、海军舰队、开辟航线、战略通道，依靠殖民地贸易提前进入工业文明、海洋文明时代。中国应借鉴西方某些经验：建运河网，实施"运河出海战略"借鉴西方国家海洋教育、海洋科技兴国，推进中国 21 世纪海上丝绸之路，扩展中国的海上丝绸之路。中国应制定自己的海洋战略，实现四洋战略。实现"一带一路"需要金融机制支撑，中国的亚投行积极助力中国海洋战略、助力 21 世纪海上丝绸之路建设。

关键词： 海洋战略；海上丝绸之路；北极丝绸之路；丝绸之路扩展

1 引言

文中首次提出了中国应实施"运河出海战略"，中国海洋战略应出台四洋战略，成立日本海分局，以图们江为基地积极向北极开发扩展中国的北极海上丝绸之路。

2 西方发达国家经略海洋经验

迦太基、亚述、埃及、雅典、威尼斯、亚历山大、马其顿、波斯、罗马、阿拉伯、奥斯曼土耳其、阿拉伯，这些帝国塑造了地中海文明，即海洋文明，他们围绕着地中海开辟海洋战略通道。地中海沿岸国家仰赖海军舰船创造了人类的海洋文明，每一个帝国都必须要建造一支强大的舰队来维护它在地中海交通或者用于征服他国，波斯人因希波战争失败而衰败；罗马人击败腓尼基人的舰队统一地中海；奥斯曼帝国东地中海的优势与天主教鼎足而立的局面形成。"谁控制了海洋，谁就控制了世界"，地中海沿岸国明白这个海权需要海军来维持的道理。

15 世纪末期，葡萄牙、西班牙探索海洋发现新航路后，开辟了驶出地中海，出直布罗陀海峡到大西洋、太平洋的海上战略通道。荷兰被称为"马车夫"、英国被称为"日不落"帝国，欧洲进入到了大航海时代。葡萄牙、西班牙、荷兰、英国、法国等先后依赖海上力量成为殖民大国和海洋大国。英国于 1588 年击败了欧洲最强大的西班牙无敌舰队，再通过 3 次英荷战争，击败了"海上马车夫"荷兰，1689—1815 年，英、法进行了六次大战，18 世纪末 19 世纪初，英国海军曾以绝对优势的海军力量在世界三大洋上纵横驰骋，所向披靡，终成"日不落"帝国。欧洲海洋国家陆地小到无法与大陆帝国相提并论，但强大的海军足以对陆地帝国形成包围发动进攻，依靠殖民地贸易提前进入工业文明、海洋文明时代。海权论的作者马汉总结说："多少世纪以来，英国商业的发展、领土的安全、富裕的帝国的存在和世界大国的地位，都可以直接追溯到英国海上力量的崛起。"

近代社会就是海洋文明对陆地文明的包围，西方海洋大国凭此提前进入了工业时代。地球上 30% 是陆地，70% 是海洋，因此，控制了海洋，就控制了大陆国家。从 15 世纪末期，随着葡萄牙对海洋的探索，探险家开辟了新航路、发现了新世界，成就了葡萄牙的大国梦。欧洲进入到了大航海时代，葡萄牙、西班

基金项目： 教育部人文社科规划基金项目"关于俄罗斯海洋战略的基础性研究"（11YJACJW004）。

作者简介： 窦博（1964—），女，吉林省长春市人，研究方向为海洋战略及其国际问题。E-mail: 15192485296@163.com

牙、荷兰、英国、法国等先后成为殖民大国和海洋大国。这些海洋大国依靠开辟航道，航道本身可带来军事与航运贸易的繁荣，扩充舰队、发展海外贸易，为了夺取制海权，500 年间海战频繁，"谁控制了海洋，谁就能控制世界贸易；谁控制了世界贸易，谁就能控制世界财富，进而控制世界本身"。在这种海洋理念下，海洋大国纷纷建设海军，英国自 16 世纪以来先后击败西班牙无敌舰队、"海上马车夫"荷兰，成为世界第一海洋大国，依靠强大的海军，控制制海权，通过海外殖民与海外贸易积累巨额财富，海洋经济得到空前的发展，确立金融霸权。

在马汉海权论影响下，俄国第一个沙皇伊凡雷帝著名的论断："波罗的海的海水是值得用黄金斗量的"，俄国从对外扩张起就开始了追逐海域，彼得一世名言"俄国需要有水域""两只手理论"讲的是既要有陆军，更要有海军。在美国马汉出海口理论影响下，彼得一世把夺取出海口放在对外政策的首位。用 21 年的北方战争，从瑞典手里夺得了波罗的海东南岸地区和出海口，创立了俄国第一个海军舰队——波罗的海舰队。叶卡特林娜二世继承了彼得一世的对外政策，从奥斯曼土耳其手里夺取了黑海北岸，并由此建立了黑海舰队。沙俄越过了乌拉尔山、侵占西伯利亚后，从勒拿河中游据点雅库茨克出发，一直入侵到中国黑龙江流域，夺去了我国黑龙江、乌苏里江、绥芬河、图们江等河流的出海口，在海参崴建立了太平洋舰队。在太平洋水域与日本相遇，1894—1895 年甲午战争、1904—1905 年日俄战争、1938 年日俄张鼓峰战役，俄国都是为了争夺太平洋势力范围。苏联奉行全球扩张政策，实施用领土将四大洋包围起来的战略，西面波罗的海舰队驻扎在彼得堡，保证舰队从波罗的海自由进出大西洋。南面黑海舰队驻扎在塞瓦斯托波尔，保证从博斯普鲁斯海峡自由进出地中海，从西面通过直布罗陀海峡自由进出大西洋，东面通过苏伊士运河自由进出红海出波斯湾到印度洋。东面太平洋舰队驻扎在海参崴看护着太平洋，北面北方舰队看护着北冰洋。冷战后，由于波罗的海国家独立，波罗的海舰队基本被封存在波罗的海，黑海舰队被封存在黑海，直至不久前俄罗斯夺回克里米亚半岛，黑海舰队的命运才有改观。俄罗斯在战略地缘空间收缩之日，经济重心东移的情况下，太平洋是俄罗斯重要发展方向。随着气候变暖，北冰洋是俄罗斯海洋战略中最重要的一个方向，俄罗斯控制着北极北方航道。波罗的海曾是古代北欧商业的通道，从 15 世纪后期起，沙俄为夺取波罗的海出海口，曾多次发动侵略战争，最终经过 21 年的北方战争，1775 年美国才建立海军，美西战争中美国夺取了古巴、菲律宾控制权。1901 年海军任职的西奥多·罗斯福成为总统，美国开辟了拉美、加勒比地区，及东太平洋战略通道，并成功控制巴拿马运河。凭借二次世界大战，美国海军飞速发展，冷战时美国与苏联成为海上超级大国，利用港口、舰艇、海外军事基地、开辟了通往世界各地的战略通道。冷战后，美国成为唯一的海上霸主，为了石油美国海军开辟了通往中东的海上战略通道，发动了伊拉克与阿富汗中东战争，继续巩固其中东影响力的同时，美国为了将安全重心转向在外贸和经济增长方面更重要的亚太地区，海军开辟了太平洋战略通道，与周边国家一起对中国形成了 3 条岛链封锁。美国亚太再平衡战略、利用 TPP 这个被称作"经济北约"的组织介入东亚区域一体化进程，重塑并主导亚太区域经济整合进程，介入中国南海问题，利用海军、空军航母开辟战略通道。

黑海是连接东欧内陆和中亚、高加索地区出地中海的主要海路，黑海航道是古代丝绸之路由中亚通往罗马的北线必经之路，其战略地位非常重要。黑海是东欧各国海运要道，也是第聂伯河、顿河、德涅斯特河、多瑙河主要河流的出海口。

不久前俄国从乌克兰手里夺取克里米亚半岛后，再次保障了黑海舰队可以从黑海经博斯布鲁斯海峡进入地中海。

从彼得大帝时期起，俄国从瑞典手里夺去了波罗的海出海口，从此波罗的海就是俄罗斯通往欧洲的重要出口。俄罗斯从西边出直布罗陀海峡到大西洋，东边从地中海过波斯湾红海到印度洋。波罗的海现今不仅是北欧重要航道，也是俄罗斯与欧洲贸易的重要通道，更是俄罗斯波罗的海舰队出入大西洋的唯一通道，航运意义很大，是沿岸国家之间以及通往北海和北大西洋的重要水域。德国为了控制波罗的海和北海于 1895 年开凿基尔运河。

现今俄罗斯与伊朗、印度等国正在酝酿以波罗的海北部为终点连接印度洋和西欧的"南北走廊"。美国也将卡特加特海峡和卡特加特海峡列入其在世界上必须控制的 16 条著名的海上要道之中。足见波罗的海海域的重要性。

3 中国海洋安全状况

自鸦片战争后的百余年间，西方列强从海上入侵中国达 479 次，入侵舰船 1 860 艘次，入侵兵力达 47 万人，迫使中国签定不平等条约 50 多个。现今中国面临的海上安全威胁日益突出：中国拥有主权和管辖权的海洋面积达 300 多万平方千米，其中 120 万~150 万平方千米被别国提出主权要求；黄海总面积 38 万平方千米的海域有 25 万平方千米归中国，可是在海域划界问题上，韩国主张等距线为界，造成中朝韩国 18 万平方千米的争议海区。东海中国钓鱼列岛被日本非法占领，77 万平方千米的海区应归中国管辖的海域为 54 万平方千米。但是日本却以钓鱼岛为基准线，宣称中日两国是共架国，要求按中间线平分东南大陆架。在南海，美日插手，越、菲、马、印尼、文莱等形成无赖方式对付中国，挑起南海领土主权和海洋权益争端。中国岛礁被越南占 29 个，菲律宾占 9 个，马来西亚占 5 个，而中国仅占 8 个（包括台占太平岛）。南沙群岛海区也被非法分割，周边各国大肆掠夺丰富的海洋资源。美国害怕中国的崛起，与盟国在中国周边海上筑起了 5 条岛链，妄图抑制、封锁中国。

美国基于国家安全地缘政治和军事战略考虑，企图在海洋领域对中国进行限制，以延阻中国和平崛起，中国海洋利益的拓展则加深了中美之间在海洋领域的矛盾。具体而言，从地缘政治角度而言，美国的战略目标是防止中国在海上扩张势力，危及美国的霸权。世界海权中心先是从地中海到大西洋，进入 21 世纪太平洋实际上已成为各大地缘政治势力的角斗场。中外学者普遍认为，太平洋的地位已经开始取代大西洋，在冷战结束后，成为世界海权体系的轴心地带。冷战时美国将苏联当成世界的主要对手，现今美国将中国这个新兴市场国家当成最主要的对手进行抑制。20 世纪 90 年代以来，世界海洋运输的空间格局发生了从大西洋为中心的转变，并逐步形成以东亚太平洋为中心的世界经济新格局。冷战后，太平洋成为世界海权体系的轴心地带，太平洋东西两岸的中美是世界上最大的海洋国家和陆海复合型国家。

中国要崛起，恢复世界大国，一定要建设强大的海上力量，包括海军、舰艇、港口、海外基地等。只有这样才能改变我国海洋上"海域被侵、海岛被占、资源被掠"的局面，保护我国海上"石油生命线"与海外财产与人员安全，承担一个海洋大国应负的国际海洋安全义务。

4 借鉴西方大国河流综合利用经验教训

中国因为重农轻商、重陆轻海，长期以来，对河流没有综合利用，往往偏重发电、灌溉，而忽视航运。西方在环保、交通堵塞等压力下，大力发展航运，航运既环保又经济，航运本身又兼有军事意义，因此，受到西方的青睐。莱茵河、多瑙河、伏尔加河、密西西比河等河流航运都非常发达。

我国图们江、额尔齐斯河不仅航运价值重大，而且又都是流向海洋的外流河，因此，将我国的河流综合利用，让所有的河流都流动起来，让所有的外流河都通向海洋，这是成为海洋大国的基础。

4.1 借鉴欧俄美运河网经验实施"运河出海战略"构建运河丝绸之路

中国京杭大运河是世界上开凿最早、规模最大的运河。南起杭州，北到北京，自清末改漕运为海运，大运河失去了国家经济大动脉的作用，如今多数运河段作为文物保护起来了。俄美成为超级大国时，建成了一个沟通国内各大流域的运河网。美国以密西西比河为轴心，修建了连接五大湖的运河，两个超级大国实现了全国范围内物资的低成本运输，一条密西西比河的运输能力相当于 10 余条铁路。俄罗斯以伏尔加河为轴心，修建了连接波罗的海、黑海、里海、白海的运河。俄罗斯、伊朗和阿塞拜疆三国早在 2002 年签署，旨在加速印度、伊朗、中亚、俄罗斯及欧洲地区水路、铁路和陆路货运的"南北交通走廊"计划。2007 年哈萨克斯坦总统提出修建连接里海与黑海的欧亚运河倡议，得到俄罗斯的积极响应。2016 年俄罗斯与伊朗正在酝酿修建一条绕开土耳其博斯普鲁斯海峡与苏伊士运河，穿越伊朗全境，建设里海—波斯湾通往印度洋的大运河。中国应该建设一个与俄罗斯、美国类似的运河网，首先沟通中国大运河，湘江、赣江上游修建运河沟通珠江体系，进一步实现"京广运河"。湘江与柳江分别是长江和珠江流量最大的支流，用运河连接，同样的方法适用于郁江与钦江之间、云南普渡河与元江之间。在南汀河、澜沧江和红河间一部分利用现有支流，一部分修建很短的渠道，配合高坝大库（边境地广人稀），把澜沧江水调入元江，淮河上游与汉江支流滚河之间距离也非常短，将南方所有水系用运河连接起来。将我国东北黑龙江、松花江、乌苏里江、图们江、绥芬河、鸭绿江、辽河等众多水系连成运河网，然后与我国京杭大运河连接，再与用运河连成网的西南形成我国东部运河出海战略，北部通过黑龙江可出鄂霍次克海，通过图们江可出日本海、通过鸭绿江可出黄海、通过辽河可出渤海、通过京杭大运河可出渤海、黄海、东海。再将我国珠江、西江等河流与京杭大运河相连接，形成我国从北至南的交通大动脉、运河连起的河上丝绸之路。

4.2　借鉴西方国家海洋教育、海洋科技兴国

目前中国对"蓝色国土"的开发利用水平、海洋经济在国民经济中的分量、海洋科技与环境保护水平，与海洋强国相比，存在较大的差距。由于科学技术问题，我国海洋资源的平均开发率不足 20%，水产品深加工率仅 30%，化工、能源资源等的开发利用效率非常低。壮大海洋经济、保护海洋生态、发展海洋科技是欧美海洋强国走过的路。

我们习惯把自己的祖国称之为"大陆国家"，透露出传统的大陆—农耕文明的重视，对海洋、海权的忽略。中国其实是一个负陆面海、陆海兼备的国家。不断增强海洋意识、海洋观念，改变中华文明仅仅源自"黄土文明"、是"大陆文明"的片面认知，应将海洋知识教育写进中小学教科书，尽快制定国家海洋战略，走海洋教育、海洋科技兴国之路。

近代地理大发现认为，出海口与领海，是判断一个国家进入近代社会的重要标志，面向海洋是现代国家全面崛起的重要前提。我国十八大报告提出了"提高海洋资源开发能力，坚决维护国家海洋权益，建设海洋强国"，由此确定了我国海洋强国目标。在与沿线国家共建 21 世纪海上丝绸之路时，应借鉴利用沿线欧美俄日等发达国家先进的科研技术，共同开发海洋资源，不断提高我国海洋资源开发能力。

我国目前有 270 万平方千米海域可以发展海洋经济，发展海洋经济是走向海洋强国的必经之路。我国有近一半的海域被他国染指、侵占和掠夺性开发，这部分主权海域要坚决维护，本着"搁置争议，共同开发的原则"用丝绸之路这一中华文化民族观念的集中体现和友好纽带与周边国家共建 21 世纪海上丝绸之路。

5　中国"一带一路"战略的扩展

中国满族祖先肃慎开辟了自东北乃至库页岛中国境内最早的陆海丝绸之路，箕子至朝鲜带去了蚕丝并开辟了半岛丝绸之路，鉴真等东渡日本留下了中日海上丝绸之路佳话。唐朝渤海国开辟了通往中原、朝鲜半岛、日本、库页岛的海上丝绸之路，明代郑和下西洋更是将丝绸之路扩展到东南亚、印度洋、非洲沿岸，但我国古代的海上丝绸之路具有朝贡道的性质。西方海洋文明促进了贸易空前发展，带动了工业发展，完成了工业革命。这是中国建设海洋大国，与沿线国家共建 21 世纪海上丝绸之路需要向西方借鉴的经验。中国的"一带一路"与海上丝绸之路得到俄罗斯、蒙古、上海合作组织的积极响应。俄罗斯提出欧亚联盟与中国"一带一路"对接。2016 年 5 月普京与亚投行行长会晤时，建议亚投行对扩大西伯利亚铁路线、北极北方海路的构建以及远东地区经济特区的发展发挥应有的作用。蒙古提出草原丝绸之路与"一带一路"对接，共建中蒙俄经济走廊。蒙元帝国时期，从大都北京有通往蒙古高原、新疆、中亚直通里海沿岸的草原丝绸之路，这些都为中蒙俄构建 21 世纪海上丝绸之路、中蒙俄经济走廊、中国"一带一路"的扩展提供了契机。可开发下列海陆丝绸之路：中国西北额尔齐斯河通北极北方航线、东北以图们江为基地，以东北亚丝绸之路为起点通北冰洋，建设新海上丝绸之路。

额尔齐斯河是中国唯一流入北冰洋的河流，1950—1956 年，额尔齐斯河布尔津港口曾作为中国重要航运口岸与苏联通过商，鉴于北极航运马上商业化，我国应恢复额尔齐斯河航运并使之与上游鄂毕河航运连接，可直通北极北方航线，这是一条需开发的新疆北极海上丝绸之路。此外，新疆应积极参加俄哈正在酝酿的欧亚运河，开辟新疆经额尔齐斯河至里海、黑海欧亚运河沿线的海上丝绸之路。

中国一直保有从图们江出日本海的权利，可从1938年至今已有近80年没有出日本海，中国应借助北冰洋通航的机遇，以图们江为基地，向北开发北极海上丝绸之路，一条沿北极的东北航线，从中国珲春出发，经海参崴直达摩尔曼斯克、冰岛、瑞典、直达欧洲、地中海；另一条沿北极西北航线，直达北美洲，还有一条就是经北极中心航线，直达欧洲，实施北极丝绸之路战略。

历史上一直有东北亚通往中原的陆海丝绸之路，尤其是唐、元、明清时期。唐朝东北渤海地区有通往中原、朝鲜半岛、日本、黑水靺鞨等6条朝贡道，明清有从北京经辽阳、吉林、黑龙江到库页岛后至北海道的陆海丝绸之路，沿途被转手的丝绸又被中日学者称为"虾夷锦"。历史证明，太平洋的黄海、渤海、东海相通，中国与东北亚的交往就呈现繁荣景象。应将丝绸之路作为文化友好的纽带，将历史上的东北亚陆海丝绸之路与我国海上丝绸之路对接，在此基础上向北极拓展中国的"一带一路"，向南与我国山东东方海上丝绸之路对接、与南京、杭州、福建、广州、广西等南方海上丝绸之路对接，向西南疏通澜沧江—湄公河、怒江—萨尔温江、伊洛瓦底江使我国这些外流河流都能通向南海、安达曼湾、孟加拉湾、阿拉伯海，最终通向印度洋，开辟印度洋海上丝绸之路，向西与草原丝绸之路对接，形成中国"一带一路"、海上丝绸之路大战略。

6　中国海洋战略的战略构想

中国急需出台国家海洋战略、对国家海洋事业整体规划，要把海洋生态文明建设纳入海洋开发总布局之中，坚持开发和保护并重。要发展海洋科学技术、维护国家海洋权益，实现中国海洋强国梦。

首先建议我国成立海洋河流综合委员会，统筹协调海洋与水利部门之间事务，做到海洋与水利不分家，海监、海警等海洋水利事务统一管理，更便于与国外交流合作，解决国际河流水资源、通航、运河修建、环境保护、海洋资源共同开发等一系列涉及海洋水利事务。海洋河流综合委员会应有专家学者研究战略通道、运河等问题；建议我国成立日本海分局，解决图们江出日本海及通航等问题，为开发北极海上新丝绸之路做准备。

中国的海洋战略应上升为四洋战略，即同时实行太平洋战略、北冰洋战略、大西洋战略、印度洋战略。我国的太平洋战略应以日本海为基地，在中朝关系最好时期，争取早日让图们江出日本海，以图们江为基地冲出美国的岛链封锁。中国的太平洋战略应与北冰洋战略形成合围之势，并积极从中国大连、秦皇岛、连云港、上海等港口开发北极海上丝绸之路，把日本海图们江口作为一个开发北极海上丝绸之路的基地，作为一个停靠点。

中国海洋战略，应将东南亚、东北亚同时作为最关键的方向。重点处理好与东南亚国家之间的关系，稳控南海局势，确保我国的油气生命线航行安全，确保中国与东盟关系的大局稳定，同时，应加强对周边多国合作管理的参与力度和机制建设投入，利用东北亚与俄、蒙、朝友好关系，积极开发从黄海、日本海、鄂霍次克海，经白令海峡到北极航线的海上丝绸之路，形成我国南北海洋呼应战略。其次处理好与印度之间的关系，开发印度洋海上丝绸之路。再次，开发到波斯湾中东的海上丝绸之路，保证我国进口石油的主要来源地。最后，积极开发到欧洲、甚至澳大利亚、非洲等地的海上丝绸之路。

中国与沿线国家共建21世纪海上丝绸之路时，最好与我国将来出台的国家海洋战略相配套，利用亚投行的有力支撑，在沿线与其他国家共建丝绸之路。最好逐条线路先论证、考察，然后由国家与地方政府一起开发，防止相邻省市浪费资源。借鉴西方大国经验，利用亚投行构筑21世纪海上丝绸之路，构筑海洋强国。为推进"21世纪海上丝绸之路"战略目标，应合适地规划、利用好各种海上合作基金、丝路基金和特定基础设施银行贷款制度，特别应制定规范且符合形势发展和国家特点的制度性规范，通过政策沟通、设施连通、贸易畅通、资金融通、民心相通等路径，构筑21世纪海上丝绸之路关系国家之间的合作共赢关系。其中，加强政策沟通是"一带一路"建设的重要保障；基础设施互联互通是"一带一路"建设的优先领域；投资贸易合作是"一带一路"建设的重点内容；资金融通是"一带一路"建设的重要支撑；民心相通是"一带一路"建设的社会根基。

尽管"21世纪海上丝绸之路"战略构想是中国的倡议，但在建设过程中应秉持共商、共建、共享原则。这一战略构想不是封闭的，而是开放包容的；不是中国的独奏，而是沿线国家共同的参与。

实现"一带一路"需要金融机制支撑，为此中国同时推进了丝路资金与亚投行，中国发起成立的亚洲基础设施投资银行，得到了世界的响应，有 57 个国家成为亚投行意向创始成员国，成为一个囊括亚、非、拉、欧的多边银行，尤其是英、德、法、意、卢、瑞、奥等欧洲国家先后申请作为意向创始成员国，使得中国主导的多边国际金融机构，多边发展融资体系，变成国际热点。亚投行热现象折射出了除美国之外的全球各国对推动国际金融秩序改革的强烈愿望。2013 年 9 月和 10 月习近平主席在强调相关各国打造"命运共同体""利益共同体"基础上，提出了"一带一路"战略构想，它是世界上跨度最长的经济走廊，是一个涵盖多领域、全方位、包容合作、推动与周边国家互联互通的战略。"一带一路"作为新时期中国提出的亚欧经济整合战略，具有极其深远的现实意义。"中国利用丝绸之路这一古代中华民族文化符号"实现"共同打造政治互信，经济融合、文化包容的利益共同体、命运共同体和责任共同体"。

"一带一路"建设总原则是"五通"，即围绕"政策沟通、设施联通、贸易畅通、资金融通、民心相通"展开。"五通"的具体内容包括：中国与欧亚国家加强协商制定合作规划；在公路、铁路、口岸、航空、电信、油气管道等基础设施建设方面实现互联互通；提高相关各方贸易和投资便利化水平；扩大本币结算和本币互换合作等重要内容；推进人民币国际化进程。亚投行与"一带一路"目标一致，互相支撑，相互呼应，实现亚投行与"一带一路"的顺利对接，是推进"一带一路"建设和亚投行发展的关键。

我国海洋生态文明建设中统筹监管体制与机制探讨

谭晓岚[1]

(1. 山东省海洋经济文化研究院，山东 青岛 266071)

摘要：海洋生态环境是海洋经济尤其是海洋可再生资源型经济发展的基础。海洋的统一性，关联性决定了海洋开发与海洋生态问题的复杂性。海洋的统一性特征不会因为人类主观的分割而实现有效的分离。对海洋缺乏科学的认识，盲目、不科学的开发与管理方式是我国海洋生态环境日益恶化的根源。科学认识海洋，遵循海洋的特点和规律开发管理海洋，对海洋进行科学的统筹开发管理，应该是我国海洋生态文明建设基本指导思路，也是我国实现科学开发利用海洋的有效途径。

关键词：海洋；生态文明；统筹监管；体制与机制

1 国内外经验借鉴

海陆统筹监管体制是海洋管理的高级形式。近年来，伴随我国海洋事业的迅速发展，我国开始认识到"海陆统筹"战略在国民社会经济发展中的重要意义。海陆统筹管理理念起源 20 世纪 90 年代初的美国，目前该管理理念在欧美初步推行了已有 20 多年的历史。总结欧美各国和地区在海洋统筹管理实际运行情况，认为有以下几点经验值得我国借鉴。

1.1 国家宏观引领，地方具体跟进

在海陆统筹管理的过程中，欧美国家的海陆统筹管理普遍采取的是一种自上而下的演进过程。以美国为例，其 1972 年颁布的《海陆统筹管理法》，确立了美国海陆统筹管理的总体目标和基本原则。该法规定了"海陆统筹管理项目"和联邦一致性条款，鼓励各州积极开展海陆统筹管理项目，并为其提供资助。虽然在《海陆统筹管理法》框架下，各州是否申请开发海陆统筹管理项目是自愿而非强制的，但在该法的支持和资助下，到目前为止所有的海岸州都已建立了海陆统筹管理项目，并定期向美国海洋和大气局报告本州海陆统筹管理的实施效果。欧共体在 1978 年发布了《欧共体的海岸带综合管理》[①]，建议各个国家整合分散的政策、建立起恰当的机构、界定合理的海陆统筹管理机构、发展海岸带综合管理规划。在 2002 年，欧盟发布了《欧洲议会和欧洲理事会建议》），提出了八项基本原则和八项战略性措施[②]。该建

作者简介：谭晓岚（1977-)，男，重庆市人，主要从事海洋经济，海洋战略与全球化，海洋哲学思想与文化研究。E-mail：tanxiaolan_love@126.com

① 欧共体，欧盟的前身，1993 年《马斯特里赫特条约》生效，欧盟正式成立。

② 《欧洲议会和欧洲理事会建议》中的 8 项战略性措施：（1）海岸环境的保护，是基于维护它的完整性和运作的生态系统方法，以及海岸地带的海洋和陆地的组成部分的自然资源的可持续管理；（2）承认沿海地区威胁是以气候变化以及海平面上升和风暴的频繁程度和暴力程度构成的；（3）采取恰当的和生态的海岸带保护措施，包括海岸带定居点和文化遗址的保护；（4）可持续的经济发展机会和就业选择；（5）在当地社区中建立起有效的社会文化系统；（6）为公众保留充足的土地，不仅为了娱乐，而且为了美学价值；（7）如果有处于偏远地区的社区，维持或加强与他们的联系；（8）促进与陆地和海洋有关的行政机构之间的合作，实现陆地和海洋的相互作用。同时，为了落实这些战略，该建议又提出 8 项海岸带综合管理的基本原则：（1）综合性的整体视野，考虑海岸地区的自然生态系统和人类活动之间的依赖性和差异性；（2）长期性的视野，考虑预防性原则以及当代和后代人的需求；（3）随着问题和知识的变化采取与之相适应的管理措施，这需要与海岸演变相关科学的完善；（4）区域性和欧洲海岸带地区的多样化，需要多其实际需求采取专门的解决方案；（5）遵守自然规律，考虑生态系统的承载力，从而使人类活动更加具有环境友好性和社会责任性，也有利于经济的健康发展；（6）涉及所有与管理有关的群体（经济和社会合作伙伴，代表海岸带地区居民的组织，非政府组织和商业群体），例如通过合同，并基于责任的平均分担；（7）为了实现现有政策的协调，支持和引入相关国家、区域和地区层面的行政机构，建立或维持这些机构之间的联系，并在恰当的时候进行区域和地区机构之间合作；（8）使用一种综合的方法促进行业政策目标、规划和管理的一致性。

议虽然也不具有约束力，但其已经获得所有欧盟成员国的采纳，成为欧盟各成员国制定海岸带综合管理的政策的重要指导。

这种自上而下的管理模式一方面从国家的层面对全国的海陆统筹管理做出规定，无论是强制性的还是建议性的，都将会引起各地对海陆统筹管理的重视，使各地区各部门明确海陆统筹管理的重要意义、发展方向和基本要求，促进各地政府采取配套行动加强对当地海岸带的管理。另一方面，国家可以集中全国优秀的经济、环境管理人才制定出恰当的海陆统筹管理方法，有利于克服地方海岸带资源管理技术匮乏的劣势。

在我国，海洋管理呈现出一种从地方到中央的发展趋势，许多地方开展海洋管理的开发与保护工作；在国家层面上却缺乏明确的、可操作的海洋管理战略。这种自下而上的发展模式在很大程度上阻碍了我国海洋和海岸带地区的可持续发展。因为在缺乏统一有效的战略目标的背景下，有的沿海省市可能会单纯为了追求社会经济的发展或者局限于制定法规和行政管理的能力，而制定出不符合可持续发展理念的海岸带的环境资源开发与利用规划，导致当地海岸带生态环境的进一步恶化，影响海洋和海岸带地区经济的健康发展。

因此，我国在推进"陆海统筹"战略实施的过程中，一种较为稳妥的方案是，首先基于制定"陆海统筹"战略的目的，在海陆开发与保护问题较为尖锐的地区进行实验性的陆海统筹管理实验项目，寻找解决海陆资源与环境管理的基本途径；或者是在海陆统筹管理较为成熟的地区进行基于陆海统筹战略的管理实验，从而可以尽快获得较为成熟的管理经验。然后，在总结、分析这些地区所面临的共同问题的基础上，并结合我国国民经济和社会发展规划，从"陆海统筹"战略的基本原则、各行业实施"陆海统筹"战略的基本要求、奖惩制度、汇报制度等方面为各地区提供一套可操作的"陆海统筹"战略实施指导方案

1.2 实行战略评估决策机制

欧美国家因较早开展海陆统筹管理工作，总体来看这些国家（地区）已经进入到海陆统筹管理工作的评估阶段。欧盟从1996年开始的海陆统筹管理"实验项目"（评估体系的建立只是该项目的一项内容）为建立评估体系提供了重要经验。在此基础上，欧盟建立了一套包含5大项26小项的评估体系，用以确认欧盟海岸带综合管理的发展进程。同时，欧盟又制定了包含27项评估海岸带可持续发展的指标与其相对应45种方法的"欧洲海岸带可持续发展指标"[①]。为欧盟监测欧洲海岸带地区的可持续发展程度提供一种可以普遍适用的评价和汇报的框架。美国海陆统筹管理的实施评估始于2001年，在美国各界对美国海洋和大气局无法评估海陆统筹管理成果的质疑以及国会的要求下，美国海洋和大气局着手开始制定一套问题监测范围及其海陆统筹管理项目实施效果的评估体系。同年，美国海洋和大气局委托"科学、经济和环境约翰·海因茨三世研究中心"开发一套评估体系。为了完善该框架，美国国家海洋和大气局协同其他9个州制定了一套初步的评估体系[②]。在2004年，7个州的海陆统筹管理项目自愿参与到此项评估体系的测试，来检查该体系的有效性和可行性[③]。在2005年，根据这些实验项目反馈的结果，海洋与海岸资源管理办公室对此体系进行了修订。从2006年开始，根据此体系，各州通过为期3年的阶段性评估方法向美国海洋和大气局提供数据。至2009年，美国国家海洋和大气局根据实验项目所取得的数据，形成了正式的海陆统筹管理法实施评估体系[④]。具体来说美国的海陆统筹管理评估体系主要包含两步：第一步，制定《海陆统筹管理项目战略计划》，在该战略计划中提出美国海陆统筹管理所需要解决的重大问题；第二步，根据评估体系的内容向国家海洋和大气局汇报本州海岸带的管理效果。

---

① 至2004年，法国、比利时、拉脱维亚、马耳他、波兰、西班牙的海岸带管理项目都将此指标视为海岸带管理监测指标的重要基础。
② 这9个州分别是：阿拉巴马、阿拉斯加、加利福尼亚、夏威夷、密歇根、明尼苏达、纽约、奥勒冈州和南卡罗莱那州。
③ 这7个州分别是：佛罗里达、缅因、码头群岛北部、南卡罗来纳、弗吉尼亚、华盛顿、和威斯康星州。
④ 评估体系的具体内容参见美国国家海洋和大气局网站：http://coastalmanagement.noaa.gov/success/welcome.html

1.3 加强利益相关者参与海陆统筹管理的机制建设

利益相关者参与海陆统筹管理在国际海洋管理新趋势中得到了极大的重视。世界上海洋发达国家特别是美国在制定涉及海洋统筹发展重大战略决策时，一直非常重视利益相关者，包括非政府组织的意见和建议。美国民间组织皮尤海洋委员会提出的《美国的活力海洋——规划海洋变化的航程》的报告为制定美国的海洋发展政策提供了依据，报告大量吸收了涉海行业、沿海地方政府和公众的意见，具有强烈的代表民意的特征。利益相关者参与海洋政策的制定和执行，加强其外部件的的问责职能，能够为海洋政策的制定和实施整个过程创造有利的社会环境。使得海陆统筹管理的全面展开获得更广泛的支持。随着海洋经济的快速发展和海洋教育的逐步普及，作为利益的相关者，沿海地区的居民、企业、新闻媒体、社会组织对海洋事务的参与意识逐渐加强，而有关海洋经济的可持续发展，有关海洋的生态环境保护议题越来越成为公众关心的焦点。加强公众参与海洋管理机制的建设，让社会各界在海洋事务上有发言权、有监督问责权，确保国家的海洋政策的制定和海洋管理的开发能够受影响公众的广泛参与，从而获得公众对国家海洋管理的有力支持和认可。

2 重点发展领域

2.1 规划政策统筹

从系统论的角度来看，海域系统与陆域系统并不是单一存在的，而是具有整体性和统一性。地球本身就是一个完整的自然系统，而海洋生态与陆地生态共同构成了地球的生态系统，彼此相互连接，相互依存，共处于人类居住的地球上。因此，我国海洋生态文明示范区的建设需要做好3个层面的统筹衔接。

一是海洋生态文明示范区海陆统筹规划要从国家发展战略层面的高度出发，把沿海地区的建设发展与内陆腹地的产业、生态及各种资源统筹协调发展衔接起来，实现海域产业和陆域产业有序、高效衔接。

二是海洋生态文明示范区海陆统筹的规划要贯彻海陆联动的发展意识，加强各行业、部门规划制定之间的衔接和统一，相应政策法规要是一盘棋，不是一团麻。努力构建统一协调的海陆统筹发展监管服务体系；在海洋生态文明示范区建设规划过程中，要处理好中央和地方海洋管理部门、地方海洋管理部门与地方政府的关系，明确职责，合理分工、配合协调，提高对海陆统筹进行管理的效率；要保证海洋生态文明示范区实现陆海统筹规划发展，必须建立科学统一的海陆管理政策、法规体系，加强推进以《联合国海洋法公约》和我国现行关于海洋管理的基本法律为基础，完善海洋生态文明示范区综合法规立法、行业立法，尤其是加强海岸带保护与开发管理等领域相关法规的立法工作。

三是要注意海洋生态文明示范区与其他沿海地区进行统筹；海洋生态文明示范区与陆域经济发展进行统筹衔接；海洋生态文明示范区发展规划与地方整体长远规划相衔接，进行科学的统筹，在制定海洋生态文明示范区发展规划时不但要与地区"十三五"整体规划统筹，还应该与过去的"十二五"规划相衔接，与未来"十四五"规划等进行衔接与统筹，保证示范区建设规划的延续性和统一性。

2.2 基础设施建设统筹

海洋基础设施建设统筹主要着力构建快捷畅通的交通网络体系、配套完善的水利设施体系和环境监测体系、安全清洁的能源保障体系和资源共享的信息网络体系，提高海洋生态文明示范区发展的支撑保障能力。其中交通网络基础设施建设要充分发挥海洋港口与海外和内陆的内接外联的节点地理区位特性。优化布局，强化枢纽，完善网络，提升功能，发挥组合效应和整体优势，构建海陆相连、空地一体、便捷高效的现代综合交通网络。在对港口结构优化，港航资源整合，加快港口公用基础设施及大型化、专业化码头建设的同时，同时加强港口内陆腹地的空港、铁路、公路路网规模，完善路网结构，提高路网质量，形成功能完善、高效便捷的海港、空港、铁路和公路网络一体化的现代化运输网络体系。在水利和环境监测设施建设上，坚持兴利除害结合、开源节流并举，以增加供水能力和防洪防潮为重点，加强内陆入海河流流域地区水利基础设施与沿海地区一体化建设，尤其是对入海河流流域地区的环境监测设施建设必须将入海河流监测与近海监测一体化。

2.3 产业布局与发展统筹

海岸带地区是海洋与陆地的交接带和过渡带，具有海陆资源的复合性、交叉性与融合性等特征。从产业空间布局的情况来看，海域产业与陆域产业相互交叉融合的区域集中在海岸带，因此，海洋生态文明示范区产业空间布局必须是海陆相互交融，海陆两类经济活动同时存在于海洋生态文明示范区内，海陆产业需要相互依托，共同发展。

从产业链的特征来看，海域产业是技术密集型产业，具有高投入、高风险和高回报的特征，其上下游及相关横向产业链比较长，对陆地产业有很强的依赖性。特别是海洋文化产业的发展，更有赖于陆地文化产业的支持，需要借鉴陆地文化产业的发展经验。在经济新常态的大背景下，特别需要加强和促进海域产业布局与陆域产业布局的衔接，尽快改变海洋与陆地各项产业布局各自相对封闭的状态，加速推进海洋经济和陆地经济一体化。海陆产业结构大调整是一个基本趋势，也是经济良性发展的必然要求。只有认识和把握这一趋势，加快海洋生态文明示范区内海陆产业结构优化布局，优化海陆资源配置，培育高技术产业，促进海洋油气开采设备配套产业的培育、海水综合利用、海洋能发电等潜在海洋产业的形成和发展，以陆域高新技术改造海域传统产业，推动陆海产业结构的调整与产业升级，延长产业链条，促进新兴产业发展，才能确保海洋生态文明示范区内海域经济与陆域经济的协调发展。

2.4 生态环境保护统筹

海洋与陆地系统本来就是一个完整的生态系统，二者共同影响地球表面的各个圈层，并促进各个系统之间的正常循环。因此，只有通过海陆统筹，才能优化海洋生态文明示范区内生态环境。

海域经济与陆域经济之间存在千丝万缕的关系，这个关系必须要建立在海域系统与陆域系统的联系之上。海域系统与陆域系统的对接部分极为脆弱，尤其是海洋与陆地之间的生态系统多样性突出，但又极容易受到破坏。海域系统与陆域系统的对接空间内的环境问题也极为突出，环境污染严重。在以陆域经济为主的发展时代，政府重视海洋资源对陆域经济发展的支持作用，但对海洋自然生态健康与环境污染问题重视不够，也较少考虑海洋生态恶化对陆域经济发展的限制作用，导致海洋资源利用过度、海洋环境恶化、海洋生态功能退化等，又反过来直接或间接扰乱了陆域经济正常的发展秩序。因此，海洋生态文明示范区建设必须重视海洋与陆地之间的生态与环境条件的协调互动，加强陆海统筹开发与管理，优化产业布局，促进陆海经济与生态环境的协调发展。

通过海域与陆域环境质量相衔接，形成一体化决策和治理体系。沿海地区是陆地系统和海洋系统相互耦合的复合地带，陆海协调良好的生态环境是海陆经济健康快速发展的基础。当前海洋污染的80%来源于陆地，沿海地区陆源污染物大量入海是海洋环境污染的主要原因，因此，海洋生态文明示范区建设需要加强对海洋陆源污染的综合防治，强化对近岸海域环境的治理。

陆域与海域开发中环境质量相衔接，要求将海岸带污染治理逐步上溯到对污染产生的全过程的监控和治理，注重"沿波讨源，虽幽必显"，将陆源污染与海域环境质量标准有机统一起来。同时，要加强海洋环境容量（自净能力）的调查研究，为控制陆域排海污染物总量及海洋管理提供科学依据。通过陆域污染防治与海洋环境质量相衔接，形成从陆域到海洋环境保护与污染治理的一体化决策和管理体系，特别需要注意借鉴中医"不治已病治未病"的医学思维，急则治其标，缓则治其本，注重标本兼治，海洋污染防治与生态修复、陆域污染源控制和综合治理相结合，实现海洋生态文明示范区内生态系统的良性循环。

2.5 海陆风险安全监测一体化

沿海地区是海洋灾害多发区和海洋生态的极端脆弱区。海洋生态环境的恶化与海洋灾害对沿海经济与社会造成了相当严重的损失，已成为制约沿海经济与社会可持续发展的重要因素之一，而伴随着大型建设工程不断向沿海聚集，海洋防灾减灾任务越发艰巨。因此，海洋生态文明示范区建设很有必要通过海陆统筹，提高海洋生态环境监管与海洋灾害应急管理能力。

通过海陆统筹建立海陆联动的海洋生态环境监管与海洋灾害防御体系，建立科学的海洋生态环境监管与海洋灾害预警防御系统，涉及到海洋、气象、海事、环保、国土、检验检疫等诸多相关部门，海洋生态文明示范区建设亟待建立规范、协调、有序的长效协调机制。建立海陆统筹的防御体系，重视海洋生态环境监管与海洋灾害如地震、洪涝、地质灾害、气象灾害、疫情灾害和次生灾害的监测，形成海陆有效衔接预警和应急响应的协调联动，提高海洋灾害和陆地灾害预警发布、应急处置、应急服务与应急管理的能力，避免因海陆有效衔接问题影响应急服务效果。

海洋生态文明示范区在建立海陆统筹联动的海洋生态环境监管与海洋灾害防御体系中，港口码头及滨海工业区的安全问题应纳入重点关注的议题。天津港"812"瑞海公司危险品仓库特别重大火灾爆炸事故以及山东青岛黄岛大爆炸事故，涉及到对海域和陆地甚至大气的多重污染问题，客观上就需要政府通过海陆统筹，对爆炸灾害进行联动综合处理。

3　海陆统筹管理主要模式或路径

海陆统筹管理模式总的来说主要分为管理主体统筹和管理客体统筹。管理主体的统筹主要体现在对管理组织结构和管理职能方面进行全面统筹。其中主体统筹在海陆统筹管理中扮演着关键的、必不可少的角色，近年来，国内外海洋大国或海洋强国在海洋统筹综合管理上采取了一系列的创新，在海陆统筹管理的体制和机制上，建立了新的统筹管理模式，从而实现了对本国海洋更加高效的统筹管理。纵观世界各国在海陆统筹管理的运行机制统筹模式。大体可以总结为以下5种海洋综合统筹管理模式。

模式1，跨部际的专门委员会或一般委员会统筹管理模式。

跨部际的专门委员会或一般委员会管理模式是在现成行政管理部门构成基础上，在涉海部门之间设立了一个海洋统筹协调管理专门委员会或一般委员会，在专门委会或一般委员会组织协调下，各行政管理部门实行并落实海陆统筹管理职能。这种模式有助于通过组织机构间的协调，制定或实施海洋政策，当很难针对海洋管理建立起新机构，或者存在某种强大的阻碍力量，阻止新的负责海洋的机构成立时，往往采用该制度。目前，采用该制度的国家有日本、澳大利亚、菲律宾、葡萄牙等。

模式2，部委下的行政部门统筹管理模式

部委下的行政部级管理模式是在国家某个部委之下，设置海陆统筹管理部门或机构的管理模式。这种模式权力相对薄弱，因为其限制在部委管辖之下的地位或更为狭小的管理范围，该制度在行政机构间整合政策的效力较弱，如果机构没有协调权力，则负责机构更上层的行政机构就显得尤为重要，需要负责与其他负责海洋事务管理的机构进行协调。采用该制度的国家有越南、英国等。

模式3，部委下的行政部门管理配合跨部际专门或一般委员会统筹管理模式。

部委下的行政部门管理配合跨部际专门或一般委员会统筹管理模式就是在部委下的行政部门管理模式基础上，对涉海部门和地区设置海陆统筹管理专门或一般管理委员会，由部委下的海陆统筹管理部门行使海陆统筹管理职能。相比部委下的行政部门管理模式，就是在部委下的行政部门管理配合跨部际专门或一般委员会管理模式更利于协调，采用该模式的国家有美国等。

模式4，行政部级统筹管理模式。

行政部级管理模式，仍然需要外部机构提供一定的协助，通过巩固或建立与海洋相关组织，经由内部的协调系统，制定并实施综合性海洋政策。采用该制度的国家有挪威、韩国等。

模式5，行政部级管理配合跨部际专门或一般委员会统筹管理模式。

行政部级管理配合跨部际专门或一般委员会模式是在单纯行政部及管理的基础上发展出来的，可以认为是比模式4更为先进的管理模式，部际委员可以和与海洋相关组织并存，采用该管理制度模式的国家有加拿大和印度尼西亚等。

在上述5种模式中，模式1、模式2和模式4仅由一个组织构成，比较简单，因此更容易建立，更为流行。其中模式 2 和模式 4 是作为单一组织、不靠部际委员会协助而建立起来的，其影响取决于机构中海洋事务相关职能的组成部分。例如，在模式 4 中，就职能而言加拿大渔业与海洋部和挪威渔业与海事部主要包含渔业与海洋和海岸带事务，而韩国海事与渔业部还包括港口与海事，因此韩国海事与渔业部能够比加拿大渔业与海洋部和挪威渔业与海事部发挥更多的和延展性的协调权力。

管理客体统筹主要是对被管理对象如海洋、海岸带、涉海流域地区以及与参与海洋活动有关的个人、组织或群体实行统筹管理，目前在海陆统筹客体管理中，主要有 3 种管理模式：基于生态系统的海陆统筹管理模式、基于区域的海陆统筹管理模式和合作的海陆统筹管理模式。

基于生态系统的海陆统筹管理模式是一种源于海洋管理，后被引入海陆统筹管理的一种方式。与采取孤立的方式管理自然资源的方式不同，基于生态系统的方式重视对自然资源的综合管理，维护生态系统的完整性，允许对自然资源的获取。基于生态系统的管理模式认为，人类是生态系统的组成部分，其管理对象是人类与生态之间的影响，而不是单纯的生态系统。在管理边界上，基于生态系统的管理模式依据某一生态系统的边界为标准，而不是依据行政边界。由此，在管理机构上，此种管理模式需要不同地区、不同机构之间的合作，或者是一种更恰当的管理体制。在管理模式上，重视科学技术的应用，并广泛采取"风险预防原则"，来减少人类活动可能造成的潜在影响。

基于区域的海陆统筹管理模式在海陆统筹管理的一些领域有着重要作用，在全球范围内也被认为是一种海陆统筹管理的最佳方案。尤其是对海洋和入海流域区域资源评估，沿海区域对当地的资源更加熟悉，可以提供一些重要信息，以帮助管理者制定更加合理的政策。

合作的海陆统筹管理模式其核心是在资源的管理上包含所有的利益主体，其主要有 3 个特点：所有的利益相关者对资源的管理都有发言权；政府负责总体政策和协调，并根据不同的具体条件分享管理责任；社会经济和文化目标是管理的一个组成部分。

这 3 种管理模式在管理的目的上存在一定的区别。基于生态系统的海陆统筹管理模式是从保护生态系统完整性的角度出发对海岸带进行管理。而基于区域的和合作的海陆统筹管理模式，则是一种基于充分利用资源、提高决策合理性和效率而进行的海陆统筹管理模式。不过，在很多情况下，基于区域的和合作的海陆统筹管理模式是基于生态系统的海陆统筹管理模式的组成部分，并通过部门合作、公众（区域）参与等方式表现出来。因此，基于生态系统的管理理论，在管理目标、管理体制、管理模式等方面都相对完善和合理。

4 我国海洋生态文明示范区统筹管理模式的选择

在管理主体问题上，我国目前的海洋管理模式存在着严重的碎片化问题，条块分割的管理模式将统一的海洋生态系统分解成不同的领域，由不同的部门来行使单个的监管或部门管理，从总的来看，我国目前海洋管理模式基本上属于模式 2，即部委下的行政部门管理模式。国家海洋局隶属于国土资源部，虽然是负责海洋综合管理的行政部门，但其行政级别低，这就决定了在跨部门的协作方面，其协调能力弱，宏观调控和政策指导能力不足，很难将综合性的海洋管理覆盖到所有的涉海部门和远海地区。我国沿海地市，目前在海洋管理的体制和机制模式是与国家的海洋管理模式在地方的复制，因此存在这以上问题也是必然。从对世界各国海洋综合管理的研究发现。虽然世界沿海国家对海洋管理的模式、形成路径和发展道路不同。但海洋具有统一性的特性，决定了世界各沿海国家的管理模式最后必须要适应海洋管理发展形势的要求，与时俱进推进体制和机制以及管理模式方面的创新。对我国海洋生态文明示范区的海陆统筹管理模式建设来说，在借鉴国际上发达国家政府海洋管理体制改革经验即运行模式的基础上。结合我国的实际情况，认为有两种模式值得借鉴或选择。

一是实行跨部际的专门委员会统一组织领导，常务委员会具体执行的统筹管理模式。从美国、日本，加拿大等沿海发达国家的海洋管理实践说明，建立跨部际间的专门委员会或一般委员会，由多个部门，机构、组织的代表共同组成，有效地制定或实施海洋政策，及时地进行海洋事务的协调和决策。参照该模式，为了有效推动我国海洋生态文明建设示范区建设工作，实现高效的统筹管理，我国很有必要成立

"我国海洋生态文明建设示范区建设与统筹管理专门委员会"。由国家海洋局局长或国家海洋局常务副局长担任专门委员会主任，环保部及所有涉海部门、沿海和涉海流域的省市主要领导人担任专门委员会副主任。在专门委员会统一领导下，对示范区的建设和管理的相关政策、制度法规及实行程序进行统筹制定和设计。专门委员会下设常务委员会，常务委员会具体负责专业委员会统一制定的政策，法规和制度的执行以及专业委员会日常的运行服务工作。专业委员会设置一个常务副主任，该常务副主任同时担任常务委员会主任一职。常务委员会在常务委员会主任的领导下，负责我国海洋渔业管理及海洋生态文明建设示范区建设与统筹管理一切具体工作，对专门委员会负责汇报工作。

二是实行强化行政部级管理模式。将我国现有海洋管理部门进行行政升级，将目前我国海洋渔业局提升为副厅级行政管理机构——我国海洋及生态文明建设管理委员会，在我国海洋及生态文明建设管理委员会的统一组织协调下，对我国环保部门以及所有所有涉海部门、沿海和涉海流域的行政地区进行组织协调，具体实施推动我国海洋管理和海洋生态文明建设示范区建设与管理工作。

在管理客体问题上，从长远角度考虑，我国海洋生态文明示范区建设应当选择基于生态系统的统筹管理模式，而且基于我国海洋多头管理的现状，这种管理模式也是较好的统筹途径之一。具体措施可以从以下两个方面入手：

首先，在战略目标的制定过程中，首先需要充分考虑我国海岸带地区生态系统的重要性和特殊性，从维护生态系统稳定性的目标出发，制定我国实施"陆海统筹"战略详细化的目标。

其次，在管理机构方面。基于生态系统的海岸带管理虽然强调从生态系统的角度进行管理，但这并不是要求通过一个统一的部门替代部门管理，其最终目标是维护生态系统的完整性，使其能够更好地为社会经济的发展提供服务。因此，在既有管理分工的基础上，不必强求一个统一的管理部门，但是一个高效的、可操作的协调机制却是必须的。对此，可以通过专门委员会或者将我国海洋渔业局上升为一个副市层面的管理协调机构——我国海洋生态文明示范区管理委员会，由涉海管理部门和各机构的领导参加，负责协调各机构对"陆海统筹"战略的执行以及协调相关机构在实施过程中遇到的矛盾冲突，指导地方政府开展"陆海统筹"战略的实施工作，审查各地管理目标的执行情况。另外，该机构可以设置顾问委员会，并可以由各地区涉海部门代表，以及研究和教育机构的专家、非政府组织和其他有涉海利益的公民组成，负责向该机构提供决策参考。

辽宁省海洋生态文明建设中的供给侧改革路径研究

姜义颖[1]，刘洋[2]*

（1. 东北财经大学 公共管理学院，辽宁 大连 116025；2. 大连海洋大学 法学院，辽宁 大连 116023）

摘要：辽宁省作为东部沿海大省，海洋经济快速发展已成为新的经济增长动力，在集约发展海洋经济的同时必须合理开发、利用和保护海洋，重视海洋健康，推动海洋生态文明建设。海洋生态文明建设离不开海洋生态供给侧改革，二者相辅相成。海洋生态供给侧改革的重要路径是创新体制和完善制度、推动技术创新和产业升级，集约利用海洋资源和发展海洋新兴产业、提高要素生产率和构建海洋生态，以及包容开放的海洋生态合作交流机制。

关键词：海洋生态文明；供给侧改革；法律保障

1 引言

进入 21 世纪，随着陆地资源约束加强，海洋这一资源宝库与战略空间已成为开发的重点；然而，竭泽而渔的开发方式严重威胁着海洋健康，制约着海洋综合开发与利用效益，海洋生态文明建设迫在眉睫。"十二五"时期，国家明确提出"加强海洋生态保护，推动海洋生态文明建设"，"十三五"规划进一步提出"科学开发海洋资源，保护海洋生态环境，建设海洋强国"。海洋生态文明作为生态文明建设的重要组成部分，其本质是推动绿色、协调发展；其目标是宏观把握海洋生态建设，总体改善海洋生态环境，建成美丽海洋；其主要作用在于提高海洋保护意识，用行动反哺海洋，促进经济发展与海洋保护相协调，保障海洋开发与建设走向生态文明新时代；其重要途径是在尊重海洋发展规律前提下，推进海洋生态发展，创新海洋制度建设管理，加快供给侧改革。

然而，目前我国海洋生态文明建设依然面临严峻挑战：海洋高新技术发展不足，海洋空间资源开发利用受限，大部分海洋产业集中近海领域及掠夺式开发方式，导致渔业资源枯竭，海洋污染严重。海洋产业结构不合理、低端化、低效化与同质化，导致产品科技含量低、产品附加值低无法满足人们消费需求的高端化与多元化，形成产能过剩，对海洋生态造成巨大压力。海洋生态制度不完善，导致近海污水排放随意，海洋治理成本加剧，沿海生态环境日趋恶化，海洋生态保护与海洋经济发展演变成两难悖论。破解这一悖论的重要法宝是供给侧改革，供给侧改革的根本就是提高供给的效率和质量、从供给侧和需求侧两端同时发力，调整产业结构，创新发展方式，培育新的增长动力，扩大有效供给，减少无效供给，提高全要素生产率。促进海洋生态文明供给侧改革不仅有利于保护和修复海洋生态系统，促进人与海洋和谐相处，而且有利于推动海洋经济持续发展。

辽宁省自 2015 年以来经济整体实力下滑，下行压力较大，必须培育和发展新的经济增长极，而海洋

基金项目：2016 年度辽宁经济社会发展研究基地委托课题"辽宁海洋生态补偿制度与管理对策研究"（2016lsljdwt-29）；大连市社科联 2015-2016 年度重大课题"大连市在'一带一路'战略中作用研究"（2015dlskzd109）；中国海洋发展研究会科研项目"海上丝绸之路与当代海洋文化建构研究"（CAMAJJ201504）；大连海洋大学社科联立项课题"辽宁省海洋经济供给侧改革研究"（2016xsklyb-17）。

作者简介：姜义颖（1982—），男，山东省烟台市人，博士研究生，主要从事区域经济学研究。E-mail：187399567@qq.com

*通信作者：刘洋（1985—），女，辽宁省大连市人，经济学博士，大连海洋大学法学院讲师，主要从事城市经济学、渔政管理研究。E-mail：liuyang2255@126.com

资源丰富、经济潜力巨大，是推动经济健康持续发展的重要引擎，海洋经济发展的关键在于推进海洋生态文明建设。在看到海洋经济发展潜力的同时也必须清醒的认识到辽宁省在海洋生态文明建设中存在的问题，这些问题不仅与全国其他地区相似，而且更加突出。基于此，辽宁省在推动海洋生态文明建设中进行海洋生态供给侧改革是必然选择。而辽宁省海洋生态文明建设与供给侧改革关系如何？辽宁省海洋生态文明建设如何选择供给侧改革路径？哪些供给是长线，哪些供给是短板；哪些要素规模较大，结构较高；哪些规模较小，结构较低都是本文重点阐述的问题。深入研究这些问题对于辽宁省海洋生态文明建设不仅具有重要的发展谋略意义，而且具有重要的决策支撑意义。

2 海洋生态文明建设内涵界定

海洋生态文明建设有着丰富的内涵，不同学者从不同视角进行了界定：为了延续生存而不断更新的海洋文明形态[1]；依据海洋生态系统和人类社会系统的规律，建立起良性互动与运行的社会文明形态[2]；基于人与海洋和谐共生的良性可持续发展，推进海洋生活与生产方式转变的生态文明形态[3]。综合以上定义，本文认为：海洋生态文明建设是一项复杂的、伟大的、艰巨的系统工程，核心是处理好经济社会发展和海洋生态环境保护之间的关系；要求是绿色化发展，减少对资源的消耗，保护生态环境；目标是海洋开发利用与海洋生态保护相协调，促进人的全面发展与海洋的平衡有序之间和谐统一，建设美丽海洋。

海洋生态文明建设的内容：海洋生态文明内涵丰富，将其内容概括为六大模块，分别为：海洋生态意识文明、海洋生态文化文明、海洋生态制度文明、海洋生态产业文明、海洋生态行为文明和海洋生态环境文明[4]。海洋生态意识文明，主要是指人对海洋认知的思想意识体系，树立人与海洋和谐共处的均衡海洋观与可持续发展观，构建"世界的海"的海洋生态伦理道德意识和海洋生态价值意识；海洋生态文化文明主要包括海洋生态物质文化、海洋生态制度文化和海洋生态精神文化，是对涉海相关行为文化层面的规范和影响；海洋生态制度文明是以保护和建设海洋生态环境为核心，通过海洋环境保护相关法律法规的制定用以规范和约束民众的行为；海洋生态产业文明是指海洋产业的发展要尊重海洋生态环境的自然规律，在保障海洋生态环境自更新和自调试的再生基础上，实现海洋产业的扩大再生产；海洋生态行为文明是指在海洋生态文明建设中，政府、用海者和公众构成海洋生态文明的主要行为主体，这三大主体在涉海行为中，要注意协调人与海洋的和谐关系，善待海洋资源，维护海洋权益；海洋生态环境文明是海洋生态文明建设的物质基础，既包括海洋环境空间也包括海洋生物资源，对海洋资源的综合管理和对海洋空间的开发利用，已成为实施可持续发展战略的重要内容。

3 辽宁省海洋生态建设现状分析

自 20 世纪 80 年代提出"海上辽宁"到转身向海，再到辽宁沿海经济带的建设，辽宁海洋经济得到全面发展。但是海洋生态文明建设的问题较为突出，具体如下：

第一，海洋空间资源开发缺乏统一规划，开发能力有限。开发利用海域空间资源，是一项非常复杂且需要极强科技手段的活动，辽宁沿海地区地少人多，对海域空间的利用是重要发展路径；然而目前辽宁省整体的海域岸线及近海滩涂开发程度较低，且存在着对某些资源的浪费和对海域环境的破坏。并且存在大量沿海岸线围圈滩涂和填筑陆地的向海域要地的现象，这不但会引起海岸带的演变，甚至会造成海域生态环境的破坏。

第二，海洋生物资源严重衰退，海洋自然再生产能力下降。辽宁海岸带和近海水域生物资源丰富，除了常规的鱼类、虾蟹类等经济生物资源，还有大量海洋、滨海岸和岛屿珍稀生物物种。然而，由于捕捞强度不断增强、对资源破坏强度较大的作业方式以及违规网具的使用，导致传统的海洋经济生物资源大幅度降低，部分地区出现竭泽而渔的尴尬局面。

第三，粗放式开发，海洋资源利用效率较低。辽宁省海洋资源开发与沿海其他省份一样，都存在着高投入、低效益的粗放式开发现象。海洋资源的多功能性与海洋资源开发能力的单一性矛盾并相互掣肘。由于科学技术手段及认知能力所限，辽宁省海洋经济增长始终停留在资源导向型的传统增长模式中，对海洋生物资源的开发和利用停留在捕捞和海产品初级加工的层面上，对海洋矿产资源及油气资源的开发利用停留在辽东湾海滩和浅海区域，对滨海旅游资源开发停留在传统的滨海旅游业，对海岛游、邮轮观光游、休闲渔业游等高层次旅游产品开发力度不足。这使得宝贵的海洋资源既过度消耗，又开发不足，造成极大的浪费。

第四，海洋污染严重破坏了海洋生态系统。对海洋环境污染较为严重的分别为石油污染与海产养殖。由于石油污染的污染源多、持续性强、扩散范围广、清理困难等特征，导致石油污染对海洋环境的破坏程度最高；另外，由于海洋养殖产业的粗放发展与过度投放饵料，导致水体富营养化，海洋赤潮频繁发生，对人类健康带来巨大影响。

针对这些问题，辽宁省采取了诸多应对措施，具体如下：

第一，全面开展海洋保护区的生态环境修复。辽宁省为保护好海洋生态资源，减轻海洋生态环境压力，先后建立了海洋类型的生态保护区，占辽宁省管辖海域面积的 14.7%；2011 年以来，先后投入 6 000 万元资金用以修复海洋生态工程，海洋保护区内生态修复效果逐步显现。2014 年，在全国率先出台了《辽宁省海洋生态文明建设行动计划（2016—2020 年）》[5]。

第二，实现科学开发与制度管控相统一的生态用海要求。为落实海洋生态文明建设的要求，结合辽宁省海域岸线管理工作的特征，应该以可持续发展理念来科学有序地开发海洋资源，即将海域开发和整治相结合，将海域岸线资源的利用和海洋生态环境保护相结合，对沿海海域丰富的空间资源进行充分的开发利用。

第三，科技兴海，引领海洋产业健康发展。创新是海洋生态文明建设的新动力，也是推动海洋事业科学发展的引擎。辽宁省创新海洋管理观念，将人海和谐统一的思想纳入海洋事业的顶层设计；围绕海洋经济发展的全局性与前瞻性内容，大力实施科技创新工程，强化完善海洋产业的产学研合作机制，为海洋生产提供科技服务和技术指导。

虽然辽宁海洋生态文明建设取得了重大的进步和突破，但由于海洋科技开发水平有限、海洋经济发展与海洋环境保护的先续后继、海域资源开放模式粗放、海洋产品的低附加值等瓶颈制约，辽宁省海洋生态文明建设急需供给侧改革这一创新路径加以深入推进。

4 国外海洋生态文明建设经验借鉴

近年来，随着海洋经济的大幅度崛起，海洋经济发展与海洋生态文明建设的矛盾也日益突出，国内外学者对此给予高度关注，并在保护海洋生态环境建设方面采取了大量的措施。虽然各国的措施不尽相同，但却各有可以为我省海洋生态文明建设提供学习的经验。

美国在环境保护方面的基本立法是《国家环境政策法》（1969 年），海洋生态安全主要由国家海洋大气局负责，联邦海岸带办公室于 1973 年设立，负责海上执法、海洋环境监测及预警分析。为了防止海洋生态系统的恶化，截止 2010 年，美国已有 14 个国家级海洋生态保护区，覆盖面积达 39 万平方千米。并且，多元主体共同参与分工负责是海洋生态保护区的主要管理和运营模式，通过政府与公众的双向沟通方式，使得公众可以及时了解和获取信息，美国政府还主动接受源自于各类社会组织和个人提供的技术、服务和物资等公共服务，鼓励志愿者积极参与。同时，美国政府为了保护与巩固其本国海洋生态文明建设的成果，还积极推动与促进国际间的合作；除了参与国际性的海洋环境保护公约，还积极寻求与周边国家的双边与多边区域合作。

瑞典是欧洲率先提出对生态环境进行保护的国家，首都斯德哥尔摩也是世界上第一座建立"生态公园"的城市。瑞典在近 1 个世纪的实践中，制定了一整套完备的海洋生态文明保护法律，其中从《水法》（1918 年）、《禁止海洋倾废法》（1971 年）、《有害于健康和环境的产品法》及其条例（1973 年）再到《国家自然规划法》（1973 年）等，都为海洋生态文明建设提供了完善的法律制度保障。同时，瑞典非常重视从源头上保持河流与海洋的洁净，全国大部分城市都建立了以过滤和污水处理为主要功能的"生态环境型雨水管理系统"，保证雨水及工业污水经过处理，得到环境法庭的许可后方可排入河流。

日本政府自 20 世纪 50 年代达成共识，自然资源有限，生态环境可再生能力是前提，必须要走生态文明的富国道路。以此为契机，日本于 1958 年制定《公共水域水质保全法》和《工厂排污规制法》，此后至 2010 年共制定 40 余部关于生态文明建设的法律法规。其中，《水质污染防治法》、《海洋污染防治法》、《自然环境保护法》和《海洋基本法》等构成了日本海洋生态文明建设的核心法律体系和法律基础。作为一个四面环海的国家，日本在海洋生态文明建设方面遥遥领先。根据《海岸法》规定，对开发海洋矿产的企业及个人征收开采费或海域占用费，其征收的费用用作维护海洋生态可持续发展的建设基金，采用"开发+补偿"同时进行的双轨制模式。将海洋生态文明建设的责任在法律层面上予以明确分工，鼓励政府、企业、个人及社会组织等多元群体共同参与，鼓励社会团体对企业进行监督，并制定明确的激励及惩罚规则机制，保证全民参与生态文明建设。

其他国家也从不同的角度提出了因海制宜的海洋生态文明建设策略，加拿大依据《联合国海洋法公约》制定了《海洋法》，使其成为世界上第一个拥有综合性海洋管理立法的国家。德国也是欧洲在现代意义上最早开始关注生态文明建设的国家之一。自 20 世纪 60 年代末开始，德国的环境法制建设得到迅速发展，环境保护成为德国的基本国策之一。德国专门设立涉及海洋环境管理的政府部门，主要有：联邦海洋与水道局、联邦环境自然保护和核安全部、联邦环境保护局与联邦自然保护局。韩国在海洋生态补偿机制方面，征收养殖业排污费用，其所征收缴纳的排污费专款用于保护水产资源及维护海洋生态环境。同时，韩国也定期对海域利用和海洋环境污染情况进行调研，组织工作人员及海洋环保志愿者进行定期打捞清理，并完善和促进海洋废物综合处理系统。联合国为保护海洋生态环境，于 20 世纪 90 年代初期组织并实施了 14 个全球区域行动计划，为海洋环境保护的国际合作奠定了充足的国际法基础。

5 辽宁省海洋生态文明建设的供给侧改革必要性分析

供给侧改革与海洋生态文明建设的关系是辩证统一的。海洋生态供给侧改革是海洋生态文明建设的顶层设计，不仅为海洋生态保护提供制度安排，而且为海洋经济发展提供了明确路径。海洋生态文明建设促进供给侧改革落地和顺利实施，推动供给侧改革发挥倍数效应。厘清供给侧改革和海洋生态文明建设之间的关系能够为海洋生态保护找准方向，有的放矢，推动海洋生态文明建设优化升级。

第一，供给乏力是海洋生态恶化的症结之一。供给与需求是并存的一对范畴，供给受需求规模和水平的影响显著。随着我国社会的快速发展，人们需求逐渐趋向高端化、多样化和个性化；然而受高新技术限制和传统生产方式制约，供给无法适应快速变化的需求，产生了根本性的矛盾，导致需求大量外溢，产能过剩和资源浪费，海产品方面尤为明显，对海洋生态恶化形成连锁反应。技术和人力两个重要生产要素供给方面问题同样突出，技术有机构成和科技资源配置较低，对自然资源依赖较高。劳动者素质和生产效率提高缓慢，加大了资源消耗率，进而增加企业生产成本，这些因素对海洋生态环境造成巨大压力。海洋生态制度不完善是导致海洋生态恶化的又一供给乏力体现，目前，海洋开发利用方式粗放、理念和意识落后，污染追责不力，海洋生态规划单一，空间布局缺乏长远考虑，这都加剧了海洋生态破坏。因此，供给侧问题是海洋生态问题的根源之一。

第二，供给侧改革是海洋生态文明建设的内生动力。供给侧改革根本要义在于促进生产要素优化配置，提高全要素生产率。海洋生态文明建设要求绿色发展，减少资源消耗和优化环境来促进海洋经济健康、持续发展，通过供给侧改革可以有效节约资源，促进海洋资源集约化利用，推动海洋生态系统良性循环。供给侧改革是抑制旧业态的供给，能够推动海洋产业向高端化、多元化发展，加快海洋开发利用技术创新，提高科技研发质量，减少排污量，摒弃传统生产方式，提高生态效率，这会逐渐满足人们的消费新需求，促进海洋产能消化，逐渐摆脱对能源资源的过度依赖，有利于海洋生态修复和保护。供给侧改革有利于要素质的升级，拓宽海洋利用空间，开发利用空间延伸到深海、远海领域，缓解近海和海岸带的生态压力，减少对海洋资源的掠夺，提升海洋生态质量，推动海洋生态文明建设。供给侧改革推动海洋生态体质创新和制度完善，通过制度和政策来规范和保障生产方式的绿色化，提高海洋生态环保意识，同时，进一步培育绿色发展为主的市场内生机制，激发市场潜力，形成合力。因此，海洋生态供给侧改革是海洋生态文明建设的着力点、发力点。

第三，海洋生态文明建设是供给侧改革的孵化器。海洋生态供给侧改革主要是制度改革和提高生产效率的改革，这需要一个依附体，没有海洋生态文明建设这一顶层设计和总体部署，海洋生态供给侧改革无从谈起，也无法落地和实施。海洋生态文明建设要求加强海洋生态制度建设，这是海洋生态供给侧改革的基础和前提，离开这个基本前提，海洋生态供给侧改革便成了无源之水、无本之木。海洋生态文明是海洋开发、利用和发展的质变，是海洋生态生产端或供给侧与需求侧矛盾的统一体。这要求海洋生态供给侧和需求侧共同提高、均衡发展才能与之相适应，而当下的供给侧问题明显制约着海洋生态文明建设的进一步推进，尤其不完善的海洋生态制度及落后、过剩的海洋产能是制约海洋生态文明建设的重要瓶颈，供给侧必须进行改革才能满足海洋生态文明建设的需要。海洋生态文明建设为海洋生态供给侧改革提供了集中空间和有效时间，供给侧改革在海洋生态文明建设的物理空间中得到有效的推进，充分提高改革效益，不断优化结构、降低成本。在海洋生态文明建设提供的有效时间内可以快速推动技术创新，制度创新和观念创新，提高供给效率和质量。

第四，海洋生态文明建设和供给侧改革相互作用。海洋生态文明建设是加快海洋绿色发展，提高海洋发展质量与效益的重要战略布局，为供给侧改革提供了重要领域，推动供给侧不断深化改革；特别是在海洋资源开发与利用、海洋产能升级、海洋产业结构优化和海洋技术创新方面具有重要作用。海洋生态文明建设为供给侧改革提供了新思路，推动产能消化，从源头上降低资源消耗，培育和发展生态，降低海洋企业成本。供给侧改革是提高全要素生产效率、发展海洋新兴产业和保护环境的重大举措，为解决资源环境约束趋紧问题提供了制度设计和政策安排，为海洋生态文明建设提供了金钥匙。供给侧改革推动海洋区域功能准确定位，破解区域布局同质化的难题，完善陆海统筹，促进协调发展，拓展海洋生态建设新空间，为海洋生态文明建设提供强大动力。因此，海洋生态文明建设与供给侧改革是相辅相成，共同促进的。

6 辽宁省海洋生态文明建设的供给侧改革新路径

"生态兴则文明兴，生态衰则文明衰"，良好的海洋生态环境是供给侧结构性改革的题中应有之义；在推进供给侧结构性改革进程中，海洋生态环境保护必须更加注重促进形成蓝色海洋的绿色生产方式与消费方式，调整供给结构，提供更加充足优质的海洋生态产品。辽宁省海洋生态文明建设的供给侧改革新路径如下：

坚持做加法，补短板、强产品，扩大有效供给。探索蓝色经济发展模式，实现沿海和海洋可持续利用的利益最大化。通过建立海洋保护区、实施海洋生态补偿等措施，对海洋生态系统实施有效保护和积极修复。实施更为严格的海洋环境监管与污染防治；鼓励各方广泛参与，提高公众参与意识，加强海洋生态保护。

坚持做减法，去产能、调结构，减少无效供给[6]。目前最突出的问题是海洋经济结构和海洋产业结构的调整，其解决根本路径在于化解海洋经济的产能过剩。因此，必须坚持做减法，抑制旧产业、旧业态的供给需求，淘汰海洋僵尸产业和污染严重的产业，强化技术创新和产业升级，推进集约利用海域岸线资源，大力发展环保新技术，努力培育绿色、循环、低碳、高附加价值的海洋新兴产业。

坚持做乘法，增要素、提效率，矫正要素配置扭曲。海洋生态环境是最大的生产力，改善海洋生态环境就是解放和发展生产力，因此，要善于做乘法，分解海洋生态环境建设的乘数因子，将影响因子进行分类整合，构建"生态+海洋经济"、"生态+海洋管理"、"生态+海洋科技"、"生态+海洋资源"、"生态+海洋产业"等多要素乘数因子，培育海洋经济增长的多元乘数因子，使海洋生态环境建设供给侧改革发挥倍数效应，促进海洋新兴产业呈几何式增长实现海洋经济的可持续发展。

坚持做除法，禁红线、强保障，寻求最大公约数。要统筹处理好辽宁省海洋生态文明建设的眼前与长远、发展与保护的关系，从供给侧改革的现阶段任务出发，着眼于发挥海洋生态文明制度供给保障优势，继续深入推进海洋生态文明体制改革，建立及完善海洋自然资源用途管制与海洋资源有偿使用、海洋生态补偿等制度；深度参与国际海洋治理，建立健全海洋生态环境保护、海洋资源开发等领域的国际合作机制，明确海洋资源保护主体和责任，避免"公海悲剧"，确保海洋生态系统的休养生息。

参考文献：

[1]　刘家沂．构建海洋生态文明的战略思考[J].今日中国论坛,2007,36(12):44-46.

[2]　马彩华,赵志远,游奎．略论海洋生态文明建设与公众参与[J].中国软科学,2010(S1):172-177.

[3]　俞树彪．舟山群岛新区推进海洋生态文明建设的战略思考[J].未来与发展,2012(1):104-108.

[4]　刘健．浅谈我国海洋生态文明建设基本问题[J].中国海洋大学学报(社会科学版),2014(2):29-32.

[5]　刘诗瑶．国家级海洋生态文明建设示范区已有 24 个[EB/OL]. http://env.people.com.cn/n1/2016/0115/c1010-28056070.html,2016-01-15.

[6]　贾晓东．辽宁推进海洋生态文明建设[EB/OL]. http://news.hexun.com/2016-01-28/182064221.html,2016-01-28.

天津滨海湿地实施生态红线制度的思考

张文亮[1]

(1. 天津市渤海海洋监测监视管理中心，天津 300480)

摘要： 滨海湿地是沿海重要的生态系统之一，作为沿海超大型城市的天津，在滨海湿地实施生态红线制度，对于加快天津生态文明制度建设，促进全市经济社会可持续发展具有深远意义。本文从滨海湿地生态红线制度提出的背景入手，分析了滨海湿地生态红线制度的内涵，结合天津滨海湿地的现状和条件，探索将生态红线制度运用于天津滨海湿地保护和管理中的必要性，在此基础上研究天津滨海湿地实施生态红线制度的主要措施，从而提升天津滨海湿地保护工作水平。

关键词： 滨海湿地；生态红线；天津；制度

1 引言

湿地是全球三大生态系统之一，具有"地球之肾"、"生物基因库"和"人类摇篮"的美誉，分布于陆地生态系统与水生生态系统之间，可向人类提供丰富的生活资源和重要的生存环境，其抵御洪水、降解污染、调节气候、维持生物多样性等生态服务功能是湿地重要的价值所在。滨海湿地又是湿地的主要类型，位于陆地向海洋过渡的海岸带地区，是生态环境变化的缓冲区域，在调节径流、蓄洪防旱、控制海岸侵蚀、促淤造陆、美化环境等方面具有不可替代的作用，有着巨大的生态、经济和社会价值[1-5]。

天津位于我国渤海湾底，具有大量的滨海湿地资源，但随着经济社会特别是沿海经济带的不断发展，对滨海湿地开发利用的强度不断加大，同时滨海湿地生态系统本身具有敏感性和脆弱性，因此滨海湿地生态系统受到了一定程度的干扰。为了更好地满足滨海湿地保护的需要，实行更为科学、系统和严格的滨海湿地保护方法和管理制度，已是大势所趋。因此，在天津滨海湿地管理中实施生态红线制度，对于加快海洋经济科学发展示范区建设，促进滨海新区开发开放，提升天津海洋生态文明建设水平，具有重要意义。

2 滨海湿地生态红线制度提出的背景

党中央、国务院对生态环境保护工作高度重视，党的十八大明确提出要大力开展生态文明建设；习近平总书记在中央政治局第六次集体学习会议的讲话中强调，要建立生态红线制度，改善生态环境状况，保障生态安全，促进经济社会的可持续发展；2011 年，《国务院关于加强环境保护重点工作的意见》明确提出要划定生态红线，将海陆区域中的重点生态功能区域、敏感区域以及脆弱区域等纳入生态红线，并对这些区域实行最严格的保护措施[6]；2012 年，国家海洋局印发了《关于建立渤海海洋生态红线制度的若干意见》，指出建立生态红线制度对于渤海生态环境保护具有重大意义[7]；2014 年 1 月，环保部印发了《国家生态保护红线——生态功能基线划定技术指南（试行）》，成为我国首个生态保护红线划定的纲领性技术指导文件[8]；2014 年 7 月，环渤海三省一市率先完成了各自管辖海域海洋生态红线的划定工作[9]；2015 年 4 月，环保部发布了《生态保护红线划定技术指南》，明确生态保护红线划定范围中的海洋重点生态功能区，其中包含了重要滨海湿地[10]。

作者简介： 张文亮（1984—），男，天津市人，硕士，工程师，主要从事海洋发展战略、海洋环境生态研究。E-mail：zhangwenliang-84@163.com

生态红线制度是在原有生态环境保护制度基础上创新而成的，是科学发展观在生态保护领域中的具体体现。生态红线区目前可以分为多样性保育区、重要的生态功能区以及生态脆弱区或者敏感区，它是根据生态红线区域特征划分的[11]。生态红线划定的目的是从根本上预防和限制不合理的经济开发和人类的干扰活动对生态环境和功能的破坏，以有效改善生态环境，维护生态系统服务功能的稳定发挥[12]。目前，生态红线制度愈发受到重视，关于该领域的研究逐渐增多，但作为新兴的生态管理方法，其研究成果不多[13-14]，特别是目前地方生态保护中的生态红线制度研究尚处于起步阶段，相关问题的研究亟待加强。另外，从管理角度看，国家还未出台湿地保护条例，湿地保护的长效机制尚未建立，科技支撑十分薄弱，全社会湿地保护意识有待提高[15]。因此，在加快生态文明建设的背景下，结合天津滨海湿地保护的迫切性和重要性，研究并实施滨海湿地生态红线制度，将具有重要保护价值的滨海湿地划入生态红线范畴，有利于解决天津滨海湿地保护中资源环境方面突出的问题，以推动实现天津生态文明建设的目标，为天津滨海湿地保护管理工作带来了新的契机。

3 滨海湿地生态红线制度的内涵

滨海湿地生态系统介于陆地和海洋生态系统之间，是生物多样性最丰富、生产力最高、最具价值的湿地生态系统之一。在滨海湿地实施严格的生态红线制度，可将滨海湿地保护与生态红线理念有机融合，形成更加严格、有力的生态保护制度。

3.1 湿地与滨海湿地

根据 Ramsar 公约，湿地是在水陆共同作用下而形成的，具有独特水文、土壤、植被与生态特征的生态系统，包括泥炭地、沼泽地以及不超过 6 m 深度的水域地带，不论是自然的还是人工的，永久的还是暂时的，水体不管是停滞的还是流动的，淡水还是咸水，包括低潮时小于 6 m 的海水区都可称为湿地[16-17]。湿地生态系统蕴藏着丰富的野生动植物资源、矿产资源、水资源等，其巨大的经济效益、环境效益和社会效益非常显著[18-22]。据历史资料，21 世纪初全国的湿地面积大约有 65.94×10^6 hm^2[23]，其中，滨海湿地是湿地的重要类型，不但具有湿地几乎所有的生态价值功能，而且在海洋资源与环境中占有突出地位。滨海湿地是指发育在海岸带附近并且受海陆交互作用的湿地，沿海岸线分布的低潮时水深不超过 6 m 的滨海浅水区域到陆域受海水影响的过饱和低地的一片区域，是一个高度动态和复杂的生态系统[24-26]。但由于滨海湿地处于海洋与陆地的衔接地带，因此易受到多种自然力的作用，对环境变化极为敏感，且对滨海湿地资源进行大规模的开发利用，给滨海湿地生态系统带来了负面影响[27]。

3.2 滨海湿地生态红线制度

"红线"最早用于规划中某一地区的圈定，表示各种用地的边界线、控制线以及具有底线含义的数字等[28]。环保部有关专家表示，生态红线是一种制度体系，是维护一定的生态环境而采用的防护底线，建立生态红线制度是底线思维在环境保护领域的具体实践，目的是保障生态系统的健康安全，"红线"的界限有可能是以定量形式表示，也有可能是定性表示[29-30]。滨海湿地是一种国土空间资源，通过对生态红线内涵的延伸，可以得到滨海湿地红线的概念，即滨海湿地生态红线是为了维护国家或者区域的滨海湿地的生态安全和可持续发展，根据滨海湿地生态系统自然特征和保护需求，划定需要加强保护的滨海湿地区域，并且实行严格保护管理的国土空间边界线。划定滨海湿地生态红线，有利于明确需要保护的滨海湿地范围，确定需要重点保护的滨海湿地对象，提高滨海湿地保护的水平。滨海湿地生态红线制度，即滨海湿地生态红线制度是指为了维护滨海湿地生态系统健康与生态安全，将重要湿地生态功能区、生态脆弱区、生物多样性保育区以及人居环境保障区等划定为重点管控的区域并实施严格分类管控的制度安排。由定义可知，滨海湿地生态红线制度不仅包括滨海湿地生态红线区域的划定，还包括对滨海湿地生态红线区域的管理。

4 天津滨海湿地实施生态红线制度的条件分析

天津滨海湿地实施生态红线制度，对滨海湿地资源保护、环境改善的重要性不言而喻。实施滨海湿地生态红线制度是天津滨海湿地生态保护工作的发展趋势，是符合天津生态文明建设和天津生态文明示范区建设要求的。天津滨海湿地保护对促进"美丽天津"建设和生态文明、社会文明与经济文明发展具有重要作用。

4.1 天津滨海湿地的基础现状

天津市位于我国东部沿海地带，天津滨海湿地地处滨海地区，属于渤海湾沿海湿地的重要组成部分，这些滨海湿地生态系统对于全市的经济社会发展和资源环境保护具有不可估量的作用，尤其以沿海滩涂湿地为代表，拥有丰富的生物多样性，有多种栖息动物资源，是重要的鸟类迁徙"中转补给站"和越冬、繁殖地，可见滨海湿地保护工作是天津市生态文明建设中不可或缺的一环。其中，位于天津渤海之滨的北大港和七里海两大湿地，都是天津重点的滨海湿地，在保持生物多样性、"过滤"工业污染、调节小气候方面发挥重要作用的同时，天津滨海湿地是鸟类迁徙途中重要的栖息地，其生态环境的保护情况直接关系到季节性鸟类生存状况，因此建立湿地保护网络十分重要。据统计，亚太地区每年有约 200 万只候鸟在这里停歇、觅食、恢复体力，累计时间长达 2 个多月，天津滨海湿地俨然成为了候鸟跨洲飞行的"国际驿站"。

尽管天津湿地资源丰富，但由于自然因素和人为因素的影响，特别是人类对湿地资源的开发过度，造成滨海湿地生态系统遭到不同程度的破坏，滨海湿地生境不断退化，湿地面积与 20 世纪相比正在急剧减小。同时，现有的湿地保护方法不能达到目前滨海湿地保护的要求，天津滨海湿地保护和管理工作亟需运用更加有效的方法制度来改善滨海湿地生态系统的生态环境。因此，保护天津滨海湿地刻不容缓，保护和恢复滨海湿地对于提高天津城市水生态系统承载力，改善水环境质量，进而促进经济社会可持续发展具有重要意义。

4.2 天津滨海湿地实施生态红线制度的条件优势

（1）具有有利的资源保护利用基础。天津市早在 1996 年就组织开展了湿地资源调查，并在 2000—2003 年采用不同形式又进行了补充调查[31]，2009 年又完成了第二次全市湿地资源调查，目前已基本摸清全市湿地主要类型及分布情况，对滨海湿地生态系统的特征和现状有了深入的了解，同时全市各高校和科研机构对滨海湿地的研究较多，可以为滨海湿地生态红线制度的实施提供完善而具体的背景资料。

（2）具有良好的生态环境保护政策。天津市出台了《天津市海洋功能区划》、《天津市海洋环境保护条例》，新修订了《天津市海洋环境保护规划》，划定了包括大港滨海湿地在内的海洋生态红线区。尤其是针对湿地保护，初步完成了《天津市湿地保护条例（草案）》，这些相关法律法规的颁布和实施为天津滨海湿地保护创造了良好的政策环境，增强了滨海湿地生态红线制度在天津市实施的可操作性。

（3）具有浓厚的社会舆论宣传氛围。作为滨海湿地资源丰富的沿海超大型城市，天津市高度重视公众对滨海湿地保护意识的提高，不断加强对滨海湿地重要性的宣传，有利于调动各方力量广泛参与滨海湿地生态红线制度建设。天津社会各界对滨海湿地保护的热情颇高，2014 年 12 月，渤海早报、滨海新区农业局、七里海管委会与滨海新区湿地保护志愿者协会共同发表了《天津滨海生态湿地保护宣言》。

4.3 天津滨海湿地实施生态红线制度的必要性

（1）完善滨海湿地保护制度的需要。滨海湿地生态红线制度是湿地生态保护的创新之举，是湿地保护相关理论的结合与升华，具有较高的科学性和合理性。目前天津已经采取了一些生态保护的方法，但相对缺乏整体性和全面性，而滨海湿地生态红线制度的实施，可以使天津滨海湿地保护工作更加系统和完善。

（2）推进生态文明示范区建设的需要。生态红线制度是生态文明制度建设的重要内容，其中生态红线的划定有利于构建生态系统安全屏障，有利于生态环境保护目标的实现。滨海湿地生态系统的健康是天津海洋生态文明示范区建设的必然要求和重要内容，同时滨海湿地生态红线制度是天津市海洋生态文明示范区建设的内在驱动力。

（3）实现建设海洋强市目标的需要。滨海湿地是海岸带的重要组成部分，滨海湿地生态系统的健康稳定可以促进天津加快建设海洋强市。2015 年 2 月，国家海洋局印发了《关于支持天津建设海洋强市的若干意见》，明确提出支持拟建的滨海湿地海洋特别保护区的规范化建设[32]。滨海湿地生态红线制度的顺利实施，将成为天津建设海洋强市的助推器。

（4）破解滨海湿地保护难题的需要。天津滨海湿地生态系统较为脆弱，除了自然因素，其中重要的原因是人类活动的影响，如对滨海湿地的过度开发利用、部分河流沿岸的污染排放导致了滨海湿地系统的退化[33]，据统计，自 1980 年以来，渤海湾区域损失的滩涂达 530 km^2，直接导致滨海湿地生态系统功能的下降。

5　天津滨海湿地实施生态红线制度的主要措施

天津市滨海湿地生态红线制度的实施，需要不断完善制度建设，健全各项保障措施，这样才能使滨海湿地生态红线制度长久有效的发挥作用，达到保护滨海湿地生态环境的目的，为天津"一带一路"战略实施、生态城市和"海绵城市"建设保驾护航。

5.1　统筹规划，建立协调联络机制

随着天津海洋经济科学发展示范区建设步伐的加快，在形成海洋装备制造、海洋生物医药、海洋工程建筑等支柱产业的同时，涉及跨行政区、跨行业的滨海湿地开发利用活动也日益增多。因此，加强滨海湿地保护，应以陆海统筹为原则，立足长远发展战略，积极推动制定滨海湿地开发与保护规划，明确管理目标，维持湿地生物多样性和湿地生态系统服务功能。同时，滨海湿地位于海岸带区域，具有海陆双重特征，比一般生态系统的保护涉及更多的行政管理部门，滨海湿地管理涉及市农委、市海洋局、市国土房管局、市环保局和市旅游局等，所以必须强化政府管理部门的主体责任，加强各相关部门间的协调与合作，构建滨海湿地生态红线制度协调联络机制，避免各自为政带来矛盾的加剧与利益的冲突，使各部门间有序、有效地分担天津滨海湿地保护和管理工作。

5.2　注重保护，加大环境监控力度

在选划大港滨海湿地的基础上，进一步划定重要滨海湿地保护区，将滨海湿地的生物多样性保护列为重点，严控自然岸线保有率，加大生态修复力度，恢复湿地自然功能，特别是要建立滨海湿地鸟类保护区，目前已确认"东亚—澳大利亚"迁徙路线是全球候鸟迁徙主要路线之一，天津滨海湿地为多种世界性珍稀濒危物种觅食、栖息、繁殖等提供了重要保障。同时，加大滨海湿地环境污染防治力度，通过加快环保基础设施建设、加强面源污染防治和近岸海域污染治理等综合措施，严格控制滨海湿地范围内的排污总量。进一步加强环境污染监测体系建设，强化滨海湿地开发活动的生态环境影响评价，定期重点对滨海湿地生态系统生物多样性、生态敏感性和脆弱性、生产力的高效性、效益的综合性等方面的特征指标进行监测，及时掌握滨海湿地的健康状况。

5.3　深入研究，促进合理开发利用

天津滨海湿地顺利实施生态红线制度，必须有科技作为支撑，因此需要促进产学研相结合，提高滨海湿地科学开发保护的技术能力。一是以开展滨海湿地植物、动物、鸟类研究为重点，全方位对天津滨海湿地进行调查、分类、评价和系统研究，提出切实可行的保护和合理利用滨海湿地的建议。二是研究开发天津滨海湿地特色旅游的路径，在不影响鸟类生息、不污染生态环境的前提下，进一步提高滨海湿地的文

化、教育、休闲等方面的价值。三是尽快制定保护和合理利用天津滨海湿地的法规和政策，确保实施生态红线制度有章可循。四是探索建立滨海湿地生态补偿机制，实现滨海湿地资源的可持续利用。五是积极开展生态与经济双轨并进的研究工作，在保护滨海湿地的同时，对生态系统服务功能价值进行测算，进一步挖掘生态系统的经济价值。

5.4　加强宣传，发挥公众参与作用

加强对滨海湿地保护重要性、紧迫性的宣传，提高社会公众对滨海湿地生态红线制度的认知，强化保护湿地意识和合理利用湿地理念，形成保护滨海湿地的良好氛围。搭建管理部门与媒体的互动沟通渠道，建立完善网络信息化平台和信息发布机制，及时、准确公布滨海湿地综合信息，将重大事项相关信息向社会公众公布，发挥媒体对湿地保护管理的舆论监督功能，引导媒体积极参与、主动介入滨海湿地保护工作。完善公众参与机制，注重整合调动滨海湿地保护的民间力量，依托滨海新区湿地保护志愿者协会等组织，宣传普及滨海湿地生态红线相关法律法规，组织开展群众性湿地保护活动，拓宽公众参与滨海湿地生态红线制度决策的渠道。加强与国内外湿地保护专业研究机构、知名高校进行多方位交流与合作，有力促进滨海湿地生态红线制度的实施。

5.5　强化管理，完善综合保障体系

首先，完善法律保障体系。天津滨海湿地生态红线制度的顺利实施离不开法制保障，应坚持立法先行，加强行政执法，建立专业的管理队伍，实行集法律管理、制度管理、规范管理于一体的管理体系。其次，完善财政支持体系。对于保护滨海湿地生态功能，应给予必要的财政资金支持，并多方位、多形式、多渠道筹集资金，要将恢复和保护滨海湿地的资金列入财政计划，以加大对滨海湿地生态红线制度实施的投入。此外，完善绩效评估体系。推进滨海湿地生态红线区生态环境评估考核体系建设，实行生态保护优先的绩效评价方法，建立生态红线制度考核与责任追究机制，严格落实责任，将滨海湿地生态红线区目标的实现、指标的控制、措施的落实以及生态红线制度保护评估结果逐步纳入各级领导干部的综合考核评价体系，推动滨海湿地生态红线制度的实施。

总之，天津滨海湿地生态红线制度的实施，将大力促进天津海洋经济科学发展示范区建设、天津海洋生态文明示范区建设和海洋强市建设，对有效落实"一带一路"战略和京津冀协同发展战略，提升天津城市发展核心竞争力具有重要意义和深远影响。

参考文献：

［1］　安鑫龙,齐遵利,李雪梅,等. 中国海岸带研究Ⅲ-滨海湿地研究［J］. 安徽农业科学,2009,37(4):1712-1713.

［2］　刘乐,葛卫清,偶春. 城市湿地公园生态系统恢复与发展初探［J］. 绿色科技,2011(1):122-124.

［3］　叶冠峰,柯亚永,张伟斌. 广东湿地保护与可持续发展［J］. 湿地科学与管理,2007,3(1):40-43.

［4］　Delgado L E, Marin V H. Interannual changes in the habitat area of the Black-Necked Dwan, Cygnus melancoryphus, in the Carlos Anwandter Sanctuary, Southern Chile: A remote sensing approach［J］. Wetlands, 2013, 33: 91-99.

［5］　Lohrenz S E, Fahnenstiel G L, Schofield O. Coastal sediment dynamics and river discharge as key factors influencing coastal ecosystem productivity in Southeastern Lake Michigan［J］. Oceanography, 2008, 21(4): 55-63.

［6］　网易新闻网. 全国生态红线划定明年完成［EB/OL］. http://news.163.com/13/1121/08/9E6L4O1Q00014AED.html,2013-11-21.

［7］　中央政府门户网站.《关于建立渤海海洋生态红线制度若干意见》印发［EB/OL］. http://www.gov.cn/gzdt/2012-10/17/content_2245965.htm,2012-10-17.

［8］　新华网. 全国生态保护红线划定技术指南出台［EB/OL］. http://news.xinhuanet.com/2014-02/04/c_119212350.htm,2014-02-04.

［9］　中国海洋在线. 收效初显的"海洋生态红线"［EB/OL］. http://www.oceanol.com/guanli/ptsy/toutiao/2015-06-15/46262.html,2015-06-15.

［10］　中国环境保护部. 关于印发《生态保护红线划定技术指南》的通知［EB/OL］. http://www.zhb.gov.cn/gkml/hbb/bwj/201505/t20150518_301834.htm,2015-05-18.

［11］　环保114.什么是生态红线？生态红线遵循哪些原则？［EB/OL］.http://www.hb114.cc/News/wxsy/hbzs/20140826115618.htm,2014-08
　　　　-26.

［12］　赵宇宁.福建构建滨海湿地生态红线制度的若干战略问题研究［D］.厦门：厦门大学,2014.

［13］　刘雪华,程迁,刘琳,等.区域产业布局的生态红线区划定方法研究——以环渤海地区重点产业发展生态评价为例［C］//2010中国环
　　　　境科学学会学术年会论文集(第一卷).北京：中国环境科学出版社,2010:711-716.

［14］　许妍,梁斌,鲍晨光,等.渤海生态红线划定的指标体系与技术方法研究［J］.海洋通报,2013,32(4):361-367.

［15］　中央政府门户网站."地球之肾"衰竭退化,湿地亟须法规保护［EB/OL］.http://www.gov.cn/jrzg/2014-01/13/content_2565759.htm,
　　　　2014-01-13.

［16］　吕宪国,刘红玉.湿地生态系统保护与管理［M］.北京：化学工业出版社,2004:1-2.

［17］　国家林业局.中国湿地保护行动计划［M］.北京：中国林业出版社,2000.

［18］　崔保山,杨志峰.湿地学［M］.北京：北京师范大学出版社,2006.

［19］　崔保山,杨志峰.湿地生态系统健康研究进展［J］.生态学杂志,2001,20(3):31-36.

［20］　叶思源,丁喜桂,袁红明,等.我国滨海湿地保护的地学问题与研究任务［J］.海洋地质前沿,2010,27(2):1-6.

［21］　Mitsch W J, Gosselink J G. The value of wetlands: importance of scale and landscape setting［J］. Ecological Economics, 2000, 35(1): 25-33.

［22］　Silvius M J, Oneka M, Verhagen A. Wetlands: life for people at the edge［J］. Physics and Chemistry of the Earth (B), 2000, 25(7/8): 645-
　　　　652.

［23］　国家林业局《湿地公约》履约办公室.湿地公约履约指南［M］.北京：中国林业出版社,2004:2-34.

［24］　国家海洋局908专项办公室.海洋灾害调查技术规程［M］.北京：海洋出版社,2006.

［25］　陆健健.中国滨海湿地的分类［J］.环境导报,1996,1(1):1-2.

［26］　Wetland Ecosystems Research Group. Wetland Functional Analysis Research Program［M］. London: College Hill Press, 1999.

［27］　徐东霞,章光新.人类活动对中国滨海湿地的影响及其保护对策［J］.湿地科学,2007,5(3):282-288.

［28］　张令.环境红线相关问题研究［J］.现代农业科技,2013(11):247-249.

［29］　中国水工业门户网站.划定生态红线是保障国家生态安全的需要［EB/OL］.http://www.cnsgy.com/news/23145740.html,2013-12-25.

［30］　中国网.生态红线［EB/OL］.http://zgsc.china.com.cn/rw/2014-03-14/85484.htm,2014-03-14.

［31］　许宁,高德明.天津湿地［M］.天津：科学技术出版社.2005.

［32］　中国海洋在线.国家海洋局印发《意见》,支持天津建设海洋强市［EB/OL］.http://www.oceanol.com/shouye/yaowen/2015-02-17/
　　　　41213.html,2015-02-17.

［33］　宫少军,叶思源,詹华明,等.天津市滨海湿地生态系统健康研究进展［J］.海洋地质前沿,2012,28(7):52-58.

天津市海洋生态经济发展模式探究

张文亮[1]

(1. 天津市渤海海洋监测监视管理中心，天津 300480)

摘要： 随着生态文明上升为国家战略，作为沿海超大型城市的天津，在海洋经济发展中引入生态模式，已成为落实京津冀协调发展战略和建设海洋强市战略的重要举措。本文介绍了天津海洋经济发展的条件和现状，分析了天津海洋经济走生态发展道路的可行性，探索性地提出了天津发展海洋生态经济的基本模式，在此基础上归纳出天津海洋生态经济发展的对策建议。

关键词： 海洋经济；生态经济；模式；天津

1 引言

当前，随着人类社会向生态文明转型，全球经济模式正在由传统单向流动的线性经济向生态循环经济转变。生态经济实质是将经济发展与生态环境保护有机结合，使二者互相促进的经济发展模式[1]。海洋是人类生存和发展的重要空间，具有连通性、流动性，21 世纪是海洋的世纪，随着经济全球化趋势的增强，海洋更引起国际社会的关注，人类社会的可持续发展将越来越多地依赖海洋资源。发展海洋经济，特别是发展海洋生态经济，已成为世界沿海国家瞄准的重要方向。天津作为沿海超大型城市、环渤海区域的中心，充分利用海洋资源，大力发展海洋生态经济，已成为天津实现建设海洋强市目标的战略重点和必要途径。

2 天津市海洋经济发展的条件和现状

天津海洋经济发展历史悠久，海洋产业门类众多，海洋渔业、盐业、化工业等传统产业发展方兴未艾，成为了天津经济社会发展的重要增长点。近 30 年来，天津海洋经济从传统渔业、盐业经济向多门类、多形式方向发展，不断形成新的产业形态，产业结构不断优化升级，海洋经济发展方式不断转变。总体来看，天津发展海洋经济拥有一定的先天优势：一是天津具有充足的海水资源，可用于制盐、养殖和海水利用；二是天津毗邻海域蕴藏有丰富的油气资源，为滨海新区石油化工和海洋化工的发展提供了资源保障；三是天津拥有我国北方最大的港口和集装箱码头，航运条件十分优越[2]。另外，天津海岸线长 153 km，沿海滩涂资源丰富，为海洋经济发展提供了广阔的空间。这些都为天津大力发展海洋经济提供了较好的基础条件。近年来，天津海洋经济发展态势良好，综合实力大幅提升，2013 年，天津市海洋生产总值达 4 554 亿元，比 2012 年增长 15.6%，海洋经济占全市国民经济比重达到了 31.69%，单位岸线产出规模居于全国前列[3]。其中，海洋油气、海洋装备制造、海洋工程建筑、滨海旅游等优势产业不断壮大，海洋盐业、海洋化工、海洋船舶制造等传统产业加快转型，海水综合利用、海洋生物医药、海洋新能源等战略性新兴产业初具规模，形成了较为完备的现代海洋产业体系。多年来，天津海洋经济发展取得了长足进步，具备了进一步加快发展、转型发展的基础[4]。因此，海洋经济在天津经济社会发展中的地位日益凸显，为发展海洋生态经济创造了有利条件和发展环境。

作者简介：张文亮（1984—），男，天津市人，硕士，工程师，主要从事海洋发展战略、海洋环境生态研究。E-mail：zhangwenliang-84@163.com

3　天津市发展海洋生态经济的可行性

经过多年的发展可以看出，只有遵循生态原则的经济才是可持续的，才可避免经济衰退，因而需要采取有效措施，构建可持续发展的生态经济模式[5]。而海洋经济是一种依赖海洋资源与环境的经济活动，海洋所在的生态系统是海洋经济发展的平台，海洋生态系统也因为人类经济活动的加入而耦合成海洋生态经济系统。因此，海洋生态经济则是在海洋生态系统承载能力范围内，挖掘海洋资源潜力来建设的经济发达、生态高效的海洋产业经济，是实现海洋生态健康、可持续发展的经济[6-7]。

3.1　天津市发展海洋生态经济，符合国家和地方的战略政策

发展海洋生态经济，拥有国家的政策支持，与环渤海区域发展战略相一致。一方面，党和国家高度重视海洋经济，为天津海洋生态经济发展创造了难得机遇。党的十八大报告明确指出，大力推进生态文明建设，发展海洋经济，保护海洋生态环境，建设海洋强国。国家海洋局指出要把海洋生态文明建设摆上更加突出的位置，坚持规划用海、集约用海、生态用海、科技用海和依法用海，推进海洋生态文明示范区建设，提高海洋生态承载力，把海洋生态文明建设贯穿到海洋工作的全过程。另一方面，京津冀协同发展战略的实施，为天津海洋生态经济发展提供了必要条件。随着京津冀一体化战略的加快实施，环渤海经济圈迅速崛起，对于天津来说，要充分发挥环渤海中心城市的作用，辐射和带动周边沿海地区的经济发展，全力构筑现代海上丝绸之路，这些都为天津海洋生态经济发展提供了空前的机遇。

3.2　天津市发展海洋生态经济，已经进行了有益的探索尝试

近年来，天津在探索生态循环经济发展的道路上取得了一些成绩，为全面发展海洋生态经济奠定了基础。例如，在汉沽建立了以北疆电厂为代表的国家循环经济试点，打造了集海水冷却、海水淡化、浓海水制盐、化学原料提取和废弃物资源化再利用为一体的循环经济产业链条，实现"五位一体"的良性循环，一期工程利用汉沽盐场接收淡化后的浓海水进行摊晒制盐，二期工程利用工厂化真空制盐，对浓海水进行综合利用，生产盐及盐化工产品，既可避免浓海水直接排海造成的生态破坏，还可产生较大的经济效益。另如，天津临港经济区作为国家级循环经济示范区，规划建设按照远近结合、长短结合原则，集约节约利用岸线资源，形成了产业聚集，在发展特色产业的同时更加注重生态建设，目前已建成了具有生态修复和污水处理功能的临港生态湿地公园，据统计每天可对 1.75 万吨污水进行生态净化，并将其全部作为景观用水，实现了污水"零"排放。

4　天津市发展海洋生态经济的基本模式

对生态经济发展模式进行设计，实质是对生态经济系统的优化设计，最终目标是使生态经济系统结构优化、功能提高，实现生态、经济、社会综合效益的最大化。海洋生态经济发展模式，是将海洋生态环境与海洋经济发展相结合，遵循生态原理和经济规律，建立和发展一种人与海洋和谐共处的经济模式。

4.1　以持续发展为宗旨，培育海洋循环经济发展模式

循环经济是以环境保护为根本，以资源循环利用为目标，以市场机制为动力，在满足经济社会发展的前提下，实现资源效率最大化、废物排放最小化的一种经济发展模式，遵循减量化、再利用、再循环的"3R"原则，实现"最佳生产、最少消耗、最小污染、最优发展"[8]。对于海洋经济来说，就是要打造沿海经济带，构建特色海洋产业集群，将关联产业进行合理搭配，形成产业集聚，延伸产业链，提高附加值，建立循环经济模式的产业园区。按照循环经济的指导思想，从可持续发展角度出发，对进驻园区的企业设置门槛条件，紧抓国家加大环境治理、节能减排、发展循环经济战略机遇，积极培育发展环保新兴产业，实现产业园区生态化建设目标，例如在临港园区内，利用海水、电厂热能和煤灰等资源实现港区内部大循环，通过生态环境、基础设施及建立废弃处理企业和周边环境实现区域循环。同时，在巩固现有海水

综合利用产业链的前提下，探索开发"海洋石油开采—存储—炼油—乙烯生产—轻纺加工"循环经济产业链和"工厂化循环水养殖—冷链加工—市场交易—休闲"现代海洋渔业产业链。

4.2 以节能减排为目标，培育海洋低碳经济发展模式

作为全新的发展理念，低碳经济是以低污染、低能耗、低排放为基础的经济发展模式[9-10]，是未来经济社会发展的必然选择。将低碳经济理念融入海洋经济发展之中，实质是将海洋环境与海洋经济相融合，是海洋环境优化和海洋经济增长方式转变的具体体现。要充分发挥沿海地区独特的资源优势，协调好海洋资源环境保护与经济增长的关系，持续快速发展海洋低碳经济。大力发展海洋健康养殖产业和碳汇渔业，充分利用海洋生物吸收、存储二氧化碳的特性，建设渔业资源增值放流区。积极开发海洋可再生能源，包括波浪能、潮汐能、海流能、温差能和盐差能等多种形式，提高海洋可再生能源的比重，降低一次性能源消费的碳排放[11]，达到调整优化现有高碳能源结构的目的。总之，通过探索新的产业发展方式，推动海洋产业中各种节能技术的创新，有效减少温室气体的产生量和排放量[12]。同时，保护湿地生态网络体系，正确协调土地开发与滨海湿地保护的关系，集约节约利用沿岸的湿地资源，充分发挥湿地植物和土壤的固碳能力，加快海洋保护区网络建设和海洋生态文明示范区建设，探索低碳的沿岸开发模式。

4.3 以生态环保为根本，培育海洋绿色经济发展模式

绿色经济主要是遵循"开发需求、降低成本、加大动力、协调一致、宏观有控"五项准则，能够可持续发展的平衡式经济。而绿色海洋经济则是以海洋经济可持续发展为指导，以合理开发海洋资源、维护海洋生态环境、促进人海和谐为特征，以促进海洋经济效益、社会效益和生态效益同步上升的经济[13]。天津在发展海洋绿色经济的过程中，通过行之有效的措施，切实做到在保护中开发，在开发中保护，节约集约、科学合理用海，以最小的海洋环境影响代价取得最大的海洋资源利用价值和海洋经济效益。要实现这一目标，关键是要开展海洋环境承载力研究，提高环境管理水平，根据区域水环境容量，分区域控制污染物允许排放量，围绕沿海产业带总体发展战略要求，提出切实可行、针对性明确、具有深度的海洋环境管理对策。对于海洋产业来讲，积极开发滨海旅游产业等现代服务业，特别是发展海洋特色旅游，充分利用海洋旅游资源优势，推动滨海旅游业快速发展，重点以中心渔港、滨海旅游区为平台，打造集生态保护、观光休闲、渔业文化、服务餐饮于一体的现代新型海滨休闲旅游体系。

5 天津市发展海洋生态经济的对策建议

随着"十三五"时期的到来，特别是党中央将海洋经济发展上升为国家级发展战略，海洋经济必将掀起新一轮发展热潮。作为环渤海区域中心城市的天津，要竭力在保证海洋经济总量上升趋势的基础上，以生态文明为主导理念，打造具有天津特色的海洋生态经济发展体系，为全市经济社会搞好生态建设提供支撑。

5.1 深化生态理念，将海洋生态经济纳入发展规划

在国家大力倡导生态文明的背景下，将海洋经济引入生态发展轨道，运用生态模式构建现代海洋产业体系已是大势所趋，作为一个全新的发展模式，生态经济将成为发展海洋经济的重要指南。首先需要社会公众全方位深化生态发展理念，特别是政府管理部门要强化生态海洋意识，在管理工作中自觉建立生态思维，用生态系统理论统领全市海洋经济发展。同时，加强统筹规划，将发展海洋生态经济纳入海洋事业发展规划，突出体现生态理念，指引天津加快转变海洋经济发展方式，提升海洋经济发展内在质量，确保海洋经济科学和谐发展。

5.2 转变发展方式，逐步实现海陆一体化战略格局

针对天津在全国沿海省市中海域面积最小、海岸线最短、近海资源禀赋不足的不利条件，发展海洋生

态经济刻不容缓。因此，应率先转变海洋经济发展方式，坚持可持续发展原则，利用资源环境的倒逼机制，变传统的能耗型经济为生态型经济，变以往的单程式经济为循环式经济，带动海洋产业升级，优化海洋产业结构。将沿海陆域与海洋两大系统的资源利用、经济发展、生态安全进行统一筹划、统一实施，将陆海联动纳入经济社会持续发展的总体目标，确保陆域经济发展与蓝色国土的开发利用有机结合，共同助力海洋生态经济。

5.3　保护生态环境，严格控制入海污染物排放总量

众所周知，天津地处渤海湾底，水体交换能力差，生态环境较为脆弱，一定程度上制约着海洋经济发展。对此，海洋生态经济模式将成为突破这一瓶颈的有力武器。首先要进一步丰富海洋环境污染防治手段，加大入海污染物总量控制制度的实施力度，完善海洋环境管理的协调机制，特别是要从陆源着手降低海洋污染程度。同时要加强海洋生态保护和修复，推动海洋自然保护区和特别保护区建设，严格落实海洋生态红线管控制度，探索生态补偿机制，确保海洋开发同海洋生态安全同步推进，努力实现人海和谐。

5.4　强化科技兴海，推动海洋科技成果实现产业化

海洋经济的科学发展离不开海洋科技的支撑和引领，作为新的发展模式，海洋生态经济只有与科学技术特别是海洋高新技术相结合，其优势和效益才能充分发挥出来。因此，必须以科技为支撑，提升海洋科技自主创新能力，聚集全市涉海各方面科研力量，建立跨领域、跨部门的战略联盟，尤其要建立和完善促进高新技术产业发展的合作机制。另外要加快海洋科技成果转化步伐，健全海洋科技成果产业化体系，在加大经费投入和人才培养力度的基础上，运用市场机制推动海洋生态经济实现创新驱动、内生增长。

5.5　加强法制建设，全面开创依法治海工作新局面

实现海洋生态经济模式，需要通过多种手段综合实施，进而需要完备的海洋法律法规体系和强大的执法系统保驾护航。根据"依法治国"方略的总体部署，为了保障海洋经济真正走向生态道路，必须加强海洋法制建设，制定更加严格的包括海洋生态保护、海岸带综合管理、海洋低碳经济发展等基于海洋生态保护理念的法律法规和管理制度，并建立海洋执法管理体系，加强监察、监测和预测，强化内陆、海岸带、海洋纵深三位一体的海洋监督体系，实现全方位的综合管理，真正做到依法管海、合法治海。

总之，天津应运用统一的战略思路和规划部署，加快转变海洋经济发展方式，强化海洋资源集约节约利用，坚持海洋开发的有序性、系统性和科学性，促进海洋经济发展与环境保护相协调，探索一条集约高效、生态友好、健康持续的海洋生态经济发展路径，早日建成"海上生态天津"。

参考文献：

[1]　陈志琴. 关于中国县域生态经济发展模式探究[J]. 经济研究导刊,2011(22):122-123.

[2]　陈宝树,张秀梅. 实施科技兴海,发展天津海洋经济[J]. 海洋开发与管理,2006(3):71-73.

[3]　天津市海洋局. 2013 年天津市海洋经济统计公报[R]. 天津:天津市海洋局,2014.

[4]　姚勇. 开发整合海洋资源,加快天津海洋经济发展[J]. 港口经济,2006(3):53-54.

[5]　王智红. 可持续发展生态经济模式的构建[J]. 郑州航空工业管理学院学报(社会科学版),2006,25(5):184-185.

[6]　陈东景,李培英,杜军. 我国海洋经济发展思辨[J]. 经济地理,2006,26(2):216-219.

[7]　贾亚君. 包容性增长视角下实现浙江海洋生态经济可持续发展研究[J]. 经济研究导刊,2012(7):107-108.

[8]　王宝义. 从循环经济角度理解绿色 GDP[J]. 价值工程,2005(10):11-13.

[9]　柯健. 低碳经济:我国经济可持续发展的必由之路[J]. 金陵科技学院学报,2010,24(2):11-16.

[10]　古耀杰. 关于中国发展低碳经济的研究[J]. 中国市场,2010(31):136.

[11]　林雪娥. 可再生能源与低碳经济发展的关系[J]. 能源与环境,2010(4):28-30.

[12]　曹望. 海洋低碳经济发展研究[J]. 安徽农业科学,2010,38(33):19166-19168.

[13]　易爱军. 江苏省海洋经济绿色发展战略问题研究[J]. 淮海工学院学报(人文社会科学版),2013,11(9):63-65.

基于海陆统筹的海洋生态文明建设的路径研究

周乐萍[1]，刘康[1]

（1. 山东社会科学院 海洋经济文化研究院，山东 青岛 266071）

摘要：海洋生态文明建设是以人与海和谐共生、良性循环、可持续发展为主题，推动海洋经济逐步实现效益型转变，实现地区经济社会与资源环境协调发展。可见海洋生态文明建设最终落脚于沿海地区经济的发展上面，如何实现海陆经济协调发展以提升区域经济整体效益，成为海洋生态文明建设的突破点。海陆统筹具有系统性与综合性，对于海陆问题的解决更加注重从整体性入手，基于宏观的视角来分析其复杂性，对实际问题的解决更具效用，是海洋经济发展的重要指导战略，海陆统筹作为"十二五"期间海洋经济发展的重要理论，得以积累大量的研究与实践经验。以海陆统筹作为我国海洋生态文明建设的突破口，尝试从多层面，多角度，全方位的为我国海洋生态文明建设的路径模式进行分析探讨，为海洋生态文明建设提供参照。

关键词：海洋生态文明；海陆统筹；生态文明

1 引言

十八届五中全会之后，海洋生态文明建设成为促进海洋经济发展的重心，即海洋经济发展以处理好社会经济发展和海洋生态环境保护的关系为核心内容。海洋生态文明建设是以人与海和谐共生、良性循环、可持续发展为主题，推动海洋经济逐步实现效益型转变，实现地区经济社会与资源环境协调发展。可见海洋生态文明建设最终落脚于沿海地区经济的发展上面，如何实现海陆经济协调发展以提升区域经济整体效益，成为海洋生态文明建设的突破点。海陆统筹思想具有系统性与综合性，对于海陆问题的解决更加注重从整体性入手，基于宏观的视角来分析其复杂性，对实际问题的解决更具效用，为海洋生态文明建设提供了现实路径。

2 海洋生态文明建设内涵及内容

党的十七大报告中首次提出了"生态文明"的概念，将对生态环境问题的认识上升到生态文明高度。强调"要坚持生产发展、生活富裕、生态良好的文明发展道路，建设资源节约型、环境友好型社会，实现速度和结构质量相统一、经济发展与人口资源环境相协调，使人民在良好生态环境中生产生活，实现经济社会永续发展。"党的十八大重申生态文明建设，要求将生态文明建设列入我国经济社会发展"五位一体"总体布局，并把生态文明建设放在突出地位，融入国家经济建设、政治建设、文化建设、社会建设各方面和全过程。为贯彻十八大精神的顺利实施，十八届三中全会上提出要求围绕建设美丽中国，深化生态文明体制改革，加快建立生态文明制度。十八届五中全会上明确提出了要以"创新、协调、绿色、开放、共享"五大理念引领未来发展。

十八届五中全会之后，生态文明建设成为引领我国经济发展的重要理念。生态文明建设，是人类社会利用自然、改造自然能力的提升和程度的深入过程中，对营造健康的生存和生产环境的重视，以及对可持续发展的理念的延续。国际生态文明的研究可以追溯到 20 世纪 60 年代在欧美开始流行的"环境主义"

作者简介：周乐萍（1985—），女，山东省平原县人，助理研究员，博士，研究方向：海洋经济。E-mail: zhouleping20@163.com

运动，随后可持续发展理念成为生态文明研究的重点内容。持续发展理念包括生态、社会文化与经济可持续性三方面内容，其中生态可持续性表示发展与基本生态过程、生物多样性和生物资源的维护相兼容；社会与文化可持续性现实发展增加了人类对其生活的控制，与受其影响的文化和人类价值相兼容，并维持和加强社区本体。经济可持续性确保发展在经济上是有效的，资源得到有效管理以支撑子孙后代的生存[1]。国内生态文明研究始于 20 世纪 80 年代，生态学家叶谦吉提出了生态文明概念，并从生态学和生态哲学的视角对生态文明概念进行了界定，认为生态文明是人类既获利于自然，又还利于自然，在改造自然的同时又保护自然，人与自然之间保持和谐统一的关系。生态文明是在工业文明成果基础上，用更文明的态度对待自然，建设和保护生态环境，改善与优化人与自然的关系，从而实现经济社会可持续发展的目标[2]。

生态文明是人类文明发展的一个新的阶段，是人类遵循人、自然、社会和谐发展这一客观规律而取得的物质与精神成果的总和[3]。海洋生态文明是陆地生态文明的拓展和延伸，随着人类开发利用海洋进程的发展而形成和演化，是对人类生态文明的补充和完善。借鉴一般生态文明概念，海洋生态文明是以人与海洋和谐共生、良性循环、可持续发展为主题，以海洋资源综合开发和海洋经济科学发展为核心，以强化海洋国土意识和建设海洋生态文化为先导，以保护海洋生态环境为基础，以海洋生态科技和海洋综合管理制度创新为动力，整体推进海岛和海洋生产与生活方式的转变的一种生态文明形态[4]。海洋经济作为我国"海洋强国"战略的主体，在新的社会经济布局中，海洋生态文明建设成为专家学者的关注点，也成为决策机构研究的重要内容。因此，海洋生态文明建设即指以人与海和谐共生、良性循环、可持续发展为主题，是从根本上转变沿海地区经济发展方式，实现沿海地区经济社会与资源环境协调持续发展。

3 海陆统筹成为海洋生态文明建设的突破点

进入 21 世纪以来，海陆关系变得更为复杂，具体表现为：海陆空间上的依存与生产要素上的互补，使得海陆协调持续发展成为可能；海陆空间与要素争夺加剧，人海矛盾不断激化，又使得海陆协调持续发展困难重重。海陆经济发展协调可持续性的不足，成为海洋生态文明建设的最大阻力。海陆统筹思想具有战略性、系统性和综合性，对于海陆问题的解决更加注重从整体性入手，基于宏观的视角来分析其复杂性，为实际问题的解决提供了现实路径。随着对海陆系统相互间认识的不断深入，海陆统筹的概念不断深入人心。"十二五"规划将海陆统筹提升到国家战略，与其他"五个统筹"处于平等位置，并且指出"发展海洋经济，坚持陆海统筹发展"，海陆统筹成为海陆经济协调持续发展的重要指导方针。以海陆统筹来发展海洋经济的思路，经过"十二五"期间的检验，专家学者们对海陆统筹的认识不断加深，并积累了大量的研究经验。

海陆统筹理念已经成为我国海洋经济发展的重要内容，对于海陆统筹研究的视角也较多，本文从地理学角度对于海陆统筹的概念及内涵进行分析，海陆统筹理念与方法能够为海洋生态文明建设提供参考。从地理学角度来对海陆统筹进行理解分析，将海陆作为两个相对独立系统，综合考虑二者的经济、生态、社会功能，利用二者间的物流、能流、信息流等联系，针对不同尺度空间进行规划与政策引导，以实现要素空间上的顺畅流动，强化海陆互补优势，实现区域发展的整体效益，从而实现人海和谐、良性循环、可持续发展的区域经济发展模式。海陆统筹以海陆经济系统的关联性和互补性为基础，以对生态、经济、社会子系统及各个子系统进行协调和整合为核心内容，不仅实现了对海陆两个系统进行协调和整合，同时也实现了对复杂系统内部若干子系统之间的调整。

海陆统筹发展最为核心的内容是，以海陆系统的总体运行状态和趋势为切入点，在宏观上把握好海陆系统的发展方向，以各系统之间存在的矛盾点为突破口，对矛盾存在较多的领域进行梳理与调整。最主要的内容就是疏通各系统之间及各系统内部的物质能量的流通与信息技术的交流。海陆系统及各子系统都是一个开放的系统，各种流的运行构建了海陆系统发展的动力，从而完成了对各个系统之间的协调和整合。海陆统筹发展最终实现的目标是海陆经济系统间要素流动顺畅实现经济上的协调发展、形成海陆经济发展同等地位的社会意识上的普遍认同、重视海陆生态环境保护实现生态环境的优化。从海陆统筹的目标来看，与海洋生态文明建设的主题也极为相符。对海陆统筹发展运行机理的探索，为海洋生态文明建设提供了参考，也为海洋生态文明建设提供了现实依据。

从海洋生态文明建设的内涵及发展要求来看，海洋生态文明建设贯彻了人与海和谐共生、良性循环、可持续发展的主题，要求从根本上转变沿海地区经济发展方式，并以实现沿海地区经济社会与资源环境协调持续发展为目标。可见海洋生态文明建设最终落脚于沿海地区经济的发展上面，如何实现海陆经济协调发展以提升区域经济整体效益，成为海洋生态文明建设的突破点。海陆统筹思想具有系统性与综合性，对于海陆问题的解决更加注重从整体性入手，基于宏观的视角来分析其复杂性，对实际问题的解决更具效用。海陆统筹要以宏观的规划为基础，以政策引导为基准，实现海陆系统的协调与整合。而海陆统筹的这一模式，与海洋生态文明建设强调高度重视制度建设、务实行动和开放包容的内容，有较多相似之处。结合海洋统筹发展的经验以及海洋生态文明建设的题中之义，可见海陆统筹能够为海洋生态文明建设提供具有可行性的现实路径。

4 海洋生态文明建设的路径分析

从前文分析来看，海陆统筹主要是通过协调海陆之间的能量流、物质流、信息流来提升海陆系统之间的资源利用率来实现人海和谐发展，最终实现海洋生态文明建设的目标。因此，结合海陆统筹的思想理念，对海洋生态文明建设提出了多层次、多角度、全方位的路径分析给予参考。

4.1 多层次的海洋生态文明建设的路径分析

（1）关注不同区域尺度的核心问题，实施海洋生态文明建设

从地理空间的角度来分析，海陆经济可持续发展根据不同区域空间所面对问题也不同，从而形成了不同的层面，海陆统筹战略为从多层次的角度实施海洋生态文明建设提供了思路。海陆经济发展可以说从全球到地方，不同尺度与规模形成一个连续体，可以划分为全球尺度、国家尺度、区域尺度、地方尺度，不同的尺度形成了不同的层面，海洋生态文明建设关注的问题也不同。从地理区域属性来看，资源禀赋和自然环境条件是最基本的层面，社会制度与文化是最高层面，中间层次包括基础设施和社会经济，从而形成了一个连续体。以海陆统筹战略为指导方针，海洋生态文明建设应该综合考虑尺度与规模的转换与区域属性建立协调发展决策。一般而言，尺度越大越偏向于政策性、宏观性问题，注重于政策方针与引导性，尺度越小越依赖于地方资源禀赋与环境条件，注重于现实的可操作性。因此，区域发展要抓住不同区域尺度所面对的核心问题，以海陆统筹战略为出发点，顺利完成海洋生态文明建设。

（2）打破梯度发展限制，均衡发展海陆经济

从改革开放之后，我国经济发展的版图上来看，不仅国家一直实施不均衡的发展战略，小到省份与地方也存在经济发展的不均衡，海陆之间，区域之间存在较大的经济差距，从而造成了经济发展的同构化，经济发展竞争的低度化等问题。区域经济发展落后地区不能为高水平区域提供有效的供给，而高水平区域经济发展区的消费水平市场需求逐渐出现了饱和，因此区域经济发展落后区成为整个区域经济持续发展的瓶颈。我国沿海地区海洋经济发展资源争夺严重，区域之间的海洋产业结构组成重复，相互之间发展的重点产业雷同，对海洋资源的争夺加重了区域之间的矛盾。另一方面，海洋产业的选择，技术含量不高，经济附加值难以实现，海陆经济相互之间的需求拉动能力不足，造成海陆经济难以实现较好的互动，难以实现区域经济发展的整体效益。因此要均衡发展海陆经济，打破梯度发展的限制，提升落后区域的整体经济发展水平，注重海陆经济的统筹规划，为海洋生态文明建设提供基础。

4.2 多角度的海洋生态文明建设的路径分析

（1）低碳经济

低碳经济模式是从碳排放的角度，利用系统的观点，对海陆系统进行整体的分析与规划，注重技术引进与创新，制定低碳经济实施政策，从而实现海洋生态文明的建设的顺利实施。低碳产业集群可以通过知识的溢出效应和企业间的模仿行为，提升整个区域的竞争力。因此区域可以通过集聚形成以低碳为主线，

串联技术、流程、销售、市场或服务等环节，具有整合优势的利益共同体。但为了实现海洋生态文明建设的目标，在低碳产业集群构建过程中，要以海陆统筹的角度出发，处理好海陆标准的衔接、技术知识的普适程度、海陆产业管理模式的差异等问题。在低碳产业集群构建中，要注意几个方面：一是要大力支持企业低碳生产技术创新，优化能源结构，提升绿色竞争力；二是着力打造生态工业园，根据产业特点进行生态设计，形成"低消耗、低排放、高效率"的循环发展模式；三是提升海陆统筹管理能力，能够对海陆环境、管理、技术的差异造成的实际问题进行有效的处理。

（2）生态城镇

生态城镇是指按照生态学原理，在社会-经济-环境复合系统内，实现对物质、能量、信息高效利用的，生态良性循环的人类聚居地。生态城镇的建设注重的是对循环经济理念的运用，注重再生产过程中，以最优的生产方式实现最小的环境影响，以良好的管理模式实现最优的经济增长。生态城镇的建设对于沿海地区城镇的发展具有参考价值，能够为实施海洋生态文明建设提供参照。生态城镇建设是以生态环保体系为要义的，因此在建设中需要把握几个方面：一是要构建循环经济产业体系，涉及生态工业、生态农业和生态服务业三大产业，根据产业关联度充分发挥互补效应，加强农业与工业之间的关联，发展农业生态工业园。二是优化城镇基础设施体系，涉及水系统、能源系统、交通系统和建筑系统。根据居民的使用频率，合理规划公共服务设施的数量和位置，要树立节水节能意识，积极使用环保新材料，实现人与自然协调发展。三是生态环保体系。合理构建城镇的绿色植被，做好垃圾处理与回收利用工作，逐步实现生活垃圾对于环境无害、对资源回馈、对经济不负担过度。四是社会事业体系。要统筹规划科技、教育、文化、卫生、体育事业，注重经济与社会、城乡之间、地区之间和人与自然的协调发展。

（3）海洋牧场

海洋牧场是一种较新模式的海洋资源开发模式，是对海洋空间利用的拓展。海洋牧场的发展是依赖于健康的海洋生态系统的，是海洋生态文明建设的必要选择。海洋牧场建设需要科学的管理。海洋牧场的科学管理不仅局限于日常监控，要从苗种选择，海域选择到人工鱼礁的投放及管理，海洋捕捞等各个环节都需要专业人员的参与。海洋牧场对于环境的依赖性较大。海洋环境的修复与治理，选定海域生态的平衡与稳定，是保证海洋牧场可持续发展的基础和前提，海洋牧场是经济效益和生态效益的结合体。海洋牧场的发展需要不断的拓宽产业链。海洋牧场作为经济系统和生态系统建设的重要部分，同时还打破了一二三产业的界限，通过对上下游产业，周边产业和当地经济的联系，可以有效地拉动整个区域的经济发展。海洋牧场建设尚属于摸索阶段，海洋牧场的多种发展形式还需要不断地创新。对海洋牧场发展模式的探索，可以为实施海洋生态文明建设的提供路径参考。

4.3 全方位的海洋生态文明建设的路径分析

（1）海洋生态环境防护

海洋生态环境是海洋生态文明的题中之义，是促进海洋经济生产方式向效益型转变的基础。海洋生态环境的防护是实施海洋生态文明建设的重要内容。首先，要做好海洋生态环境的监测和预警工作。海洋环境变化多端且容易形成极端自然灾害，尤其是海洋环境的变化往往形成链条式发展，往往单方面的污染会造成巨大的经济损失。因此在环境监测和预警方面，建立海岸观测系统、海洋观测集成系统、海洋预测系统，实施监测海洋排污情况，并对海岸变化与海洋环境进行预测和管理。其次，要科学建立与管理海洋保护区。海洋可根据实际情况与需求，以及海域使用规划，建立不同类型和功能的海洋保护区。海洋保护区管理是对海洋环境综合管理的一种尝试，能够有效地解决传统管理中针对捕捞能力时的难题。最后，海岸生态的环境的修复与治理。由行政主管部门对海洋生态环境进行定期监测，并实时发布监测数据，完善海洋监测网络和综合信息平台建设，实现对海洋生态环境监测的智能化、信息化。建立海洋生态补偿长效机制，通过财政转移支付、设立海洋环境治理专项基金、设立生态环境质量奖惩制度等方式，实现海湾综合治理、河口生态环境修复、优质岸线修复等内容。

（2）海洋管理体制建设

首先，完善海洋环境法律体系，加强执法力度。海洋经济发展迅速，海洋环境问题也随着经济的发展不断变化，地方政府应及时的对海洋环境的法律法规及条例进行修改、完善，建立一套具有可行性的海洋环境保护法律体系，做到有法可依，有法必依，违法必究。其次，加强海洋管理机构专业化，形成海陆一体化管理体系。建立跨部门合作协调机制，在一定程度上整合各主要职能部门资源，建立各种有效的管理体系，积极促进民间组织的发展，为海洋生态文明建设提供全能高效的服务管理体系。最后，坚持监督与管控，促进海域生态保护关键技术的研究。严格控制入海废物排放，实施重点海域海湾排污总量控制制度，限制治理超标入海排污口，加强污染防治和海洋倾倒废弃物管理，治理海漂垃圾。科学管控海域使用，严格控制容易产生悬浮物等二次污染以及容易造成海洋环境永久性改变的工程审批。组织开展针对溯源追究，生态补偿、入海污染物总量控制的技术研究，以及污染物高效去除技术、清洁生产技术、海域环境容量及质量调控技术以及海洋生物多样性保护等重大科学技术的研究与攻克，为海洋生态文明建设提供有效的科技支撑。

（3）海洋生态文化建设

海洋生态文化是海洋生态文明的重要内容，是不同于以往海洋发展的重要内容，是实施海洋生态文明建设的根基。首先，要注重对海洋生态意识的培养。海洋生态意识的培养需要社会公众的共同参与，希望政府加强对于海洋生态文明基础设施的投入，定期组织开展海洋生态文化科普宣传教育活动，希望公众对于海洋的认识不再局限在自然环境方面，了解海洋文化中的传统习俗，了解海洋文明的发展，显著提高公众的海洋保护意识。其次，要注重对海洋生态文化的发掘。海洋生态文化是以沿海地区民众认知海洋、开发利用海洋的生活实践中创造、传承累积的历史，是对人类追求人与海洋和谐发展历程的记录，海洋生态文化的发掘，有利于人们对于海洋生态文化的认同，是海洋经济现代化发展和海洋生态文明建设和谐统一的体现。最后，要注重海洋文化产业的培育。海洋文化产业是一种以海滨海岸、岛屿或海上海底为存在和呈现空间的新型的文化产业形态，是实现海洋经济可持续发展的主要内容和载体，是推动海洋经济向质量效益型转变的重要推动力，是经济"新常态"下产业发展的需求，并将逐步成为未来的热潮。

参考文献：

[1] 刘康.海岛旅游可持续发展模式[M].青岛:中国海洋大学出版社,2002:93-94.

[2] 陈洪波,潘家华.我国生态文明建设的理论与实践[J].决策与信息旬刊,2013(10):8-10.

[3] 周生贤.中国特色生态文明建设理论创新和实践[J].求是,2012(19):16-19.

[4] 俞树彪.舟山群岛新区推进海洋生态文明建设的战略思考[J].未来与发展,2012(1):104-108.

协同演化视角下沿海地区陆海复合系统互动发展研究

孙才志[1], 张坤领[1], 李彬[1], 杨宇頔[1]

(1. 辽宁师范大学 海洋经济与可持续发展研究中心, 辽宁 大连 116029)

摘要: 借鉴复杂系统、协同学及其相关理论, 对陆海复合系统协同演化机制进行分析, 并构建陆海复合系统综合评价指标体系, 利用变权重模型测算 1996—2012 年我国沿海地区 11 个省市的陆域与海域子系统综合评价值。结果表明: 我国沿海地陆域和海域子系统在研究期间内系统评价值均呈上升趋势, 沿海地区陆海复合系统综合发展水平逐年提高, 但陆域子系统发展水平总体高于海域子系统, 且区域间差异显著。进一步构建陆海复合系统协同演化模型, 采用遗传算法对模型参数进行估计, 辨识沿海地区陆海复合系统协同演化类型及其阶段, 结果显示: 除海南、广西外, 我国沿海地区陆海复合系统陆海关系表现为协同型。天津、上海、广东为陆海复合系统协同演化的成熟阶段, 辽宁、浙江、山东为成长阶段; 河北、江苏、福建为形成阶段, 广西、海南则处于萌芽阶段。最后对各省市陆海复合系统协同演化进行综合分析, 并简要提出陆海协同发展的对策建议。

关键词: 沿海地区; 陆海复合系统; 陆海关系; 协同演化

1 引言

长期的"重陆轻海"的发展战略一定程度上造成了沿海地区发展瓶颈, 制约着国土资源的优化开发。海洋资源开发与海洋经济发展得到越来越多的学者的关注[1-2], 自 2003 年国务院印发《全国海洋经济发展规划纲要》以来, 我国海洋经济迅速崛起, 并成为经济增长新亮点和社会可持续发展的重要战略依托。随着海洋开发的不断深入, 劳动、资金、技术等生产要素不断向海洋集聚, 陆海之间在发展空间、政策倾斜以及陆源污染等问题上的矛盾日益彰显, 严重阻碍沿海地区陆海复合系统的可持续发展, 以及国家区域发展战略、海洋发展战略的有效衔接和陆海之间的战略平衡。基于此, "十二五"规划纲要把"陆海统筹"战略提升到国家战略层面, 首次在国民经济和社会发展规划中把海洋与陆地同等看待。2012 年中共"十八大"提出"建设海洋强国"的战略构想, 表明我国正逐步实施由偏重陆地向陆地与海洋兼顾的宏观战略部署。陆域和海域系统统筹发展、协同共进, 是国家对海洋的管控与利用能力的体现。把握沿海地区陆海复合系统协同演化状态及其发展阶段对我国落实陆海统筹战略、实现海陆一体化发展至关重要。

20 世纪 90 年代初编制《全国海洋开发规划》时首次提出了"海陆一体化"的战略原则, 1996 年的《中国海洋 21 世纪议程》指出"要根据海陆一体化的战略, 统筹沿海陆地区域和海洋区域的国土开发规划"。这为早期沿海地区海陆一体化建设研究[3-5]及陆海联姻[6]、海陆统筹的提出提供了政策指导。自此, 关于海陆一体化、陆海统筹成为学者讨论热点问题[7], 并呈现出由定性到定量, 研究视角及方法模型多样化趋势。沿海-腹地系统良性发展要求沿海地区与内陆腹地的海陆产业联动[8], 海陆产

基金项目: 教育部人文社会科学重点研究基地重大课题 (12JJD790032); 国家自然科学基金 (41301129)。

作者简介: 孙才志 (1970—), 男, 山东省烟台市人, 教授, 博士生导师, 主要从事水资源经济与海洋经济地理研究。E-mail: suncaizhi@lnnu.edu.cn

业系统耦合协调，将是沿海地区经济和谐发展的重要推动力量[9]。从经济角度上看，海洋与陆域经济协同共建更是实现海陆统筹、推进海陆经济一体化的重要途径[10]。但对海域污染调控和海域环境保护的忽视将制约沿海地区可持续发展[11-12]。因此，在现有理论框架下综合评价海陆一体化程度、陆海统筹水平，对促进沿海地区陆海复合系统可持续发展具有一定的现实指导意义[13-14]。国外关于海陆一体化、陆海统筹的相关研究始于海岸带综合管理（ICZM），以1965年旧金山湾自然保护与发展委员会的建立为标志[15]。Deboudt等用启蒙阶段、发展阶段以及完善阶段3个阶段总结了法国的海岸带管理的发展轨迹，代表了ICZM的发展历程。近年来，海陆一体化、陆海统筹思想逐渐受到国外学者的关注[16]。Smith等揭示了ICZM的不足之处，并对欧洲陆海一体化空间规划进行了探讨[17]；Alvarez Romero等从生物多样性及生态系统保护规划的视角论述了陆海一体化的至关重要性。但也有学者持不同态度[18]；Kerr等认为陆域与海洋系统存在本质区别，盲目的一体化规划是一种误导，并产生两者潜在冲突[19]。前人研究成果都为陆海复合系统研究奠定了基础。而作为复杂、非线性系统，采用传统方法进行分析往往难以刻画系统复杂性。运用系统论和协同学的思想，综合考虑陆域与海域系统之间的相互作用关系，定量分析两系统协同演化状态及其发展阶段的研究较少[20-21]，相关研究还有进一步完善的空间。

本文从陆海复合系统协同演化机制分析入手，在构建陆海复合系统协同演化评价指标体系的基础上，对我国沿海地区11个省（市、自治区）陆域和海域两子系统综合发展水平进行评价，利用协同演化动力模型，探索我国沿海地区陆海复合系统协同演化状态及其演化阶段。旨在丰富我国陆海统筹相关理论，并为沿海地区陆海协同发展规划提供可行性建议。

2 沿海地区陆海复合系统协同演化机制分析

陆域子系统及其要素的发展为海域子系统发展提供了条件，海域子系统及其要素的发展给陆域子系统的发展提供了支持，形成了系统间相互促进；两系统在发展空间、发展机会上相互竞争，资源过度开发，陆源污染及海洋灾害相互交织，导致了系统间的相互抑制。陆域和海域系统的协同演化是指两者在长期的演化互动过程中，在抑制与促进效应的推动下，陆海不同要素之间在交互作用中所形成的因果关联、相互影响、相互适应、相互促进的协同演化结构及过程。其演化机制如图1所示。

从生物演化的角度看，生态系统最基础的协同演化机制是竞争与合作，竞合机制也是系统演化的核心动力所在。与之相类似，竞合机制也是陆海复合系统演化发展的重要动力。根据生物学共生理论，可将陆海复合系统子系统内部诸要素系统地分为社会、经济、资源、环境4个共生单元，这4个共生单元构成了陆海复合系统这一共生体。各共生体以及共生体各要素之间通过适度竞争激发了系统整体活力，促进了系统的升级。此外，各共生体及其各要素之间的互惠有利于资源的优化配置，扩大彼此发展空间。而恶性的竞争则会压缩彼此的发展空间，使系统达不到它的理想发展状态。系统在内部机制、外部环境的共同作用下，会经历系统间协同演化产生与发展从萌芽到成熟的4个阶段的动态演变过程。

3 研究方法与数据来源

3.1 综合评价模型

3.1.1 基础权重模型

常用的主客观指标赋权方法中比较典型的有层次分析（AHP）和熵值法（EVM）。为了增强权重的可信性，通常需要将主客观权重进行综合。综合指标的AHP权重w_{1j}和EVM权重w_{2j}可得组合权重W_j，$j=1$，2，3，…，n。显然W_j和w_{1j}与w_{2j}尽可能地接近，根据最小相对信息熵原理构建函数[22]：

$$\min F = \sum_{j=1}^{n} W_j(\ln W_j - \ln w_{1j}) + \sum_{j=1}^{n} W_j(\ln W_j - \ln w_{2j}), \tag{1}$$

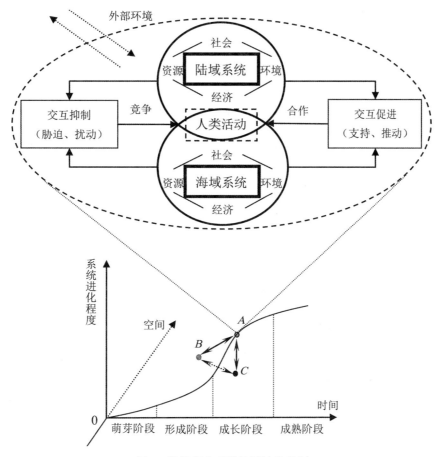

图1   陆海复合系统协同演化机制

式中，$\sum\limits_{j=1}^{n} W_j = 1, W_j > 0, j = 1, 2, \cdots, n$，利用拉格朗日乘数法解得上述最优解，即综合权重为：

$$W_j = \sqrt{w_{1j}w_{2j}} \Big/ \sum_{j=1}^{n} \sqrt{w_{1j}w_{2j}} \qquad (j = 1, 2, \cdots, n). \tag{2}$$

3.1.2 变权重模型

陆海复杂系统内部因素之间往往蕴含着许多错综复杂的非线性、动态性关系。从复杂系统内在的机理复杂性上看，对传统固权方法进行改进，克服固权方法失效，提高评价决策科学性十分必要。变权思想强调因素权重随着因素状态值变化而变化，能够较好地反映复杂系统非线性、涌现性等本质特征，对研究复杂系统评价问题有着很重要的借鉴价值[23]。

设 $x_1, x_2, \cdots, x_n$，分别为系统评价各指标 $U_1, U_2, \cdots, U_n$ 标准化后的加权平均值，$x_i \in (0, x_m]$，且 $x_m = 1$。基础权重为 w_{0i}（$i = 1, 2, \cdots, n$），表示各评价因素相对理想时因素 U_i 的权重。其他指标值确定后，U_i 在系统评价中所占的权重 w_i 随 U_i 指标值的减小而增大，即指标值越低，所占权重越大。其上界 w_{0i} 满足：

$$w_{mi} = \frac{w_{0i}}{\max\{w_{0i}\} + \min\{w_{0i}\}}. \tag{3}$$

引入惩罚函数 $\lambda_i = \lambda_i(x_i)$ 表示评价指标对评价结果的限制性影响度函数，随评价指标值的变化呈有规律的非线性变化趋势，对指标值低的评价因子进行惩罚处理，增大其影响度而加大其在评价体系中的权重，即指标值越小，对评价结果的影响度越大，$\lambda_i = \lambda_i(x_i)$ 满足条件：在 $[0, x_m]$ 上为非负、有界、不增的函数；记 $\lambda_i(0) = \lambda_{mi}$，$\lambda_i(x_m) = \lambda_{0i}$，$\lambda_{0i}$ 和 λ_{mi} 分别为 $\lambda_i = \lambda_i(x_i)$ 在 $[0, x_m]$ 上的最小值和最大值，有：

$$\lambda_i(x_i) = \lambda_i^* \cdot \lambda_{mi}/\lambda^* \cdot \exp\left[\frac{1}{1-k_i}\left(\frac{x_i}{x_m}\right)^{1-k_i}\right] \quad (i = 1, 2, \cdots, n) . \tag{4}$$

由 λ_{0i}，λ_{mi} 的定义，可得：

$$\lambda_{mi} = w_{mi} \cdot \sum_{i \neq j} w_{0j}/(1 - w_{mi}) \quad (i = 1, 2, \cdots, n) . \tag{5}$$

另外，$\lambda^* = \sum_{i=1}^{n}\lambda_{mi}$，$\lambda_i^* = \sum_{i \neq j}\lambda_{mi}$，$k_i = 1 - 1/\ln\left[\lambda_{mi}(\lambda_i^* + w_{0i})/\lambda^* \cdot w_{mi}\right]$，在计算得到 $\lambda_i(x_i)$ 之后，最终的变权重 w_i 可利用如下公式求得：

$$w_i = \lambda_i(x_i)/\sum_{i=1}^{n}\lambda_i(x_i) \quad (i = 1, 2, \cdots, n) . \tag{6}$$

设陆海系统综合评价指数为 Z_i，则：

$$Z_i = \sum_{j=1}^{n}X_{ij}w_{ij} \quad (j = 1, 2, \cdots, n) . \tag{7}$$

式中，Z_i 的值域为 $[0, 1]$，X_{ij} 为第 i 系统的第 j 个指标标准化后的值，λ_{ij} 为其变权重[24]。

3.2 陆海复合系统协同演化状态动力模型

沿海地区陆海复合系统是由陆域和海域子系统构成的复杂系统，设陆域与海域子系统分别为 $X = X(t)$ 和 $Y = Y(t)$，且在时间 t 上为连续且可导函数。按照系统动力学方法，建立二者相互作用的系统动力学行模型，并表达成 Logistic 模型形式：

$$dX/dt = f_1(X, Y) = r_1 X(N_1 - X - \alpha_1 Y + \beta_1 Y)/N_1 , \tag{10}$$

$$dY/dt = f_2(X, Y) = r_2 Y(N_2 - Y - \alpha_2 X + \beta_2 X)/N_2 , \tag{11}$$

$$\alpha_1 + \beta_1 = \alpha_2 + \beta_2 = 1 , \tag{12}$$

式中，N_1、N_2 分别表示陆域和海域子系统发展极限值，这里取 $N_1 = N_2 = 1$；r_1、r_2 分别表示陆域和海域子系统自适应变化率，取两者平均增长率。α 和 β 分别为陆域和海域系统竞争系数与合作系数，例如 α_1 表示海域系统发展对陆域系统带来的抑制效应，而 β_1 则表示促进效应。假设两系统相互作用只存在这两种形式，即 $\alpha_1 + \beta_1 = \alpha_2 + \beta_2 = 1$。模型反映了陆海之间存在"既相互抑制又相互促进"的协同演化关系。

令 $f_1(X, Y) = 0$，$f_2(X, Y) = 0$，设 $\alpha_1 - \beta_1 = a_1$、$\alpha_2 - \beta_2 = a_2$ 得到 4 个定态解：$A_1(0, 0)$，$A_2(1, 0)$，$A_3(0, 1)$，$A_4\left(\frac{1-a_1}{1-a_1 a_2}, \frac{1-a_2}{1-a_1 a_2}\right)$，其中 $a_1 a_1 \neq 1$。系统不会稳定在点 $A_1(0, 0)$ 状态；而定态解 $A_2(1, 0)$，$A_3(0, 1)$ 分别对应着系统 X、Y 的消亡状态，即前 3 种定态解并不可取。陆海复合系统协同演化状态应通过分析定态解 A_4 进行。根据参数大小、陆海协同演化特征，把协同演化状态分为 3 类：冲突型、竞合型、协同型陆海关系（表 1）。

表 1　陆海复合系统协同演化类型

协同演化类型	参数	平稳条件
冲突型	$a_1 > 0$，$a_2 > 0$	$a_1 a_2 < 1$，$0 < a_1 < 1$，$0 < a_2 < 1$
竞合型	$a_1 > 0$，$a_2 < 0$ 或 $a_1 < 0$，$a_2 > 0$	$0 < a_2 < 1$ 或 $0 < \alpha_1 < 1$
协同型	$a_1 < 0$，$a_2 < 0$	$a_1 a_2 < 1$

冲突型陆海关系是指陆海之间在发展空间、生产要素、产业政策等方面竞争凸显，同时陆源污染，导致海域系统的结构和功能遭到破坏，陆域社会受到海洋的"报复"，即 $a_1 > 0$；陆海资源的互补性、产业

的互动性、经济的关联性受到重视，陆海复合系统在管理体制、人口资源环境协调机制等方面逐步完善，海域系统为陆域系统提供支持，陆域系统为海域系统提供发展条件，共同推动陆海巨系统发展，即 $a_1 < 0$，$a_2 < 0$，此为协同型陆海关系；而竞合型陆海关系则介于冲突与协同之间。

根据陆海复合系统协同演化的不同类型及其参数大小，并借鉴协调发展、耦合协调相关研究将陆海复合系统划分为 5 个阶段（表 2）。

表 2　陆海复合系统协同演化阶段

项目	合作系数 α	竞争系数 β	协同演化类型	协同演化阶段	特征
1	$0.85 < \alpha < 1$	$0 < \beta < 0.15$	协同型	成熟阶段	从宏观到微观建立起全方位、立体化合作内容和机制，竞争被限制在相对较小范围内。
2	$0.75 < \alpha < 0.85$	$0.15 < \beta < 0.25$	协同型	成长阶段	陆海之间合作机制逐步完善，合作内容不断丰富，合作程度向纵深发展。
3	$0.65 < \alpha < 0.75$	$0.25 < \beta < 0.35$	协同型	形成阶段	陆海之间合作机制基本形成，运行基本稳定，但层次不深，范围不广。
4	$0.45 < \alpha < 0.65$	$0.35 < \beta < 0.55$	竞合型	萌芽阶段	合作在微观层面得以体现，初步具备陆海协同发展微观基础，局部有过度竞争现象。
5	$0 < \alpha < 0.45$	$0.55 < \beta < 1$	冲突型	混乱阶段	陆海发展相互对立，合作被限制在相对较小的范围内，尚未形成规模。

上述动力模型为一个复杂的非线性多变量函数，传统的模型参数优化估计方法，如最小二乘法等，对模型的结构、参数数目、优化准则要求严格，所得到的参数估计值通常是局部而非全局最优解。鉴于此，本文采用遗传算法（Genetic Algorithm）来求解模型参数。基于自然选择和自然基因机制的加速遗传算法是当前处理一般非线性数学模型优化的一类新的优秀方法，对模型是否线性、连续、可微等不作限制，也不受优化变量数目、约束条件的束缚，直接在优化目标函数引导下进行全局自适应寻优。该方法直观、简便、通用、适应性强，已开始在各工程领域得到广泛应用，限于篇幅，详细过程见参考文献 [25]。

3.3　数据来源与研究对象

本研究以我国沿海地区除台湾省、香港和澳门特别行政区以外的 11 个省（市、自治区）（天津、河北、辽宁、上海、江苏、浙江、福建、山东、广东、广西、海南）为研究对象，选取 1996—2012 年的统计数据，数据源自《中国统计年鉴》、《中国环境统计年鉴》、《中国海洋统计年鉴》及沿海地区各省市统计年鉴及海洋经济统计公报。

4　沿海地区海陆系统综合评价

4.1　指标体系构建

陆海复合系统是一个复杂的巨系统，它包含社会、经济、资源、生态环境等诸多方面。资源是系统发展的重要物质基础；环境是系统运行的空间载体、物质能量来源及信息的交流平台；经济的发展是推动系统运行的重要驱动力，是实现系统协调发展的基础和物质保障；社会的进步是系统发展的最终目的，是系统的核心[26]。陆海复合系统各子系统及其要素相互作用共同推动着系统演化发展，为全面具体衡量其发展水平，并根据客观性、系统性和有效实用性原则，构建陆海复合系统量化评估指标体系。指标体系分陆域、海域两个子系统，包含经济发展、社会发展、资源利用、生态环境 4 个分系统，包括 41 个具体指标（表 3）。

表3　沿海地区陆海复合系统评价指标体系

目标层	指标层	次级指标层	要素层	EVM 权重	AHP 权重	综合权重	变权重
中国沿海地区海陆复合系统评价指标体系	陆域系统	经济发展	人均 GDP（元）	0.046 2	0.111 6	0.071 8	0.074 6
			GDP 增长率（%）	0.011 8	0.021 9	0.016 0	0.011 5
			社会固定资产投资强度（万元/km²）	0.154 2	0.038 1	0.076 6	0.128 0
			进出口总额（亿美元）	0.141 4	0.038 1	0.073 4	0.126 1
			第三产业增加值占 GDP 比重（%）	0.001 6	0.067 9	0.010 5	0.006 5
		社会发展	城镇化率（%）	0.009 1	0.164 3	0.038 6	0.026 4
			居民消费水平（元）	0.041 0	0.094 3	0.062 1	0.070 3
			登记失业率（%）	0.007 0	0.033 0	0.015 2	0.012 2
			R&D 投入强度	0.050 2	0.060 8	0.055 3	0.052 5
			万人普通高校在校生人数（人）	0.039 3	0.040 1	0.039 7	0.033 0
		资源利用	地区人口密度（人/km²）	0.070 7	0.070 0	0.070 3	0.105 6
			就业人员劳动生产率（万元/人）	0.044 2	0.028 5	0.035 5	0.035 9
			经济密度（万元/km²）	0.179 2	0.038 5	0.083 1	0.193 7
			就业人员占总人口比重（%）	0.001 1	0.017 7	0.004 4	0.002 4
			单位 GDP 能源消费量（t 标准煤/万元）	0.007 2	0.010 3	0.008 6	0.005 4
		生态环境	※人均生活废水排放量（t/人）	0.011 0	0.044 6	0.022 1	0.014 4
			※万元 GDP 工业固体废物产生量（t/万元）	0.010 8	0.035 8	0.019 6	0.011 2
			※工业废气排放量（亿标立方米）	0.004 8	0.054 3	0.016 2	0.009 1
			工业"三废"综合利用产品产值（万元）	0.127 5	0.014 1	0.042 4	0.057 1
			环保机构人员数（人）	0.041 9	0.016 1	0.026 0	0.024 2
	海域系统	经济发展	人均海洋生产总值（元/人）	0.048 3	0.091 9	0.066 6	0.077 6
			海洋经济占 GDP 比重（%）	0.016 1	0.173 6	0.052 8	0.038 9
			渔业资源开发系数	0.030 0	0.032 1	0.031 0	0.023 6
			海洋矿产开发系数	0.099 6	0.046 0	0.067 7	0.103 8
			国际旅游外汇收入（万美元）	0.066 4	0.069 7	0.068 0	0.105 2
		社会发展	海洋科研机构科技课题项目数（项）	0.038 6	0.123 2	0.069 0	0.078 0
			海洋科研从业人员数（人）	0.025 2	0.067 7	0.041 3	0.031 2
			旅行社单位数（个）	0.019 7	0.028 8	0.023 8	0.017 0
			星级饭店全员劳动生产率（万元/人）	0.008 0	0.054 3	0.020 8	0.015 1
			海滨观测台站数（个）	0.014 6	0.018 2	0.016 3	0.013 4
		资源利用	人均海岸线长度（m/人）	0.037 8	0.018 5	0.026 4	0.026 2
			人均海域面积（km²/人）	0.154 4	0.009 1	0.037 5	0.058 5
			海岸线海洋经济密度（万元/km）	0.102 1	0.055 9	0.075 5	0.137 8
			海水养殖面积（hm²）	0.040 7	0.030 0	0.035 4	0.039 3
			海盐盐田总面积（hm²）	0.050 6	0.021 8	0.033 2	0.038 3
			万米海岸线主要港口生产码头长度（m）	0.073 0	0.050 8	0.060 9	0.094 5
		生态环境	人均涉海湿地面积（m²/人）	0.008 0	0.019 3	0.012 4	0.008 4
			人均海洋类自然保护区面积（m²/人）	0.130 8	0.011 1	0.038 1	0.072 7
			※万元 GDP 工业废水直接入海量（t/万元）	0.004 3	0.041 8	0.013 3	0.005 8
			污染治理项目完成投资（万元）	0.030 6	0.004 8	0.012 1	0.011 7
			※风暴潮灾害经济损失（亿元）	0.001 6	0.030 8	0.006 9	0.002 8

注：除标注为"※"的为成本型指标外，其他均为效益型；渔业资源丰裕度公式为：$\sum x_i w_i$，其中，i 包含海洋捕捞、海水养殖产量，x_i 为标准化后值，w_i 为权重；矿产资源开发系数公式为：$\sum x_i w_i$，i 包含海洋石油、海洋天然气、海洋矿业产量。

4.2 沿海地区陆域与海域子系统综合评价

根据变权重模型计算出陆海复合系统两子系统综合评价指数（表4），对沿海地区11各省市（自治区）陆域与海域子系统发展水平进行评价。

表4 沿海地区陆域、海域子系统综合评价值

	1996 年	1998 年	2000 年	2002 年	2004 年	2006 年	2008 年	2010 年	2012 年
天津	0.15/0.12	0.16/0.11	0.18/0.11	0.20/0.16	0.25/0.24	0.29/0.27	0.37/0.30	0.45/0.38	0.54/0.42
河北	0.09/0.05	0.09/0.05	0.10/0.06	0.11/0.06	0.13/0.07	0.15/0.11	0.19/0.11	0.20/0.11	0.24/0.12
辽宁	0.09/0.10	0.11/0.10	0.12/0.11	0.13/0.12	0.15/0.15	0.17/0.19	0.21/0.19	0.24/0.22	0.28/0.23
上海	0.26/0.15	0.30/0.15	0.34/0.16	0.38/0.17	0.47/0.25	0.56/0.39	0.65/0.49	0.73/0.52	0.80/0.54
江苏	0.12/0.09	0.13/0.10	0.15/0.09	0.17/0.09	0.21/0.11	0.27/0.13	0.34/0.16	0.40/0.18	0.47/0.20
浙江	0.11/0.11	0.11/0.12	0.13/0.13	0.16/0.15	0.19/0.17	0.24/0.17	0.30/0.19	0.34/0.21	0.38/0.23
福建	0.10/0.11	0.11/0.11	0.12/0.17	0.14/0.20	0.16/0.21	0.19/0.21	0.22/0.24	0.26/0.25	
山东	0.11/0.17	0.12/0.18	0.13/0.19	0.15/0.21	0.18/0.22	0.22/0.27	0.26/0.30	0.30/0.32	0.34/0.35
广东	0.13/0.17	0.14/0.17	0.17/0.19	0.18/0.20	0.22/0.24	0.27/0.28	0.32/0.31	0.36/0.37	0.42/0.42
广西	0.08/0.05	0.07/0.05	0.08/0.06	0.09/0.06	0.10/0.05	0.11/0.06	0.13/0.06	0.15/0.07	0.16/0.08
海南	0.08/0.15	0.09/0.15	0.09/0.16	0.10/0.16	0.11/0.20	0.12/0.21	0.13/0.21	0.16/0.26	0.18/0.26

注：表中陆域与海域子系统综合评价值用"/"隔开，前者为陆域，后者为海域；限于页面宽度，仅列偶数年份评价结果。

由表4可看出，在1996—2012年间，我国沿海地区11省市陆域、海域系统评价值均呈上升趋势，综合发展水平逐年提高。同时两子系统发展程度空间差异显著。

1996—2012年间，上海、天津始终排在陆域子系统发展水平的第一、第二位，特别是上海，陆域子系统各分系统发展水平都明显领先于沿海地区其余10省市。而广西、海南为沿海地区两个极低点，分列11省市倒数第一、第二，尽管发展水平有所提升，但上升速度缓慢。江苏、广东、浙江和山东陆域子系统发展速度相对较快，四省份经济实力突出，社会发展程度较高。福建、辽宁、河北3省子系统发展水平则处于11省市的中下游，发展速度较慢；从海域子系统评价值上看，我国海洋开发能力不断提升，并表现出明显的阶段性。以2003年为分界点，2003年以前我国沿海省市海域子系统得分上升缓慢，2003年以后则呈加快上升的趋势。这主要得益于2003年国务院印发《全国海洋经济发展规划纲要》，极大地推动了我国海洋事业的发展。天津、广东、山东子系统发展速度较快，但与上海相比存在一定差距。受海洋自然条件、腹地限制，河北、广西海域子系统发展较为缓慢；海南、福建、辽宁、浙江、江苏海域子系统发展处于中等水平。

总体上看，沿海地区陆域子系统发展水平总体高于海域子系统。表明沿海地区陆域社会经济长足、快速发展的同时，加快了对海洋的开发步伐，提高了海洋开发能力。但陆海之间在发展空间、生产要素、产业政策等方面存在竞争或合作机制，而这种竞合机制能否推动陆海复合系统协同发展仍需进一步探讨。

5 沿海地区陆海复合系统协同演化分析

5.1 沿海地区陆海复合系统协同演化阶段分析

借助陆海复合系统协同演化模型，并采用GA算法对模型参数进行估计，得出系统平衡点坐标（表5），探析我国沿海地区陆海复合系统协同演化类型及其阶段。

表 5　沿海地区陆海复合系统协同演化类型及其阶段

地区	r_1	α_1	β_1	r_2	α_2	β_2	拟合优度	F 统计值	均衡点坐标	协同演化类型	协同演化阶段
天津	0.081 1	0.071 0	0.929 0	0.084 5	0.139 9	0.860 1	0.941 9	260.982 5	(4.862 6, 4.501 6)	协同型	成熟阶段
河北	0.066 3	0.117 2	0.882 9	0.054 5	0.340 6	0.659 4	0.910 3	375.125 6	(2.335 9, 1.744 7)	协同型	形成阶段
辽宁	0.069 7	0.157 9	0.842 1	0.056 7	0.107 5	0.892 5	0.971 4	1 068.801	(3.367 9, 3.856 0)	协同型	成长阶段
上海	0.071 9	0.006 5	0.993 5	0.083 1	0.114 3	0.885 8	0.879 2	105.478 3	(8.333 3, 7.429 2)	协同型	成熟阶段
江苏	0.088 6	0.052 2	0.947 8	0.055 7	0.336 9	0.663 1	0.908 7	288.345 8	(2.678 0, 1.873 4)	协同型	形成阶段
浙江	0.081 4	0.080 1	0.920 0	0.046 7	0.185 3	0.814 8	0.965 5	373.700 6	(3.904 0, 3.457 6)	协同型	成长阶段
福建	0.058 8	0.345 6	0.654 4	0.053 0	0.083 4	0.916 6	0.906 0	135.432 6	(1.762 2, 2.468 2)	协同型	形成阶段
山东	0.074 0	0.197 4	0.802 6	0.046 0	0.048 3	0.951 8	0.957 1	515.707 0	(3.541 9, 4.200 1)	协同型	成长阶段
广东	0.078 2	0.126 7	0.873 4	0.058 1	0.130 2	0.869 8	0.965 1	1 110.900	(3.901 1, 3.885 3)	协同型	成熟阶段
广西	0.049 2	0.499 0	0.501 1	0.032 1	0.524 7	0.475 3	0.845 0	132.157 4	(1.002 0, 0.950 5)	竞合型	萌芽阶段
海南	0.050 8	0.534 4	0.465 6	0.035 3	0.085 7	0.914 3	0.892 8	133.289 1	(0.881 1, 1.730 0)	竞合型	萌芽阶段

表 5 显示，除个别省份外，我国沿海地区陆海复合系统陆海关系表现为协同型，表明沿海地区陆海合作、联动机制基本形成，在陆海统筹政策及其理论的指导下，海陆一体化建设成效显著。另外从演化阶段上看，11 个省市分别处于 4 个不同演化阶段，陆海复合系统协同演化阶段表现出显著的区域差异（图 2）。

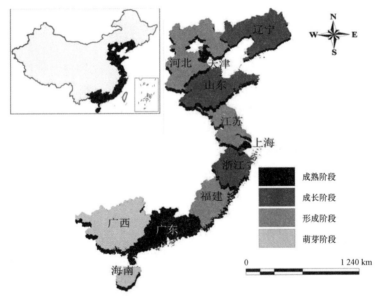

图 2　沿海地区陆海复合系统协同演化空间差异

天津、上海、广东为陆海复合系统协同演化的成熟阶段，子系统间竞争系数 α_1、α_2 均小于 0.15，合作系数 β_1、β_2 均大于 0.85，陆海合作机制相对成熟；辽宁、浙江、山东为陆海复合系统协同演化的成长阶段，子系统间竞争系数均小于 0.25，但合作系数大于 0.75，3 省份陆海合作机制不断得到强化，发展日益成熟；河北、江苏、福建为陆海复合系统协同演化的形成阶段，子系统间竞争系数 α_1、α_2 均小于 0.35，合作系数 β_1、β_2 大于 0.65，3 省份陆海协同发展受到一定阻力，但陆海合作机制基本确立；广西、海南则表现为竞合型陆海关系，处于协同演化的萌芽阶段，陆海子系统表现出一定的竞争、抑制效应，但合作机制初现。

值得注意的是，绝大多数省份海域子系统对陆域系统的绝对合作系数 a_1 与后者对前者的绝对合作系数 a_2 并不对等，陆海之间合作强度同样表现出不均衡特点。如山东陆域子系统对海域子系统绝对合作系数为 0.903 5 大于海域子系统对陆域子系统绝对合作系数 0.605 2，而江苏则相反。究其原因，这种现象的产生与不同省份陆域、海域子系统相对发展水平密切相关。如山东陆域子系统发展水平相对于海域较弱，海域子系统对陆域子系统的竞争系数偏大，绝对合作系数偏小，海域子系统对陆域子系统发展产生"挤占效应"。

5.2 沿海地区陆海复合系统协同演化综合分析

天津、上海、广东在陆域、海域子系统综合发展水平均处于我国沿海地区的领先地位。3 省市陆海复合系统的协同演化处于成熟阶段。雄厚的经济实力、较高的科技投入和资源利用效率都为 3 省市陆海协同互动打下良好基础，提供了充分保障。形成了陆域发展是海域进步的强大推动力，海域发展是陆域进步的重要支撑力的良好发展局面。同时也应看到一些不足，如上海人均污水排放量是沿海省市中最高的地区，年均达到 79.75 t，远高于全国平均水平；广东海洋灾害频发，17 年间海洋风暴潮灾害经济损失达到 558.04 亿元，仅次于福建。若不注重生态环境的保护，最终影响系统可持续发展。

辽宁、浙江、山东 3 省社会经济发展较快，陆海资源环境优势显著，科技能力突出，特别是浙江和山东，R&D 投入强度据沿海地区前列，给陆海协同发展提供了强力的智力支持。3 省陆海复合系统处于系统协同演化的成长阶段，陆海系统间协同发展趋势良好。但 3 省份海洋经济贡献率并不高，处于沿海地区中等水平，其中辽宁 2012 年海洋经济的贡献率为 13.6%，仅高于河北、江苏和广西。表明陆海合作机制并不完善，陆海经济关联性和互动性受到制约，陆海互动的内容及其深度受到限制。同时也表明海洋资源优势未得到充分发挥，雄厚的陆域基础有效带动海洋经济的进步能力还有提升空间。

河北、江苏、福建 3 省陆海协同机制已基本建立，但受陆海协同深度及广度限制，陆海复合系统协同演化仅处于形成阶段。河北虽港址资源丰富，临港工业发展水平相对较高，但总体上看经济基础相对较弱，社会发展程度不高；江苏沿海经济发展相对落后则素有中国沿海经济带的"洼地"之称，海洋经济发展落后更甚，2012 年江苏海洋经济贡献率仅为 8.7%，略高于河北、广西；福建是沿海地区海洋灾害损失最为严重省份，1996—2012 年间风暴潮灾害经济损失达 558.59 亿元。这些都严重制约了 3 省陆海复合系统协同发展能力的提升。

广西受经济社会基础、自然条件等限制，陆域、海域子系统发展均相对缓慢；得益于海洋资源环境优势，海南海域子系统发展水平相对较高，但海域子系统的发展对陆域子系统产生了一定的"挤占效应"，两省份表现为陆海复合系统协同演化萌芽阶段，海域、岸线等自然资源和物质资本投入仍是拉动海洋经济发展，实现陆海联动最主要的生产要素，陆海协同仅表现在比较微观、低级的层面上。另外 1996—2012 年间两省市无论是社会固定资产投入强度还是进出口总额均列于沿海省市的倒数第一、二位，表明两省市资本投入不足、对外开放程度较低，严重制约了地区陆海复合系统的可持续、协同发展。

6 结论与讨论

（1）运用变权理论及其模型，测算沿海地区 1996—2012 年 11 个沿海省市陆域和海域子系统综合评价值。结果显示，沿海地区陆海两系统综合评价值均呈逐年上升趋势，陆海复合系统综合发展水平逐年提高。表明沿海地区陆域社会经济长足、快速发展的同时，加快了对海洋的开发步伐，提高了海洋开发能力。但两子系统发展程度空间差异显著，且陆域子系统发展水平总体高于海域子系统。

（2）利用陆海复合系统协同演化动力模型，采用 GA 算法对模型参数进行估计，辨识沿海地区 11 个省市陆海复合系统协同演化类型及其发展阶段，结果显示，除海南、广西外，我国沿海地区陆海复合系统中陆海关系表现为协同型；从演化阶段上看，11 个省市分处于 4 个不同演化阶段。天津、上海、广东为陆海复合系统协同演化的成熟阶段，陆海合作机制相对成熟；辽宁、浙江、山东为成长阶段，陆海合作机制不断得到强化，发展日益成熟；河北、江苏、福建为形成阶段，虽然陆海协同发展受到一定阻力，但合作机制基本确立；广西、海南则处于萌芽阶段，陆海子系统表现出一定的竞争、抑制效应，但合作机制初现。

　　本文从陆海复合系统协同演化的角度分析了陆域、海域两大相对独立系统之间的相互作用、制衡过程及其内在机理，从而为有关陆域、海域系统以及两者相互关系的研究提供了一个新的研究视角，并试图为后续有关陆海互动发展研究初步构建了一个协同演化动力学基础上的分析框架。当然，本文也是对复杂巨系统理论及其模型研究的一次有益尝试，很多地方，如复合系统在空间上相互作用及其影响等仍需进一步深入探讨。

参考文献：

[1] 张军涛，张文忠. 区域经济发展与中国海洋渔业资源的持续有效利用[J]. 经济地理，1999，19(5)：113-117.

[2] 王长征，刘毅. 论中国海洋经济的可持续发展[J]. 资源科学，2003，25(4)：73-78.

[3] 韩忠南. 我国海洋经济展望与推进对策探讨[J]. 海洋开发与管理，1995，12(1)：12-15.

[4] 任东明，王云峰. 论东海海洋产业的发展及其基地建设[J]. 地域研究与开发，2000，19(1)：54-57.

[5] 栾维新，王海英. 论我国沿海地区的海陆经济一体化[J]. 地理科学，1998，18(4)：342-348.

[6] 徐质斌. 解决海洋经济发展中资金短缺问题的思路[J]. 海洋开发与管理，1997(4)：21-25.

[7] 韩立民，卢宁. 关于海陆一体化的理论思考[J]. 太平洋学报，2007(8)：82-87.

[8] 董晓菲，韩增林，王荣成. 东北地区沿海经济带与腹地海陆产业联动发展[J]. 经济地理，2009，29(1)：31-35.

[9] 盖美，刘伟光，田成诗. 中国沿海地区海陆产业系统时空耦合分析[J]. 资源科学，2013，35(5)：966-976.

[10] 范斐，孙才志. 辽宁省海洋经济与陆域经济协同发展研究[J]. 地域研究与开发，2011，30(2)：59-63.

[11] 王茂军，宋薇. 近岸海域污染海陆一体化调控初探[J]. 海洋通报，2001，20(5)：65-71.

[12] 盖美. 近岸海域环境与经济协调发展的海陆一体化调控研究[D]. 大连：大连理工大学，2003.

[13] 孙才志，高扬，韩建. 基于能力结构关系模型的环渤海地区海陆一体化评价[J]. 地域研究与开发，2012，31(6)：28-33.

[14] 杨羽頔，孙才志. 环渤海地区陆海统筹度评价与时空差异分析[J]. 资源科学，2014，36(4)：691-701.

[15] 范学忠，袁琳，戴晓燕，等. 海岸带综合管理及其研究进展[J]. 生态学报，2010，30(10)：2756-2765.

[16] Deboudt P, Dauvin J C, Lozachmeur O. Recent developments in coastal zone management in France：the transition towards integrated coastal zone management (1973—2007)[J]. Ocean & Coastal Management, 2008, 51(3)：212-228.

[17] Smith H D, Maes F, Stojanovic T A, et al. The integration of land and marine spatial planning[J]. Journal of Coastal Conservation, 2011, 15(2)：291-303.

[18] Alvarez Romero J G, Pressey R L, Ban N C, et al. Integrated land-sea conservation planning：the missing links[J]. Annual Review of Ecology, Evolution, and Systematics, 2011, 42：381-409.

[19] Kerr S, Johnson K, Side J C. Planning at the edge：Integrating across the land sea divide[J]. Marine Policy, 2014, 47：118-125.

[20] 刘桂春，韩增林. 在海陆复合生态系统理论框架下：浅谈人地关系系统中海洋功能的介入[J]. 人文地理，2007，22(3)：51-55.

[21] 徐惠民，丁德文，石洪华，等. 基于复合生态系统理论的海洋生态监控区区划指标框架研究[J]. 生态学报，2014，34(1)：122-128.

[22] 吴开亚，金菊良. 区域生态安全评价的熵组合权重属性识别模型[J]. 地理科学，2008，28(6)：754-758.

[23] 李春好，孙永河，贾艳辉，等. 变权层次分析法[J]. 系统工程理论与实践，2010，30(4)：723-731.

[24] 左其亭，张云. 人水和谐量化研究方法及应用[M]. 北京：中国水利水电出版社，2009.

[25] 金菊良，杨晓华，丁晶. 标准遗传算法的改进方案——加速遗传算法[J]. 系统工程理论与实践，2001，21(4)：8-13.

[26] 王爱民. 基于系统动力学的海洋复合系统科学发展研究[D]. 金华：浙江师范大学，2012.

我国海洋安全研究综述与展望

张欢欢[1]

（1. 中国石油大学（华东）经济管理学院，山东 青岛 266580）

摘要： 海洋安全是国家安全体制和国家安全战略的核心内容之一。本文梳理总结了海洋安全的内涵和我国海洋安全战略的历史演变。概括了我国目前在海洋安全方面面临的主要威胁和问题，主要包括岛屿归属与海洋划界争端引发的海洋安全问题、海上通道安全问题、海洋经济资源遭到侵占和掠夺、海洋军事安全威胁、海洋生态环境安全威胁等。并提出维护我国海洋安全的具体建议和措施，包括树立正确的新型海洋安全观、加强海军建设提高我国海防能力、妥善处理好中美关系中的海权问题及中国与周边国家的海洋权益争端问题等。提出为维护我国海洋安全，应加大对国际视野下的我国海洋安全、新形势下非传统海上安全威胁的应对措施等前沿问题的研究。

关键词： 海洋安全；海洋安全威胁；海洋安全措施；研究综述

1 引言

近年来，随着中国经济的不断发展，为了满足更广泛地走向海洋的需要，中国提出了建设海洋强国的战略目标。党的十八大报告更是明确指出"提高海洋资源开发能力，发展海洋经济，保护海洋生态环境，坚决维护国家海洋权益，建设海洋强国"的目标。中国是有着漫长海岸线和广阔海域的海洋大国，辽阔的海洋将是中国发展的新空间，中国的发展离不开一个安全稳定的海洋环境。但是与此同时我们也必须意识到，在我国建设海洋强国的过程中，无论是岛屿归属、海域划界、军事威胁、航道安全还是海洋生态恶化等问题，都会给我国的海洋安全带来巨大威胁。特别是中国还与较多周边海上邻国存在海洋权益的争端问题。2013 年 1 月 22 日，菲律宾单方面提起所谓的南海仲裁案。2016 年 7 月 12 日，菲律宾诉中国南海仲裁案仲裁庭对"南海仲裁案"作出所谓的最终"裁决"，声称中国对南海海域没有"历史性所有权"，美、日等国也乘机制造舆论，向中国施压，企图把中国南海搅浑搞乱，严重侵害我国领土主权和海洋安全。所有这些都是中国未来海洋安全需要面对的问题。进入 21 世纪，我国正处于发展的重要战略机遇期，维护海洋安全也变得越来越重要。在我国建设海洋强国的过程中，梳理关于我国海洋安全的相关研究，以概括我国目前在海洋安全方面所面临的威胁和问题，并配套提出有关维护我国海洋安全、建设海洋强国等方面的战略措施非常必要；其次，海洋安全是我国国家安全、经济稳定发展的核心因素之一，深化对于海洋安全的研究已引起学术界的广泛关注。

2 海洋安全的内涵和我国海洋安全战略的历史演变

2.1 海洋安全的内涵

海洋安全是国家安全的重要组成部分，但是海洋安全作为概念又是比较新的。它是随着人们对海洋的地位、海洋开发认识的深入及国家安全观的不断变迁而出现的概念，因此现在对于海洋安全还没有得出一个准确的定义。但一部分关心国家安全的学者较早开始了我国海洋安全领域的研究，从不同角度对海洋安

作者简介：张欢欢（1995—），男，河南省固始县人，主要研究方向为经济理论和经济发展政策。E-mai：2577130328@qq.com

全的概念和内涵进行了概括，也逐步形成了一些有代表性的研究观点。从国家安全的角度来看，吴慧和张丹认为"安全"是一个极为复杂而富有争议的概念，至今尚未形成一个普遍认可的定义[1]。人们对"安全"一词的解释通常强调安全涉及两个方面，一是安全的客观状态和现实，二是安全主体对安全状态和现实的认识及感觉，即安全感。从本质上说，安全是主体利益没有危险的客观状态。安全作为一种客观状态必然依附于一定的实体。当安全依附于国家时，便产生了国家安全的概念，因此，国家安全是指国家利益没有危险的客观状态。国家安全可以分为陆上安全、海洋安全和天空安全[1]。从海洋国土角度来界定，如徐质斌认为国土安全是国家生存发展的前提，是国土战略管理的重要内容。海洋安全一直都与国家战略和国家安全紧密联系在一体，海洋安全即海洋国土安全，应重点研究海洋国土的主权安全和军事安全[2]。从海上安全利益角度来，如高子川认为海洋安全是中国国家安全在地理空间上的重要构成部分。从国家安全看，海洋安全是中国国家安全的重要组成部分；从国家发展战略看，海洋安全是中国和平发展的重要保障；从国家安全轻重缓急上看，海洋安全已成为中国国家安全重心所在[3]；从构建新型海洋安全观方面来看，张耀认为今天的中国不是几百年前的西方列强。在当前的国际格局和国际环境下，海洋安全的内涵应该以"共同治理、合作共赢"为指向，这种海洋安全观念符合中国以及周边各国乃至世界国家的共同利益。在这种新型海洋安全观的指导下，中国今后维护海洋安全和海洋权益应以合作和共赢为主要出发点[4]。从中国海洋安全威胁上来看，金永明认为海洋安全是指国家的海洋权益不受侵害或遭遇风险的状态，也被称为海上安全、海上保安。海上安全分为传统海上安全和非传统海上安全。传统的海上安全主要为海上军事安全、海防安全，而海上军事入侵是最大的海上军事安全威胁。海上非传统安全主要为海上恐怖主义、海上非法活动（海盗）、海洋自然灾害、海洋污染和海洋生态恶化等[5]。

还有部分学者认为，除了上述这些对海洋安全的界定外，我们还应该从长期需求的角度特别是从国家未来发展的角度及国家安全整体去界定海洋安全的内涵。如果只是静态的分析，一个国家的安全就是主权、领土安全，这种安全观仅是限于领土之内的边界安全观。在全球化的背景下，一个国家的安全范围需要扩展到利益层面，即国家利益扩展到什么地方，安全也要动态地扩展到何处。这种安全哲学立足的不只是当下生存的需要，更是着眼于未来的发展和权益的保护。综上所述，国家海洋安全应该这样界定，即一个国家在利用海洋方面不受外部威胁和侵害的需要层次的总和[6]。

2.2 我国海洋安全观念的历史演变

正如海洋安全的内涵在不同历史时期不断发生变化一样，一国的海洋安全观念也在随着本国政治经济的发展、本国战略利益的变化而不断演变。中华人民共和国成立 60 多年以来，其海洋安全观念也经历了不断认知、不断提升的历史进程（表1）。从最初的关注海防安全、防止外敌入侵为主到 21 世纪全方位维护海洋权益和走向海洋。进入 21 世纪以后，中国的海洋安全观念发生了重大变化，面临着海洋领土主权争端、海洋通道安全、海洋军事安全、海洋生态环境保护和海洋经济资源遭掠夺等诸多领域的问题。海洋安全对一个国家尤其是我国这样的海洋大国而言，其内涵和外延早已超越传统意义的、仅限于本国主权海域事务的海洋安全概念。新型海洋安全观念的树立、世界贸易航运通道的开放和稳定、海洋法治建设、海洋生态环境的保护等事务都已成为我国国家海洋安全的组成部分。总之，在 21 世纪，传统的海洋安全观念已经不适应当今中国走向海洋的发展道路。必须树立以共同治理、合作共赢为核心的新型海洋安全观，这也是中国走向海洋、维护海洋权益、建设海洋强国的新路径[4]。

表 1　我国海洋安全战略的历史演变

历史阶段	历史背景	主要特点	海洋安全观念
1950—1970年代	1. 近代中国历史上遭到西方列强多次海上入侵；2. 朝鲜战争后美国对中国的海洋封锁和海上威胁；3. 中国国力和海上实力仍然弱小。	1. 维护国家主权，反对海上霸权；2. 确立近海防御战略，防范海上威胁；3. 推动经济建设，促进海防建设；4. 对于自己主张的海上权益还不能真正完全予以维护。	保护海岸线的安全、防止外敌从海上入侵的专守防卫思想。

历史阶段	历史背景	主要特点	海洋安全观念
1980—1990 年代	1. 中国进行了改革开放，但海上力量依然较为弱小；2. 中国的部分岛屿遭到一些海上邻国的非法侵占；3. 中国与世界各国在政治经济上的交往越来越密切，开始关注周边海洋的稳定以及如何处理与海上邻国关系。	1. "近海防御"战略的延续；2. 确立"搁置争议、共同开发"的战略思想；3. 提出了建设"精干、顶用"的海军建设思想；4. 开始出访友好国家，走向远洋。	与"守土防御"有所区别的积极防御战略思想。积极防御是防御中有进攻。
进入 21 世纪后	1. 中国已经是世界第二经济大国，世界第一贸易大国；2. 海洋国土争端依然严峻；3. 海上通道安全问题日益突出；4. 海洋经济资源遭到侵占和掠夺；5. 海洋司法领域面临诸多挑战；6. 面临海洋军事安全领域的问题。	1. 以"共同治理、合作共赢"为指向的新型海洋安全观念；2. 坚持用和平方式、谈判方式解决争端，努力维护和平稳定；3. 对于争议海域，坚持"主权属我、搁置争议、共同开发"的方针；4. 维护亚太地区和世界海洋安全的中坚力量。	1. 坚持"共享机遇、共迎挑战，实现共同发展、共同繁荣"的观念；2. 坚持以和平方式、谈判方式解决海洋争端。

3 目前我国海洋安全面临的主要威胁和问题

进入 21 世纪，海洋在我国经济发展和社会生活中的地位越来越重要，海洋安全也成为国家安全的重要组成部分。我国是个海洋大国，拥有主权和管辖权的海域面积约 300 万平方千米，由渤海及黄海、东海、南海和台湾岛以东中国的海域组成。这之中除渤海外，其他三大海区都与邻国存在争议。岛屿和海域争议、军事威胁、海上通道安全威胁、环境污染、海洋资源遭掠夺、海盗及自然灾害等问题使我国面临的海洋局势极其严峻。于淑文认为我国目前面临的海洋安全形势有以下特点：与我国在海权问题上有争议的国家出现联合倾向，美印等大国的干预也使得我国海洋安全形势更加复杂化；海上海盗及恐怖活动日益猖獗；海洋环境安全形势十分严峻[7]。吴慧和张丹认为我国目前的海洋安全形势极不乐观。从地理位置看，我国是世界上主要的濒海大国，单面向海，岛屿众多，海上邻国相近，海上边界线漫长，历史和现实、主权和权益问题相互交织，决定了中国海洋安全存在着长期的不稳定因素。一方面美国等世界海洋强国给我国海洋发展和安全带来较大的安全压力；另一方面，我国同周边国家存在复杂的岛屿主权和海洋权益争端，国家海洋安全存在现实的不稳定因素[1]。

虽然我国自新中国成立以来，尤其是 21 世纪以来，经济总量不断增加，有更强大的实力来保护海洋安全，但是由于历史因素和外国势力干预的原因，我国目前海洋安全仍然面临较大威胁。对此，国内众多学者从海洋经济安全、海洋非传统安全威胁、中国海洋安全观的历史分析等多个角度阐述我国目前海洋安全方面所面临的局势和问题。还有部分学者，如王建友从国家安全需要层次的角度对我国海洋安全进行了分类，提出我国目前面临海洋生存安全、海洋发展安全、海洋崛起安全、海洋自主主导利用安全 4 个层次的安全形势[6]。综上所述，目前我国面临的传统海洋安全威胁和非传统安全威胁相互交织，互相影响，很大程度上恶化了中国的海洋安全形势，影响中国国家安全和经济建设大局。为更好的全面阐述我国目前在海洋安全方面所面临的主要威胁和问题，笔者对国内学者的研究成果进行了概括梳理，下面进行详尽阐述。

3.1 岛屿归属与海洋划界争端引发的海洋安全问题

由于种种历史原因，中国目前与一些海上邻国存在着海洋领土（包括岛屿和水域）的争端，而且这些争端在进入 21 世纪后有加剧之势。首先是部分中国岛屿仍被一些国家非法侵占。2009 年 2 月 17 日，菲律宾国会通过了领海基线法案，其将中国的黄岩岛和南沙群岛部分岛礁划为菲律宾领土。近期，菲律宾在美日等国的支持和怂恿下，又在自导自演所谓的"南海仲裁案"。对此，中国外交部指出，黄岩岛和南沙群岛历来都是中国领土的一部分，中国对这些岛屿及其附近海域拥有无可争辩的主权，中国对于所谓的南海仲裁结果不承认、不接受、不参与、不执行。中国与海上邻国的海域划分争端问题也非常突出。在黄海北部，我国与朝鲜的领海、专属经济区和大陆架的划界存在争议；在黄海南部，与韩国存在海洋划界争议；在东海，与日本韩国之间专属经济区和大陆架划界存在争议；在南海与菲律宾、文莱、马来西亚和印度尼西亚之间的专属经济区、大陆架以及与越南的领海专属经济区和大陆架的海域划分，都存有争议[7]。这些因岛屿归属与海洋划界引发的争端和冲突都极大影响中国海洋安全。此外，美印等大国对于我国岛屿归属与海洋划界问题的干预也使得我国海洋安全形势更加复杂化；美国与日、韩、菲等国多次在中国领海周边举行海上联合军事演习，美、日在国际上不断为菲律宾"南海仲裁案"制造舆论；日本也不断宣传渲染中国威胁论，并且强化在中国周边地区的军事力量部署，进一步加强对中国的岛链封锁政策[8]。所以，在岛屿归属和海洋划界问题上，中国面临着比较严峻的海洋安全威胁。

3.2　海上通道安全问题日益突出

中国目前已经是世界第二大经济体，世界第一大贸易国，我国资源和商品的运输大多依赖海运。海上通道安全在我国海洋安全中的地位日益重要，一方面，中国主要贸易伙伴国均与我国隔海相望，海上贸易通道成为中国外贸的生命线；另一方面，中国能源运输严重依赖海运。据统计，我国外贸出口货物的80%以上、石油和铁矿石等战略物资进口的90%以上都是由海上运输完成的。海上运输通道已经成为中国经济发展的重要命脉。但是，近年来国际上围绕海洋战略通道的争夺日益加剧。中国周边的海洋相关国家如美国、日本、俄罗斯以及印度等纷纷采用政治、经济、军事、外交等各种手段加紧对重要海上通道地区进行战略布局和控制，这也间接威胁我国海上运输通道的安全。马六甲海峡是我国的战略石油通道，经马六甲海峡运抵我国的石油数量占石油进口总量70%以上，每天通过马六甲海峡的船只近60%是中国船只，各个国家对马六甲海峡等海上通道的争夺与渗透对中国的海上通道安全产生了严重的威胁[9]。从长远看，除亚太地区的海上通道外，中国在印度洋、大西洋甚至北冰洋等世界各地海区的海上航行威胁都将与日俱增，未来中国海上通道安全问题是非常复杂的。近年来，海盗猖獗也对我国海上通道安全造成威胁。包括马六甲海峡和南海水域在内的多处世界海上重要通道都存在着各种海盗活动，威胁着这些航道的通行安全。尤其是近年来以亚丁湾和索马里为代表的东非海域的海盗活动日益猖獗，严重威胁着包括中国在内的世界各国海上航运的安全[4]。

3.3　海洋经济资源遭到侵占和掠夺

近年来，一些周边国家加快了对我国传统海域内油、气、渔业资源的掠夺。以南海为例，南海争端起源于20世纪60年代末、70年代初中国近海油气资源的发现。1968年，联合国报告认为南海蕴藏丰富油气资源，周边各国随之群起瓜分南沙岛礁并加快开发掠夺南海海洋资源。南海有世界上数一数二的油气矿产资源，堪称第二个"波斯湾"，南海还有丰富的矿物资源。目前大约有200多家西方石油公司在南海海域合作钻探了1 000多口钻井，其中大约八九成位于争议海域（即中国南海海域）。主要开采国家为马来西亚、越南、印尼、文莱和泰国。越南从1981—2002年已从南沙海域的油田中开采了1亿吨石油、15亿多立方米天然气，南沙海域的石油开采已成为越南国民经济的支柱产业。马来西亚在南海我国传统疆界线内钻探的油气井数量最多，约占整个地区油气产量的一半以上。这些海上邻国除了在我国主权水域开发开采经济资源，掠夺我国大量海洋资源外，还对中国在自己主权管辖水域内开发资源横加干扰，2014年我国981钻井平台在西沙群岛水域作业时就遭到越南的无理干扰[4]。中国渔业资源由于遭到海上邻国的野蛮掠夺也面临枯竭。中国海域具有捕捞价值的鱼类2 500多种，近海最佳可捕量为每年300多万吨。南海是我国四大海域中最大、最深、渔业资源最为丰富的海区，是中国当前乃至未来可以利用的大宗战略海洋生物资源。但近年来随着鱼类需求量的不断增加，越南周边海域大约有54 000艘渔船占越南渔船总数的80% 在我国的南沙海域从事捕捞作业。渔业在菲律宾是支柱产业之一，随着该国经济的发展和科技的进步，菲律宾在南海的渔获量近年来也在快速增长，成为加剧南海渔业资源枯竭的重要原因。由于争议海域的存在及邻国无节制地捕捞，中国的渔业资源衰竭速度惊人，渔业纠纷时有发生，甚至成为海洋主权纠纷的导火索。

3.4 海洋军事安全领域面临威胁

海洋国土具有军事上的易攻难守性，过去西方列强侵略中国大都是从海上而来。据不完全统计，1840—1949 年的 100 余年间，帝国主义列强从海上较大规模地入侵中国就达 84 次。目前，美国依然把中国视为潜在威胁，不断加强对中国的战略防范。美国一方面在亚太地区维持十万驻军，并大幅增加了亚太驻军的海空军打击力量；另一方面，加快构筑亚太军事联盟，拉拢日、澳、印等国，加紧筹组"亚太北约"。并提出重返亚太、再平衡等战略概念。美国的这些军事行为毫无疑问地都对我国的国防和海洋安全造成威胁。中国周边海域一些国家也在不断加强其海上力量的建设和部署。日本、印度等国家企图主导地区海洋安全事务，试图压缩中国海洋安全战略发展空间，日本首相安倍晋三在不遗余力地企图修改日本和平宪法，解禁集体自卫权，并不断增加日本国防经费，加快日本海上自卫队的军事力量建设。印度正加紧计划打造一支亚洲最庞大舰队。周边海上邻国，尤其是同我国存在岛礁主权和海洋权益争端的国家，如越南、马来西亚等，也纷纷加强海上军事力量建设，围绕中国周边海域的亚太地区已经成为世界上军备建设最集中的地区[1]。在周边国家的海上军事建设给我国的海洋安全带来了极大挑战的同时，一些国家在我国周边海域进行的军事测量和军事侦察对我国海洋安全的威胁也明显加剧。近年来，在中国的黄海、东海和南海专属经济区，外国军事测量船、调查船和电子侦察船以及类似的电子情报飞机的非法活动与日俱增。美国等国在我国专属经济区从事军事测量和军事侦察活动，直接危害了我国海洋安全[4]。

3.5 海洋生态环境安全形势十分严峻

海洋生态环境是海洋利用的大环境，是我国海洋安全的重要组成部分。海洋生态环境遭到破坏会对海洋发展和安全带来难以修复的灾难，近年来随着我国周边海域的无节制开发导致海洋生态环境不断恶化，不仅直接影响了我国海洋经济发展，而且还会影响我国海洋安全。近 10 年随着海洋石油和天然气作业及海上运输业的飞速发展，中国近海海域已成为世界上最繁忙的海域之一，海洋石油污染隐患也日趋严重。从渤海、东海到南海北部湾，平台井架林立，海底油气管道加长延伸。高密度的海上工程设备和大量的进出船舶将我国大部分近海海域置于溢油的高风险威胁之下。近几年来重大船舶油污事故和海上钻井平台事故屡屡发生，如大连石油漏油事件、康菲石油公司溢油事故，都给我国经济、海洋环境以及人民的生产生活带来了极大损害[6]。另外随着我国东部沿海经济的不断发展，加之环保政策不完善和监管不到位，导致工业废物和生活垃圾被随意排放入海，对我国沿海生态环境造成严重破坏。毫无疑问，我国管辖海域污染形势严峻，并且海洋环境的污染已经给我国国民经济造成大量损失。有的学者就认为我国海洋面临严重的环境威胁，有限而且脆弱的海洋资源正在应付着人类没有节制的利用，我们不断地从海洋索取有价值的资源以及向海洋抛弃有毒有害的污染物，这种累积的效应将毁掉海洋生态未来为我国能够做出的经济服务能力[10]。

3.6 其他非传统海洋安全威胁日益凸显

非传统安全威胁是相对传统安全威胁因素而言的，指除军事、政治和外交冲突以外的其他对主权国家及人类整体生存与发展构成威胁的因素。伴随战后全球化进程的加快，来自海洋领域的非传统安全问题也日益进入国际关系领域并对我国海洋安全产生了重要影响。海洋领域的非传统安全威胁是一种特殊的非传统安全威胁。它主要包含以下内容：第一，从安全威胁的层次来看，海洋领域的非传统安全涉及国家、地区、全球等多个层次；第二，地震、海啸、台风、风暴潮、赤潮等海洋自然灾害是我国较为典型的海洋领域的非传统安全威胁[11]。例如，我国每年夏秋季经常会受到台风的侵袭，每次台风过境都会给我国带来严重的经济财产损失和人员伤亡；第三，海上恐怖势力、海盗泛滥已经成为威胁全球安全和我国海洋安全的国际公害。海上恐怖主义和海盗威胁问题危害我国船舶以及船上财产和人员安全，严重影响我国的海上航运与社会稳定，对我国海上贸易和海上安全生产构成严重威胁；第四，涉外渔业突发事件频发也影响到我国海洋安全，中国渔船在黄海、东海及钓鱼岛、南沙和北部湾海域经常被外国军事船舶、公务船舶、武装渔船等追赶、胁迫、枪击、抓扣、抢劫等，造成人员伤亡和严重经济损失，甚至会发生引起外交风波的涉外渔业突发事件；第五，海上跨国犯罪对我海洋安全威胁上升。在各种海上犯罪行为中，偷渡、贩毒、走私是威胁我国沿海地区安全与稳定的重要因素；最后，我国部分沿海还面临着海平面上升侵吞国土的严峻威胁。上述海上非传统安全威胁不仅严重破坏国家的经济发展，而且严重影响我国海洋的安宁稳定[6]。

4 维护我国海洋安全的战略和措施

由于我国目前海洋安全依然面临较多威胁，学术界普遍认为，我国必须更加注重维护海洋安全，捍卫我国正当的海洋利益，实现建设海洋强国的目标。因此学术界对于应采取哪些政策和措施来应对目前所面临的威胁、维护我国海洋安全展开了较为充分的研究和辩论。如杨震和方晓志认为，为应对海洋安全挑战，中国必须选择、制定和执行主导性的海权战略，将我国的地缘政治重心置于海洋而非陆地。同时海军是构成中国海权的关键，必须集中一切力量加速推进中国海军建设，并推进中国以海军为主体的海上武装力量进行战略转型[12]。顾德欣则认为构建中国海洋安全战略需处理好6个关系，分别是陆权与海权的关系、战略时间适用上处理好近期与长期的关系，在战略空间上处理好近海与远洋的关系，处理好维护区域力量平衡与重建力量平衡的关系，处理好防御与进攻的关系、处理好维护海洋主权和海洋权益与加强周边国家友好的关系[13]。目前就我国应对海洋安全方面威胁的政策措施，许多学者也从其他方面提出了自己的观点。笔者对国内学者们的研究成果进行了概括梳理，下面进行详尽阐述。

4.1 树立正确的新型海洋安全观

进入21世纪以来，随着中国经济的不断发展，中国需要更广泛地走向海洋，实现建设海洋强国的战略目标，这就要求我国在新时期必须树立正确的新型海洋安全观。新型的海洋安全观具有以下特点，首先要正确处理好海陆安全的关系。中国是一个海陆兼备的国家，在强调陆权意识的同时，也要特别注意确立海洋国土意识、海洋权益意识和海权意识。其次，在当前的国际格局和国际环境下，中国要坚持新型的以"共同治理、合作共赢"为指向的海洋安全观念，维护中国以及周边各国乃至世界国家的共同利益。其中，合作和共赢应是中国今后维护海洋安全和海洋权益的主要出发点。我国应加强同有关国家的海上安全对话与合作。同世界主要大国在海洋安全方面开展交流，增进军事互信与战略互信，继续就有关海上安全问题保持磋商，逐渐推进全面务实性合作；加强与周边国家开展海洋安全合作，维护地区稳定。在处理争议岛礁和海域划界问题时，要坚持"主权属我、搁置争议、共同开发"的方针，推进互利友好合作，寻求和扩大共同利益的汇合点。新形势下的海洋安全观也应该是综合安全观，全面涉及生存安全与发展安全、传统安全与非传统安全、国内安全与国际安全等问题，强调综合运用经济、政治、外交、军事、科技等各种手段来维护我国海洋安全。最后，在坚持以和平方式解决争端的同时，中国也应积极维护自身合法利益，要做好应对各种复杂局面的准备，提高海洋维权能力，坚决维护我国海洋权益。总之，在未来，中国应该在以"共同治理、合作共赢"为指向的新型海洋安全观念指导下，坚持和平走向海洋，不谋求海洋霸权，不对周边国家构成威胁，积极与其他国家进行海上合作、谋求共同发展[4]。

4.2 加强海军建设提高我国海防能力

马汉曾指出，强大的海军要与正确的海军战略相配合才能够最终实现海权。谈到海权与海洋安全的关系，最根本的仍然是拥有一支能够切实保卫海洋安全的海军力量，海军建设是维护海洋安全的关键要素。在当今乃至未来相当长的时期内，中国国家利益拓展主要在海洋，应对信息化条件下海上局部战争成为军事斗争的重点。作为维护我国海洋安全的主导力量，中国海军必须在作战理念、军种战略以及作战能力等方面进行转型、转变和提升，以满足在新形势下保卫海洋安全的需要。近海是我国与周边国家权益斗争的交汇区，提高近海综合作战能力是我国海防建设的重要内容。但是，我国在远海也有诸如海上贸易通道、海上能源通道等方面重要的利益，保障这些利益也是我国海洋安全的重要内容之一。这要求中国海军不仅要具备在第一岛链内执行近海综合作战的能力，而且要突破第一、第二岛链，前往影响国家战略安全的更广阔大洋水域执行各种任务，实现向远洋攻防战略的转型[12]。作为中国海权的核心构成部分，拥有一支具有强大作战能力的远洋海军将使中国成为一个真正的海洋强国，并深刻而长久地影响亚太地区地缘政治格局。我国的海防战略也应做出相应的调整，在发展海军的同时，重点发展海空联防，把海防重心转向远岸的岛屿主权及海域权益保护。因此应加大海上军事力量的投入，利用高科技缩小空间距离，加快实现海军装备现代化，建设一支强大的人民海军，有效保护我国远海岛屿和海上通道的主权及经济发展权益[7]。

4.3　妥善处理好中美关系中的海权问题及中国与周边国家的海洋权益争端问题

在 21 世纪较长时间里，虽然多极化趋势在发展，但中国的综合国力和军事能力与西方发达国家相比仍将处于弱势地位。中国海上力量规模有限，与美国海上力量差距明显是不争的事实。目前中国正处于发展的战略机遇期，中国要实现经济发展的两个 100 年奋斗目标，全面建成小康社会，必须要有一个和平稳定的外部环境，需要与发达国家和周边国家保持正常友好关系。在处理中美关系中的海权问题时，要进一步加强中美海上安全磋商机制，增加相互之间的了解和在安全上的相互信任，规避或减少冲突。在中美关系的战略互动过程中，双方应加强对彼此战略关切的认识。中国需要向美国表明中国的立场并力争获取美国对我国维护合法海洋权益的理解，进而使双方都能够在认识到彼此海权性质不同的基础上，在主观上规避双方的海权冲突。在处理中日海洋权益争端时，除了及时对日本在中日海洋权益争端中的战略图谋和不断挑起的事端做出不示弱的反应外，从战略视角来看，中国应努力与日本发展友好合作，应坚持以"搁置争议、共同开发"这一理性原则为指导的和平努力，探索和平解决中日海洋权益争端的新途径。使两国关系恢复到正常水平上来。在处理与东盟国家的海洋权益争端上，在已取得的成就基础上，继续推进以"搁置争议、共同开发"为原则的南海问题的解决方式，保持与东盟国家在南海问题上的沟通，加强与东盟国家的经济合作，稳步推进 21 世纪海上丝绸之路建设，促进东盟国家经济共同发展。与此同时也要坚决维护我国在南海的合法权益。总之，面对我国海洋形势的变化，与美国和周边国家通过和平谈判的途径解决争端和化解危机，符合中国的长远海洋安全利益，也有利于维护我国与周边海上邻国的共同利益[11]。

4.4　继续推进我国海洋法制建设。

维护国家海洋安全，积极履行国际和区域（双边）关于海洋问题的条约，实现和谐海洋理念是我国现阶段的重要目标，实现这一目标的有效途径之一是实施国际、区域和双边关于海洋问题的法律制度，完善国内相关海洋法制建设。我国于 1996 年加入《联合国海洋法公约》后，在争取和维护国家海洋权益方面面临着前所未有的机遇和挑战，面对新的形势应进一步加快海洋立法进程，尽快出台相关法律法规，完善海洋安全保护与资源开发的法律体系，为我国维护海洋安全提供法律依据。具体建议如下，推进海洋法制建设应进一步提升"海洋"的地位。建议在《宪法》第 9 条中增加"海洋"为自然资源的组成部分，以确立"海洋"在宪法中的地位；应把开发海洋提升为国家战略，应加快制定国家海洋战略，并依靠各部门的力量予以实施；要进一步公布我国领海基线，以明确管辖海域的范围，便于巡航执法；应制定海洋安全法，制定涉及海洋领土安全、海洋资源安全、海洋环境安全以及海洋非传统安全问题等内容的海洋安全法，以维护国家安全、确保海洋权益；制定《海洋开发基本法》等综合规范海洋事务的法律，有效改变海洋管理事务的机构众多、职责不明、无法形成合力等弊端；制定《专属经济区和大陆架法》配套法规，用于明确大陆架的油气资源开发规则，海洋建筑物设施与结构物安全区域管理规则，以应对外国企业、船舶侵害我国大陆架和专属经济区资源开发活动；切实实施《海岛保护法》，重视海岛的开发、利用和保护以及综合管理，既要合理、适度地开发利用海岛资源，又要避免盲目和破坏性的开发活动[8]。另外也要进一步加强海上执法制度建设，创设海洋安全综合协同机制，建立海洋综合管理体制，促进海洋持续发展的法治化[14]。

4.5　加强新时期中国海洋安全形势下的国防教育

海洋安全是新时期中国国家安全的重要组成部分，新时期的青年学生，特别是大学生是中国现代化建设的主力军和保卫者，担负着民族的未来与希望。青年学生自身素质的高低、国防意识的强弱，将直接影响国家的安全与民族的振兴。然而，我国青年学生的海洋意识却相对淡薄，尤其是大学生海洋意识淡薄。因此，面对中国海洋安全的严峻形势和高校大学生海洋意识淡薄的情况，反思沉痛历史教训，新时期高校国防教育必须大力加强海洋安全教育。加强海洋安全教育，需要从以下4个方面同时入手：第一，加强海洋安全忧患教育，使新时期大学生树立强烈的海洋安全忧患意识。通过在高校国防教育中加强海洋安全忧患教育，使大学生深刻了解当前中国海洋安全面临的严峻形势，树立强烈的海洋忧患意识，从而带动全体国民海洋忧患意识的提升。第二，加强海洋安全责任教育，使新时期大学生树立捍卫国家海洋安全的强烈责任感和使命感。要教育新时期大学生，使之深刻理解，海洋安全是国家安全的重要组成部分，其事关国民的生命福祉和国家的兴衰荣辱。保卫国家海洋安全并为之不懈奋斗是当代大学生责无旁贷的职责和使命。第三，加强海洋安全知识教育，使新时期大学生深刻认识传统安全和非传统安全交织对国家海洋安全的挑战，了解到当今国际安全形势和我国面临的安全环境已经发生了深刻变化，海洋领域传统安全与非传统安全相互交织，相互渗透，并在一定条件下相互转化。这使维护国家海洋安全的任务更加艰巨。第四，加强海洋安全防卫教育，使当代大学生树立崭新的海洋防卫观、海防兴国观和海防强国观。海防衰则国家衰，海防兴则国家兴。建设强大的海防不仅是海军的任务，而且也是每一位青年学生义不容辞的职责[15]。

4.6　积极应对新形势下的非传统海洋安全威胁

近年来，中国的非传统海洋安全威胁也在逐步增长。海洋是地球表面最大的公共空间，也是非传统海洋安全威胁的多发地带。这些威胁包括海上恐怖主义、海盗、海洋环境污染、海洋灾难性气候、海上走私等。在打击海盗和海上恐怖主义方面，我国海军应努力走出近海，参与到国际主要海上通道的管理和保护中去，积极主动地和有关国家开展合作，共同打击海盗和海上恐怖主义，努力为我国经济发展创造一个安全、自由、开放的海洋环境。在应对全球气候变化趋势和保护海洋生态环境方面，我国应履行在巴黎气候大会上关于节能减排和保护环境的承诺，积极调整国内经济结构，转变经济发展方式。积极同其他国家展开合作，参与国际海域生态环境的保护，共同应对全球气候变化、温室气体排放、海平面上升等全球性海洋安全问题。我国也应制定完善海洋环境保护的相关法律法规，规范石油公司的开采活动[14]。建立处理海上漏油事故的机制和应急预案，保证在漏油事故发生时，采取及时有效的措施保护海洋生态环境。对于过度索取导致海洋生物资源出现失衡和减少的问题，我国政府相关部门应该加强对海域渔业资源的管理，合理开采海洋生物资源，制定并严格执行定期休渔制度。加强我国海域的巡航，防止周边国家对我国海洋生物资源的掠夺性捕捞。在应对大规模海上自然灾害比如地震、海啸、台风等方面，我国在加强对海洋非传统灾害监测预报和建立灾害应急机制的基础上，应积极与其他国家开展合作，促进信息共享，共同应对大规模海上自然灾害。在应对海上走私、海上贩毒、海上犯罪等问题时，我国海关、公安、海警等部门应加大执法和打击力度，加强部门间的沟通合作，形成管理合力，更有效地保护海洋安全[7]。

5　研究展望

从国际国内形势可以看出，我国已到了经济发展的重要时刻。为此，我国应对海洋安全威胁、建设海洋强国的任务就显得十分紧迫和重要。目前在海洋安全领域，我国学者从海洋安全的内涵、我国海洋安全面临的威胁以及维护我国海洋安全应采取的措施等多方面进行了广泛研究，指出我国目前海洋安全所面临的紧迫形势，并对建设海洋强国提出了很多切实有效的措施。但伴随着经济全球化和国际政治经济形势的变化，非传统海洋安全问题对我国海洋安全的影响越来越大，但国内对于非传统海洋安全问题的重视程度不够，对于这一领域的研究还相对较少，对非传统海洋安全问题应对措施方面的研究也不够深入。一些学者提出的与周边海上国家联合开展争议海域岛礁巡逻的建议能否真正实现，还有待进一步验证。而且，大多数学者的研究还没有上升到国际视角和顶层设计层面，从国际视野等角度研究我国海洋安全战略的研究较少。

笔者认为，我国正处于经济发展的关键时期。习近平同志也多次指出我国发展的重要战略机遇期仍然存在。2013 年 10 月 3 日，习近平在访问印度尼西亚发表演讲时提出了建设"21 世纪海上丝绸之路"的宏伟构想，其核心就是要和海上邻国和其他海洋合作伙伴国家"加强海上合作"、"发展好海洋合作伙伴关系"、"共享机遇、共迎挑战，实现共同发展、共同繁荣"。很显然，中国维护海洋安全、建设新型海洋强国是中国历史发展的必然。与此同时，中国积极维护海洋安全也将有利于维护亚太地区和世界海洋安全、推动建设和谐海洋。因此，在新形势下我们除了在原有的研究基础上继续深化对于我国海洋安全战略的研究外，也应该更多地将研究方向放在国际视野下的我国海洋安全研究上，紧跟时代发展步伐和国际国内形势的变化，注重研究非传统海上安全威胁的内涵、特点和应对措施。坚定建设海洋强国的目标，提出更加符合国家在新时期经济发展和国家海洋安全建设的战略和建议。为我国实现两个 100 年奋斗目标、实现中国民族伟大复兴、建设海洋强国保驾护航！

参考文献：

[1] 吴慧,张丹.当前我国海洋安全形势及建议[J].国际关系学院学报,2010(5):48-52.
[2] 徐质斌.海洋国土论[M].北京:人民出版社,2008.
[3] 高子川.试析 21 世纪初的中国海洋安全[J].现代国际关系,2006(3):27-28.
[4] 张耀.中国海洋安全观的历史分析[J].新疆师范大学学报(哲学社会科学版),2015(2):79-86.
[5] 金永明.中国海洋安全战略研究[J].国际展望,2012(4):1-12.
[6] 王建友.国家安全需要层次视阈下的国家海洋安全战略[J].浙江海洋学院学报(人文科学版),2012,29(5):7-14.
[7] 于淑文.关于加强海洋安全和海洋权益保护的思考[J].行政与法,2008(9):68-71.
[8] 金永明.论中国海洋安全与海洋法制[J].东方法学,2010(3):33-43.
[9] 殷克东,涂永强.海洋经济安全研究文献综述[J].中国渔业经济,2012,30(2):166-172.
[10] 刘家沂.生态文明与海洋生态安全的战略认识[J].太平洋学报,2009(10):68-74.
[11] 刘中民.国际海洋形势变革背景下的中国海洋安全战略[J].国际观察,2011(3):1-9.
[12] 杨震,方晓志.海洋安全视域下的中国海权战略选择与海军建设[J].国际展望,2015(4):85-101.
[13] 顾德欣.构建中国海洋安全战略需处理好六个关系[J].当代世界,2011(9):15-19.
[14] 满洪杰.论我国海洋安全法治的构建[J].学术交流,2014(9):77-81.
[15] 卞秀瑜.中国海洋安全与新时期高校国防教育[J].辽宁行政学院学报,2011,13(1):95-97.

南沙岛礁地方进驻人员集群的原则与实现路径研究

王晓虎[1]

（1. 广东行政学院，广东 广州 510050）

摘要：本文提出的"地方进驻人员集群"是指进驻南沙岛礁的地方人员在岛礁内部有组织的集聚形态；扩建南沙岛礁为地方人员进驻提供了基础条件，通过地方进驻人员长期连续不断在南沙群岛海域从事生产和定居生活，还原我国在南沙群岛海域原有的管控范围。与军队人员成建制轮换驻防不同，地方进驻人员不但要适应南沙岛礁的长期生活，而且需要自愿长期扎根南沙岛礁，成为南沙岛礁固定的户籍群体，集群是实现地方人员长期进驻目标的最佳组织方式。依据精准超前、模块融合和协同合作的基本原则构建地方进驻人员集群体系，通过健全岛礁基层组织、发挥政策优势和构建安全环境等措施，发挥地方进驻人员集群在岛礁生产建设中的整体优势。

关键词：南沙岛礁；进驻；集群；实现路径

1 引言

2013 年 7 月，经过科学评估和严谨论证，在充分考虑生态环境和渔业保护等问题的同时，我国启动南沙群岛的永暑礁、华阳礁、美济礁、赤瓜礁、东门礁、南薰礁和渚碧礁等 7 个礁盘的基础设施扩建工程。主要目的是维护国家领土主权和海洋权益，为更好地履行在海上搜寻与救助、防灾减灾、海洋科研、气象观察、环境保护、航行安全和渔业生产服务等方面承担的国际责任和义务创造必要的基础条件。扩建岛礁除满足必要的军事防卫需求外，更多的是为了各类民事需求服务[1]。目前，我国在南沙群岛的扩建工程已经基本建成包括避风、助航、搜救、海洋气象观测预报、渔业服务及行政管理等民事方面的功能和设施，与民用功能配套的机场、码头、灯塔和住房等基础设施已经初具规模。扩建南沙岛礁为地方人员长期进驻提供了必要的基础条件，地方人员进驻南沙岛礁从事生产活动将会长期化和常态化，进驻方式将由过去的分散部门轮换值班过渡到长期固定的驻岛工作状态。地方人员长期稳定进驻南沙岛礁，进一步固化了我国在南沙海域的实际存在，极大地还原了我国在南沙群岛海域的实际影响，有效地增强了我国在南海的管控能力。

2 为什么提出地方进驻人员集群

地方进驻人员能否在南沙岛礁站稳立足，直接影响到我国在南海战略布局的进程，南海的实际管控能力最终取决于大规模地方进驻人员在岛礁的长期存在和在南沙群岛更广阔海域开展生产活动的实际状况。地方进驻人员个体意识强，组织纪律与整体观念较为薄弱，如果没有一个有效的组织方式，地方进驻人员很难在岛礁特殊的复杂环境中集结为一个有效的整体。

2.1 地方进驻人员集群产生的背景

南沙群岛远离大陆，岛礁之间相距遥远，永暑、渚碧和美济三大岛礁之间的图上直线距离为 104~154

作者简介：王晓虎（1962—），男，江苏省东台市人，军事理论教员，研究方向：我国周边海域安全与治理。E-mail：dxwpxy@163.com

海里，由于礁盘间的航道错综复杂，通航能力差，岛礁之间的人员往来和物资补给较为困难，特殊的地形地貌客观上使得各个岛礁成为相对独立的"岛礁单元"，每个岛礁内部的生产运行与生活保障系统必须自给自足，并且能够维持较长时间封闭系统运作，这一现象决定了地方进驻人员的组织体系与工作方式必须服从岛礁的封闭特性。

扩建南沙岛礁的建设成本极高，加之远离大陆特殊的地理位置和特殊的功能需求，扩建岛礁的总体布局不得不在极其有限的面积内安排超出常规的密集设施与生活空间，形成了南沙岛礁普遍存在的"有效容积小与高密度布局"和"工作岗位的人员需求大与最大限度精减进驻人数"两大突出矛盾，对南沙岛礁的总体布局和地方进驻人员的选配提出了前所未有的严格要求。

地方进驻人员不但要适应南沙岛礁特殊的工作环境，胜任一专多能的岗位工作，而且大部分地方进驻人员还需要自愿长期扎根南沙岛礁从事生产生活，成为三沙市南沙群岛的户籍居民。因此，根据南沙岛礁的工作性质与任务分工，精确配备与整合地方进驻人员在岛礁内的集群，通过集群方式实现"1+1>2"的整体效益，确保以最少的地方进驻人员达成最佳的生产效率。

2.2 地方进驻人员集群概念的导入

集群的概念最早是由阿尔弗雷德·马歇尔首先提出，他用"工业区"这个词来描述在一特定地区由小型专业化公司组成的集聚[2]。1990 年美国学者迈克尔·波特在《国家竞争优势》一书中提出产业集群的概念，并用产业集群的方法分析一个国家或地区的竞争优势。迈克尔·波特对产业集群的含义解释为特定产业中互有联系的公司或机构聚集在特定地理位置的一种现象[3]。集群的概念在社会领域得到广泛的应用，例如"城市集群"表示许多城市在发展中逐渐扩张甚至彼此连接而形成的多核城市体系；"军事集群"是将松散的单兵或多兵种集合起来，高度紧密地协作完成军事行动。

本文提出的"地方进驻人员集群"是运用统筹学原理，选择与整合完成南沙岛礁生产建设任务所需的各类专业人员，在南沙岛礁特殊环境中有组织的集聚形态，并且能够集中整合与协同合作，高效完成南沙岛礁的生产建设工作。构建地方进驻人员集群的目的是根据南沙岛礁的现实需要，通过对地方进驻人员进行合理的优化编成，构建高效利用人力资源的组织架构，满足南沙岛礁特定环境对人员集聚的要求，提高地方进驻人员的整体效能。

2.3 地方进驻人员集群的基本构想

以美济礁为例，扩建后的美济礁实际使用面积 5.8 km^2，即将建成我国在南沙群岛的渔政中心，成为我国在南海最重要的水产品加工集散地和南沙渔场作业船舶停泊、避风和补给最便捷的综合基地，同时还能够提供渔业深加工，冷链物流等专业服务。南沙海域渔业资源蕴藏量约 180 万吨，年可捕量 50 万至 60 万吨，名贵和经济价值较高的鱼类有 20 多种，是我国当前乃至未来可以利用的大宗战略海洋生物资源[4]。加工基地和渔民生产保障中心保证我国在南沙海域作业的渔船无需往返大陆，将渔获在美济礁进行处理加工包装，依托美济礁新建的机场直接将加工后新鲜渔获运往各大城市的市场，南沙海域作业的渔民大幅度降低生产成本和减轻劳动强度，收入得到较大的增长，从而极大地激发渔民在南沙海区渔业生产的积极性。

美济礁地方进驻人员主要是以鱼类加工产业工人、海洋研究与管理人员以及生活服务保障人员共同组成。按照构建地方进驻人员集群的需要，选配地方进驻人员应当以青年生产骨干为主，政治思想觉悟高，个人综合素质强，具有较高的生产技能。岛礁基础条件成熟后，可以分批安排青年家庭落户美济礁，成为美济礁固定的户籍居民。地方进驻人员不论工作分工、人员性质和个体差别，全部纳入美济礁管理委员会的统一组织领导，尽管每一个人分工不同，但都必须具备高度集中的集群意识，能够根据任务的变化，完成本职工作以外的相关任务。全体地方进驻人员毫无例外地编入美济礁人民武装部领导的民兵准军事组织，协助驻军保卫岛礁。进驻美济礁的地方人员通过集群内的定岗定编和交叉任职等的优化组合方式，最大限度地减少地方进驻人员数量，大幅度提高全员劳动生产率。

3 地方进驻人员集群的基本原则

确定地方进驻人员集群的基本原则，需要充分考虑南沙岛礁的特殊性。南沙群岛远离大陆，高温、高湿、高辐射，岛礁生产生活条件远不如大陆和沿海岛屿，这些不利的客观条件对地方进驻人员的组织方式提出全新的要求。因此，制定南沙岛礁地方进驻人员集群原则，应当处理和兼顾好进驻人员队伍整体与个人之间的利益关系，最大限度地利用好有限的组织人力资源。

3.1 精准超前原则

南沙岛礁特殊的地理环境要求进驻岛礁的一切工作都必须精细规划和数值化设计，发挥岛礁珍贵资源的最大效益。精准是优化集群结构的前提条件，精干的集群才能产生超常的效率。根据扩建岛礁担负的任务规划建设施布局，在此基础上量化定编地方进驻人员的数量。超前意识决定岛礁未来的发展，在精细规划地方进驻人员具体数量的同时，还需要有一定的超前量化意识，为岛礁的持续发展预留足够的人员使用空间。2016 年 1 月，根据中央财经领导小组第六次会议精神和我国海洋经济发展需要，国家发展改革委同意设立海洋核动力平台示范工程项目。该示范工程项目包括建设浮式小型核电站，可为南海岛礁提供电力用于海水淡化等高耗能项目[6]。预计该项目投入运行需要 1~2 年时间，岛礁规划应当提前预留海洋核动力平台项目所需的项目维护人员数量。由于我国的海洋核动力平台尚在建设阶段，可以参照俄罗斯目前已经运行的 2.15 万吨"罗蒙诺索夫号"海洋核动力平台所需的维护人员数量预留进驻人员名额。

3.2 模块融合原则

南沙岛礁受自然地理环境制约形成相对独立的系统，进驻岛礁的各个部门可以看作是这个系统的子系统，这些子系统具备模块化的基本特征。以扩建后的永暑礁为例，除了驻军规模有所增加外，还将新增三沙市党委政府的派出机构、海上应急指挥中心、地面气象观测站、海洋观测中心和综合性医疗急救中心，形成完备的应急救助打捞、海事应急处理、救助船舶停靠补给及维修等服务。这些新增机构跨部门、跨行业，相互之间没有行政隶属关系，也没有一般意义上的工作交往，形成各自独立状态的基本模块。主导这些基本模块的核心要素是各个部门的进驻人员，而进驻人员集群则成为凝聚基本模块的主要力量，通过地方进驻人员集群加强岛礁各部门之间的联系。地方进驻人员集群对岛礁整体的凝聚作用主要体现为运用统一组织机制，打破部门之间的隔阂，根据南沙岛礁建设的整体需要，综合调配地方进驻人员的工种技能，做到不同部门的同类型工种交叉互换，合理搭配，通过各个部门之间进驻人员的集群效应，促进岛礁内部各个部门的向心集聚，最终成为有机统一的整体。

3.3 协同合作原则

地方进驻人员协同合作原则是由南沙岛礁的承担的任务决定的，目的是在独立的岛礁环境中更好地将局部力量进行合理的排列组合，形成具有整体力量的岛礁共同体，共同完成承担的工作任务。遵循协同合作原则具体表现为对地方进驻人员集群的协调和优化过程，根据岛礁内部各个部门的工作目标或者特定项目灵活组织协作，打破岛礁平台人与人之间的制度屏障，运用集群优势组成跨部门的协同合作机制。注重地方进驻人员集群的组织实施，强调部门和人员间的可操作性与可调控性，针对各机构部门之间进驻人员的互补性，设计地方进驻人员集群的整合方案、实施对策和调控措施等方面的可行性与可操作性研究，保证地方进驻人员集群体系的执行落实和运作的顺畅高效。目前，三沙市正在大力倡导的岛礁党、政、军、警、民"五位一体"的边海防机制，推进联合值班室、信息共享平台、海上执法轮值制度和海上民兵建设，推进综合执法与基层政权建设有机结合，促进军民团结，融合发展等具体做法，就是协同合作原则应用于地方进驻人员集群的成功范例。

4 地方进驻人员集群的实现路径

构建地方进驻人员集群体系是一项长期工作，通过制定长期稳定的地方人员进驻岛礁集群政策，充分依靠组织与政策优势，发挥岛礁进驻人员的主观能动作用，提高地方进驻人员凝聚力。关键是要精确规划、完善制度，把困难和问题解决在人员进驻岛礁之前，通过具体策略和方法，确保地方进驻人员集群发挥精干高效的整体优势。

4.1 精确规划地方进驻人员的组成与数量

一是运用政策优势和激励机制引进优秀人才。习近平总书记指出，人才是衡量一个国家综合国力的重要指标。没有一支宏大的高素质人才队伍，全面建成小康社会的奋斗目标和中华民族伟大复兴的中国梦就难以顺利实现[67]。地方进驻人员的素质决定了集群质量，特别是南沙岛礁远离大陆与复杂的斗争形势，要求我们在选择地方进驻人员时必须以超常规理念优化地方进驻人员的组成结构，尽可能在全国范围选择优秀人才，保证地方进驻人员政治合格、专业过硬、作风优良，通过提高地方进驻人员质量促进集群整体优势的充分发挥；二是运用先进技术装备最大限度地减少进驻岛礁的岗位人员。进驻岛礁各种设施和设备应当尽可能地采用具有国际先进水平的国产装备，例如我国在南沙群岛开工建设的 5 座大型多功能灯塔，全部采用北斗遥测遥控终端进行远程监控，安装有船舶自动识别系统（AIS）和甚高频（VHF）通信基站，具有无线电航标的助航和导航服务功能，船舶不但可以利用船载设备与灯塔基站进行通讯，接收灯塔基站播发的航海安全及预警信息，还可以主动向灯塔基站提供船舶动静态信息等相关信息，或者请求提供服务和帮助。灯塔的自动化水平达到国际先进水平，进驻南沙群岛的灯塔维护团队由每座灯塔 2 人精减为所有灯塔仅需 3 人组成的团队就能够完成维护任务。

4.2 强化岛礁基层组织的桥梁纽带作用

基层组织建设直接影响地方进驻人员集群的向心力和战斗力。近几年来，三沙市通过加强基层组织促进岛礁工作取得的宝贵经验值得借鉴。三沙市已经建立了永乐群岛、七连屿和永兴（镇）等 3 个工委、管委会，岛礁党支部由原来的 1 个增加到 4 个，特别是在南沙成立了美济社区党支部，历史性地把党旗插到了南沙群岛的岛礁上。三沙市委将党的基层组织融进扩建南沙岛礁的特殊使命，组织领导全体建设工作者紧密团结在党的周围，大力弘扬爱国主义精神和献身南沙精神，极大地鼓舞了地方进驻人员扎根岛礁的坚定决心。南沙岛礁基层组织的桥梁纽带作用主要体现在以地方进驻人员集群为基础，密切联系地方进驻人员，时刻关心爱护他们的生产生活，及时解决地方进驻人员遇到的困难，把地方进驻人员的切身利益放在第一位。每个岛礁增配一定数量的军队和地方干部，作为地方进驻人员集群的组织核心，以自身的模范作用调动和激发地方进驻人员的整体战斗力，使地方进驻人员集群在南沙岛礁建设过程中发挥最大的作用。

基层组织能否在地方进驻人员集群中发挥好桥梁纽带的作用，关键在于发挥模范作用的影响力，发挥团结群众的凝聚力，发挥攻坚克难的战斗力。实践证明，南沙岛礁的基层党组织是地方进驻人员集群的领导核心，加强和完善南沙岛礁基层组织建设，不仅是维护国家主权和海洋权益的基石，而且也是构建地方进驻人员集群重要的组织保证。

4.3 构建可靠的安全环境保障体系

南沙岛礁周边敌情复杂，海洋权益斗争形势非常严峻。2015 年 5 月 20 日，美国 P-8A 反潜侦察机非法侵入南沙岛礁上空，10 月 27 日，美国海军驱逐舰"拉森号"非法进入渚碧礁附近海域。12 月 18 日，美军 B-52 轰炸机侵入华阳礁 2 海里领空。美国与菲律宾签署了允许美军短期驻扎的 10 年期协议，美、菲两国近 5 000 名士兵在菲律宾巴拉望岛和吕宋岛进行为期 12 天的军事演习。越南非法驻守南沙群岛的守军达到 2 020 人，面向南海构建了万华、锦普、鸿基、内排、安沛、克夫等近 20 个海空军基地，在南沙群岛方向部署 13 架苏-27 和 4 架苏-30 战机，以及 6 艘"猎豹"3.9 级护卫舰、12 艘"闪电级"导弹快艇及 6 艘 636 级潜艇，再加上配备了射程近 300 km 的俄罗斯 K-300P 堡垒型岸基超音速反舰导弹。周边国家借助域外势力的介入，在南沙群岛周边海域的侵权活动日趋频繁，我国渔民在南沙作业被骚扰抓捕的事件时有发生。特别是 1990 年 11 月 7 日，我军在南薰礁的驻防人员发生 6 人牺牲 5 人失踪恶性事件，以及多次发生的不明国籍船只和人员对我驻守礁盘的企图袭扰事件，时刻提醒我们南沙群岛的安全环境不容乐观。

安全环境是建设南沙岛礁一切工作的前提，没有一个可靠的安全环境，进驻南沙岛礁人员就失去了最基本的保障，就会失去一切工作的根本。发挥进驻南沙岛礁地方人员集群功能，协助驻军共同构建可靠的安全环境保障体系，确保南沙岛礁建设所必备的安全环境，成为扩建南沙岛礁各项工作的重中之重。因此，在确保军队守备兵力与装备履行有效防御最低配置的同时，充分利用扩建岛礁的有利条件，组织地方进驻人员发展准军事力量，在开展大规模和大纵深的海洋生产活动的同时，发挥进驻岛礁地方人员的集群优势，参照新疆生产建设兵团建制，建立寓军于民的军民联防体系，增强南沙群岛海域的有效管控能力，确保南沙岛礁具有稳定可靠的安全环境。

参考文献：

[1] 暨佩娟. 中国对南沙部分驻守岛礁的建设合情合理合法[N]. 人民日报,2015-04-10(03).

[2] IBM 智库百科[EB/OL]. http://wiki.mbalib.com/wiki/集群,2016-05-15.

[3] 贾文艺、唐德善. 产业集群理论概述[J]. 技术经济与管理研究,2009(6):125-127.

[4] 梁钢华. 南沙海域渔业资源蕴藏量约 180 万吨[N]. 海口晚报,2015-2-24(2A).

[5] 《广东造船》编辑部. 海洋核动力平台立项将推动南海岛礁建设[J]. 广东造船,2016,35(1):88.

[6] 习近平. 在欧美同学会成立一百周年庆祝大会上的讲话[N]. 人民日报,2013-10-22.

清初浙江海禁的实施及其影响

祝太文[1]

（1. 公安海警学院 基础部，浙江 宁波　315801）

摘要： 清代海禁政策包括迁界与禁海两项内容，清代海禁首先在浙江沿海开始实行，并逐步严密。在东南沿海海防局势和缓后，局部地方界外之地稍有展复。至东南沿海荡平之后，清廷停止海禁之例，实行开海与展复界外土地行动，但海洋并非全面开放、禁地也非无条件地解禁。清初海禁政策在沿海的推行，获得了一些清廷认为的成功结果，但总体上给浙江海防、沿海社会带来了许多直接和长远的不利影响。

关键词： 清代；浙江；海禁政策；影响

1　引言

海防政策作为防御外敌侵入，维护海疆安全，保障人民安居乐业的行动准则，具有海防资源控制、海防行动协调、海防目标导向等功能。清代沿海封禁是清廷实施的一项海防政策，也是辅助清廷达成海防目标的一种措施。它是在自给自足小农经济社会基础上封闭的、落后的，以禁海、迁界、闭关等作为具体手段的极具保守性的防御性海防政策。清代浙江沿海，是清廷推行封禁政策的重要区域，其推行的得失利弊在一定程度上反映了清代在东南沿海推行此海防政策的效果和影响。

2　迁界与禁海的实施

清朝统治者入主中原用兵东南沿海时，遭到了明朝遗族的激烈抵抗，尤其是浙东沿海鲁王势力和福建沿海郑氏势力，更是清朝平定东南、统一海疆的巨大障碍。由于清军娴于弓马，海战非其所长，为了"扬长避短"，也为了阻绝海上反清势力获得人财物的补充和陆上情报信息，在海防上，清廷重拾了明代看起来有效但并不成功的海禁政策。清代海禁政策实际上又包含两个措施，即禁海与迁界。禁海，就是禁止人员下海渔樵、出海贸易等；迁界，则是在沿海划定界线，滨海侧为界外，离海侧为界内，把界外的居民迁徙于界内居住谋生。禁海与迁界本质上，都是为了切断界内人员、货物流出以阻绝接济，到达坐困海上敌对势力，致其于不攻自破的目的。禁海与迁界两者相互配合，形成沿海一线无人区作为隔离地带，共同发挥海禁"坚壁清野"的作用。

清初浙江海禁中迁界早于禁海，据雍正《宁波府志》记载：舟山"国初为明季遗顽所据，顺治八年，固山金汝砺等平之，仍徙其民。"[1]这里所说的"徙其民"，并非徙之于大陆，而是迁徙小岛上居民到舟山本岛以充实定海县城民户。《定海厅志》大事志记载这件事："兵火之余，招集残黎岛户一千一百五十余户，以实城中。"[2]这是清廷迁界的最初尝试。然而，活动在浙东沿海一带的明鲁王势力依恃海上优势，与清军争夺舟山等沿海之地，而活动在福建沿海的郑氏势力也不断发展。为了压制和孤立沿海反抗势力，顺治十二（1655）年六月，清廷采纳浙闽总督屯泰的疏言："沿海省份应立严禁，无许片帆入海，违者置重典。"[3]而开始实行禁海。但出于照顾沿海以海为生者的生产生活，允许"单桅小船，准民人领给执照，

基金项目： 公安海警学院科研发展基金项目（2015YYXMB1）；国家社科基金项目《清代浙江海防研究》（16BZS122）。

作者简介： 祝太文（1971—），男，江西省玉山县人，博士，主要从事海疆史地研究。E-mail：ztwningbo@163.com

于沿海处捕鱼取薪，营汛官兵不许扰累。"但同时规定"海船除给有执照，许令出洋外，若官民人等擅造两桅以上大船，将违禁货物出洋贩往番国，并潜通海贼，同谋结聚，及为向导，劫掠良民；或造成大船，图利卖与番国；或将大船赁与出洋之人，分取番人货物者，皆交刑部分别治罪。"[4]

海禁实行后给海上反抗势力经济上带来了不便，但起初并没有达到预想的效果。"海逆"郑成功等诱以厚利，沿海居民渔户犯险出海贸易，地方保甲、文武各官也有希图从中牟利者。顺治十二年（1655）十一月，鲁王势力还强力夺占舟山。顺治十三年（1656）六月，清廷进一步采取更为严厉的禁海措施，顺治帝敕谕浙江、福建、广东、江南、山东、天津各督、抚、镇曰：凡沿海可容湾泊、登岸口子，各该督、抚、镇都应设法拦阻，"或筑土坝，或树木栅，处处严防，不许片帆入口，一贼登岸。"[5]

清廷在采取更为严厉禁海措施的同时，又加强另一项海禁措施：迁界。顺治十三年（1656）八月，清军再次夺取舟山，[6]因担心防守困难，遂又放弃驻守。次年正月，宁海大将军伊尔德回师大陆，"废舟山所，徙民于内地"，遂空其地。[7]舟山成为无人岛，这对活动于浙江沿海的明鲁王势力来说是个沉重的打击，明鲁王势力与清廷在沿海争战，所争不仅仅是地盘，更为重要的是人民与物资。明鲁王势力在清军退回大陆后重获舟山，却再难以舟山作为获取人员与军需物资补充的重要基地，以致重新占领舟山数年后于顺治十七年（1660）主动放弃。但在此期间，还未遭遇迁界打击的福建沿海的郑氏势力仍在不断发展壮大。顺治十四年、十六年（1657、1659），郑成功还率军"北伐"，合明鲁王之兵攻占浙江沿海一带，并两度兵指长江。虽然两役均以清军获胜而结束，但还是让清廷深感海上用兵困难，防守岛屿不是其致胜的选择。对于南安将军都统明安达礼"收复"的舟山，清廷内大臣们认为"舟山既为所弃，使我军守舟山，而贼即不能来浙江、江南，则宜遣兵固守。但汪洋大海，贼船任意往来，舟山虽守，亦属无益。且舟山孤悬海中，粮草转运艰难。明安达礼所统弁兵，似不必防守舟山，或撤回浙江令守要地，或即撤回京师。"[8]显然，内大臣们对海上用兵以及岛屿防守毫无信心，他们较有把握的是撤回内陆防守要地。

顺治十八年（1661），浙江全面实行迁海政策，尤其"以宁、台、温三府边海居民迁内地"[9]。浙江地方志记载之所以突出这三府，在于浙江的明鲁王势力一直以舟山、南田等地为活动基地，在于清廷、地方行政职官以及军队员弁关注这些地方。明鲁王势力经过顺治十三年（1656）舟山争夺战、顺治十六年（1659）江南之战，几乎消耗殆尽。那么，这次在东南数省沿海展开的迁界禁海行动，主要针对以福建沿海为基地的郑氏势力。对于活动闽浙沿海郑氏势力的存在与发展，当时人们较为普遍的认识是：郑氏从海禁还不够严密的沿海获得了接济。解决的办法是：进一步加强海禁——迁界禁海，坚壁清野。当时对此有一定认识，并有感而发的郑成功叛将黄梧，于顺治十四年（1657）三月上奏清廷说："郑成功未即剿灭者，以有福、兴等郡为伊接济渊薮也，南取米于惠、潮，贼粮不可胜食矣；中取货于兴、泉、漳，贼饷不可胜用矣；北取材木于福、温，贼舟不可胜载矣。今虽禁止沿海接济，而不得其要领，犹弗禁也。"他建议沿海"平时共严接济之禁，遇贼备加堵截之防。"[10]

清廷大臣们也越来越相信要彻底消灭闽浙海上两股势力，尤其是郑氏势力，只有彻底切断他们与沿海居民的联系，才能完全断绝"海逆"获得沿海民人的军需接济，最终使反抗势力坐困而降。顺治十八年（1661），兵部尚书苏纳海视察浙江、福建等沿海后，建议清廷在东南沿海迁界禁海。他指出："厦门、金门弹丸两岛，得延今日，恃沿海一带交通接济，今将山东、浙江、广东滨海人民尽迁入内地，立边界，设防守，严稽查。片板不许下海，粒货不许越疆，则海上食尽，鸟兽散矣。"[11]浙江方志也记载："是时，郑成功踞台湾，四出劫掠，有言濒海居民宜移内地者，兵部尚书苏纳海同吏部侍郎宜理布，奉命赴浙江、福建会勘，定议。"[12]于是，清廷以"前因江南、浙江、福建、广东濒海地方，逼近贼巢，海逆不时侵犯，以致生民不获宁宇，故尽令迁移内地，实为保全民生"为理由在东南沿海，展开大规模的迁界禁海，并谕令户部、地方督抚认真做好给地、给房等迁移安置保障工作。[13]还通过免除内迁者一定的赋税作为安抚，如：顺治十八年（1661）十月，"以浙江定海县舟山地方人民内徙，免其顺治九年至十二年未完额赋。"[14]康熙元年（1662）六月，巡抚朱昌祚请蠲宁台温迁弃丁亩田粮，[15]浙江沿海迁移内地各户，得"免其所弃田亩丁粮"。[16]

在顺治十八年（1661）迁界禁海推行中，浙江首先是把沿海三十里内居民内迁，为不给反抗势力留下可用物资，也为断绝移民回迁之念，界外村庄房舍等被焚毁一空。接着在界上立桩石、筑墙垣、驻兵警戒，严禁出桩外采捕，犯者以通寇论。复严寸板下海令，绝其接济。当然，政策在推行中也是因地而异的，如处于海口的镇海城距海只有五里，由于它是当时重要的海防要地，并不在迁徙之列，镇海县境主要只"迁徙泰邱、海晏沿海居民于内地"。在象山县情况类似，该县城东二十里即为海，不但县城不用迁徙，连县城东南二十里海边的爵溪地方，由于处于海防要冲，是县城东南的重要军事屏障，连带与其有相互保障作用的游仙寨，也都不用迁徙。县志记载"顺治间居民内徙，游仙与爵溪独不遣者，良以无游仙寨，即无南洋，而县治危；无爵溪城，即可逾赵岙、前岙、双林掠南洋，而县治亦危。相度形势以重海防，不独游仙为宜筑也。"[17]在平阳县沿海，"时令高仪坤持议依瑞安例迁五里"，后来也只迁十余里。[18]

浙江迁界离海远近因地制宜相对灵活，但在沿海境界管理上还是很周密的，除令近涂之民插木为界、禁出桩外采捕、严寸板下海绝其接济外，还加强海防工事的建设。如太平县（今温岭县）筑木城为限，"自塘下街东南至乌沙浦，下抵松门并在界外"。[19]时临海人洪若皋曾疏称，"上年，从家乡赴闽任，路遵边海而行，自台至温，目击沿边一带，当迁遣时即将拆毁民房木料，照界造作木城，高三丈余，至海口要路，复加一层二层，缜密如城隍。防兵于木城内，或三里，或五里，搭盖茅厂看守，以是海寇不得阑入，奸民不得阑出，法甚善也。"[20]再如镇海县，"除内港战船防守关口外，余江内俱用竹篾。又于小道头造铁缆滚江龙拦截江面，江南上岸建筑炮台、小城、营屋，瞭望守御。"[21]如果有人违禁出界贸易及盖房居住、耕种田地，对相关人等的处罚也是极其严酷：地方保甲不知情的、该管文武官未能查获的都从重治罪，知情不首者处绞，违禁出界官民俱以通贼论处斩，货物家产俱给讦告之人。[22]

浙江沿海在执行迁界禁海过程中，清政府不断地加强监督，并根据具体情况多次申明海禁令。顺治十八年海禁令推行后，禁兵民贩米出海，而浙江沿海兵民在厚利的驱动下仍有冒险越界出海贸易者，因而清廷特遣户部郎中布詹等前赴浙江沿海巡视海防。清廷在注重防民的同时，也强调对将军、督、抚、提、镇所属人员犯禁者的访缉。[23]布詹等人临行前，康熙还特地加以谕示。[24]

康熙二年（1663），浙江沿海一带奉檄"钉定界桩，仍筑墩堠台寨竖旗为号，设目兵若干名，昼夜巡探，编传烽歌辞，互相警备"。[25]康熙四年（1665），清廷派"钦差大臣巡视海边，每岁轮巡五六回，次年撤回。"[26]第二年又"命巡视大人驻扎定海，巡阅南北界，瞰其偷越。"[27]康熙七年（1668），清廷命巡视浙江海防的钦差大臣偕同浙江总督出巡沿海，直至福建边境；而浙江提督则令其"每年必巡历各海口，增造巨舰，备战守"。[28]康熙十一年（1672），清廷再次申明迁海令："居住海岛民人概令迁移内地，以防藏聚接济奸匪之蔽，有仍在此等海岛筑室居住耕种者，照违禁货物出洋治罪，汛守官弁照例分别议处。"[29]

康熙二十二年（1683）海疆荡平，次年废除先前所定海禁之例，清代海禁的实施暂告一段落。综观海禁政策的实施，究其原因有：首先是清初反抗清廷势力长期集聚在浙闽沿海诸岛，当时航海技术还不够发达，海禁确能阻碍诸岛获得所缺物资，中国传统有"不战而屈人之兵"策略观念，加之迫使诸岛坐困而降在海防军事上结果明了而最为经济。其次是浙闽沿海反抗势力以诸岛为根据地，行军打仗以舟师占据优势，而清军以陆战为根本，向以骑射表现出色。以己所长攻敌所短是战争取胜之道，清廷实施海禁，有不与反抗势力海上争锋，抵销其海上优势的作用。且在坐等反抗势力困顿削弱同时，清廷以己方所拥有的资源优势加强海防建设，可以造成将来舟师的强弱异势。再次是传统的政策和现实的经验也使清廷实施海禁找到充分的理由。明代浙江等沿海在御倭过程中，长期实施海禁政策，倭寇最后败亡了，显示海禁政策起有作用，清代各项政策制度多沿用明制，海防上沿用明代"有效"的海防政策也就顺理成章。在清廷实施海禁几年后，浙江沿海的明鲁王势力便见于散亡，这个成功的经验使清廷进一步深信海禁的海防作用，为此后长期固守该政策提供了一个"成功"的实例。再其次是清廷上下多数人的认识局限，中国是个农业国，小农意识、安土重迁等观念抑制了中国人形成海上开拓的精神；中国过去主要外患不是来自海上，重陆轻海思想植根于历代统治者国防思想之中；清初清军陆师的强劲和水师力量的薄弱，清廷对海上用兵自然没有陆上用兵来得自信。诸大臣在海防上建言献策，多愿意提出有历史依据、稳妥的办法，而不想提出开拓性去冒失败被指责的风险。在这种氛围中，清廷概括所获得的各方面信息，作出的海防决策也就难免偏向保守。

3　展界与开海的推行

清初沿海推行迁界与禁海的海禁政策，目的是为了实现了"坐困海上敌对势力"以平定海疆。当清军渐次荡平浙闽沿海，实现了海禁政策所要达到的"困敌"目标，海禁政策也就渐失原有的海防意义，随之恢复人民生产生活、稳定沿海社会秩序，实现清廷在沿海地区的有效统治成为头等大事。而实现这点，界外之地展复、禁海复开问题首先必须加以解决。

浙江沿海界外之地的展复。康熙初年，明鲁王势力被剿灭，浙江沿海的海防形势有所缓和。康熙八年（1669），清廷以明鲁王"余党悉尽，沿海荡平，准沿海居民撤桩展界复业"。[30]在太平县，"康熙八年始展复，然田庐尚有荒弃"。[31]次年，象山县展复东、西、南三乡部分地方。[32]镇海县也"稍有展复开垦者"。[33]黄岩县则于康熙九至十二年陆续展界，开垦东南涂田。[34]但到康熙十三年（1674），驻闽藩王耿精忠反叛，其兵攻入浙江，沿海复又严禁。随着在浙"耿逆"被肃清，而郑氏势力忙于应付清军进剿无暇北犯，浙江沿海又恢复了安定。康熙二十年（1681）浙江总督李之芳疏言："海岛贼寇相继来归，浙省地方无事，请撤回巡察海口郎中布詹等，并停止更换差员。"[35]至此浙江海禁又有所放松。

浙江沿海界外较为广泛的展复，是在康熙二十二年（1683）收复台湾后。康熙二十三年（1684）经过清廷内部讨论，康熙帝宣布先前所定"海禁处分之例尽行停止"，[36]这宣告了清初迁界禁海政策使命的结束。清廷允许"江南、浙江、福建、广东沿海田地，可给民耕种"，[37]又"以工部侍郎金世鉴、都御史雅思哈巡江浙，尽复所弃地，就地险易拨置戍兵，沿海遂定。"[38]

而在实际运作过程中，浙江沿海弃地展复却是个缓慢的过程，某些海岛的封禁甚至延至清末。如舟山诸岛原划设有：昌国、金塘、蓬莱、安期四乡，康熙二十五年（1686），清廷"从文武大臣之议"同意展复，次年正式展开展复昌国乡（舟山本岛）的工作，其中重要的事项就是开始招垦。[39]康熙三十四年至五十五年（1695—1716）任定海县知县的缪燧，曾在其《御书楼记》中记述该事道"康熙二十六年，海氛绥靖，督请展复翁洲疆界"，[40]正是指昌国乡的展复。康熙二十八年（1689），地方再行"请复三乡（金塘、蓬莱、安期），蓬莱止复岱山，而胸山（即衢山）以势处险远，未经题请，仍为禁地。"[41]像衢山一样迟迟没有被允许展复的较有影响的禁山，还有玉环、南田诸岛。据咸丰间《庚申十一月抄记象西团勇搜擒逸盗事》中记有"逸盗"躲入"缸爿诸禁山"的情况。[42]缸爿山即象山港中的缸爿岛，由此也可知地处内港的缸爿诸山，时至咸丰间仍没有展复。以上几例似乎可以推测，清代浙江沿海像缸爿山这样的禁山小岛，应该是为数不少。

禁海复开方面：浙东洋面自张煌言就擒后一直平静，康熙八年（1669）清廷允许桩界附近之界稍为展复，并"许百姓于近海采捕。"[43]远海采捕与出海贸易仍行禁止。康熙二十二年（1683）六月平定台湾后，朝廷与地方上下对海禁政策存废展开了讨论，朝廷权衡利弊犹豫不决。十一月，康熙帝派员分别赴江、浙、闽、粤各省巡视沿海，考察展界实情，探究开海的可行性。工部侍郎金世鉴、都御史雅思哈被派往江浙实地勘察展界开海事宜[44]。在二位钦差的主导下，次年浙江大陆沿海迁禁之地展界复业完成。通过对禁海复开问题的实地考察，金世鉴认为只要沿海地方官加强管理、防守海口官员严格把关、分拨哨船分泊防守巡逻，开海贸易、捕鱼是可行的[45]。

金世鉴的建言，得到了九卿等讨论后的肯定，也获得了康熙帝的认同。康熙帝认为："百姓乐于沿海居住，原因海上可以贸易、捕鱼。先因海寇，故海禁不开，今海氛廓清，更何所待？"并批准了九卿等关于"今海外平定，台湾、澎湖设立官兵驻扎，直隶、山东、江南、浙江、福建、广东各省，先定海禁处分之例应尽行停止"的提议[46]。清廷宣布"海氛既靖，山东、江南、浙江、广东各海口，除夹带违禁货物仍照例治罪外。商民人等，有欲出洋贸易者，呈明地方官登记姓名，取具保结，给发执照，将船身烙号、刊名，令守口官弁察验，准其出入贸易。"[47]康熙二十四年（1685），浙江地方获得了清廷"复准浙江，照福建、广东例，许用五百石以下船只出海贸易，地方官登记人数、船头烙号，给发印票，令防守海口官员验票放行"[48]的回复，清初浙江的禁海政策也得以放宽。

归结清初浙江海禁的历程，有阶明显的段性，大致以康熙八年（1669）为界，分为两大时期：迁界禁海时期与展复开海时期。两个时期又可以分若干小的阶段。迁界禁海时期也可以分为尝试、初步推行、全面推行三个阶段。顺治十二年（1655）以前，浙江已有迁徙舟山居民入内地的行动，可以看做是迁界的初始形式，是推行海禁政策的初步尝试；顺治十二年至十七年（1655—1670），是正式发布禁海令并悉迁舟山居民入内地，允许边海渔樵之民有条件地入海，禁海政策的推行相对宽松，所以此阶段可以看做是海禁政策的初步推行；顺治十八年至康熙七年（1661—1668），发布全面的迁界禁海令，切断界内人员货物的外出，禁绝边海之民下海渔樵，海禁推行到极其严厉的程度，此阶段可以看做是浙江海禁政策的全面推行阶段。

展复开海时期可以分为初步展复开海、全面展复开海二个阶段：康熙八年至康熙二十二年（1669—1683），在浙东洋面肃清的基础上，镇海县、象山县等地部分区域被允许撤桩复业，渔樵之民可以近海作业，此阶段是浙江展界开海的初步阶段；康熙二十三年（1684）后，在东南沿海全部荡平的基础上，浙江百姓可以领办证照后可以往海上捕鱼、贸易，此阶段是浙江较为全面展界开海阶段。

从清初浙江海禁的阶段性上看，它还有两个渐强的特点：海禁力度逐步加强，展复范围逐步扩散。清初海禁是国内不同势力之间的角逐与争斗工具，是拥有较多资源的清廷为了从人员上进行削弱、从经济上进行扼杀浙东的明鲁王以及福建沿海的郑氏等势力而采取的措施。所以清初海禁政策最根本的特点是在于对人员与物资流通的限制，是为了切断界内人员与物资流出界外的通道，以免落入浙东的明鲁王以及福建沿海郑氏等势力手中。

4 海禁的成效与影响

海禁达到了一定的海防目的，史书记载："顺治十八年，徙沿海居民入内地，寇多绝食归顺。"[49]顺治"十八年，廷议徙海上居民绝接济，煌言无所得饷，开屯南田自给。"[50]"康熙元年，将沿海沙地民居尽行拆毁，移民入内地，填塞各港，煌言粮遂窘乏，麾下多散去。"[51]等等。清廷认为海禁对消弱浙东鲁王势力，为早日荡平浙江洋面有一定的效果。但付出代价也及其惨重，迁界禁海对沿海社会造成了极大的破坏，给被迁人民造成许多困顿。

海禁是消极的防御政策，给海防和沿海社会带来了一系列不利的影响。首先是削弱清廷防御力量、压缩清廷战略纵深，从而给清廷海防造成长远的不利影响。沿海居民迁居内地是自撤沿海民众防御力量，迁弃沿海使战争前沿内缩至城邑之下，"海贼"因此可以登岸长驱内地，而迁民内地若安置不当又可能资敌。对于这些问题，后来任浙江总督的李之芳当时就颇有认识，顺治十八年（1661）在湖广道御史任上他曾明确表示反对迁界："自古养兵，原以卫疆土，未闻弃疆土以避贼也。"并上疏说："山贼、海寇何代无之？但当制驭有方，使民获宁宇，未关堂堂天朝迁民避贼也。""今欲迁沿海一带，当日出示，谕限数日，官兵一到，遂弃田宅、撤家产、别坟墓，号泣而去，是委民于沟洫也。"而且沿海民人"一旦迁之，鸿雁兴嗟，室家靡定。或浮海而遁，去此归彼，是以民予敌"。迁民内地，安置不善，"无家可依，无粮可食。饥寒道而奸邪生，不为海寇，必为山贼。一夫持竿，四方响应，其若之何？""今兵不守沿海，尽迁其民移居内地，则贼长驱内地，直抵其城邑，其谁御之？不如分守内地之兵，拨一半守边界卫所，联络乡民，以相助战守，使贼不敢睥睨边界，如是内地免守。"[52]康熙初，河南道御史浙江诸暨人余缙也上疏指出："浙江三面环海，宁波尤孤悬海隅以舟山为外藩，不知行间诸臣何所见而倡捐弃之议？江海门户，敛手委之逆竖。夫闽海只一厦门，数万之众环而攻之，穷年不能下。奈何以已克之舟山增其巢穴？"[53]两者指出了迁界损害沿海居民、破坏沿海防御、压缩己方战略前沿、弃地增加了"逆竖"托足地等等害处。海禁政策本来是沿用明代时就已实施的海防政策，而清廷实施这个政策后在一定程度上加速了沿海反抗势力的覆灭，这使清廷上下许多人在认识上放大海禁政策在海防上的效用，从而更加固守这个政策，并将其作为海防上制胜的法宝，使清代海防战略内在地缺少开拓性。

其次是海禁破坏了沿海社会生产、生活，阻碍了内外交流、商贸发展，造成局部长期未得开发，易为外人觊觎乘虚。迁界实施中屋焚、田弃、民众离乡，直接造成宁台温三府沿海居民生命财产的损失。清廷在推行迁界时，急迫而又蛮横，规定界外之民内迁，"限两月止，不迁者杀。"[54] "令下即日，挈妻负子载道路，处其居室，放火焚烧，片石不留，民死过半，枕藉道途。即一二能至内地者，俱无儋石之粮，饿殍已在目前……火焚二个月，惨不可言。"[55]《临海县志稿》引《陈耨亭笔记》说"先是虽被贼患，犹有家可居，一朝被迁，讬居附城，携老扶幼，哭声遍野，生业既失，病疾死亡，卖妻鬻子，甚者，流为乞丐，惨不忍言。"[56] 民国《平阳县志》也记载说"界内屋少，贫而无亲戚者，凡庙宇及人家门外皆设灶、榻，男号女哭，四境相闻。"[57]

迁界禁海推行还给同邑人民带来赋课赔累之苦。界外之地迁弃了，其田地、盐场赋役、盐课却没有减免，田地赋役由同邑民人共同偿付，税课由盐商共同赔付。奸胥恶吏又在小户越界上上下下其手饵利责赎。"所徙许借居、寄食于其姻族，拒者有法。其四十里（三十里）之岁课，同邑共偿之，至有所偿过于其土著者。有司无能，以其状闻。盖既休息饮食之，复为之代偿赋役；其或缺额，考绩仍以是不登。鱼虾小户一竿之外，即称越界；胥役故纵之，执以责赎。自江南达东粤数千里，盐场在界内者勿论，其界外缺额，商赔之。"[58]

迁界禁海使盐户商贩赔累外，许多盐场被划界外造成盐业停断，致使盐价飞涨穷民买不起盐。"台温滩场尽弃，新、嵊、天台走百余里入奉埠转贩（食盐），增数十课额，浮于昔。"[59] "温郡无盐，乃令杭商贩卖，价昂数倍，穷民食淡，有经旬月不见盐者。"[60]

迁界禁海造成居民穷困，以致展复后有的也难以复业。"台州临海、黄岩、太平、宁海四县失业甚众，民生益困。康熙八年始展复，然田庐尚有荒弃。"[61] 界外有些地方甚至在展复后很久都没有恢复原先的繁盛，如象山县钱仓城，明代时"生齿最繁，沿山俱属民居"，清初迁界禁海推行后"城废民迁"，康熙间展复，直至清末时还只是"寥寥十余家而已"[62]。

参考文献：

[1] 曹秉仁. 宁波府志：卷二建置[M]. 刻本. 雍正九年(1731)：12.

[2] 史致驯. 定海厅志：卷二八大事志，刻本[M]. 光绪十一年(1885)：34.

[3] 清世祖实录：卷九二[M]. 顺治十二年(1655)六月壬申条.

[4] 崑冈. 钦定大清会典事例(光绪朝)：卷六百二九兵部，刻本[M]. 光绪二五年(1899).

[5] 清世祖实录：卷一百零二[M]. 顺治十三年(1656)六月癸巳条.

[6] 清世祖实录：卷一百三[M]. 顺治十三年(1656)九月丙午条.

[7] 王国安. 浙江通志：卷二城池[M]. 刻本. 康熙二三年(1684)：11.

[8] 清世祖实录：卷一百三九[M]. 顺治十七年(1660)八月丁亥条.

[9] 于万川. 镇海县志：卷十二海防，刻本[M]. 镇海鲲池书院. 光绪五年(1879)：9.

[10] 清世祖实录：卷一百八[M]. 顺治十四年(1657)三月丁卯条.

[11] 佚名撰. 闽海纪略：卷一[M]//续修四库全书：第445册. 上海：上海古籍出版社. 2002：7.

[12] 喻长霖. 台州府志[M]：卷一百三五大事略. 卷一百三五大事略. 铅印本. 1936：9.

[13] 清圣祖实录：卷四[M]. 顺治十八年(1661)闰七月己未条.

[14] 清圣祖实录：卷五[M]. 顺治十八年(1661)十月庚申条.

[15] 王瑞成. 宁海县志：卷五版籍志[M]. 刻本. 光绪二十八年(1902)：5.

[16] 赵尔巽. 清史稿[M]. 北京：中华书局. 1977：9678.

[17] 郑迈. 象山县志[M]：卷十地方治考. 铅印本[M]. 1925：63.

[18] 王理孚. 平阳县志：卷十八武备志，刻本[M]. 1926：11.

[19] 庆霖. 嘉庆太平县志：卷二地舆志. 卷十八杂志. 重刻本[M]. 光绪二二年(1896)：58.

[20] 洪若皋. 临海县志：卷十二艺文[M]. 刻本. 康熙二二年(1683)：46.

[21] 于万川. 镇海县志：卷三七杂识，刻本[M]. 镇海鲲池书院. 光绪五年(1879)：20.

[22] 崑冈. 钦定大清会典事例(光绪朝)：卷七百七八刑部(不分页)，刻本[M]. 光绪二五年(1899).

[23] 清高宗,敕撰. 清朝文献通考(第一册)[M]//王云五总编《万有书库》(第二集). 上海：商务印书馆. 1936：5154.

[24] 清圣祖实录：卷卷八二[M]. 康熙十八年(1679)七月己亥条.

[25] 李卫. 敕修浙江通志：卷六九海防[M]. 刻本. 乾隆元年(1736)：1.

[26] 冯可镛.慈溪县志:卷十三经政[M].德润书院光绪二十五年(1899)刻版.1914:28.
[27] 于万川.镇海县志:卷三七杂识,刻本[M].镇海鲲池书院.光绪五年(1879):20.
[28] 赵尔巽.清史稿[M].北京:中华书局.1977:4110.
[29] 清高宗,敕撰.钦定大清会典则例[M]//《景印文渊阁四库全书》(第623册).台北:台湾商务印书馆.1986:393.
[30] 于万川.镇海县志:卷三七杂识,刻本[M].镇海鲲池书院.光绪五年(1879):20.
[31] 庆霖.嘉庆太平县志:卷二地舆志.卷十八杂志.重刻本[M].光绪二二年(1896):62.
[32] 童立成.象山县志:卷三乡保.刻本.活字翻[M].印道光十四年(1834)刻本,1915:7.
[33] 于万川.镇海县志:卷十二海防,刻本[M].镇海鲲池书院.光绪五年(1879):9.
[34] 陈钟英.黄岩县志:卷四版籍志[M].刻本.光绪五年(1879):14-15.
[35] 清圣祖实录:卷九八[M].康熙二十年(1681)十一月壬戌条.
[36] 清圣祖实录:卷一百十七[M].康熙二十三年(1684)十月丁巳条.
[37] 谭其骧.清人文地理类汇编(第一册)[C].杭州:浙江人民出版社.1986:262.
[38] 于万川.镇海县志:卷十二海防,刻本[M].镇海鲲池书院.光绪五年(1879):9.
[39] 陈训正.定海县志:册一舆地志[M].铅印本.1924:29.
[40] 史致驯.定海厅志:卷二二营建志,刻本[M].光绪十一年(1885):2.
[41] 史致驯.定海厅志:卷十四疆域志,刻本[M].光绪十一年(1885):25.
[42] 郑迈.象山县志[M]:卷三二文征外编下,铅印本[M].1925:9.
[43] 于万川.镇海县志:卷十二海防,刻本[M].镇海鲲池书院.光绪五年(1879):9.
[44] 清圣祖实录:卷一百十二[M].顺治十八年(1661)闰七月己未条.
[45] 清圣祖实录:卷一百十五[M].康熙二三年(1684)四月辛亥条.
[46] 清高宗,敕撰.清朝文献通考(第一册)[M]//王云五总编《万有书库》(第二集).上海:商务印书馆.1936:5155.
[47] 清高宗,敕撰.钦定大清会典则例[M]//《景印文渊阁四库全书》(第623册).台北:台湾商务印书馆.1986:396.
[48] 于万川.镇海县志:卷三七杂识,刻本[M].镇海鲲池书院.光绪五年(1879):80.
[49] 童立成.象山县志:卷八海防.刻本.活字翻[M].印道光十四年(1834)刻本,1915:8.
[50] 赵尔巽.清史稿[M].北京:中华书局.1977:9156.
[51] 李天根.仓修良,等校.爝火录:附记[M].杭州:浙江古籍出版社,1986:962.
[52] 江日升.台湾外记:卷五[M].福州:福建人民出版社,1983:165,166.
[53] 赵尔巽.清史稿[M].北京:中华书局.1977:10167.
[54] 张寅.临海县志稿:卷四一大事记,铅印本[M].1935:25.
[55] 海外散人.榕城纪闻[M]//清史资料(第一辑).北京:中华书局,1980:22-23.
[56] 张寅.临海县志稿[M]:卷四一大事记.卷四一大事记.铅印本.1935:25.25.
[57] 王理孚.平阳县志:卷十八武备志.,刻本[M].1926:11.
[58] 查继佐.鲁春秋:监国纪[M]//台湾文献史料丛刊:第六辑.台北:台湾大通书局,1987:70.
[59] 李前泮.奉化县志:卷七户赋[M].刻本.光绪三四年(1908):34.
[60] 李登云.乐清县志:卷五田赋志[M].重印光绪二七年(1901)刻版.1931:28.
[61] 喻长霖.台州府志[M]:卷一百三五大事略.卷一百三五大事略.铅印本.1936:9.
[62] 童立成.象山县志:卷三城池.刻本.活字翻[M].印道光十四年(1834)刻本,1915:4.

日本"海洋立国"战略对我国的启示

管筱牧[1]

（1. 山东社会科学院 海洋经济文化研究院，山东 青岛 266071）

摘要： 日本作为岛国历来对海洋具有很大的依赖性，海洋产业是海洋经济发展的基础，由此作为其政策指导的海洋战略实现了从无到有、日益完善的过程。日本 2007 年 7 月颁布的《海洋基本法》，阐明了其"海洋立国"的方针，并于 2008 年和 2013 年制定"海洋基本计划"，由此，通过中长期的发展视角，确定未来 5 年间各措施的施政方向，有计划的综合推进海洋战略的实施。本文通过对日本"海洋立国"战略以及在此战略指导下的海洋经济的发展的分析，以期为我国"海洋强国"战略发展提供借鉴。

关键词： "海洋立国"战略；海洋基本计划；海洋经济

1 引言

日本是个四面环海的岛国，其领海及专属经济区面积达到 447 万平方千米，是其陆地面积的 11.7 倍，暖流与寒流的交汇形成了日本沿海优良的渔场，受自然资源禀赋的影响，自古海洋对日本的生产生活等各方面产生深远的影响。海洋资源、海洋环境及海洋安全长期以来一直攸关日本的国运，发展海洋经济、可持续的开发利用海洋成为日本"海洋立国"战略的基础。

2 日本的海洋战略及政策

日本作为岛国历来对海洋具有很大的依赖性，海洋产业是海洋经济发展的基础，由此作为其政策指导的海洋战略实现了从无到有、日益完善的过程。进入 21 世纪以来，日本开始注重海洋的整体协调发展，将海洋问题提升至国家战略的层面。2005 年 11 月日本海洋政策研究财团提交《海洋与日本：21 世纪海洋政策建议书》（简称《建议书》），由此确立了日本的海洋战略雏形。《建议书》提出了"海洋立国"的发展目标，阐述了制定海洋基本法的迫切性与必要性，并强调了持续开发利用海洋和综合性管理海洋的基本理念，主张积极参与和引领国际事务，并在制定海洋法律、推进海洋管理制度、完善综合管理海洋所需的行政机构和建立海洋信息机制等方面都提出了具体方案[1]。

海洋利益关系国家的综合实力，日本 2007 年 7 月颁布的《海洋基本法》，阐明了其"海洋立国"的方针，其基本理念包含：开发利用海洋、保护和协调海洋生态环境、确保海洋安全、提高海洋科研能力、健康发展海洋产业、实现海洋的综合管理以及参与国际协调 6 个方面。其 12 个基本措施包括：实施海洋资源的开发及利用、保护海洋环境、推进排他的经济水域的开发、确保海上运输、保障海洋安全、完善海洋调查、开展海洋科学技术的相关研究、振兴海洋产业及强化其国际竞争力、沿海海域的综合管理、保护和管理"离岛"、确保国际间协作、增强民众对海洋相关事宜的理解[2]。《海洋基本法》第 16 条明确规定，制定"海洋基本计划"（以下简称"基本计划"）是政府的义务，"基本计划"将提出海洋政策实施的目标，并对相应的政策方针，达成年限等具体事项进行了详细规定。每 5 年修订一次，在总结前一期的

作者简介： 管筱牧（1976—），女，山东省青岛市人，博士，助理研究员，主要从事海洋经济与管理研究。E-mail：gxmsara@163.com

工作成果的基础上，针对发展过程中出现的新形势、新状况进行综合调整，制定未来 5 年海洋事业发展的方针政策，以实现"新的海洋立国"的目标。因此，"基本计划"是以《海洋基本法》为基础，有计划的综合推进海洋战略的实施。

第一期"基本计划"于 2008 年 3 月 28 日制定。第二期"基本计划"于 2013 年 4 月 26 日由综合海洋政策本部筹划并推动制定。"基本计划"包含总论及 3 个部分：总论简单扼要地阐述海洋立国基本战略中日本的基本立场及制定"基本计划"的意义；第一部分是海洋政策的基本方针。基于社会局势的发展变化，遵循《海洋基本法》的基本理念，对海洋政策现状进行梳理，从中长期的发展视角，确定未来 5 年间"基本计划"各措施的施政方向。第二部分是政府统筹计划的相关海洋政策。基于《海洋基本法》规定的12 个基本措施，在有关部门的密切合作下按计划制定综合的海洋政策。第三部分规定了为推进海洋相关政策实施而必须改进的体制机制问题。在海洋的政策实施过程中，相关机构如综合海洋政策本部、地方公共团体和民间团体的作用，以及各部门之间的协调沟通和信息的积极公开等[3]。

随着国际资源、经济和环境状况以及日本周边海洋情况的变化，特别是 2011 年东日本大地震和福岛核泄漏事故的发生，海洋相关政策的总体规划、加强对突发事件的应急措施的制定更加受到重视，第二期"基本计划"提出推进海洋政策的 3 个主要方向：首先是全球经济化使得海运和造船业快速发展，促使日本对海底石油、天然气、稀土以及热液矿等海洋能源和矿物资源的开发；其次是 2011 年东日本大地震使得日本积极开拓海上风力、波力、潮流及海洋温度差等可再生能源技术的研究；最后是加强日本海洋权益的维护，综合管理沿岸海域以及"离岛"的保护和管理。同时，还加强对深海微生物遗传基因领域探索，使得海洋医药业、新材料开发等相关产业成为重要发展领域。

为实现日本海洋战略，持续有效地对海洋进行综合管理，《海洋基本法》要求完善海洋政策的组织实施体制。设立了海洋综合管理部门——综合海洋政策本部，其相关事务包括："基本计划"的制定和推进实施；对实施海洋基本计划的相关行政机关进行协调；对其他与海洋相关的措施进行策划、实施和调整。统筹经济产业省、农林水产省、国土交通省、外务省、防卫省等 8 个涉海省厅的职能，进行综合管辖。

3 "海洋立国"战略下日本的海洋经济发展

日本发展海洋经济实施"海洋立国"的海洋战略，坚持可持续开发利用海洋和海洋综合性管理的基本理念。海洋产业是基于《海洋基本法》提出的"海洋的开发、利用和保护等相关产业"，包括海洋资源的开发、海洋空间的利用、海洋环境的安全保护以及海洋调查的开展等关联产业。航运产业、水产业、造船业及船舶工业等与海洋有关的产业布局，是负担日本对外贸易和粮食供给的支柱产业，可以说，海洋经济稳定健康发展是支撑日本经济和社会发展的基础。海洋渔业仍然坚持保持生物多样性和可持续发展的资源管理为目的的管理模式，以下主要讨论第二期"基本计划"提出推进海洋政策的 3 个主要方向。

3.1 海运业和造船业

日本是四面环海的岛国，其所必需的资源、能源大部分依赖进口，作为传统海洋产业的海运业和造船业是支撑日本国民经济的基础，也是日本传统的海洋产业。日本海运业包含外航海运业和内航海运业。

3.1.1 外航海运业

全球金融危机使得国际贸易萎缩，同时造成全球海运业低迷。外航海运业发展的主要制约因素是日本船籍的外航海运船只数量的减少和大吞吐量港口的缺乏。为提升日本海运业的国际竞争力，"基本计划"借鉴欧洲海运强国的经验，以提高日本籍外航海运船只数量和增加日本籍船员人数为目的，制定了以吨数为标准的外航海运的税制措施。具体内容如下：第二期"基本计划"实施期内，达到日本籍船舶和准日本船舶合计达到 450 艘的目标，以及日本籍外航船员人数在 2008 年的基础上，10 年间增加 1.5 倍的发展目标。通过几年的实施，2014 年日本籍外航海运船舶数量已达 184 艘（比前一年增加 25 艘），船员人数增加到 2 263 人（比计划开始时增加了 2.1 倍），船舶保有量和船员数量都有所提升，可见外航海运业的促进作用已初见成效。

3.1.2　内航海运业

内航海运业呈现以下特点[4]：（1）内航运输业是日本重要的运输手段。2013年内航运输承担了日本43.9%（基于运输吨数）的国内货物运输量，其中钢铁、石油等产业发展的基础物质占了8成。此外，从2011年东日本大地震的赈灾经验看，当大规模灾害发生时，就日本而言，内航海运对受灾地区人员和物资的救援发挥了重要作用。（2）内航海运是连接海岛的必不可少的公共交通。受船舶数量和从业人数减少的影响，在国际竞争日益加剧的背景下产业规模化发展要求物流成本的缩减，内航海运业的重要性日益凸显。然而，日本的内航海运业规模较小，99%的属于中小规模（包含只有1条船舶的从业者），受企业规模的影响、船舶的老化问题、航运安全问题和船员老龄化都是制约内航海运业发展的因素。如图1所示，超过14年的"高龄"船数占总船数的7成以上。针对内航海运业所面临的问题，第二期"基本计划"实施的重点举措落实在以下3点：加速老龄船舶的改造和更新；完善海上输送据点的战略港湾的机能；加强海运管理企业的集团化发展。

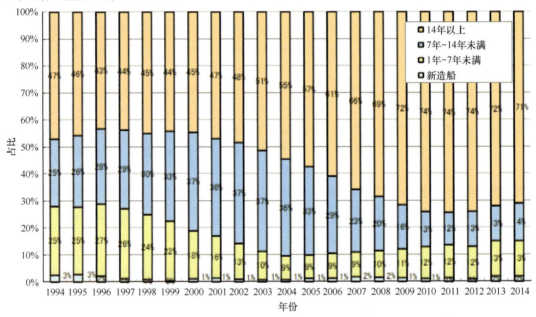

图1　历年日本船舶船龄构成

资料来源：国土交通省.《海事レポート2015 未来を拓く、海が拓く》图II-1-68.

3.1.3　造船业

鉴于日本岛国的地理条件，海洋运输船舶的稳定生产供应，是其发展其他经济必不可少的基础，作为劳动、资金、技术密集型产业的造船业，也为地区的经济发展和解决就业做出贡献。无论是以家族为单位的建造木船的小规模公司还是综合的大型重工企业，目前日本造船业的规模达到约1 100个生产企业，8万从业人员，年生产额高达2兆日元。日本国内的造船业主要集中在濑户内海地区以及九州北部。

日本的造船业是其出口率较高的产业，以总吨数为基础出口率达到81%，在国际市场占有较高的占有率。但如图2各国新船建造量变化所示，以雷曼兄弟破产为契机，当日元持续升值时（2011年1美元兑换76日元），导致自2000年以后日本造船业处于低迷期，韩国和中国在这种激烈的竞争环境下脱颖而出，中国造船业所占份额由2000年的5%上升到2014年的35%。受汇率贬值的影响，自2012年日本的造船业订单开始回升，由2012年的订货量的738万总吨增长到2013年的1 426万总吨和2014年的1 928万总吨[4]。

在这种情况下，"基本计划"制定了振兴造船业的战略措施和推进其国际竞争力的目标。国土交通省制定了3个主要目标[5]：

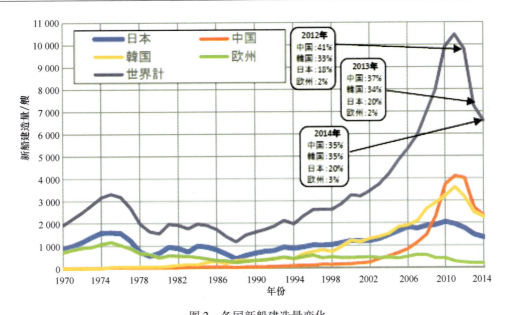

图2 各国新船建造量变化

资料来源：国土交通省.《海事レポート2015 未来を拓く、海が拓く》图II-2-4.

（1）增强国际竞争力，通过技术创新增加市场份额。日本造船业的优势在于先进的船舶能源节约技术，此技术最大的优势在于有利于海洋环境的保护。新目标就是将节能技术进一步发展，具体表现在船舶SO_x、NO_x和CO_2排放量的消减，以及对民间企业对船舶新能源的开发利用技术开发大力支持等，通过技术开发和技术普及促进国际框架一体化的完善。

（2）促进企业联合和产业整合。与中国和韩国的造船企业相比，日本造船企业的平均规模较小，增强国际竞争力要求造船业包括设计和研发期间的科技开发能力、增加市场占有率的营销能力的加强，以及制定最适合产业发展的生产体制。并制定《产业活力复苏和产业活动革新相关特别措施法》作为造船业的业界指导法规，到2014年1月该法被废止，由被扩充的《产业竞争力强化法》代替。由于销售能力增强，一部分造船企业为提高生产效率通过设备投资扩大企业规模，如2015年1月今治造船接到世界最大型20 000 TEU大型集装箱订单，为扩大生产能力，建造超大型船坞——丸龟事务所；2015年1月三井造船则通过引进新设备和整合内部工作流程以降低成本，最终达到提高企业竞争力的目的。

（3）"新市场、新事业"的拓展。通过技术优势，进入"新市场、新事业"以保持造船业的持续性发展。日本造船业的重心已经开始向特殊功能、高效能和环境低负荷船舶推进。随着海洋资源能源大力开发，大规模的内航驳队装备、浮体式液化气生产储运设备、海上物流中心等新概念船舶的开发将成为日本造船业发展的新方向。

3.2 海洋能源和矿物资源开发

日本海洋专属经济区面积居于世界第6位，海洋资源丰富，作为岛国日本的能源和矿物资源一直依赖进口，随着海洋开发商业化进程的加快，资源开发技术的不断进步，世界范围内的能源价格升高，出于对能源和矿业资源供给的稳定性和廉价性的考虑，日本对海洋能源的利用逐步提上日程。

石油、天然气方面。日本国民经济的发展，促进了其国内（包括陆地和海洋范围内）石油和大然气事业的开发进程，以勘探国内能源的资源存储量和扩大生产量为目标，对石油和天然气进行基础性储量调查成为研究的重大课题。基础性物理性资源调查自2007年开始实施，并制定详细的地质情况报告，截至2012年末，已经结束对日本周边21个海域25 000 km^{2}的调查。通过勘察数据，制定资源试掘实施方案，如调查数据显示在新泻县佐渡南西部沿海大约1 130 m水深处有石油和天然气，2013年在该海域进行试点挖掘。

甲烷水合物方面。甲烷水合物是甲烷气体和水分子的晶格包络物，在低温高压环境下以结晶形态存在，只要将甲烷和水分子分开，就能获得普通的天然气。通过 BSR（海底拟似反射面）等指标推定日本周边海域甲烷水合物的存储状况约为 122 000 km^2。虽然早在 1890 年代人们就认识了甲烷水合物，但由于采集困难，直到 2001 年日本经济产业省才制定"我国甲烷水合物开发计划"，对其进行开发研究。2008 年减压法在陆地实验成功，2009 年开始在周边海域进行实验。2012 年在渥美半岛至志摩半岛区域实施了世界第一次甲烷水合物产出实验，在实验的 6 日时间中生产了 120 000 m^3 的天然气。通过实验，对利用减压法分离天然气的生产技术、生产状况和对周边环境的影响等方面积累了重要的一手数据，为将来甲烷水合物商业开发做了技术准备。

海底热水矿床资源方面。海底热水矿床是基于海底热水活动下所形成的多金属矿床，含有丰富的铜、铅、亚铅、金银等有用金属，位于水深 700~2 000 m 左右。目前为止，日本近海于冲绳海域、伊豆小笠原海域等海底发现海底热水矿床。2009 年 3 月经济产业省规划了"海域能源矿物计划"，主要是针对资源量评价、环境影响评价、采矿的资源技开发、精炼技术以及经济性评价等方面进行商化业生产研究。2012 年 1 月竣工的海洋资源调查船"白领丸"可以实施高精密度的地形调查和海底电磁探测等。2013 年 1 月在冲绳海域伊是明海孔（日文原文"伊是明海穴"）发现热水矿床，表面和深部的资源量大约有 5 000 万吨。

2013 年新的海洋基本计划指出实施的基本方针是海洋产业的振兴和海洋性产业的创新，要求最大限度的发挥海洋资源的潜力。为顺利实施基本方针，分以下 4 个步骤：（1）政策目标的制定和资源产业相关法规的整理准备；（2）R&D 在内的产业基础的构建；（3）推进相关海洋产业的商业化进程；（4）商业化竞争力的加强。中长期重点推出的海洋能源开发的目标包括：海洋石油和天然气开发领域，实现产业化以增强国际竞争力，以深海技术开发成果指导海洋资源开发产业；甲烷水合物方面，经过多年的调查研究和成功的海域产出实验，可以推进民间主导的商业化计划；海底热水矿床则侧重联合民间企业继续相关技术研究。

3.3 海洋再生能源和其他海洋相关产业的开发

3.3.1 海洋可再生资源

最大限度的使用节能能源和可再生能源是应对全球变暖、节约自然资源的有效对策。太阳能和陆地风能都是常见的可再生能源，而浮体式海上风力则是海洋可再生能源的代表。日本设有 2 个海洋浮体式海上风力发电试验点，一个是环境省主持的五岛冲浮体式海上风力发电（2011—2015 年），另一个是经济产业省主导的福岛复兴浮体式海上风力发电设备。作为原子能的替代能源，风力发电在欧美被重点研究，日本则提出"海洋再生能源产业国家战略特区"的提案，重点推进浮体式海上风力发电并商业化运作，研究其他可再生能源转化技术（海流、波力、潮汐、海洋温度差等海洋可再生能源）并实现产业化和规模扩大。

3.3.2 海洋调查和信息产业

海洋情报的一元化管理和公开是"海洋基本计划"的重要课题，海洋信息能为其他海洋产业的开展提供必要的资料，另一方面又带动技术进步和产业升级，因此海洋信息开发是海洋政策实施和推进产业活动进程的基础。海洋信息开发关联产业中，传统的海洋资源勘探、调查观测主要作为公共事业，由政府机关（气象厅、水产厅、海上保安厅）、独立行政法人（海洋研究开发机构、石油天然气金属矿物资源机构、水产综合研究所）以及地方自治体等提供，主要服务包括海流预测信息服务、气象海况信息服务、渔况海况信息服务等公共信息服务[10]。随着海洋产业的发展，海洋调查和技术开发多是研究机构和教育机构共同开发，研究机构和民间企业联合提供。

3.3.3 海洋生物相关产业

海洋拥有多种多样的生物资源，是人们生活必不可少的食物来源，目前作为开发利用的海洋生物产业主要是指来自海洋藻类的作为海洋能源资源的燃料生产，以及保障人类健康的海洋生物医药产业。目前形成规模的海洋生物产业包括天然化合物和酶类产品，而海洋生物医药则侧重于海洋无脊椎动物提炼的抗生物质等提高免疫力制剂的研制。

4　启示

我国海洋经济近年来得以全面发展，"十二五"期间，2011—2014 年，我国海洋产业年均增速 11.7%，海洋生产总值年均增速 8.4%；海洋生产总值占国内生产总值的比重在 9.3% 以上；2014 年海洋经济三次产业结构优化为 5.4∶45.1∶49.5。海洋经济发展的同时，也面临着许多挑战，现阶段海洋资源过度开发、海洋产业结构低质趋同性使得海洋经济发展不平衡、不协调和不可持续的问题依旧突出，以环境污染和资源衰退为代价的粗放型经济发展模式已经难以为继，开始制约海洋经济整体发展。

基于此，发展海洋经济，需要采用一系列措施：

首先，需要完善我国相关的海洋政策法规。制定体现我国海洋发展战略，确立我国海洋基本制度和原则的法律，以保证海洋政策的连续性，并且依据海洋相关法律分阶段、分领域、分层次的提出实现建设海洋强国的目标和具体的可操作性措施，达到在可持续的长期规划的指导下，根据新问题、新态势修正短期规划的目的。

其次，优化海洋产业结构，转变传统海洋产业发展模式。通过发展资源养护型的近海捕捞业，环境友好型的养殖业，消费引导型的海产品加工业以及发展国际管理型的远洋渔业，合理分配生产要素，协调好产业部门的比例关系，结合科技创新进一步优化产业结构。

最后，积极发展海洋战略新兴产业。现阶段，我国对海洋新兴产业的筛选落实在以下领域：海洋生物育种与健康养殖产业、海洋医药和生物制品产业、海洋高端装备制造产业、海水利用业、海洋可再生能源业和深海战略资源勘探开发，以及海洋高技术服务业。国家层面建立战略性产业发展机制，进行整体规划布局。区域间联合互动，整合资源，因地制宜的发展相关产业。建立产学研体系，促进高科技成果的有效转换。给予财政、税收的扶持政策，以海洋科技创新为原动力，推进海洋经济的升级转型。

参考文献：

[1]　海洋と日本——21 世紀の海洋政策への提言[R]. 东京：海洋政策研究财团，2008.
[2]　総務省行政管理局. 海洋基本法（平成十九年四月二十七日法律第三十三号）[EB /OL]. http://law.e-gov.go.jp/htmldata/H19/H19HO033.html,平成十九年四月二十七日.
[3]　総合海洋政策本部. 海洋基本计划（平成二十五年四月）[EB/OL]. http://www.kantei.go.jp/jp/singi/kaiyou/kihonkeikaku/130426kihonkeikaku.pdf,平成二十五年四月.
[4]　海事レポート2015 未来を拓く、海が拓く[R]. 东京：国土交通省，2014.
[5]　海洋白書[R]. 东京：海洋政策研究所，2015.

海军装备建设与"21世纪海上丝绸之路"

白宇[1]，郑怀洲[1]，薄云[1]

(1. 中国人民解放军装备学院，北京 101416)

摘要：确保海上安全是建设海洋强国战略的基本点和支撑点，也是建设"21世纪海上丝绸之路"战略目标的基本保障。随着世界经济的全球化趋势和中国经济的发展，我国的海洋安全观与装备建设态势都发生了改变。"21世纪海上丝绸之路"与海军装备建设存在紧密关系，一方面，"21世纪海上丝绸之路"对海军装备建设有着强烈需求；另一方面，海军装备建设为"21世纪海上丝绸之路"战略目标保驾护航。

关键词：军事装备建设；21世纪海上丝绸之路；海洋强国战略

2013年，习主席在访问印尼时提出建设"21世纪海上丝绸之路"的战略构想。"21世纪海上丝绸之路"建设构想是我国与世界各国人民共同发展繁荣的战略理念，从地理方位来说，主要涉及亚洲、非洲、欧洲三大洲以及太平洋、印度洋两大洋；从建设领域来说，海上丝绸之路的建设不仅仅涉及经济领域的合作问题，而且涉及到政治、外交、安全等领域，是一种新型的全方位的合作，其内涵极为丰富。就安全领域来看，海军装备建设对促进"21世纪海上丝绸之路"的可持续发展具有重要意义。

1 海军装备建设与"21世纪海上丝绸之路"的关系

海军装备建设与"21世纪海上丝绸之路"之间存在着紧密的关系。

1.1 海军装备是"21世纪海上丝绸之路"战略目标实现的物质保障

"21世纪海上丝绸之路"是我国当前的一项重要战略目标，任何一国的战略目标都涉及政治、经济、军事、外交等方方面面，但勿庸置疑，无论哪个国家的战略目标，都少不了安全战略为其保驾护航。安全战略是其他所有战略目标实现的安全保障和最基本支撑。当前，随着国家利益的拓展，我国经济越来越依赖海洋，不管是能源安全还是贸易需求，海洋利益已成为我国家利益的重要组成部分，海上和平已成为我们的首要关切，任何地区的动荡和冲突都可能对我国经济产生负面影响[1]。"21世纪海上丝绸之路"途径太平洋与印度洋，与我海上战略通道高度吻合。海上战略通道能否畅通，关系到21世纪海上丝绸之路能否顺利建设和发展。然而，"21世纪海上丝绸之路"沿线国家和地区安全环境并不乐观，由于贫穷、战乱、部族冲突等因素影响，海上丝绸之路沿线的很多国家面临多种安全风险。其中，非传统安全问题是影响海上安全的关键因素，也是未来长时间内丝路沿线国家面临的主要隐患。当前面临的非传统安全的威胁主要包括恐怖主义、海盗、走私、人道主义灾难等。军事力量和军事手段依然是维护国家利益的最重要、最基础的手段和措施。军事力量的建设中，装备是物质基础。在"21世纪海上丝绸之路"的建设中，海上安全建设仍然占据举足轻重的地位，海军装备成为其安全保障的物质基础。

1.2 海军装备建设能够提升我国与"21世纪海上丝绸之路"沿线国家安全合作水平

"21世纪海上丝绸之路"建设需要安全环境保障，但是多种非传统安全问题却给海上丝路建设带来了

作者简介：白宇（1973—），女，湖南省长沙市人，博士研究生，讲师，从事装备管理研究。E-mail：baiyu7371@163.com

极大挑战。同时，丝路沿线很多国家由于政局不稳，经济落后，致使海军装备建设长期处于落后状态，很多国家没有成规模的现代造船工业体系，面对自身的安全问题时往往需要借助外力。这种情况为我国和海上丝路沿线国家进行安全领域合作，尤其是在海军装备领域的合作带来了契机。如在非洲，我国向坦桑尼亚、安哥拉等国提供巡逻艇等装备，向纳米比亚提供多用途支援舰，对于完成日常巡逻警戒、海上补给、灾害救援等都发挥了积极的作用。我国的猎潜艇、火炮护卫舰等装备在非洲国家深受欢迎，能够满足护航、护渔、反走私等非战争军事行动的需求。对于一些经济实力较强、希望在技术方面进行合作的国家，我国也可以通过出售装备，附带技术转让，让双方合作水平达到一个新高度。如对尼日利亚出口近海巡逻艇，一方面配合了产油区的反海盗行动和专属经济区的巡逻行动；另一方面，通过技术合作，无疑将提高尼日利亚的造船业水平[2]。随着我国装备建设水平的提高和海上安全合作需求的增加，我国和丝路沿线国家将提升在海军装备领域的合作水平，共同抵御来自非传统领域的安全威胁。

1.3 海军装备建设和"21世纪海上丝绸之路"建设都服务于我国海洋强国战略

党的十八大提出建设海洋强国的战略，指出建设海洋强国对推动经济持续健康发展、维护国家主权及安全发展利益等具有重大意义。毋庸置疑，我国海洋战略的重要一环包括维护国家海洋领土主权，跟随国家利益来拓展我国海洋利益的范围和空间，构建一个有利于和平发展的海洋秩序和海洋环境。国家利益的需求是对海军力量建设的一个重大牵引。另一方面，"21世纪海上丝绸之路"构想是实现海洋强国战略的重要环节，它是海洋强国战略的具体实施和阶段性目标，其发展对海洋强国战略起到促进作用[3]。"21世纪海上丝绸之路"建设过程中，海军力量建设是重要一环。海军力量建设是海洋强国战略和海上丝路战略目标共同的支撑和保障，海军装备建设是二者建设过程中必然的选择。可以说，无论海军装备建设还是"21世纪海上丝绸之路"建设都是服务于我国海洋强国建设这个大战略，在这个大战略下，两者共同发展、相辅相成。

2 "21世纪海上丝绸之路"对海军装备建设的需求

"21世纪海上丝绸之路"中海上战略通道的防护，海军将处于绝对的主导地位[4]。必须建设一支强大海防力量，才能真正实现近海防卫、远海护卫的要求。为此，为维护海上丝路的安全及国际合作的需要，海军装备建设至少要满足两个层次的需求。

2.1 满足维护国家海洋权益，捍卫领土主权完整的需求

"21世纪海上丝绸之路"第一个层次的安全需求源自周边，我们在领海范围内必须捍卫国家主权及领土完整，营造一个安全的周边环境。近年来南海争端为卷入其中的国家强化海军实力提供了强大动力，对于海洋经济的依赖，也促使这些国家加快了海军现代化的进程，纷纷大力引进先进海空装备，如越南大量购置先进潜艇和战机，增加了这一地区不稳定因素。另外，区域内很多国家乐见区域外大国介入，也增加了我国安全成本。但经过20年的装备建设，我国海军已具备了充分自卫能力，甚至在第一岛链内建立了某种制海权[5]，在这一层次下装备需求除了满足自卫和近海制海权，另外就是满足岛礁防卫及海上执法的需求。

2.2 满足维护国家利益拓展，塑造有利安全环境的需求

这一层次是走出去的需求，即要满足海军多样化军事任务的需求，塑造有利的海上安全环境。海军多样化军事任务既包括战争任务，也包括非战争军事任务，其中非战争军事行动占据主导，包括显示军事存在、海上护航、联合军事演习、反恐、打击海盗、海上执法、海上救援、人道主义援助等。多样化的军事任务要求我国海军必须尽快向蓝水海军转型，需要我国海军能前出海上丝路的南端并在非洲地区和西亚地区的红海-苏伊士运河附近保持经常性海上力量的存在，维持巡航，捍卫我国海上交通线的安全，为我国的商队和石油生命线保驾护航；需要我国海军能在国际海域开展反恐行动，打击海盗，维护海洋秩序；需

要我国海军能准确及时地进行海上援助及对海上丝路沿线国家进行人道主义救援。以上这些海上非战争军事行动要求海军装备体系具有快速响应能力，包括装备本身的机动反应能力、快速投送能力以及应急机动保障能力。

3 关于"21世纪海上丝绸之路"推进过程中的海军装备建设思考

当前，我国的海军装备建设目标和方向必须要与国家安全和海外利益拓展相适应，与多样化的军事任务相适应。既要维护自身权益，又要展现负责任的大国形象，构建和谐海洋。为此，我国的装备建设应采取硬实力建设与软实力建设同步推进的策略。

3.1 军事装备硬实力建设

多样化的军事任务牵引了海军装备体系建设，虽然在"21世纪海上丝绸之路"的建设中，更多面对的是非战争军事行动，但是，海军非战争军事行动能力建设应与战争行动主体能力建设一致。同时，非战争军事行动的任务类型的多样性，又要求我们在装备功能和种类上有所拓展[6]。这些能力对海军装备建设提出了很高的要求。

3.1.1 大力发展具有远洋能力的大型装备

根据我国多样化军事任务的需求，要加快远海遂行各种任务的能力，需要提高海军远海力量作战现代化水平，不断增强远海投送能力、远海机动能力、远海合作来应对日新月异的非传统安全威胁[7]。为此，应加快适合远洋行动的大型舰艇的建设，包括航母和大型驱逐舰、护卫舰、以及大型运输机的建设，这类装备不仅具备机动性好，搭载力大，能够快速反应和前沿部署，而且用途非常广泛，既能维护地区性海洋权益，在紧急和必要情况下可以实现对某一海域的控制和封锁；又能参加全球人道主义救援和救灾行动、运送物资、撤离非作战人员等。这类装备对外震慑作用非常强，在和平时期具有应对国家危机的能力。近年来的实践表明，大型驱护舰在护航任务中发挥了重要作用，另一方面，护航任务又牵引了我国大型水面舰艇的建设。尤其是近3年来，我们加快了大型舰艇的建造速度，甚至有媒体称各类各型舰艇以"下饺子"的速度服役，加速了我国海军装备现代化进程。当前，我们应借鉴和学习海权强国的发展经验，持续增加舰船平台和武器装备的数量，并增加吨位和提高装备战斗力，以满足执行远海任务的需要[8]。另一方面，还要大力提升海上综合保障能力，发展支援能力强的装备。在缺乏足够的海外基地情况下，综合补给舰能在航行中对舰艇进行及时的保障，包括燃料、食品、弹药、物资的补给以及人员输送等，能够扩大我国远海活动范围。加大大型远洋综合补给舰和快速战斗支援舰的建设力度，能够大力提升我海上支援保障能力，为我国走向远海奠定坚实的基础。

3.1.2 大力研发和改造适应非战争军事行动特点的装备

"21世纪海上丝绸之路"的建设中非战争军事行动占有突出地位，要发展所需相应装备。一是发展提高海上态势感知能力的装备，包括侦察效能高的装备，如侦察机、预警机、无人机、侦察船等，加强情报搜集和侦察监视，同时以空基、天基系统配合，一方面可以达到近海防御的需求，加强海空情况掌控，另一方面对于海上搜救等非战争军事行动具有重要意义。二是发展灵活机动的小型近海战斗舰或护卫舰，此类舰艇具备较强的快速攻击和护卫能力，可以涵盖全部类型的行动，既可以充当近海到远海之间的过渡兵力，又完全适应缉私、缉毒、打击海盗等非战争军事任务。三是对海岸巡逻艇进行全面升级与改造，使其更加适应海上执法、搜救、近海防御、监视和封锁等任务。

3.2 军事装备软实力建设

我国在推进"21世纪海上丝绸之路"战略目标过程中，不仅需要大力发展新型装备，完善装备体系，为海上安全保驾护航，而且需要推动互利合作、共同发展，使相关国家在平等互利的基础上深化合作，因此，军事装备软实力建设不可缺少。军事装备软实力建设的一个重要体现就是进行军事装备国际合作。军事装备国际合作包括武器装备的贸易、援助以及技术交流等，是我军事外交的重要内容之一。当前，从我国军事装备建设实力来说，我国自主研制生产新一代主战装备，覆盖领域完整、保障体系全面，且很多装备具有低成本、易生产、可靠耐用等特点，深受广大发展中国家的欢迎。据斯德哥尔摩和平研究所统计，我国已成为世界第三大装备出口国。从对外需求来看，"21世纪海上丝绸之路"经济带上的国家大多是发展中国家，存在诸多安全问题，往往是传统安全问题与非传统安全问题交织在一起，威胁这些国家的稳定和发展。安全稳定不仅是这些国家赖以生存发展的基础，也是我们推进丝路战略的基础支撑。因此，中国与这些国家在装备领域交流合作有强烈的需求驱动以及利益切合点[9]。从某种意义上来说，军事装备国际合作是对外交往的"外交货币"，也是一国实现政治利益、经济利益、军事利益和战略意图的特殊手段和得力工具。军事装备国际合作不仅能够维护和巩固传统友好国家之间的关系；而且在平衡其他大国的渗透和地区军事力量方面具有重大意义。在进行军事装备国际交流合作中，我们不仅要提供对方需要的武器装备，而且应该在技术合作，提供训练方法、管理方式等方面展现我国海军的良好姿态。

此外，为丝路沿线国家提供一些公共服务产品也是装备建设软实力的具体体现。如我们积极参与远洋护航，打击海盗；打造大型医疗救护船，对相关国家和人民提供医疗救助等。我国海军的"和平方舟"号医疗船多次参与国际人道主义援助，曾对遭受台风袭击的菲律宾执行人道主义救助，既展现了我们装备建设的软实力，又体现了我们愿意在国际社会承担大国的责任，为海上通道安全和他国人民的安康福祉贡献我们的力量的意愿。

4 结束语

海军装备建设和"21世纪海上丝绸之路"具有目标同一性，共同服务于建设海洋强国战略；相互依存性，互为对方提供建设和发展提供需要。随着"21世纪海上丝绸之路"的建设发展，我们将有更多企业走出国门。国家利益的进一步拓展使得海上安全尤为重要，也为海军装备建设发展带来契机。为此，应大力加强海军装备建设以服务于我国家利益和实现海洋强国战略目标。

参考文献：

[1] 杨震,石家铸,王萍. 海权视阈下中国海洋强国战略与海军建设[J]. 长江论坛,2014(2):72-76.

[2] 新浪军事编者. 深度:非洲兄弟为啥喜欢中国造军舰[EB/OL]. http://mil.news.sina.com.cn/2015-08-10/1600836784.html, 2015-08-10/2016-08-04.

[3] 曹文振,胡阳."一带一路"战略助推中国海洋强国建设[J].理论界,2016(2):54.

[4] Kennedy S, Parker D A. Building China's "One Belt One Road" [EB/OL].http://www.csis.org/analysis/building-china's-"one-belt-one-road", 2015-04-13/2016-08-02.

[5] 刘怡."一带一路"沿线海上安全的前景[J].现代舰船,2015(7B):24.

[6] 陈雪松. 非战争军事行动与海军装备发展[J].国防科技,2014(5):24.

[7] 廖世宁."海上丝路"安全形势与利益维护[J].政工学刊,2015(10):85.

[8] 姜海格.新常态下海军装备建设的思考[J].舰船论证参考,2016(1):6.

[9] 马庆华.加强军事装备技术合作为一带一路提供安全保障[J].舰船知识,2015(8):扉页.

试论德国北极政策的特点及对我国的启示

吴雷钊[1]

（1. 国家海洋局极地考察办公室，北京 100038）

摘要：由于地理、历史和经济的原因，德国在北极科考、资源开发等领域具有一定的优势。2013年，随着北极事务升温，德国出台了《德国北极政策的基本原则：利用机遇，承担责任》的政府文件来重新评估德国在北极的利益诉求和角色定位。德国北极政策具有 4 个显著特点，即充分考虑北极的特殊性、以合作伙伴的身份参与北极事务、强调依据法律规约治理北极、支持欧盟实行积极主动的北极政策。中德双方在北极事务中具有相似的身份定位与利益诉求，应当加强协调与合作，共同致力于构建一个开放、和平、有效的北极治理秩序。同时，借鉴德国北极政策的优点并为我所用，有助于增强我国在国际北极事务中的话语权和影响力，维护我国国家利益和北极权益。

关键词：德国；欧盟；北极特殊性；合作伙伴

随着北极海冰融化的加剧，北极事务日益升温，相关国家纷纷出台各自的北极战略或政策规划。作为北极地区"最近的邻居之一"和欧盟实力最强的国家[1]，德国参与北极探险及开发的历史悠久，并且在北极科考、资源开采、海事管理等领域享有突出的技术优势和人才优势。近年来，德国十分关注北极因气候环境变化而带来的地缘政治经济影响，颁布了官方北极政策，全方位地参与北极各项事务及北极地区治理，力图把上述优势转化为参与北极治理的实际影响力，并通过与北极地区建立起"合作伙伴关系"发挥积极作用。本文结合德国政府有关北极的官方文件，试图分析德国在北极的利益诉求、政策特点及其对我国的启示。

1 德国的主要北极利益

德国是欧洲大陆最北端的国家，是欧洲大陆距离北极"最近的邻居"，也是欧盟综合实力最强的国家；由于全球气候变暖，北极冰川甚至永久冻土开始融化，世界各国相继看到了北极地区的巨大潜力，希望参与北极事务以实现本国的利益诉求。德国作为世界大国和近北极国家，在北极地区拥有环境、能源、科技及经济等诸多方面的战略利益。

1.1 环境安全利益

首先，北极冰川融化，大量的淡水流入北大西洋，聚集在海水表层的淡水会造成北大西洋暖流的回流减弱，亚欧大陆周边的洋流循环体系减慢，欧洲北部和东部以及北美地区的气候变冷，这对德国北部的温带海洋性和南部的大陆性气候带来直接影响，这种"多米诺骨牌"式的效应必将影响德国的居民生活、工农业生产等各个方面；其次，北极冰川的融化产生的淡水还会影响局部海域的盐碱度和海水密度，改变着德国北部海域附近各种海洋生物的生存环境，进而影响生物多样性，更会对德国的海洋捕捞业和渔业造成不可逆的损害；再者，全球变暖会造成海平面上升，从而危及沿海低地国家或是海拔较低地区的居民生

作者简介：吴雷钊（1983—），男，河南省南阳市人，博士，主要从事极地战略和政策的研究。E-mail：wuleizhao@caa.gov.cn。

存，德国北部地区多为易北河冲积的平原，地势低洼、人口稠密、产业聚集，也是德国重要的造船、航运和机械制造业中心；最后，全球温室效应的加剧，会使得北极地区的冰川加速融解暴露出永久冻土层，冻土层的融解又会释放出大量温室气体甲烷来加剧温室效应，形成恶性循环，德国作为近北极国家无疑将遭受最直接的影响。如德国籍联合国副秘书长阿希姆·施泰纳（Achim Steiner）所说："毫无疑问，如今气候变化问题不仅对德国，也会对全球稳定和经济、社会和环境方面的安全有着深远影响，并且这种影响将日益超出任何单个国家的掌控能力"[2]。

1.2 能源安全利益

德国先天自然资源条件优越，但是21世纪以来能源产出日趋萎缩，能源产量逐渐不能满足本国的能源消费需求。随着科技的飞速发展，氢气等清洁可再生能源成为解决世界能源问题的重大突破，但由于科技手段尚不成熟，德国大规模生产新能源存在一定阻碍。上述两个原因又进一步造成了德国对外国进口能源的高度依赖。德国的石油进口渠道主要来自挪威，挪威的石油产出主要来自于北海海域，而此地区的石油由于近年来的不断开采也逐渐显示出枯竭趋势。欧盟与俄罗斯的关系近年来因为乌克兰危机一直处于低谷，德国对从俄罗斯进口油气资源的需求受到较大影响。而据美国地质调查局（USGS）的调查评估显示，北极地区蕴藏的原油和天然气，分别占全球未探明储量的13%和30%，并且大多数油气资源都分布于距海岸线200海里的浅海海域。德国如果能够参与北极地区的开发，不仅有助于解决德国的能源问题，同时也有利于德国的经济稳定与政治地位的提升。

1.3 经济利益

北极航线通常分为东北航道、西北航道和中央航道。全球变暖趋势的加剧导致北极地区的冰川和冰盖持续融化，这使得夏季北极航线的全线开通成为了可能，并且通航期还可能较之前有所延长。

因此，北极的气候变化以及对其的开发不仅给德国的国家安全带来了的重大挑战，也给德国的经济发展带来了巨大的机遇。首先，夏季北极航线的全线开通，会极大有利于德国的海运发展。据调查显示，现在从德国汉堡港口到中、日、韩三国一般是采用途经巴拿马运河或苏伊士运河的航线，全程约1万~1.3万海里，若采用北极航线，从德国汉堡到中国上海的航程将至少缩短6 680千米，这不仅大大降低了海运的运输成本，还缩短了贸易时间，使德国的海运和海上贸易获取了更为高效的海运循环。事实上，德国也是北极航道利用的先行者。2009年7月，德国货船"布鲁格有爱"号和"布鲁格远见"号在韩国装载重型机械配件之后一路北上，最终于9月下旬顺利抵达荷兰的鹿特丹港，成为首次成功商业通行东北航道的国际商船，这比传统经行苏伊士运河的航线行程缩短了7 400千米。其次，北极航道的开辟可以刺激德国造船业的发展，研发更加先进的破冰船只，造船业的发展不仅可以带动海上运输，而且可以带动经济增长，吸纳更多的产业以及技术工人，提高德国的就业率。最后，由于世界的海运还没有形成一个真正意义上的国际海运枢纽中心，如果一旦北极航道成为航运主力，那么在航道周边的国家、海港将会有很大的优势，而德国汉堡有望取代英国伦敦成为其中的重要枢纽。

1.4 战略安全利益

近年来，围绕北极的领土归属、资源开发和航道控制权的竞争逐渐升温。自克里米亚事件以来，俄罗斯加紧了在北极的军事部署和外交活动。2015年3月，为纪念收复克里米亚，俄罗斯总统普京下令对北方舰队、西部军区部队、空降部队进行突击战备检查，以检验其保卫俄罗斯及北极地区军事安全的能力。俄罗斯战略空军、核潜艇部队加大了在北极圈上空、波罗的海的巡航频率。2015年8月初，俄罗斯向联合国递交申请，要求将120万平方千米的北极大陆架划入俄罗斯。俄罗斯的行动无疑刺激了北极周边国家的安全神经，挪威、加拿大、芬兰等国家为此纷纷加大了对北极方向的安全投入和军事准备，北极地区的"安全困境"呈现进一步加深的态势。

虽然德国并非北极国家，也不与任何国家存在北极领土争端，但由于德国与挪威密切的能源关系、德国与美国的特殊伙伴关系，以及德国与诸多同属于北约的北极国家有条约义务，德国也日益对"北极地区的军事化"势头表示关注。特别是在美国全面重返亚太之后，德国等北约国家更加深刻地感到必须依靠自身力量来抵御来自俄罗斯的可能威胁。在《2006年国防白皮书》中，德国就已表明确保自由航运和海上贸易航线安全对本国经济安全至关重要[3]。对德国而言，努力避免北极卷入大国政治斗争，使北极地区与其他地缘政治冲突隔绝开来，维护北极的和平与稳定符合其战略安全利益。如果能化解"北极安全困境"，这不仅有益于德国与所有北极国家的建设性接触，也有助于德国以较低的成本追求其在北极潜在的、巨大的经济利益。德国认为，囊括所有北极国家的北约可以为解决北极安全事务提供合适的多边论坛，并且可以加入北极安全部队圆桌会议（the Arctic Security Forces Roundtable，ASFR）等其他安全机制。作为该机制的观察员国，德国具有天然的身份优势，也是可以发挥自身影响力的有效媒介。

1.5 北极治理的权益

从德国的视角来看，北极域外国家参与开发北极自然资源，需要依靠相关的国际法等国际规制支撑。这些国际规制包括制定高标准的环保制度、应对突发性环境污染的国际合作制度，以及破坏环境问责制度。因此，德国承诺始终遵守并号召继续施行《联合国海洋法公约》、《国际防止船舶造成污染公约》、《保护东北大西洋海洋环境公约》等涉北极的国际法文件[4]。德国具有高度发达的工业体系和技术研发能力，也是一些重要国际组织和国际条约的成员国。德国希望利用其在国际制度的成熟经验和人才优势，推动北极地区在现有国际法的基础上形成完善的地区规范和管理准则，特别是在渔业管理、航运及搜救、应对北极原油泄露、保护生物机制乃至维护地区安全等领域。德国把这种制度能力视为其参与北极治理的重要软实力，其最终目的既是为了帮助德国实现在北极科学研究、资源开发、航道利用、贸易等领域的现实利益，也是为了推动北极治理机制的完善[5]。例如，2013年5月北极理事会通过了具有法律约束力的《北极地区海上溢油污染事故防备和应对合作协定》，标志着北极理事会的建章立制开始从"软法"走向"硬法"，将对北极治理格局产生重大影响。为了树立德国友好、顺从、负责的国际形象，赢得北极理事会成员国对德国的好感，德国成为第一个以实际行动支持该协议的北极域外国家，并主动在北极理事会框架内开展海洋污染防治的技术合作，积极参与北极理事会下设的北极海洋环境保护（PAME）、北极动植物保护（CAFF）等工作组的研究项目，被公认在北极科考、海洋科技、环境标准领域拥有高度专业化的知识，具备了将科技优势转化为北极治理话语权优势的能力。

2 德国北极政策的主要内容及特点

德国北极政策的重点是充分考虑北极地区的特殊性，优先关注北极地区的环境保护和生物多样性的维持，保持北极国家和国家社会利益的平衡，尊重原住民在北极地区的利益，帮助促进北极地区经济可持续发展。德国确定了欧盟和跨大西洋伙伴关系是其对外政策的两大支柱，德国支持欧盟积极参与北极事务，建议在北极安全层面积极发挥北约的作用，强调在北极地区制定统一国际性法规政策体系以及以一种谨慎的方式开发北极资源的必要性。

需要特别指出的是，德国北极政策突出强调了以合作伙伴身份参与北极事务，这既是基于德国的参与北极事务的现实需求做出的身份定位，也与德国一贯的外交理念和政策主张密切相关。2012年，德国外交部发布《德国政府的构想——塑造全球化，扩大伙伴关系，分担责任》，指出德国将努力在国际事务中成为勇于承担责任的、值得信赖的伙伴和盟友。德国将继续深化与欧洲和跨大西洋伙伴间充满互信的紧密联系，在此基础上建立新的伙伴关系，并在合法、有效的国际机构下，在全球范围内推行基于规则和多边主义的秩序政策[6]。

2.1 充分考虑北极的特殊性

北极政策的制定涉及到环境、经济、科研及安全等各方面，德国认为应当充分考虑北极地区的特殊性，体现在以下3个方面：

首先，优先关注北极生态系统的敏感性。德国认为，北极环境对全球环境保护十分重要，建立自然保护区以维持生物多样性极有必要。北极地区深受气候变化的影响，北极区域的变暖速度是地球其他区域平均水平的两倍。如今，北半球的大气环流系统已经有所改变，北欧的气候已受到影响。北冰洋海冰减少，格陵兰冰川覆盖降低以及北极区域永冻层解冻都将对全球气候和生态变化造成不可估量的影响。伴随着全球变暖的趋势，储存在北极永冻土中的温室气体，尤其是甲烷将被释放出来，从而进一步加剧气候变暖的态势。气候变暖给北极带来经济机遇的同时，也带来了巨大的风险。北极自然资源的开发和航道的利用将给原居民的环境及健康带来威胁，外来物种的引进以及航运重油燃烧所带来的大量的烟尘也会产生一系列问题。

其次，充分考虑北极特殊的地域性。俄罗斯、美国、加拿大、丹麦、挪威、芬兰、瑞典、冰岛在北极圈内有领土或海域分布，为国际公认的北极国家。德国认同北极国家在北极事务中的特殊地位，充分尊重北极国家的主权、主权权利和管辖权，同时主张北极地区的和平使用，强调保持区域利益和国际利益的平衡。依据《联合国海洋法公约》，北极国家具有规划和批准该领域海洋研究的权利，并在一定条件下可以申请将其主权权利继续向外扩张 200 海里以上，这也意味着北极域外国家在北冰洋的科学考察和研究将会受到限制。北极国家的利益重叠点可能会引发其对于主权权利、海域使用权以及海洋资源的地缘性争夺，进而威胁北极地区的经济发展、生态保护和安全稳定，并影响整个欧洲的安全利益。德国主张北极地区争端在已有法律框架下得到和平解决。

最后，充分尊重北极原居民的权益。全球变暖显著影响着北极原居民的生存环境、谋生方式和文化传承，德国主张国际社会应该保护原居民决定在自己家园进行自由生活的权利。由于北极经济开发区域多在原居民居留地，考虑到这种联系，德国尊重当地居民对领土及其管辖权的声明，确保他们能够共享北极经济发展的红利，逐渐适应生活环境的变化。

2.2 以合作伙伴身份参与北极事务

首先，德国主张通过合作来应对北极的机遇和挑战。德国强调自己作为在科研、技术以及环境标准等方面有着优秀专业知识的合作伙伴，有能力为北极地区的社会经济可持续发展做出积极贡献，并且已准备好与北极国家在海洋资源利用、极地技术研发和制造等领域开展经济合作。德国曾发起召开了 3 次涉及北极事务的国际会议，分别为 2009 年与挪威和丹麦的合作、2011 年与芬兰的合作、2013 年和挪威的合作，以此推进德国与北欧国家在北极事务中的沟通、协调与务实合作。

此外，德国是《斯瓦巴尔条约》的缔约国，同时也是北极理事会永久观察员国。德国通过设立在波茨坦的国际北极科学委员会（IASC）秘书处协助北极研究各领域的国际合作。德国愿意就改善北极科研条件、联合开发科研成果等方面贡献力量，同时希望以较高的环境和生态标准，打造一个负责任的、独立的国际极地科学研究网络。

其次，德国愿意就北极事务进行双边合作。德国与北极理事会的各国保持友好的双边关系，并对涉及北极地区政策的议题抱有浓厚兴趣。德国正在努力与北极 8 国以及中国、日本、英国、法国等重要北极域外国家，就欧洲安全和经济政策、北极政策等问题实现定期磋商，借此讨论双方共同关心的环境与经济开发问题，并推动在北极地区的基础设施建设。

最后，德国支持北极问题的多边合作，特别是在北极理事会中的多边合作。德国认为，北极理事会是目前唯一的北极区域论坛和高规格政府决策论坛，认可北冰洋沿岸国家在北极理事会中的特殊地位，德国将努力强化在北极理事会中所扮演的观察员角色，同时希望，依据观察员自身在北极治理中的综合贡献，适当扩大其在理事会中的参与权。德国也支持欧洲—北极巴伦支理事会作为处理和深化巴伦支海北极问题，特别是在环境保护、地区合作、紧急救助等领域的框架性角色。同时，德国认为北约可以为解决北极安全问题提供一个良好的多边合作平台。同时，还应建立其他安全机制对北约进行补充[7]。

2.3 强调依据国际法律规约治理北极

德国主张以国际环境保护为己任，以预防性原则为准则，坚持生态兼容性，用最高的环境标准谨慎对北极地区进行可持续开发。德国认为，非常有必要尽快制定涉及北极自然资源勘探与开采的相关法律法规，包括环境标准的制定、多边性环境保护方案、环境破坏及其赔偿责任等。国际社会必须为北冰洋制定一个具有约束力的灾害管理机制，作为早期预警系统来预防和消除灾害。德国支持对特定生态领域进行识别，并建立一个具有代表性和关联性的海洋保护区网络，以维持和保护北极地区生物多样性。

德国认为现有涉及北极的国际条约、公约和协定，如《联合国海洋法公约》、《防止船舶污染国际公约》和以保护北大西洋海洋环境为目的的区域性公约《奥斯巴公约》等构成了国际北极治理的基本规范，同时认为有必要在北极地区建立统一的国际法律规范体系。但德国同时主张在严格环境法规约束下建设自由、安全、和平的北极航运通道，确保北极航道的通行权利受到国际法的保护。这是因为确保海上贸易和运输航线安全是近年来德国安全与防务政策的重要内容。由于德国的原材料进口和商品出口严重依赖自由且安全的洲际海运贸易路线，因此在未来几年，德国的安全策略将更侧重于确保能源运输和安全保障。对贸易路线和能源基础设施的保护需要有军事和全球战略的视野。北冰洋航道没有传统海运通道的船舶拥挤、海盗、台风等安全风险，为德国提供了一条新的海运安全通道。德国作为北极理事会永久观察员国，积极发挥科技装备优势，与北极国家共同参与北极地区海空搜救合作[8]。

2.4 支持欧盟实行积极主动的北极政策

欧盟是北极国家最大的经贸与安全合作伙伴。德国与欧盟在北极地区的利益诉求基本一致，因此，德国支持欧盟在北极事务中扮演积极的角色，采取多边+双边的外交方式，积极推动欧盟与德国共同参与北极治理，从而进一步稳固德国在北极地区的发言权。为了保证欧盟对北极问题的持续关注及其北极政策的连贯性，德国利用自身事实上的"欧盟领导者"的地位，不断促使欧盟在北极问题上形成共同的外交与安全政策，在欧盟的环境保护、极地科研、能源和原材料、海运贸易、远洋渔业等领域中，不断抬升北极的重要性，使得欧盟将北极政策纳入到长远战略规划之中。德国尤其支持欧盟通过其在制定多边合作公约中所积累的经验共享、国际安全协调推动、持久广泛的互信措施的建立等方法参与北极理事会的工作。德国支持欧洲投资银行积极对北极进行投资，特别是在能源、环境、运输和科研基础设施等领域的投资。

欧盟已向北极理事会提交了希望成为观察员的申请。在过去的10年中，欧盟为北极科研活动提供了20亿欧元的资金。由于地理位置和政治联系上的优势，芬兰、丹麦、瑞典这三个北极理事会的成员也是欧盟的成员国，随着冰岛加入欧盟的步伐不断加快，一半的北极理事会成员国也将成为欧盟成员国，此外，德国、意大利、英国、法国也是北极理事会的观察员国，欧盟已经完成了加入北极理事会的舆论准备。除此之外，挪威与欧盟还达成了挪威参与欧盟军事危机管理的协议，加拿大、美国和俄罗斯是欧盟的战略伙伴。欧盟可以通过共享构建多边公约的成功经验、推动国际安全协调、建立持久广泛的互信措施等方式来支持北极理事会的工作，凸显欧盟在北极事务中保护环境、提供公共产品的作用，加强北极国家在北极治理中对欧盟的依赖[9]。欧盟拥有的这些国际制度资源同样也可被德国所用。

总而言之，德国的北极政策尚处于不断调整变化之中，总的特点是由谨慎走向积极、由特定领域走向全面接触、由笼统政策框架走向具体措施落实。在这个过程中，德国一方面多次申明尊重北极核心国家的主权利益，尽量避免过于强调战略意图而招致不必要的怀疑和猜忌；另一方面还重视发展与其他观察员国的关系，以推动北极合作与稳定，并参与北极治理的过程中最大限度地利用德国的技术、知识和地缘优势，以充分发挥德国的国际影响力，提升德国的国际地位，有效维护其北极权益和国家利益。

3 对我国的启示

北极现行治理结构和法律框架为我国参与北极事务提供了很好的机遇，也为维护北极权益提供了基本依据和制度空间。我国成为北极理事会正式观察员，越来越多的国家承认我国为"北极利益攸关方"，希望借重我国的资金、技术和人力开发利用北极，对我国参与北极事务的态度趋于开放、积极，主动提出北极科研、航运、能源方面的合作建议，并期待中国在北极事务方面做出更多贡献。作为《联合国海洋法公约》和《斯瓦尔巴条约》的缔约国，我国有权在北极相关海域航行、科研和从事资源勘探开发活动，并在斯匹次卑尔根群岛区域享有自由进出、平等从事海洋、工业、采矿和商业活动的权利。

与此同时，我国参与北极事务也面临挑战和掣肘，主要表现在：第一，作为正在崛起中的域外大国，我国北极活动备受关注，随着我国影响力和极地活动能力的加强，外界对我国参与北极事务心怀疑虑，担心我国挑战北极国家主导权，甚至怀疑我国要"掠夺"北极资源、破坏北极环境、对北极有军事企图等，"北极中国威胁论"不时泛起。第二，北极自然条件恶劣、生态环境脆弱、环保标准高、基础设施和后勤保障不完善，当地土著人组织对参与开发者有较高期待，开发利用前期投入和风险较大，这些对我国开展极地活动的人员、设备、技术和保障均提出较高要求。第三，我国内部准备工作不足，突出表现为：我国尚无北极战略或系统的北极政策，不利于协调推进各领域的北极工作；我国国内对北极治理、北极开发利用等政策、法律及技术层面的研究和准备工作较为初步，缺乏战略性、全局性和系统性；我国成为北极理事会正式观察员后，在人员和经费等方面的投入和保障还不能满足需要，对我国深入参与北极事务造成掣肘[10]。

从以上对德国北极政策的分析中可以发现，德国在参与北极事务方面基本以明晰本国利益为前提，以加强科学考察为基础，以增强与北极国家的外交合作为抓手，利用并拓宽北极参与渠道，同时对我国的北极动态予以关注。作为日益崛起的大国，我国近年来更为积极、主动地参与全球治理。随着北极治理对中国参与需求的增长，我国在北极事务中主要表现为参与意愿的增强、参与能力的提升和参与领域的扩展[11]。但在当前，我国参与北极事务的进程尚处初级阶段，参与环境也是喜忧参半、利弊并存。因此，我国在关注德国等重要北极域外国家动态，做到"知己知彼"的同时，更应该从中汲取经验以起到"他山之石"的作用。

第一，中国应明确自己的北极利益，尽快发布官方北极政策文件。中国的北极利益包括气候环境、能源开发、航道利用以及安全等，基本与其他域外国家无异。但与英、德、韩、日等制定并公布本国的北极政策相比，中国北极官方文件的缺失成为国外误读中国北极立场的重要原因[12]。中国政府官员虽然在不同场合对中国参与北极有过表述：2009年6月，时任外交部部长助理胡正跃在出席由挪威政府主办的"北极研究之旅"高级论坛活动，就中国对北极事务的看法作报告，全面介绍了中国的北极科研活动，中国对北极法律制度和推动北极合作的看法，得到各方积极反应[13]；2015年10月，外交部部长王毅在大会开幕式上发表视频致辞，首次提出中国参与北极事务秉持尊重、合作和共赢的三大政策理念[14]。但这些零散的、极富外交辞令色彩的言语既不能成为中国参与北极事务的战略指导，也不能被国际社会所重视和认可。因此，中国应适当修正"内敛韬晦"的政治传统，适时发布官方的北极政策文件，进一步明确我国合作、和平等参与北极事务的基本立场、基本主张、基本政策，对内可为涉北极工作提供正确指引，对各相关单位统筹协调开展北极事务具有重要意义，对外有助于增加我国的政策透明度，妥善向国际社会澄清立场、增信释疑。针对"中国北极威胁论"，加大正面宣传，理性客观地传递"中国北极声音"，强调我国在北极科研及环保等领域所作贡献，引导国际社会对我国的北极政策认识从"利益导向"转为"贡献导向"，为我国深入参与北极事务营造有利的国际舆论环境。

第二，加强包括自然科学和社会科学在内的北极研究。以科学研究为核心的知识能力在我国未来参与北极治理中具有关键性的意义和价值。科学考察和研究活动既属于易于被北极国家接受的低敏感领域，也是我国参与北极治理、贡献知识和价值的必要基础性支撑。截至目前，我国已先后在1999年、2003年、2008年、2010年、2012年、2014年和2016年，利用"雪龙"号科学考察船组织了7次北冰洋科考，并于2004年7月在斯瓦尔巴群岛的新奥尔松地区建成了黄河站，基本形成了"一船一站"北极考察运行模式。近年来，中国对北极科考的支持力度不断加强，在《国家海洋事业发展"十二五"规划》中明确提出要深化极地科学考察，加快极地考察能力建设；新一代破冰船也有望在2017—2018年投入使用。但现阶段，我国北极科学研究主要集中在北极气候变化对东亚气候和中国气候的影响研究，北冰洋海—冰—气相互作用过程研究以及北极日地物理、生态、冰川变化长期观测与研究等三大方面，与德国等国相比，对北极航道、北极渔业、北极开发技术等应用科学领域的研究深度和支持力度不足，这可能使我国在开发利用北极的进程中处于落后地位并陷于被动。此外，北极地区的进一步开发和利用还将涉及国际法、国际关系、社会学、人类学等人文社会科学领域，国内对北极地区相关问题的关注和研究才刚刚起步，我国应当加快开展北极战略、政策、政治、经济、法律、文化等方面的系统性研究，在此基础上抓紧制定国家层面的北极政策和战略规划，为国家参与北极治理提供有效的智力支撑。

第三，中国宜以合作伙伴的身份参与北极事务。中国以合作伙伴身份参与北极事务符合中国对外政策主张和现实情况，中国自20世纪90年代开始对外建立伙伴关系，构建伙伴关系是中国外交的一个特色。2014年11月28日，习近平主席在中央外事工作会议中指出，要在坚持不结盟原则的前提下广交朋友，形成遍布全球的伙伴关系网络。截至目前，中国已同67个国家、5个地区或区域组织建立了72对不同形式、不同程度的伙伴关系，基本覆盖了世界上主要国家和重要地区，全球伙伴关系网络基本成形。

在北极理事会中，已有12个国家行为体与中国建立了各种形式的伙伴关系（表1）。北极8国中的冰岛、芬兰、挪威虽然没有和中国建立伙伴关系，但是中冰和中芬在北极事务上开展了富有成效的合作；中挪关系虽然由于2010年的刘晓波诺贝尔和平奖事件陷入低谷，但鉴于挪方在应对气候变化、反恐、经贸等议题对我国需求较大，挪威现任政府多次表示愿意缓和我国关系，同时希望中国在北极科学考察以及北极事务的双边、多边、全球层面发挥建设作用。

第四，中国应加强与各方在北极事务上的务实合作。北极地区大部分资源都分布在主权国家管辖范围内，现在和未来中国参与北极资源的开发和利用都需要和相关国家保持良好的合作关系。我国参与北极事务离不开有关各方，尤其是北极国家的支持和理解。在北极事务上首先要夯实与北极国家的双边政治对话机制，并利用中美、中俄、中加、中冰等双边战略对话机制，扩大务实合作，增加相互信任，特别是要深化与冰岛、丹麦等传统友好国家在北极特定领域和研究项目上的合作，通过务实有效的"话语互动"逐步赢得北极国家的"身份认可"[11]。同时，应与日本、韩国、德国、英国等重要域外国家加强合作与协调，寻求共同利益，"择伴而行"，积极与各方进行沟通、交换意见、协调政策[15]。一些北极国家有着较高的冰区技术，例如冰岛的地热利用技术、芬兰的冰级船舶建造技术、挪威的冰区油气开发技术以及德国的机械设备研发和制造技术等，中国应加强与相关国家的合作。总之，在"近北极国家"[16]和"北极利益攸关方"[17]的身份定位之外，中国还可强调自身在北极治理中的"合作伙伴身份"，最大限度地争取对我国有利的国际环境以及与北极资源开发利用相关的商业利益[18]。

第五，重视北极治理的制度构建和完善。目前尚无专门适用于整个北极地区的综合性国际条约，然而有许多国际条约如《联合国海洋法公约》、《斯匹卑尔根群岛条约》等都在一定范围适用于北极地区。北极理事会通过的《北极海空搜救合作协定》、《北极海洋油污预防与反应合作协定》是专门适用于北极地区具有法律约束力的条约。北极理事会发布的《北极海上油气活动指南》、国际海事组织发布的《极地海域船舶航行规则》等"软法"对于规范北极相关事务具有重要意义。在全球层面还有许多条约同样适用于北极地区。我国应当积极参与诸如北极生物多样性维护、基于生态系统的管理、持久性有机污染物的防制、国际海运环境标准与海事安全标准的制定及可再生能源产业等领域的治理规则制定和议题设置，同时在全球气候变化、航道利用、原居民权益维护等国际社会共同关注的议题上为北极地区可持续发展提供知识、资金、技术等公共产品和服务，进一步提升我国在北极事务中的话语权和影响力，最大限度地维护和拓展北极权益。

表1 与中国建立伙伴关系的北极理事会成员国和观察员国

各国与中国建立的伙伴关系名称	国家
全面战略协作伙伴	俄罗斯
全面战略伙伴	丹麦、波兰、意大利、法国、西班牙、英国、
全方位战略伙伴	德国
战略合作伙伴	韩国、印度
战略伙伴	加拿大
全方位合作伙伴	新加坡
全面合作伙伴	荷兰

注：俄罗斯、丹麦、加拿大为北极理事会成员国，其余10个国家均为北极理事会观察员国。

参考文献：

[1] Alyson J,Bailes K. The Arctic's Nearest Neighbor? An evaluation of Germany's 2013 Arctic Policy Document[M]. The Arctic Yearbook, 2014：203-214.

[2] Achim Steiner. UNEP Chief Addresses UN Security Council Debate on Climate Change and Security[EB/OL]. http://www. Unep. org/newscentre/Default. aspx? DocumentID = 2646&ArticleID = 8817&l = en,2016-03-30.

[3] Federal Ministry of Defence. White Paper 2006-on GermanSecurity Policy and the Future of the Bundeswehr[EB/OL]. http://merln. ndu. edu/whitepapers/Germany_White_Paper_2006. pdf, 2012-11-25.

[4] 肖洋. 德国北极战略及其外交实践[J]. 当代世界. 2014, 568(11):68-71.

[5] Young O R. Informal Governance Mechanisms：Listening to the Voices of non-Arctic States in Arctic Ocean Governance[M]. Seoul：Korea Maritime Institute,2013：275-303.

[6] Leitlinien Deutscher. Arktispolitik-Verantwortung ubernehmen, Chancen nutzen[EB/OL]. www. auswaertiges-amt. de,2016-04-08.

[7] Globalisierung gestalten-Partner schaften ausbauen-Verantwortung teilen[EB/OL]. www. auswaertiges-amt. de,2016-04-06/2016-06-01.

[8] Arctic Council. Agreement on Cooperation on Aeronautical and Maritime Search and Rescue in the Arctic[EB/OL]. https://oaarchive. arctic-council. org/handle/11374/531, 2015-04-12.

[9] 杨剑. 北极航道：欧盟的政策目标和外交实践[J]. 太平洋学报, 2013(3):40-46.

[10] 吴军,吴雷钊. 中国北极海域权益分析-以国际海洋法为基点的考量[J]. 武汉大学学报(哲学社会科学版),2014(5):51-55.

[11] 孙凯. 参与实践、话语互动与身份承认——理解中国参与北极事务的进程[J]. 世界经济与政治, 2014(7):42-62.

[12] Sun Kai. Beyond the Dragon and the Panda：Understanding China's Engagement in the Arctic[J]. Asia Policy,2014,18：46-51.

[13] 胡正跃. 中国对北极事务的看法——外交部胡正跃部长助理在"北极研究之旅"活动上的报告[J]. 世界知识,2009(15):54-55.

[14] 王毅部长在第三届北极圈论坛大会开幕式上的视频致辞[EB/OL]. http://www. fmprc. gov. cn/web/wjbz_673089/zyjh_673099/t1306854. shtml,2015-10-17.

[15] 王昱祺. 首轮中日韩三国北极事务高级别对话在首尔举行[EB/OL]. http://world. people. com. cn/n1/2016/0428/c1002-28312509. html,2016-04-28/2016-06-01.

[16] Stockholm International Peace Research Institute,China defines itself as a "near-Arctic sate"[EB/OL]. http://www. sipri. org/media/pressreleases/arcticchinapr,2012-05-10/2016-06-01.

[17] Malte Humpert, Andreas Raspotnik. From"Great Wall" to "Great White North"：Explaining China's politics in the Arctic[EB/OL]. http://europeangeostrategy. ideasoneurope. eu/file? 08/Long-Post_2. pdf,2012-08-17/2016-06-15.

[18] 王新和. 国家利益视角下的中国北极身份[J]. 太平洋学报,2013(5):81-89.

中国—东盟经济合作的未来空间拓展

——基于"21世纪海上丝绸之路"战略倡议的分析

文艳[1]，倪国江[1]

（1. 中国海洋大学 海洋发展研究院，山东 青岛 266003）

摘要： 中国积极倡导的"21世纪海上丝绸之路"战略已开始启动实施，为深化中国与东盟经济合作提供了重要的战略机遇，但由于历史和现实问题纠葛，决定了双边合作前景广阔，道路曲折。东盟作为"21世纪海上丝绸之路"战略实施的核心区域，关系双边经济合作可持续发展，关系战略整体实施效果，必须加强合作机制建设并加以充分利用，推动双边重点经济领域深化合作，以经济互惠互利、合作共赢促进双边命运共同体建设。

关键词： 21世纪海上丝绸之路；中国；东盟；经济合作

1 引言

东盟作为中国最主要的经贸伙伴之一，因双方日趋密切的地缘政经关系，而蕴含着难以估量的经济合作发展潜力。但也正因为地缘关系带来的历史问题和现实利益纠葛，使中国和东盟之间的经济合作关系兼具前景美好和道路坎坷的特征。在21世纪全球经济增长格局中，中国和东盟同居重要地位，双方合作有利于促进共同发展，加快这一区域经济一体化建设进程，成为拉动全球经济前行的重要双引擎。随着以中国倡导的"21世纪海上丝绸之路"区域经济合作战略的推进，立足当前中国和东盟经济合作良好局面，紧抓机遇，直面挑战，推动双方合作机制建设，积极拓展双方经济合作领域，以经济合作带动区域一体化发展，应是中国和东盟构建面向21世纪新型地缘命运共同体的战略选择。

2 中国—东盟经济合作现状

改革开放至今，中国经济长期高速增长，商品和资源对外依赖度同步加大，区域经济发展一体化快速推进。因紧密的地缘关系和产业高度互补性，东盟成为中国最主要的经贸伙伴之一，在经济领域形成了相互依存的合作关系，且随着双方经济渗透的不断增强，彼此依存度不断提升，区域命运共同体建设稳步发展。

2.1 经济合作机制趋于完善

适应中国与东盟经济发展的共同需求，20世纪90年代后，中国—东盟经济合作机制建设迅速推进。中国与东盟对话关系始于1991年，1996年中国成为东盟的全面对话伙伴国。2002年11月，中国与东盟签署《中国—东盟全面经济合作框架协议》，开始启动中国—东盟自贸区（CAFTA）建设。2010年1月，中国—东盟自贸区全面建成。2015年底，又正式签署中国—东盟自贸区升级谈判成果文件——《中华人民共和国与东南亚国家联盟关于修订<中国—东盟全面经济合作框架协议>及项下部分协议的议定书》，从而为促进双边经济合作发展、加快建设更为紧密的中国—东盟命运共同体以及推动实现2020年双边贸易

作者简介： 文艳（1968—），女，山东省济南市人，讲师，主要从事海洋发展研究。E-mail：hyfyjy@ouc.edu.cn

额达到 1 万亿美元的目标，提供了更有力的机制保障。中国—东盟自贸区升级谈判的成功，也为推进《区域全面经济伙伴关系协定》（RCEP）谈判和亚太自由贸易区（FTAAP）的建设进程打下了重要基础。

2.2　贸易额快速增长

2010 年中国—东盟自贸区建成，为双方贸易增长提供了重要动力。中国与东盟双边贸易从 2002 年的 548 亿美元增长至 2014 年的 4 804 亿美元，增长了近 8 倍。目前，中国已是东盟第一大贸易伙伴，东盟则成为中国第三大贸易伙伴、第四大出口市场和第二大进口来源地。马来西亚、越南、新加坡是中国在东盟的前三大贸易伙伴，缅甸、越南、菲律宾则是中国—东盟贸易增速最快的 3 个国家[1]。东盟出口中国的产品以机电产品、集成电路、自动数据处理设备的零件、农产品、初级形状的塑料、煤及褐煤、成品油、天然橡胶等为主，中国出口东盟产品包括机电产品、集成电路、电话机、传统劳动密集型产品、纺织服装、钢材、农产品、成品油、铝材等。

2.3　双向投资额不断扩大

中国与东盟国家双向投资额从 2003 年的 33.7 亿美元增长至 2014 年的 124 亿美元，增长了近 3 倍。到 2014 年底，中国和东盟累计双向投资额超过了 1 300 亿美元，其中东盟国家对中国投资超过 900 亿美元。中国对东盟国家投资排名前五位的依次是新加坡、印尼、老挝、柬埔寨、越南。中国—东盟自贸区升级版建设的推进，为进一步扩大双向投资提供了有力的机制保障。预期到 2020 年，双向投资额将实现新增 1 500 亿美元的目标。

3　中国—东盟经济合作的机遇和挑战

"21 世纪海上丝绸之路"（简称"新丝路战略"）是中国倡议的"一带一路"区域经济合作战略的两大核心组成部分之一（另一为"丝绸之路经济带"），与发端于中国途经东南亚、南亚、西亚、东非的古代"海上丝绸之路"一脉相承，是基于中国和沿路国家经济发展需求而提出的面向 21 世纪的互惠互利、共赢发展跨国战略行动，其为强化区域经济合作、推进区域命运共同体建设提供了重大机遇，同时在实施中将面临历史问题和现实利益的严峻挑战。

3.1　"新丝路战略"带来的新机遇

3.1.1　顺应了区域经济一体化发展大势

区域经济一体化是当前全球经济格局发展大势，中国和东盟作为全球经济增长的重要引擎，是区域经济一体化的中坚力量，但也面临不少新老问题。中国和东盟的区域一体化水平与欧洲、北美相比还有不小的差距，特别是区域内发展不平衡，联系不紧密，交通基础设施或者不联不通，或者联而不通，或者通而不畅，对深化区域一体化发展构成了不少的障碍。此外，中国与东盟国家都处于经济转型升级的关键阶段，要适应经济变化和保持经济可持续增长，避免踏入"中等收入陷阱"，压力前所未有[2]。"新丝路战略"的提出，顺应了区域经济一体化发展大势，能够在区域经济一体化中起到穿针引线、提纲挈领的关键作用。以"新丝路战略"为指针，推动中国和东盟经济发展沿着一体化的轨道前行，将为实现域内国家经济转型升级和同步发展提供根本保障。

3.1.2　为强化中国—东盟经济合作提供了战略平台

中国与东盟经济合作前景广阔，道路曲折，需要有一个共有的战略平台，将域内国家利益诉求紧密融合，突破历史和现实问题约束，实现最大程度共赢发展。"新丝路战略"的提出和实施，较好满足了中国与东盟经济合作的战略平台需求。中国与东盟域内，中国经济实力最强，国家规模最大，具有带动邻国共同发展的责任和能力。在中国倡导的"新丝路战略"框架下，中国和东盟共同拟定区域经济发展大计，推动在基础设施建设、经贸合作、产业投资、金融合作、人文交流以及海上合作等多方面的互动发展，将充分激发域内各国优势，加速域内国家经济整合，合力建设更为紧密的命运共同体伙伴关系。

3.1.3 有助于更大范围的拓展经济合作空间

"新丝路战略"途径各国的地理区位、经济发展基础、禀赋条件、社会文化环境存在着较大差异，各国在产业发展和同一产业的不同流程方面的比较优势各不相同。"新丝路战略"实施能够打破一些国家或者经济体内部的封闭式产业发展和低水平产业发展循环，推动各国之间的产业分工，促进沿路各国之间的产业分工体系的形成，同时也促进各国在同一产业链条中的产业内分工[3]。而各国之间产业分工体系的形成与产业内分工程度的提高，为与更多国家之间的区域内贸易及产业内贸易的提升提供了更好条件，必将推动以要素流动为基础的贸易和投资的快速发展，进一步拓展包括东盟国家在内的沿路国家的国际经济合作空间。

3.2 存在巨大挑战

3.2.1 东盟对中国倡导的"新丝路战略"存在认识误区

东盟是"新丝路战略"实施的核心区域，也是多年中国致力于构建良好周边环境的重心。但是，东盟一些国家却对"新丝路战略"存在一定程度担忧。他们的疑虑主要源于两方面：一是担忧东盟在东亚一体化进程中的主导地位，担心中国因推动"新丝路战略"增长了经济影响力，使中国可能取代东盟成为东亚合作的主导国；二是担心中国影响力的扩张可能排挤其他大国尤其是美国的力量，从而破坏东南亚地区势力均衡，使东盟失去在大国之间纵横捭阖的战略空间。

3.2.2 中国与东盟相关国家海洋主权纠纷尖锐

目前东盟多数国家已经开始对接"新丝路战略"，但越南方面进展较慢，问题在于中越间的海上主权争端。鉴于中越之间的海上矛盾，如果海上争端引起的紧张持续不绝，越南很可能成为"新丝路战略""缺失的一环"。菲律宾问题更为严重，自2012年中国控制南海上存在主权争议的黄岩岛以来，其与中国一直不和，并后来决定向国际法庭对中国提起诉讼，加上域外美国、日本的掺和搅局，令中菲两国关系异常紧张，很多菲律宾人认为中国在其他东南亚国家投资时会将其排除在外。中国与菲律宾、越南等国在安全关系、政治关系、战略关系上的紧张，对互信合作关系形成一定冲击，影响区域经济和金融合作。

3.2.3 域外国家的干扰

"新丝路战略"沿路国家有大量的西方国家，特别是美、日等国的利益存在，他们对"新丝路战略"的态度很大程度上能影响沿线国家的认知。一些西方战略家认为，"一带一路"战略倡议是中国"西进"的重大战略，很大程度上是出于保障能源安全的考虑，同时也有缓解东部沿海战略压力的意图。"一带一路"战略倡议的根本目的在于弘扬中国政府坚持全球经济开放、自由、合作主旨下促进世界经济繁荣的新理念，以中国加大经济开放和发展进程带动相关区域经济一体化共同发展。西方国家对中国"一带一路"战略倡议的过度解读，主要是源于"一带一路"战略将有助于提升中国的国际地位，很大可能会影响西方大国在亚非欧大陆的利益。

3.2.4 东盟国家内部矛盾重重

东南亚地区是多民族、种族、宗教和文化的汇集地，缺乏区域共识，不利于双边或多边战略互信的构建。部分东南亚国家国内政局动荡反复，国内政治派别斗争尖锐，宗教、部族派别斗争暴力性强，反政府抗议激烈，导致这些国家风险突出，制约了经济社会发展及吸引投资能力，给中国与东盟国家经贸合作与投资带来较大风险和不确定性。

3.2.5 贸易结构互补性偏弱

中国与东盟在相互贸易以及对第三方贸易的趋同性越来越明显，反映了双方在产业传递和国际分工调整中的相似过程[4]，这将导致中国在一个较长的时间内与东盟的贸易竞争比较激烈。中国与东盟进出口的商品多集中于机电产品、集成电路、农产品、煤及褐煤、成品油等商品，有很大的相似性。如何在实施

"新丝路战略"过程中，加快中国与东盟产业转型升级，依据各自优势合理布局重点产业类型，提高域内产业结构互补度，提升产品贸易水平，是中国与东盟共同面临的重要课题。

4 "新丝路战略"下中国—东盟经济合作的未来空间拓展

因无法割裂的地缘关系以及互惠互利、共赢发展的自贸区机制保障，中国—东盟经济合作前景十分广阔，但由于历史和现实障碍因素的存在，决定了双边经济合作道路不可能一马平川，需要双边拿出智慧和勇气，紧抓战略机遇，直面挑战，以优化和充分加以利用各种合作机制为保障，加强重点经济领域合作，充分激发各自优势，大力推动命运共同体建设。

4.1 优化利用合作机制

4.1.1 充分利用中国—东盟自贸区升级版机制

目前，中国—东盟自贸区升级版合作机制业已建立，为双边合作提供了重要机制保障。今后切实执行该机制，仍需要加强与东盟的交流往来和战略合作对话，按照互利共赢、共同发展的原则切实落实《中华人民共和国与东南亚国家联盟关于修订<中国—东盟全面经济合作框架协议>及项下部分协议的议定书》的相关内容和标准，进一步降低东盟货物贸易关税，对东盟投资与服务业实行更大开放，进一步提升产业对接和金融合作，促进双方物流和人员往来便利化。扩大开放领域，加强产业合作，促进产业合理分工布局，提高中国与东盟国家商品和服务贸易互补度，全面提升中国—东盟自由贸易区的质量和标准，建立和健全地区供应链、产业链与价值链，提升中国—东盟自由贸易区产业和贸易的全球竞争力。

4.1.2 利用好次区域合作机制

利用好现在已经存在的次区域合作机制，有利于推动中国—东盟经贸合作在次区域合作的基础上进一步实现整体性的合作。利用大湄公河次区域合作（GMS）、东盟"东增长三角"以及泛北部湾区域经济合作为代表的次区域合作机制，推动中国—东盟经贸合作的进一步升级，同时重视并解决次区域经济合作中出现的问题，研究制定未来发展规划，使之成为共同实施"新丝路战略"的重要机制平台。

4.1.3 发展"10+3"等多边合作机制

作为战略对话平台，"10+3"合作机制有助于加强东亚国家彼此间信任与交流。通过优化建设这一机制平台，东亚国家可根据自身情况围绕贸易、投资、金融、环保、能源、科技等领域展开协调和合作。同时，要在现有机制平台上"求大同，存小异"，并在政治、经济、军事等领域发挥促进东北亚地区和平、稳定与发展的重要作用，客观公平地对待区域内有关国家间的利益冲突与诉求。各国应利用高层交流互访机会，积极探讨和协商促进本地区利益最大化问题，更有效地促进各成员国经济的繁荣与稳定。

4.1.4 以CMI为基础推动金融新秩序建设

2000年5月，由东盟10国及中日韩3国财长在泰国清迈签署的建立区域性货币互换网络协议，即《清迈倡议》（CMI）。该倡议主要包括两大部分：一是扩大东盟互换协议（ASA）的数量与金额，二是建立中日韩与东盟国家的双边互换协议。该倡议是亚洲货币金融合作所取得的最重要制度性成果，对于防范金融危机、推动区域货币合作具有深远意义，对于解决区域内国际收支平衡问题、短期流动性困难以及国际融资都有很大的促进作用。

4.1.5 积极发挥融资机制的作用

目前，金砖国家开发银行、上合组织开发银行已经处于良好的运行状态，丝路基金、亚洲基础设施投资银行业已成立，将为"新丝路战略"实施发挥重要资金支撑作用。亚洲基础设施投资银行是最能够在东盟国家基础设施建设中发挥作用的多边治理机制，对于扩大国家间本币互换的规模和范围以及跨境贸易本币结算试点，降低区域内贸易和投资的汇率风险、结算成本，具有重要的意义。今后，亚洲基础设施投资银行将与世行、亚行等其他多边及双边开发机构密切合作，共同打造区域经济伙伴关系，共同解决发展领域面临的挑战。

4.2 加强重点经济领域合作

4.2.1 比较优势产业领域

中国与东盟各国的资源禀赋、发展基础和产业结构不尽相同，不同国家存在比较优势，因此在"新丝路战略"实施中应在强化各国产业合理布局的基础上，进一步突出比较优势合作，推动比较优势互补的产品贸易、产品差异化的产业内贸易以及产业投资。基于资源禀赋和产业基础的差异，要加强中国对菲律宾、泰国、印度尼西亚等国石油、天然气等矿产资源的投资和贸易合作。对越南、老挝、柬埔寨等国工业基础薄弱，需要大量的制造业产品和工业基础设施投资，因此应加大机械产品、建筑材料、家用电器等的出口和工业园区建设。

4.2.2 矿产资源与能源开发领域

东盟国家拥有较丰富的能源及矿产资源，受资金和技术条件的限制，尚未得以充分勘察与开发，此领域经济合作空间广阔。可采取以下几种模式，促进对东盟国家能源和矿产资源的合作开发：（1）购买产能：通过对东盟相关国家大型矿业公司生产能力的投资，换取对方一定年限的矿产资源供应，确保本国资源供应的稳定性和价格方面的优先权，而东盟相关资源国也能够获得发展经济所急需的建设资金[5]；（2）建立能源共同体：为确保中国和东盟相关能源进口国的能源安全以及平抑国际能源市场价格波动对能源出口国的经济影响，通过构建组织协调体系、信息咨询体系、投融资体系、生产储运体系以及共同市场体系，推动能源供给保障共同体建设，实现各方互利共赢；（3）组建战略联盟：中国通过与东盟相关资源出口国生产商建立战略联盟，签订长期供货协议，从而保障对矿产资源的稳定获得，并规避短期市场价格风险，实现双赢。

4.2.3 服务贸易及服务产业领域

随着中国与东盟国家经济合作的不断深入，金融、信息产业、人才培训等方面的合作正在得到加强，多方位的服务业合作网络体系建设取得了长足发展。然而，技术作为服务业中最重要要素，对于东盟多数国家而言却是短板，缺乏先进技术是东盟相关国家经济结构升级和实现可持续发展的主要制约因素。因此，在"新丝路战略"实施中，可以采取以技术换资源的模式，通过加大对东盟相关资源大国的技术投入，加强双边经贸关系，东盟相关资源出口国可获得其发展经济所需先进技术，中国可获得经济发展所需矿产资源。

4.2.4 工程项目承揽与劳务输出领域

为了优化投资环境，吸引更多的外资流入，近年来东盟各国都在规划加强交通、电力、通讯等基础设施建设。中国通过承揽东盟国家工程项目，在输出劳务、增强经验和技能的同时，也促进工程技术、设备的有效输出。在进一步的合作中，中国与东盟国家企业应考虑采取共同出资、注册成立公司的模式，遵循公司制的运作规范合作进行工程项目运作。合资开发模式可以采取灵活的股权匹配方式，因依据东道国《公司法》规范操作，法律风险较小，并且合资公司运作成功与否直接关系到合资各方的利益，因此，合资各方的积极性可以比较容易地被调动起来，有利于合作项目的顺利推进。

参考文献：

[1] 中国—东盟商务理事会.2014年中国—东盟自由贸易区第四季度报告[R].北京,2015.

[2] 刘艳霞,朱蓉文,黄吉乔.海上丝绸之路沿线地区概况及深圳参与建设的潜力分析[J].城市观察,2014(6):37-46.

[3] 保建云.论"一带一路"建设给人民币国际化创造的投融资机遇、市场条件及风险分布[J].天府新论,2015(1):112-116.

[4] 潘青友.中国与东盟贸易互补与贸易竞争分析[J].国际贸易问题,2004(7):73-75.

[5] 王楠,张本明.中俄蒙跨边界次区域矿产资源合作开发机制与模式研究[J].世界地理研究,2009,18(3):18-25.

我国波浪能产业化进展现状分析

陈绍艳[1,2]，王芳[1]，张多[1]，王萌[1]，李芝凤[1]

(1. 国家海洋技术中心，天津 300112；2. 中国海洋大学，山东 青岛 266100)

摘要：随着世界化石能源供需矛盾的加剧和温室气体过量排放引起的全球变暖，发展清洁能源和减少碳排放已成为全球发达国家和发展中国家能源战略的重要部分。近年来，海洋可再生能源也成为各国能源战略的重要内容。在海洋可再生能源中，波浪能作为清洁、稳定、高品位的资源备受瞩目。本文介绍了我国波浪能技术装置现状及产业化进展，分析了发展波浪能对我国海洋经济的影响，并对加快波浪能产业化发展提出一些建议。

关键词：波浪能产业化；海洋经济；分析

1 引言

海洋覆盖了地球约71%的表面，海洋能源是一种储量接近无限的环境友好型可再生能源。海洋能主要包括潮汐能、波浪能、潮流能/海流能、温差能、盐差能、静水压能和海上风电。其中，波浪能因其分布广、储量大和易于开发的特点备受各沿海国家的瞩目，尤其是发展波浪能发电可在很大程度上缓解能源危机。因此，世界上各海洋强国都高度重视波浪能技术研发，我国也努力发展波浪能，以期缓解沿海地区的能源压力、促进蓝色经济发展和提高海洋产业国际竞争力。

2 我国波浪能资源现状

波浪能是指海洋表面波浪所具有的动能和势能。波浪的能量与波高的平方、波浪的运动周期以及迎波面的宽度成正比[1]。波浪能既是一种取之不尽的可再生能源，也是一种宜于直接利用、环保的清洁能源。

根据调查和利用波浪观测资料计算统计，我国沿岸波浪能资源理论平均功率为 1 285.22×10⁴ kW，这些资源在沿岸的分布很不均匀。以台湾省沿岸为最多，为 429×10⁴ kW，占全国总量的1/3；其次是浙江、广东、福建和山东沿岸，在 160×10⁴~205×10⁴ kW 之间，共约 706×10⁴ kW，约占全国总量的55%；其他省市沿岸则很少，仅在 56×10⁴~143×10⁴ kW 间，其中广西沿岸最少，仅 8.1×10⁴ kW。全国的沿岸波浪能源密度（波浪在单位时间内通过单位波峰的能量，kW/m）分布，以浙江省中部、台湾省、福建省海坛岛以北和渤海海峡为最高，达 5.11~7.73 kW/m。这些海区平均波高大于 1 m，周期多大于 5 s，是我国沿岸波浪能能流密度较高、资源蕴藏量最丰富的海域。其次是西沙、浙江省北部和南部。福建省南部和山东半岛南岸等地能源密度也较高，资源也较丰富。其他地区波浪能能流密度较低，资源蕴藏也较少[2]。我国近海波浪能资源情况详见表1。

作者简介：陈绍艳（1983—），女，河北省廊坊市人，助理馆员，主要从事海洋能源战略研究与图书情报管理工作。E-mail: chenshaoyan2008@126.com

表 1　我国近海波浪能资源统计表

序号	省/自治区/直辖市	资源理论潜在量		技术可开发量	
		装机容量/10^4 kW	年发电量/10^8 kWh	装机容量/10^4 kW	年发电量/10^8 kWh
1	辽宁	53.29	46.68	18.46	16.17
2	河北	10.54	9.23	9.95	8.71
3	天津	1.45	1.27	1.37	1.20
4	山东	87.64	76.77	48.38	42.38
5	江苏	32.84	28.77	9.43	8.26
6	上海	20.77	18.19	16.01	14.02
7	浙江	196.79	172.39	191.60	167.84
8	福建	291.07	254.98	291.07	254.98
9	广东	464.64	407.02	455.72	399.21
10	广西	15.26	13.37	8.11	7.10
11	海南	425.23	372.50	420.49	368.35
	合计	1 599.52	1 401.17	1 470.59	1 288.22

3　我国波浪能装置及产业化现状

3.1　我国波浪能发电装置现状

我国的波浪能研究始于 20 世纪 80 年代，至 2001 年已开发了一系列振荡水柱式波浪能装置。国内目前建成的振荡水柱装置有 10 W 航标灯用装置、3 kW 岸式装置、5 kW 漂浮式后弯管发电船、20 kW 岸式装置和 100 kW 岸式并网电站；摆式装置有"八五"期间开发的岸式 8 kW 电站和"九五"期间开发的 30 kW 电站；振荡浮子式装置有 50 kW 岸式电站。

（1）广州能源所鸭式装置

中国科学院广州能源研究所研制的漂浮式鸭式波能装置，由鸭体和水下附体构成，其中鸭体是振荡浮子，水下附体限制振荡浮子的垂荡、纵荡。水下附体与鸭体的固定轴连在一起，当波浪作用时，鸭体绕固定转轴往复转动，驱动液压缸，将波浪能转换成液压能，再通过液压马达转换成旋转机械能，最后通过发电机转换成电能。

（2）广州能源所鹰式装置

该装置采用类似于鹰嘴外形的轻质结构作为波浪能吸收浮体，浮体的运动轨迹与波浪运动轨迹相匹配，可最大程度地吸收入射波浪而减少波浪的透射和兴波。波浪能吸收浮体和相关转换设备安装在半潜船上，该半潜船一体多用，装置投放、回收和维修时为拖行载体和维修平台，工作时船体下潜到设定深度成为稳定装置的水下附体。上述设计可大幅降低波浪能装置建造、投放和维护的成本，快速、安全和高效地开发、利用海洋波浪能，并能快速地组建海上漂浮式防波堤。2012 年 12 月，10 kW 鹰式波浪能装置在珠海市大万山岛附近海域投放并发电，截至 2013 年 8 月仍在海上运行发电。

（3）重力摆式波浪能发电装置

国家海洋技术中心于 1992 年在青岛市小麦岛研建了 8 kW 摆式波浪能发电站，并于 1996 年在青岛即墨市大管岛研建了 30 kW 摆式波力发电站。电站由水室、液压机电转换和输配电部分组成。发电装置利用水室中的摆板结构在波浪推动下的运动俘获波浪能，液压机电转换机构将摆板摆轴转动的机械能通过液压泵转变为油的压力能，再经过液压马达驱动发电机转动转换为电能。

（4）浮力摆式波浪能发电装置

国家海洋技术中心于 2012 年研建 100 kW 浮力摆式波浪能发电站，目前该电站在山东省即墨市大管岛进行示范运行。波浪能发电系统采用离岸浮力摆形式，由摆板、液压传动系统和电控系统 3 部分组成。摆板的摆轴位于摆板底部，摆板在波浪的作用下偏离平衡位置，此时摆板在浮力作用下向平衡位置恢复，同时摆板还受到重力和水的阻力的作用，从而使摆板绕摆轴前后摆动[1]。

3.2 波浪能产业化现状

我国于 1984 年制造出了为航标灯供电的 10 W 小样机，目前已成为商业化的波浪能发电装置，这是当前我国在国际波浪能领域影响力最大的产品，日本的航标公司都购买了该产品。迄今为止，我国已设计建成十几座各种千瓦级的波浪能发电装置样机。在国家相关计划和专项资金的支持下，波浪能技术得到快速发展，尤其是 2010 年国家设立海洋能专项资金，支持开展漂浮鸭式、振荡浮子式、筏式等波浪能技术研究，这些技术有的完成了实验室模拟试验，有的研制了工程样机并进行了海试，基本实现了自主创新的技术过程。早期样机多固定在海边，而现阶段主要为漂浮在海面上的装置。未来 10 年漂浮在海中的装置将成为发展主流趋势。

在我国波浪能产业链中，除了上游产业的能量俘获和转换等核心技术薄弱或尚不完善外，其他环节已具备一定的技术和产业基础。我国已经拥有开发波浪能的技术储备，有一定的技术研发经验累积，开展示范试验的条件比较成熟。经过近 30 年的发展，特别是在专项资金的支持下，我国已经形成了海洋能技术研发、装备制造、海上施工、运行维护的专业人才队伍。大批有实力企业部门的参与，极大地提高了自主创新能力、设备国产化能力和产业化转化能力，有利于产业链的延伸及产品、技术的辐射。

4 波浪能产业对我国海洋经济环境效益的影响

4.1 波浪能发电对经济发展的贡献

我国的波浪能能流密度较小，仅为欧洲的 1/10~1/5，因此发电成本较高，约为 3 元/千瓦时。不过该成本已低于距大陆 30 海里岛屿上的柴油发电成本。技术更加成熟后，可靠性和效率将有较大提高，成本也有望降低 1/2 左右，至 1.5 元/千瓦时。

2008 年开始的金融危机席卷全球，使得世界经济进入衰退期，而海洋能是可拉动经济复苏的新兴产业之一。在许多海上特殊供电场合，波浪能是最廉价、最便捷的能源。在"十一五"期间，我国组织了 100 kW 漂浮式波浪能电站的研发。目前，我国政府将进一步支持海洋能的开发利用，已制定了《海洋可再生能源发展纲要（2013—2016 年）》、《可再生能源发展十二五规划》，将可再生能源作为增加能源供应、调整能源结构、保护环境、消除贫困、促进可持续发展的重要措施。

4.2 波浪能发电对就业的影响

以波浪能为代表的海洋能产业吸纳社会就业的作用较大，除应对全球变暖和保障本国能源安全外，开发波浪能的另一重要原因是保障本国就业。作为一个新兴产业，研发、制造、安装、操作、维护过程蕴含着巨大的岗位需求，可吸收不同层次的劳动力。

4.3 波浪能发电对环境保护的效益

常规能源的开发，通常要毁坏森林、土地和原有的各种植被，且在开采过程中就有可能造成环境污染。因此在能源利用中，节能降耗和开发新能源必然成为其核心问题。波浪能是一种新型、清洁、储量丰富的可再生能源，与常规能源相比具有极高的环保优势和价值。因此，合理、有效地利用波浪能有利于保护环境，促进我国经济、社会和环境的协调和可持续发展。

4.4 波浪能发电对国际合作的影响

海洋能对经济发展的作用不仅仅是提供就业、繁荣当地经济，而是可以创造极大的财富。波浪能源的开发并非是封闭体系，强调自主创新的同时重视与其他国家的双边和多边合作，国际间技术合作既促进了波浪能利用技术本身的发展、创新和成熟，又加速了竞争性能源市场建设的进程。

5 加快我国波浪能产业发展的建议

5.1 制定战略目标

一些发达国家把促进海洋能产业发展作为满足国家需求的战略，在海洋能技术发展前期就提前部署海洋能产业模式，尤其是在成立产业协会、鼓励集群发展等方面提供资金和政策支持。例如，爱尔兰和新西兰为海洋可再生能源产业协会提供财政支持以鼓励行业发展；英国为海洋可再生能源产业的区域发展提供补助，以鼓励产业的集群发展。

根据国外先进经验，英国自 20 世纪 70 年代就制定能源多样化政策，颁布《电力法》、《非化石燃料义务》，鼓励可再生能源的发展，作为传统化石能源的重要替代性选择。我国国家海洋局已组织制定了《可再生能源发展"十二五"规划》、《可再生能源发展纲要（2013—2016）》等政策指导性文件。我国有必要落实这些政策并进一步明确产业定位，将海洋能的发展上升到国家战略高度。目前我国波浪能产业化还处于基础阶段，为了加快其进程，参照国外成功经验，国家首先应加快针对海洋能的立法步伐，利用完善的法规体系促进海洋能产业化健康快速发展[3]。

5.2 制定产业激励政策

（1）价格优惠政策

优惠政策是我国目前吸引可再生能源发电项目建设的最主要政策。在风电领域，我国出台了一系列规定，对风力发电上网电价进行了完善。欧洲各国为鼓励企业参与可再生能源技术的研发和应用，普遍采取强制上网电价制度，我国也可以借鉴其成功经验，实行强制上网电价等。

（2）投资补贴政策

国家对绿色能源项目、非化石能源项目进行投资补贴。海洋能开发风险高、投资回收慢，在未完全市场化之前其发展需要政府给予支持，因此有必要加大政府的扶植力度，提供资金支持。

（3）税收优惠政策

税收减免是为了鼓励可再生能源等非化石能源发展而采取的一项基本优惠政策，内容主要包括减免关税、增值税优惠、减免所得税等。随着国内可再生能源产业的发展，可扩大技术范围，将所有国家政策鼓励发展的可再生能源技术包括在税收优惠政策内；还可灵活调整税收优惠比例，调低国内已经形成产业化发展能力的技术和产品的税收优惠比例。

5.3 建立海洋能产业化行业规范体系

我国亟需建立海洋能行业标准规范体系，统筹海洋能标准规范，根据产业化的不同发展阶段分期、分步骤地制定海洋能资源评价、装置设备和运行维护标准，建立海洋能行业标准规范体系；完善波浪能示范与商业化项目的行政许可制度；建立海洋能装备制造企业的市场准入机制；形成海洋能产品及设备的检测认证体系。

5.4 加强产业与国际间的合作

2010 年我国正式成为国际能源署海洋能系统（Ocean Energy Systems，OES）会员，这是我国海洋产业发展的一个里程碑，表示海洋能产业发展进入了一个新的阶段，可以有更多的机会和世界海洋强国开展交流合作，加强国际间海洋能技术合作研究。在海洋能产业以自有技术和装备为主的同时，还应把握有利形势，积极引进国际先进技术、装备和资金进入中国，实现借力发展。此外，我国应鼓励有条件的技术型企业、大学和科研机构走出国门，在国外建立科研机构或产业基地，实现与国际间的多层次、多角度、全方位交流合作[4]。

6 结语

随着经济的发展和人口的激增，世界范围内化石能源日益紧张，因此各国对新能源技术的研究日益深入。欧洲和北美各国在波浪能等海洋能领域的研究仍处于领先地位，而我国在新能源竞争日益激烈的国际环境下的竞争地位还是不容乐观。尽管目前和常规能源相比，波浪能发电的产业化应用还有很长的路要走，但是从我国能源长期发展战略和技术储备的角度来看，加强、加快海洋波浪能源的开发研究具有重要的现实和战略意义。

参考文献：

[1] 夏登文,康健. 海洋能开发利用词典 [M]. 北京:海洋出版社,2014.
[2] 张斌. 波浪能发电的技术类型与产业化前景分析 [EB/OL]. http://www.docin.com/p-602757239.html.
[3] 王仲颖,任东明,高虎,等. 中国可再生能源产业发展报告 2012 [M]. 北京:中国经济出版社,2013.
[4] 夏登文,李拓晨,丁莹莹,等. 海洋能产业技术创新体系研究 [M]. 北京:海洋出版社,2015.

基于投入产出模型的海洋灾害间接经济损失评估

郑慧[1]，高梦莎[1]

(1. 中国海洋大学 经济学院，山东 青岛 266100)

摘要："十八大"海洋强国战略、"十二五"国家海洋经济发展规划，均已明确提出要发展海洋灾害保险、提升我国海洋经济抗风险能力。灾害损失评估是建立海洋灾害保险的基础，包括直接经济损失和间接经济损失两部分。其中利用间接损失评估，厘清海洋灾害风险与社会、环境以及各经济体之间的错综复杂的耦合关系，实现自然科学与社会科学的融通，成为推进海洋灾害保险体系建立中迫切需要解决的现实问题。本文在清晰界定海洋灾害间接经济损失基础上，应用投入产出模型，以 2010 年浙江省海洋灾害为例，对其间接经济损失进行评估。结果显示：2010 年浙江省海洋灾害间接经济损失达 706 万元，约占总损失的 25%，其中制造业的间接经济损失在总损失中占比是最高的。最后，文章从海洋灾害预警报体系建立、防灾减损措施制定等方面，提出了对提升我国海洋防灾减灾能力的相关启示。

关键词：海洋灾害；间接经济损失；投入产出模型

1 引言

近年来随着全球气候条件的变化，极端自然现象频频发生，给经济社会造成不可忽视的损失。中国海陆面积广阔、地质类型复杂、气候多变，各类自然灾害造成的损失更是不容小觑。作为海洋大国，日益频发的海洋灾害给沿海地区造成的经济损失尤为严重。2000—2013 年我国因海洋灾害导致的直接经济损失都在 50 亿元以上，其中 2005、2006 和 2008 年最严重，特别是 2005 年，因灾损失更是达到了 330 多亿元。

目前，"十八大"海洋强国战略、"十二五"国家海洋经济发展规划，均已明确提出发展海洋灾害保险、提升我国海洋经济抗风险能力。无论是引入市场化机制、研发相应的保险产品，还是完善行政决策体制、建立相关预警预报体系，都离不开对海洋灾害损失的全面、准确估计。而相对于以直接损失为主要目标的分析，间接经济损失评估更为重要且复杂。由于国内外对灾害间接损失界定有差异，其评估方法也不一致。现有研究主要集中于损失评估模型的定量化方面，生产函数模型、一般均衡模型、系统动力学模型、投入产出模型等是几类主流统计手段[1-2]。其中，曹玮和肖皓以湖南省可计算一般均衡模型为基础，计算了极端冰雪灾害间接经济损失[3]。张鹏等[4]利用更具普遍适用性的投入产出模型，研究了洪涝灾害等对国民经济的影响，并计算了灾害间接经济损失。文世勇等使用市场价格法分析了赤潮灾害的间接损失[5]。可以看到，灾害损失测度经历一个由简单到复杂的变化过程，灾害间接损失计量成为理论研究的新热点。许多学者开始探寻使用更高级的综合评估模型测度灾害间接损失，以体现灾害风险对社会经济生活造成的广泛影响。其中，利用间接损失评估，厘清海洋灾害风险与社会、环境以及各经济体之间的错综复杂的耦合关系，在理论上实现自然科学与社会科学的融通，并以此作为灾害损失偿付能力计算的依据，成为推进海洋灾害保险体系建立中迫切需要解决的现实问题。

基金项目：国家自然科学基金项目（71503238）；教育部人文社科青年项目（14YJCZH223）；山东省优秀中青年科学家科研奖励基金（BS2014HZ017）。

作者简介：郑慧（1986—），女，山东省潍坊市人，博士，硕士生导师，研究方向风险管理、海洋经济。E-mail：qdzhouc@163.com

基于此背景，本文在搜集整理海洋灾害直接经济损失数据的基础上，使用投入产出模型，对隐含在其后的间接经济损失作进一步的评估分析。并以 2010 年浙江省海洋灾害间接经济损失为例进行实证计算，以期为我国海洋灾害保险产品定价及市场研发提供技术支撑。

2　海洋灾害间接经济损失评估理论模型构建

2.1　相关概念内涵界定

2.1.1　灾害损失划分

灾害损失划分是完成损失测度的基础，目前理论界对灾害损失内涵界定尚没有达成一致。较有代表性的观点包括两种：一种根据致灾损失类型的不同将灾害损失划分为经济损失与人员伤亡[6]；另一种根据致灾损失性质的不同，将灾害损失分为社会损失与经济损失[7]。其中，社会损失主要指灾害对公众心理及其组织行为造成的影响，此外均可归为经济损失范畴。具体而言，直接经济损失即灾害直接造成的设施毁坏、物品质量或数量减少，但不计入中间过程的货币化损失，如房屋倒塌损失、农田淹没损失等；间接经济损失是直接经济损失的波及影响。Boisvert 从乘数效应角度定义了间接经济损失，即在国民经济系统中因直接经济损失需求下降并进一步扩散导致的传导效应[8]。Brookshire 等认为超出灾害直接经济损失范畴的损失都可归为间接经济损失[9]。国内学者也分别从狭义角度和广义角度给出了间接经济损失的定义。从狭义角度，黄渝祥等认为灾害总损失中扣除直接经济损失以外的部分即为间接经济损失，包括停产损失、溢价损失等内容[10]。从广义角度，徐嵩龄按照损失关联关系把间接经济损失又分成了资源关联型损失、社会经济关联型损失和灾害关联型损失 3 类[11]。根据上述学者对灾害损失的分析，本文借鉴殷杰等的观点将海洋灾害经济损失划分为直接经济损失和间接经济损失[7]。并进一步定义间接经济损失为灾害直接经济损失的延伸，是隐含在直接经济损失之后深层次的经济损失。

2.1.2　海洋灾害间接损失界定

海洋灾害是指由于海洋自然环境发生异常或激烈变化，造成的海上或沿海地区正常生产生活以及居民生命健康遭受危害的事件，主要包括风暴潮、赤潮、海啸、灾害性海浪、海冰灾害 5 种。从致灾渠道上看，海洋灾害发生后不仅直接威胁海上交通及海岸设施，还会对沿海城乡的社会经济生产生活以及人民生命安全带来严重危害。而海洋灾害损失也包括直接经济损失和间接经济损失两部分。其中间接经济损失，是指在海洋灾害对人们的生产活动造成的直接经济损失的基础上，所衍生出的、隐含在背后的经济损失，是海洋灾害直接经济损失的后续和扩展，例如风暴潮灾害中因厂房毁坏造成的减停产损失。

2.2　海洋灾害间接经济损失评估模型构建

2.2.1　模型的比较与选择

有多种评估模型可用于间接经济损失的评估，比如柯布－道格拉斯生产函数模型、社会核算矩阵模型、投入产出模型（IO 模型）等。通过文献分析我们发现，柯布－道格拉斯生产函数模型虽然在计量分析中具有较强的适用性，但由于其表达形式相对单一，难以实现对某一地区实际生产状况的全面、准确描述。若用于测度区域因灾害导致的经济损失，易产生较大的计算误差，故其适用性并不理想。而社会核算矩阵模型是在投入产出表、国民经济资产负债表、金融与投资流量表、国际收支平衡表、国民经济资产负债表等信息基础上综合编制得到的[12]。数据统计的数量较大、结果获取也较为复杂。同时，该模型国际收支部分和国民经济资产负债平衡部分的内容与灾害间接经济损失评估关联性也较弱。因此，社会核算矩阵模型在海洋灾害间接经济损失评估中，也未能体现出理想的适用性。

与以上两种模型相比，在进行海洋灾害间接经济损失评估时，投入产出模型则更有优势。第一，从模型应用精度看，投入产出表都是根据某一地区的实际投入产出情况编制的，不存在数据与地区实际情况不符的问题；第二，从模型结果获取便利性看，投入产出模型能够较快捷地计算社会经济系统各行业部门之间的相互影响关系，计算结果也便于进行行业对比；第三，从模型计算难度看，借助部门数目不同的投入产出表即可完成分析。

2.2.2 投入产出模型构建及参数确定

投入产出分析法作为一种计量经济分析方法，由美国经济学家列昂惕夫于1936年提出。投入是指使用物质生产和劳务活动进行社会生产中，对各类生产要素的耗损和使用。产出则指上述生产活动成果的运用，包括物质产品和服务活动的具体去向。投入产出分析法就是以投入产出表为基础，借助复合线性方程组，重塑国民经济结构和社会再生产过程，从而实现对国民经济各部门间错综复杂的技术经济关系和再生产环节重要比例关系的综合计算和分析。

作为投入产出模型的基础，投入产出表本身反映的是社会经济不同部门的关联。在复杂的社会生产过程中，某一部门的产出同时也会以中间产品的形式成为其他部门的投入。因此，当单一部门产出发生变化时，就必然会通过产业波及效应造成其他部门产出的改变。而正是基于此，我们便可以利用投入产出模型，使用海洋灾害直接经济损失数据实现对其间接经济损失的估算。

表1展示了投入产出表的表格结构。投入产出表是反映各种社会生产投入来源和产出的棋盘式表格。一方面，它可以从产量和结构上全面、系统地反映出一个国家或地区在生产、分配、交换和消费一系列完整的社会生产过程中的均衡关系。另一方面，投入产出表也反映了社会经济运行中不同部门之间的技术联系。其均衡关系的严密性和完整性主要体现在3个方面：首先，对于整体实体经济来说，投入产出的均衡关系首先要保证总需求与总供给相等；其次，对于行均衡关系来说，不同部门的总需求由各类中间需求与最终需求共同构成；再次，对于列均衡关系来说，各部门的总供给等于其中间投入与附加价值之和。

表1　价值型投入产出表

投入＼产出		中间使用					最终使用			总产出
		部门1	部门2	部门3	…	部门n	消费	资本形成	合计	
中间投入	部门1	X_{11}	X_{12}	X_{13}	…	X_{1n}	C_1	I_1	Y_1	X_1
	部门2	X_{21}	X_{22}	X_{23}	…	X_{2n}	C_2	I_2	Y_2	X_2
	部门3	X_{31}	X_{32}	X_{33}	…	X_{3n}	C_3	I_3	Y_3	X_3
	…	…	…	…	X_{ij}	…	…	…	…	X_i
	部门n	X_{n1}	X_{n2}	X_{n3}	…	X_{nn}	C_n	I_n	Y_n	X_n
最初投入	劳动者报酬	V_1	V_2	V_3	…	V_n				
	生产税净额	M_1	M_2	M_3	…	M_n				
	固定资产折旧	D_1	D_2	D_3	…	D_n				
	营业盈余	R_1	R_2	R_3	…	R_n				
	增加值合计	N_1	N_2	N_3	…	N_n				
总投入		X_1	X_2	X_3	X_j	X_n				

使用投入产出表进行运算时，直接消耗系数与完全消耗系数是最重要的模型参数。直接消耗系数（a_{ij}）也可以称为投入系数或技术系数，表示每生产单位j产品需要消耗的i产品数量。其计算公式为：

$$a_{ij} = \frac{x_{ij}}{x_i} \quad (i, j = 1, 2, \dots, n).\tag{1}$$

根据行均衡关系，我们可以得到：$\mathbf{AX+Y=X}$。其中，$\mathbf{A}$ 是直接消耗系数矩阵，组成元素为 a_{ij}。

令 $\mathbf{X} = (X_1, X_2, \cdots, X_n)^{\mathrm{T}}$，$\mathbf{Y} = (Y_1, Y_2, \cdots, Y_n)^{\mathrm{T}}$，则上式可简化为：

$$\mathbf{X} = (\mathbf{I} - \mathbf{A})^{-1}\mathbf{Y} \quad (\mathbf{I} \text{ 为单位矩阵}).\tag{2}$$

假设将海洋灾害导致的各产业部门直接经济损失看作是最终产品的损失 $\Delta Y = (\Delta Y_1, \Delta Y_2, \cdots, \Delta Y_n)$，那么因海洋灾害而导致的产品总损失即 $\Delta Y = (\mathbf{I} - \mathbf{A})^{-1}\Delta Y$。也就是说，海洋灾害造成的间接经济损失即为中间投入的减少，即 $\Delta X - \Delta Y$。而根据直接消耗系数的定义，该系数只计算了最终产品生产过程中对中间产品的消耗，并没有将中间产品获取中的生产消耗计算在内。因此若采用这种方式估计海洋灾害间接经济损失将会造成中间产品生产过程中致灾损失的遗漏。

完全消耗系数，指生产每单位 j 种部门的最终产品需要直接和间接消耗 i 种部门产品的数量。用 $\mathbf{B}$ 表示完全消耗系数矩阵，b_{ij} 代表各元素。那么，完全消耗系数与直接消耗系数的关系可用矩阵表示为：

$$\mathbf{B} = (\mathbf{I} - \mathbf{A})^{-1} - \mathbf{I}.\tag{3}$$

至此，在产品生产与消耗中，整个国民经济的动态变动则可以用矩阵表示为：

$$\begin{pmatrix} \Delta X_1 \\ \Delta X_2 \\ \vdots \\ \Delta X_i \\ \vdots \\ \Delta X_n \end{pmatrix} = \begin{pmatrix} b_{11} & b_{12} & \cdots & b_{1i} & \cdots & b_{1n} \\ b_{21} & b_{22} & \cdots & b_{2i} & \cdots & b_{2n} \\ \vdots & & & \vdots & & \vdots \\ b_{i1} & b_{i2} & \cdots & b_{ii} & \cdots & b_{in} \\ \vdots & & & \vdots & & \vdots \\ b_{n1} & b_{n2} & \cdots & b_{ni} & \cdots & b_{nn} \end{pmatrix} \begin{pmatrix} \Delta Y_1 \\ \Delta Y_2 \\ \vdots \\ \Delta Y_i \\ \vdots \\ \Delta Y_n \end{pmatrix} + \begin{pmatrix} \Delta Y_1 \\ \Delta Y_2 \\ \vdots \\ \Delta Y_i \\ \vdots \\ \Delta Y_n \end{pmatrix}$$

我们以第一部门损失为代表，将上述方程组化简为：

$$\Delta X_1 = b_{11}\Delta Y_1 + \Delta Y_1,\tag{4}$$

由式（4）可得：

$$\Delta Y_1 = \frac{\Delta X_1}{1 + b_{11}}.\tag{5}$$

即第一部门的最终产品减少为 $\dfrac{\Delta X_1}{1 + b_{11}}$，则该部门在这一过程中的间接损失为：

$$\Delta X_1 - \Delta Y_1 = \frac{b_{11}\Delta X_1}{1 + b_{11}}.\tag{6}$$

以此类推可得，第 i 部门最终产品损失为 $\dfrac{\Delta X_i}{1 + b_{ii}}$，对应的间接损失为：

$$\Delta X_i - \Delta Y_i = \frac{b_{ii}\Delta X_i}{1 + b_{ii}}.\tag{7}$$

至此不难看出，直接消耗系数反映的仅是生产一单位最终产品直接消耗的所有其他产品的价值。而完全消耗系数反映的结果，一方面考虑到了直接消耗的中间产品，另一方面也涵盖了可能发生的间接消耗中间产品。由此看来完全消耗系数在计量间接经济损失方面更为全面，计算结果更为接近实际，可信度更高。因此，本文选择完全消耗系数作为海洋灾害间接经济损失计算的模型参数。

3　模型的实例应用

3.1　研究对象选择与数据处理

3.1.1　研究对象的选择

对海洋灾害间接经济损失的评估，本文以浙江省为例完成实证分析。对于该研究对象的选择，主要基于以下 3 个原因。第一，浙江省海洋灾害致灾损失较为严重。表 2 显示的是 2008—2012 年浙江省海洋灾害的直接经济损失情况。可以看出对于浙江省而言，海洋灾害造成的直接经济损失在所有自然灾害造成的直接经济损失中所占的比重是较大的，例如灾情较严重的 2012 年，海洋灾害损失占比高达 13.8%。而如此庞大的直接经济损失背后，究竟还隐藏着多少尚待估计的间接损失呢？第二，浙江省的经济发展水平较高。2008—2013 年，浙江省国民生产总值均位列全国第四，占全国年生产总值的平均比例达 6.2%。正是基于此，海洋灾害对当地的正常经济生产的影响程度更大，区域防灾减损的需求也更强烈。第三，基于数据的可得性，本文将 2010 年的浙江省投入产出表作为原始数据进行整理计算，并进一步得出间接经济损失的评估结果。

表 2　2008—2012 年浙江省自然灾害及海洋灾害直接经济损失统计（单位：亿元）

年份	自然灾害损失	海洋灾害损失	比例/%
2012 年	309.9	42.7	13.8
2011 年	163.9	5.9	3.6
2010 年	75.4	0.2	0.3
2009 年	119.3	11.9	9.9
2008 年	240.5	1.0	0.4

注：数据来源于中国海洋信息网《2008—2012 年中国海洋灾害公报》。

3.1.2　数据处理

2010 年浙江省投入产出表（价值表）由农林牧副渔，金属制品业，废品肥料，电力、燃力的生产和供应业，交通运输及仓储业，邮政业，住宿和餐饮，金融业，房地产业，租赁业和商务服务业，研究与试验发展业等共 42 个部门构成。为了简化计算，更明确地分析计算结果，本文在借鉴张鹏等[13]的部门合并方法的基础上，按照同类部门合并的原则，对投入产出表进行重新整理，将原 42 部门合并为农林牧副渔，采矿业，食品制造及烟草加工业，轻工业制造业，重工业制造业，专用设备制造业，电力、水力及燃气生产和供应业，建筑业，交通运输及仓储邮电业，信息传输、计算机服务和软件业，商业，金融业，房地产业，科学研究事业，行政管理及综合服务业，卫生、社会保障和社会福利业，教育、文化艺术及广播电影电视业共计 17 个部门。

3.2　2010 年浙江省海洋灾害间接经济损失计算

本文以 2010 年浙江省 42 部门投入产出表为基础，按照同类部门先行合并的原则，将原有的 42 部门合并为 17 部门。受海洋灾害影响，浙江省遭受直接经济损失 2 100 万元，在 17 部门的分布情况如表 3 所示。由直接经济损失一列可以看出，海洋灾害影响下直接经济损失最大的部门集中在制造业，其中轻工业制造业受灾程度最大，其直接经济损失数额在区域全部因灾直接经济损失中占比达 27%，卫生、社会保障、教育文化艺术、科学研究等部门的直接经济损失较小。根据投入产出模型，计算出的各部门间接经济

1 郑慧等：基于投入产出模型的海洋灾害间接经济损失评估

损失分布见表3。

表3 2010年浙江省17部门海洋灾害经济损失（单位：万元）

部门	直接经济损失	间接经济损失
轻工业制造业	567.650	343.126
专用设备制造业	458.008	155.672
重工业制造业	231.494	118.518
建筑业	167.619	2.410
商业	156.843	20.018
金融业	77.753	2.246
电力、水力及燃气生产和供应业	74.702	30.030
行政管理及综合服务业	61.120	3.450
交通运输及仓储邮电业	59.763	5.533
食品制造及烟草加工业	54.978	15.472
农林牧副渔业	49.369	5.578
房地产业	47.746	0.398
卫生、社会保障和社会福利业	29.023	0.789
教育、文化艺术及广播电影电视业	28.436	0.634
信息传输、计算机服务和软件业	27.083	0.712
采矿业	6.701	1.413
科学研究事业	1.632	0.006
合计	2 100.000	706.002

注：根据《2010年中国海洋灾害公报》数据，使用投入产出表，可按比例计算出各部门直接经济损失情况。

4 结论与启示

表3列出了2010年浙江省因海洋灾害遭受的直接和间接经济损失在17部门的分布情况。对比表中直接经济损失与间接经济损失计算结果，我们可以得到如下结论：

（1）17部门因海洋灾害而产生的间接经济损失合计达706.002万元，约占总损失的25%。由此可见，海洋灾害导致的间接经济损失数量是较大的。倘若在灾情评估时，仅考虑直接经济损失却忽视间接经济损失，将在很大程度上造成灾害损失程度的低估，也势必会降低灾后恢复政策的有效性，并影响区域正常生产生活的稳健持续发展[14]。因此，准确有效的估算海洋导致的间接经济损失，对沿海地区的灾后的经济恢复具有不可忽视的作用。

（2）由表3中各部门间接经济损失数值可以看出，制造业（包括轻工业制造业、重工业制造业、专用设备制造业）因海洋灾害产生的间接经济损失最大，合计达到610余万元，占所有部门间接经济损失的87.44%。对比直接经济损失数据结果，制造业（包括轻工业制造业、重工业制造业、专用设备制造业）因海洋灾害产生的直接经济损失为1 257.15亿元，占所有部门直接经济损失总量的59.86%。由此看来受海洋灾害影响，制造业的直接经济损失和间接经济损失在部门总损失中占比均是最高的。

（3）与制造业相比，社会保障、教育、文化艺术、科学研究相关的行业受海洋灾害的影响相对较小。其直接经济损失仅占总损失的4.42%，间接经济损失则更小，仅占总体的0.50%。考虑到这类部门的日常工作一般在室内环境中进行，较少涉及实物生产活动。因此，受海洋灾害影响小也在情理之中。

（4）当然上述结论的获得也不免存在局限之处。首先，应用投入产出模型进行间接经济损失评估有其本身的不足。第一，投入产出模型是静态的模型，只能反映较短时间内的经济社会各部门的相关关系，不能用于进行长期分析；第二，投入产出模型有大量的前提假设，如系数的稳定性、比例性、同质性、共线性等，而这些基本假设在实际问题中是无法完全满足的，因而所得的计算结果也必然会存在误差。第三，本文的研究对象是海洋灾害间接经济损失，由于我国海洋统计事业起步较晚，致灾数据统计口径不一、时序长短不同的问题时有发生，随着相关统计信息的不断完善，评估结果的精确性也存在一定的提升空间。

此外，通过本文以浙江省为例，应用投入产出模型对海洋灾害间接经济损失评估的结果，我们还获得了对提升我国海洋防灾减灾能力的两点启示。第一，模型分析显示，所有部门中加工制造业受海洋灾害的影响最大。加工制造业作为社会生产过程中的源头环节，在沿海地区社会经济发展中具有举足轻重的地位。倘若该部门受到严重冲击，后续的生产部门也会被波及，进而整个社会生产也会放缓甚至停滞不前。因此，在海洋防灾减灾工作中，应将加工制造业作为损失跟踪统计的重点部门。对此，我们建议应当建立完善的海洋灾害预警机制，做到防患于未然；同时，其厂房建筑等基础设施的牢固性应有足够的保证，生产场所应当设立在远离海岸、山体、河流等易受海洋灾害影响的地区；当然还应建立有效的海洋灾害灾后应急反应机制，保证这些地区灾后生产生活的快速、有序恢复。第二，逐步建立并完善海洋灾害损失统计制度，特别是要将间接经济损失纳入统计范围。这不仅有助于我们更全面深入地分析因灾受损程度及数量，而且也是实现沿海地区海洋灾害防灾减灾措施长效性的重要保证。

参考文献：

[1] Carrera L, Standardi G, Bosello F, et al. Assessing direct and indirect economic impacts of a flood event through the integration of spatial and computable general equilibrium modeling[J]. Environmental Modelling & Software, 2015, 63: 109-122.

[2] Pauw K, Thurlow J, Bachu M. The economic costs of extreme weather events: a hydrometeorological CGE analysis for Malawi[J]. Environment and Development Economics, 2010, 16(2): 177-198.

[3] 曹玮,肖皓. 基于 CGE 模型的极端冰雪灾害经济损失评估[J]. 自然灾害学报,2012,10(5): 191-196.

[4] 张鹏,李宁,刘雪琴,等. 基于投入产出模型的洪涝灾害间接经济损失定量分析[J]. 北京师范大学学报(自然科学版),2012,48(4):425-431.

[5] 文世勇,宋旭,田原原,等. 赤潮灾害经济损失评估技术方法[J]. 灾害学,2015,30(1):25-30.

[6] 赵阿兴,马宗晋. 自然灾害损失评估指标体系的研究[J]. 自然灾害学报,1993,7(3):1-7.

[7] 殷杰,尹占娥,许世远. 沿海自然灾害损失分类与评估[J]. 自然灾害学报,2011,2(1):124-128.

[8] Boisvert R. Direct and indirect economic losses from life-line damage[R] // Indirect Economics Consequences of a Catastrophic Earthquake. Final Report by Development Technologies to the Federal Emergency Management Agency. Washington DC, USA, 1992.

[9] Brookshire D S, Chang S E, Cochrane H, et al. Direct and indirect economic losses from earthquake damage [J]. Earthquake Spectra,1997, 3(3):683-701.

[10] 黄渝祥,杨宗跃,邵颖红. 灾害间接经济损失的计量[J]. 灾害学,1994,9(3):7-11.

[11] 徐嵩龄. 灾害经济损失概念及产业关联型间接经济损失计量[J]. 自然灾害学报,1998,7(4): 7-15.

[12] 李宝瑜,马克卫. 中国社会核算矩阵编制方法研究[J]. 统计研究,2011,9(9):19-24.

[13] 张鹏,李宁,刘雪琴,等. 基于投入产出模型的洪涝灾害间接经济损失定量分析[J]. 北京师范大学学报(自然科学版),2012,8(4):425-431.

[15] 唐娟莉. 农村公共服务投资技术效率测算及其影响因素分析[J]. 统计与信息论坛, 2014, 29(2):45-51.

科技创新对海洋经济发展的驱动力研究

赵玉杰[1]

（1. 山东社会科学院 海洋经济文化研究院，山东 青岛 266071）

摘要：海洋经济系统有别于陆域经济系统，具有开放性、高风险性、高收益性及对资本与技术的高度依赖性，海洋产业转型升级迫切需要科技创新驱动引领效应的有效发挥。人类对科技创新内涵的理解是不断演化的历史过程，内生经济增长理论表明科技创新具有内生性，是经济增长的源泉。基于 1998-2014 年东部沿海地区科技研发经费投入与海洋 GDP 数据建立时间序列，进行协整检验，建立 VEC 模型，分析海洋经济发展与科技创新之间的长期均衡与短期波动关系，结果表明：当前海洋经济系统科技创新驱动引领效应不显著，科技创新处于被海洋经济发展引导促进阶段。基于海洋经济系统特点，科技创新驱动引领效应的发挥既依赖于市场机制的自我强化，更依赖于政府宏观引导与创新制度建设。

关键词：海洋经济；科技创新；驱动效应

1 引言

海洋为人类社会发展提供了重要资源支撑和广阔的发展空间。传统陆域经济的长期粗放发展，导致陆域经济资源面临枯竭，海洋资源经济价值逐渐凸显，海洋资源的有效开发、经济价值的深入挖掘逐渐上升为国家战略。

"十五"期末，全国海洋经济生产总值达 18 025 亿元，占同期国内生产总值的 9.8%。"十二五"期末全国海洋经济生产总值 59 936 亿元，海洋经济总量约为"十五"期末的 3 倍，海洋产业结构及相关制度法规不断完善，海洋经济已发展成为涉及产业、生态、社会、文化的经济体系。海洋经济系统的独立性逐渐显现：海洋经济系统独立于陆域经济系统，并与陆域经济系统作为两个子系统，同属于国民经济系统。

海洋经济系统基于人类开发海洋资源获取利益最大化的海洋经济活动，决定了海洋经济系统与海洋资源环境属性密切相关。相比陆域生态环境，海洋生态环境的脆弱性是海洋经济系统独立于陆域经济系统的本质原因，而海洋经济系统的完备性又为海洋经济系统的独立提供了可能性基础[1]。海洋经济系统有别于陆域经济系统，其高风险性、高收益性、不确定性及对资本与技术的高度依赖性，迫切需要科技创新驱动效应的有效发挥。因此，海洋经济发展中实现传统要素驱动向创新驱动战略转变，关键是将海洋科技创新有效转化为生产力，驱动海洋产业升级，促进海洋经济发展。

内生经济增长理论已经表明科技是生产要素，科技创新是经济持续发展的源泉。相关学者也从多个角度对科技创新与经济增长的作用关系进行大量研究，在实证建模方面，主要有 3 种建模思路：一是通过构建 C-D 生产函数或 C-D 生产函数与投入产出模型相结合测算科技进步贡献率，分析科技创新对经济增长作用程度[2]；二是利用 DEA 构建动态最优化模型，研究科技创新效率[3]；三是构建 VAR 模型和 VEC 模型，利用协整与格兰杰因果检验，研究经济变量的短期和长期波动影响。VAR 模型和 VEC 模型应用更多

基金项目：山东省软科学研究计划项目"海洋科技创新引领海洋产业转型升级问题研究"（2015RKC23004）。

作者简介：赵玉杰（1979—），女，山东省青岛市人，博士，助理研究员，研究方向：区域经济。E-mail：zyi790124@126.com

见于研究固定资产投资、环保投资、财政投入、能源消耗、高新技术产业发展等与经济增长及经济结构转型间的影响关系[4-7]，上述已有实证结果均合理解释相关经济增长影响关系。现有科技创新与经济发展关系的研究，多基于前两种建模思路，对于 VEC 模型及格兰杰因果关系的研究并不多见，缺乏对科技创新与经济增长因果关系分析，及两者短期波动和长期均衡关系的描述，难以有效分析科技创新的驱动效用。本文通过单位根检验，协整关系检验，格兰杰因果检验，构建 VEC 模型，分析科技创新与海洋经济增长的动态均衡关系，为揭示科技创新有效驱动引领海洋经济增长内在机制提供理论支撑，为提供政策建议奠定基础。

2 数据说明

本文目的在于研究科技创新水平与海洋经济增长之间动态均衡关系，但是科技创新水平难以直接观察，所以选用替代指标，采用 R&D 经费投入情况衡量科技创新水平。本文没有选择海洋科技创新水平基于两种考虑：一是因为海洋 R&D 经费指标仅出现于 2011-2014 年《中国海洋统计年鉴》，难以形成连续时间序列数据；二是海洋经济已由初期单纯的海洋资源经济发展成注重海陆统筹的区域经济，选择东部沿海地区科技创新指标更具合理性。这里选取东部沿海地区 1998-2014 年 R&D 经费投入作为科技创新水平的替代指标。

东部沿海地区 R&D 经费投入数据分别来源于 1998-2014 年《中国科技统计年鉴》；海洋经济增长情况用历年海洋 GDP 数据描述，数据来源于 1999-2014 年《中国海洋统计年鉴》，2014 年海洋国内生产总值来源于国家海洋局网站公布数据。

3 建立模型

3.1 单位根检验

选取 1998-2014 年东部沿海地区 R&D 经费和海洋 GDP 数据，研究科技创新与海洋经济增长间均衡关系和格兰杰因果关系。对数据作如下处理：对变量 R&D 经费投入作一阶差分，即用下一年的 R&D 投资量减去上一年的 R&D 投资量，依次得 1998-2014 年的 R&D 投资净增量，记为 DRD，然后为消除序列中的异方差性，对变量 DRD 进行对数变换记为 LN（DRD）。对海洋 GDP 数据作相同处理，先取一阶差分记为 DGDP，然后对数变换，记为 LN（DGDP）。对变量 LN（DGDP）和 LN（DRD）绘制散点图（图 1），两变量有大致相同的时间变动趋势。初步判断两变量之间具有某种相关关系。

图 1   LN（DRD）与 LN（DGDP）变动趋势图

图 1 可以看出，2000 年以前东部沿海地区 R&D 经费投入较低，1998—1999 年快速上升，1999—2000 年突然下降，2000—2011 年，R&D 经费投入呈稳定上升，2011 年后有所下降。这与我国海洋科技发展阶段基本吻合。20 世纪 90 年代，"科技兴海"战略促进我国海洋科技事业进入快速发展期，1997 年实施《"九五"和 2010 年全国科技兴海实施纲要》，并提出建设 510 工程，促进了传统海洋资源的开发，海洋经济增量和海洋科技投入增加迅速。进入 21 世纪，海洋经济发展更加注重海洋资源持续利用与海洋生态环境保护相结合，提出在发展传统海洋产业的同时，积极发展新新兴海洋产业。海洋科技进入全面发展阶段。2003 年国家制定《全国海洋经济发展规划纲要》特别强调"科技兴海"战略的重要性；2006 年的《国家中长期科学技术发展规划纲要（2006 年—2020 年）》对海洋科技事业作出前瞻和战略性部署，强调加强面向国家战略需求的基础研究；2008 年《全国科技兴海规划纲要（2008—2015 年）》涵盖科技资源转化为经济价值，管理效益转化为经济效益的科技研发活动，为海洋科技创新产业化做出宏观指导，为我国海洋经济发展转变增长方式做准备。2014 年我国制定《国家"十二五"海洋科学和技术发展规划纲要》，明确提出我国海洋科技的定位是提高海洋科技自主创新能力，引领支撑海洋经济发展。

为判断时间序列的平稳性，对两变量序列分别做单位根检验，结果见表 1。

表 1 时间序列单位根检验结果

变量	ADF 统计值	检验类型（C，T，P）	1%临界值	5%临界值	10%临界值	结论
LNDGDP	−0.996 360	（C，0，3）	−4.057 910	−3.119 910	−2.701 103	不平稳
D（LNDGDP）	−8.635 537	（C，0，3）	−4.057 910	−3.119 910	−2.701 103	平稳
LNDRD	−2.757 421	（C，0，3）	−4.057 910	−3.119 910	−2.701 103	不平稳
D（LNDRD）	−9.703 692	（C，1，3）	−4.800 080	−3.791 172	−3.342 253	平稳

在单位根检验方程中，检验类型（C，T，K）的 C 表示常数项，C=0 则不含常数项；T 表示时间趋势项，T=0 则不含时间趋势；K 表示滞后阶数，K 值依据 AIC 准则和 SC 准则确定[8]。

表 1 表明：序列 LNDGDP 和 LNDRD 均未通过 10%水平的单位根检验，说明两变量是非平稳序列。经过一阶差分，序列 D（LNDGDP）和 D（LNDRD）通过 1%水平的单位根检验，所以 LNDGDP 和 LNDRD 都是一阶单整序列，符合协整检验条件。

3.2 格兰杰因果检验

研发经费投入与海洋国内生产总值之间存在长期均衡和短期波动关系，但是否存在统计意义上的格兰杰因果关系，需要进一步进行格兰杰因果检验。格兰杰因果检验的前提要求变量的平稳性。据表 1，知结果如下：LNDGDP 和 LNDRD 都是一阶单整序列，按照 AIC 和 SC 最小化准则，确定滞后期为 4，对序列 D（LNDGDP）和 D（LNDRD）进行格兰杰因果检验，结果见表 2

表 2 格兰杰因果检验结果

原假设	F 统计量	P 值	结论
D（LNDRD）不是 D（LNDGDP）的 Granger 原因	0.742 48	0.642 9	接受原假设
D（LNDGDP）不是 D（LNDRD）的 Granger 原因	11.040 1	0.084 8	拒绝原假设

表 2 表明，存在海洋经济增长与研发经费投入的单向因果关系，即海洋经济增长变动是研发经费变动的格兰杰原因；反之，研发经费变动不是海洋经济增长变动的格兰杰原因，目前科技创新驱动效应不足以拉动海洋经济的发展。

3.3 协整检验

下面利用 EG 两步法检验变量 LNDRD 和 LNDGDP 之间是否存在长期协整关系。

第一步，用 OLS 最小二乘，对两变量进行回归，得协整方程如下：

$$LNDRD_t = 0.782 + 0.664 LNDGDP_t + ecm_t.$$
$$(2.791\,662)\quad(3.694\,45)$$

$R^2 = 0.493\,7$，$F = 13.649$，$DW = 1.63$. 其中，括号内数值表示相应估计参数的 t 统计值。回归方程中各估计参数显著不为零，F 统计量显著，回归方程具有良好统计性质。

回归模型的残差记为 ecm，则

$$ecm_t = LDNRD_t - 0.782 - 0.663 LNDGDP_t.$$

第二步对残差 ecm 进行 ADF 检验，判定其稳定性，结果见表 3-3。残差 ecm 通过 1% 水平的单位根检验，具有平稳性。因此，变量 LNDGDP 和 LNDRD 具有长期协整关系。从长期看，海洋经济增长对科技研发的弹性为 0.663，即海洋国内生产总值每增长 1%，科技研发水平增加 0.663%。

表 3   ecm 平稳性检验结果

变量	ADF 检验	检验类型（C，T，P）	临界值（1%）	临界值（5%）	结论
ecm	−7.894794	（C，T，3）	−4.800080	−3.791172	平稳

3.4 误差修正模型

协整检验反映了变量 LNDRD 和 LNDGDP 之间存在长期均衡关系。当这一均衡系统受到干扰时，两变量可能短期偏离均衡点，必定存在一种内部均衡机制（经济规律）使系统由非均衡状态向均衡状态修正，使其重新回到均衡状态。因此需要建立误差修正模型检测系统的短期动态波动关系，逐步排除不显著变量，结果如下：

$$ecm_{t-1} = 3.310 + LNDRD_{t-1} - 1.165 LNDGDP_{t-1}.$$
$$(-12.29)$$

$$D(LNDRD)_t = -0.588 ECM_{t-1} + 0.499 DLNDRD_{t-1} + 0.583 DLNDRD_{t-2}.$$
$$(-3.569)\qquad(2.113)\qquad(3.202)$$
$$-0.414 DLNDGDP_{t-1} - 0.245 DLNDGDP_{t-2} + 0.088.$$
$$(-3.417)\qquad(-3.166)\qquad(1.19)$$
$$R^2 = 0.80，F = 5.6.$$

上述方程均具有良好统计性质。误差修正项 ecm 修正系数为 −0.588，与反向修正机制相符，表示对长期均衡系统调整系数为 58.8%，即系统非均衡误差以 58.8% 的速度对本年的科技研发经费增长率进行修正。

$$ecm_{t-1} = -2.840 + LNDGDP_{t-1} - 0.858 LNDRD_{t-1}.$$
$$(-15.59)$$

$$D(LNDGDP)_t = -0.658 ecm_{t-1} + 0.456 DLNDRD_{t-1}.$$
$$(-1.11)\qquad(-0.414)$$
$$0.880 DLNDRD_{t-2} - 0.0176 DLNDGDP_{t-1} - 0.224 DLNDGDP_{t-2} - 0.164.$$
$$(-9.44)\qquad(0.629)\qquad(1.57)\qquad(-0.722)$$

$R^2 = 0.78$，$F = 5.08$.

方程中部分参数不显著，误差修正项 ecm 修正系数为 −0.658，与反向修正机制相符，表示对长期均衡系统调整系数为 65.8%，即系统非均衡误差以 65.8% 的速度对本年的海洋经济增长率进行修正。同时研发经费对海洋国内生产总值的影响具有滞后性，滞后 2 期影响作用显著。说明研发经费仅表示对基础性研发的资本支持力度，而研发能否成功，成果能否产业化具有不确定性，并且成果转化为生产力需要较长时间；科技的高速发展又决定了科技成果时效性的缩短，即科技成果更新速度快，使其对经济发展作用的滞后期受到限制。

4 驱动引领机制分析

经济理论已经证明科技创新是经济发展的根源，应对经济发展起主导性作用。欧美发达国家的经济发展方向也印证了科技创新对经济结构的主导作用。第三产业所占比重作为产业结构调整的标准已经不适应新的经济发展阶段，金融危机后发达国家纷纷提出"再工业化"战略，如美国的《制造业行动计划》，德国的"工业4.0计划"，欧洲的《未来工厂计划》等。其核心是基于科技创新，利用工业机器人、数字制造、人工智能等信息化技术改造传统制造业，加强现代制造业与现代服务业的融合，提高产品质量，满足多样化消费需求。这是世界经济发展的必然趋势，经济发展将依赖与高科技融合的制造业和实体经济发展。

我国总体经济面临经济结构转型，传统要素驱动向创新驱动转变的重大压力。海洋经济作为国家经济的重要组成部分，其发展基础相对薄弱，以及发展的高风险、长周期、高科技化要求，使其面临巨大挑战。正如本文实证研究结果，海洋经济的发展促进了海洋科技创新的发展，但海洋科技创新没有对海洋经济发展起主导性作用，没有发挥驱动引领作用。

国内相关学者基本认同科技创新的动力在于实现超额利润，而科技创新驱动效应不显著的原因在于科技创新动力不足。对于科技创新动力不足的原因各有不同观点。有学者[9]强调顶层设计，认为根本原因在于政府主导过多，市场受控，不能有效进行资源配置，应加强经济体制改革；有学者[10]认为根本原因是科技创新激励存在市场失效，需培育风险—收益对称的市场运作机制；有的学者11则认为市场与政府均存在失灵，应需寻求第三方力量，建立一种"非正式关系"机制。

上述观点各有侧重，但是研究思路均是围绕市场调控的两种手段：市场基础配置与政府宏观调控。科技是经济要素，科技创新是经济过程，驱动效用更是生产力的有效转化，因此，本文也认为研究海洋经济系统下科技创新驱动效应，必须从市场与政府两个视角研究科技创新的作用机制。为了更好的理解驱动效应，分析科技创新作用机制具有必要性。

4.1 市场视角

科技创新是创造生产力的经济过程，因此市场机制是推动科技创新，驱动经济发展的首要力量。科技创新需要大量资本、高科技人才投入，同时具有高风险性、高回报性。市场机制通过价格体系、竞争机制，有效平衡企业的投资、风险成本与收益，促进科技创新实现自我强化。即完美的市场体系可以保证企业科技创新实现其利润最大化。竞争激励机制是市场机制发挥有效作用的根本。企业通过价格体系，获取生产信息与需求动态，为获取高额利润进行创新，但是充足的竞争使得超额利润具有短暂性，要求企业家为保证持久超额利润，继续研发创新，这一内生的激励机制，推动着企业持续创新。

完美的市场经济体制仅是一种理想状态。现实中市场存在竞争结构差异、市场失灵问题，这些都影响着科技创新驱动效应的发挥。科技创新需要投入大量资本，在完全竞争市场，企业缺少足够的创新资本，资本融资能力不足，创新能力不足，因此完全竞争市场不是完美市场结构。存在垄断的不完全竞争市场，会催生垄断企业的惰性，影响创新动力的持久性，限制了高额利润的短暂性，不利于科技创新活动的发展。关键是要把握好不完全竞争市场的市场结构，维持一定程度的垄断，保证高额利润的实现，同时又要维持足够的竞争度，确保科技创新的扩散与持续。

市场失灵是指由于公共物品、信息不对称或其他制度原因导致，生产者和消费者无法平等的通过市场机制获取有关市场消费或需求信息，市场无法实现资源的有效配置。尤其在市场机制不完善时，这种市场失灵会更突显。市场失灵使创新主体创新动力不足。创新收益作为未来活动收益的预期，具有不确定性[12]，市场失灵增加了创新活动的风险性，从而加剧了创新活动的不确定性，导致创新活动动力不足。如果企业基于错误的市场信息，无法做出正确的科技创新决策，将严重影响创新动力。

4.2 政府视角

在科技创新活动发挥驱动效应的过程中，政府的宏观调控作用，必不可少，尤其是在市场失灵领域，政府应发挥积极引导作用。科技创新包括技术创新与基础理论的重大进步。基础理论创新阶段更需要政府给予相应激励机制。而且由于不确定性使得企业无法对未来收益作出很好的预期，基于成本收益的考虑，在创新活动中缺乏创新动力，企业自然选择保守策略。比如某些资源密集型的传统海洋渔业企业，尽管企业知道传统产品附加值含量低，处于产业链的低端，利润有限，但仍然按照传统生产模式进行生产。因此科技创新驱动经济结构转型中，政府制度改革必须先行。

"市场残缺"概念很好的诠释了政府职能的重要性。市场残缺指在市场体制不健全的国家，市场经济体制运行缺乏政治、法制、行政及道德价值观等领域的制度体系支撑，导致市场的资源配置作用失效[13]。在科技创新活动中，政府相关配套制度缺失就会产生"市场残缺"问题。正如经济学家道格拉斯·C.诺斯[2]所说，人类社会不断发展新技术，但技术创新速度慢，且是断断续续，主要原因在于直到相当晚近都未能创新发展一套有效的所有权。顾名思义要实现有目的持续创新，驱动经济发展，单纯依靠市场自发机制远不能完成（最多仅是不连贯的技术进步），必须依靠政府顶层设计，创新制度体系。

政府的宏观作用除了可能导致"市场残缺"，另一个重要问题是科技创新驱动过程中，除了存在"市场失灵"，同样存在"政府失灵"。信息不对称、信息不完全、缺少激励约束机制同样会对政府职能产生消极作用。不能掌握完全信息使政府无法做出最优决策，可能造成决策失效，甚至产生不良效应；公共资源由于产权不明晰，缺乏相应激励约束机制，同样会造成政府策略失灵。

有的学者提出寻求"非正式关系"解决科技创新动力不足问题，正是针对市场与政府同时失灵的领域。本文认为"非正式关系"建立于宽松的人性化制度框架内，可以作为一种补充手段调整市场中信息不完全、外部性等市场本身存在的问题，为市场与政府职能的有效发挥提供信息修正；但其对科技创新驱动效应发生的作用，最终要通过市场与政府作用实现。

5 研究结论及政策建议

我国海洋经济发展处于初级阶段，科技创新处于被海洋经济发展引导促进阶段。海洋经济系统科技创新驱动效应不显著，关键原因在于创新动力不足，驱动后劲乏力。根据市场个体效用最大化、生产利润最大化与成本收益的权衡，科技创新活动或是不能自发完成或是偏离海洋产业尤其是海洋新兴产业的发展方向。今后有效发挥科技创新驱动引领效应，促进海洋经济实现产业结构转型升级，推动海洋经济发展，更需要政府创新制度与相关政策的支撑。以下提出几点政策建议，以供参考。

5.1 完善激励创新机制

基本的场竞争原则——"成本最小化、利润最大化"在某些海洋经济领域是无效率的。比如科研院所的基础理论创新，教育培养，以及新兴海洋产业的研发。基础理论进步、科学研究的发明是科技创新驱动过程的前端，是驱动效应产生的必要前提。然而市场主体似乎更关注中试到市场化阶段，多是在某些重大理论、科学技术取得突破时，市场主体产生"创新决策"。那么这一科技创新驱动活动的前端过程，则需要政府建立激励机制给予保障。科技进步是人类智慧不断迸发的过程，源于对人类的教育与培养。很难想象依据市场利益最大化原则，结果将是"非必要、非有用、非流行的体系或科学，全然无人教授"[14]。基础理论研发、教育培养滞后，会导致前瞻性理论与技术研发受限，阻碍自主创新能力的培养。因此要加强激励机制设计，尤其是大学和科研院所的绩效评定与奖惩制度等。

5.2 加强制度创新建设

制度创新是科技创新的重要组成部分，只有完善相关法律法规、制定配套政策制度，才能有效规避"市场残缺"问题。目前科技创新驱动效应不显著说明目前的经济制度阻碍了现代海洋经济的发展，需要对现有制度改革创新。尤其要加强经济体制的法制建设，因为好的市场一定是一个法制经济[15]。驱动效应的有效发挥可以作为衡量制度创新建设的标准之一。

5.3　加强金融创新

现代海洋产业多具有高资本投入、高风险性，而科技创新也是投入、风险双高的经济活动，两者的叠加进一步加剧了海洋科技创新的资本投入和风险性，金融融资风险加大。尤其是海洋新兴产业、海洋高科技产业多为中小企业，在金融融资方面处于劣势。我国风险投资机制尚不完善，用于高风险、高投入的海洋高新技术产业的不多。今后需要针对产业结构调整，倾斜税收优惠政策，制定绿色金融，鼓励高科技产业发展。

5.4　引导建立协同创新模式

知识经济时代，科技创新主体多元化、需求多样化，政府应积极通过科技创新政策构建协同创新模式的生态环境，扶持这种多主体参与的合作创新模式。海洋经济开放性特点为协同创新拓展提供了空间。发达国家政府多采用以公共经费投入作为激励方式，引导大学与工商业合作，促进基础研发与重视平台的有效结合，激发创新能力。同时政府可以通过搭建创新合作平台、制定配套政策，引导大学科研机构、企业与用户及社会中介共同合作，实现科技创新与个性化需求的有效对接，促进科技创新的有效扩散，实现海洋科技创新对产业发展的驱动引领效应。

参考文献：

[1] 姜旭朝,刘铁鹰. 海洋经济系统:概念、特征与动力机制研究[J]. 社会科学辑刊,2013(4):72-80.

[2] 姜红,陆晓芳. 基于产业技术创新视角的产业分类与选择模型研究[J]. 中国工业经济,2010(9):47-56.

[3] 鲍红梅. 基于DEA的科技创新效率分析[J]. 长春师范学院学报(自然科学版),2009,28(10):9-11.

[4] 朱建华,徐顺青,逯元堂,等. 中国环保投资与经济增长实证研究——基于误差修正模型和格兰杰因果检验[J]. 中国人口·资源与环境,2014(S3):100-103.

[5] 朱春奎. 财政科技投入与经济增长的动态均衡关系研究[J]. 科学学与科学技术管理,2004,25(3):29-33.

[6] 李韧. 中国经济增长中的综合能耗贡献分析——基于1978-2007年时间序列数据[J]. 数量经济技术经济研究,2010(3):16-27.

[7] 单奎,朱洪兴,李璐. 北京市文化创意产业发展对经济结构转型的影响——基于1992-2013年时间序列的协整分析和格兰杰因果检验[J]. 产业经济,2012(6):62-68.

[8] 凌江怀,李成,李熙. 财政科技投入与经济增长的动态均衡关系研究[J]. 宏观经济研究,2004,25(3):29-33.

[9] 吴敬琏. 过去发展模式走到尽头必须要提高效率[J]. 财经界,2012(6):66-68.

[10] 洪银兴. 科技创新中心企业家及其创新行为——兼论企业为主体的技术创新体系[J]. 中国工业经济,2012(6):83-93.

[11] 张来武. 科技创新驱动经济发展方式转变[J]. 中国软科学,2011(12):1-5.

[12] 道格拉斯·C. 诺斯. 经济史上的结构和变革[M]. 北京:商务印书馆,1999:8.

[13] 斯蒂格利茨. 经济学(上册)[M]. 北京:中国人民大学出版社,1997:331-534.

[14] 亚当·斯密. 国民财富的性质和原因的研究(下卷)[M]. 郭大力,王亚南,译. 北京:商务印书馆,1997:375,377.

[15] 吴敬琏. 建设法治的市场经济[J]. 中国外汇管理,2003,17(6):18-20.

河北省海洋产业竞争能力发展报告

霍永伟[1]

（1. 河北省国土资源利用规划院，河北 石家庄　050051）

摘要：河北坐拥发展海洋经济的天然优势，但在国内沿海省份中，其海洋经济无论是规模、结构，还是效益和发展方式都还比较落后。突出表现为：海洋经济对全省经济贡献率较低，海洋经济增长质量和效益比较低，海洋经济结构不合理。从河北海洋产业竞争力的区位熵和偏离—份额分析发现，海洋经济稳中有进，但产业总体竞争力低，可持续发展面临严峻挑战，综合管理水平有待提升。河北要加快海洋经济发展、打造沿海地区新兴增长点，还需要做好以下几个方面的重点工作：强化海洋产业综合管理、建设海洋经济示范区和增长极、加快构建具有河北特色的海洋产业体系、加大海洋开发的政策扶持力度、积极推进海洋产业科技创新、加强海洋生态环境保护等。

关键词：海洋经济；产业竞争力；区位熵；偏离—份额分析

1　引言

建设海洋强国是党的十八大作出的重大部署。习近平总书记强调，发达的海洋经济是建设海洋强国的重要支撑，要进一步关心海洋、认识海洋、经略海洋。河北坐拥渤海"腹地"，怀抱京津，辐射"三北"，扼华北、西北地区入海通道，拥有发展海洋经济的天然优势。河北省委八届五次全会把打造沿海地区率先发展增长极列为四大攻坚战之首，提出"力争3~5年内沿海地区经济总量和财政收入占全省半壁江山"。能不能打赢这场攻坚战，关键取决于今后3~5年河北省海洋经济的发展速度、质量和效益。

2　河北省海洋经济发展的国内比较

海洋经济包括为开发海洋资源和依赖海洋空间而进行的生产活动及服务性产业活动，主要包括海洋渔业、海洋交通运输业、产业海洋船舶工业、海盐业、海洋油气业、滨海旅游业等12个产业。目前，河北省海洋经济无论是规模、结构，还是效益和发展方式都还比较落后。表现在下述几个方面。

2.1　海洋经济对全省经济贡献率较低

11个沿海省份按2014年海洋生产总值规模可分为3个方阵。第一方阵是广东、山东，海洋生产总值分别为9 191亿元、8 029亿元，处于全国领先地位；上海、浙江、福建、江苏、天津、辽宁等6省市处于第二方阵，海洋生产总值在5 600亿~3 300亿元；河北、海南、广西在第三方阵，海洋生产总值分别为1 451亿元、654亿元、614亿元，处于落后地位。从海洋经济占地区经济的比重看，最高的是天津（31.1%），上海第二（29.3%），广东、山东等8个省份都在10%以上，最低的是广西（5.2%），河北省倒数第二（5.9%），低于全国平均水平9.8个百分点，海洋经济还没有成为国民经济的重要支撑。

作者简介：霍永伟。E-mail：zrf1008@163.com

2.2 海洋经济增长质量和效益比较低

单位海岸线创造的生产总值，在一定程度上反映了海洋经济的增长质量和效益，称为"单位岸线海洋经济密度"。2014 年，这一指标最高的是上海（33.30%），第二是天津（26.38%），江苏第三（4.09%），第四是河北（2.98%），略高于全国平均水平，但比重与上海、天津相比很低。

2.3 海洋经济结构不合理

河北省海洋渔业基础薄弱，海洋服务业发展滞后，海洋新兴产业发展缓慢，海洋经济主要依靠第二产业带动。2014 年，海洋三次产业比重为 4.2∶56.1∶9.7，海洋服务业占海洋生产总值比重除了比天津（31.1%）略高外，低于其他 9 个省份。与前三位的广东（60.8%）、海南（59.9%）、广东（50.6%）等相差 10~20 个百分点。这种不合理的产业结构加大了海洋资源环境的压力，也制约着海洋经济整体素质和效益提高。

3 河北省主要海洋产业竞争力分析

产业竞争力，一般是指某国或某一地区的某个特定产业相对于他国或地区同一产业在生产效率、满足市场需求、持续获利等方面所体现的竞争能力。多数研究成果通过选取产值、科技、效率等产业发展方面的直接和间接指标，运用计量和统计方法，测定不同、不同时间的产业竞争力水平。基于数据可得程度，本文选取海洋渔业、海洋油气业、海洋盐业、海洋化工业、海洋电力业、海水利用业、海洋船舶工业、海洋工程建筑业、海洋交通运输业和滨海旅游业等 10 个产业作为主要海洋产业进行竞争力分析与评价。

3.1 河北省主要海洋产业竞争力的区位熵分析

区位熵又称专门化率，由美国学者哈盖特（P. Haggett）首先提出并运用于区位分析中。在产业结构研究中，区位熵主要用以分析区域主导产业或优势产业的状况。其计算公式为：$Q = (j_1/j_2) / (b_1/b_2)$。其中，$j_1$ 和 j_2 分别代表研究区域某产业及其较高层次区域同产业的就业人数（产值），b_1 和 b_2 分别代表研究区域及其较高层次区域全部产业的就业人数（产值）。若 $Q>1$，表明某产业在研究区域的集中化程度高于较高层次区域的平均水平；Q 越大，则集中化程度越高。

2006 年和 2013 年，河北省海洋油气业、海洋盐业、海洋化工业、海水利用业、海洋交通运输业 5 个产业 $Q>1$，发展态势相对较好，优于全国平均水平。海洋渔业、海洋电力业和海洋船舶工业全国区位熵均小于 1，发展速度相对滞后，产业竞争力持续偏弱。海洋渔业、海洋盐业、海水利用业、海洋船舶工业、海洋工程建筑业 5 个产业的区位熵均呈现下降趋势，其中，海洋盐业区位熵由 4.02 下降为 2.66，海洋工程建筑业区位熵由 1.36 下降为 0.60，海水利用业区位熵由 2.07 下降为 1.39，下降趋势最为明显。

区位熵运算结果表明，河北省主要海洋产业国内竞争力不强，优势产业与非优势产业总体各占一半，与此同时，2006—2013 年，全省具备相对优势的 5 个海洋产业中的海水利用业和海洋盐业 2 个产业出现较为明显的下滑趋势。

3.2 河北省主要海洋产业竞争力的偏离—份额分析

反映区域专业化相对程度的区位熵是一个静态指标，不能完全反映产业的实际专业化规模。实践中需要运用偏离—份额分析方法做进一步分析。偏离—份额分析法以区域所在较高层次区域（称为标准区）的经济发展为参照，将区域经济总量在某一时期的变动分解为份额偏离、结构偏离和竞争力偏离 3 个分量，以此来揭示区域产业部门结构变化原因，确定未来发展主导方向。因 2006 年河北省海洋电力业没有统计数据，故选取河北省 2006 年和 2011 年的 9 个主要海洋产业的增加值为分析对象，分析结果如下。

3.2.1 河北省主要海洋产业结构总体特征

2006—2013 年河北省主要海洋产业结构总体效果指数 N：91.15，P：362.97，D：596.82，G：

1 050.94，L：1.097，W：0.939，U：1.169。从这些指数可以看出，河北省9个主要海洋产业整体竞争力较强，总体发展速度较快，高于同时期全国相应海洋产业的平均增长率。但增长快速的朝阳产业相对较少，产业结构略显失衡，结构对海洋总产值增长的贡献率不大。9个主要海洋产业部门总的增长势头大，具有较强的竞争能力。

3.2.2 河北省主要海洋产业部门变动情况

从2006—2013年河北省主要海洋产业部门的偏离—份额指数（产业变动情况，其中包含各主要海洋产业部门的份额偏离分量、结构偏离分量、竞争力偏离分量和产业部门增长量），以及产业部门优势来看，河北省主要海洋产业部门在全国都属于增长产业部门，结构基础总体较好，但竞争优势较小，只有少数产业部门，即海洋油气业、海洋化工业、海洋交通运输业和滨海旅游业具有较强的区域竞争力。总之，河北多数主要海洋产业部门虽然具有较好的结构基础，但大多为粗放式发展，规模经济、专业化经济不明显，产业层次偏低。

3.2.3 河北省优势海洋产业分析

对2006—2013年河北省主要海洋产业部门的偏离—份额指数数据值以 Z 值标准化方法进行无量纲处理，发现河北省主要海洋产业中，相对全国而言，仅海洋交通运输业和滨海游旅游业同时具有份额优势、结构优势和竞争力优势，属于竞争力较强的产业。其他产业偏离—份额指数均小于0，河北海洋产业总体竞争力偏弱。

4 河北海洋产业发展总体分析结论

4.1 海洋经济稳中有进

近年来，河北省海洋经济总体规模不断扩大，与先进省份的相对差距进一步缩小。2013年全省主要海洋产业总产值983.86亿元。海洋生产总值占全省GDP的比重达到5.45%，比2005年提高1.41个百分点。全省涉海从业人员达到98万人，占全省从业人员比重达到2.6%，沿海11县（市、区）经济发展水平跨入全省先进行列，实现地区生产总值2 184亿元，年均增长率达到21.4%。海洋产业已经成为河北省支柱性产业。全省已初步形成以海洋渔业、海洋盐业、海洋交通运输业、滨海旅游业、海水利用业、海洋化工业、海洋船舶工业和海洋工程建筑业等为主体的、门类比较齐全的特色海洋产业体系。

4.2 产业总体竞争力低

综合区位熵静态分析与偏离—份额动态分析结果表明，河北省主要海洋产业中仅海洋交通运输业在全国具备较强竞争力，其余主要海洋产业竞争力偏弱。从整体上看，河北省海洋产业仍处于传统、粗放型开发为主的初级阶段，产业发展不够协调，质量和水平依然较低。滨海旅游、海洋渔业、海洋交通运输、海洋盐业等海洋主要产业，仍过度依赖海洋资源本身的直接开发，技术含量低，市场竞争力弱，产业链条短，抗风险能力不强，传统海洋产业产值比重明显偏高，海水淡化、海洋生物制药等现代海洋产业远未形成规模。

4.3 可持续发展面临严峻挑战

一方面，河北省临港主导产业钢铁、化工等属于大进大出型的重化工业，能源资源消耗会进入消耗强度最大的时期，资源环境及相关的节能减排问题成为发展中不可回避、不能绕行的瓶颈。另一方面，海洋主要产业开发所面临的资源环境压力日益增大，淡水资源严重不足，海洋渔业资源严重衰退，滨海湿地退化较为严重，近岸海域生态环境恶化趋势仍未得到有效遏制，海洋资源和环境承载力有所下降。此外，河北省海域抵御自然灾害能力较弱，海岸侵蚀、海水入侵、赤潮、风暴潮等灾害时有发生。资源环境矛盾成为制约河北省临港及海洋产业的可持续发展的主要因素。

4.4 综合管理水平有待提升

海洋经济作为国民经济的重要组成部分，涉及行业、部门众多，综合管理关系尚未完全理顺，部门管理不尽协调，部分海域开发秩序混乱，海域使用矛盾突出，影响了海洋产业和区域的协调发展。从大区域看，环渤海区域经济合作、协调发展的步伐较慢，区域间临港及海洋产业发展的恶性竞争时有发生，产业同质问题十分严重，区域联动发展的有效机制远未形成。

5 加快发展河北海洋经济的政策建议

针对河北省海洋产业发展面临的突出问题，当前和今后一段时期，加快全省海洋经济发展、打造沿海地区新兴增长点，应采取以下重点举措。

5.1 强化海洋产业综合管理

一是组建海洋产业综合协调管理机构。建立由省委省政府主要领导负责，省直海洋、交通、环保、教育、科技、渔业、旅游、统计等涉海部门负责人和秦、唐、沧3市主要领导参加的，综合管理与分级、分部门管理相结合的海洋经济工作领导小组和办公室，负责制定全省海洋开发、研究、保护的重大方针政策，进行全局性的指导。充分借助国家海洋局下达河北省的"省级海洋经济运行监测与评估系统"重点建设项目，全面开展涉海企业信息筛查，搭建海洋经济运行数据平台，实施海洋经济运行动态监测与系统评估业务，为全省海洋经济综合管理与决策提供基本保障。二是强化区域间协作。省海洋经济工作领导小组要加强与辽宁、天津、山东等周边省市的沟通与协调，定期举行环渤海"三省一市"政府领导、专家、学者、企业家参加的海洋产业发展论坛，在产业项目、投融资、滨海城镇建设等方面谋求合作共赢，实现沿海地区海洋产业错位发展、差异化发展。

5.2 建设海洋经济示范区和增长极

首先，构建海陆一体的蓝色经济区。从地理空间上，由东向西，依据海洋资源禀赋条件，按照由海岸带到近岸海域到远海的空间跨度，科学界定海洋开发产业带，划分海洋产业功能分区。从行政经济区域上，由北到南，按照沿海三市行政区划，规划制定由沿海地带、沿海城市构成的秦皇岛海洋经济区、唐山海洋经济区和沧州海洋经济区。其次，培育海洋区域增长极。在3个海洋经济区内，选择带动力强、发展潜力大、区位优势独特的经济技术开发区给予重点扶持，培育打造海洋经济新兴增长极。近期，重点支持打造曹妃甸区、沧州渤海新区两个海洋经济新区。

5.3 加快构建具有河北特色的海洋产业体系

围绕"全力打造沿海地区率先发展的增长极"战略要求，调整优化海洋三次产业结构，以提升海洋主导产业为基础，以打造临港产业集群为重点，以培育海洋新兴产业为方向，推进海洋产业、涉海产业与临港产业协同发展，促进产业结构提档升级，加快构建具有河北特色的海洋产业体系。（1）提升发展现代海洋渔业，以生态健康养殖、渔业资源增殖养护为重点，加快转变海洋渔业发展方式；（2）积极发展海洋盐业，以盐化并举为重点，完善盐、碱、氯、溴、氢产品链，建设现代海洋盐业及盐化工业；（3）加快发展海洋交通运输业，合理调整港口功能，以秦皇岛港、唐山港、黄骅港为龙头，走一条优化整合港口资源、提升港群优势的发展道路；（4）着力发展滨海旅游业，充分发挥海滨海岛、湿地温泉、历史遗迹等旅游资源优势，突出海洋特色，推动文化体育产业与休闲旅游相结合，打造国际知名的休闲旅游度假基地；（5）以港口及临港产业大基地、大项目建设为重点，大力发展石化工业、能源工业和现代装备制造业等新型临港产业集群；（6）壮大海洋服务业、海水综合利用业等新兴产业，加快进行海洋药物、海洋能的开发实验。

5.4 加大海洋开发的政策扶持力度

一是加大产业政策支持力度。对海洋产业重大项目优先立项，并争取国家在重大产业项目规划布局上给予倾斜。设立海洋产业发展专项资金，对重大基础设施和重点项目给予财政补助。对列入国家重点扶持和鼓励发展的涉海产业项目，给予企业所得税减免、研发费用税前抵扣等优惠政策。相关各级政府要重点支持有利于海洋产业发展的基础性、公益性项目建设，对处于成长期的海洋高科技产品，实施政府优先采购制度，鼓励和支持内陆重化工企业搬迁至曹妃甸新区、沧州渤海新区。二是构建多元化的投融资体系。发挥政府投资的引导作用，引导国内外各类金融资本和民间资本投资河北省海洋优势产业和战略性新兴产业。鼓励金融机构在沿海地区开展金融创新和试点，拓宽服务领域，提高服务水平。支持涉海企业发行企业债券或上市融资，创设非上市公司产权交易中心，搭建资本运作平台。创设海洋产权交易中心，促进海域使用权、海岛使用权的依法有序流转。积极引入政策性保险，健全担保和再担保机构，降低涉海企业经营风险。

5.5 积极推进海洋产业科技创新

一是加强海洋科技创新能力建设。联合中国科学院、中国工程院等国家级科研机构，采取外部引进、联建共建、整合提升等形式，在河北省建设一批重点实验室和工程中心，提升河北省海洋科技创新能力。整合河北大学、河北工业大学、河北农业大学、省水产研究所等科研院所涉海科技力量，增强海洋科技引进、消化、综合再创新能力。二是开展重大海洋技术攻关。围绕河北省海洋产业发展的重大问题和关键技术，努力在海洋养殖新品种培育、海洋食品加工、海洋生物制药、海水综合利用、海洋新能源开发、海洋环保技术、海洋低碳技术、海洋资源综合利用、海洋装备制造技术等领域，形成一批重大关键技术和具有自主知识产权的科技成果。三是加快海洋科技成果转化。加快科技成果转化基地建设，建设完善海洋科技成果中试基地、公共转化平台和以科技企业孵化器为依托的区域孵化网络。以曹妃甸循环经济示范区、秦皇岛经济技术开发区、黄骅临港工业区等为中心，组织实施一批海洋高新技术产业化示范工程，建设一批示范基地。

5.6 加强海洋生态环境保护

一是全面实施海洋生态保护。加强滨海湿地、自然保护区和海岸防护林的保护，扩大自然保护区数量和范围。开展海洋生物资源保护，控制和压缩近海传统渔业资源捕捞强度，实行并完善禁渔区、禁渔期和休渔制度。推进海洋生态修复治理，加大沿海滩涂治理力度，积极推进围填海计划指标管理，严格控制滩涂围垦。二是建立健全海洋污染防治机制。加强陆域污染源治理，实现污染物总量控制和达标排放。大力发展生态农业，提倡科学养殖，减少面源污染。加强到港船舶防污染管理，增强港内作业污染应急控制能力。实施近海石油钻井平台防污管理，建立石油钻井平台溢油污染事故应急处置联动机制。制定海岸带灾害防治规划，加强海岸侵蚀、海水入侵、地面沉降、赤潮、风暴潮等海洋灾害防治。建立健全海洋环境监测预报体系，严格执行建设项目环境影响评价制度，提高应急事件快速反应和处理能力。

参考文献：

[1] 河北省社会科学院课题组.河北省海洋经济运行状况评估[R].石家庄，2015.
[2] 河北省政府研究室课题组.发展海洋经济是打造沿海地区增长极的决定性战役[R].石家庄，2013.
[3] 程长羽，李莹，王雪祺.河北省海洋经济发展现状及其对策[J].经济论坛，2013(2):24-28.

上海和新加坡引航服务费用对比研究

王建涛[1,2]，程豪杰[3]

（1. 上海海事大学 商船学院，上海 201306；2. 南通航运职业技术学院 航海系，江苏 南通 226010 ；3. 新加坡引航站，新加坡）

摘要： 本文首先介绍了引航服务的内涵和相关费用产生的原因；接着对比了上海引航站和新加坡站的引航区域、引航距离和引航船舶的数量，发现上海引航条件更复杂，引航距离更远，引航船舶数量为新加坡的一半；再接着，对比了上海引航站和新加坡的引航收费标准，并计算了各种情况下的具体收费，发现上海的阶梯收费范围不够细化，引航收费偏高；又对比了辅助拖轮的配备数量标准和收费标准，发现上海和新加坡引航站的辅助拖轮配备标准需要进一步研究制定；最后，针对性的提出要建立长江口供应船舶燃料油和物料免税区，降低和统一上海引航费率，标准化辅助拖轮配备的建议。

关键词： 上海；新加坡；引航服务；费用

1 引言

引航是指持有有效适任证书的引航员，在引航机构的指派下，从事的引领相应船舶航行、靠泊、离泊、移泊、锚泊等活动[1]。船舶引航服务，就是在国家政府授权条件下行使国家引航权的服务活动，具体表现形式为，在一定港口、航道或者特殊水域，引航机构（公司）指派引航员登上按照当地政府规定需要（或主动申请引航）的船舶，为保证船舶航行或靠离泊安全，提供专业航海建议并采取一切必要的措施，同时收取一定的引航费的行为。可以看出，引航服务费用就是通过船舶引航服务所产生的相关费用。影响引航总费用的因素有引航区域环境、引航距离或时间、船舶吨位、船舶类型、引航费率、拖轮费率等，本文通过上海引航站和新加坡引航站的引航费用的因素对比，希望对上海航运服务业的发展提供一些有益的建议。

2 上海和新加坡引航区域和船舶数量对比

2.1 引航区域

上海引航站引航作业区域如图 1[2]，其作业区域主要有 7 部分，①长江口 NO.1 引航作业区，北槽进出长江引航员上下船舶；②长江口 NO.3 引航作业区，南槽进出长江引航员上下船舶；③洋山深水港区引航作业区，该区域主要是用于引领洋山深水港区航行船舶的引航员登离轮作业，位于杭州湾口、长江口外上海南汇芦潮港东南；④临港引航作业区；⑤金山水域引航作业区；⑥宝山引航交接区，宝山引航交接区即上海港引航员与长江引航员进行工作交接的区域；⑦绿华山引航作业区，上海港水域的水深受限，部分超吃水的大型散矿船须减载进口。上海港引航站在绿华山锚地（位于长江口东南约 20 海里的东西绿华山）设立引航作业区，为减载过驳船提供服务。其主要作业区位为①、②、③、④和⑥。新加坡引航区域设置如图 2[3]，海上共有 8 个引航员上下船点，就近上下船舶引航船舶到达 A 区域，东 B 区域，东 C 区

作者简介：王建涛（1982—），男，河北省太康县人，硕士研究生，讲师，主要研究水上运输。E-mail：wjttk@ntsc.edu.cn

域，西 B 区域和西 C 区域。

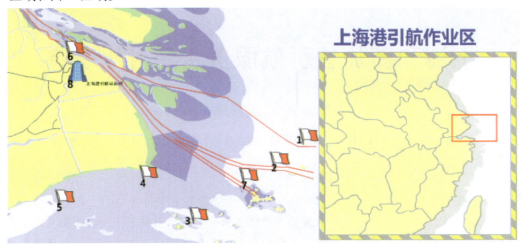

图 1　上海引航站作业区分布

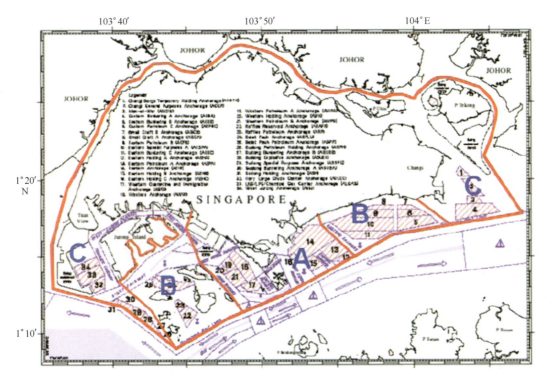

图 2　新加坡引航站作业区分布

上海引航作业区域位于 31°N，121°E 附近，长江入海口，东临东海，盛行季风，冬季多偏北大风，夏季东南季风；雾日多，年均雾日 30 天；流速大，平均 3~5 年；潮汐落差比较大，最大能达到 5 m；长江航道最大水深 12.5 m，洋山港最大水深 15 m[4]。新加坡引航作业区位于 1°N，104°E 附近，毗邻连接太平洋和印度洋的主要航路的马六甲海峡南口，地处热带，长年受赤道低压带控制，赤道多雨气候；风力较小；基本无雾，流速 1~3 节，最大潮差 2 m 左右，水深 20 m 以上[5]。上海引航作业区的水文气象条件比新加坡引航作业区复杂，由此造成引航作业航道条件更加困难，这会相应的影响引航费用标准的制定。

2.2 引航距离对比

根据引航站设置和作业区，计算引航大致距离如表1。对比上海和新加坡引航距离可以发现，新加坡引航距离一般远小于上海，即使按照上海引航距离最近的洋山码头也有20海里，而新加坡最远的引航距离仅14海里左右。另外，经过上海北槽和南槽进入长江航道上海段的船舶，即上海南北槽引航站至宝山交接中心距离41海里，按照理想航行状态，也需要4个左右小时的航程。从船舶引航费用的角度考虑，利用引航时间或引航距离收费是两港口管理部门的选择项。

表1 上海和新加坡引航大致距离

上海引航站（到）	距离/海里	新加坡引航站	距离/海里
洋山码头	20	A 区	小于6
外高桥码头	31	东 B 区	5~9
宝山交接中心	41	东 C 区	14
宝北锚地	50	西 B 区	10
金山锚地	82	西 C 区	8

2.3 上海和新加坡引航站引航船舶数量对比

从表2可知，（1）2007—2015年，上海和新加坡引航船舶绝对数量都比较大，上海港和新加坡港都属于比较繁忙的港口；（2）上海引航船舶数量2011年达到峰值，近4年稳定少变；新加坡引航船舶数量缓慢增加；（3）上海引航船舶数量为新加坡的54%~60%之间，新加坡引航业务更多；（4）从引航船舶的目的来看，上海引航船舶为上海港靠离泊位（约55%，占比比较稳定）和进出长江航经上海段（约45%，占比比较稳定）；新加坡为靠离泊位（40%~50%，占比稳定减少趋势）、船舶修理（约4%~7%，占比逐步减少趋势）和加油及物料（44%~57%，占比逐渐增加趋势）。

根据中国交通运输部《船舶引航管理规定》，需要引航的船舶为：外国籍船舶；为保障船舶航行和港口设施的安全，由海事管理机构会同市级地方人民政府港口主管部门提出报交通部批准发布的应当申请引航的中国籍船舶；法律、行政法规规定应当申请引航的其他中国籍船舶；根据需要主动申请引航的其他船舶。根据规定，上海引航站主要引航的船舶种类为国际航线船舶和进出长江不符合长江航行安全的船舶。而根据新加坡相关规定，靠离泊（浮筒）、抛锚船舶需要强制引航。受到中国经济新常态和船舶大型化的影响，上海引航船舶数量已经稳定；而同期新加坡引航船舶数量由于加油和物料数量的增加，总体数量稳定增加。其主要原因是新加坡的燃料重油价格和物料价格远低于上海（数值对比），实际上这为上海自贸区建立的背景下发展航运服务也提供了一定借鉴意义。

表2 2007—2015年上海和新加坡引航船舶数量[2,6]

		2007	2008	2009	2010	2011	2012	2013	2014	2015
上海引航站引航船数量	靠上海港	33 321	34 721	35 821	36 318	33 147	40 629	37 976	36 529	37 631
	经过上海航区	26 432	27 155	28 368	30 939	36 198	27 086	29 677	29 888	30 788
	共计	59 753	61 876	64 189	67 257	69 345	67 715	67 653	66 417	68 419
新加坡引航站引航船数量	装卸货	54 844	56 729	53 376	52 548	51 515	50 562	50 288	49 890	48 842
	船舶修理	5 995	6 588	7 200	8 631	8 235	6 657	6 881	6 335	4 141
	加油和物料	48 465	52 091	53 454	57 201	60 438	62 248	64 948	65 639	70 519
	共计	109 304	115 408	114 030	118 380	120 188	119 467	122 117	121 864	123 502

3   上海和新加坡引航收费对比

从表3和表4可以看出,上海和新加坡引航费的不同之处有:(1)上海引航收费首先分外贸和内贸,新加坡引航收费没有内、外贸之分;(2)上海引航费的计算按照净吨(NT,Net Tonnage)或马力(很少)计算,新加坡按照总吨(GT,Gross Tonnage)计算;(3)上海引航费计算与引航的距离有关,另外加收节假日附加费,而新加坡按照引航时间和船舶类型计算;(4)新加坡对特殊船舶有另外的规定,而上海没有对特殊船舶的规定;(5)新加坡对引航员登轮时间的确认比较重视,严格区分提前4个小时确认和小于4个小时确认。新加坡和上海引航费的相同之处在于两地都对船舶的大小进行了阶梯收费,只不过新加坡的阶梯更多,收费规定更详细,而上海的阶梯收费范围比较不够细化。

假设某船舶资料,船长228.6 m,船宽32.27 m,总吨41 189 t,净吨25 692 t,假设引航站到泊位20海里,引航员从登轮开始计算3 h靠好泊位,各种情况下上海和新加坡引航费用如表5所示。

通过对一条巴拿马型船舶的引航费的计算,可以看出:(1)如果是一条普通船舶,都按照规定提前申请并确认引水登轮时间,上海引水费(14 131元)比新加坡引水费(6 337.5元)高1倍多,这也是一般普通商船的情况;(2)新加坡更注重效率和时间,如果确认引航员登轮时间距离实际登轮不到4 h,相应的引航费增加50%,如果取消计划或者变更计划另外加收第一个小时的基本费用;而同时上海引航站对此要求不太严格,采取申请后排表和临时申请相结合,这和上海水域进出长江船舶较多,航道、水文、气象等条件复杂有关;(3)新加坡对特殊船舶收费较高(为一般船舶的2~2.5倍),接近甚至超过了上海引航站的收费;(4)上海引航站的节假日规定为[9]:夜班起始时间为每日22:00至次日06:00;假日起始时间为周六00:00至周日24:00;元旦、春节、清明、五一劳动节、端午、中秋、国庆等法定节日以此类推[9]。因为船舶无休作业制度,节假日时间段占了50%以上时间,造成了一半以上船舶都会收取节假日附加费,造成总体上海引航费偏高;(5)上海引航站内贸船舶收费不到国际航行船舶的一半,减少了国内航行船舶的费用,保护了国内航运业;新加坡无差别对待,但是总体费用不高,这也说明新加坡航运业更加开放。

表3   上海引航站收费标准(人民币:元)[7]

操作项目		进出港口、上海航道			仅移泊		
收费项目		基础费(≤10海里以内)	>10海里部分	超远距离附加		最低计费净吨	节假日附加费
外贸	船舶净吨	≤40 000 NT部分 0.5×NT	0.005×NM×NT	30%×基础费	0.22×NT	2 000	基本费率×45%
		40 001~80 000 NT部分 0.45×NT					
		>80 000 NT部分 0.425×NT					
内贸		0.2×NT	0.002×NM×NT	30%×基础费	0.15×NT	500	基本费率×45%

注:1. NM表示海里;2. NT表示船舶净吨(或马力);3. 超远距离指超出引航登船点到泊位参考距离并且在引航单位认可的距离范围内;4. 数据来源:上海引航站网站。

表4 新加坡引航收费标准（美元）[8]

需要引水确认距登船时间	一般船舶				特殊船舶			
	≥4 小时		<4 小时		≥4 小时		<4 小时	
船舶总吨/GT	第1小时	后每半小时	第1小时	后每半小时	第1小时	后每半小时	第1小时	后每半小时
<6 000	227	113.5	340.5	170.25	454	227	567.5	283.75
6 000~12 000	251.5	125.75	377.25	188.625	503	251.5	628.75	314.375
12 000~20 000	277	138.5	415.5	207.75	554	277	692.5	346.25
20 000~30 000	315	157.5	472.5	236.25	630	315	787.5	393.75
30 000~40 000	352.5	176.25	528.75	264.375	705	352.5	881.25	440.625
40 000~50 000	390	195	585	292.5	780	390	975	487.5
50 000~60 000	427.5	213.75	641.25	320.625	855	427.5	1 068.75	534.375
60 000~70 000	465	232.5	697.5	348.75	930	465	1 162.5	581.25
70 000~80 000	487	243.5	730.5	365.25	974	487	1 217.5	608.75
80 000~90 000	509	254.5	763.5	381.75	1 018	509	1 272.5	636.25
90 000~100 000	531	265	796.5	397.5	1 062	530	1 327.5	662.5
100 000~110 000	553	276.5	829.5	414.75	1 106	553	1 382.5	691.25
110 000~120 000	575	287.5	862.5	431.25	1 150	575	1 437.5	718.75
>120 000	597	298.5	895.5	447.75	1 194	597	1 492.5	746.25

注：1.特殊船舶指潜艇、军舰、钻井平台及其他拖带船舶；2.船舶引航计划取消或更改加收相应吨位第1小时费用；3.数据来源：新加坡港务集团。

表5 某船上海和新加坡各种情况计算表（人民币：元）

类别	上海引航收费				新加坡引航收费			
	国际航行船舶		内贸船舶		一般船舶		特殊船舶	
	正常工作时间	节假日	正常工作时间	节假日	确认时间≥4小时	确认时间<4小时	确认时间≥4小时	确认时间<4小时
基本费	25 692×0.5	25 692×0.5 ×（1+45%）	25 692×0.2	25 692×0.2 ×（1+45%）				
>10海里部分	25 692×0.005 ×（20-10）	25 692×0.005 ×（20-10）	25 692×0.005 ×（20-10）	25 692×0.005 ×（20-10）	（390+195×3）×6.5	（585+292.5×3）×6.5	（780+390）×6.5	（975+487.5 ×3）×6.5
共计	14 131	19 922	6 423	8 736	6 337.5	9 506.25	12 675	15 843.75

注：美元/人民币取值6.5。

4 上海和新加坡拖轮收费对比

上海引航站根据交通运输《推进阳光引航提升服务水平工作方案》，结合船舶安全操作的需求，依据船舶类别（集装箱和非集装）、操作类别（靠泊浮筒）、船长、吃水及当时水文天气情况，分别规定了上海港船舶引航辅助拖轮配备数量[10]。同样，新加坡港务集团和新加坡海事局根据船长、船舶自身动力和吃水也制定了拖轮配备的建议标准，对配备拖轮的数量和大小都有详细规定[8]。但同时，无论新加坡和上海引航站，引航服务时配备拖轮的数量和大小都是建议，非强制标准，一般是按照船舶靠离泊的通常做法。这为引航员特殊条件增加拖轮数量和大小设置了一定障碍，对船舶安全造成了一定影响。

关于引航拖轮的收费标准，两地都经过了政府主管机关的核准，如表6。按照第2部分某船资料，上海和新加坡引航站引航服务时配备2条拖轮，一般情况下是靠离泊位大约拖轮协助需要1 h，按照上海和新加坡拖轮收费标准计算收费如表7。通过表6和表7对比可以发现：（1）上海引航站拖轮收费按照净吨和时间计，新加坡按照总吨和时间计，但新加坡规定的标准更加详细，收费更加细化；（2）上海引航站分内贸和外贸船舶，内贸船舶又分别分为沿海和内河船舶，新加坡统一标准；（3）上海拖轮费用和新加坡费用差别不大，其中上海内河（沿长江）靠离泊位上海比新加坡高约15%，而沿海内贸（洋山港）比新加坡还低21%；上海外贸拖轮费用比新加坡高11%。另外，通过表5和表7对比发现：（1）新加坡的引航费在提前确认引航员登录时间的情况下，拖轮费是引航费的1.7倍，说明新加坡的拖轮费用相对较高；（2）同期上海外贸船舶在非节假日时间拖轮费为引航费的0.87倍，收费标准相对比较协调。

表6   上海和新加坡每条拖轮收费标准[7-8]

上海港（人民币：元）			新家坡港（美元）		
内贸		外贸	船舶大小（总吨）	第1小时	后每半小时
沿海	内河		≤2 000	330	165
			2 000~5 000	385	192.5
			5 000~10 000	420	210
			10 000~15 000	440	220
			15 000~20 000	638	319
净吨×小时×0.35	净吨×小时×0.50	净吨×小时×0.48	20 000~30 000	680	340
			30 000~60 000	840	420
			60 000~100 000	1 100	550
			>100 000	1 260	630
			一般协助	1 700	850
			紧急协助	2 500	1 250

表7   某船上海和新加坡拖轮收费（人民币：元）

上海			新加坡
内贸		外贸	
沿海	内河	12 332	10 920
8 992	12 846		

5   结论及建议

通过上海和新加坡引航费用因素的对比，对上海航运服务业提出如下建议：

（1）开辟上海长江口的海上免税供应燃料油和物料区域，鼓励相关企业充分竞争，降低船舶燃料油和物料的价格。在扩大开放的同时，增加上海港的引航船舶数量，进而提高上海航运服务业的竞争力。

（2）降低上海引航站收费标准，控制在比新加坡高20%~50%之间。第一，细化上海引航收费标准，降低费率；第二，取消节假日时间段的夜间收费时段，保留周末和国家法定节假日的附加收费时段。

（3）统一上海引航站的收费标准，进一步深化开放水平。取消内贸和外贸船舶的区别，考虑到长江沿岸港口的船舶引航难度，保留沿海和内河收费标准。

（4）辅助拖轮数量的配备标准需要引航站、港航企业、专家学者进一步讨论和研究，制定更加细化的标准，为引航员有效保障引航船舶安全提供参考。

参考文献：

［1］　中国交通运输部.船舶引航管理规定［S/OL］. http：//www.china.com.cn/zhuanti2005/txt/2001-12/18/content_5087688.htm,2001-11-30.

［2］　上海引航站.引航概况［EB/OL］. http：//www.sh-pilots.com.cn/info/info.aspx.

［3］　The Maritime and Port Authority of Singapore（MPA）. General Operating Conditions［S］.http：//www.psamarine.com/images/pdfs/（Updated%
　　　20on%208%20Dec%2014）%20GENERAL%20OPERATING%20CONDITIONS.pdf,2014-12-08.

［4］　《上海年鉴》编辑部.上海年鉴（2015）［M］. 北京：中国人民大学出版社，2016：10-13.

［5］　Royal Naval Hydrographic Department. Guide to Port Entry［M］.England：Shipping Guide,2016：130-135.

［6］　新加坡海事局.新加坡引航船舶统计［EB/OL］.http：//www.mpa.gov.sg/web/portal/home,2016-08-29.

［7］　交通运输部和国家发展改革委员会.港口收费计费办法［S］.http：//www.cjcd.com.cn/flzl/201601/t20160107_270540.html,2015-12-01.

［8］　The Maritime and Port Authority of Singapore（MPA）. UK Standard Conditions For Towage And Other Services（Revised 1986）［S］.http：//blog.
　　　sina.com.cn/s/blog_3f3aa8080101geae.html,2016-02-04.

［9］　上海引航站. 上海引航费收费计算及付费办法［S］.http：//www.sh-pilots.com.cn/Default.aspx,2016-03-01.

［10］　上海市交通运输与港口管理局.上海港引航作业辅助拖轮配备办法［S］.http：//www.docin.com/p-761302609.html,2013-11-27.

法国诺曼底地区海洋能产业发展分析

王萌[1]，刘伟[1]，张多[1]

（1. 国家海洋技术中心，天津 300112）

摘要： 海洋能是重要的可再生能源，具有蕴藏量大、环境影响小、可持续利用等优点。目前，开发利用海洋能已成为世界各国保障能源安全、加强环境保护、应对气候变化的重要措施。本文阐述了法国的可再生能源发展目标、开发利用海洋可再生能源的巨大潜能和法国诺曼底地区致力于建立世界级海洋能产业示范区的实施进展及相关举措。结合我国"十三五"海洋能产业战略布局，本文探讨了法国成功经验对我国海洋能产业发展的借鉴并提出一些建议。

关键词： 海洋能；法国；诺曼底；产业集聚；国际合作

1 引言

法国三面临海，拥有约 1 500 km 长的海岸线和 1 100×10^4 km^2 的海域，在海洋可再生能源的开发利用上有巨大的潜能。法国拥有全欧洲第二大的近海风能与潮流能资源，以及雄厚的远海海域开发能力。为了更好地发挥资源优势和技术优势，法国依靠工业发展、科技创新、产业集聚和国际合作，致力于在诺曼底地区打造一个世界级的海洋能产业示范区。

在可再生能源开发方面，法国与欧盟都拥有宏伟的目标。欧盟的目标是到 2020 年实现可再生能源消耗量占总能源消耗比重的 20%，法国则致力于在同期内达到 23%。到 2020 年，欧洲海洋可再生能源提供的电力将占全欧洲电力供给量的 4%。

2 法国诺曼底地区的优势

2.1 诺曼底地区海洋能资源潜力巨大

法国诺曼底地区在潮流能和近海风能的发展上拥有超凡的优势。该地区拥有长达 470 km 的海岸线和约 3~6 GW 的潮流能资源，占欧洲潮流能资源总量的 50%，位居法国第一、全球第二，仅一个在建海上风场的装机容量就达 450 MW。这证明诺曼底地区拥有绝佳的海洋可再生能源开发条件（图 1）。

诺曼底地区潮流能电场所处的区域不仅有强大的潮流，同时还对海底地质条件有着严格的要求，因为，电缆的安装与防护技术会相当复杂。此外，在恶劣的气候条件下海陆连接作业也将成为一个技术难题，这也是整个产业必须克服的几大难题之一。

2.2 诺曼底地区具有完备的基础设施

除得天独厚的自然条件外，诺曼底地区还拥有完备的基础设施，特别是瑟堡（Cherbourg）和卡昂—乌伊斯特雷昂（Caen-Ouistreham）拥有成熟的电网设施、雄厚的工业基础和众多中小企业。

瑟堡港作为未来海洋可再生能源的产业制造基地（图 2），其用于海洋可再生能源产业的土地已开始

作者简介：王萌（1981—），女，江苏省镇江市人，助理研究员，主要从事海洋能源战略研究与规划工作。E-mail: ocean_ wm@126.com

图 1　法国诺曼底海洋能产业区

开发，目前已开发 40 hm²，预计未来开发面积将达 100 hm²。瑟堡将努力拓展现有的 "terre-pleins des Fla-mands" 和 "des Mielles" 两个区域，项目总投资达到 600 万欧元。

　　阿尔斯通、西门子、法国 DCNS 集团、福伊特水电集团等知名跨国公司已在瑟堡港开展相关项目。法国 DCNS 集团在 2012 年 3 月建设了一座潮流能机组制造工厂。

　　近海风电场和潮流能电场的大型部件必须通过海运来实现建设与维护，这对港口提出了生产、装配、储存与运输能力的较高要求。卡昂—乌伊斯特雷昂港拥有 1 000 km² 的码头基础设施，可以同时容纳多艘船舶，距将建的风电场仅 11 海里，是作为该海上风电场维护中心的最佳选择（图 3）。

2.3　诺曼底海洋可再生能源产业集聚区

　　2013 年初，西诺曼底海洋能（West Normandy Marine Energy，WNME）公司为了开发海洋可再生能源产业，在诺曼底成立了集产、学、研、用为一体的海洋可再生能源产业集聚区[1]，在整合研究资源、工业技术和先进经验方面优势明显。

3　诺曼底海洋能产业示范区发展现状

3.1　库尔瑟莱（Couresulles-sur-Mer）海上风电场

　　2011 年 6 月，法国政府举办了 3 场有关在英吉利海峡和大西洋沿岸开发海上风力发电设备的招标会。库尔瑟莱的风电场项目最终由法国 EMF 公司竞标成功，阿尔斯通则成为了项目的独家供应商。整个项目投资额约为 180 亿欧元。

　　该项目包括 75 台海上风机，每台装机容量为 6 MW，总装机容量达 450 MW，预计几乎可满足整个卡尔瓦多斯省 63 万人的用电需求（该省总人口为 683 000）。风电场将安装在离岸 10 km 的海上，总面积为

图 2　瑟堡港

图 3　卡昂—乌伊斯特雷昂港

50 km^2。风电场的选址经过了充分的环境影响评估，考虑到了对沿海居民的影响，经过与当地利益相关方的协商进行了景观优化（图 4）。

图 4　库尔瑟莱海上风电场

阿尔斯通集团投建了 4 家工厂生产风机的主要部件：其中 2 家位于瑟堡，主要负责生产叶片与塔体；另外 2 家位于圣纳泽尔，负责生产发电机与引擎舱，叶片工厂的用地许可证已经到位。风电场将在 2018—2020 年间逐步建成。港口建设工作已于 2015 年启动。

3.2　OpenHydro 潮流能机组研究进展

DCNS 集团下属的 OpenHydro 公司与法国电力公司（EDF）合作，于 2016 年 1 月 20 日在法国 Paimpol -Brehat 海域成功布放了 2 台直径 16 m（500 kW）的涡轮机组，将于 7 月前并入地方电网，届时有望成为国际上首座并网的潮流能发电装置阵列；双方还将在两年内在诺曼底 Raz Blanchard 海域布放 7 台潮流能机组阵列[2]。

4　诺曼底开展海洋能国际合作的情况

在国际合作开发的强烈意愿的驱使下，诺曼底地区已与世界很多地区的机构和组织建立了合作关系，主要目标是与各方分享在海洋可再生能源项目开发方面的相关成功经验与实践。

4.1　与英国苏格兰海洋能研发机构合作

凭借在海洋可再生能源方面的优势地位，诺曼底向全世界展示了一个极具吸引力的海洋可再生能源研发计划。苏格兰在决定停止核能研发后，致力在未来 10 年内开发海洋可再生能源作为替代性方案，这为诺曼底—苏格兰之间的合作提供了需求基础。

苏格兰与法国一样，在近海石油勘探方面拥有丰富的经验，并同样是可再生能源领域的先行者。苏格兰建立起了庞大的试验区、欧洲海洋能源中心（EMEC）以及关注该领域的大学网络。

4.2　与英国海峡群岛（Channel Islands）的合作

由于在地理上毗邻，芒什海峡、诺曼底地区与海峡群岛的相关部门之间在很多领域都有着密切合作的历史，包括经济、旅游、教育、文化与体育等方面。与诺曼底相似，很多位于海峡中的小岛都极具能源开发潜力。自 2008 年以来，计划在奥尔德群岛建立起一个总装机容量为 300 MW 的发电厂。例如，西诺曼底海洋能公司与海峡群岛海洋可再生能源集团（Channel Island Marine Renewable Energy Group，CIMREG）在很多研究项目上开展了深入的合作[3]。他们将共同开展环境影响评估，并开展一系列海洋可再生能源的研发合作。

4.3　与中国的合作意愿

在 2014 年和 2016 年的 ICOE 大会上，诺曼底海洋可再生能源产业示范区的负责人曾先后多次主动表达了与中国合作的意愿，希望能与中国在海洋可再生能源领域开展合作（图 5）。

图 5　诺曼底产业区负责人主动与我国海洋能专家表达合作意愿

5　结语

据不完全统计，目前中国海洋能从业机构共 258 家。其中，科研机构 71 家、高校 74 家、企业 113 家，包括能够进行大型和超大型海洋装备制造、运输、安装等业务的大型企业[4]。从产业角度看，目前海洋能在区域电力供给中发挥的作用很小，仅潮汐能发电取得了一定的经济效益。潮汐能开发利用与水力发电产业具有较强的关联性，因此具有较好的潮汐能产业基础。中国海洋能产业当前正处于发展的萌芽阶段，也是关键阶段，更多地依靠国家及地方财政投入引导。

中国在海洋可再生能源领域状态较好，与国际先进水平相比互有优势，总体上差距不大，法国等海洋能产业发达国家的成功实践经验也为我国促进海洋能健康发展提供了有益的借鉴和启发：（1）结合能源分布条件因地制宜地开展海洋能利用；（2）建设完整的海洋能产业链，占领高端装备制造技术制高点，赶超世界先进水平，结合国家"一带一路"战略实现技术输出和产业辐射，实现效益倍增；（3）将发展海洋能产业定位为促进产业结构转型升级、实施"蓝色经济"战略的重要举措，国家给予系统的政策扶持；（4）建设海洋能产业示范区，发挥产业集聚的优势，促进"产、学、研、用"相结合；（5）广泛开展国际合作，吸取各国、各公司的成功经验，促进自有产业健康发展，并鼓励国内企业积极参与国际市场竞争、发展壮大。

我国"十三五"期间，综合考虑中国不同区域的海洋能资源状况、海洋产业特点、海洋能研发力量、海洋装备制造能力、海洋能开发利用基础、基础设施条件等要素，按照"四大产业集聚区"布局中国海洋能技术示范及产业发展。同时，随着更多的机构进入海洋能领域，中国海洋能技术研发将逐渐成熟，示范规模也将逐步扩大，中国海洋能产业的发展进程必将加快。

参考文献：

［1］　Ouest Normandie Energies Marines. 32% d'énergie renouvelable en 2030［R/OL］. www.west-normandy-marine-energy.com.

［2］　Oceanlinx. Projects Overview［EB/OL］. www.oceanlinx.com/projects.

［3］　DEF. L'ambition d'un réseau international indépendant d'entreprises expertes［EB/OL］. http://www.def-online.com/.

［4］　游亚戈. 我国海洋能产业状况［J］.高科技与产业化,2008（7）: 38-41.

我国海洋文化产业集群化发展模式研究

——以连云港市为例

张元[1]

（1. 淮海工学院 马克思主义学院，江苏 连云港 222005）

摘要：处于"一带一路"交汇点的江苏省连云港市应结合自身得天独厚的海洋文化资源优势，大力发展海洋文化产业，积极打造国际化海洋港口城市；推进江苏省连云港市的海陆联动，连接苏、鲁、皖、豫等省腹地，拓展内陆海洋文化产业市场；挖掘并弘扬江苏省连云港市本土海洋文化资源及其蕴含的优秀人文精神，将其内化为城市竞争力中最核心、最持久的动力，建设国际化海洋港口城市；强化海域"物权生态化"理念，重视海域环境保护和开发治理；引入市场机制，深化政府行政体制改革，建设服务型政府；优化整合社会资源，促进海洋文化产业集群化发展。

关键词：海洋文化；海洋文化产业；集群化发展模式

1 引言

在"一带一路"建设战略背景下，苏北地区的连云港市应结合自身得天独厚的海洋文化资源优势，在传统文化产业中注入新的内容、活力，大力发展海洋文化产业，积极打造国际化海洋港口城市，保持经济的持续快速稳定发展，推进"一带一路"交汇点建设。连云港的发展始终与海洋紧密相连，可以这样认为，没有海洋资源就没有连云港最初的文化形态。海洋文化产业发展兴起于 20 世纪七八十年代。21 世纪初以后，海洋文化的集群化发展倾向明显显现，目前已经形成海洋旅游休闲文化产业、海洋影视产业、海洋文化创意产业、海洋节庆会展、海洋渔文化等区域特色明显的集群化产业。运用"互联网+"的深度融合优势，制定、出台有利于连云港海洋文化产业的发展规划和政策支持，探索具有高产品附加值优势的海洋文化产业集群化发展模式。海洋文化产业具有高产品附加值等优势特点，是连云港市未来文化产业新的增长点。处于东海与苏北、皖北、鲁东南、豫东南交结地带的连云港应充分利用和发挥其独特的依山傍海的海洋区位优势，促进港城新兴的海洋文化产业与社会、经济、政治、科技等产业之间的互动交融。基于连云港市海洋文化产业整体发展态势的思考，本研究从战略角度提出依山傍海，海陆联动，勾连苏鲁皖豫腹地，挖掘和弘扬连云港本土海洋文化，建设国际化海洋港口城市，强化"物权生态化"理念，重视海域环保，引入市场竞争机制，深化政府行政体制改革，建设服务型政府，优化整合社会资源，促进连云港市海洋文化产业集群化发展。

2 海陆联动，勾连苏鲁皖豫腹地

新兴海洋文化产业的发展与海洋世纪背景下海洋经济作用的凸显、文化产业地位的上升密不可分，日益成为经济、社会发展的重要力量。海洋文化产业是指从事涉海文化产品生产和提供涉海文化服务的行业。海洋文化产业可划分为滨海旅游业、涉海休闲渔业、涉海休闲体育业、涉海庆典会展业、涉海历史文

基金项目：江苏省社科应用研究精品工程课题"'互联网+'海洋文化产业协调发展模式与创新机制研究"（16SYB 130）；江苏省海洋经济研究中心开放基金课题"江苏省海洋文化产业协同创新机制研究"（JPRME201604）。

作者简介：张元（1983—），男，安徽省桐城市人，副教授，博士，研究方向为海洋文化产业。E-mail：zhangyuan_ cumt@ 163.com

化和民俗文化业、涉海工艺品业、涉海对策研究与新闻业、涉海艺术业等。海洋文化产业藉由网络信息技术的承载与托举，实现"现场体验式"和"离场体验式"海洋文化产业的交叉融合，也使得海洋文化与网络科技双向深度融合，形成海洋文化产业"集成创新"效应。中国海洋文化产业（含旅游业）在 2010年的增加值约为 8 093. 33 亿元，增速约为 12%，在"十二五"末产值可逼近 1 万亿元，是极具可持续发展潜力和良好发展前景的朝阳产业。

连云港最大的优势和潜力是其依山傍海的沿海区位优势。改革开放以来，连云港依托国家对开放沿海地区的政策扶持和苏北区域城市带的崛起，特别是 1995 年江苏省提出的"海上苏东"计划，主要包括连云港、盐城、南通 3 个江苏东部沿海地市，确立了海洋产业在江苏沿海经济带中的主体地位，提高海洋第三产业的比重，大力发展海洋旅游产业等新兴产业。2007 年，江苏再次提出沿海开发，进一步明确了促进江苏东部经济带的崛起。2009 年，江苏沿海大开发上升为国家战略。在"海上苏东"战略的指引下，连云港从市情实际出发，充分发挥"靠山靠海、山海协调"和"一带一路"交汇点的独特区位优势，大力实施"陆海联动"的战略，推进港城国际化海洋港口城市建设。因此，连云港在发展中需充分利用国家改革开发大前沿的区位优势，积极创造与苏北腹地密切互动的发展机会，进而获得溢出效应和辐射影响。

"山海联动"战略的提出和实施，使得连云港紧紧依靠山海资源发展商机，吸引了不少重大涉海项目落户连云港。1991 年，连云港市政府进行规划研究的建设项目，实现了连云港与徐州、苏中在空间上的对接，加快了连云港接轨徐州和苏中地区的步伐。通过这一战略，强化开发优势，形成综合效应，连云港各区域的定位和功能进一步优化，临海产业集聚效应已初步显现。连云港可借助长三角整体优势增强自身竞争力，积极融入长三角城市群的发展合作，建立了长效的合作机制。

3　挖掘弘扬本土海洋文化，建设国际化海洋港口城市

精神文化因素是一个区域经济、社会、文化发展的巨大推力，为区域转型跨越发展和社会和谐稳定提供良好的人文条件支撑，其对人们的精神思想和社会生活也有着潜移默化的影响作用。连云港本土的海洋文化资源极其丰富，挖掘并弘扬连云港本土海洋文化资源及其蕴含的优秀人文精神，将其内化为城市竞争力中最核心、最持久的动力，是连云港科学快速发展的内在驱动力。

连云港海洋文化产业对港城社会经济的贡献不仅在于创造自身产值，还在于它具有带动一个地区其他相关产业发展的重要功能。如海洋旅游文化产业发展可以促进和带动当地餐饮、宾馆、交通、手工艺品加工业、旅行社等产品及服务市场，海洋文艺产业也将带动音像、影视产业的发展，海洋节庆会展业可以推动广告业、通讯产业等延伸产品的市场，而海洋休闲体育产业则会带来相关体育产品制造市场的扩大。因此，连云港应着力建设海洋特色的文化强市，打造知名海洋文化产业品牌，推动海洋文化产业发展，助推传统的优势产业、海洋旅游文化产业、海洋文艺产业、海洋会展业等相关产业不断变革和突破。同时，连云港政府部门应重视加强本市的公民道德建设，扩大先进典型的群体效应，由点到面地推动全体市民的道德实践，形成一种体现着民族精神和时代精神的先进城市文化。

4　强化"物权生态化"理念，重视海域环境保护和开发治理

海域"物权生态化"理念，就是以生态化理念指导海域物权人对海域的占有、使用、收益与处分，平衡海域物权的经济效益与生态效益，在海域物权人依据海域物权利用海域时，尚需承担环境保护的义务。海域物权生态化是海域物权自身包含的基本属性。海域作为一项重要的公共资源负担着双重利益，即开发利用海域蕴含的巨大经济利益和维持人类可持续发展的生态利益。然而，随着我国各大沿海城市海洋经济的快速发展，海洋环境污染日益加剧，这就更加要求通过科学的规划、制度设计和管理系统，摒弃那种为谋求一时经济快速发展而牺牲自然资源与生态环境的做法，才能实现连云港海域科学开发与更快发展的有机统一。海域物权生态化无法脱离法律生态化的理论基石，海域物权生态化的基本理念是以法律生态化理念为指导，以生态化的要求重新审视传统物权制度以及物权权利。因此，海域物权作为物权法的制

度，既不可能完全脱离传统物权理论，又不能背离当代生态伦理观，它在物权生态化理论基础上，对于传统海域物权理念、架构、权利义务分配等进行相应的调整，将生态化理念融入海域物权制度当中，解决人类目前所面临的严重的海洋生态问题。连云港市只有通过科学的制度设计、科学规划和系统管理，坚持环保与生态发展优先，实行开发与保护并重，才能打造出完整的海洋文化产业链条，利用政府和民间的双重力量来保护港城海洋文化资源，培育出成熟的海洋文化产业。

在海洋文化资源开发和海洋文化产业发展过程中，连云港要贯彻统筹规划、科学集约、健康可持续发展的开发方针，注重对现存的城市风貌、人文景点、历史遗存、名人故居等加以保护和修复，保留和宣传历史风貌和文化风情。各级政府部门要协同合作，形成较为完善的职能部门之间的协调工作机制，通过政府拨付的专款专项，保护、修缮和传承海洋文化遗产。同时，要利用包装、宣传、教育等多元手段来树立新的海洋价值观和科学发展观，使海洋的生态环境保持良性循环，推动海洋文化产业的健康可持续发展。

5 引入市场机制，深化行政体制改革，建设服务型政府

改革开放以来，连云港不断创新和改革发展模式，深化行政体制改革，转变机关作风，减少行政审批，争创最佳办事环境，努力由行政型政府向服务型政府转变，为推进港城转型跨越发展，全面建设小康社会竭尽所能。作为全国 14 个首批对外开放的沿海城市之一，连云港对外开放曾一度得风气之先、政策之利。连云港将沿海、沿江的资源优势放到全球化的平台上加以配置整合，既抓沿江开发，招商引资，建设沿长江经济带，又抓海洋经济、港口经济。利用苏东沿海区域的整体优势来增强其竞争力，以其区位优势实现与苏北地区的经济对接，吸引外资、民资，打造国际化海洋港口城市。

苏北地区有丰富的滩涂资源，占江苏省滩涂面积的 3/4，占全国的 1/5，其中，连云港市、盐城市等有着苏北地区其他市县无法比拟的沿海城市资源。因此，要着力挖掘和发挥沿海地区得天独厚的临海地域和海洋资源优势，优化连云港市、盐城市等沿海地区城市和农村的经济和文化产业结构，将连云港市打造成"一带一路"战略中的国际化港口城市，发展特色鲜明的海洋港口经济和海洋文化产业，实现连云港市、盐城市等沿海城市的海洋资源优势与海域"三农"经济及农业产业的对接互融。从经济和文化产业制度变革、结构优化和要素升级等方面入手，探索实现从外部投资驱动向内在可持续创新驱动转变。

政府职能部门需要搭建苏北沿海地区农村的经济和文化产业创新平台，探析苏北沿海地区海洋经济和文化产业协调发展的模式和创新机制，构筑海域"三农"经济和文化产业创新平台、发展模式、创新机制，并对这种模式、机制的运行效果作出科学评估、绩效考核，优化科技创新对苏北沿海地区农村的经济和文化产业的激励和保障机制，实现"互联网+"科技创新与苏北地区农村的经济和文化产业资源优势的对接互融，为区域经济和社会发展注入活力、增添动力，为创新苏北沿海地区科技发展模式、区域战略布局和社会建设资源优化配置提供理论和技术支撑，为重构苏北区域经济和文化新生态，盘活做大苏北沿海地区农村的经济和文化产业，服务"丝绸之路经济带"东方桥头堡建设，为江苏省的海洋经济、社会发展、文化繁荣和科技创新贡献力量，助推我国"海洋开发战略"和"海洋强国战略"的全面实施。

6 优化整合社会资源，促进海洋文化产业集群化发展

一般而言，"文化产业集群"发展模式是指在集群产生和发展过程中所固有的内在联系和形成机制，以及相应的集群形成的方法、特征和路径等，在本质上是一种产业经济的组织形式。从文化生态学的角度来看，社会物质生产发展的基础性和连续性，决定着文化的发展轨迹也具有连续性和历史继承性。据此可以认为，海洋文化产业的发展及海洋文化产业集群的形成是一种生态演化和发展过程，可以从纵向的时间维度（形成机理）和横向的空间维度（空间结构/存在方式），以及时空间相结合的维度（发展趋势）等方面对海洋文化产业集群的形成、现状和发展进行审视和考察。从存在方式来看，由于海洋文化产品的创造和生产是以不同海洋文化资源作为题材和基质衍生出来的，海洋文化产业资源的有限性和约束性，使得海洋文化产业集群具有一种典型的"根植性"特征。海洋文化产业集群空间分布与海洋文化资源重叠，主要集中于沿海或岛屿等一些富含海洋文化资源的区域空间，并从最初的散点式空间布局逐步演化为一种

"点—轴"布局的发展和演进模式。

　　从发展趋势来看，未来连云港海洋文化产业的集群化发展模式，具有鲜明的区域联动的特征趋势，这种区域联动主要是与海洋文化、内陆文化的融合与联动发展。区域联动互融的集群化发展模式的发生机制主要是通过两种不同的形式推进。一是与文化成带状的区域联盟集聚模式。在整个文化圈内，由于彼此之间自然和人文环境有一定的相似性，通过产业的关联和扩散效应，逐步形成以连云港、盐城、徐州为中心，以徐连高速公路和铁路为轴线的苏东沿海海洋文化服务业带。二是向内陆和苏北区域中心辐射的阶梯式联盟发展模式。该模式表现为连云港沿海地区海洋文化产业与徐州、淮安等内陆地区的其他文化产业联合或援助性行动。通过"山海协作"、"陆海合作"、"区域勾连"等途径，以徐连线和连淮镇铁路线为轴，实现包括盐城、日照等城市在内的欧亚大陆桥沿线东部海洋文化产业和服务业的互助联动发展。

海洋科技文献翻译研究与发展建议

刘伟[1]，王芳[1,2]，麻常雷[1]，王萌[1,2]，陈绍艳[1,2]

（1. 国家海洋技术中心，天津 300112；2. 中国海洋大学，山东 青岛 266100）

摘要： 发展海洋高新技术、建设海洋强国是我国在 21 世纪的重大课题。为推进自主海洋科技的研发，赶超世界先进水平，需要科学的海洋科技创新规划作指导，系统地翻译和研究国外海洋科技资料是重要的基础工作。本文根据"简明英语"运动和"英语本土化"背景下科技语篇的特点，结合工作实例分析海洋科技文献翻译的要求和策略。文中还针对海洋科技翻译领域存在的问题进行了探讨，提出统一海洋科技术语译名、确立翻译执业资格准入制度、建设海洋科技翻译人才库、鼓励认证译员与海洋学科相结合等发展建议。

关键词： 海洋科技；翻译；简明英语；主体性；术语译名；职业资格

1 引言

在党和国家做出"建设海洋强国"和"一带一路"重大战略部署的时代背景下，中国的海洋事业进入了高速发展的轨道。国家日益重视海洋战略，积极发展海洋经济、维护海洋权益，我国自主海洋科技进步和创新是实现这一宏伟蓝图的根本保障。虽然我国已在部分海洋高技术领域取得突破，但整体上与世界海洋强国相比还有相当大的差距，因此应做好海洋科技创新总体规划[1]，指导海洋行业在核心技术和关键技术领域不断取得突破。在海洋技术战略研究中，及时跟踪国外科技发展动态、翻译重要科技资料是不可或缺的基础工作。由于海洋学科涵盖面广、专业性强，海洋科技翻译工作对译者的知识储备和翻译技能提出了较高要求。

2 海洋科技翻译的要求和策略

2.1 翻译能力与海洋科学知识相结合

随着国际上"简明英语"运动的兴起和蓬勃发展，主要英语国家的作者越来越倾向于使用简练、平实的写作风格，在科技和政府文献中大量使用主动语态、强势动词和简单句，避免过多地使用冗长、嵌套的复合句和晦涩的表达方式。这极大提高了理解和交流信息的效率，十分有利于译者更好更快地译介科技成果。文法难度的降低更凸显了掌握专业知识在科技翻译中的重要性。译者在日常工作中既要不断提升翻译水平，也须注重学习海洋科学知识，如此方能胜任海洋文献的翻译。大量阅读中文和外文行业新闻、反应新技术的优秀期刊论文、权威机构的研究报告、有关海洋科技的立法和政策文件等是可迅速提高专业能力的有效方法。例 1[2] 采用主动语态，各语法成分也很清楚，不难正确地梳理其文法结构，翻译的成败取决于对一系列海洋水文气象学术语的准确理解和规范表述。

例 1. Natural climate modes of the El Niño Southern Oscillation, Pacific Decadal Oscillation, and North Pacific Gyre Oscillation affect ecosystem function by influencing wind patterns, local currents, sea level changes,

作者简介： 刘伟（1983—），男，天津市人，国家二级翻译，现任《海洋技术学报》编辑，研究方向为海洋科技翻译与期刊编辑出版。E-mail：pacific1421@ 126. com depth and strength of the thermocline, intensity of upwelling, and availability of nutrients.

译文：厄尔尼诺南徊、太平洋十年涛动、北太平洋涡旋振荡等自然气候模式，通过影响风向、当地海流、海平面变化、温跃层深度和强度、上升流强度和养分供应，进而影响生态系统功能。

2.2 综合运用翻译技巧化解复杂从句

在"简明英语"大势所趋的背景下，英文科技文献中还是会经常使用必要的各类从句以发挥英语文法严谨、连接手段丰富、单句信息量大的优势，以便精确地阐述客观规律。处理较复杂的从句时，译者应深入分析原文的逻辑关系，分清主次和搭配的性质以准确理解原文内涵，在此基础上综合运用增删、转换、合译、拆译等各类翻译技巧[3]，用符合汉语表达习惯、能体现出汉语简明、达意优势的译文准确而完整地再现原文的全部信息，如例2[4]所示。

例2. The analysis presented here shows that, for most elements, extraction from seawater is so energy expensive that it must be considered beyond our possibilities in the short and medium term. The exceptions are the four high concentration elements already being commercially extracted (Na, Mg, Ca, K) and perhaps lithium, which might become a critically important element for a future economy that would rely on lithium batteries for transportation and—perhaps—on fusion energy.

译文：本文的分析表明，对于大多数元素，海水提取的方案过于耗能，以致中短期内必须将其视为我们力所不能及之事。例外的情况是已实现商业化提取的4种高浓度元素（钠、镁、钙、钾），或许还有可能成为未来经济关键点的锂。未来经济将依赖锂电池支撑运输业，或许还会依赖核聚变能源。

2.3 发挥译者主体性，还原作品本义

表述规范、简明、清晰的英语文献仅占所有海洋科技文献的一部分。国际上很多海洋科学家和工程师并不以英语为母语，或是其语言表达水平有限，因此其作品难免会经常出现晦涩难懂、含混不清之处，甚至有明显的文法错误。然而，很多这样的文献却包含了重要的科技或政策信息，有责任感的译者不能简单将其舍弃，而要积极适应各类不规范的"本土化"英语。当遇见原文用词错误、表达冗余、语法混乱、出现歧义等情况时，译者不宜满足于寻求形式上的对等，而要发挥主体性作用，即根据所掌握的海洋科技知识，参考上下文语境，并借助原文的逻辑关系，具体地分析各意群及其相互关系，完成对原文的勘误和排歧，力争在译文中准确地还原出作者原本想要表达的思想。必要时，译者还应与科研工作者讨论，探明原文的真正意思。处理此类长难句时，常还需要使用技巧美化译文以增强可读性。在翻译晦涩含混的科技文献时，唯有译文大幅超越原文才可称得上是成功的翻译。无论采用何种方法，都应以"科技信息畅通无阻的传达"为出发点和目的。翻译活动的创造性和优化功能在此得到了充分体现，如例3[5]所示。

例3. Assessment of the wave power climate can, in principle, be accomplished by measurement, however, because of the expense and difficulties of maintaining wave measuring instruments over a long period, and because of the requirement for information about the resource before a long-term measured climatology can be assembled, it is necessary to resort to other strategies—namely long-term wave modelling and other methods which use the meteorological archive.

译文：对气候学波浪功率密度的评估，理论上可以通过测量完成。但是长期维护波浪测量仪器成本高且难度大，而长期气候学研究所需的资源信息则较易搜集，因此有必要采取其他策略，即长时期波浪建模和其他使用气象档案的方法。

2.4 妥善处理专业术语和缩略语

科技文体具有专名术语繁多的特征，术语的译名必须准确而单一。译者需要借助专业知识、专业科技人员、其他专业文献和互联网对不确定的术语进行多方查证以确定最优译法。在多人合作翻译文献的情况下，特别要注意在统稿和审核环节做好术语统一工作，否则极易导致意义的混乱，也会造成译著质量的硬

伤。为了方便识别、记忆、行文和业内交流，国外海洋科技文献大量使用缩略语，在译文中，建议采用
"汉语译名全称（汉语译名简称，英文术语/专有名词全称，英文缩略语）"的格式处理语篇中首次出现
的缩略语，如例4[2]和例5[6]所示。对于其他外语专名，也应尽可能查明其指称并以意译的方法处理。

例4. Several whale species have been detected through recognition of their distinctive acoustic signals at locations on NEPTUNE and VENUS, including one interpreted to be an endangered North Pacific right whale.

译文：通过辨别东北太平洋海底时间序列观测网（下文简称"海王星"，NorthEast Pacific Time-integrated Undersea Networked Experiments，NEPTUNE）和维多利亚海底试验网络（简称"金星"，Victoria Experimental Network Under the Sea，VENUS）分布点收集到的独特的声音信号，探测到了一些鲸目动物，其中包括一种名为北太平洋露脊鲸的濒危物种。

例5. Research has been going on at Instituto Superior Técnico, Technical University of Lisbon, on the hydrodynamics of wave energy converters of OWC type, involving numerical modelling and model testing.

译文：里斯本理工大学高级技术研究所一直在开展振荡水柱式（Oscillating Water Column，OWC）波浪能转换装置的水动力学研究，涉及到数值建模和模型测试。

2.5 力求科技译文的通顺、流畅

并非所有的科技文献都"味同嚼蜡"，一些作者使用"简明英语"也能写出兼具科学性和文采的语篇。翻译这些明快的作品时，如果仅关注科技信息的准确而忽视对译文的优化和润色，导致译文不如原文通顺、流畅，则也不能称为忠实于原文。译者在保证准确性的前提下，还应注意发挥目标语优势，依据汉语表达习惯合理调整布局[7]，力求译文在文采上不输于原文，如例6[2]所示。

例6. By moving vast amounts of heat from tropical regions to the poles, ocean circulation moderates global temperature extremes. The ocean plays a major role in reducing the pace of global warming by absorbing some of the atmospheric carbon dioxide derived from human activities, leading to a subsequent increase in ocean acidification.

译文：海洋环流将大量热量从热带地区带到两极，防止全球出现极端气温。海洋通过吸收人类活动产生的大气二氧化碳，在减缓全球变暖的过程中发挥着主要作用，但随之也会带来海洋酸化加剧的结果。

3 促进海洋科技翻译发展的建议

3.1 规范和统一海洋科技术语译名

目前，我国海洋科技术语的译名还相当混乱。对于同一事物，不同科研团队通常采用多种多样的翻译表述。仅以海洋环境观测移动平台为例，autonomous underwater vehicle（AUV）现有"无缆水下机器人"、"自主式水下潜器"、"自给式潜水器"等众多译名；remotely operated vehicle（ROV）被译为"有缆水下机器人"、"无人遥控潜器"、"遥控潜水器"等；wave glider有"波浪滑翔机"、"波浪动力滑翔机"之争。

"海洋学术语"系列国家标准（共6部）对主要海洋学科最基本的术语译名作了规范，它们是海洋科技翻译的入门必读。但国标中收录的术语数量十分有限，仅涉及各学科大类中最表浅的知识，远远不能满足翻译实践中查询、规范术语的需求。当前最实用和有效的解决方案还是译者基于长期工作积累自建海洋各学科"术语译名语料库"[7]，然而此办法只能惠及翻译个人或项目组的工作，却不能从根本上解决海洋科技翻译中普遍存在的术语译名使用混乱的整体问题。为提高文献翻译效率，海洋行业内一些单位组织编写、出版了一些海洋学科词典。例如，海洋出版社1992和2004年先后出版了《英汉海洋科技词汇》第1版和修订版，是国内迄今比较全面系统的一部海洋专业词典；国家海洋技术中心主编的《海洋能开发利用词典》2014年出版，是国内海洋能源术语规范化的初步尝试。今后，此类词典仍需查漏补缺、充实完善并适时再版，更全面、准确地涵盖学科术语；另一方面，其他海洋学科分支，特别是海洋观测技术的专业词典也亟待问世。

规范和统一海洋科技术语译名将是一项长期工作，既需要翻译工作者以严谨、细致的精神做好语料库的日常积累，也要求海洋图书和期刊编辑工作者依据现有词典和专业知识做好出版物的术语规范与勘误工作，更离不开海洋行业内的积极协调合作以及对术语规范工作的重视与支持。

3.2 加强翻译行业管理，支持海洋翻译人才成长

目前在国内大多数科研单位，包括海洋行业，翻译仅被视为科研活动的辅助，翻译成果不能作为业绩而纳入职称晋升机制，从而对科技翻译人才的成长构成了阻碍。在此大环境下，具备翻译能力和专业知识的人员如有志于科技翻译事业，必须先以其他专业技术身份在单位中立足。因此，外语能力较强的科技人才通常不愿大量从事翻译业务，结果是对译者综合能力要求较高的科技翻译工作由翻译水平欠缺的人员大量承担，引发了种种翻译质量问题。

为转变科技翻译中这种现状，首要和根本的解决方案是从国家的层面建立起译员安全机制，以系统而科学的制度管理科技翻译，确立译员的职业身份，保障译员的合法权益不受侵害[8]，从而引导一部分海洋工作者基于自身兴趣和能力投身科技翻译事业，积极发挥其主观能动性，为海洋科技进步和文化信息交流提供有力的支撑。本文提出3项政策建议如下：

（1）参考澳大利亚、美国、欧盟等发达国家的成功经验，基于国家人社部已有的"全国翻译专业资格（水平）考试"体系，逐步建立起翻译执业资格准入制度，特别是对于公民权益和国家发展有重大影响的法律、医疗和科技翻译应予率先推行。同时，国家可引导科研单位设立必要的翻译岗位，并建立配套的翻译质量控制措施，确保有能力的译员持证上岗。

（2）在海洋领域，2015年上线运行的中国海洋数字出版网（CODP）具有"以用户为中心，建立海洋专业学术社交圈"的特色。基于CODP强大的联络和推送功能，可搜寻、整合海洋系统内外的翻译资源，建立海洋科技翻译人才库。对于重要的海洋科技和国际合作文件的翻译任务以及国际前沿科技成果的著作权引进和出版，可优先与认证译员合作。

（3）鼓励认证译员与海洋专业学科相结合。在我国翻译专业硕士（MTI）教育的实践环节中，应注重强化翻译与学科方向的结合，如在海洋类高校，可要求翻译专业研究生初步胜任海洋类文献的翻译方可毕业；同时完善认证译员继续教育制度，增添科学素养有关内容，由此促进复合型海洋翻译人才的健康成长并建立起优秀的海洋科技翻译队伍。

参考文献：

[1] 新华社. 习近平：要进一步关心海洋、认识海洋、经略海洋［N/OL］.［2013-07-31］. http：//www. gov. cnldhd2013-07-31/content_2459009. htm

[2] Ocean Networks Canada. Strategic Plan 2013-2018：Discover the Ocean. Understand the Planet［R/OL］. 2013. http：//www. oceannetworks. ca/sites/default/files/pdf/ONC_Strategic_Plan_2013-2018. pdf

[3] 李军，吴国华. 科技法语笔译的策略分析［J］. 中国科技翻译，2012，25(4)：5-8.

[4] Ugo Bardi. Extracting Minerals from Seawater：An Energy Analysis［J］. Sustainability，2010，2(4)：980-992.

[5] European Marine Energy Centre Ltd. Assessment of Wave Energy Resource：Marine Renewable Energy Guides［R］. 2009.

[6] Ocean Energy Systems. Annual Report 2011［R］. 2011.

[7] 刘伟. 海水淡化文献翻译探析［J］. 中国科技翻译，2015，28(2)：1-3，7.

[8] 贾洪伟. 译员安全机制——以澳大利亚相关政策为例［J］. 中国科技翻译，2015，28(1)：59-61.

旗帜、基地、摇篮："一带一路"战略中的张家港高等教育使命研究

——基于江苏科技大学的发展与定位

南文化[1]

（1. 江苏科技大学 公共教育学院，江苏 张家港 215600）

摘要：张家港高等教育在"一带一路"战略中应完成三重使命，演好三重角色：集聚高层次人才（的旗帜）、培养应用型人才（的基地）和开展高精尖研究（的摇篮）。从继承传统、现实状况、实践需要、大学属性与历史使命等综合地看，江苏科技大学（张家港校区）理应逐步发展成为一个"应用型+研究型"大学。

关键词："一带一路"战略；张家港高等教育；使命

1 机遇与挑战："一带一路"战略对张家港高等教育的意义揭示

2013 年 9 月和 10 月，国家主席习近平在出访中亚和东南亚国家期间，先后提出共建"丝绸之路经济带"和"21 世纪海上丝绸之路"即"一带一路"战略（下简称"战略"或"一带一路"）的伟大倡议。这是目前中国最高的国家级顶层战略，得到国际社会高度关注。

我们发现，"一带一路"战略与"提高海洋资源开发能力，坚决维护国家海洋权益，建设海洋强国"[①]一脉相承，是因应历史的必然、伟大、深远而正确决策，是 21 世纪中华民族伟大复兴"中国梦"的重要而有机组成部分，是我国应对世界由以无机物能量开发的机器动力（由蒸汽机—内燃机到电动机）为驱动力的传统机械化、旧工业化、商品化生产与贸易，和以海洋船舶运输为表征、西方的有形商品输出占主导、东西方不平等交往为内容的旧全球化、旧世界经济政治秩序、旧海洋文明，转向以现代化高科技的计算机、网络信息、互联网+、自媒体以及高速铁路、航空交通为平台、为代表的新全球化、新世界政治经济秩序，是海洋文明、内陆文明双重并列发展，东西方不同文明之花并行竞相绽放的新时代必然举措；它标志着新全球化曙光的全面到来，和我国由被动卷进到全面融入、乃至主动引领新全球化潮流，改革开放从由引进来、初级劳动、低技术产品进出口为主的传统阶段，过渡到引进来与走出去并重、高新科技产品与服务占主导的"众创"、高级劳动为核心的崭新历史阶段，是新时期的科学决策与新的全球战略。

宏观地看，"一带一路"战略将充分依靠中国与有关国家既有的双多边机制，借助行之有效的区域合作平台，致力于推进亚欧非大陆及附近海洋的互联互通，建立和强化沿线互联互通互惠的伙伴关系，构建全方位、多层次、复合型的交往网络，推动沿线各国发展战略的对接、耦合、升级，发掘区域内的市场潜力，促进投资、贸易、消费和创新，创造新需求，扩大就业与再就业，实现沿线自主、多元、平衡、错位、可持续发展，促进经济要素有序自由流动、资源高效配置和市场深度融合，深化沿线经济政策的协

基金项目：2015 年度张家港江苏科技大学产业技术研究院软科学研究项目资助。

作者简介：南文化（1968—），男，博士，副教授，主要研究方向为教育、区域经济与社会发展规划。

① 海洋强国指在开发海洋、利用海洋、保护海洋、管控海洋方面拥有强大综合实力的国家。

调，以开展更大范围、更高水平、更深层次的区域合作，共同打造开放、包容、均衡、普惠、高效的区域经济与社会发展合作架构。据商务部统计，截至 2015 年底，我国与"一带一路"相关国家贸易额约占进出口总额的 1/4，已投资建设了 50 多个境外经贸合作区，承包工程项目突破 3 000 个。仅 2015 年，我国企业对"一带一路"相关的 49 个国家和地区的直接投资额同比增长 18.2%；承接相关国家服务外包合同金额 178.3 亿美元，执行金额 121.5 亿美元，同比分别增长 42.6% 和 23.4%；相关国家对我国发包占我国离岸外包的 18.8%，市场重要性显著提高。显然，这些已经并将极大地有利于我国顺应世界政治多极化、经济全球化、文化多元化，尤其是社会交往网络信息化的潮流，使我国由此前被动融入、回归世界、单向的被动交往，转变为全面主动地追求国际公平合作、制定全球治理新模式新规则、维护全球自由贸易体系和开放型世界经济、引导世界发展，由区域大国走向真正的世界强国；有利于为世界和平、发展增添新的正能量；有利于增进沿线各国人民的人文交流与文明互鉴，使各国（地区）人民相逢相知、互信互敬，共享和谐、安宁、富裕的现世、当下生活，具有十分重要的历史与现实意义。

现实地看，实现"一带一路"战略有待于举国共同努力与有关地区的大力参与。目前，我国各地正纷纷加入这一洪流。如上海加快了推进中国自由贸易试验区建设，福建在建设 21 世纪海上丝绸之路核心区，新疆则在打造丝绸之路经济带核心区。如此等等，不一而足。

当然，事物都是一分为二的，必须辩证地看待"一带一路"战略。具体而言，不同区域有着差别化意义。

我们看到，"一带一路"战略对位于长江入海口的张家港市而言，是历史机遇，也带来了空前挑战。首先是历史机遇。张家港原名沙洲县，面积 999 平方千米（其中陆域面积 777 平方千米），位于中国大陆东部、长江下游南岸，是沿海和长江两大经济开发带的交汇处；其东南与常熟相连，南与苏州、无锡相邻，西与江阴接壤，北滨长江与南通相望，1986 年以境内天然良港张家港港设立、命名张家港市，是江苏省苏州市行政代管的县级市。目前，全市户籍人口 91 万，流动人口 90 余万。2015 年，地区生产总值 2 250 亿元人民币，同比增长 7%；居民人均可支配收入 4.14 万元，同比增长 8%。近年，一直被列入福布斯中国最富县级市榜单，综合实力保持全国同类城市前三甲。可见，这是一个快速发展中的中小型新兴港口工业城市。

张家港的发展史是现代中国发展历程的靓丽代表。改革开放以来，这里经历了由计划经济体制转为社会主义市场经济体制的"体制转型"之路，和由农村社会转为工业社会和现代化社会的"发展转型"之路。目前，这两个转型尚未完成。

张家港市油气、矿产等自然资源十分缺乏，区域市场狭小，对域外依存度很高。新兴产业、高科技产业虽然存在，但大多处于初创或起步阶段，不占主导。传统产业，如钢铁冶炼、化工生产、机械加工等科技含量不高、中低端、能耗高、利润率低的产业依然占张家港市经济的大部分，与其相关的社会发展事业也处于变革、起飞前阶段，如农民与市民共同居住在同一个现代化（建筑）小区里。可见，这也是一个介于传统与现代之间过渡状态的半现代化城市——前现代、现代与后现代 3 种元素并存。统计表明，以主体经济如工业与服务业而言，张家港市在高新科技方面已经并依然在付出艰辛的劳动中，如创办、引进研究性大学与高等研究院。目前，经过 30 余年的努力，张家港市政府所在地杨舍镇坐落有江苏科技大学（下称江科大）、苏州理工学院、沙洲职业工学院、江苏城市大学、江苏职业大学等 5 所高等院校（校区或分部），还有智能电力研究院（张家港市政府与清华大学的合作单位）、南京理工大学张家港工研院、苏州大学张家港产业技术研究院、江苏张家港超级电源研究院、哈尔滨工业大学张家港智能装备及材料研究院等 9 大高科技研究与转化单位。截至 2015 年底，张家港市已经获得江苏省科学技术奖励累计达到101 项。至 2015 年 7 月，仅"张家港软件（动漫）产业园①"一家载体，就已入驻各类动漫、影视、文化创意、软件企业 70 家，其中文化创意类企业 60 家，占 85.7%，动漫企业 6 家，影视制作企业 5 家，就

---

① 张家港软件（动漫）产业园是张家港产业转型升级的重要载体，主要发展战略性新兴产业、现代服务业和总部经济，重点发展文化产业、服务外包、智慧能源、电子商务等"四大新兴产业"。

业人数 3 300 多人。2014 年，园区实现营业收入 5.44 亿元，税收 7 300 万元，具有自主知识产权产品数量 210 件，4 家企业获评苏州市重点文化企业。如果以县级及以上行政区域为单位计算、排序，张家港列南京之后居江苏省第二位，超过苏州、无锡等现代化明星城市，在全国也属首屈一指。如此，似乎表明张家港市已经是一个后现代发达地区。但新兴科技产业要素依然不能改变以沙钢集团（中国最大的民营企业，连续 3 年入围世界 500 强，列第 366 位，是江苏第一个销售超 2 000 亿元的企业）、永联钢铁集团为代表的钢铁初中级加工，和以东海粮油工业公司（亚洲第一大粮油加工、贸易企业，年销售收入超 100 亿元）为代表的食品加工，以及以华芳金陵纺织股份有限公司为代表的初级纺织品加工、海陆锅炉（集团）股份有限公司的船用锅炉制造等传统、大规模加工制造业为主体，经济具有高耗能、低技术、初级劳动、资金密集与高成本的前现代与现代经济特征①。事实上，在长三角、江苏、苏南，尤其是苏州，张家港市一直以这一特征而著名。

我们认为，这是张家港的特色与优势，也是张家港的不足与劣势。在我国整个社会低技术含量的产能普遍过剩的今天，张家港市的传统规模产业当然毫无例外，也正在经受着经济与社会双重不景气的寒冬煎熬，必须也正在寻找新的市场并以此为契机进行管理革新、技术升级、产品换代，从而达到社会各项事业的全面提升。相辅相成的问题是，管理革新、技术升级、产品换代和社会全面提升必然依赖资金与人才。首先是资金问题。资金来自于销售，资金等困境在当下国际金融危机深层次负面影响继续，全球金融市场大幅震荡，世界经济复苏持续乏力、发展分化，国际投资贸易格局和多边投资贸易等规则在深刻调整中，国际贸易延续低迷态势，各国面临的发展问题依然严峻；我国国内有效供给不足、销售普遍不旺、融资难融资贵，财政金融风险上升，国家倡导"去产能、去库存、去杠杆、降成本、补短板"与稳增长，力推创新、产业升级，社会转向后工业化时代的状况下，显然难以有出路。

无疑，"一带一路"战略对于张家港，意味着新的广大市场，特别是国际销售、国际生产，可以扬长优势，规避不足，转移产业，化解过度产能，获取发展资金；也可以并在转移中实现自身创新、转型、升级。

但"一带一路"战略的跨国销售等机遇不可能解决张家港的全部问题。因为创新、转型、升级不仅需要资金与市场，更为根本的是，它需要多方面、多层次、国际型人才。人才才是全方位创新、转型、升级的真正关键和突破口。

历史与现实告诉我们，对于特定区域的人才问题，解决路径在于从外引进与自我培养。一般地，从外引进是立竿见影、即期的事，但能否实现？关键在于引进地相对优越的吸引力——良好的人才工作、生活、收入、对外交往与发展环境。自我培养则是长期、本土化、更深层次的出路。然而，严酷的现实与必须面对的又一困境是，张家港是一个离周围现代化大城市如苏州、上海、无锡、南京、南通、扬州都有一定的时空距离、发展中的半现代化县级市，尽管眼前总体经济规模与效益尚可，但在城市规模、社会结构、医疗教育、文化底蕴、社会服务等方面依然落后于长三角现代化大城市的核心区域，即使是与较为落后的镇江、南通等周边地级市的市区比较，也具有较明显的差距，原本在人才使用、储备与培养上就相对落后，特别是对于吸引全天候具有国际视野的现代化、后现代高科技新知识的外来人才方面，不仅没有优势，甚至劣势明显。事实上，尽管张家港已经实施科技创新"三个一批"行动计划，试图"引进一批国家'千人计划'等高端人才，推动与本土企业嫁接（培育千人计划 5 名，签约项目 45 个）"，但效果不太理想，原因也在此。如在张家港动漫企业主要集聚地——张家港软件（动漫）产业园，就遭遇这样的窘境。专业人才匮乏……大部分技术人才需向外地引进。由于外地人才的流动性较大，加之部分地区对动漫人才的引进在户籍、住房、家属随迁和子女入学等方面的特殊照顾，导致张家港动漫人才队伍不稳定，尤其是高端人才流出率较高，影响动漫产业的可持续发展。

人才的必需、先天稀缺与吸引环境的相对劣势，迫使张家港寻找切实可行的办法——自我培养。但如

---

① 2011 年张家港市销售超 10 亿传统企业达到 70 家，其中超百亿达 10 家，9 家入围中国民营企业 500 强，百家规模企业销售 3 650 亿元，占全市工业的 66.5%。目前，这一结构没有太大的改观。

何成功走通这一路径? 值得思索。至今, 依然有人在提议走 "加大动漫高级人才的引进力度, 通过有针对性地制定优惠政策、参与和举办各类动漫展、加大宣传力度等手段来吸引和挖掘国内外高尖端人才" 的路径。张家港市早在 30 多年前就有这方面的惊人大胆尝试, 如 1984 年创办全国第一家县办高等院校沙洲职业工学院, 10 余年前又花大力气引进江科大在张家港异地办学。虽然这些已经取得了一定的成就, 但也出现一些深层次问题, 在当下尤其是 "一带一路" 战略语境中, 相关问题日益凸显。这便是在 "一带一路" 战略语境中如何科学认识、定位并完成张家港高等教育使命的问题——这一问题对江科大尤为重要, 必须认真面对, 妥善解决。

2　旗帜、基地、摇篮: 张家港高等教育因应 "一带一路" 战略的使命发现

我们认为, 应对 "一带一路" 战略, 张家港高等教育的历史任务等问题日益显现。进一步, 作为张家港地区唯一一所全日制、招收研究生的本科大学, 江科大必须认真研究、积极参与、科学定位, 大力行动, 以完成张家港高等教育在战略语境中的使命, 挖掘战略的区域价值并为促使其在张家港等地区顺利实现做出应有的贡献; 以有利于地方高等教育因应战略, 有重点地突破, 做到长足进步; 以有利于张家港社会经济的全面协调发展; 发挥张家港高等教育在集聚、培养高层次研究人才方面的平台作用, 并明确实现这一平台潜在功能的路径; 科学发现张家港高等教育的科学定位、专业设置、知识结构、科研方向和实现路径也有利于高校异地办学。

我们认为, 以江科大为代表、核心与主力, 张家港高等教育在 "一带一路" 战略中应完成三重使命, 演好三重角色: 集聚高层次人才 (的旗帜)、培养应用型人才 (的基地) 和开展高精尖研究 (的摇篮)。

其一, 集聚高层次人才的旗帜。在投身 "一带一路" 战略的早期, 因自身区域位置、行政级别、社会发展状况等不足的条件所限, 张家港市难以招揽大批量的高层次、全天候人才, 急需大学这样的一面耀眼旗帜。人们发现, 张家港有了自己的高等院校, 且大学在这里如鱼得水, 蒸蒸日上, 人尽其才, 物尽其用, 说明张家港急需人才, 极其重视人才的培养、引进与使用。有了这面旗帜, 就可以以之招揽、集聚人才, 起到千金买马的良好示范与带动效果。

其二, 培养应用型人才的基地。作为对外对内交往的关键环节——国际口岸, 张家港有着传统产业, 也有后现代发展的前沿基因与种子, 这些基因、种子发挥作用的土壤是本土应用型人才。可是, 调查发现, 张家港大专类院校少, 仅个别技术学校开设了动漫专业, 导致大部分技术人才需向外地引进。为此, 张家港应该搞好既有高等教育机构的专业定位, 大力培养急需而缺乏的人才, 使之成为培养 "需要"、"用得上" 的专业化、国际化技能人才的摇篮。如大力培养动漫人才, 具备科学技术与国际工商管理知识的复合应用型人才, 既懂造船技术, 或是懂得冶炼工艺, 又精通海商法并能熟练运用外语的人才。要支持大专院校加强与动漫产业、行业、企业的合作, 将教学与人才培养、科技研发与生产实际密切结合, 形成学校与产业紧密对接的良性互动机制, 使产学研合作成为高校服务社会的载体。鼓励学校与企业联合培养动漫专业人才, 由本地高校针对市场需求扩大动漫编导、产业化运作、衍生产品开发等专业的开设, 企业则利用成熟项目开展具有针对性的人才实训, 从而真正做到产学研相结合, 人才培养满足产业发展需要。只有培养大量应用型人才, 张家港的新兴产业方可做大做强, 传统产业方可借助 "一带一路" 契机达到走出去的目标。

其三, 开展高精尖研究的摇篮。高等教育应重点开展与产业升级、新兴高科技相关的技术开发与转化研究, 以有利于张家港企业顺利地在走出去的同时, 发展在张家港的既有事业, 提升科技、管理与国际交往水准。同时, 高精尖技术开发与转化也有利于高校的科学研究、人才培养与成果转化, 有利于高校在地方企业获取科研项目、经费与实践基地, 同时也有利于通过科学开发与转化提升教学水平, 改善教学条件。

总之, 对张家港而言, 一带一路" 战略首先涉及生产与管理的转移、转型、升级。转移, 尤其是转型、升级的路径依赖是科学研究, 人才是根本。为此, 必须大力引进、培养并形成相对稳定的高层次研究型人才队伍, 形成人才使用、发挥作用的氛围。

自我培养需要长期的时间，显然一时难以奏效。故，在张家港，目前必须走引进加培养的路径。同时，也不可能一个一个地零碎引进，因为个别地引进难以形成团队，发挥效用。只能引进团体。而团体引进不是单个企业尤其是小企业能够办到的事。我们认为，可以分步走，即在不同时期采取差异化的引进策略。先期即当下，可以走组织对组织的方式，以政治为导向，以报酬为依托，以单位为平台，走"组织接洽"、"单位派团队人才"的路子，依靠行政手段成建制地引进，然后靠经济等优惠待遇留住团队。这方面，市委、市政府的工作十分重要。应该以市委、市政府为主体，以区域社会均衡发展为政治导向，由市委市政府接洽上海、南京等地区的政府、大学和科研院所，宣传张家港的经济优势、优越的地理位置、良好的发展趋势、迫切的需求等，引进大学、科研院所的优势项目，由大学和科研院所派出优秀团队长驻张家港进行教学、科研和成果转化。期间，张家港市政府及时地给予相对优厚的异地工作经济等补贴、配偶安排工作、子女就学优惠、廉价解决住房等予以资助，让他们感觉到诸方面的便利而不欲离开。同时，通过婚姻、交友等方式培养亲情，达到以亲情吸引并长期留住人才的目的。

后期，尝试"人才带人才"与"组织对个人"的办法，加快规模化引进。

3 "应用型+研究型"大学①：江科大因应"一带一路"战略使命的自我定位与实现路径

基于上述语境的透视，我们认为，要成功应对"一带一路"战略的挑战，做到长远谋划，从根本上解决张家港的人才问题，最为基础的路径在于加大本土化高校，如江科大及苏州理工学院的自我定位，找到大致路径，以及时有效地发挥张家港高教在旗帜、基地和摇篮等方面功能与价值。

然而，一方面社会在不断地进步；另一方面，矛盾的是，科学研究与专业定位、人才培养涉及面广，影响深远，见效慢，需要较长时间。这两方面间矛盾的发现与化解都不是轻易、短暂、一蹴而就的事，必须花大力气、长期不懈地付出。我们认为，消解矛盾特别是发挥功能首先在于理清对大学（理念、定位）的认识。

我们认为，即今，教书、育人与创新（即"发生"）是大学的三重使命，缺一不可。而此前，往往忽视的是，大学的创新、研究属性。"应用型+研究型"的大学定位，对于江科大（张家港校区）尤为典型、重要、迫切，必须从根本上归位——这是基于江科大的发展历史、现实状况、实践需要与大学属性、办学资源等多维视野的严密、综合考察而得出的科学、必然结论。

首先，从历史演进的视野看，至今，世界大学经历了由"学以致知"到"学以致用"的历程。他山之石，可以攻玉。美国是当今世界独一无二的全球科学技术霸主，美国式"学以致用"的现代应用型大学对此功不可没。美国式应用型大学为我们树立了榜样。

其次，从继承传统与现实状况看，江科大源自1933年诞生于黄浦江畔的上海大公职业学校，经历了上海市机电工业学校、上海船舶工业学校、镇江船舶工业学校、镇江船舶学院、华东船舶工业学院、江科大等时期。2012年，江苏省人民政府与中国船舶工业集团公司、中国船舶重工集团公司签署共建江科大协议。学校坚持把人才培养作为根本任务，构建应用型创新人才培养模式，培养适应社会需求的应用型、开发型高等工程实用人才，人才培养质量享有良好的社会声誉……学校享有'造船工程师摇篮'的美誉。这些历史传统与现实状况明确地告诉我们，江科大（张家港校区）原本、现在都是一个行业特色型②、应用型大学。

---

① 中国常见的大学分类是研究型、研究教学型、教学研究型、教学型、应用型、高等专科等六大类。应用型大学多指以应用而不以科研为办学定位，重视单纯技能型工科实践教学的普通本科院校。研究型大学指提供全面的学士学位计划，有研究生院致力于硕士到博士教育、在校研究生数量占比大于或与本科生相当、把研究放在首位的大学。它以教书育人和科技研发为根本，是一个国家和地区最高层次人才培养和最新前沿的科技、知识、技术、教学研产一体化协同创新的动力源、引领者、智慧站。科研领先、校友杰出是判定研究型大学的两个核心标准。成为研究型大学必须满足两个条件：造就高层次的研究型人才并拥有卓越的师资队伍，产生高水平的学术研究成果。

② 20世纪50年代，国家参考前苏联办学与工业化模式，建设了一批单科性高等院校。江科大的前身服务于原中国船舶工业总公司的船舶制造。

　　然而，从潜在实力与大学属性看，江科大的潜在实力雄厚。它有教职工 2 000 余名，其中专任教师 1 155 名。包括：具有正高职称人员 154 名，副高职称人员 517 名；享受政府特殊津贴专家 60 名，全国优秀教师 1 名，入选"新世纪百千万人才工程"国家级人选 1 名，江苏特聘教授 4 名，江苏省有突出贡献中青年专家 3 名，江苏省教学名师 1 人，江苏省"333 高层次人才培养工程"第二层次培养对象 4 人，江苏省"六大人才高峰"资助对象 13 人，江苏省高校"青蓝工程"学术带头人 25 人。设有 14 个学院，56 个本科专业，拥有 1 个博士后科研流动站、2 个博士学位授权一级学科、6 个博士学位授权点、12 个硕士学位授权一级学科、48 个硕士学位授权点；有工程、农业推广、工商管理、会计、公共管理等 5 个专业硕士学位培养类型，其中工程硕士有 11 个培养领域。拥有 1 个江苏高校优势学科、2 个江苏省重点序列学科、2 个江苏省"十二五"一级学科重点学科、1 个江苏省"十二五"一级学科重点（培育）学科、1 个江苏省人才培养模式创新实验基地、4 个江苏省"青蓝工程"优秀学科梯队、1 个省级优秀教学团队、1 个国家级示范中心、11 个省级示范中心、9 个校级示范中心。另外，还有国家级大学生校外实践教育基地 1 个，4 个国家级特色专业建设点，11 个省级品牌、特色专业，1 个国家级"十二五"专业综合改革试点专业，3 个国家级卓越工程师教育培养计划专业，5 个江苏省卓越工程师（软件类）教育培养计划专业，7 个省级重点专业（类）建设项目。先后获省级一、二等教学成果奖多项。有纸质图书 194 万多册，电子图书 53 万多种。主办有《江苏科技大学学报（自然科学版）》、《江苏科技大学学报（社会科学版）》、《中国蚕业》、《蚕业科学》等公开出版的学术刊物。有教学科研仪器设备总值 35 385.08 万元，教学科研设备总台套数 29 852 台（套）。拥有 1 个国家技术转移中心示范机构；2 个农业部、3 个省教育厅和 1 个中国农科院重点实验室；2 个江苏省发改委工程实验室；2 个江苏省科技厅、3 个农业部、3 个中国农科院、1 个江苏省农林厅、1 个江苏省经信委和 1 个江苏省经贸委科技公共服务平台；2 个省级技术转移中心；3 个江苏省教育厅科研创新团队；与企业合作共建 5 个省级工程技术研究（开发）中心。

　　江科大历来重视科学研究，形成了应用基础研究、技术创新、高新技术成果推广应用相互紧密结合的科研格局，先后承担了包括国家高新技术研究发展项目、国家科技支撑计划项目、国家自然科学基金、国家社会科学基金以及国防军工课题在内的一批高水平研究课题。近 5 年，获得国家级项目 172 项、省部级项目 310 项、科技经费 6.6 亿元，获国家科技奖励最高荣誉——国家科技进步特等奖 1 项、省部级科技成果奖励 54 项，其中一等奖 4 项。在国内外学术刊物及学术会议发表、交流论文 1 万多篇；合作参与省重大科技成果转化项目 4 项；专利授权 532 项。

　　总之，作为江苏省重点建设高校，江科大是一所高水平、行业特色鲜明的大学，不是学院，其大学属性包含科学研究。大学属性与雄厚实力要求江科大必须具备更高的研究能力、完成相关任务，理应也完全可能发展成为一个研究型大学。

　　再次，从实践需要与历史使命探讨，我们看到，当前，中国经济已经发展成为高度依赖海洋的外向型经济，对海洋资源、空间的依赖程度大幅提高，对海洋生态环境的责任凸显，管辖海域外的海洋权益的诉求也日益强烈。"十三五"实施海洋强国建设，提高海洋资源开发能力，保护海洋生态环境，维护海洋权益，是宏观的实践需要与历史使命。中观地看，"中国国家战略的百大工程项目"[①]，包括"深海空间站""发展深海探测、大洋钻探、海底资源开发利用、海上作业保障等装备和系统。推动深海空间站、大型浮式结构物开发和工程化"；微观地看，加速培育一批科技型企业，加速建设城北科教新城、沙洲湖科创园等一批创新载体，大中型工业企业建立研发机构实现全覆盖，全社会研发投入占比 2.8% 是张家港市的期盼与实践。这些，对江科大而言是千载难逢的历史发展机遇，也是时代给予江科大不可推卸的光荣使命。

　　横向与纵向地环视当下的中国，据统计，在 39 所国家 985 工程院校中，行业特色型大学约占 1/4；在 118 所国家 211 工程院校中，近一半为行业特色型大学。不可忽视、可以类比的事实是，如果说建国以来的一系列航空航天事业与工程造就了北京航空航天大学、西北工业大学与南京航空航天大学三所世界知

　　①　见新华社北京 2016 年 3 月 5 日电有关 "'十三五'中国国家战略的百大工程项目"（http：//news. ifeng. com/a/20160305/47706534_ 0. shtml#_ zbs_ duba_ jsws）

名"985工程"、"211工程"重点建设高校，那么"一带一路"、海洋强国等战略，必然为全国唯一一个以造船为主导、特色的专业大学——江科大提供一个可以也理应秉承"笃学明德、经世致用"的校训，大力弘扬"肩负使命，奋发图强"的"船魂"精神，通过把握驾驭这一珍贵机会，自加压力、主动出击，乘势而上，科学谋划，努力发展，鼓足干劲，沉下心性，成就一番事业，以提高船舶工业的自主创新能力和核心竞争力为突破口，持续增强我国海洋科学研究，强化海洋专门人才的培养，提高全民族的海洋意识，为把江科大建成世界一流的海洋资源开发与利用大学（目前我校建设目标是"国内一流造船大学"，本文认为这有些片面，目标偏低，不够！）而努力奋斗！

总之，从继承传统、现实状况、实践需要、大学属性与历史使命等综合地看，江科大（张家港校区）理应发展成为一个"应用型+研究型"大学。

本文认为，围绕造船科学这一点，展开海洋特色这一面，把江科大建设成"应用型+研究型"大学，可以分两个阶段，分两步走。第一阶段，"应用型+研究型"大学，应用属性为主，研究属性为辅，主体属性为应用型。第二阶段，"研究型+应用型"大学，研究属性为主，应用属性为辅，主体属性为研究型。在这一进程中，逐步调整学科专业布局，发挥优势，提升内涵，聚合资源、合理分工、重点突破、功能错位（如张家港校区偏向应用型，镇江校区偏向研究型，或是相反）增加研究费用，改善研究条件，加大教师的研究任务，提高研究生的招生比例，使部分教师从非研究工作的教学等工作中脱离出来而开展专项研究，同时不断地从外（校外国内与国外）引进高科技领军型人才，并使之专心从事研究。

滨海旅游业效评价及时空演变分析

钟敬秋[1,2]，韩增林[1*]

（1. 辽宁师范大学 海洋经济与可持续发展研究中心，辽宁 大连 116029；2. 辽宁师范大学 城市与环境学院，辽宁 大连 116029）

摘要： 在梳理滨海旅游业效率在旅游产业发展中驱动作用的基础上，利用数据包络分析（DEA）、全局 Malmquist 模型结合标准差椭圆分析方法，对中国 53 个沿海城市滨海旅游业效率进行时空演变分析。结果表明：（1）滨海旅游业是以"人"的高效率发展为原动力、以具有协同性的"陆—人—海"系统为依托，在旅游产业中具有特殊资源性质、在海洋产业中占主导地位的绿色经济产业，其发展受人类经济活动的效率制约；（2）滨海旅游业对外部经济环境变化敏感性较强、脆弱性明显，政府投资对滨海旅游业发展效率具有显著促进作用，但投资规模与规模效率不具指数效应，滨海旅游业规模效率与综合效率时空发展规律相吻合，纯效率是推动综合效率发展的主导因素，政策效率是目前中国滨海旅游业发展效率主要影响因素，我国滨海旅游业效率空间整体呈现南高北低分布，但区域差距呈逐步缩小态势；（3）影响滨海旅游业效率驱动因素具有相互制约、协同发展特点，滨海旅游业发展应当注重旅游业从业人员素质及专业化培养，逐步引导滨海旅游者向文明游、生态游方向发展，完善区域旅游业发展配套政策措施，提高滨海旅游业各效率综合发展水平，对区域发展差异性开展具有针对性效率提升措施。

关键词： 滨海旅游业效率；DEA；全局 Malmquist；SDE；时空演变

1 引言

经济的长期性增长主要分为两个阶段：经济结构变动的前期经济追赶阶段和效率持续提高为根本动力的后期增长阶段[1]。中国目前已进入经济长期增长后期阶段。基于产业发展视角研究产业效率提升问题，对于产业内生动力发展及宏观经济可持续推进尤为重要。随着 21 世纪海洋强国战略提出以来，我国海洋经济发展迅猛。其中，以滨海旅游业作为支柱型产业的海洋产业发展备受瞩目。滨海旅游业具有海陆兼备的地理区域特殊性，如何因地制宜提升滨海旅游产业效率，及以效率提升促进滨海区域旅游业发展是本研究的首要目的。

国内外对于旅游业效率的研究较为丰富。国外研究主要针对旅游业内部各行业的效率研究，例如：对旅游业中的旅行社效率[2-3]、酒店效率[4-5]、旅游交通效率[6-7]、土地使用效率[8]、旅游产品销售效率[9]等的研究。国内研究除对旅游业内部各行业的效率研究（旅行社效率[10-11]、酒店效率[12]、旅游博彩[13]、旅游服务效率[14]和旅游业投资效率[15]）外，主要研究集中于对区域旅游业发展效率的研究：马晓龙和保继刚[16]、王坤等[17]、梁明珠等[18]、李瑞等[19-20]、邓洪波和陆林[21]及相关研究者分别以中国 58 个主要城市、长江三角洲、广东省 21 地级市、环渤海三大城市群和东部沿海四大城市群、安徽省 17 地级市为研究区进行城市旅游业效率发展研究，陶卓民等[22]、梁流涛和杨建涛[23]、金春雨等[24]及相关研究者以中

基金项目： 国家自然科学基金项目（41571122）；教育部人文社会科学重点研究基地项目（14JJD790038）。

作者简介： 钟敬秋（1987—），男，黑龙江省肇东市人，博士生，研究方向为区域规划与开发。E-mail：zhongjingqiu126@126.com

＊通信作者： 韩增林（1956—），男，山东省商河县人，博士，教授，主要从事海洋经济地理研究。E-mail：hzl@lnnu.edu.cn

国 31 个省级行政单位为研究区，从不同时间段、不同视角对旅游业效率发展进行了研究。研究方法，除国外相关研究起始相对较早外[25-26]，国内研究方法与之相近。在效率测度方面主要应用数据包络分析法（DEA）及其相关改进模型，其他方法包括回归生产模型、指数方法、随机前沿分析法（SAF）等。

目前研究仅对滨海城市生态旅游效率进行研究[27]或基于效率测算对不同时间点效率值进行定性空间分析[28]，未有对中国滨海 53 个城市旅游业效率指数逐年变化及空间计量演化研究。并且，在郭腾云等[29]的研究中明确指出：利用 DEA 方法对不同时间点效率进行研究，其效率值是基于不同生产前沿面而计算所得，不同时间点效率值不具可比性。因此，本文在梳理滨海旅游业效率在旅游产业发展中驱动作用的基础上，利用面板连续数据，对中国 53 个沿海城市的滨海旅游业效率及时空演变进行综合评价，希冀为中国滨海旅游业发展提供有益参考。

2　旅游效率在滨海旅游业发展中的作用

滨海旅游业蓬勃发展体现了人类活动与海洋资源的和谐互动关系：一方面，反映人类亲水性特点对海洋资源的需求愈加强烈，对滨海资源利用呈逐渐加深的趋势；另一方面，体现海洋资源对人类生活影响日益加深，促进人类社会发展现状。滨海旅游业是以滨海城市为载体，以滨海岸线资源为利用对象的，具有开放性、包容性特点的"陆—人—海"和谐共生、可持续发展的绿色产业。"陆—人—海"是滨海旅游业系统内部主体，人类即是需求者又是产业内部和谐共生发展的催化剂，人类需求由"陆—海"供给，人类保护意识增强促进"陆—海"关系和谐。滨海旅游业发展是人类与海洋、陆地和谐共生、相互促进的外在表现。

滨海旅游业系统演进过程中，主导驱动因素是"人"，而人类系统演进的主要影响因素是效率，故由效率因素驱动的滨海旅游业系统演化机理图（图 1）可知：人类系统与海—陆系统在正向投入与负向投入的共同作用下，经过自身协调作用，获得滨海旅游业效率产出；滨海旅游业效率与正负投入之间存在相互反馈关系；存在除直接滨海旅游业效率影响因素等其他外部环境影响因素。其中，旅游经济正向投入包括城市经济水平高低、旅游政策法规完善性、滨海旅游环境保护力度、旅游服务水平高低及旅游基础设施完善度等，负向投入包括海洋自然灾害影响、重大疾病等因素影响、海岸线侵蚀、近岸和海洋生态环境破坏及经济危机等。正负投入与滨海旅游业效率之间反馈作用显著：高效率促进旅游经济高效发展、利于旅游环境保护、利于政策进一步制定与实施、利于旅游服务水平进一步提升、利于旅游基础设施投资力度加大；同时，滨海旅游业效率高低受国际国内金融环境、海陆岸线生态环境与岸线完整性、重大疾病等特殊事件共同影响。在正负投入与外部环境共同作用下，滨海旅游业效率发展产生累积、反馈的协同效应，系统发展不会因某一因素作用而导致系统崩溃，其自组织能力结合外部环境影响，滨海旅游业效率会逐渐趋于合理性发展。

依据协同学中协同理论，滨海旅游业内部各子系统相互协调共同演进，与外部环境进行具有开放性质的信息流、资源流、能量流的交换，自成体系却未孤立独行。欲实现滨海旅游业效率逐步提升，进而促进滨海旅游业永续发展，必须遵循协同论中的系统开放与自组织原理。自组织原理可依托系统正、负向反馈，致使其内部各子系统相互影响、制约和促进；系统开放原理可吸纳外部物质、信息、能量，维持整体"耗散均衡"。最终，维持系统均衡发展，促进旅游产业可持续发展。但需要强调的是，人是系统发展的原动力，所有约束机制与推动力均源于人的社会需求，人是旅游产业发展参与中的人，亦是社会中的人，人类社会呈进步态势，人类系统演进的主要影响因素是效率，只有人的自我高效率自组织、开放发展，才能促进"陆—人—海"系统优化升级，维持滨海旅游业高效、可持续发展，进而促进滨海旅游业效率逐步提升、永续发展。

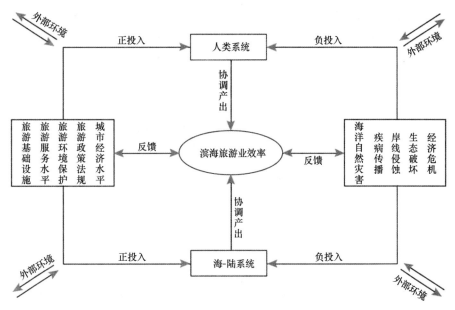

图 1 滨海旅游业系统效率驱动演化机理

2 研究方法、指标选择与数据来源

2.1 研究方法选择

2.1.1 滨海旅游业效率测算

国内外效率研究方法有多种，常用的是参数型随机前沿分析法（Stochastic Frontier Analysis，SAF）和非参数型数据包络分析法（Data Envelopment Analysis，DEA）。本文选用非参数型 DEA 方法，原因是国外学者 Charnes 等 1978 年首次提出该模型并对该模型的有效性进行了科学评价[30-31]，国内学者魏权龄[32]将 DEA 引入中国，并发表多篇文章、专著宣传其测度效率的有效性，逐渐被国内学者所熟知并加以应用[16-24]。并且，由北京大学博士成刚等[33]推出的 MaxDEA 软件增强了效率测算的便捷性。Malmquist 全要素生产率（Total Factor Productivity，TFP）是常用平价面板数据和效率分解评价模型。故采用 DEA 结合 Malmquist 指数作为本研究评价效率的方法。

依据相关研究[34-36]，K 代表被评价城市个数，L 代表投入指标，M 代表产出指标，x_{jl} 代表第 j 个城市的第 l 种资源投入量，y_{jm} 代表第 j 个城市第 m 种产出量，对于第 n（$n = 1$，2，$\cdots$，k）个城市，DEA（CRS）表达公式如下：

$$
\begin{cases}
\min\left[\theta - (e_1^{\mathrm{T}} s^- + e_2^{\mathrm{T}} s^+)\right] \\
s.t. \displaystyle\sum_{j=1}^{k} x_{jl}\lambda_j + s^- = \theta x_l^n \quad (l = 1, 2, \cdots, L) \\
\displaystyle\sum_{j=1}^{k} y_{jm}\lambda_j - s^+ = y_m^n \quad (m = 1, 2, \cdots, M) \\
\lambda \geqslant 0 \quad (n = 1, 2, \cdots, k)
\end{cases}
\tag{1}
$$

式中，θ 为综合效率指数；λ_j（$\lambda_j \geqslant 0$）为权重；s^-、s^+ 均为松弛变量且均不小于 0；ε 为非阿基米德无穷小变量；e_1^{T}、e_2^{T} 为单位空间向量。将公式（1）中引入限制条件 $\displaystyle\sum_{j=1}^{k} \lambda_j = 1$，即变为规模报酬可变的 VRS 模型[29]。

效率随时间演变具体情况需 Malmquist 指数进行全要素分解评价，本文引入全局参比 Malmquist 指数，依据参考文献［11］，由于面板数据所有各期总和作为参考集，各期参考的是同一前沿面，但所计算结果仍为单一 Malmquist 指数。相邻两期 Malmquist 指数前沿面虽然参考同一全局前沿，但效率变化计算仍采用各自前沿[33]。利用 Global Malmquist 指数模型（全局生产率变化指数，GTFP）公式（2），可以分解出综合效率变化（EC）和技术进步（TC）。综合效率变化又可进一步分解为纯效率（PTE）和规模效率（SE）。分解如下：

$$\text{GM} = \left[\frac{1 + CRS^t(x^t, y^t)}{1 + CRS^t(x^{t+1}, y^{t+1})} - \frac{1 + CRS^{t+1}(x^t, y^t)}{1 + CRS^{t+1}(x^{t+1}, y^{t+1})} \right]^{\frac{1}{2}}, \tag{2}$$

$$\rightarrow \begin{cases} \text{PTE} = \dfrac{1 + VRS^t(x^t, y^t)}{1 + VRS^{t+1}(x^{t+1}, y^{t+1})} \\[3mm] \text{SE} = \dfrac{1 + CRS^t(x^t, y^t)}{1 + VRS^t(x^t, y^t)} \cdot \dfrac{1 + VRS^{t+1}(x^{t+1}, y^{t+1})}{1 + CRS^{t+1}(x^{t+1}, y^{t+1})} \\[3mm] \text{TC} = \dfrac{1 + CRS^{t+1}(x^t, y^t)}{1 + VRS^t(x^{t+1}, y^{t+1})} \cdot \dfrac{1 + VRS^{t+1}(x^{t+1}, y^{t+1})}{1 + CRS^t(x^t, y^t)} \end{cases}. \tag{3}$$

式（3）中，CRS 表示不变规模收益，VRS 表示可变规模收益，GM 表示全局 Malmquist 指数，t 表示 t 时期。

由 DEA 和 Malmquist 指数模型分解可知[29,37-38]，全局生产率变化指数（GTFP）代表滨海旅游业生产率增长或降低程度，效率变化（EC）指数代表滨海城市的滨海旅游业投入要素配置、利用水平和规模效应影响等水平的变化，技术进步（TC）指数表示滨海旅游业生产技术变化情况，纯效率（PTE）指数则仅表示滨海旅游业要素资源的配置、利用水平变化，规模效率（SE）指数则表示滨海旅游业规模效应影响水平的变化。并且，当效率值大于 1 时，表明在研究时间段内效率提升；当效率值等于 1 时效率水平不变；当效率值小于 1 时效率水平下降。

2.1.2　空间演变分析

经典空间演变分析方法主要包括全局空间自相关分析、局域空间自相关分析和标准差椭圆分析等，本文利用 ArcGIS 空间标准差椭圆分析（Standard Deviational Ellipse，SDE）进行研究。SDE 方法已在地质学、人口学、犯罪学、社会学、生态学等领域得到广泛应用[39]。滨海旅游业沿海城市分布较分散，利用标准差椭圆分析方法可从空间上推演出近年来我国滨海旅游业效率发展及演变趋势。标准差椭圆分析原理如下[40]。

首先，确定椭圆圆心（研究中亦称为重心），公式如下：

$$\begin{cases} \text{SDE}_x = \sqrt{\dfrac{\sum\limits_{i=1}^{n} (x_i - \bar{X})^2}{n}}, \\[5mm] \text{SDE}_y = \sqrt{\dfrac{\sum\limits_{i=1}^{n} (y_i - \bar{Y})^2}{n}} \end{cases} \tag{4}$$

式中，x_i 和 y_i 分别为特征值 i 的空间位置，$(\bar{X}, \bar{Y})$ 是研究区域的算术平均中心 $\left(\bar{X} = \dfrac{\sum\limits_{i=1}^{n} x_i}{n}, \ \bar{Y} = \dfrac{\sum\limits_{i=1}^{n} y_i}{n} \right)$，$(\text{SDE}_x, \text{SDE}_y)$ 即为椭圆圆心。

其次，确定椭圆的偏转方向，以坐标轴 x 轴为基准，12 点钟方向（正北方）设定为 0°，以顺时针方向旋转，公式如下：

$$\tan\theta = \frac{A + B}{C}$$

$$\rightarrow \begin{cases} A = \left(\sum_{i=1}^{n} \tilde{x}_i^2 - \sum_{i=1}^{n} \tilde{y}_i^2 \right) \\ B = \sqrt{ \left(\sum_{i=1}^{n} \tilde{x}_i^2 - \sum_{i=1}^{n} \tilde{y}_i^2 \right)^2 + 4 \left(\sum_{i=1}^{n} \tilde{x}_i \tilde{y}_i \right)^2 }, \\ C = 2 \sum_{i=1}^{n} \tilde{x}_i \tilde{y}_i \end{cases} \tag{5}$$

式中，$\tilde{x}_1$ 和 $\tilde{y}_1$ 是平均中心与 (x, y) 坐标的差。

最后，确定椭圆中 x 轴和 y 轴的长度，公式如下：

$$\begin{cases} \sigma_x = \sqrt{2} \sqrt{ \dfrac{\sum_{i=1}^{n} (\tilde{x}_i \cos\theta - \tilde{y}_i \sin\theta)^2}{n} }, \\ \sigma_y = \sqrt{2} \sqrt{ \dfrac{\sum_{i=1}^{n} (\tilde{x}_i \sin\theta - \tilde{y}_i \cos\theta)^2}{n} } \end{cases} \tag{6}$$

式 (6) 中，σ_x 和 σ_y 分别代表 x 轴和 y 轴的长度，结合公式 (4)、(5)，利用 ArcGIS 10.2 对滨海旅游业效率空间演变趋势进行测度。

2.2 量化研究指标选择

滨海旅游业效率主体基于投入—产出两大要素。能够量化表征且可获得数据的统计指标较少，故综合考虑滨海旅游业效率发展驱动因素及量化指标可获得性，认为投入方面，旅游业发展需要经济基础支撑，旅游投入不仅限于景区、酒店、旅行社等设施投入，城市基础设施建设、城市经济体规模等，都会影响城市旅游吸引力，故旅游业投入指标选择全社会固定资产投资作为资本投入指标；旅游从业者并不仅限于导游、酒店服务人员、旅行社从业人员，批发零售商店服务人员、租车公司服务人员等，都是旅游业间接从业人员，故旅游业人力劳动投入选取第三产业从业人员作为劳动投入（旅游业投入不包含土地投入，前文已述）。产出方面，产出指标选择旅游产业直接产值数据：旅游接待人数和旅游收入。由于资源禀赋及海洋自然灾害等影响因素具有量化可行性低的性质，并且各影响因素对滨海旅游业的影响主要体现在经济投入与旅游产业产出上，故未对相关指标进行量化选择与处理。

2.3 数据来源

如无特殊说明，数据均来自《中国区域经济统计年鉴》、《中国城市统计年鉴》、《中国旅游统计年鉴》及各市年鉴、统计公报等。由于旅游业投入产出具有滞后性，故为规避 2003 年 SARS 对旅游业冲击这种小概率事件影响（影响 2004 年旅游投入及产出），研究数据起始投入时间为 2005 年，对应产出时间为 2006 年，以此类推。投入数据为时间 2005—2012 年，产出数据对应时间为 2006—2013 年。为了消除价格变动因素影响，将价值性指标进行平滑处理，价值性指标均折算为 2005 年价格。

3 滨海旅游业效率测算与分析

依据公式 (2) 和 (3) 可知各效率及指数变化相互关系及原理，在此不过多赘述。基于收集数据，利用 MaxDEA Ultra (1-core) 版本软件，结合 DEA 和 Global Malmquist 指数模型，分别计算 2006—2007、2007—2008、2008—2009、2009—2010、2010—2011、2011—2012 和 2012—2013 年中国沿海 53 个城市滨海旅游业的综合效率变化、纯效率变化、技术进步水平，以及规模效率变化和生产率指数变化，并对其空间分异情况进行分区域研究。

3.1 滨海旅游业效率综合演变趋势分析

图 2 显示，2006—2013 年我国滨海旅游业总体效率时空演变呈以下趋势：

（1）2006—2013 年中国滨海旅游业生产率变化（GTFP）呈弱改善趋势。其中 2011—2012 年滨海旅游业生产率变化较显著，此时由 2008 年经济危机而投入的 4 万亿投资的资本效应弱化明显，而因投资促进产业生产效率提升效应明显，进而导致生产率变化显著。由此可得出：国家级政策性投资对滨海旅游业生产率发展起到了明显的促进作用。因此，关于 4 万亿投资利弊问题具有相对性。

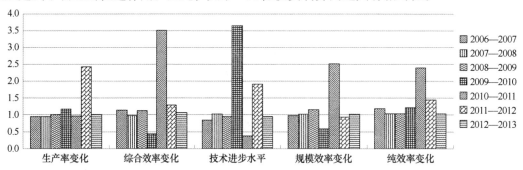

图 2　基于 Global Malmquist 指数的不同时期中国滨海旅游业效率变化

（2）2006—2013 年综合效率（CE）变化波动明显。正常年份综合效率值在（0.9, 1.3）间小幅波动，2009—2010 年和 2010—2011 年综合效率值分别为 0.5 和 3.5。产生这种差异的主要原因是：2009—2010 年（依据前文所述投入产出对应年份），2008 年正是全球性经融危机爆发及中国 4 万亿投资发端之年，各行业突进式投资及滨海国际旅游人数及收入爆减导致综合效率在此期间下滑严重；同样，2010—2011 年，4 万亿投资热潮减退，各行业发展趋势向好，滨海国内旅游人数及收入迅速增长，国际金融环境衰退放缓、部分地区开始回暖，滨海国际旅游人数及收入呈现一定回升，综合以上因素推动此时期综合效率提升明显。由此推出：滨海旅游业对经济环境具有较强的依赖性和敏感性，滨海旅游业效率受经济环境影响较大。并且，通过综合效率时间演进趋势，进一步验证了郭腾云等[29]在其研究中提及的 DEA 效率测算非连续面板数据在效率测算上容易产生较大误差且不具可比性的结论，但众多高质量期刊中的相关研究却仍采用时间断点研究[19-20,28]，其准确性有待验证。

（3）2006—2013 年中国滨海旅游业生产技术波动变化较大。技术进步（TC）水平波动较其他效率变化更为明显。主要体现在 2009—2010、2010—2011 和 2011—2012 年 3 个时期的对比趋势上。3 个时期的平均效率值分别为 3.640 444、0.375 608 和 1.918 737。2009—2010 和 2010—2011 年技术进步水平与综合效率呈明显反差，而 2011—2012 和 2012—2013 年技术进步水平与综合效率又呈现明显趋同。说明经济危机的产生对技术水平产生了明显的冲击效应，其自恢复能力明显较弱，导致 2009—2010 和 2010—2011 年产生较大波动。2011—2012 和 2012—2013 年，随着整体内外部旅游经济环境转变以及技术水平自我调节，技术进步水平恢复到正常水平，呈现与整体滨海旅游环境相协调状态。纵观 2006—2012 年技术进步水平可以发现，除去经济危机因素影响，技术进步水平与综合效率水平呈趋同状态，但技术进步水平明显弱于综合效率提升水平。说明目前中国滨海旅游业综合效率提升受规模效率和纯效率影响相对较大，受技术水平提升影响相对较小。

（4）规模效率（SE）是产业规模是否达到最适规模的外部显现，体现在一定生产规模内由于规模增大而带来的收益递增现象。对比综合效率与规模效率变化（图 2）发现，滨海旅游业规模效率与其综合效率演变规律吻合度较高。各年份规模效率平均值为：0.977 928、1.016 259、1.149 831、0.590 394、2.509 617、0.924 755 和 1.026 506。规模效率对于区域评价好处在于能够规避大规模城市的大投入、大产出带来的外部经济环境较好的表象，避免出现高估大城市而低估小城市现象出现，以绝对投入和绝对产出评价滨海旅游业发展优劣程度。在滨海旅游城市中，天津和上海是绝对大规模城市，但其规模效率水平并未出现因大投入而产生的规模高效率，其规模效率由其规模投入和规模产出共同影响。综上可知：滨海旅游业规模效率与综合效率时空发展规律相吻合，滨海旅游业综合效率受规模效率影响较大；滨海旅游业整体效率不高，在规模投入问题上应当深入反思，过多的规模投入并不会带来高效率规模产出。

（5）各年份平均纯效率值分别为：1.180 089 5、1.031 155、1.030 990、1.215 065、2.393 007、1.447 386 和 1.039 762。除 2010—2011 年受经济危机影响波动较明显外，其他年份波动变化较小。空间上，纯效率对综合效率影响高于规模效率。由滨海旅游业演化机理可知，滨海旅游业资源的配置和利用受政策、人才、资金、技术效率共同影响，即纯效率受政策、人才、资金、技术效率共同影响。在中国现行政策体制环境下，滨海旅游城市发展主要推动力归功于政策效率提升。综上可知：纯效率是推动旅游业综合效率发展的主导因素，而政策因素是目前影响我国滨海旅游产业效率提升主要影响因素。

3.2　滨海旅游业效率局域演变趋势分析

滨海旅游业受生态环境、水文环境、海陆空间等因素的共同影响，各个海域又受地理位置、气候条件、水文条件等因素共同作用而存在差异性，主导滨海旅游环境的形成。故由我国海洋划分界线将滨海城市按中国四大海域界线划分为 4 个组群：渤海沿岸城市组群、黄海沿岸城市组群、东海沿岸城市组群和南海沿岸城市组群，进行分组讨论。各城市组群包含城市如表 1 所示。

表 1　滨海城市分组表

城市组群	渤海沿岸城市组群	黄海沿岸城市组群	东海沿岸城市组群	南海沿岸城市组群
城市	营口、盘锦、锦州、葫芦岛、秦皇岛、唐山、沧州、天津、滨州、东营、潍坊	大连、丹东、烟台、威海、青岛、日照、连云港、盐城、南通	上海、嘉兴、杭州、绍兴、宁波、舟山、台州、温州、宁德、福州、莆田、泉州、厦门、漳州、潮州	汕头、揭阳、汕尾、惠州、深圳、东莞、广州、中山、珠海、江门、阳江、茂名、湛江、北海、钦州、防城港、海口、三亚

注：大连、烟台主要城市设施及重要旅游资源均位于黄海一侧，故划入黄海沿岸城市组群；同理，汕头纳入南海沿岸城市组群。

制图基于复杂数据简单化原则，选用雷达图对数据结果进行处理，由图 3 结合效率输出结果可知：

（1）2006—2013 年各区域生产率变化水平存在差异性，差异性较明显的是 2009—2010 年和 2011—2012 年。其中，2009—2010 年差异较明显的是东海沿岸城市组群生产率提升水平较大，其他城市组群生产率水平均在 1 以下，而东海沿岸城市组群生产率水平达到 1.80。对比滨海旅游业效率综合演变趋势（图 2）发现，此时期滨海旅游业效率呈提升态势，但分区域（图 3）划分研究中仅东海沿岸城市组群呈提升态势，其他城市组群呈生产效率水平呈下降态势，说明此时期东海沿岸城市组群生产率对全国滨海旅游业生产率起主导促进作用。2011—2012 年各城市组群生产率水平均高于其他研究年份，但各区域贡献率仍存在较大差异性，黄海沿岸城市组群生产率水平达到 3.33，高于其他城市组群，说明此时期黄海沿岸城市组群对全国滨海旅游业生产率起主导促进作用。从效率逐年累积角度看，除各年份波动变化较大外，研究期内区域间生产率累计呈增长趋势，增长率研究期内平均累积程度按渤海、黄海、东海和南海沿岸城市族群大小依次为：16.93%、33.67%、28.04%、9.04%。

（2）2006—2013 年各区域内滨海城市综合效率变化差异较大。最为显著的是 2009—2010 年，全国滨海旅游业综合效率几乎全线崩盘，处于滨海旅游业综合效率值后十位的城市依次是：烟台、厦门、绍兴、宁波、深圳、大连、青岛、杭州、广州和天津等著名滨海旅游城市。进一步显现出滨海旅游业在经济环境中的脆弱性较大问题。滨海旅游业对国内外游客吸引作用明显，相对因经济、自然灾害、区域不稳定等因素影响，旅游业中的滨海旅游业影响最为显著。2010—2011 年各城市滨海旅游业综合效率增幅明显，除台州（0.800 764）呈下降趋势，其他城市均呈上升或持平状态。说明，滨海旅游业在外部经济环境不景气状况下，通过内需拉动，能够有效提升区域旅游经济发展。综合效率逐年累积上均呈增长态势，平均累积程度按渤海、黄海、东海和南海沿岸城市族群大小依次为：37.36%、46.99%、38.24%、27.38%。

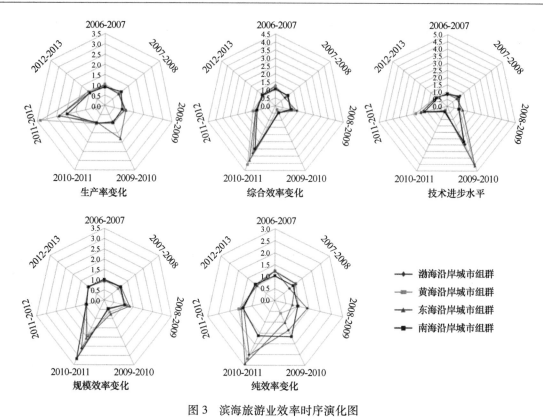

图 3　滨海旅游业效率时序演化图

（3）技术进步指数表示滨海旅游业生产技术变化情况，2006—2013 年间各城市组群滨海旅游业生产技术变化差异显著。但与前文所述技术进步水平波动较明显主要体现在 2009—2010、2010—2011 和 2011—2012 年 3 个时期的对比趋势上有所不同的是，各区域差异较明显的是 2009—2010 年。该年份技术进步水平提升迅猛，但渤海沿岸城市组群和南海沿岸城市组群技术进步水平，明显低于黄海沿岸城市组群和东海沿岸城市组群技术进步水平增长率。说明区域间及区域内城市技术提升能力在经济环境扰动条件下，差异性更为显著。技术进步指数逐年累积上均呈增长态势，平均累积程度按渤海、黄海、东海和南海沿岸城市族群大小依次为：29.97%、54.89%、52.99%、21.77%。

（4）2006—2013 年间各城市组群规模效率变化最为显著的是 2010—2011 年。此时期除杭州和天津呈效率降低态势，其他研究区内城市均呈效率不变或提升状态，但各区域差异及城市差异显著。从区域差异角度分析，渤海和南海沿岸城市组群规模效率明显高于黄海和东海沿岸城市组群。结合各年份发展趋势得出，规模效率区域发展趋势为渤海、南海沿岸城市组群规模效率发展总体优于黄海、东海沿岸城市组群，但后者波动变化更小，区域规模效率发展稳定性更强。规模效率变化逐年累积上均呈增长态势，平均累积程度按渤海、黄海、东海和南海沿岸城市族群大小依次为：16.38%、8.76%、15.19%、24.10%。

（5）纯效率变化在 2006—2013 年期间各区域发展态势具有差异性。差异波动幅度较大时间段主要集中于 2008—2011 年，各区域纯效率演化效率值为：2008—2009 年渤海沿岸城市组群纯效率演化值为 1.426 510，而东海沿岸城市组群仅为 0.774 023，其他区域均在 1.0 左右；2009—2010 年按渤海、黄海、东海和南海沿岸城市族群顺序纯效率值依次为 1.369 361、0.579 028、1.013 497、1.666 783；2009—2010 年按渤海、黄海、东海和南海沿岸城市族群顺序纯效率值依次为 2.521 433、2.703 449、2.926 739、1.625 679。以上 3 个时间段对比发现，在整体演变趋势上纯效率变化大致呈正态分布，但分区域研究发现各区域发展变化差异明显，说明纯效率发展水平具有区域不平衡性。但纯效率变化逐年累积上均呈增长态势，平均累积程度按渤海、黄海、东海和南海沿岸城市族群大小依次为：40.66%、32.81%、36.49%、25.88%，发展趋势较好。

4 空间格局演变分析

SDE 方法对于空间演变测度与表达主要基于影响椭圆空间分布的长短轴、方位角和中心等参数，以定量手段对研究对象进行空间分布整体特征描述。具体计算原理在前文已具体介绍，基于 ArcGIS 10.2 获得长短轴、方位角和中心等参数，对所得结果进行分析。

4.1 重心变化

重心空间位移趋势代表滨海旅游业效率随时间演变空间整体效率演化趋势。由表2结合图4可知，各年份滨海旅业逐年效率值均存在空间变动，整体以 2006—2007 年重心为基点。生产率变化，从 2006—2007 年开始效率南移趋势明显，仅 2008—2009 年和 2011—2012 年呈北移趋势，说明生产率发展南部地区优于北部地区；综合效率演变，呈南移趋势且位移趋势明显大于生产率演变趋势，说明我国滨海城市旅游业综合效率演变南部优于北部地区；技术进步水平，北部地区明显优于南部地区，说明近年来我国北方旅游业效率发展更加注重技术水平提升，虽然综合效率明显南部优于北部，但北部滨海城市旅游业呈效率追赶态势；规模效率水平，仅 2010—2011 年呈南移态势，说明北部规模投入效率大于南部；纯效率水平提升亦北部地区明显占优。综上分析可知，近年我国滨海旅游业效率发展趋势，南部地区明显优于北部地区，但效率进步与提升方面北部地区明显优于南部地区，说明北部地区滨海旅游业效率呈追赶态势，南北滨海旅游业发展呈效率差距缩小趋势。

4.2 标准差椭圆

长短轴变化与南北向主轴方位角夹角大小代表效率发展集聚及演变趋势大小。长短轴差值代表椭圆扁率，扁率越大方向性越明显，集聚程度越高。由表2结合图4可知，滨海旅游业效率标准差椭圆长短轴差值较大，方向性明显，各效率值逐年演化趋势明显。生产率变化，各年份椭圆扁率大、平均转角 25.64°，较基准值 25.46°向东南偏转 0.18°，说明空间上总体生产率增长趋势向东南沿海倾斜；综合效率变化，2006—2010 年波动变化明显，之后发展态势平稳，2009—2010 转角率达到 28.406°，说明研究期内 2009—2010 年以前综合效率南北互动演化，但 2009—2010 年之后南部地区明显优于北部，集聚变化更为明显；技术进步水平，2008—2009 年起椭圆扁率不断减小，转交波动变化亦不明显，说明总体滨海旅游业效率技术进步呈下降态势；规模效率，从 2007—2008 年起逐渐呈椭圆扁率减小趋势，转角除由 2009—2010 年的 23.30°转为 2010—2011 年的 27.85°，其他年份变化不明显，说明规模效率水平发展呈下降态势，2010—2011 年南部滨海城市旅游业规模效率增长幅度较大；纯效率变化，椭圆扁率虽呈波动演化，但最终趋于平稳，转角上由 2009—2010 年的 28.74°逆时针旋转为 2010—2011 年的 18.69°，说明北方沿海地区旅游业纯效率集聚及增幅明显。

表2 标准差椭圆重心位移及转角变化

年份	生产率		综合效率		技术进步水平		规模效率		纯效率	
	位移/km	旋转角度/(°)	位移/km	旋转角度/(°)	位移/km	旋转角度/(°)	位移/km	旋转角度/(°)	位移/km	旋转角度/(°)
2006—2007	—	25.46	—	25.66	—	25.46	—	25.87	—	25.56
2007—2008	118.25	27.23	131.56	26.56	40.21	26.62	57.23	25.14	70.63	26.70
2008—2009	150.37	24.65	160.70	24.91	63.17	25.13	71.02	25.14	111.91	25.17
2009—2010	82.96	27.08	195.17	28.41	108.28	22.58	89.16	23.30	284.19	28.74
2010—2011	89.23	25.24	190.92	22.54	198.00	27.18	253.61	27.85	390.35	18.69
2011—2012	110.04	24.46	74.15	25.41	163.18	24.91	156.39	25.70	204.29	26.02
2012—2013	89.33	25.38	20.10	26.00	68.99	25.12	11.71	25.79	11.88	25.99

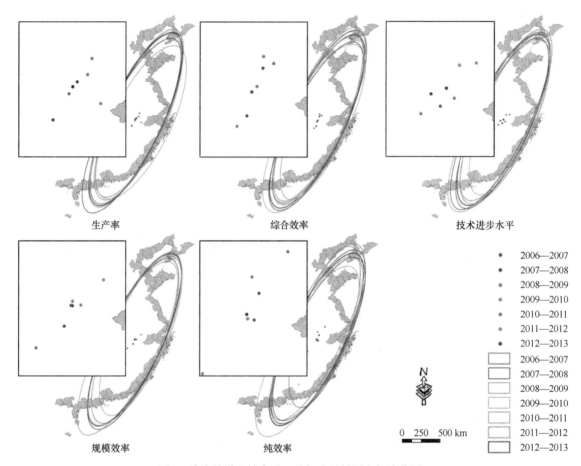

生产率　　　　　　　　　　综合效率　　　　　　　　　技术进步水平

规模效率　　　　　　　　　　纯效率

图4　滨海旅游业效率重心及标准差椭圆空间演化图

5　结论与讨论

本文在梳理滨海旅游业效率在旅游产业发展中驱动作用的基础上，利用 DEA-GM 对滨海城市旅游业效率指数逐年变化进行测算与分析，并借助 SDE 方法进行空间计量演化分析。首次对滨海旅游业效率演化机理进行系统分析的基础上，分别从滨海旅游业效率逐年演化趋势及空间计量演化方面弥补了前人相关研究的不足之处。综上所述，获得以下结论：

（1）基于旅游效率在滨海旅游业发展中的作用分析得出：滨海旅游业是以"人"的高效率发展为原动力、以具有协同性的"陆—人—海"系统为依托，在旅游产业中具有特殊资源性质、在海洋产业中占主导地位的绿色经济产业，其发展受人类经济活动的效率制约。

（2）基于逐年效率演化测算及空间计量演变分析得出：滨海旅游业对外部经济环境变化敏感性较强、脆弱性明显；政府投资对滨海旅游业发展效率具有显著促进作用，但投资规模与规模效率不具指数效应；滨海旅游业规模效率与综合效率时空发展规律相吻合，纯效率是推动综合效率发展的主导因素；政策效率是目前中国滨海旅游业发展效率主要影响因素；我国滨海旅游业效率空间整体呈现南高北低分布，但区域差距呈逐步缩小态势。

（3）基于获得结论及目前我国滨海旅游业发展现状，认为应当从以下几个方面促进滨海旅游业效率提升：注重旅游业从业人员素质及专业化培养，逐步引导滨海旅游者向文明游、生态游方向发展；完善区域旅游业发展配套政策措施；提高滨海旅游业各效率综合发展水平；对区域发展差异性开展具有针对性效率提升措施。

（4）本文针对我国滨海旅游业效率在滨海旅游业发展中的作用及时空演变进行了综合分析。但本研究仍存在有待深入探究问题：在投入产出指标选取方面，研究区域对纯旅游及相关产业统计不完善，如何进一步深入探究各投入产出相关性是今后研究需要考虑的；空间演变研究方法有多种，其他研究方法对支持滨海旅游业效率研究是否更具针对性有待探究。

参考文献：

[1] 张平,刘霞辉,袁富华,等. 中国经济长期增长路径、效率与潜在增长水平[J]. 经济研究,2012(11):4-17,75.

[2] Barros C P, Matias Á. Assessing the efficiency of travel agencies with a stochastic cost frontier:a Portuguese case study[J]. International Journal of Tourism Research,2006,8(5):367-379.

[3] Köksal C D, Aksu A A. Efficiency evaluation of a-group travel agencies with data envelopment analysis(DEA):a case study in the Antalya region, Turkey[J]. Tourism Management,2007,28(3):830-834.

[4] Barros C P. Analysing the rate of technical change in the Portuguese hotel industry[J]. Tourism Economics,2006,12(3):325-346.

[5] Huang C W, Foo N H, Chiu Y H. Measurement of tourist hotels productive efficiency, occupancy, and catering service effectiveness using a modified two-stage DEA model in Taiwan[J]. Omega,2014,48:49-59.

[6] Fernandes E, Pacheco R R. Efficient use of airport capacity[J]. Transportation Research Part A: Policy and Practice,2002,36(3):225-238.

[7] Sarkis J, Talluri S. Performance based clustering for benchmarking of US airports[J]. Transportation Research Part A:Pilicy and Practice,2004,38(5):329-346.

[8] Kytzia S, Walz A, Wegmann M. How can tourism use land more efficiently? A model-based approach to land-use efficiency for tourist destinations[J]. Tourism Management,2011,32(3):629-640.

[9] Marrocu E, Paci R. They arrive with new information. Tourism flows and production efficiency in the European regions[J]. Tourism Management,2011,32(4):750-758.

[10] 姚延波. 我国旅行社分类制度及其效率研究[J]. 旅游学刊,2000,15(2):31-37.

[11] 田喜洲,王渤. 旅游市场效率及其博弈分析——以旅行社产品为例[J]. 旅游学刊,2003,18(6):57-60.

[12] 彭建军,陈浩. 基于DEA的星级酒店效率研究——以北京、上海、广东相对效率分析为例[J]. 旅游学刊,2004,19(2):59-62.

[13] 陈章喜,区楚东. 赌权开放对澳门博彩旅游业经济效率影响的动态分析[J]. 旅游学刊,2009,24(10):19-25.

[14] 李志勇. 低碳经济视角下旅游服务效率评价方法[J]. 旅游学刊,2013,28(10):71-80.

[15] 刘改芳,杨威. 基于DEA的文化旅游业投资效率模型及实证分析[J]. 旅游学刊,2013,28(1):77-84.

[16] 马晓龙,保继刚. 中国主要城市旅游效率影响因素的演化[J]. 经济地理,2009,29(7):1203-1208.

[17] 王坤,黄震方,陶玉国,等. 区域城市旅游效率的空间特征及溢出效应分析——以长三角为例[J]. 经济地理,2013,33(4):161-167.

[18] 梁明珠,易婷婷,Li Bin. 基于DEA-MI模型的城市旅游效率演进模式研究[J]. 旅游学刊,2013,28(5): 53-62.

[19] 李瑞,郭谦,贺跻,等. 环渤海地区城市旅游业发展效率时空特征及其演化阶段——以三大城市群为例[J]. 地理科学进展,2014,33(6):773-785.

[20] 李瑞,吴殿廷,殷红梅,等. 2000年以来中国东部四大沿海城市群城市旅游业发展效率的综合测度与时空特征[J]. 地理研究,2014,33(5):961-977.

[21] 邓洪波,陆林. 基于DEA模型的安徽省城市旅游效率研究[J]. 自然资源学报,2014,29(2):313-323.

[22] 陶卓民,薛献伟,管晶晶. 基于数据包络分析的中国旅游业发展效率特征[J]. 地理学报,2010,65(8):1004-1012.

[23] 梁流涛,杨建涛. 中国旅游业技术效率及其分解的时空格局——基于DEA模型的研究[J]. 地理研究,2012,31(8):1422-1430.

[24] 金春雨,程浩,宋广蕊. 基于三阶段DEA模型的我国区域旅游业效率评价[J]. 旅游学刊,2012,27(11):56-65.

[25] Fletcher J E. Input-output analysis and tourism impact studies[J]. Annals of Tourism Research,1989,16(4):514-529.

[26] Briassoulis H. Methodological issues:tourism input-output analysis[J]. Annals of Tourism Research,1991,18(3):485-495.

[27] 孙玉琴. 基于DEA的滨海区域生态旅游效率评价及优化研究[D]. 长沙:中南林业科技大学,2012.

[28] 秦伟山,张义丰,李世泰. 中国东部沿海城市旅游发展的时空演变[J]. 地理研究,2014(10):1956-1965.

[29] 郭腾云,徐勇,王志强. 基于DEA的中国特大城市资源效率及其变化[J]. 地理学报,2009,64(4):408-416.

[30] Charnes A, Cooper W W, Rhodes E. Measuring the efficiency of decision making units[J]. European Journal of Operational Research,1978,2(6):429-444.

[31] Berger A N, Mester L J. Inside the black box:what explains differences in the efficiencies of financial institutions[J]. Journal of Banking and Finance,1997,21(7):895-947.

[32] 魏权龄. 评价相对有效性的DEA模型[C]//发展战略与系统工程:第五届系统工程学会年会论文集. 北京:中国系统工程学会,1986.

[33] 成刚. 数据包络分析方法与MaxDEA软件[M]. 北京:知识产权出版社,2014:200-206.

[34]　Färe R, Grosskopf S, Lindgren B, et al. Productivity developments in Swedish hospitals: a Malmquist output index approach[M]//Data envelopment analysis: theory, methodology, and applications. New York: Kluwer Academic Publishers,1994:253-272.

[35]　王兵,朱宁. 不良贷款约束下的中国银行业全要素生产率增长研究[J]. 经济研究,2011,46(5):32-45,73.

[36]　魏权龄. 数据包络分析[M]. 北京:科学出版社,2004.

[37]　Pastor J T, Lovell C A K. A global Malmquist productivity index[J]. Economics Letters,2005,88(2):266-271.

[38]　孙威,董冠鹏. 基于DEA模型的中国资源型城市效率及其变化[J]. 地理研究,2010,29(12):2155-2165.

[39]　赵璐,赵作权. 基于特征椭圆的中国经济空间分异研究[J]. 地理科学,2014(8):979-986.

[40]　Andy Mitchell. The ESRI Guide to GIS Analysis(Volume 2) [M]. United States: ESRI Press,2005.

海上丝绸之路背景下北海旅游如何适应新常态

岑博雄[1]

（1. 北海市旅游发展委员会，广西 北海 536000）

摘要： 以具有古今海上丝绸之路背景的北海为案例，本文运用SWOT原理，对北海的旅游环境进行了比较详尽的分析并明确了制约因素和发展潜质；提出了实施度假产品主导高端产品带动发展战略和休闲度假滨海旅游目的地及北部湾旅游圈中心城市发展目标的思路建议；在整合旅游资源打造旅游精品、整合社会资源营造国际化滨海旅游城市和完善北海旅游产品保障措施等方面进行了比较详尽的思考；对处于逆境中探索前行的北海旅游业和类似地区的旅游业发展具有借鉴和参考作用。

关键词： 环境分析；高端度假；整合资源；旅游精品；保障体系

1 引言

北海曾经是古代海上丝绸之路的始发港之一，是当代中国—越南、马来西亚海上国际旅游航线的始发港，是21世纪海上丝绸之路的重要节点；北海具有得天独厚、丰富多彩的优质旅游资源，作为首批全国14个沿海开放城市和首批中国优秀旅游城市之一，经过30多年的发展，北海旅游业已经取得了长足的进步，但与上级的要求还有很大的差距，与不断发展成熟的旅游市场需求还有些不适应；在中央提出"改革、创新、绿色、和谐、共享"五大发展理念和"一带一路"发展战略的指导下，如何适应经济新常态，扬长避短，发挥自身的优势，整合滨海旅游资源，优化产品结构，提升产品质量，不断提高滨海旅游核心竞争力，进一步提升北海旅游在北部湾旅游圈的地位和作用，为中国海洋旅游添砖加瓦，成为21世纪海上丝绸之路上一道亮丽的风景线，这是当下北海旅游业面临的一个重大命题，本文结合实际，做了一些分析和思考。

2 北海旅游的环境分析

2.1 北海旅游的优势

（1）北海拥有丰富、优质的滨海旅游资源，在中国沿海城市中极为罕见；

（2）北海南亚热带气候特色浓郁，温暖湿润，空气清新，有"中国最大天然氧吧"之称，是避寒养生的优质资源；

（3）北海位于包括越南海岸在内的北部湾旅游圈的中心地带；

（4）北海具备海陆空四通八达的立体交通网，城市基础设施基本完善；

（5）北海是中国首批优秀旅游城市，拥有全区唯一的试办国家级旅游度假区以及两个省级度假区的品牌；合浦山口红树林是联合国教科文组织生物圈保护区网络成员；涠洲岛是国家地质公园和中国最美的岛屿；

作者简介： 岑博雄（1958—），男，广东省恩平市人，副教授，调研员，主要从事资源经济教学与研究，规划、项目、旅游管理与研究工作。E-mail：cbx2465@163.com

（6）北海拥有以南珠文化为代表的 2 000 多年丰厚的历史文化资源；

（7）北海曾经是古代海上丝绸之路的始发港之一，是当代中国—越南、马来西亚海上国际旅游航线的始发港，是 21 世纪海上丝绸之路的重要节点，正在参与联合"申遗"；

（8）北海基本形成配套协调、功能齐全的旅游供给体系。全市共投入使用的旅游（区）点 10 多个，其中国家 AAAA 级旅游区（点）5 个；全市共有宾馆、饭店（含社会旅馆、招待所）近 400 家，总床位约 5 万张；一批旅行社，旅游业从业人员超过 5 万人。

（9）北海市委、市政府重视旅游产业。

2.2　北海旅游的劣势

（1）北海的经济基础还比较薄弱，旅游业总体投入不大，旅游业原始积累不多，旅游开发的资金匮乏，旅游基础设施建设和配套仍不足；

（2）旅游资源缺乏深度开发和精心整合，一些优势旅游资源正面临破坏，一些被改变用途；

（3）旅游产品结构不合理，大多是低端的观光产品，种类单一，旅客缺乏多样性选择；

（4）原有一些主要景区景点旅游功能弱化，经营管理落后、企业效益低下；

（5）旅游区及旅游项目城市化，缺乏旅游策划与旅游规划的意识；

（6）城市旅游氛围不够，国际化程度不高，缺乏对旅游产业发展的系统支撑；

（7）旅游营销投入不足，定位不够准确，缺乏品牌意识，城市旅游主题形象不够突出；

（8）目前北海交通的可进入性环境还不够便利和经济；

（9）专业旅游开发和管理的人才短缺；

（10）缺乏具有强吸引力和影响力的品牌节庆活动及赛事。

2.3　北海旅游的机遇

（1）国家提出了"一带一路"发展战略，北部湾经济区（广西）建设风声水起，给广西经济和北海经济带来了新机遇，同时也给广西旅游和北海旅游带来了前所未有的新机遇；

（2）北部湾（广西）经济区发展规划等一系列重大规划的编制、实施和自治区对北海银滩、涠洲岛的立法保护，对北海的城市定位、经济社会发展将发生重大影响，对北海旅游是利好的消息；

（3）中国加入世界贸易组织，有利于北海旅游业与国际接轨，促进其对外交流与合作，参与国际旅游合作和市场竞争；

（4）国家西部大开发战略的实施，使制约广西旅游业发展的基础设施、人力资源、管理体制、经济基础等得到极大的改善；

（5）中国—东盟博览会永久落户广西南宁以及泛珠江三角洲区域经济合作框架和大西南经济合作区域的逐步构建，将加快广西与东南亚旅游圈和周边省区市旅游市场的对接，为北海旅游业的快速发展提供了良好的契机和广阔的空间。

2.4　北海旅游的挑战

（1）中国加入世界贸易组织后，旅游市场全面放开，国际化要求越来越高，而北海似乎没有什么准备，旅游产品和旅游市场仍缺乏国际竞争力，面临进一步边缘化的趋势；

（2）周边已经发展起来的国际旅游城市，既是我们的榜样，同时也是北海强劲的竞争对手，如海南三亚、越南下龙等；

（3）周边正在发展起来的旅游城市发展迅猛，势头不小，分割了不少北海原有的市场，如广东阳江、广西钦州等；

（4）中央提出的"供给侧结构性改革"的重要部署对北海的城市发展、旅游开发提出的更高要求；

（5）当前已经进入大数据和移动互联网时代，国际国内的旅游管理和旅游经营都在经历变革转型升级的大转折，对处于逆境中的北海旅游业是一次重大的考验。

中国经济经过 30 多年的高速发展，巨大的旅游需求正在加速释放，伴随而来的供给与需求不相匹配的矛盾也逐渐突显出来。一方面，低水平、同质化、粗放型的旅游产品大量存在；另一方面，高品质、个性化、精细化的新业态产品和休闲度假产品供给严重不足，呈现出结构性过剩与结构性短缺并存的局面[1]。从上述分析可以看到，北海旅游业的现状正是这种现象的典型代表，在旅游产品上主要表现为缺乏滨海旅游的主导产品，缺乏具有市场竞争力的高端旅游产品，吸引力不高，竞争力不大，旅游市场开拓与培育力度不足，停留时间短，留不住游客，充分反映了北海市在"供给侧"方面存在短板，严重影响和阻碍北海旅游产业的发展，北海市旅游产业正面临着前所未有的严峻挑战，使北海市旅游产业处于"逆水行舟，不进则退"的境地；同时看到，北海旅游所具备的优势和资源潜力远没有挖掘出来，没有形成具有市场竞争力的旅游产品，当前北海经济和旅游产业正面临着历史上前所未有的快速发展外部环境和多重发展机遇。

3 北海旅游的发展思考

3.1 发展思路与目标

思路决定出路。国际滨海旅游业支撑着世界旅游业的半壁江山，已经形成了十分成熟的开发管理模式，积累了十分丰富的经验。我国的滨海旅游业经过了 30 多年的建设与管理，取得了长足的发展，也有许多成功的典范。人们在实践中体会到：当今旅游市场竞争，主要表现为旅游产品的竞争，而不是旅游资源的竞争，竞争的关键是旅游产品的核心竞争力。因此，北海需要抓住机遇，更新观念，转变思路，在"供给侧改革"中寻求突破，建议实施度假产品主导和高端产品带动的发展战略，在旅游产品的结构调整及升级换代上下猛药。

3.1.1 以度假产品为主导，推进旅游产品的结构调整

度假产品是滨海旅游的主导产品和生产力，这是国际国内滨海旅游的成熟经验和开发管理模式；中央和自治区领导、国家旅游局和世界旅游组织专家都认为北海适合发展滨海旅游，尤其是中高端的滨海旅游，具备建设成为南中国滨海休闲度假基地的资源禀赋。因此，北海需要尽快从目前单一观光产品为主导向以休闲度假产品为主导的方向调整，以满足国际国内滨海旅游市场的要求。

3.1.2 实施高端产品带动，促进旅游产品的升级换代

开发滨海旅游的高端产品，是滨海旅游国际化的基本要求，北海拥有世界一流的海滩、海岸、海岛资源，理应开发出世界一流的滨海旅游产品；高端产品的开发，才会带动大投资和国际品牌的进入，才有可能形成国际化的滨海旅游目的地；同时也会带动中低端产品的发展，形成完整的滨海旅游产业链和旅游产品供给体系，促进北海旅游产品的升级换代，改变目前北海旅游以低端的观光产品为主导，缺乏市场竞争力的被动局面。

发展目标：经过 3~5 年的努力，初步形成以度假产品为主导，以滨海度假、沙滩运动、生态探秘、避寒养生、跨国邮轮、南珠风情、会议展览、美食购物、文物古迹为特色的旅游产品形象，打造出一批具有世界知名品牌的旅游精品，初步建成南中国滨海休闲度假基地和泛北部湾邮轮游艇基地，使北海成为东南亚地区具有强大竞争力的休闲度假滨海旅游目的地和北部湾旅游圈的中心城市。

3.2 整合旅游资源，打造旅游精品

近年来，《北部湾经济区（广西）旅游发展规划》、《北海银滩旅游区概念性规划》和《北海涠洲岛旅游区发展规划》等一批规划已经完成并正在实施，按照中央"供给侧改革"要求，结合北部湾经济区（广西）的建设发展和自治区的要求，北海需重点打造一批具有世界知名品牌的旅游精品，

3.2.1 核心旅游区：银滩旅游区和涠洲岛旅游区

银滩是北海旅游的发祥地和窗口，银滩景区虽经过多次改造，环境状况大有改观，但旅游景区的功能

不断弱化。现在已提出重新启动和规划银滩的要求，要对整个核心旅游区的功能定位、产品结构、空间布局等进行必要的调整，强化旅游功能，完善旅游设施，真正做好滨海旅游这篇文章。

在中国北部湾战略中，明确了"北部湾休闲之都"的打造有两大策略：一是联通东盟国际豪华邮轮游线，发展高端邮轮休闲旅游；二是再造一滩一岛一街，对北海银滩、涠洲岛、老街进行全新升级定位，共同构筑北海滨海休闲之都[2]。

涠洲岛将成为北海打造北部湾休闲之都的核心旅游区。涠洲岛形似"北部湾之眼"，是内陆经北海跨国旅游的必经之地，是泛北部湾国际邮轮航线的节点，作为北海旅游的一张王牌，具备发展成为国际一流海岛度假区的优越条件，可和银滩互为犄角支撑，旅游产品互补，成为北海打造北部湾休闲之都的核心支撑旅游区。

涠洲岛作为中国最大、最年轻的火山岛，与世界一流海岛旅游目的地同处于相似的纬度范围，相比海南岛等国内热带海岛具有体量适中、海洋生态系统保存完整、人文环境和自然环境原生态保护以及岛屿氛围浓郁等竞争优势，涠洲岛是中国最具后发优势的海岛旅游目的地。

目前国内滨海旅游除了三亚外乏善可陈，而我国2014年就突破1亿人次选择出境滨海旅游。基于庞大的内需市场，如何积极发展我国滨海旅游，做好海岛休闲度假的文章，吸引庞大的国内客源市场，成为各级领导高度重视、推动涠洲岛旅游发展的战略目标。

3.2.2 度假酒店区：银滩度假酒店区和涠州岛度假酒店区

度假酒店是旅游度假区的第一生产力，也是滨海旅游城市第一生产力，像美国夏威夷、墨西哥坎昆、古巴巴拉德罗、印尼巴厘岛等世界著名的旅游度假地，都花重金着力打造一个高档的度假酒店区甚至是度假酒店带，因为这是度假区的核心竞争力和主体旅游吸引物[3]；海南三亚的成功，应该说亚龙湾的高档度假酒店区功不可没。阳光、沙滩、海水、香车、美女、球场，还有舒适方便的休闲度假设施和环境，构成了人们休闲、度假的理想天堂。

建议尽快在中国最洁净、最宽阔的海岸——北海银滩和中国最美的海岛——北海涠洲岛上规划建造10家以上五星级度假酒店及相关休闲度假配套设施，这是当务之急的大事。在规划设计上按照国际旅游度假的标准和惯例，借鉴美国夏威夷、墨西哥坎昆、古巴巴拉德罗、印尼巴厘岛、多米尼加波多普拉塔、中国亚龙湾等度假区的经验；在投资建设上选择有实力的旅游投资或旅游酒店集团；在经营管理上引进国际著名的酒店管理品牌，如万豪、希尔顿、喜来登、凯悦、悦榕、巴斯（假日）、地中海俱乐部等集团，定期举行各种国际会议和各种比赛，营造一个国际标准的高档旅游度假区，这样才能逐渐把北海建设成为吸引国际游客和国内高端游客光临度假和休闲旅游的目的地。

3.2.3 东盟海上邮轮及国际邮轮港

北海—越南海上旅游航线，经过20年的培育，已发展成为北海市具有较大市场竞争力的王牌产品，随着泛北部湾战略的推进，将发挥海上东盟交流平台的重要作用；因此，通过延伸到越南中部、中期延伸到越南南部、远期延伸到东盟海上各国，同时引进国际邮轮企业及高端邮轮，作大作强东盟海上邮轮产品，这是北海需要积极推进的工作；北海作为泛北部湾区域最适合建设国际邮轮母港的城市，随着泛北部湾邮轮市场的逐渐成熟，国际邮轮港及相关联检、旅游配套设施的建设进程应加快推进，尽快建成国际标准的一类客运口岸。

3.2.4 国际游艇俱乐部及国际游艇港

北海的海岸、海岛资源非常适合建设国际游艇俱乐部及国际游艇港，这也是滨海旅游城市的特色和高端产品。

国际游艇港将按国际标准设计的，建设现代化国际游船码头及配套工程，集旅游、娱乐、休闲、度假、健身等功能于一体，周围建设五星级海港度假酒店、国际游艇俱乐部、水景别墅等配套设施；另设休闲渔业基地以及为游艇加油、加水、充电等配套设施，吸引国际游艇爱好者和世界各地富豪来北海旅游、度假和居住。

3.2.5 其他旅游精品

如国际高尔夫俱乐部、国际钓鱼俱乐部、国际沙滩运动俱乐部、大型主题公园、国际比基尼大赛等。

3.3 整合社会资源，营造国际化滨海旅游城市

3.3.1 土地资源整合

（1）在城市规划、土地价格、市政配套等方面对重点旅游区和旅游精品项目给予扶持和优惠；

（2）对全市已纳入旅游规划的重点区域的土地资源进行盘整、清理、造册，并在政府的控制之下；保证用于旅游招商的土地可及时开发。

3.3.2 政策资源整合

（1）在国家规定的范围内，研究制定具有较强针对性、相对稳定性和适度前瞻性的发展旅游业政策；

（2）对旅游开发建设项目，可根据不同的旅游用地性质实行差别用地政策，对旅游企业用电，用水政策等同工业企业；

（3）进一步清理各项收费，规范收费行为，减轻旅游企业的负担，努力为旅游企业提供一个更好的发展环境。

3.3.3 城市资源整合

（1）营造安全、文明、整洁、友善、好客的城市环境；

（2）建立国际化的城市识别系统，如双语引导，多语说明、标识及旅游信息查询等；

（3）建设完善、便利的城市配套设施，包括公交、通信、金融、医疗、卫生、水电等。

3.3.4 交通资源整合

（1）完善旅游交通基础设施建设。争取尽快建设国际邮轮码头和联检设施，完善各类交通站场的旅游设施，修建和完善市区至主要景区的道路；

（2）提高城市整体的可进入性，进一步沟通北海与国内外重要客源地、中转地、集散地的交通。继续培育和扶持空中航线、海上航线、旅游专列的优惠政策和配套措施；争取多开航线和专列，营造快捷、便利、经济的北海交通新形象；

（3）提高旅游交通服务质量，适应旅游城市的交通服务需要，提高公共交通的可选择性。加强对旅游车司机的服务培训，完善交通安全监督检查制度，彻底消除旅游安全隐患；引进高档车船，提高交通企业的服务质量和效益。

3.3.5 企业资源整合

（1）加快实现由单一的政府投资向多元化市场融资的体制转变，努力形成市场化的投融资机制；

（2）积极发展外向型旅游经济，放宽准入条件，引进国内外有市场、有资金、有管理经验的大企业、大集团，加快与外来企业、外来资本，特别是国际旅游大集团的合资、合作，鼓励有实力的各类企业兼并、收购、控股和租赁北海市旅游企业和旅游区（点），参与北海市旅游资源与产品开发；

（3）鼓励旅游企业通过市场实行资产重组，向集团化、网络化、国际化方向发展，并组建一批跨国、跨地区、跨行业、跨所有制的旅游集团。

3.3.6 线上资源整合

构建要素整合、部门整合、区域一体的旅游公共信息服务平台，实现 WiFi 全覆盖，可通过发行 1 张旅游通行卡、开发 1 个手机客户端 APP、打造 1 个综合性旅游网站、建设 1 个虚拟旅游体验厅等方式，形成具有全国示范意义的"智慧旅游区"。开发电子门票，游客可在网上购买，到景区后只需刷手机二维码，方便管理。

3.3.7 其他资源整合

大力推进工农业旅游示范点工作，积极推进科、教、文、卫、体和宗教民俗等资源与旅游业的融合。

4 完善北海旅游产品的保障措施

4.1 建立吸引高端的旅游产品投融资体系

（1）要以新的机制、周到的服务和过人的胆识做好旅游产品投融资工作，扩宽投融资渠道，大胆将民间资本和上市公司资本引入到高端旅游产品建设上来；

（2）政府在年度预算中，要增设旅游发展资金，发挥政府投资的积极导向作用，引导更多的社会资金投向高端旅游产品建设上；

（3）要争取北部湾（广西）经济区建设的相关优惠政策，积极引入国内外金融机构和融资公司、财务公司参与北海高端旅游产品开发；

（4）要创新融资体制和机制，通过社会办旅游，可否利用彩票筹集资金，扩大旅游投入资金渠道；

（5）积极支持本地企业参与旅游产品的开发建设。可以采取政府搭台，多主体多成分共同投资、利益均沾的投融资模式。

4.2 打造主题鲜明的北海旅游营销体系

（1）树立大旅游、大市场、大营销的整体营销体系。通过旅游营销与区域营销相结合，旅游营销与城市营销相结合，创新旅游营销方式，进一步依托滨海度假和中越海上航线搞营销，依托城市联盟搞营销，依托网络搞营销，依托媒体搞营销，依托节庆搞营销等。坚持政府主导，企业为主，部门配合的营销方针，实施部门联动，实现全市旅游宣传营销大统筹。

（2）加大对旅游客源市场的研究开发。聘请国内一流的旅游策划机构为北海进行旅游形象策划，打造和强化"南中国滨海休闲度假基地"等旅游主题形象。

（3）设立全市旅游促销专项经费，集中有限的财力、人力、物力、统一协调、重点明确地开展旅游促销工作。深度开发广东、云南、贵州、四川和湖南等周边近程市场和以北京、上海为核心的华北、华东等远程市场，逐步加大以越南为主的东盟市场的开发，探索启动俄罗斯市场。

4.3 推动联动高效的旅游市场联合执法体系

按照全域旅游示范城市的要求，推进旅游市场联合执法体系建设，深化旅游市场秩序的规范和整治。采用旅游主管部门联合公安、工商、卫生、物价等部门综合执法等形式，按照"对内引导规范、对外综合治理"的方针，实施依法综合治理。创造条件推进旅游警察体制的实施。

4.4 营造诚信自律的旅游品质保障体系

（1）在规范旅游市场中充分发挥旅游行业协会"服务、协调、自律、教育"功能，加强对协会工作的指导，结合旅游质监机构的改革，逐步营造诚信自律的旅游品质保障体系，防止出现旅游企业的管理真空；

（2）推进旅行社的旅游质量评价体系构建，建立科学完善的创优评先机制；重构导游服务管理体系，建立科学合理的导游薪酬保障制度，加快导游等级评定工作步伐，建立导游争先创优机制，构建导游信誉档案与服务信息平台；

（3）推进旅游服务标准化建设，倡导守法经营、诚信服务；引进国内外先进管理企业，加强监督管理，引导游客理性消费合理维权，发挥舆论监督和宣传导向作用；强化旅游应急保障机制。

4.5 形成善待人才的旅游人力资源管理体系

（1）着力建设好旅游行政管理人员、旅游经营管理人员、旅游服务人员 3 支队伍；

（2）探索导游人才队伍管理的新机制，营造导游加快成长、脱颖而出的良好环境。进一步发挥"十佳导游"的示范带动作用，提高全市导游人员的整体素质；

（3）充分整合各类旅游教育资源，逐步建设覆盖旅游全市的多层次旅游培训网络，有计划地培养高层次复合型旅游人才；

（4）在全行业形成善待人才的良好风尚，不断提高全行业人员的整体素质；

（5）引进旅游稀缺人才和高端人才，完善旅游人才资源开发管理体系，建立职业资格认证制度，健全人才激励机制和发展环境。

4.6　建立政企双赢的旅游行业管理体系

（1）创新规范、经营、监督三位一体的行管机制：①旅游局（委）当好教练员，做好规范引导工作；②旅游企业当好运动员，旅游协会当好领队，诚信经营、行业自律；③质监所、执法机构当好裁判员，做好市场监管工作。

（2）建立"先入行、后规范、再提高"的工作机制。

（3）探索"严把关、重教育、缓处理"的监管机制。

（4）以《旅游法》为抓手，重新规范旅游行业。

（5）以旅游"供给侧改革"为重点，推进旅游产品质量提升。

参考文献：

[1]　刘锋. 供给侧改革下的新型旅游规划智库建设思考[J]. 旅游学刊, 2016, 31(2):8-10.

[2]　王志纲工作室. 北海战略策划报告(三)·新战略 新北海[N]. 北海日报,2009-2-6(05).

[3]　爱德华·因斯克普,马克·科伦伯格. 旅游度假区的综合开发模式——世界六个旅游度假区开发实例研究[M]. 国家旅游局人教司组织翻译. 北京:中国旅游出版社,1993.

基于大数据的海岛旅游业的发展研究

杨凯云[1]，胡卫伟[1*]

（1. 浙江海洋大学，浙江 舟山 316000）

摘要： 在信息大爆炸的时代，产生了海量的数据，海岛旅游业和新兴企业如云计算公司、渠道商、门户媒体等展开深度合作，形成基于大数据催化出的新的海岛旅游产业链，收集并挖掘游客在旅游中产生的数据实现精准设计。本文简述了大数据的概念，分析了大数据对舟山海岛旅游业的影响，从民宿、景区等方面结合 CNNIC 中国互联网络统计发展统计报告中的数据研究舟山海岛旅游业的发展，并且借鉴国内外岛屿旅游开发的成功经验，使舟山海岛旅游业的发展能为游客提供更加个性化的服务与旅游路线规划，满足不同游客的需求，提高用户体验。

关键词： 大数据；海岛；旅游业

1 引言

随着陆域资源的开发利用，在陆地资源日益短缺的今天，海洋对人类的生存具有十分重要的意义。人们有必要在海洋区域去寻找新的经济发展空间。海洋经济日益繁荣，海洋产业将成为国民经济的重要支柱，海洋旅游业则是前景广阔的海洋产业群中的重要组成部分，有着广阔的发展前景。国外学者率先将大数据技术引入到旅游业，并着重研究旅游需求、酒店、目的地等方面，降低了旅游市场预测的误差，提高了精度，取得了不俗的成果。而国内将大数据应用于旅游业主要是研究旅游中游客流（量），对其他方面的研究不足，还处在初步探索方面。所以基于大数据对海岛旅游业进行研究意义重大。

2 大数据的概念

大数据，又称巨量资料，指的是通过新处理模式产生的具有更强决策力、洞察力和流程优化能力的海量、高增长率和多样化的信息资产[1]。大数据重在实时的处理与应用，以获得所需要的信息和知识，从而实现商业价值[2]。信息数据化程度的大幅提升推动了数据的商业价值显现。2011 年，英国《自然》杂志曾出版专刊指出："数据规模越大、处理难度越大，不过倘若能够有效地组织和使用大数据，对其进行科学的挖掘，产生的价值可能更大，人类将有更多的机会去发挥科学技术对社会发展的巨大推动作用"[3]。近年来，移动互联网、智能传感网、物联网和云计算等新概念层出不穷，新技术发展日新月异，数据信息和知识呈爆炸式增长，大数据时代正在悄然走来[4]。《纽约时报》在 2012 年 2 月发表专栏文章，称"大数据"时代已经到来，在商业、经济和其他领域，决策将越来越依赖数据和分析，而不是基于经验和直觉[5]。

3 研究区概况

舟山坐落于长江口东南侧，总面积 2.224×10^4 km^2，其中海域面积 2.08×10^4 km^2，陆域面积 1 440 km^2。共有大小岛屿 1 390 个，其中住人岛屿 103 个。舟山旅游资源极其丰富，集海洋佛教文化、海鲜美

作者简介：杨凯云（1992—），女，浙江省宁波市人，硕士，主要从事区域经济与管理方向研究。E-mail：1975358487@qq.com

* 通信作者：胡卫伟，副教授，女，主要从事海洋海岛旅游研究。E-mail：80782885@qq.com

食文化、海洋民俗文化、海洋历史文化等于一身，自然风光秀丽，是休闲旅游度假圣地。

到目前为止，全市已开发旅游景观 1 000 余处，有佛教四大名山之一的"海天佛国"普陀山、南方北戴河美誉的"列岛晴沙"嵊泗列岛两个国家重点风景名胜区；有"东海蓬莱"岱山、"金庸笔下"桃花岛两个省级重点风景名胜区；有海岛历史文化名城定海和中外闻名的"中国渔都"沈家门等为代表的十大旅游区。以普陀山南海观音文化节、中国舟山国际沙雕节、海鲜美食文化节等三大旅游节庆为代表，定海中国双拥文化节、沈家门渔港民间民俗文化节、岱山中国海洋文化节和嵊泗贻贝文化节等系列活动为补充的节庆体系日臻成熟、影响广泛，每年吸引着无数境内外游客前来观光旅游[6]。

4 大数据时代对舟山海岛旅游业的影响

大数据有助于精确旅游市场定位。旅游业要适应市场环境的变化，需要架构大数据战略，拓宽旅游行业调研数据的广度和深度，从大数据中了解旅游业市场构成、细分市场特征、消费者需求和竞争者状况等众多因素，在科学系统的信息数据收集、管理、分析的基础上，提出更好的解决问题的方案和建议。信息时代能够促进旅游业迅速发展，旅游作为一个开放的大系统，大数据收集与挖掘得出的结果是其得以生产和运转的根本基础，能提前预测旅游业未来的走向，为决策者提供决策依据。也影响了人们了解和选择目的地的抉择，还影响了对旅游的满意度。就当前的旅游信息系统而言，都已经考虑到云计算、移动互联网的应用。在旅游信息资源中，云计算和云存储为大数据的集中和分布管理提供了必要的技术手段与场所[7]。

截至 2015 年 12 月，中国网民规模达 6.88 亿，全年共计新增网民 3 951 万人。互联网普及率为50.3%，比上一年提高了 2.4 个百分点（图 1，注：本文数据及图表均引自于 CNNIC 中国互联网络统计发展统计报告）。

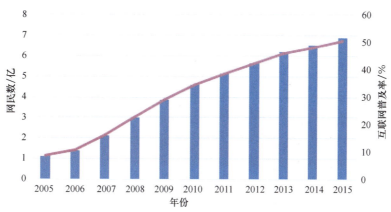

图 1　中国网民规模和互联网普及率

在中国互联网发展过程中，新网民的不断增长，让互联网与经济社会深度融合的基础更加坚实。旅游业进入了 OTA 线上旅行预订模式，截至 2015 年 12 月，在网上预订过机票、酒店、火车票或旅游度假产品的网民规模达到 2.60 亿，较 2014 年底增长 3 782 万人，增长率为 17.1%。

4.1 以游客为导向的舟山海岛民宿业数字化建设

不同旅行产品用户团购比例最高的是酒店，占 50.3%；第二位的是景点，占 45.1%；第三位的是旅游度假产品，占 25.6%（图 2）。

2015 年游客在线预订旅行团购产品中酒店仍然是大多数人的选择，其中根据调查统计民宿客栈在线预订的比例大幅提升至 21.3%。由此可见，民宿客栈的发展前景还是值得深耕细分市场。

在海岛上与其建立统一的标准化、科学化的酒店，不如发挥当地的优势，开办有当地渔村文化或者海岛农村文化的民宿，可以使海岛的旅游资源的衍生品更加丰富，同时为游客提供了与海洋对话的窗口，游

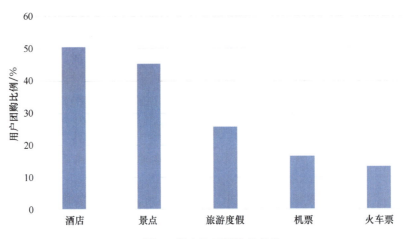

图 2　游客旅行团购的产品

客在入住体验的过程中，也能感受不同的渔村生活、大海风光。台湾的民宿发展相对我们更为成熟，有些成功的经验我们也可以借鉴过来，如在实际经营过程中越来越多的台湾民宿经营者在保证其基本产品符合行业要求的餐饮及住宿服务高质量的同时，更着力打造各具特色的衍生产品，以期提升核心竞争力，如提供极具店家特色的私房料理、游客自制咖啡、民谣 party、老板趣味讲古等。海岛民宿经营中也可以结合当地渔文化，石屋建筑，普陀佛教文化等，这些不仅成为民宿产品的一部分，更成为极具传播性和话题性，都能成为游客来东极岛选择住宿民宿的重要吸引力[8-9]。

　　互联网、物联网的发展与普及为能时时与目标群体进行沟通与互相了解提供了可能，在线预订促销和购买消费成为了常态，通过大数据处理提出精准定位挖掘舟山海岛民宿目标对象聚合人群，并由此实现长期有效的互动沟通及客户管理成为民宿今后发展的至关重要的因素之一。

4.2　基于大数据的景区开发

　　将大数据与数据挖掘应用于旅游业中，主要是依靠强大的数据挖掘，对不同海岛景区与游玩项目有着一定的推荐作用，通过对所有的海岛景区建立一个旅游数据库，利用数据挖掘技术，对游客的行为和爱好倾向进行分析，定制不同款个性化的旅游方案，结合游客实际需求，为其推荐最佳观光景区和体验项目的路线，全面提高游客旅游时的用户体验感受。

4.2.1　景区门票线上预订

　　游客在线预订景点门票，最主要的原因是觉得方便快捷，占 61.2%；第二位的是门票价格便宜，占 56.9%；第三位的是正好有出游计划，占 28.7%（图 3）。

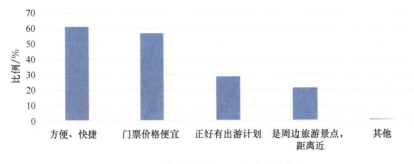

图 3　游客在线预订景区门票原因

　　从主要的两个原因可以总结出，游客总体觉得在线上预订景区门票性价比较高，作为人口大国，每次放假景区售票处都大排长队，如今既可以节约时间又可以享受门票折扣，大大提高了游客旅行中的满意度，也缓解了景区工作的部分压力，实现互利共赢的局面。若景区官方能将海岛上开发的景区和游乐项目都实行网上实名售票，这也将最大程度打击黄牛等不法分子对游客利益的伤害，保护游客的权益不被侵害。

4.2.2 景区的多元化开发需求

随着游客的增多，舟山海岛的景区消费群体越来越呈现出多元化和集中化两大特性，多元化体现在游客来自于不同的旅游目的如有的是背包客，有的是大学生，有的是虔诚的佛教徒；游客的消费需求动机更加复杂、集中化则体现在景区的目标消费人群所具有的相对趋同的时代特性和社会属性，除了年龄、文化素质、收入等因素，他们还与互联网和新媒体保持着积极的互动关系，是移动互联网时代新一代景区消费群体所独有的数字化特性。呈现年轻化、高知识及高收入特性的景区消费人群，不仅追求景区产品的独特性、个性化及由此延伸的产品附加值，更注重旅游过程的身心体验，并将具有强烈个人感受的旅游体验进行广泛的网络及口碑传播。如现在的旅游者会在游玩某处后写一篇关于当地的旅游感受或旅游攻略分享在马蜂窝等门户网站，很多有旅行打算的游客现在也有预先查看或参考前者的旅游感受或旅游攻略，这在一定程度上对景区品牌产生了深远影响。

4.2.3 传统与现代的碰撞

舟山这座由群岛组成的城市，各海岛具有其独特的魅力。桃花岛上有金庸笔下侠客的快意江湖，也有风雨锤炼万年的桃花石；庙子湖岛上有陈财伯的传说，一座手举火把的财伯塑像，守护着一方海域的神灵；东福岛上，有美丽的日出，也有徐福东渡的民间传说；青浜岛上依山而建的石屋，是海上布达拉宫，遗世独立。象鼻峰、石街与"石码头"酒吧、海钓、第一道弯、金毛坡，这些传统与现代的碰撞，每一样都按照其专有特点去规划与开发，可以吸引不同层面的观光客。

旅游大数据及挖掘在旅游行业应用的过程中，通过挖掘游客对旅游线路和目的地的访问情况，并进行综合性的分析，进而对最具有市场潜力的旅游路线加以选择，进而合理地规划好相关性的旅游路线。例如随着电影《后会无期》的热映，东极岛一夜之间成为了一大批电影迷和文艺青年的向往之地。成功的案例如韩国南怡岛借助《冬季恋歌》等一批影视作品打造了较好的知名度，旅游产业链完善，交通便利，所以旅游市场较大，不仅吸引了大量韩国本土的游客，还吸引着世界各国慕名而来的观光者。在南怡岛上不仅开辟了一条游客专门重温《冬季恋歌》中男女主角走过的路径，连当时《冬季恋歌》剧组的盒饭也成为了南怡岛上最有名的美食——旧式盒饭。一个剧组普通的工作餐，已经成为韩剧粉来此追寻足迹的情怀。

海岛旅游开发需要统筹规划，既要注重区域内海岛的整体风格，与周边地区社会经济和历史文化相融合，又要注重发展各自海岛的旅游资源特色，根据不同游客的需求，选择适合自己的开发模式。借助影视剧提高其知名度，可以引领一种时尚潮流，使海岛游成为电影迷的挚爱，还可以为岛屿添加更多令人遐想的传说与故事，增加其文化底蕴。东极岛，同样可以借鉴南怡岛成功的案例，借助韩寒的电影《后会无期》的效应，开辟一条电影中主要的几个场景或路线作为景区如第一道弯，金毛坡等让文艺青年和影迷们来踏寻，小岛也因为有了故事而鲜活。

5 大数据催化舟山海岛旅游业新产业链

CNNIC 数据显示，2015 年新网民最主要的上网设备是手机，使用率为 71.5%，比上一年高了 7.4 个百分点。网民中使用手机上网人群占比由 2014 年的 85.8% 提升至 90.1%。智慧城市的建设推动了公共区域无线网络的使用，网民通过 WiFi 无线网络接入互联网的比例为 91.8%（图 4）。随着"智慧城市"、"无线城市"建设的大力开展，政府与企业合作推进城市公共场所、公共交通工具的无线网络部署，公共区域无线网络日益普及；手机、平板电脑等无线终端促进了无线网络的使用，WiFi 无线网络成为网民在不同场所下的首选接入方式。

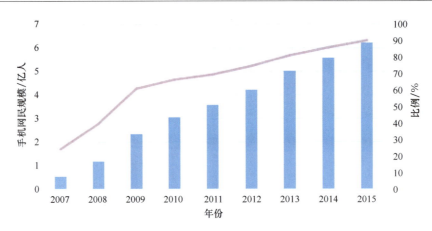

图4　中国手机网民规模及其占网民比例

随着网络环境的日益完善、移动互联网技术的发展，各类移动互联网应用的需求逐渐被激发。从基础的娱乐沟通、信息查询，到商务交易、网络金融，再到教育、医疗、交通等公共服务，移动互联网塑造了全新的社会生活形态，潜移默化的改变着移动网民的日常生活。因此我们将舟山海岛旅游业也加入到移动互联网的浪潮中，让无线 WiFi 覆盖整个岛屿，借由网通信及数字化交换技术，收集市场资讯、满足目标客户需求以及实现顾客关系管理的在线旅游，成为舟山海岛旅游业不断自我提升的方向。

从图5可以看出在互联网时代，人们不管是在做什么都离不开手机，离不开网络，他们需要随时随地与外界沟通，如果我们在舟山海岛的开发上注意到游客需求的变化，提供更优质、更有人情味的旅程。将民宿、景区这些上游产品的供应商与中游渠道商和下游媒介营销平台联合起来，形成一个产业链。在激烈竞争的在线旅游预订行业，作为上游产品供应商的东极岛应逐渐加大直销的优惠力度来扩大市场份额，中游大型在线代理商逐渐完善自身服务模式，抢占用户和流量。下游的媒介营销平台大数据显示在线旅行预订用户分享旅游经历的渠道主要集中在腾讯社交平台。其中，使用微信进行分享的用户就占比46%。与此同时，行业的细分不断催生新的模式。在线旅游预订产业链也会随着行业的细分与重组而不断整合，提高供应效率，如图6所示。

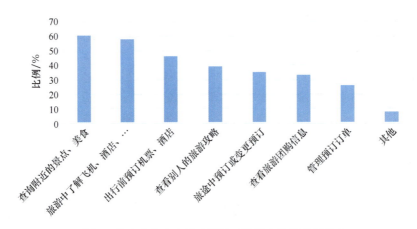

图5　游客在旅途中用手机随时随地查询的旅游信息

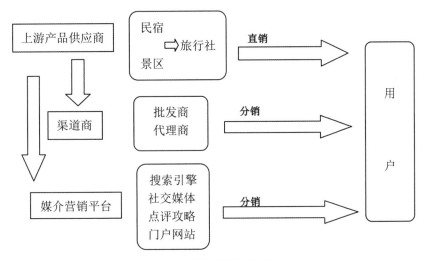

图6 在线旅游预订产业链

6 结论

居民旅游需求的增加促进在线旅行预订行业的发展。2015 年，云计算、物联网、大数据技术和相关产业迅速崛起，多种新型服务蓬勃发展，不断催生新应用和新业态，推动传统产业创新融合发展，超过 10% 的企业已经采用或计划采用相关技术。舟山海岛旅游业的开发，管理，经营也可以同这些第三方的相关企业合作为旅客提供个性化服务。如我们发现在舟山一些偏远的小岛上没有银行，没有可以取现金的 ATM 机，游客上岛观光之前需提前准备好一定现金，这给旅行增加了不安全因素，也增加了游客旅行的负担，若海岛能借助 WiFi 全覆盖的基础上，在技术和政策上支持当地的商户配备支持网上支付的终端设备，使这些海岛成为一个无现金交易的旅游海岛，实现网上支付。从现有数据上看，这一想法可实施性潜力很大，截至 2015 年，我国使用网上支付的用户规模达到 4.16 亿，较 2014 年底增加 1.12 亿，增长率达到 36.8%。值得注意的是，2015 年手机网上支付增长尤为迅速，用户规模达到 3.58 亿，增长率为 64.5%，网民手机网上支付的使用比例由 39.0% 提升至 57.7%。所以舟山海岛旅游业可以充分借力新模式，摸索出一条自己独有的海岛旅游开发路径。

参考文献：

[1] 孙诗靓. 大数据时代国内旅游业的变革[J]. 旅游管理研究,2015(6):53.

[2] 俞立平. 大数据与大数据经济学[J]. 中国软科学,2013(7):177-183.

[3] 邬贺铨. 大数据时代的机遇与挑战[J]. 求是, 2013(4):47-49.

[4] 孙忠富,杜克明,郑飞翔,等. 大数据在智慧农业中研究与应用展望[J]. 中国农业科技导报,2013,15(6):63-71.

[5] 陈灵哲. 大数据时代背景下设计创新的差异化研究[D]. 上海:华东理工大学,2013:34-36.

[6] 舟山市旅游委员会[EB/OL]. http://www.zstour.gov.cn.

[7] 钟利那. 大数据时代下旅游产业的变革与对策[J]. 中国经贸,2015(4):43-44.

[8] 周琼. 台湾民宿发展态势及其借鉴[J]. 台湾农业探索,2014(1):13-18.

[9] 吴玮. 台湾民宿业发展现状及数字化营销策略研究[J]. 泉州师范学院学报,2015,33(3):100-105.

基于网络文本的韩国济州岛旅游吸引力研究

王辉[1,2]，马婧[1]，孙才志[2]，郭建科[2]

（1. 辽宁师范大学 城市与环境学院，辽宁 大连 116029；2. 辽宁师范大学 海洋经济与可持续发展研究中心，辽宁 大连 116029）

摘要： 通过收集整理携程网旗下专业旅行分享平台——驴评网中随机抽取的 100 篇中国大陆游客赴韩国济州岛旅行的网络游记，形成的网络文本。利用 ROST Content Mining 软件，提取文本中济州岛形象的高频词，形成济州岛游客感知语义网络；运用内容分析法，构建济州岛旅游吸引力的属性分类标准，探索旅游吸引力影响因子；应用旅游吸引力值模型，分析济州岛的旅游吸引力影响因素强弱，厘清韩国济州岛海岛旅游发展模式，为我国提升海岛旅游吸引力，有效开发规划海岛旅游提供参考。

关键词： 海岛旅游；旅游吸引力；韩国济州岛；网络文本

1 引言

随着旅游全球化和大众化时代到来，人民生活水平明显提高，旅游业得到迅猛发展[1]。在众多的旅游及其活动所创造的 GDP 中，滨海旅游业贡献率达到一半以上[2]，海岛旅游是其不可或缺的一部分。我国拥有漫长的海岸线，共有大小岛屿 7 000 多个，总面积达到 80 000 km²，为发展海岛旅游发展提供了广阔空间，但目前我国海岛旅游开发尚处于初级阶段。在世界范围内，有诸多成功的海岛旅游地，通过对这些案例的研究和剖析，可探寻出适合我国海岛旅游发展的路径。旅游吸引力是影响地区旅游发展的重要因素，本文欲从海岛旅游吸引力入手，以韩国济州岛为例，运用网络文本分析法，探究海岛旅游的吸引力包括哪些方面，如何提升海岛旅游吸引力，对我国海岛旅游有何启示。

2 相关概念界定及研究方法

2.1 旅游吸引力

旅游吸引力是影响区域旅游业发展快慢的要素之一，同时也是旅游开发和规划所关注的焦点之一。"无吸引力便无旅游"，因此旅游吸引力的产生及其影响因素，对地区旅游业的发展具有重要意义。虽然目前我国学者对于旅游吸引力的概念定义还存在争议，但主流观点认为旅游吸引力是促使游客产生旅游行为的一切因素，它是旅游活动发生和发展的基础，影响着游客的旅游行为的决策、方式、方向以及空间分布与变动，进而影响地区旅游业的总体发展变化[4-15]。

对于旅游吸引力的研究，国内学者从不同角度入手，分析旅游吸引力的影响因素。路春燕等运用引力模型和潜力模型对中国省域间入境旅游相互吸引力和各省入境旅游总体吸引力进行研究[9]；朱鹤等人采用层次分析法，建立基于网络信息的旅游资源单体吸引力评价体系，对北京市的旅游资源吸引力进行评价[16]；张骏等人基于人居环境资源视角研究城市旅游吸引力[17]。通过对文献的整理和搜集，可知目前学

基金项目： 国家自然科学基金项目（41301160，41571126）；教育部人文社科重点研究基地项目（15JJD790038）。

作者简介： 王辉（1975—），女，辽宁省葫芦岛市人，博士，教授，研究方向为旅游地理。E-mail：wanghuiouki@126.com

术界对于旅游吸引力的研究很多，但多是将旅游吸引力作为旅游发展的一个评价指标进行论述，对于旅游吸引力自身的产生和影响因素的研究较少。

2.2 研究方法

近年来，随着"互联网+"和"智慧旅游"的兴起，网络与现代旅游业的发展和游客的旅游活动的联系越来越紧密，各类旅游网站在为游客提供诸多旅游服务的同时，也为其提供了分享旅行感受的交流平台。游客可通过发表"游记"、"攻略"等网络文本，较为直观的反映出其对旅游目的地的认知与感受，同时也为潜在游客获取旅游资讯提供参考，为研究旅游目的地吸引力提供了切实可行的数据来源。

据《中国互联网络发展状况统计报告》[18]显示：截至 2015 年 12 月，全国共计网民 68 826 万人，互联网普及率达 50.3%，旅行预订①25 955 万人，网民使用率 37.7%，由此可知应用网络数据分析和研究区域旅游吸引力具有可靠性、科学性。网络空间自由、开放、共享的特性也能较充分地反映游客对旅游目的地感知情况，现已成为旅游者行为研究的重要数据来源[16-21]。通过对网络平台上游客分享信息、潜在游客游玩意愿和网站访问量等信息的统计，较为直观地反映出游客及潜在游客对于旅游目的地的关注度，体现出旅游目的地的吸引力大小。本文将通过网络文本对济州岛旅游吸引力做相关研究。

3 研究步骤

3.1 研究对象

济州岛（图 1）又称耽罗岛、蜜月之岛、浪漫之岛，位于 32°06′N~33°00′N，126°08′E~126°58′E，面积 1 845.5km²，是韩国第一大岛。济州岛属亚热带海洋性气候，年均气温 16℃，年降水量 1 300~2 000

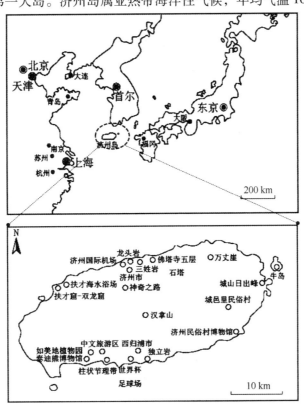

图 1 韩国济州岛示意图

---

① 旅行预订：报告中旅行预订定义为最近半年在网上预订过机票、酒店、火车票或旅游度假产品。

mm，气候湿润，是韩国最温暖的地方，素有"韩国夏威夷"之称。原始美丽的海滩、连接天与海的瀑布、随风摇摆的棕榈树、高耸的火山地貌、丰富的民俗文化、韩剧中出现的拍摄地以及便捷的免签政策，使得济州岛不仅是韩国最大的度假胜地与蜜月目的地，同时也是中国游客赴韩旅游的首选目的地之一[22]。

2016 年是我国的"韩国旅游年"，截止 2016 年 2 月已有近 20 万中国游客赴韩旅游，与 2015 年同期相比大幅增长 49%[23]。选取韩国济州岛为研究对象，一方面由于其知名度和关注度较高，网上资料齐全，可真实反应游客感知；另一方面，对研究海岛自身吸引力和游客选择海岛游的原因有较强说服力，对我国温带海岛旅游的开发与规划有借鉴意义。

3.2 样本选择

本文以携程网旗下的驴评网（http：//you. ctrip. com. ）作为抽取游记样本网站。携程网是中国领先的综合性旅行服务公司，它为 2.5 亿多会员提供全方位的旅行服务[24]，驴评网作为携程旗下的专业旅行分享平台，网络浏览量巨大，旅游点评数量众多，选择驴评网游客点评数据为样本，有研究价值和参考价值。

在驴评网上搜索以"济州岛"为关键词的游记 3 732 篇，5 523 条评论，网站统计"想去"济州岛 62 474 人，"去过"济州岛 52 020 人。游记发表时间从 2002 年 7 月 30 日开始，到 2016 年 4 月 28 日截止，保证其时效性和普遍性。默认驴评网热门游记排序，选取网络文本遵循随机抽样与分层抽样原则，100 页（共计 360 页）游记中抽取每 1 页的第 1 篇或第 2 篇游记作为研究样本，共抽取样本游记 100 篇。

3.3 文本预调查

为确保整个设计的严谨性，驴评网中随机选取 5 篇精华游记①作为样本（表 1），析出我国赴济州岛游客的基本情况与特征，调查其是否符合网络文本分析数据要求，为正式开展研究提供支持。通过对 5 篇精华游记内容进行整理归类，厘清游记的基本信息和内容构成，为设定旅游吸引力属性类目提供辅助依据。5 篇游记的平均阅读量在 168 600 次，平均收藏数为 178 条，作者平均回复量 49 条，有较好代表性、互动性和影响力。

表 1 网络游记基本信息

编号	标 题	作 者	阅读量/万人	旅行时间	旅行天数	同 行	出发地	人均消费	出行方式
1	一个人漫步在济州岛上的五天时光	旅行中发现世界	12.5	2014 年 6 月	5	一人	上海	3 500	自由行
2	天海邮轮梦幻之旅	上海-冷空气	8.1	2015 年 5 月	4	朋友	上海	5 000	跟团游
3	济州岛 4 日游，韩国美食吃遍	River014 大河	27.3	2015 年 5 月	4	一人	上海	2 000	自由行
4	济州岛：当樱花吐蕊遇见油菜花盛开	天外飞雄	12.5	2015 年 3 月	5	朋友	上海	7 000	自由行
5	首尔济州 11 天 10 夜 4 750 元自由行	Isabelmiaomiao	11.5	2015 年 3 月	11	朋友	上海	4 750	自由行

3.4 高频词提取与分析

运用 ROST Content Mining 专业内容挖掘软件，对网络文本进行词频统计，实现内容挖掘、文本分析、知识处理等目的。将样本复制到文本文档，使用软件对文档进行分词和词频统计，经筛选后获得有意义的高频特征词及频数，用以提炼海岛旅游形象主题，初步了解游客对海岛旅游形象的认知和重视程度[25]。对选取的 100 篇游记进行数据处理，在 Word 中整理成文字，删除所有图片、表情、段落符号、数字等不

---

① 精华游记：原创干货与美图兼有。含特色旅行亮点开篇列出详细行程单、签证、交通、酒店住宿、餐馆、购物、景点和贴士等干货，照片惊艳且不少于 40 张，构图与清晰度优秀。

必要信息，再转换成 TXT 文本格式，保证文字的一致性，便于提取特征词。通过对文本的处理，共整理有效文本信息约 33.82 万字。将文本信息导入 ROST Content Mining 软件，进行高频词统计。通过提取高频词、行为特征词及过滤无意义词，进而在所有旅游形象词条中，按照词汇频数从高到低选取与研究主题相关的 100 个高频词作为分析依据（表2）。高频特征词以名词、形容词和动词为主，名词主要反应游客外出旅游所关注的旅游事物，包括旅游目的地、旅游景点、餐饮住宿等；形容词主要反映游客对济州岛的旅游形象的评价和感知；动词则体现游客在济州岛的旅游活动特征。

表 2　济州岛排名前 20 位旅游认知形象词条及词频统计表

排名	名词	词频	形容词	词频	动词	词频
1	济州岛	1 120	直接	146	下车	144
2	酒店	824	自由	143	购物	123
3	博物馆	473	方便	122	拍照	96
4	中文区①	469	特别	112	吃了	89
5	机场	364	便宜	89	乘坐	85
6	景点	352	自然	87	步行	83
7	免税店	312	喜欢	83	住宿	75
8	司机	259	美丽	68	体验	73
9	韩元	243	好吃	65	办理	73
10	公交	230	合适	60	游览	73
11	新罗免税店	213	简单	55	拍摄	73
12	海鲜	170	担心	53	观光	72
13	路线	168	顺利	49	购买	70
14	价格	163	新鲜	45	徒步	62
15	瀑布	160	干净	44	登山	55
16	民俗	144	可爱	41	托运	47
17	打车	140	普通	34	预定	46
18	门票	129	著名	30	退税	46
19	公园	120	漂亮	29	入境	41
20	山君不离②	117	美好	24	欣赏	40

由表 2 可得：济州岛网络文本内容分析排名前 20 位的名词主要集中在吃、住、行、游、购、娱六个方面，符合一般旅游行为，印证了文本有效性；排名前 20 的形容词集中在"自由"、"方便"、"特别"等积极性词语，游客对济州岛的主观认识较好，游客满意度较高；排名前 20 的动词中可知，去济州岛的游客个人行为仍旧集中在"购物"、"拍照"、"游览"等一般游客行为，目前为止我国游客对旅行需求处在较为初级阶段。

3.5　济州岛游客形象感知语义网络

为进一步从繁多的词组中析出旅游者对济州岛旅游形象的感知情况，利用 ROST Content Mining 软件中的"社会网络与语义网络分析"模块，挖掘这些词组之间的相互关系（表3），进行相关处理形成语义

---

①　中文区：是指韩国济州岛的中文旅游区。它是济州岛的综合性观光园地，也是韩国规模最大的休养地。

②　山君不离：是济州岛的一处景点，因是电影"恋风恋歌"的外景拍摄地而出名。其实是一处周长超过 2 km 的火山口，直径 650 m，深 100 m。

网络图（图2）。图中线条的疏密程度代表词组间的共现频率①的高低。线条越密，表示共现次数越多，游客感知中两者的关联越紧密；线条越稀疏，表示共现次数越少，游客感知中两者的关联越分离[26]。

表3　济州岛网络文本词组共现词频部分统计表

共现词组	词频	共现词组	词频	共现词组	词频
韩国/济州岛	146	济州岛/景点	101	机场/景点	87
机场/济州岛	116	博物馆/济州岛	94	济州岛/日出	82
韩国/机场	112	济州岛/中文区	94	博物馆/泰迪熊	82
韩国/酒店	107	机场/中文区	89	博物馆/景点	78
机场/酒店	106	济州岛/旅行	88	方便/济州岛	74
济州岛/酒店	104	景点/酒店	87	酒店/免税店	74

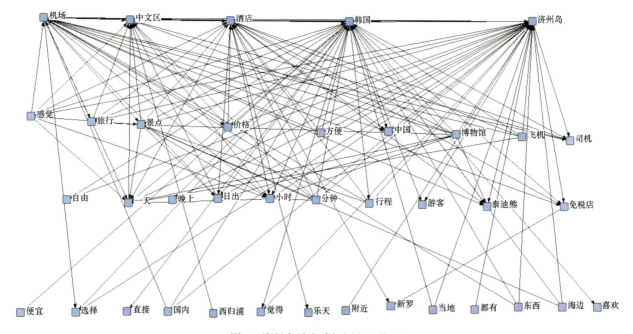

图2　济州岛游客感知语义网络图

由图2可知，文本总体上呈现至上而下的层级分布状态，第1层以"韩国、济州岛、中文区、机场、酒店"等词组为主，反映出游客对于海岛位置的认知，对基本交通、住宿环境的关注；第2层以"景点、旅游、博物馆"等词组为主，反映出游客到达旅游目的地后对于当地旅游资源的了解和掌握；第3层以"一天、小时、日出、晚上"等词组为主，表示游客对旅游时间的安排和计划；第4层以"免税店、价格、方便、便宜、自由、选择"等词组为主，反映出游客对于旅游目的地的旅游形象感知情况。通过表5统计部分济州岛旅游文本词组共现词频，进一步证明游客更加关注旅游目的地其可达性、便捷性及其游览价值。

3.6　济州岛旅游吸引力因素分析

游记作者在记述游记时，通常是对其整个旅行过程的回忆和重演。游记中较多提及的形象属性是作者对旅游目的地留下较深刻印象的特征事物，反映了其对该旅游目的形象感知较突出的部分。黄宗林在其硕士毕业论文中通过多方综合已有研究成果，初步归纳出8个较为常用的游客认知形象属性：自然资源、旅

---

① 共现次数：两个相互关联的词共同出现的次数。

游景点、餐饮美食、住宿条件、旅游休闲和娱乐、服务质量、交通状况、居民友好度[27]。借鉴其划分依据，通过上述阅读随机抽取济州岛 100 篇样本游记，利用 ROST Content Mining 内容挖掘软件和内容分析法[28]，根据游记中涉及的描述主题和内容进行分类筛选，最终形成海岛旅游吸引力的属性分类标准，共拟 4 个主类目，17 个次类目（表4）。

表4　海岛旅游吸引力的属性分类标准

旅游形象属性		词频/比重	
主类目	次类目	主类目	次类目
A 旅游资源	A1 海滩	3 350/40.1%	198/6.0%
	A2 特色建筑		278/8.3%
	A3 旅游景区（点）		2 120/63.3%
	A4 滨海风景		341/10.2%
	A5 旅游项目		413/12.3%
B 旅游活动	B1 餐饮美食	3 092/36.8%	773/25.0%
	B2 住宿		911/29.5%
	B3 交通		644/20.8%
	B4 购物		631/20.4%
	B5 休闲娱乐		133/4.3%
C 旅游环境	C1 气候	1 098/13.1%	72/6.6%
	C2 卫生		133/12.1%
	C3 价格水平		252/23.0%
	C4 公共设施		641/58.4%
D 社会群体	D1 旅游从业者	865/10.3%	550/63.6%
	D2 游客群体		194/22.4%
	D3 当地居民		121/14.0%

对样本游记中出现大于 10 次的高频词进行分类统计，整理得到描述济州岛旅游形象属性的词频数共计 8 405 次。（1）主类目下描述旅游资源的词频数 3 350 次，占总词频数的 40.1%，次类目下的各项中以描述旅游景区（点）的词频数最多，占旅游资源资源词频数的 63.3%，其次是旅游项目的词频数出现较多。（2）描述旅游活动的词频数 3 092 次，占总词频数的 36.8%。次类目下的"吃、住、行、游、购、娱"旅游活动六要素分配比例大致均衡，只有娱乐项目相对较低，只占旅游活动词频数的 4.3%。（3）描述旅游环境的词频数 1 098 次，占总词频的 13.1%，在主类目中比重相对较小。次类目下游客对公共设施、价格水平关注度较高，分别为 58.4%、24%，而对卫生的关注度为 12.1%，高于对气候因素的关注。（4）描述社会群体的词频数为 865 次，占总词频数的 10.3%，在主类目中所占比重最小，但在次类目下游客对旅游从业人员的关注度最高，达到 63.6%。

4　旅游吸引力值模型分析

旅游吸引力是一个综合的体系，它的强弱由多个影响因子共同决定。文中借鉴贺晓敏对太原市旅游景区吸引力研究的旅游吸引力值模型[29]，在其基础上考虑旅游目的地的多个旅游吸引力影响因子，得到旅游吸引力值模型并通过测算，得出影响旅游目的地吸引力各因子的强弱，为我国提升海岛旅游吸引力，有效开发规划海岛旅游提供参考意见。

$$A_{旅游吸引力} = \sum_{m=1}^{z} a_m, \quad (m = 1, 2, 3, \cdots, z)$$

$$a_m = \sum_{i=1}^{n} x_i \omega_i, \quad (i = 1, 2, 3, \cdots, n)$$

式中，A 表示旅游目的地的旅游吸引力值，a_m 表示旅游目的地的 m 项主类目下吸引力因子的引力值，x_i 表示第 i 项次类目影响因子的词频数，ω_i 表示第 i 项次类目影响因子的权重。运用变异系数赋权法[30]为吸引力格影响因子进行赋权，使计算结果更具有科学性、可靠性。具体方法如下：

1）首先对原始数据矩阵 **X** 进行无量纲化处理得到标准化矩阵：

$$R = (r_{ij})_{m \times n}$$

$$r_{ij} = \frac{x_{ij}}{x_j}, \quad (i = 1, 2, 3 \cdots, m; j = 1, 2, 3, \cdots, n) \tag{1}$$

2）由标准化矩阵求影响因子的出现概率：P_{ij}

$$P_{ij} = \frac{r_{ij}}{\sum\limits_{m=1}^{m}}, \quad (i = 1, 2, \cdots, m; j = 1, 2, \cdots, n) \tag{2}$$

3）各项指标的变异系数公式如下：

$$V_j = \frac{\sigma_j}{\overline{x_j}}, \quad (j = 1, 2, 3, \cdots, n) \tag{3}$$

式中，V_j 是第 j 项指标的变异系数，也称为标准差系数；σ_j 是第 j 项指标的标准差；$\overline{x_j}$ 是第 j 项指标的平均数。

表 5　济州岛各次类目下的旅游吸引力值

主类目	次类目	词频数（x_i）	权重（ω_i）	次类目吸引力值（$x_i\omega_i$）
旅游资源	海　滩	198	0.021	4.225
	特色建筑	278	0.030	8.328
	旅游景区（点）	2120	0.228	484.322
	滨海风景	341	0.037	12.531
	旅游项目	413	0.045	18.381
旅游活动	餐饮美食	773	0.032	24.350
	住　宿	911	0.037	33.820
	交　通	644	0.026	16.901
	购　物	631	0.026	16.225
	休闲娱乐	133	0.005	0.721
旅游环境	气　候	72	0.018	1.303
	卫　生	133	0.033	4.446
	价格水平	252	0.063	15.963
	公共设施	641	0.161	103.282
社会群体	旅游从业者	550	0.150	82.532
	游客群体	194	0.053	10.268
	当地居民	121	0.033	3.995

4）各项指标的权重为：

$$W_j = V_j \Big/ \sum_{j=1}^{n} V_j,\qquad\qquad(4)$$

W_j 与式（2）中 P_{ij} 的乘积便是第 i 个观测值的权，记为 $\omega_i\left(\omega = \sum_{i=1}^{n}\omega_i = 1\right)$，见表5。

旅游资源吸引力值：

$$a_1 = \sum_{i=1}^{n} x_i\omega_i = 527.786.$$

旅游活动吸引力值：

$$a_2 = \sum_{i=1}^{n} x_i\omega_i = 92.016.$$

旅游环境吸引力值：

$$a_3 = \sum_{i=1}^{n} x_i\omega_i = 124.994.$$

社会群体吸引力值：

$$a_4 = \sum_{i=1}^{n} x_i\omega_i = 96.795.$$

对四大主类目测算可得：济州岛旅游吸引力值由大到小依次是旅游资源、旅游环境、社会群体及旅游活动。由此可以见，旅游资源仍是地区发展旅游业、产生旅游吸引力的主要因素；旅游环境及社会群体成为游客关注的另一重点，对地区旅游吸引力影响高于一般旅游活动，说明游客更重视景区的自然及人文环境，旅游活动对地区旅游吸引力提升影响相对最小。

5　结论与启示

基于随机抽取的100篇关于济州岛的网络文本整理分析，得出游客对济州岛的旅游形象认知及其旅游吸引力因子。一方面验证和丰富旅游吸引力研究方法，另一方面为我国温带海岛旅游发展提供参考。

5.1　结论

（1）从济州岛网络文本各词性词频数量可知，国内游客对济州岛的认知主要集中在其自然环境和服务设施上，游览方式仍以传统观光为主；（2）划分济州岛旅游吸引力影响因子指标，统计分析各因子的词频数，分析得出：①游客在旅行过程中最关注是旅游景区（点），其次为旅游项目，对海岛风光提及较少；②在旅游活动中各项因子分配比例协调，说明游客在旅游过程中仍旧十分重视旅游地的基础设施发展情况，海岛旅游基础设施的完善程度是制约海岛旅游发展的重要因素；③对比影响旅游环境的各项因子可知，游客对于旅游目的地的便捷性、性价比、整洁度都提出要求，对于气候却要求不高；④社会群体影响方面，游客在旅行过程中对服务等软设施有较高关注度；（3）运用旅游吸引力值模型测算可得，济州岛旅游吸引力值由大到小依次是旅游资源、旅游环境、社会群体及旅游活动。

5.2　对我国海岛开发的启示

济州岛在开发旅游时注重发展和弘扬本土文化，使游客产生独一无二的旅行体验。同时建立独具特色的人文景观并将其做到极致。如济州岛上的100多处博物馆、地方特色的民俗村、海女文化、浪漫的电影外景地等给游客留下独特的记忆，让游客流连忘返。我国在开发海岛时也应注意结合本土的自然和人文资源，建立独一无二的旅游品牌，降低海岛旅游的同质化发展。

5.2.1　原生态环境是济州岛旅游开发之本

济州岛在发展旅游业时，以海岛的自然风光和岛上原始文化为主，在开发规划岛上的各类人文景点

（岛上各类主体博物馆及电影拍摄地）、公共（基础）设施时均以天然为主，尽量不加以过多的人工修饰，最大限度保持其自身的原始特色。不仅保护和完善济州岛独具特色的自然环境、生活方式，极大的丰富岛上的旅游资源，拓展其可游览性，使游客有返璞归真的旅游体验，增加游客的融入度提高其旅游吸引力和重游率，同时也将开发旅游资源中所带来的破坏降到最低，实现海岛旅游的可持续发展。

5.2.2 济州岛"分区（层）—联合"发展模式

海岛作为一个远离陆地的独立单元，自身具有的封闭性，这使得游客对于岛上的旅游体验更为关注（住宿的安全性、舒适性，饮食的个性化、精巧化，交通的可达性、便捷度，以及游客管理中心服务的专业性和及时性等）。济州岛在设计开发时，建立专门的游览区、休闲区和购物中心区，各个功能区单独存在，并通过便捷的交通网络紧密联系起来，这种规划模式既满足游客的多种需求，又遏制了对海岛的无序开发，保持其自然风貌。因此我国在开发与规划海岛旅游时，可借鉴韩国济州岛这种"分区（层）—联合"的发展模式，对于较大的海岛采用分区建立主体功能区，小的群岛则以"一岛为主，分层发展"的思路进行规划，再由稳定便捷的交通网络体系相互连接。一方面满足海岛的多功能性，为游客提供全方位、多元化的旅行服务，满足游客多方面需求，使游客能够在有限的海岛上体验无限的海岛风情；又可疏散客流，增强海岛环境承载力，提高海岛的旅游接待能力，实现海岛的整体发展。

5.2.3 济州岛友好社区环境的建立

社会群体是影响旅游吸引力大小的重要组成部分，社会群体的态度对增强游客在旅行过程中归属感和认同感有重要作用。济州岛注重对旅游从业人员素质培养，积极引导旅游相关产业人员和当地居民建立和谐友好的社会氛围，通过让游客参与本土民俗活动、参观特色人文旅游景点等多种方式，使游客在当地感受到亲近和谐的人文气氛，不但保护当地本土文化，给游客以高质量的旅行体验，也增加了游客的归属感和融入度。由济州岛旅游发展可以看出提高区域旅游服务水平，建立友好的社区环境是区域提升旅游软实力的重要环节。因此我国在开发海岛旅游时需要"刚柔并济"：既要有旅游资源和基础设施的刚性需求，又要增强社会群体的素质，提高文化软实力。力争实现海岛自然资源和人文资源的协调互补，以丰富旅游者在旅游目的地的经历，增加旅游目的地的旅游吸引力。

参考文献：

[1] 王芳. 滨海旅游业发展历程、现状与趋势分析[J]. 旅游规划与设计,2013(10):6-15.

[2] 吴必虎,徐斌,邱扶东,等. 中国国内旅游客源市场系统研究[M]. 上海:华东师范大学出版社,1999.

[3] 王海鸥. 旅游吸引力分析及理论模型[J]. 科学·经济·社会,2013,93(4):43-47.

[4] 廖爱军. 旅游吸引力及引力模型研究[D]. 北京:北京林业大学,2005.

[5] 聂献忠. 现代城市旅游业经营[M]. 北京:社会科学文献出版社,2003.

[6] 罗光华. 大连旅游吸引力的影响因素及其创新研究[J]. 哈尔滨商业大学学报(社会科学版),2008,100(3):109-114.

[7] 宋国琴. 海岛型旅游目的地吸引力影响因素探析[J]. 企业经济,2006(5):83-85.

[8] 路春燕,白凯. 中国省域入境旅游吸引力空间耦合关系研究[J]. 资源科学,2011,33(5):905-912.

[9] 谌贻庆,毛小明,甘筱青. 旅游吸引力分析及模型[J]. 企业经济,2005,298(6):115-116.

[10] Crampon L J. Gravitational model approach to travel market analysis [J]. Journal of Marketing,1966(30):27-31.

[11] Wolfe R I. The inertia model [J]. Journal of Leisure Research,1972(4):73-76.

[12] Edwards S L, Dennis S J. Long distance day tripping in Great Britain[J]. Journal of Transport Economics and Policy,1976(10):237-256.

[13] Cesario F J, Knetseh J L. A recreation site demand benefit estimate on model [J]. Regional Studies,1976(10):97-104.

[14] 保继刚. 引力模型在游客预测中的应用[J]. 中山大学学报:自然科学版,1992,31(4):133-136.

[15] 张凌云. 旅游地引力模型研究的回顾与前瞻[J]. 地理研究,1989,8(3):21-23.

[16] 朱鹤,刘家明,陶慧,等. 基于网络信息的北京市旅游资源吸引力评价及空间分析[J]. 自然资源学报,2015,30(5):2081-2095.

[17] 张骏,古风,卢凤萍. 基于人居环境资源视角的城市旅游吸引力要素研究[J]. 资源科学,2011,33(3):556-564.

[18] 中国互联网络信息中心. 中国互联网络发展状况统计报告[R]. 2016:37-52.

[19] 肖亮,赵黎明. 互联网传播的台湾旅游目的地形象:基于两岸相关网站的内容分析[J]. 旅游学刊,2009,24(3):75-81.

［20］　黄潇婷．基于 GPS 与日志调查的旅游者时空行为数据质量对比［J］．旅游学刊,2014,29(3):100-106.

［21］　张珍珍,李君轶．旅游形象研究中问卷调查和网络文本数据的对比——以西安旅游形象感知研究为例［J］．旅游科学,2014,28(6):73 -81.

［22］　百度百科．济州岛［N/OL］．http://baike.baidu.com/link? url,2016.

［23］　中韩旅游交流——两国人文交流的新动力［J］．旅游外交参考,2016(2):2.

［24］　携程旅行网［EB/OL］．http://pages.ctrip.com/public/ctripab/abctrip.htm,2016-04-20.

［25］　付业勤,王新建,郑向敏．基于网络文本分析的旅游形象研究——以鼓浪屿为例［J］．旅游论坛,2012,5(4):59-66.

［26］　程圩,隋丽娜,程默．基于网络文本的丝绸之路旅游形象感知研究［J］．西部论坛,2014,24(5):101-109.

［27］　黄宗林．基于网络游记的滨海旅游感知形象测量研究［D］．重庆:重庆师范大学,2014.

［28］　马文峰．试析内容分析法在社科情报学中的应用［J］．情报科学,2000,18(4):346-349.

［29］　贺晓敏．基于旅游景区吸引力值模型对太原市旅游景区吸引力研究［J］．经济师,2014(2):195-196.

［30］　刘洪顺．变异系数赋权法对水准网平差定权方法的改进［J］．地理空间信息,2012(4):142-143,183.

［31］　陈海波,汤腊梅,许春晓．海岛度假旅游地重游者动机及其市场细分研究——以海南国际旅游岛为例［J］．旅游科学,2015,29(6):68 -80.

温州海洋旅游业发展的方向与选择

胡念望[1]

(1. 温州市旅游局规划发展处，浙江 温州 325000)

摘要：本文立足温州海洋旅游业发展的优势条件与现实基础，客观分析海洋旅游业发展存在的不足与问题，就温州海洋旅游业发展的目标选择、战略定位、总体布局、开发策略与保障体系等方面提出个人的想法或建议，意在抛砖引玉。

关键词：发展思路；海洋旅游；温州

随着海洋开发战略稳步实施，我国海洋旅游业也得到了前所未有的重视与发展，各类海洋旅游目的地开发建设日渐成熟，海洋旅游市场初步形成。发展海洋旅游业，延伸海洋经济产业链，已经成为沿海各地发展战略的重点和共识。温州作为我国东南沿海的重要旅游城市和海洋旅游资源大市，应紧紧抓住新一轮海洋经济发展的机遇，响应浙江省滨海旅游"东扩西进"战略，加快温州海洋旅游产业发展步伐，整合海洋旅游产业空间布局，提升海洋旅游区休闲度假品质，这是温州旅游业整体实现跨越式发展的一个重要方向和战略选择。

1 温州海洋旅游业发展的优势条件与现状

1.1 优势条件

（1）区位优势。温州地处中国东南黄金海岸中段、太平洋西岸经济区的活力地带，位于"长三角"和"珠三角"两大经济圈交汇区，是中国最早对外开放的 14 个沿海城市之一，也是浙江省三大中心城市之一，它与杭州、宁波共同构成了浙江省"金三角"，成为中国经济最活跃、最发达地区之一。

（2）资源优势。温州陆地海岸线长 355 千米，海岸类型为泥岸、岩岸以及泥、岩相间型，有岛屿 436 个。温州属亚热带海洋季风气候，润湿温暖、雨量充沛、四季分明，适合开展滨海或海洋旅游休闲；较为复杂多样的山地地形以及沿海等因素使其生态环境表现出丰富性、多样性的特点。其中，乐清的资源储量和品质优势明显，山海联动，发展前景巨大；苍南资源储量丰富，若交通可进入性得到有效改善的话，发展前景看好，平阳海域的南麂列岛是国家级海洋生物自然保护区，也是温州地区目前唯一具有世界级吸引力的海洋旅游资源，开发潜力看好；洞头是温州地区唯一的海岛县，海洋旅游资源集聚度高，半岛工程的建成改变了其旅游区位，有利于洞头海岛旅游的龙头先导作用的发挥。

（3）市场优势。温州南与福建宁德毗邻、西与丽水的青田、缙云、景宁相连，北接台州的仙居、黄岩、温岭、玉环，全市辖鹿城、龙湾、欧海 3 区，瑞安、乐清 2 市和洞头、永嘉、平阳、苍南、文成、泰顺 6 县，全市总面积 11 784 平方千米，人口 750 多万。温州是我国民营经济最活跃的地区之一，丰厚的民间资本不仅为旅游开发提供雄厚的资本支撑，同时还培育出巨大的商务休闲旅游市场需求，有利于国际性商务旅游城市的构建。

1.2 发展现状

（1）海洋旅游产业初具规模。截至 2015 年底，温州市有涉海 A 级旅游景区 18 个，其中 5A 级旅游景

作者简介：胡念望（1972—），男，浙江省温州市人，从事区域旅游发展研究。E-mail：498866139@qq.com

区 1 个（雁荡山）、4A 级旅游景区 8 个（百岛洞头、中雁荡山、江心屿、温州乐园、南塘文化旅游区、玉苍山、寨寮溪、南雁荡山）、3A 级旅游景区 9 个（乐清筋竹涧、龙湾永昌堡、瑶溪景区、瓯海仙岩景区、苍南渔寮景区、瑞安雅林、桐溪景区、苍南日月潭、五凤茶园），海洋旅游（渔家乐）特色村 30 个、滨海自助旅游（自驾车露营旅游基地）营地驿站 12 个、游艇旅游基地 5 个、低空飞行旅游基地 3 个，在开发的海洋旅游主题岛 7 个、主题旅游社区 2 个，拥有迷途三盘尾、洞头娜鲁湾等特色海岛旅游客栈（民宿）。有海岛海洋旅游接待床位数 106 385 张，2015 年涉海旅游景区接待海内外旅游者 4 241.65 万人次，同比增长 25%。

（2）海洋旅游产品体系不断完善。从原来的吹海风、吃海鲜、看海景为主向海洋观光、主题体验、渔俗风情、海钓游艇、海岛露营等多业态多层次的海洋旅游产品体系转变。目前温州海洋旅游产品主要有海岛休闲度假、海洋生态旅游、历史文化游、节庆会展、海鲜美食等；海洋运动休闲、创意渔家文化体验、红色文化主题活动及海岛主题婚庆旅游等。

（3）海洋旅游市场结构进一步优化。目前温州海洋旅游客源市场以温州本市及周边客源、长三角、海西旅游城市客源为主，也有部分来自内陆城市客源市场。2015 年温州沿海旅游客源市场构成大致是温州本地及周边占 35%，浙江省内其他区域占 25%，沪苏闽粤占 28%，其他内陆市场及台港澳及海外华人华侨市场占 11.2%，日韩、东南亚及其他海洋市场占 0.8%。

（4）海洋旅游品牌形象显著提升。近年来，温州市高度重视海洋旅游发展，提出了奇秀雁荡、流金乐清，海上桃源、百岛洞头，流金海岸、山海双南等系列旅游品牌，策划推出了雁荡山夫妻文化旅游节、洞头国际矶钓节、洞头渔家乐民俗风情文化旅游节、渔寮沙滩音乐节、炎亭海鲜美食节、乐清蒲岐海鲜美食节、苍南五凤开茶节等系列特色节庆活动品牌，市场影响力与美誉度不断提升。

（5）海洋旅游发展格局初步形成。作为浙江省滨海特色旅游产业基地，温州市认真贯彻十八届五中全会提出的"五大"发展理念，实施"五化"战略，发展"五彩"旅游，以旅游主业化、景观全域化为抓手，以满足多元化、个性化、分层次的全民旅游时代发展需求为导向，着力推进海洋旅游供给侧结构性改革，不断完善海洋海岛旅游基础设施和公共服务体系，高度重视海洋度假旅游、海岛休闲旅游、游轮游艇旅游、营地自助旅游发展，在立足进一步丰富与完善大众旅游大众产品结构的基础上，加快构建多层次、特色化、中高端旅游产品体系，形成"三块一线"（雁荡山—乐清湾、洞头群岛—南麂列岛、温州南部海洋旅游板块，滨海休闲旅游产业带）的海洋旅游发展格局。

2　温州海洋旅游业发展面临的问题

温州海洋旅游发展虽然初具规模，以海岛观光、海滨浴场、海鲜美食、海洋文化为主体的海洋旅游产品体系不断完善，但深度发展依然存在着许多问题，要满足多元化市场需求，适应国际海洋旅游潮流变化仍需进一步谋划发展。

（1）重量级和垄断性资源缺乏，自然因素制约大

旖旎的海洋与岛屿风光、独特的海洋风俗、悠久的海洋历史文化是海洋旅游发展的基础。温州海洋旅游资源缺乏重量级、垄断性和世界级的海洋旅游资源，缺乏轰动效应；与浙江省其他沿海地区相比较，资源的独特性、差异性不明显，且资源空间分布不均衡，加上各景区交通落后，资源内部空间整合困难，与周边沿海地区存在着替代性竞争。温州地处欧亚大陆与西北太平洋过渡带，冬夏冷暖变化大，台风、大雾、暴雨等灾害性气候直常常威胁到旅游的安全，海洋旅游有着明显淡旺季，适游周期较短，容易造成旅游设施运转、闲置不均现象。

（2）海洋旅游产品品类单一，创新和延伸性精品项目不足

旅游产品是吸引游客的关键因素。温州海洋旅游开发起步较晚、规模较小，与同边城市相比，现有海洋旅游资源挖掘利用不够充分，产品开发层次浅、品类结构单一，缺乏高起点、大手笔的创新性、延伸性精品项目，产品附加值低，带动性弱。从产品特色上看，地方性和文化特色导向不鲜明，主题定位不明确，海洋文化外化过程中个性特征缺乏，海洋旅游产品趋同重复，整体性的海洋旅游产品体系尚未形成。

（3）高端项目缺乏，新型旅游业态发展滞后

高端旅游项目可以从两方面来理解：一是消费水平较高的高档次旅游产品，如豪华观光游、商务旅游、滨海高尔夫、海钓、游艇、邮轮等项目；另一是以体验为核心的个性化旅游产品，如海洋探险猎奇、休闲度假等。目前，温州旅游仍以大众观光产品为主导，海洋旅游发展滞后，海洋旅游产品低端化，知名度低，具有现代科学技术支撑的特种旅游项目和海洋度假高端项目开发滞后，新型旅游业态发展缺乏有力支撑和引导，游艇、邮轮、海钓、滨海高尔夫等政策法规的支撑力欠缺。

（4）海陆连接不畅，交通集散功能不足，综合接待能力不强

当前，温州海洋旅游的基础设施建设严重滞后，综合接待能力不强，成为海洋旅游业提升发展的瓶颈。交通方面，海陆换乘机制不健全，游客换乘不畅，交通集散功能亟需提高；岛际连接交通条件差，无法构成以某个海岛为中心的区域性旅游网络；海洋旅游交通运力不足、航速缓慢，交通工具的美观性、舒适性和安全性差，不能满足旅游交通要求；海洋旅游景区通达性差，内部交通体系不完善。接待设施方面，会展设施规模不足、商务接待设施档次较低，尤其缺乏体现海洋特色的高品位休闲娱乐场所，现有海洋旅游景区内配套不完善，尚未形成较完备的旅游接待服务体系。旅游乘数效应不显著，"小旅游"未及时转入"大旅游"。

（5）缺乏高层次的营销战略，海洋旅游客源分流严重

长期以来，温州海洋旅游产业定位低，项目开发和建设滞后，缺乏一流的海洋旅游产品和景区；市场营销和宣传力度不足，产品知名度低，旅游形象仍停留在"忘情山水"层面，尚未形成独特的海洋旅游"名片"，客源被区域内其他景区或周边地区海洋旅游目的地分流现象严重，影响海洋旅游目的地形象和品牌的提升。

3 温州海洋旅游发展的战略定位与总体布局

3.1 目标选择

温州海洋旅游发展在总体目标的确定上，应响应浙江省滨海旅游"东扩西进"战略，不断优化旅游产业结构，培育旅游产业新的增长点，延伸海洋旅游产业链，促进旅游业从外延扩张向内涵增长的转变，实现海洋旅游业跨越式发展，使海洋旅游业带动作用更加显著、海洋海岛生态环境保护效益更加凸显，把温州海洋旅游目的地建设成为全国海洋旅游综合改革示范区、海洋生态文明示范区、海洋旅游高新产品先行区和海洋旅游著名品牌集聚区。

3.2 战略定位

浙江省海洋旅游副中心和核心依托城市。以海岛旅游开发为龙头、以滨海城市空间扩张和环境改造为契机，提升滨海地区的旅游功能，加强特色小城镇建设，"陆海联动"、"山海呼应"，形成整体性的海洋旅游体系。加快旅游要素的转型升级，丰富海洋旅游产品的内涵，拓展海洋旅游产业的功能，开发海洋旅游精品，发展旅游新业态，创新海洋旅游管理体制和运行机制，成为全国海洋旅游综合改革示范区、海洋旅游高新产品先行区和海洋旅游著名品牌集聚区，成为"海上浙江"、"浙江省海洋经济综合示范区"建设的重要支撑。

具有国际影响力的滨海商务休闲之都。实施大旅游、大产业、大提升战略，完善各项旅游基础设施和城市公共服务体系，建设效益良好、功能齐备的海洋旅游综合体，构建商务旅游产品体系，强化海洋商旅服务特色功能，提高温州滨海旅游城市形象和知名度，满足温州市民日益增长的休闲需求，更使温州成为国际商务旅游城市。

全国海洋与文化生态旅游示范区。坚持可持续发展理念，坚持在保护中发展、在发展中保护，以生态文明指导海洋旅游的开发建设，有效地保护海洋与海岛生态系统，推进资源节约型社会和环境友好型社会建设，探索人与自然和谐之路，加大保护与传承海洋传统文化，促进海洋文化与旅游的进一步融合。

3.3 总体布局

着力打造五大海洋旅游板块。以体制机制改革创新为动力，以陆海联动、陆海统筹、区域整合为原则，创新发展模式，形成合理的海洋旅游产品体系和空间格局。

"岛-桥"海洋旅游核心板块。以洞头为核心，整合洞头半岛、及周边海岛海洋资源，进行差异化设计，开发国际邮轮旅游、岛桥观光旅游、海岛商务会展旅游、休闲度假旅游、生态科考旅游、嘉年华主旅游、运动休闲旅游，构筑"开放、欢乐、休闲"为主题的海洋旅游区块。

"雁-乐"山海休闲旅游板块。以"雁荡山-乐清湾"为范畴，依托雁荡山景区，挖掘海洋文化、休闲渔业资源，培育雁荡、浦歧等滨海风情小情，重点建设雁荡山休闲度假基地、乐清滨海商务休闲基地，联动玉环漩门湾湿地生态休闲基地建设，构建温州东北部地区的山海旅游板块。

苍南滨海休闲度假板块。以苍南渔寮和玉苍山两大区域为核心，包含周边滨海各大景区。主要依托玉苍山、玉龙湖的山水资源以及苍南海滨的优质沙滩、历史遗存、特色风情小镇、渔村等资源，建设成为时尚、繁华的综合性滨海休闲旅游地。

南-北麂生态度假板块。以南麂列岛为中心并向北幅射到大北、北麂列岛、平阳、瑞安东海岸，开发面向中高端市场的融海洋生态度假、康体养生、海洋科考、休闲观光为一体的旅游区。

"流金海岸"滨海风情带。以乐清至苍南的东海大道为轴线，向浙江北部和福建南部海洋区域延伸，形成沟通南北滨海的旅游景观带，串联雁荡山滨海度假区、乐清滨海旅游区、灵昆岛、龙湾滨海开发区、瑞安城市文化旅游区、平阳滨海旅游区、苍南滨海度假区，开展融滨海观光、休闲、度假为一体的旅游项目，通过优美的自然景观和当代渔村风貌展示，打造温州"流金海岸"形象，成为中国亮丽的海滨风景道。

3.4 发展原则

（1）创新发展。以特色海滨山水资源为依托、以市场为导向、以旅游业提升发展为目标，理顺区域内部旅游管理体制、完善旅游服务体系、调整旅游产品空间布局、丰富旅游产品体系，放大"人无我有，人有我特"效果，提高国内外旅游市场中的吸引力和竞争力。

（2）品质优先。温州的海洋旅游产品开发基点要高，要立足于高品质海洋休闲度假层面，要在滨海休闲、海岛度假、生态示范、商务会展上做足文章，要充分挖掘海洋及当地文化内涵要素，提升海洋旅游区景观的欣赏度，完善旅游设施的科学合理配套。对内要合理海洋旅游功能分局，山海联动、海陆一体，形成整体性海洋旅游产品体系；对外要与浙江省沿海其他地区形成错位发展，避免盲目跟风和近距离的项目雷同，真正成为浙江海洋旅游副主心和核心依托城市。

（3）生态保护。旅游活动是促进经济增长的有力杠杆，但这并不意味着要以牺牲当地的生态平衡为代价。海洋旅游开发过程中，要以人为本，走可持续发展的道路，树立绿色经济、低碳经济和生态经济的理念，以保护和建设良好的生态环境为前提，通过环境整治、资源保护、产品整合、文化挖掘等手段进行科学开发，加快发展环境友好型、资源集约型的休闲度假旅游业，实现经济、社会和生态效益三者的有机统一。

（4）海陆联动。整合传统观光旅游产品及新兴海洋旅游产品，注重海陆之间的联系和配合，进一步优化海洋旅游产业空间结构，合理安排与组织旅游线路，强大温州旅游产业。

（5）整体融合。融合发展是旅游产业的大趋势，将旅游产业与其他服务业（第三产业）以及传统产业进行融合，拓宽旅游资源范围，延伸旅游产业链条，推进旅游产业结构的优化，提升旅游产业竞争力，为旅游业的可持续发展注入生机和动力。同时要站在全局立场协调温州全区域的旅游产业，重新配置旅游产业要素，形成整体性大旅游发展格局。

4 温州海洋旅游发展的基本策略

4.1 开发新型海洋休闲度假旅游产品

以高端引领、休闲主导为原则，充分挖掘温州海洋自然和人文资源特色，开发高档次、高品位的新型海洋休闲度假旅游产品、休疗康体运动产品、文化娱乐产品以及功能设施齐备的商务会议产品，形成满足不同层次旅游者需求的、具有核心竞争力的海洋休闲度假产品体系，改变以山水观光为主的旅游产品结构，形成强烈的旅游吸引力。

海洋旅游综合度假区。选择合适区域，以差异化度假理念加以开发，根据不同海湾、岛屿生态环境和市场需求，因地制宜，建造综合性度假村、小型主题酒店、度假别墅、生态型酒店，要充分挖掘当地海洋文化资源，突出产品的文化内涵，增加参与性和趣味性。

岛屿会所休闲产品。以精品化、高端化、特色化、专业化原则开发健身俱乐部、游艇会所、文化沙龙、SPA会所等休闲度假、康体运动旅游产品，可根据岛屿自然和文化生态特征，科学规划、有序开发，打造高端岛屿度假休闲区。

旅游主题岛。选择合适的居民岛或无居民岛屿，利用海岛特色资源优势，开发建设成为一批适合于现代休闲度假需求的主题岛屿，以碧海金沙、海岛风情为基础，形成运动休闲、养生度假、主题体验、探险游乐为主题的旅游岛，打造成为海岛主题度假或海洋运动旅游休闲经典项目。

滨海休闲运动基地。以滨海地型地貌和海洋自然资源为依托，建设休闲运动基地，开发沙滩休闲体育、帆船帆板运动、滨海高尔夫、温泉水疗、海岛户外运动训练营、海空休闲中心、汽车、摩托车赛事训练基地、山地岛礁拓展探险为主体的高品位休疗康体运动产品体系。

滨海漫游产品。以滨海休闲绿道、城镇休闲街区和特色渔村为载体，完善公共服务设施，开展滨海慢游休闲体验。

营地休闲产品。适应不断增长的自助游、自驾游需求，在灵昆岛、洞头岛、苍南海滨等区域建设旅游露营地、自驾车基地，设置相关配套设施，提供相应服务和完善信息平台，形成时尚休旅产品。

海空休闲旅游产品。利用海滨及海岛旅游区，建设以直升飞机、水上飞机、滑翔机、航空模型、热气球、动力伞、滑翔伞为主要活动方式的游客参与性很强的海洋旅游项目。

游船巡游产品。依托沿海主要城镇和重要旅游节点，规划配套建设游船码头等基础设施及服务设施，设计游览巡游线路，开发近海游船巡游项目。

海洋公园产品。充分利用温州周边海域丰富的海洋生物资源和良好的海洋生态环境，建设海洋主题公园，丰富海洋产品供给，以开发来促进海洋生态的保护。选址初步考虑洞头岛。

海洋休闲度假酒店群。引进全球100强酒店连锁品牌和全球酒店金钥匙品牌，引进"悦榕庄"或者"安曼"式高端酒店品牌，探索和引进分时度假机制，开发旅游海景房产、产权式酒店、主题酒店，成形高档次的休闲度假住宿产品体系，打造滨海休闲度假酒店群。

海岛养生度假公寓。利用洞头、南麂等生态环境良好的海岛或者滨海，建设旅游景观地产项目，开展养生度假活动。

海洋公共休憩产品。建设以游艇社区、主题娱乐岛、沙滩公共休闲产品、水上娱乐中心、公共游艇码头等为重点设施，形成丰富的大众海洋休闲度假产品体系。

4.2 发展海洋旅游新业态

完善海洋旅游政策配套、创新旅游管理体制机制，促进海洋旅游新业态的发展，构筑时尚海洋旅游基地。

国际邮轮泊港。推进洞头邮轮母港及邮轮服务中心建设，探索国内沿海及台湾、日韩和东南亚航线的运营。

游轮游艇基地。重点建设洞头海中湖游艇基地，打造集游艇生产、交易、销售、消费为一体的产业链，建设具有驾培、游艇始发码头、游艇公共码头等内容的游艇俱乐部（会所），建设系泊码头、公共码头等配套设施，开发游艇海钓、游艇海环游、游艇竞技赛事、游艇试驾体验、游艇会展等旅游项目，打造特色游艇旅游品牌。

海钓旅游基地。利用东海渔场丰富的海洋生物资源，培育大众化海钓钓场，有序开发大众化海钓产品。规划建立具有国际知名度的专业海钓基地，完善配套设施，建设陆上基地服务中心、培育导钓员队伍，继续办好"中国南麂国际海钓节"等国内外海钓赛事，构建高端海钓产品。

海洋旅游综合体。以重点推进、精品打造为原则，建设好洞头海中湖、苍南大渔湾等地的滨海休闲度假综合体。以精品度假酒店群为主体，适度开发产权式公寓等旅游地产，选择适合度假区的休闲商业及服务业态、文化娱乐业态，形成融合发展的海洋休闲度假综合体。

全天候休闲度假中心。可考虑建设"阳光中心"，将海洋旅游"3S"要素置于"阳光中心"之内，实现全天候海洋休闲度假旅游功能。

4.3 建设特色旅游小镇（村、社区）

依托旅游"十百千"工程、"百千万"工程和美丽乡村、美丽海岛建设，通过政府引导，促进特色海洋旅游小城镇建设。

特色旅游小镇（风情小镇）。在规划建设洞头蓝色海洋休闲旅游特色小镇的基础上，重点建设蒲岐、西门、鹿西、西湾、渔寮、盐亭（炎亭）、霞关等7个滨海特色旅游小镇，强化小镇的景观特色、环境风貌和海洋风情，挖掘小镇历史文化底蕴，改善小镇旅游服务设施，强化柳市、鳌江等沿海小城市的旅游功能，与滨海小镇联动开发，形成整体性商旅休闲旅游项目，提升旅游综合环境和滨海休闲旅游品质。

特色旅游渔村。选择传统渔业基础良好、渔俗文化积淀深厚、渔村风情浓厚的海岛渔村，主要开发海岛观光、休闲度假、"渔农家乐"等产品，通过挖掘丰富多彩的海岛文化、渔村文化、渔船文化，形成各具特色的"渔农农乐"品牌，开发体验参考性项目，创建特色精品示范休闲渔村。在创建洞头东岙村、东岙顶村、三坪村、龙湾灵昆九村、西湾二沙村、南麂三盘尾村、苍南韭菜园村、棕榈湾村、观头村、后槽村、中魁村等基础上，进一步强化创建力度。

主题旅游社区。关于旅游社区的建设，不管是理论研究还是实践探索，目前在国内还比较滞后，尚未形成成熟而统一的认识。温州近年来在主题旅游社区的创建方面进行了很多有益的尝试，按照"众创共享"与"老板+农民"创业模式创建海岛海洋主题旅游社区，并在这方面走在了全国的前列。2015年以来，先后命名了洞头海霞红色文化体验活动主题旅游社区等4家旅游社区，并在此基础上，逐步积累经验，推进旅游社区创建工作。

4.4 营造滨海游憩空间

以沿海交通主干道为发展轴，将温州东部滨海地区串联起来，形成集海岸观光、滨海休闲、渔俗风情体验及海鲜美食于一体的滨海游憩带，通过岸线景观建设和城市环境改善，营造滨海游憩空间，构建滨海风景旅游带，提升滨海旅游城市形象和品位。

滨海风情大道。建设滨海将温州纳入浙江省沿海绿道系统，塑造具有特色的美丽滨海新城。

滨海旅游步道。在滨海旅游区建设人行游步道，供游人开展徒步、自行车骑行等休闲运动。

滨海人造沙滩。在苍南大渔湾、洞头岛东部海湾建设人造沙滩，营造碧海金沙旅游意境，提升海洋旅游品质。

4.5 打造海洋文化旅游产品

以夜游产品、文化娱乐产品、风情街区为突破口，建设特色化的文化主题休闲娱乐产品体系。

海洋渔俗风情街区。做好特色风情小镇（街区）建设，挖掘温州地区民俗风情，推出渔俗风情主题展示活动。

文化演艺。挖掘温州区域海洋文化内涵，整合相关文化要素，创新一台大型现代史诗实景剧。

海鲜美食。建设以温州海鲜餐饮为特色的、满足不同层次的休闲度假游客需求的丰富化的餐饮产品体系。

商务会展旅游。建设国际会议中心，打造以各大酒店群为依托的、功能设施齐备的商务会议、会展旅游产品，成为长三角地区的商务会议旅游集聚区。

海洋文化博览园。建造包括世界建筑风情区（亚洲园区、欧洲园区）、酒店论坛区、游艇度假区、创意产业区、海洋乐园区、生态观光区等功能的，集景观、品牌、商品、体验、休闲为一体的旅游综合体。

海洋宗教旅游产品。挖掘洞头妈姐文化，建设渔人码头，开展大型海洋祭礼活动，联合闽南妈祖文化构成具有跨区域性的大型海洋文化旅游节事，成为温州海洋文化旅游产品的亮点。

温州财富论坛。利用温州发达的民营经济以及成功的企业家事迹，定期举力财富论坛，开发商务会议旅游项目。

海洋文化节庆。办好"苍南时尚海洋文化节"、"洞头海岛嘉年华欢乐风情旅游节"、"中国南麂国际海钓节"，做大做强节庆品牌，丰富海洋旅游产品体系。

4.6　开发商旅生态岛链产品

坚持可持续发展原则，实行海洋生态环境保护战略，有效整合旅游资源，通过游船、游艇及航空组织旅游线路，串联西门岛、洞头列岛、大北与北麂列岛、南麂列岛、霞关岛，开发商务会展、休闲度假、生态科考等特色旅游项目。

海洋生态示范产品。坚持走海岛生态旅游可持续发展道路，对海岛生态资源进行保护，鼓励新技术、新能源新做好洞头省级海岛综合开发与保护试验区和南麂列岛国家级海洋保护区建设。

特色旅游休闲岛。选择半屏、大竹屿、大鹿、江岩、北麂、南麂、铜盘等资源品质优、环境生态佳、开发条件好的海岛，借助于其良好的生态、资源和产业基础，形成度假旅游岛、休闲渔业岛、生态旅游岛等产品。

5　温州海洋旅游业发展的保障体系

（1）深化旅游体制机制改革，促进海洋旅游产业发展

大力推进洞头区省级海洋旅游综合改革试点工作，不断完善旅游管理体制机制，强化风景区与旅游资源一体化管理，强化对旅游资源的管理、开发和保护，强化对旅游项目审核、监管职能。运用市场机制，整合和规范旅游行业协会，充分发挥其自律、自强作用。

（2）丰富"流金海岸"形象内涵，健全旅游目的地营销体系

温州城市在国内外具有相当的知名度，但作为海洋旅游目的地的知名度却不高，市场认同度低，因此，温州必须塑造推广海洋旅游形象，以完善的海洋旅游产品和服务体系，丰富"流金海岸"旅游形象内涵。围绕"蓝色温州，自在畅游"主题，树立温州"滨海商务之都"城市新形象，开展城市旅游营销。坚持政府主导，整合营销资源，实施形象塑造工程，通过多样化的营销推广方式，不断提高温州海洋旅游品牌目的地知名度。借助网络、节庆和新型传播手段，构建为旅游者提供全方位服务的旅游信息平台，建立健全旅游目的地营销体系。

（3）加快特色海洋旅游区开发，打造地区性海洋旅游大品牌

特色是旅游业的灵魂，海洋旅游产品开发应充分体现旅游吸引环境中的异质文化风貌。要针对沿海各地区特有的历史化、个性化的资源品质，突出其"海"、"渔"、"岛"等具有区域特色和民俗特色的文化资源，开发出地方性、场景性等具有"自我"特色的产品。同时必须追求创新，并以此作为根本发展方向，以有效的形象手段凸现特色海洋旅游主题和旅游风格，优化产品结构，合力打造地区性海洋旅游大品牌。

（4）坚持以生态文明为指导，保护海洋生态环境资源

海洋是人类赖以生存和发展的资源宝库，因此在充分开发与利用海洋的同时，更应该重视海洋资源和环境的保护。海洋旅游资源的开发要体现生态原则，正确处理好海洋旅游资源的开发、利用与保护关系，坚持在保护中开发，在开发中保护的原则，科学制定景区保护制度和生态承载容量，积极推进低碳绿色旅游产品开发，着力打造海洋与文化生态旅游示范区。

（5）创新区域统筹发展机制，实现旅游产业全面提升

海洋与陆地唇齿相依，互为依托，未来各沿海地区为发展海洋旅游业和海洋经济，必定更加重视海陆一体化联动发展的战略思路，依托现有陆域腹地、交通、产业基础、城市发展以及市场发育等条件，充分重视海陆资源互补，把海洋旅游资源开发与沿海陆地资源开发紧密结合，统筹海陆产业布局，统筹海陆基础设施建设，推进各项重大产业项目建设，避免重复建设，将丰富的海洋资源优势转化为现实生产力优势，壮大海洋旅游产业，形成分工合理、功能互补、协调发展的海洋旅游板块，实现区域海洋旅游业及经济的全面发展。

（6）完善旅游产业要素保障，促进大旅游格局形成

海洋旅游业的发展离不开"行、游、住、食、娱、购"各大要素的协调，在实施"大旅游、大产业、大提升"战略的同时，必须加强基础设施建设，完善海洋旅游区的住宿、交通、餐饮、购物、娱乐等各项要素的配置，提升温州城市旅游功能，真正意义上实现"从小旅游走向大旅游，从沿江时代走向东海时代"。

舟山海岛休闲旅游目的地建设研究

林卫兴[1]，陈展之[2]*

（1. 浙江省旅游局市场处，浙江 杭州 310000；2. 舟山市旅游委员会规划处，浙江 舟山 316000）

摘要：该研究以建设海岛旅游经济强市、海洋文化旅游名城、旅游创新创业示范区、旅游改革发展示范区为目标，以创新为内在驱动力，结合实证分析法和定性分析法，系统地阐述并详细分析了舟山海岛休闲旅游目的地建设的主要任务、推进举措和保障措施，对我国海岛休闲旅游的发展有着重要的借鉴意义。

关键词：休闲旅游目的地；创新；海岛；舟山

1 引言

舟山具有独特的海洋群岛资源，是全国全省海岛旅游发展的核心区域。发展海岛休闲旅游是全市旅游产业转型升级的突破口，是全市旅游经济新的增长极，是深化"两美舟山"建设的重要推动力。

2 海岛休闲旅游目的地建设总体目标

以打造国际著名的海岛休闲旅游目的地和世界一流的佛教文化旅游胜地为目标，牢牢把握"一带一路"、长江经济带、江海联运中心建设等重大国家战略机遇，充分发挥岛、渔、港、景等资源优势和区位优势，按照"岛群发展景区化，全域发展旅游化"的理念，全面实施海岛休闲度假和佛教文化体验"两轮驱动"，以改革创新为动力，以提质增效为主线，优化产业布局，创新旅游业态，完善服务体系，激活发展环境，努力把海岛旅游经济这篇文章做深做大做响品牌，把海岛旅游景区培育成为新常态下舟山经济增长的新引擎，把舟山建成我国海岛旅游的先行试验区和典范。

（1）建设海岛旅游经济强市。到 2020 年，全市境内外游客接待量突破 8 000 万人次，旅游总收入超过 1 000 亿元；旅游项目累计投资达到 1 000 亿元，全市 3A 级以上旅游景区达到 30 家以上，年营收超 10 亿的大型旅游企业 2 家以上，年营收超 1 亿元的旅游骨干企业 20 家以上，引进地中海俱乐部等知名旅游企业 10 家以上；新增主题精品酒店 30 家以上，培育省级特色文化主题酒店 10 家以上，8 家以上旅行社进入全省百强，全市四星级以上旅行社达到 20 家，全面建成海洋旅游经济强市。

（2）建设海洋文化旅游名城。继续把舟山的观音文化发扬光大，并挖掘、传承和弘扬历史文化、渔俗文化等海洋文化，使舟山民俗文化价值得到充分发挥，历史文化遗迹和物质及非物质文化遗产得到有效保护，相关文化得到有效搜集整理，成功构建舟山旅游特色品牌，"旅游岛、花园城"一体化程度深化，国际生态休闲岛魅力显现。

（3）建设旅游创新创业示范区。建立小微旅游企业创业创新孵化基地，发动群智群力参与旅游创业，打造大众创业、万众创新的"沃土"。到 2020 年，全市培育新业态旅游企业 100 家、小微旅游企业 200 家，旅游企业总量突破 800 家，建成全国海洋旅游创新创业示范区。

（4）建设旅游改革发展示范区。继续深化旅游综合改革试点，支持县（区）在旅游领域大胆探索创

作者简介：林卫兴（1979—），男，浙江省台州市人，硕士，研究方向为旅游规划与管理。

*通信作者：陈展之（1978—），男，浙江省舟山市人，硕士，讲师，研究方向为旅游规划。E-mail：6873286@qq.com

新，支持普陀区、嵊泗县等旅游重点县（区）设立旅游委员会。继续完善风景旅游一体化管理体制，健全定海、普陀省级旅游度假区管理体制，加快推进旅游度假区建设。成立舟山市旅游形象推广中心，加大旅游目的地形象推广力度。聘请舟山群岛新区旅游发展顾问，组建旅游专家库，发挥"智囊团"作用。

3 海岛休闲旅游目的地建设主要任务

3.1 优化产业布局

按照"一核一轴两圈多岛连线"的总体布局，做强普陀国际旅游岛群核心区，构筑舟山本岛城市休闲主线轴，做特嵊泗列岛度假圈和岱山生态休闲圈，精心打造一批主题旅游岛屿，重点开发一批特色旅游线，形成全域旅游发展态势。

"一核"：做强以普陀山、朱家尖为龙头的普陀国际旅游岛群核心区。依托佛教文化、岛礁沙滩、生态环境等优势，重点开发观音文化、海洋游乐、滨海度假、健康运动、邮轮游艇、婚纱婚庆等产品。发挥核心引领作用，带动桃花、东极、登步等海岛加快发展，形成海岛旅游产业集聚区。

"一轴"：构筑以百里滨海大道贯穿舟山本岛的城市休闲主线轴。利用古城文化、渔港风情、海防军事、城市商贸等资源，重点开发港城景观、海鲜美食、军旅体验、城市休闲等产品，完善城市旅游集散和休闲功能，形成一条沿跨海大桥、定海古城、舟山新城、沈家门渔港、东港商圈多个节点的海岛城市休闲旅游轴线。

"两圈"：做特嵊泗列岛度假圈和岱山生态休闲圈。嵊泗旅游度假圈要依托列岛风光、海岛生态、渔俗文化等优势，重点开发群岛揽胜、渔家风情、海岛度假、海上运动等产品，打造"中国海岛旅游典范"。岱山生态休闲圈要依托古镇文化、海岛温泉、滨海生态等资源，重点开发海洋文化、渔俗节庆、康体养生、休闲运动等产品，打造休闲运动度假岛。

"多岛"：按照"一岛一主题"理念，打造白沙岛、桃花岛、东极岛、秀山岛、泗礁岛、嵊山岛、枸杞岛、花鸟岛、东岠岛等主题旅游岛屿。保持海岛自然风貌，挖掘岛屿特色和文化内涵，开发主题旅游产品。

"连线"：推出普陀山"海上礼佛"、嵊泗"列岛风光"、东极"休闲海钓"、沈家门"渔港风情"、定海"军港之夜"等海上游线；策划海上夜游项目；打响舟山群岛二、三日游及一日多岛游等旅游产品；提升朱家尖环岛骑行游、秀山滨海徒步游、定海绿道健身游等陆上游线，持续打造一批特色游线。

3.2 推进全域发展

在空间维度上，实现五维层面的构建和突破。一是突破海岛，根据舟山群岛各个岛屿不同的海洋文化积淀和海洋旅游发展基础，进一步促进文化与旅游相融合，着力规划和打造一系列海洋文化主题旅游岛屿。二是激活海洋，通过邮轮、游艇、海钓旅游基地建设来拓展海洋旅游空间，开辟环岛游、远洋邮轮游线；通过邮轮、游艇等交通媒介，开发环岛旅游线路；通过拓展舟山与周边城市海上连接线路，以邮轮、游艇与上海、宁波、厦门对接，形成东海海上旅游线路；通过长江、运河，与南京、苏州、杭州等内陆城市连接，形成海河对接水上旅游线路。三是深化滨海，加大滨海休闲度假旅游产品，重点在朱家尖、桃花岛西南部沿海海湾、秀山东部的哮唬沙滩、嵊山岛后头湾，建设一批休闲旅游度假中心。四是提升城市，按照城市旅游化、全域景区化理念，加快推进城区慢行道、骑游道、生态休闲绿道和驿站建设，改造提升沈家门滨港路、定海中大街、新城怡岛路等主题街区，推出一批渔家风情、海岛音乐等驻场演出。完善舟山特色商品购物点建设，做大宗保区进口商品直销中心。打造一批特色茶吧、酒吧、咖啡吧、书吧、餐馆、购物、SPA等大众休闲和夜间消费场所，将舟山本岛建设成为国际化海洋旅游城市。五是美化乡村，以幸福美丽新村建设为抓手，推进朱家尖樟州湾、筲箕湾、岱山凉峙、嵊泗田岙、黄龙、金鸡岙、高场湾等风情渔村建设，开发传统渔俗、出海捕捞等休闲渔业产品，培育10个以上海岛旅游特色示范村，建成400家以上精品海岛民宿，创建一批国家和省级休闲渔业基地，打造"美丽渔村、美丽海岛"，建设幸福美丽新渔村。

3.3 培育新型业态

牢牢把握"旅游业+"这一产业发展的新形态，牢固树立"一切资源都是旅游资源"的理念，跳出原有的旅游资源观，从市场需求角度出发，突出旅游元素，以"大旅游、大市场、大产业"观念为基础，积极推进旅游业与体育产业、健康养生产业、养老产业、婚庆产业、会奖产业、文化创意产业、邮轮游艇业、通用航空产业、装备制造业的融合发展，构建"旅游业+"大格局，打造具有市场号召力的旅游新业态，延伸旅游产业链，提高旅游综合效益，全面推进舟山群岛海洋旅游综合改革试验区建设，努力把舟山群岛打造成为我国海岛旅游的示范基地，让海岛休闲旅游业成为舟山市经济转型发展的支柱产业。

3.4 打响旅游品牌

积极打造"海天佛国渔都港城——中国·舟山群岛"城市形象品牌，在市内外主流媒体及重大经贸、文化、旅游、体育等活动中统一使用该品牌；创新营销方式，改进营销理念，拓展营销渠道，实施政府主导、企业联手、媒体跟进"三位一体"的合力营销策略，构建全媒体时代的立体营销系统和多元化的旅游消费市场。创新办展模式，拓展展会内涵，吸引国际会议会展活动更多地落户浙江。积极打造旅游展会和节庆品牌，加强旅游区域合作，整合资源，精心设计和宣传以舟山传统文化为内涵、以舟山海岛特色旅游资源为内容的旅游线路，积极参与海上丝绸之路等旅游线路建设。积极探索在省内外投放"海天佛国渔都港城——中国·舟山群岛"宣传广告，建立完善多语种网站，开发建设与电子商务一体化的网络营销平台，加快舟山海岛旅游国际化进程。

3.5 壮大市场主体

一是做大做强旅游企业。以有力政策培育壮大市场主体，积极引进境内外知名饭店管理集团、全国20强旅游集团、全省百强旅行社在舟山设立全资或控股公司。鼓励各类旅游企业通过联合、兼并、重组等方式扩大规模，提升效益。整合国有旅游资产，组建舟山市旅游集团，普陀山旅游发展股份公司力争上市融资，成为旅游项目投融资主平台。支持浙江海中洲集团、浙江自在旅业集团成为年营收超10亿的大型旅游企业，积极引进地中海俱乐部等知名旅游企业。二是推动旅游创业创新。实施"十百千"海岛中小微旅游企业集聚区创建计划，以策划规划、婚纱节庆、商品设计、草台演艺、海鲜美食、鲜货物流（旅游购物）、农村电商、特色民宿、骑游运动、研学旅行基地、智慧旅游、医疗健康等为集聚热点，以"创客坞"（创客园区）、创客部落、创客俱乐部、创客社区、创客广场、创客街、创客村、创客小岛等为平台载体，在全市打造一批富有特色、充满活力的旅游中小微企业集聚区（小区），营造"大众创业、万众创新"的氛围，发动群智群力参与旅游创业，创新培育旅游吸引物。

3.6 完善公共服务

以优化岛际交通为突破，全面提升群岛公共服务水平和旅游品质。以旅游的理念来提升岛际交通，建立主客共享的岛际交通体系和海上旅游客运协调机制，改造码头，提升服务，更新客船，常态化空中旅游航线。全力打好旅游集散体系、旅游交通引导标识系统、旅游厕所、旅游投诉咨询平台、城市休闲功能等公共服务打好"六大硬仗"。

3.7 发展智慧旅游

牢固树立起"互联网+"的旅游产业新思维，大力扶持建设一批引导型、示范型的智慧旅游项目；利用大数据、微平台，加快旅游信息化、透明化步伐，打造公共数据服务平台，重点是加强和国内外知名旅游电商平台合作，如携程、微信、天猫等；要打通旅游产业链各环节，发展线上旅游和手机端等新市场渠道，推进旅游支付通关体系建设，改变旅游经营管理和服务模式。

4 海岛休闲旅游目的地建设推进举措

4.1 着力培育"六大产品"，全面推进业态创新

围绕"海岛运动、禅修养生、海岛民宿、海鲜美食、海岛度假、渔家风情"六大特色旅游品牌，打造六大特色休闲度假旅游产品。一是打造海岛运动产品。依托优越海洋旅游资源，借鉴世界知名的海岛运动产品开发模式，重点推进朱家尖岛、桃花岛、鲁家峙岛、凤凰岛和大衢岛等游艇码头建设，大力引进知名游艇俱乐部，大力发展邮轮、游艇、帆船、冲浪、潜水、海上滑翔等与国际接轨航海运动项目，树立世界级的海岛运动旅游目的地形象。二是打造主题海岛产品。以精品主题海岛打造为依托，加快建设一批海水浴场、海中公园等旅游项目，大力发展海水浴、游艇、舟钓、岸钓、生物采集、无人岛野营、海中探胜、野外漫游等国际流行的海岛旅游产品。三是打造禅修养生产品。有序引导、规范提升禅修体验、参学悟道活动，推进普陀山、朱家尖以及东港莲花岛、逸禅心舍等禅修基地建设，积极开发素斋、佛茶等禅修衍生产品，建成一批禅文化主题酒店，推广高品质的心灵之旅；引进优质康体医疗资源，开发度假型养老产品和健康养生产品，在普陀、朱家尖、岱山秀山等地培育一批中医药养生旅游基地。四是打造海岛民宿产品。以"东海人家"为统一品牌，推进定海双桥、干览、普陀朱家尖（白沙）、东极、展茅、岱山东沙、秀山、嵊泗泗礁、嵊山-枸杞、花鸟等海岛特色民宿集聚区建设。五是打造海鲜美食产品。以"中国海鲜之都"、"中国渔都"为金字招牌，每年举办海鲜美食节，推出"全蟹宴"、"冬至带鱼羹"、"贻贝饕餮大餐"、"北纬30°渔家特色菜"等美食游产品。六是打造渔家风情产品。以经典渔村建设为核心，推进朱家尖樟州湾、筲箕湾、岱山凉峙、嵊泗田岙、黄龙、金鸡岙、高场湾等风情渔村建设，开发传统渔俗、出海捕捞等休闲渔业产品，培育一批上海岛旅游特色示范村，创建一批国家和省级休闲渔业基地，打造"美丽渔村、美丽海岛"。

4.2 加快实施"四个一批"工程，促进旅游投资开发

实施旅游投资千亿工程，快步推进"四个一批"项目建设，促进大景区与重大旅游公共服务设施的建设发展，提升普朱核心板块及全市旅游重要片区及圈层的品质实力和核心竞争力。一是建成一批精品项目。提升南洞艺谷、大青山国家公园、东沙古镇、秀山湿地公园、嵊泗蓝色海岸休闲带等项目产品，加快推进观音文化园、百里滨海大道、普陀海洋文化创意园区、定海鸦片战争遗址公园、嵊泗怡贝湾和长滩湾综合开发等重点项目，开工建设海洋主题游乐园、健康养生城、朱家尖禅意小镇、海岛温泉、定海历史文化名城核心街区、嵊泗马关旅游区等重大项目。二是创建一批度假区。通过科学编制规划、开发建设旅游度假项目、完善设施功能配套、加强生态环境保护等举措，创建一批海岛旅游度假区。争取创建东极、白沙、秀山等岛群岛屿特色省级旅游度假区，普陀沈家门、东港等城市板块特色省级旅游度假区各2~3个。三是打造一批主题小镇。通过与海洋文化、佛教文化、民俗文化、历史文化结合，与创意产业结合，与新型城镇化建设结合，加大政府扶持力度，凸显文化创意设计，陆续打造一批不同类型的风情小镇。依托自然风光和"海"、"佛"文化资源，体现先进的人居理念和居住文化，打造朱家尖禅意小镇等主题文化型风情小镇；挖掘古渔村、古民居、人文景观的文化精髓，在定海大鹏岛、普陀东极、岱山东沙、凉峙、嵊泗会城岙、枸杞、嵊山等区域打造岛村渔家型渔俗小镇。把海岛风情与现代科技、农业和文化创意相结合，在普陀鲁家峙、定海南洞等区域打造创意集聚型创意小镇。四是打造一批主题海岛。适应世界海岛旅游发展趋势，借鉴澳大利亚、斐济、新西兰等世界知名旅游岛屿发展模式和成功经验，按照海岛旅游开发的"四个一"的模式，即：一座海岛及周边海域只允许一个投资开发公司租赁使用；一座海岛只建设一个酒店（或度假村）；一座海岛突出一种建筑风格和文化内涵；一座海岛配备一系列功能齐全的休闲娱乐及后勤服务等设施，形成一个独立、封闭、完整的度假区。加快打造婚庆岛、艺术岛、运动岛、童话岛、免税岛等一批精品主题海岛，打造舟山海岛明珠和旅游开发样板。

4.3　全面实现景区提质增效工程，打造"高品质、升级版"旅游景区

继续推进普陀山、朱家尖核心景区提升工作，争取创建成为国家十大特色旅游岛。一是全面提升普陀山景区。坚持精准定位、精细管理、精致建设、精心服务，着力推进服务、业态、设施、环境、管理等全面提升。优化普陀山景区票务、信息、交通服务体系，积极稳妥推进老庵堂腾退安置和改造工作，完善旅游码头、交通场站、污水处理等基础设施，提升寺庙内厕所建设管理水平，推进绿色环保电动车上岛运营，坚决打击扰乱旅游市场秩序行为，努力把普陀山打造成世界佛教文化名山首善之区，建成"千万百亿"级全国精品旅游景区。二是加快建设"全景朱家尖"。扎实推进环境、设施、业态、品牌、人文素质和管理六大提升行动。实施生态景观道路建设，完善旅游交通换乘系统，加快海洋游乐、健康养生、度假酒店等项目落地，完善国际邮轮港综合服务功能，鼓励发展游艇帆船旅游，推进精品民宿、户外运动、婚纱婚庆、房车营地、露营帐篷和田园农业等休闲度假产品开发，努力把朱家尖打造成海岛休闲旅游目的地示范岛，创建成为国家5A级旅游景区。三是推进旅游景区增量提质。支持定海南洞艺谷、普陀国际水产城、岱山秀山等成为国家4A级旅游景区，创建东极、东海大峡谷、干施岙、嵊泗基湖沙滩等一批3A级旅游景区。

4.4　全力打好"六大硬仗"，提升群岛公共服务

一是构建旅游集散体系。在双桥高速进出口、朱家尖蜈蚣峙等处建设舟山群岛旅游咨询服务中心，提升沈家湾、慈航广场、三江及西岙旅游集散中心综合功能。各景区和旅游海岛建立游客中心，机场、车站、码头、城市休闲区等节点设立旅游咨询服务点。加快普陀山机场扩容开放，开通或加密重点客源市场航线航班。构建舟山本岛、岱山岛、泗礁岛等城区旅游公交网，增开旅游观光巴士线路，开通朱家尖、桃花、秀山等景区公交。建设、提升通景公路、景观道路和景区生态停车场。二是完善旅游标识系统。加快推进普陀山、朱家尖及舟山本岛旅游标识标牌和道路导引系统的设置更新；到2020年，全面完成城市建成区、通景道路和主要岛屿的旅游标识标牌规范设置工作。三是提升岛际旅游交通。以旅游的理念来提升岛际交通，促进海上旅游交通企业向一体化、公司化转型，建立旅游旺季和重大节假日海上旅游客运协调机制。结合旅游集散等相关标准，完成普陀山正山门客运码头扩容、秀山陆岛交通码头等项目建设，改造升级朱家尖、桃花、东极、泗礁、嵊山-枸杞、花鸟等重点旅游岛屿码头，配套建设一批邮船、游艇、帆船专用公共码头。提升岛际客运能力，加快更新老旧客船，投用一批旅游快艇和观光游船，适时开通朱家尖-桃花、东极、嵊泗等直航游线，加密朱家尖-白沙、沈家湾-嵊泗东部岛屿旅游航线。积极开发直升机、水上飞机等常态化空中旅游航线，实现海上交通公交化。四是构建投诉咨询平台。以智慧旅游建设为突破口，整合旅游投诉、咨询、导览、预定等公共服务系统和舟山市旅游投诉电话、旅游咨询服务电话，建立健全全市旅游在线咨询投诉系统，在3A级以上景区全面建立游客流量监测系统，形成集咨询、预订、投诉、导服、客运、地接服务、电子商务等功能于一体的综合性旅游投诉咨询平台，全面提升舟山旅游公共服务水平。五是推进"厕所革命"。贯彻国家旅游局最新印发的《旅游厕所建设管理指南》标准，按照"数量充足、干净无味、实用免费、管理有效"的要求，通过政策引导、部门联动、资金补助、标准规范、监督考核等方式，采取"新建与改建结合，养护与提升并举"的方式，重点在旅游景区、乡村旅游点、旅游线路（高速公路服务区、加油站）、交通集散点（包括旅游集散中心、机场、火车站、码头等）、旅游餐馆、旅游娱乐购物场所、休闲步行区等区域，新建、改扩建旅游厕所200座以上。六是提升城市休闲功能。加快推进城区慢行道、骑游道和驿站建设，着力提升出租车服务质量，城区、主要景区、星级饭店和重要交通节点实现免费WIFI和二维码信息服务全覆盖。改造提升沈家门滨港路、定海中大街、新城怡岛路等主题街区，推出一批渔家风情、海岛音乐等驻场演出。完善舟山特色商品购物点建设，做大综保区进口商品直销中心。力争建设一批特色茶吧、酒吧、咖啡吧、书吧、餐馆、购物、SPA等大众休闲和夜间消费场所。

4.5 持续推进"五大抓手"，提升旅游行业素质

一是深化旅游标准化管理。按照国际化要求，巩固并扩大成功创建"国家级旅游服务综合标准化示范区"的成果，在旅行社等传统领域继续深入推进旅游标准化管理的同时，对全市海岛旅游新业态试行标准化管理，组织编制海岛旅游码头、海岛民宿、海岛骑游、海岛露营等专项旅游服务标准，制定休闲渔业、经营性旅游船艇等管理办法，建立以游客评价为中心的旅游服务质量保障体系。二是深入推进依法治旅。认真贯彻《旅游法》，建立旅游市场综合监管体系，形成部门联动、密切配合、共同响应的新机制，全面落实依法治旅，实现联合执法"新常态"。严厉打击欺客、宰客等不良现象，实施旅游黑名单管理制度，加强舆论监督引导，在朱家尖等重点旅游岛组建旅游执法专业队伍，建立健全海岛旅游投诉统一受理机制。三是落实景区容量管理。严格遵照《景区最大承载量核定导则（LBT 034-2014）》，率先在全国探索并建立海岛旅游景区最大承载量控制模式，对普陀山、朱家尖、东极、嵊泗等重点旅游岛开展试点。建立各部门联合应急管理机制，全面提升旅游突发事件响应、处置能力。四是创新安全响应机制。针对大雾、台风等海岛特殊气候条件，建立提前预报和信息统一发布制度。对交通安全、卫生状况等旅游日常安全事项，建立常规定期检查制度，做到防患于未然。加强旅游安全规范的培训学习，严格旅游安全管理。五是整治海岛景观环境。加强海岛生态环境监管，定期、公开发布重点旅游海岛生态环境监测指标，建立问责制度。会同海洋渔业局、林业局、环保局等部门，实施海岛绿化工程，推进宕口覆绿和荒坡、荒岛、荒山治理。深化"三改一拆"、"五水共治"、"四化三边"工程，严格岛礁与渔业、海岸线等旅游资源保护，建设生态旅游示范区，打造一批植物观赏景区。

5 海岛休闲旅游目的地建设保障措施

5.1 加强组织领导

成立舟山市海岛休闲旅游目的地建设领导小组，由市政府主要领导担任组长，定期研究全市海岛休闲旅游发展重大事项，加快构建资源整合、政策配套、业态创新、形象推广、利益协调、督查考核等各项机制。建立部门联席会议制度，由市政府分管领导担任召集人，定期召开会议，研究落实具体工作形成发展旅游产业的强大合力，加快构建推动"大旅游、大产业"发展的体制机制。

5.2 加强规划引领

坚持规划先行，以资源为基础，以市场为导向，以创意为核心，以创新为灵魂，从大岛群、大产业、大旅游的角度出发，编制好舟山海岛休闲旅游目的地建设规划，强化旅游规划对舟山海岛休闲旅游目的地建设的引领作用。编制舟山海岛休闲旅游目的地建设规划，一是要对接上位规划。要与《"一带一路"战略规划》、《"一带一路"旅游合作发展规划》、《浙江省旅游发展总体规划》、《浙江舟山群岛新区发展规划》等上位规划充分衔接，符合国家、省、市相关规划的总体目标和对舟山旅游发展的定位。二是要做到多规合一。编制规划时应当与土地利用总体规划、城乡规划相衔接，优先保障相关旅游项目、设施的空间布局和建设用地需求；要包括建设、交通、土地、通信、供水、供电、环保等专业规划内容，确保其他专业规划兼顾旅游业发展的需要；新建、改建、扩建旅游建设项目，应符合本地区旅游发展规划及相衔接的其他规划；在朱家尖等重点旅游岛屿探索"多规合一"规划编制试点。三是强化规划落地。强化旅游规划落地和审批，定期对规划执行情况进行评估，并向社会公布，接受社会监督，保证规划执行。

5.3 加强人才保障

开展"1234"旅游人才工程，把旅游业人才队伍建设纳入全市干部培训计划和人才队伍建设规划，加大导游讲解、景区规划、市场营销、酒店管理和旅游新业态发展等紧缺专业型人才的培养和引进，力争培养和引进 100 名景区规划、饭店管理、旅行社营销等中高层管理人才，培育海岛民宿、旅游电商、旅游

商品设计等200名"旅游创客",建立30个紧密型校企合作基地,培养旅游专业学生4 000名。加强导游队伍管理,每年评选一批金牌导游员。支持浙江舟山群岛新区旅游与健康职业学院提高办学质量,培养高素质实用型旅游专业人才。依托浙江大学海洋学院、浙江海洋学院、浙江国际海运职业技术学院、浙江舟山群岛新区旅游与健康职业学院等涉旅院校和各类企业、部门,开展校企合作、企企合作、政企合作,建立一批市级旅游人才教育培训基地。

5.4　加强政策保障

（1）土地政策

着重解决旅游规划与土地利用总体规划的脱节,旅游用地标准、用地规模控制体系不完善,缺少旅游业节约集约用地评价标准和监管体系,针对旅游用地等专项旅游用地问题,研究制订差别化旅游用地政策并与引导旅游产业结构调整相相合,优先保障旅游重点项目用地供给,完善旅游产业用地管理措施,适当增加海岛旅游业发展土地供应,优先保障旅游重点项目用地供给,支持利用荒地、荒坡、荒滩、无人岛的土地开发旅游项目,并研究制定旅游用地指导价,对旅游产业用地管理进行改革创新和突破。

（2）金融政策

一是加大对小微企业和乡村旅游的信贷支持。将旅游业列入重点信贷支持领域,对以重点的旅游精品项目、旅游基础设施建设,优先安排贷款资金,优惠贷款利率;各金融机构年度旅游业贷款计划完成情况纳入市政府对金融机构的考核内容;探索旅游信贷方式,各金融机构应积极开发多种贷款形式,切实解决旅游企业和旅游项目开发的资金紧张问题;扶持符合条件的旅游企业进入资本市场,通过股票上市、项目融资、产权置换、发行企业债券、旅游业资产证券化等方式融资,将旅游企业融资担保纳入市中小企业担保公司的担保范围,创新金融产品和服务方式。二是创新旅游产业投融资模式。整合国有旅游资产,组建舟山市旅游集团,普陀山旅游发展股份公司力争上市融资,成为旅游项目投融资主平台;加大招商引资,鼓励国内外大企业、大集团参与舟山群岛海洋旅游综合改革试验区建设,推进旅游融资渠道多元化。

（3）税收政策

按照政府一事一议原则,对重点旅游项目税收、城市基础设施建设配套费等税费根据相关规定减免;进一步落实对旅游企业水、电、气、有线电视、银行刷卡手续费等与工业企业等价格方面的优惠政策。

（4）开放政策

扩大舟山口岸的开放范围,放宽产业准入条件,加快新业态、新产品的探索和引进,逐步实现邮轮旅游和旅行社团队入境免签证。在朱家尖建设对台直航邮轮码头,在普陀山机场和小洋山国际航运中心附近等地设立免税商店,在舟山本岛建立包括码头、仓库、交易区三合一的舟山保税旅游商品交易区和对台交易区,按国际惯例实行游客离岛退税政策。争取普陀山机场开通国际航线,开展国际旅游包机业务等。

5.5　加强财政扶持

充分认识旅游产品和旅游效益的公共属性,为政府履行公共管理职能提供财政投入保障。一是设立10亿元以上规模的舟山市旅游产业基金,重点支持综合效益好的旅游项目和特色旅游海岛开发建设;二是市本级每年安排旅游发展资金不少于5 000万元,县（区）旅游发展资金每年增长幅度不低于财政收入增长幅度,重点用于全市旅游总体形象宣传、规划编制、人才培训、旅游公共服务体系建设等。在安排促进企业发展的相关专项资金时,对符合条件的旅游企业给予支持。把旅游促进就业纳入就业发展规划和职业培训计划,落实好相关扶持政策。

舟山海洋休闲运动与海洋旅游产业融合发展研究

郭旭[1]，马丽卿[1]

（1. 浙江海洋大学 经济与管理学院，浙江 舟山　316022）

摘要：当前，海岛旅游发展方兴未艾，许多涉海国家都在大力发展自己的海岛旅游目的地，海洋旅游业正成为旅游业中的"朝阳"产业。本文以浙江省舟山市为例，探讨利用海岛优势发展海洋休闲运动，促进海洋休闲运动与海洋旅游业的融合发展，从而更好地解决舟山海洋旅游发展面临的问题。

关键词：海洋休闲运动产业；旅游产业；产业融合

1　引言

2015 年在舟山举行的世界海岛旅游论坛《世界海岛旅游报告》显示，目前全球共有超过 50 个国家，70 个成熟的海岛旅游目的地，全球海岛旅游游客量的年均增长超过 20%[1]。2014 年发布的《国务院关于促进旅游业改革发展的若干意见》中提到，截至 2020 年，我国境内旅游业实际消费总额预计达到 5.5 万亿元，旅游业产生的经济价值将占 GDP 的 5% 以上，成为我国经济发展的重要组成部分[2]。舟山是浙江旅游大市，是我国东部闻名的群岛旅游胜地，全市共有大小岛屿 1 390 个，拥有丰富的海岛景观、海洋文化、海洋民俗文化和佛教文化等海洋旅游资源。这些特有的海洋资源为舟山海洋休闲运动产业的发展提供了发展基础和资源优势，拓展了舟山海洋旅游的发展空间，海洋休闲运动作为一种新兴的休闲旅游方式以其鲜明的海洋特色受到越来越多的游客喜爱，但是舟山目前的海洋休闲运动产业相对于泰国普吉岛、马尔代夫等海岛来说发展还过于缓慢，甚至还落后于国内海南、大连等海滨城市。但若将海洋休闲运动与旅游产业融合发展，则可以实现两大产业优势互补，促进两大产业跨越式发展。

2　相关概念内涵

海洋休闲运动是以海洋为场所，为满足现代人精神和物质需求，以身体活动为基础的一种娱乐、健身运动项目[3]，比如海上皮划艇、深潜、浮潜、海钓、海上高尔夫、海上滑翔伞等海洋休闲运动项目，这些项目的场所一般都是在海边、海岸线上，依靠海洋的独有特点，让旅游者尝试新鲜刺激的海洋休闲体验。有资料表明，海洋休闲运动发展已有近百年历史，最早起源于欧洲，早期以加那利群岛旅游度假地和西班牙地中海沿岸为主，在二战以后，以中产阶级为主要消费群体的现代海洋休闲运动不断兴起，并逐步发展成为海洋休闲运动产业[4]。

海洋旅游指离开惯常环境而集中到海洋环境下的一些游憩活动。这一定义粗略地看来似乎并不含滨海岸带的旅游活动而是直指海洋水体中的活动，但仔细分析后便可发现，该定义依然强调了海洋旅游应该包含基于海岸带的海洋旅游活动特征。

产业融合作为一种新型的产业发展模式，是社会经济发展和社会生产力进步的必然结果。社会主义市场经济发展到一定阶段，传统产业由于其落后的生产方式将越来越不适应现代社会的实际需求，这就要求

作者简介：郭旭（1975—　），男，湖南省益阳市人，副教授，主要从事海洋旅游研究。E-mail：104675331@qq.com

产业之间进行直接的优势互补、融合发展。产业融合的实质就是打破原有的产业分界线，开创出新的发展模式，通过产业交融、渗透，形成新的经济增长点[5]。促进产业融合的方法有以下几个方面：构建新的产业价值链并以此为导向；积极推动技术创新；基于需求进行产品创新；促进人才激励创新；加快制度创新[5]。从产业创新和产业发展看，海洋休闲运动与旅游产业的产业融合就是这两大产业在技术与制度创新的基础上相互交叉、渗透，通过整合旅游业的吸引力和休闲运动的文娱性，兼顾旅游业与休闲运动产业的优势从而更好地促进旅游业与休闲运动产业的发展[6]。

3　舟山产业发展现状

对于舟山而言，作为一个海岛旅游目的地，凭借其海洋优势便可发展一系列的海洋休闲运动；其次，对于国人而言，消费水平的提高以及消费观念的不断更新，对旅游的需求也日趋升级，促使我们重新审视和评价舟山旅游发展的方向及旅游吸引物；再者，随着区域经济的发展，舟山新区的建设，政府出台鼓励和支持发展包括旅游业在内的产业政策，这些都是成为推动舟山旅游业与海洋休闲产业融合发展的重要因素。

3.1　舟山旅游产业发展的现状

舟山拥有丰富的海岛景观，浓郁的海洋民俗文化和深厚的佛教文化，拥有丰富的人文景观和历史古迹，旅游资源非常丰富。据有关部门统计，2015 年全年共接待境内外游客 3 876 万人次，同比增长14.08%，旅游总收入 552.18 亿元。从图 1 可以看出，朱家尖景区的旅游人数在逐步上升，起伏明显，普陀山全年的人数较稳定。从近两年的统计数据来看，舟山的旅游业发展还是呈现增长趋势，但是相对于全球海岛旅游 20% 以上的增长速度，舟山的旅游业还有很大的发展空间。再从舟山旅游产品来看，舟山的旅游产品仍然是以传统的朝圣、观光为主，海洋休闲运动为辅，其中观光旅游有普陀山佛教文化之旅、桃花岛影视武侠文化游、舟山群岛南部诸岛游；节事旅游包括中国舟山国际沙雕节、中国普陀山南海观音节、舟山国际海钓节、沈家门民间民俗大会、中国舟山海鲜美食节、中国岱山海洋文化节等；休闲度假游包括定海古城休闲游、朱家尖海滨度假游、岱山海洋文化科普游；专项旅游有海上仙山渔家乐等专项特色游、各县区休闲农家乐、蚂蚁岛生态游；待深入开发的有豪华邮轮、商务会展旅游、游艇旅游、探险旅游、保健旅游等[7]。

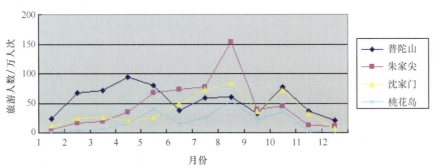

图 1　2015 年舟山市各主要景区接待人数统计

资料来源：舟山旅游委员会．http://www.zstour.gov.cn/Tmp/newsList.aspx? ChannelID
=9eef3cbe-c902-46ce-aa3a-8c4c5e9fd9f6

3.2　舟山海洋休闲运动发展的现状

位于朱家尖东沙的威斯汀度假酒店，是舟山第一家具有海洋休闲运动项目的度假酒店，填补了舟山海洋休闲旅游的空白。中航的幸福航空水上飞机项目，为舟山拉开了航空旅游的新序幕。除此之外，在朱家尖的东沙、南沙，以及各沙滩景点有一些简单的休闲运动项目，如沙滩排球、沙滩摩托车、沙雕等。从舟山现有的这些海洋休闲运动项目来看，参照国内外其他的海滨城市或者海岛国家，舟山的海洋休闲运动产业仍处于初级阶段，其主要体现在几个方面：第一，舟山的海洋休闲运动项目还比较简单、单一，只有一些简单的沙滩项目，没有像泰国、马尔代夫那样的海上深浮潜、海底漫步、海上降落伞、摩托艇、海钓等高级的海洋休闲运动项目；第二，舟山的海洋休闲运动项目还未形成一个体系，而只是简单独立的海洋休闲运动项目，每个旅游景点各自为营，同一个地方的休闲项目却没有统一的收费地点，统一的收费标准等等；第三，舟山的海洋休闲运动项目还没有形成一条产业链，一条完整的海洋休闲运动产业链包括各项海洋休闲运动器材的生产商、供应商、经营商，还有统一的经营管理机构、统一的收费机构、活动组织机构等，还包括服务于海洋休闲运动的餐饮、住宿、交通、SPA 等。

4　舟山海洋休闲运动与旅游产业融合发展的可行性

4.1　高度的产业关联性是产业融合的必要条件

高度的产业关联性为舟山海洋休闲运动与旅游产业的融合提供了发展可能性。在产业融合的过程中需要对产品、业务、技术、市场进行融合，而融合的前提是两个产业具有高度的关联性。海洋休闲运动和旅游产业都是社会经济发展和社会进步到一定阶段的产物，两者有着共同的目标群体，拥有相似的发展模式，因此具有高度的产业关联性，正是基于这种高度的关联性，这两大产业才有可能实现融合发展。海洋休闲运动与旅游产业在高度的产业关联性的推动下相辅相成，相互促进，通过资源共享改善了生产要素的配置，构建了互为一体的产业体系，从而推动产业融合发展[8]。

4.2　消费需求的提高是产业融合的内在驱动力

有出游户的比重，是指在家庭成员当中至少有一次任何方式出游的家庭数占被调查家庭总数的比重。通过调查得到，2014 年，舟山市有出游户比重为 84.1%，其中农村是 79.12%，城镇是 86.63%（表 1）。

表 1　有出游户比重推算表

项　目	全市	城镇	农村
样本有出游/户	925	421	504
全部样本/户	1 123	486	637
2014 年全部常住人口数/万人	114.6	75.98	38.62
出游比重推算结果/%	84.10	86.63	79.12

注：数据来源于舟山群岛新区统计信息网，http：//www.zstj.net/ShowArticle.aspx？ArticleID=6494

旅游需求的不断提高为舟山海洋休闲运动与旅游产业的融合发展提供了动力。一方面，随着我国社会经济的不断发展，人们的旅游有了充分的经济支持；另一方面，我国法定节假日的增加，使居民有了更多的休息时间，在基本生活需求得到满足之后，人们开始追求更高层次的精神需求。随着出行旅游次数的不断增加，人们对传统观光旅游的兴趣不断下降，开始追求更新颖、刺激，参与性更高的休闲旅游方式。根据相关调查显示，人们的出行需求呈现出多样化、个性化的特征，开始对集休闲、观光、运动、养生、购物等于一体的休闲旅游项目表现出强烈的需求欲望。从整个世界的范围来看，人们的休闲旅游方式越来越贴近生活，像一些特色主题游、农家乐、采摘、划船、海钓等新颖有趣的特色旅游受到越来越多的人欢迎，成为其生活方式的重要部分。相对于一般的休闲运动，海洋休闲运动对消费者具有更大吸引力，同时，通过产业的融合，将大大激发两大产业的潜在优势。海洋休闲运动鲜明的参与性、刺激性、互动性等特点使游客在体验项目时能够全心投入，为游客制造更多难忘的体验，带来令人满足的精神享受，因此被越来越多的游客所接受[9]。

4.3 国家政策的支持是产业融合的重要保障

国家对舟山旅游业发展的政策支持是舟山海洋休闲运动与旅游产业融合发展的重要保障。2011 年，国务院正式批准设立舟山群岛新区为第四个国家级新区，也是首个以海洋经济为主题的国际级新区[10]。在舟山新区建设的契机下，舟山旅游业发展获得了国家的大力支持，2014 年《关于推进舟山群岛新区建设的若干意见》，其中提到支持舟山建设国家旅游综合改革试点城市，争取实行舟山旅行购物离境退税和离岛免税的政策，这将大大促进舟山旅游业的发展[11]。2015 年舟山政府提出，舟山将努力打造国际知名的海岛休闲旅游目的地和世界一流的佛教文化旅游胜地，努力把旅游业培育成为舟山国民经济的主导产业[12]。国家多次出台相关文件，就是要在政策层面上为舟山海洋休闲运动与旅游产业的融合发展提供制度保障。

5 舟山海洋休闲运动与旅游产业融合发展的积极效应

5.1 产业融合可以弥补旅游产业的吸引力不足

由于人们生活条件的不断改善，游客不再满足于传统的观光旅游方式，旅游需求已不仅仅局限于观光、购物等，而更多的是对多样化、个性化、参与性的需求。海洋休闲运动产业与旅游业的融合发展，将推动旅游业转型发展，弥补传统旅游业的不足。海洋休闲运动与旅游产业融合发展，不仅可以拓宽旅游市场发展空间，同时又能促进传统旅游产业的转型升级，促生旅游业新的经济增长点。比如环岛自行车赛、东极海钓、探秘游、游艇旅游、秀山滑泥游等休闲项目，不但提高了游客的参与积极性，又可以吸引更多潜在游客前来休闲旅游。休闲运动和旅游产业相互配合，使舟山的旅游业得到了更进一步的发展。

5.2 产业融合能够提升海洋休闲运动产业竞争力

海洋休闲运动发展已有近百年历史，一直以来都很受游客欢迎，海洋休闲运动的发展速度也很迅速，但同时海洋休闲运动因其普遍性、短暂性的特点发展也面临着局限性问题。因此，为了能突破海洋休闲运动的局限性的问题，海洋休闲运动产业需要寻求产业升级和融合，打破原有的边界局限。现阶段，舟山海洋休闲运动产业还处于初级阶段，现有的海洋休闲运动项目单一，缺少具有特色的海洋休闲运动项目和吸引游客愿意重复消费的项目，整体竞争力薄弱。相反，旅游业发展相对更成熟，在人力、产品、信息等各方面资源充足，优势明显。旅游产业与海洋休闲运动产业的融合互动一方面能够推动产业交叉渗透，实现资源共享，更重要的是可以帮助提升舟山海洋旅游产业的发展力和竞争力。

5.3 产业融合将促进舟山旅游经济的蓬勃发展

舟山海洋休闲运动与旅游产业的融合发展，可以大大地推动两大产业的发展，并且在融合互动过程中互促互进，相得益彰，产生 "1+1>2" 蝴蝶效应，实现双赢的结果，从而推动舟山海洋旅游的整体发展。通过这两大产业的融合发展，可以打破原有的产业发展模式，突破产业边界，实现相互交叉、渗透，优势互补，最终达成两大产业的价值最大化。相比于传统的海洋休闲运动产业和旅游业，两大产业融合形成的新的舟山旅游业发展模式，不仅可以克服海洋休闲运动产业短暂性、普遍性的特点，又能解决传统单一旅游产业无法满足现代游客日益提高的旅游需求的问题，这样可以大大促进舟山旅游经济的发展。

6 舟山海洋休闲运动与旅游产业融合发展的保障对策

6.1 加快舟山海洋休闲运动的开发和设施建设

融合舟山海洋休闲运动与旅游产业关键是要加快舟山海洋休闲运动的开发和基础设施的建设。21 世纪是海洋的世纪，舟山完全可以抓住海洋大发展的契机，发挥海洋资源优势，从以下几方面加快海洋休闲运动的开发和建设：第一要遵循市场发展机制，调动社会各个方面的投资积极性，拓宽投资渠道，引进国外的资金，全面保障海洋休闲运动开发和建设所需的资金；第二要积极开发海洋休闲运动产品，学习和吸收国内外先进的海洋休闲运动方面的技术，通过国际合作引进国外先进的海洋休闲运动项目，加快海洋休闲运动产品的开发；第三要加快舟山海洋休闲运动的产业规划和建设，参考国外成功的海洋休闲运动产业建设，比如泰国的普吉岛、马尔代夫等，学习他们的建设经验，根据可持续发展原则，合理规划布局，坚决杜绝低水平开发和不科学开发的行为。

6.2　健全舟山旅游市场机制

舟山传统的旅游发展模式已经相对落后，旅游产业改革势在必行，舟山各级部门应该高度重视海洋休闲运动产业和旅游产业的融合发展问题，健全舟山旅游市场机制。为了优化两大产业的融合环境，需要发挥政府的宏观调控作用，按照市场主导，政府调控的发展战略，结合舟山以港、渔、景为特色，集海岛景观、海洋文化、海洋民俗文化和佛教文化为一体的海洋旅游资源特点，明确两大产业融合发展的突破点，做好舟山海洋休闲运动产业建设、旅游产业改革、两大产业融合的规划，尽快下达工作安排，积极引导市、县两级相关的旅游管理部门，把舟山海洋休闲运动和旅游产业融合发展的工作落实到基层，通过健全舟山旅游市场机制，推动各旅游部门之间的合作，来促进两大产业稳定、健康、有序地发展。

6.3　加强政府在政策、财政方面的支持力度

舟山海洋休闲运动与旅游产业的融合发展是一项大工程，离不开政府在各方面支持，因此，舟山市相关部门需要更加充分地了解这两大产业融合发展的各个环节，在现有经济条件的基础上，为两大产业的融合发展提供更大的政策和财政支持，从而保障两大产业的融合和发展。一方面，要在国家已出台的政策基础上，继续出台适合舟山海洋休闲旅游建设的相关政策，从政策层面来保障舟山海洋休闲运动与旅游产业的融合发展。另一方面，舟山政府应当积极争取国家的财政支持，实行专款专项，加大在硬件设施、技术研发、市场开发等方面的资金投入，在资金层面上保障海洋休闲运动与旅游产业的融合发展，最终实现两大产业的可持续发展。

6.4　实施人才战略，吸收海洋休闲运动与旅游方面的专才

海洋休闲运动与旅游产业的融合，实质上就是这两大产业对接的过程，而综合素质人才则是实现对接的重要因素。针对舟山市目前海洋休闲运动和旅游融合发展研究方面人才匮乏这一问题，必须采取措施来挖掘和培养这方面的专才，不仅需要积极营造爱才、惜才、重才的浓厚氛围，同时，也可以通过引进国内外的海洋休闲运动和旅游产业建设方面的人才来推动两大产业的初步发展。与此同时，要与研究机构、大专或本科院校进行资源与技术的融合，实现校企合作。双方以共赢为目的，积极开展海洋休闲运动教育活动，培养海洋休闲运动管理专业人才，通过岗位培训、在校培养等多种方式，培植一批具有综合能力的专业技术人员和管理人员。

7　结语

海洋休闲运动与旅游产业的全面融合需要建立在两大产业共同创新、共同提升、共同建设的基础之上。当前舟山的海洋休闲运动发展仍处于初级发展阶段，只有加快对海洋休闲运动的开发和设施建设，优化旅游产业结构；健全舟山旅游市场机制，加强政府宏观调控；加强政府在政策上的支持和财政方面的扶持，全面保障两大产业融合所需要的政策和资金需求；实施人才战略，吸收海洋休闲运动与旅游产业发展的专长，积极开展海洋休闲运动教育，培养一批专业技能过强、技术过硬的人才，才能实现海洋旅游经济快速稳定发展。

参考文献:

[1]　唐伟杰.世界海岛旅游发展报告:全球海岛游客年增长率超20%[EB/OL]. http://www.chinanews.com/cj/2015/10-13/7567610.shtml,
　　　2015.10.13/2016.3.1

[2]　吕本勋.中国旅游强国之路:回顾与展望[J].旅游研究,2012(2):88-94.

[3]　闫萌,焦芳钱.中国海洋体育旅游产业的发展研究[J].运动,2012(9):135-137.

[4]　曹卫,施俊华,曲进.滨海体育休闲产业的兴起与发展[J].体育学刊,2012(1):35-38.

[5]　郑明高.产业融合[M].北京:中国经济出版社,2011.

[6]　鄢丰霞,陈俊红,孙明德,等.产业融合视角下北京市板栗产业发展研究[J].林业经济问题,2012,32(5):422-426.

[7]　江海旭,李悦铮.舟山群岛旅游发展现状及对策研究[J].国土与自然资源研究,2009(4):82-83.

[8]　薛华菊,方成江,马耀峰.产业融合视角下陕西旅游遗产文化业发展模式研究[J].国土与自然资源研究,2014(6):52-54.

[9]　何祖星,夏贵霞.运动休闲产业与旅游产业融合发展研究[J].西安体育学院学报,2015(6):685-689.

[10]　周世锋.舟山群岛新区发展规划解读[J].浙江经济,2013(6):12-15.

[11]　秦诗立.浙江高端海洋旅游发展思路与对策探析[J].海洋经济,2012(5):43-48.

[12]　梁黎明.开发开放共建共享舟山群岛新区[J].今日浙江,2012(12):62-62.

[13]　孙振.浙江省海洋休闲体育现状研究[D].上海:上海体育学院,2014:4-6.

海岛生态旅游开发模式研究：
以澳大利亚菲利普岛为例

梁源媛[1]，高建[1]*

（1. 清华大学 经济管理学院 创新创业与战略系，北京 100084 ）

摘要：海岛生态旅游有助于成熟海岛目的地开发新产品增加新收入，也有助于新进入者获得市场先发优势，对无居民海岛旅游开发具有启发意义。论文通过对国内外海岛生态旅游理论和实践研究及实地走访，提出海岛生态旅游的五大特征；按照开发活动对海岛生态系统干扰程度由低到高，将其开发模式依次分为严格的、中等的和不严格的模式；对澳大利亚菲利普岛自然公园进行案例研究，加深了对以海洋野生动物为核心的生态旅游开发模式的认识，并提出海岛生态旅游开发成功的关键要素。国内海岛实施以海洋野生动物为核心的生态旅游带动海岛自然旅游的旅游战略，将以差异化策略获得海内外市场，并促进当地经济、社会和生态的可持续发展。

关键词：海岛开发；生态旅游；生态文明；可持续发展；无居民海岛

1 引言

我国海岛资源丰富，面积大于 500 m² 的海岛有 7 300 多个，约 92% 以上为无居民海岛。我国具有保护价值的海岛有 805 个，分布在 57 个涉及海岛的自然保护区和特别保护区内。我国海岛旅游开发模式主要有自然和人文观光、滨海度假、渔家乐等，建立在保护基础上的生态旅游比较罕见且该领域的学术研究较少。海岛生态旅游①模式是可持续发展的经济模式之一，符合国家经济发展模式转型要求，是海岛自然保护区及生态较好的海岛的旅游开发新模式。

1.1 研究背景

第一，境外海岛游高速发展和境内海岛游增速放缓的迥异现象。国家旅游局发布的 2013 年度统计公报显示，泰国接待我国游客数量的增长率高达 78.7%，位列我国游客境外游目的地第四位。马尔代夫接待我国游客数量的增长率达 40% 以上。据出境自助游网站"穷游网"统计，在 2014 年的出境游中超过 1/3 的用户选择海岛游产品。上述数据表明，中国游客境外海岛游高速发展。但国内著名海岛旅游目的地的接待游客量的增长率正在逐年下降。自 2012 至 2014 年，海南岛接待游客量的年增长率维持在 10.6% 左右；舟山群岛接待游客量的年增长率依次为 12.6%、10.7%、10.8%。以上数据低于或接近于同期国内游增长率的平均值。国内海岛旅游模式亟需创新以适应市场变化。海岛生态旅游将为我国海岛旅游提供新产品和新市场。

第二，南太平洋和印度洋上岛国的旅游产业占据国民经济绝对重要地位，并且创造大量外汇收入。而我国海岛旅游收入占比 GDP 的份额和旅游外汇收入占比总外汇收入数值均与国际水平存在较大差距。例

作者简介：梁源媛（1981—），女，黑龙江省哈尔滨市人，主要从事海岛生态旅游开发与投资研究。E-mail：liangyy.12@ sem. tsinghua. edu. cn

* 通信作者：高建，教授，主要从事新企业理论、创业投资（或称风险投资）管理、快公司管理、技术创业和区域创业体系与政策、中国创业趋势观察等领域研究。E-mail：gaoj@ sem. tsinghua. edu. cn

① 澳大利亚生态旅游协会对生态旅游的定义是，"具备生态可持续性的旅游方式，它主要关注对自然区域的体验，并培养对自然环境和文化的理解、欣赏与保护。"（EAA，2000）

如斐济 2015 年的旅游总收入占比 GDP 的份额为 38%，旅游出口额占总出口额的份额为 36.7%。马尔代夫 2015 年旅游总收入占比 GDP 份额为 96%，旅游出口额占总出口额的份额为 84.8%。

2014 年全年海南省旅游业收入为 485.13 亿元，占 GDP 的 13.86%。2014 年舟山市的旅游收入为 338.44 亿元，占 GDP 的 33.13%。旅游收入占比 GDP 的份额有提升的空间。此外，国内海岛旅游的国际化水平低。以海南省和舟山市为例，2014 年海南省接待旅游者 4 789.08 万人次，其中入境旅游者的比例仅为 1.38%；旅游总收入 506.53 亿元，旅游外汇收入仅占出口额的 3.22%。2014 年舟山市接待旅游者 3 397.96 万人次，其中入境旅游者的比例仅为 0.9%；旅游总收入 338.44 亿元，暂未公布旅游外汇收入数据，但是从入境旅游者占比可以推测旅游外汇收入占比低。国内海岛如何吸引国际游客，创造外汇收入，是值得我们深思的问题。

第三，2015 年 9 月，中共中央、国务院印发的《生态文明体制改革总体方案》中提出"正确处理人与自然的关系，推动形成人与自然和谐发展的现代化建设新格局"。"十三五"规划中提出五大发展理念"创新、协调、绿色、开放、共享"，要求地方经济发展关注绿色 GDP。而生态旅游的开发理念是在尽量少的破坏生态系统的基础上开发旅游业，并将部分旅游收入投入生态系统的维护和修复工作中。生态旅游模式也被认为是对环境最为友好，能够达到生态、经济和社会的可持续发展的绿色开发模式。

第四，国内外生态旅游发展的时间差和规范性的问题。国外关于生态旅游和海岛生态旅游的研究论文较多，国外生态旅游发达地区，如澳大利亚，本国政府制定了生态旅游战略、认证标准等。而国内生态旅游尚处于缺乏系统战略和标准的阶段。

1.2 研究意义

第一，在经济意义上，国内海岛生态旅游尚未进入完全竞争期，具有较大利润空间和成长空间。成熟海岛旅游目的地开展生态旅游，能开拓新市场。而海岛旅游开发的后来者选择生态旅游模式，有以差异化策略取胜的可能性。

第二，在社会意义上，海岛生态旅游能平衡生态保护和经济发展的矛盾，改善居民就业和社会稳定，使得海岛社区可持续发展。

第三，在国际影响力上，生态旅游的重要客源地是美国、法国、澳大利亚、加拿大、日本等发达国家，开展生态旅游能吸引国际游客，提高我国海岛旅游的国际化程度。

第四，在环保意义上，海岛生态旅游获得的收入，将部分投入到生态系统维护和修复上，促进生态系统健康发展；向旅游者、社区和公众传播生态旅游和环境保护知识，间接推动海岛和其以外区域的环境保护工作。

第五，在学术意义上，我国的海岛生态旅游研究比国外起步晚，研究的深度和广度均有差距，希望本论文能丰富此领域的学术研究。

2 海岛生态旅游的特征和开发模式分类

海岛生态旅游，是一种以海洋、海岛、海洋生物和海洋文化为主要吸引物的生态旅游，是对自然环境和人文遗产的体验、欣赏与保护，是对海洋生态系统最为友好和可持续发展的旅游模式，要求达到经济、社会和生态的综合收益最大。

海岛生态旅游应具有生态保护、自然与人文游览、社区受益和环境教育功能，是将海洋和海岛资源加以保护性的利用，旅游者进行对环境影响尽量小的旅游活动，邀请当地社区加入开发和经营，尽量将旅游收入留存在当地社区，对旅游活动参与者要积极传播环境保护知识，通过生态旅游活动获得的收入按照比例投入当地生态补偿工作中。海岛生态旅游应具备以下五个特征：

（1）吸引物：是原生态海洋海岛自然环境、多样性生物和海洋人文遗产等；

（2）开发行为：是以保护为前提，将对生态环境的影响降低到最小；

（3）旅游行为：对当地环境和生态破坏尽可能小，控制在其承载力或更新能力之内；

（4）社区参与：鼓励本岛政府参与到开发和管理工作中，尽量使用本岛居民作为员工；

（5）生态教育：传播生态知识，既满足旅游者需求，又将环保理念和方法尽可能多地传播，利于整个社会的环境保护。

本文依据对生态环境干扰程度的高低，将海岛生态旅游的开发模式分为3种：严格的、中等的、不严格的生态旅游开发模式。三者的对比见表1。

（1）严格的生态旅游开发模式

该模式对生态系统的干扰程度最低，按照生态系统的承载力严格限定游客量；禁止携带外界物种，禁止在本岛或海域建立任何永久或临时建筑及设施。在此模式下，一般是多岛联合开发，主岛进行住宿接待，在保护区的海域或海岛进行生态观光、体验或教育活动。国际典型案例有帕劳的水母湖和日本的小笠原岛。帕劳水母湖是世界七大海底奇观之一，生存着毒性相当小的海月水母和巴布亚硝水母。游客住在首府所在地克罗尔岛。游客若要参观水母湖，需由导游向保护区管理机构预约参观时间。导游会提醒游客保护区不允许擦防晒霜等可能对水母有影响的化妆品，不要抚摸或投掷水母，并带领游客乘坐约30分钟的游艇抵达保护区。在进保护区前，工作人员会对游客进行严格检查，防止游客携带或擦抹有可能破坏生态的物品。之后游客翻过一座珊瑚礁小山后到达湖边，游客需要游泳5~10分钟到达水母聚集区，进行浮浅观赏、拍摄和体验大量橙色透明发光的水母。类似地，日本小笠原岛的生态游览也是需要游客乘坐游船上岛参观，在进入保护区前，管理人员会用工具清理游客衣服，以免带入外界种子或生物，影响该岛的原始生态系统。

（2）中等的生态旅游开发模式

对生态系统的干扰程度中等，根据生态的承载力限定游客量，允许有少量的对环境影响尽量少的临时生态型住宿设施。例如圣约翰岛的生态旅游，在本岛仅开发帐篷住宿，游客的主要吃住娱乐是在邮轮上进行。

（3）不严格的生态旅游开发模式

对生态系统的干扰程度高，不限定游客量，允许有对环境影响尽量小的永久或临时生态型住宿设施，是有限度的保护。马尔代夫群岛旅游属于不严格的生态旅游模式，该国政府进行旅游整体规划，要求开发商尽量少的干扰生态，并且有环境保护措施。不严格的生态旅游开发模式，较之大众旅游对环境更加友好，但是对生态系统的保护程度有限。

表 1　海岛生态旅游开发模式对比表

干扰程度	最低	中等	高
开发模式分类	严格的生态旅游	中等的生态旅游	不严格的生态旅游
控制游客量	严格控制	控制	不控制
生态保护措施	严格、全面	中等	有限度的保护
案例	帕劳共和国水母泻湖 日本小笠原岛	圣约翰岛	马尔代夫群岛
商业主体	生态保护区管理委员会、 NGO 组织等	邮轮、帐篷酒店、海岛所有者	度假村、景区经营者
盈利模式	门票、生态税、基金会募捐、 纪念商品	住宿、邮轮旅行费	度假村食宿、游玩娱乐、 纪念商品、门票
增长方式	生态旅游企业品牌连锁经营； 与文化产业结合出衍生品	邮轮服务等	全球度假村品牌连锁经营 或产业上下游整合

3　澳大利亚菲利普岛生态旅游开发模式的案例研究

菲利普岛距离澳大利亚墨尔本90分钟车程，以观看小企鹅归巢的生态旅游闻名于世界。选取菲利普岛作为研究对象的意义如下：

第一，菲利普岛与山东长岛的纬度绝对数值相近，特色生态旅游资源类似。菲利普岛的特色生态旅游对象是小企鹅、海豹等野生动物，而山东长岛生态旅游资源是海豹、海鸟和蝮蛇等野生动物。通过研究菲利普岛的生态旅游，有利于指导我国北方海岛开发差异化旅游产品。

第二，菲利普岛的生态旅游获得过多项环境和旅游奖项，被生态旅游领域的专家认可。菲利普岛自然公园获得澳大利亚 2008 年度生态经营者奖，2013 年海岸杰出奖之自然环境奖以及六届维多利亚旅游奖。

第三，澳大利亚生态旅游行业处于全球领先地位，其先进的开发和管理理念以及经验值得借鉴。该国政府积极推进生态旅游战略的实施，制定法律和认证标准。该国目前旅游业的模式大部分是生态旅游，让旅游者欣赏原生态的自然和土著文化，是世界上重要的生态旅游目的地，是全世界 65% 的生态旅游者的目的地。

3.1 菲利普岛生态旅游的现状

维多利亚州政府于 1996 年创建了菲利普岛自然公园，面积约 18 km²，是全球最大的野生企鹅保护区和澳大利亚最大的海豹保护区。

3.1.1 生态旅游资源及产品

该自然公园所处位置是海洋动物的迁徙地和繁殖地，每年有 3 万多只企鹅到此进行陆地繁殖，3 万多只海狮在海狮岩附近活动，是 40 种海鸟的家乡。此外，公园的湿地、林地和海岸线也具有生态旅游价值。该公园的生态旅游开发模式是以野生动物观光为核心，带动海岸地貌、文化遗产等其他生态旅游产品模式。

身高仅 30 cm 的小企鹅是公园的核心卖点，辅以海狮、考拉等野生动物观光产品以及海岛地貌、湿地、澳洲农场文化等一系列生态旅游产品，形成多产品线经营，既丰富了游客的旅途，又加强盈利能力。菲利普岛自然公园生态旅游产品线见图 1。

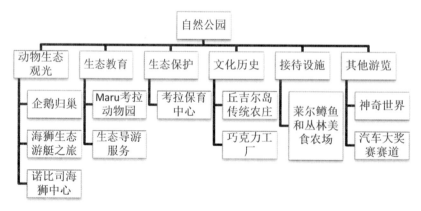

图 1　菲利普岛自然公园生态旅游产品线

3.1.2 经营管理和环境保护措施

保护区是非营利性组织，所有者是维多利亚州政府，经营主体是由州政府环境、国土和水资源部（DELWP）任命的董事会。保护区的日常经营由董事会任命的 CEO 主导，下设科研部、环境管理部、设施维护部、销售和客服部、企业活动组织部、生态教育部、餐饮部、管理运营部。截至 2015 年 6 月，共计 227 名员工，是菲利普岛最大的企业。

保护区的环境保护措施系统且严密。研究部门提供科研成果、生态教育部进行传播、环境管理部及志愿者团队执行。公园制定了严密和细致的保护措施，见表 2。

研究部门非常专业而且实干，主要工作是对小企鹅、海豹、海鸟、岛上野生动物等进行科学研究，其成果是制定生态保护策略依据。研究团队专职人员共计 7 人，由专家学者、技术执行和在读研究生、博士生组成。研究团队与澳洲及国际大学、研究组织密切合作。团队经理 Peter 出任墨尔本大学的研究员；研究部门也为大学培养研究生、博士、博士后；2006-2015 年在国际期刊上发表论文 108 篇，出版书籍 3 本。

生态教育部，开发教育课程和组织教育活动，传播生态知识，唤起人们对于生态环境的保护意识。

环境管理部门，主要工作是保护公园的自然环境，对野生动物进行保护、救援、抚育、制定和执行环境保护规定。

志愿者团队，帮助公园观察野生动物数量、协助接待游客、环境清理和修复工作。在 2014-2015 年度，志愿者参与的工时累计超过 6 200 小时（约 775 个工作日）。

表 2　菲利普岛自然公园管理措施

序号	项目	内容
1	居民搬迁	当地政府将 183 处居民住房，1 处宾馆和 1 处博物馆搬离企鹅保护区，岛上居民集中安置在岛的东侧
2	车辆让路	企鹅每天上岸时段，保护区附近封路，防止车辆误伤企鹅
3	限制游客数量	每天晚上观看企鹅归巢的席位控制在 4 000 人
4	禁止的游客行为	禁止游客对企鹅进行拍照，以保护小企鹅的眼睛，并提供手机应用，游客可在此下载企鹅图片
5	禁止的居民行为	对于遛狗的时间、地点、行为方式均有严格的规定； 对于飞行的高度、区域进行规定，防止飞行器的频率和噪音影响保护区的野生动物
6	制定公园管理规定	菲利普岛自然公园保护区守则 2010
	罚金规定	对于违反公园管理规定的行为，公园可以按照州政府制定的罚金金额 $141.61 开具罚款单
7	消防行动计划	防止火灾发生
8	狐狸和野草管理计划	狐狸是小企鹅的天敌，公园每年都会进行狐狸清除工作

注：作者根据菲利普岛自然公园澳洲官方信息整理编制。

3.1.3　企鹅基金会

2006 年，公园成立企鹅基金会，募集的资金全部投入到小企鹅的研究和保护工作中。公众可以通过官网支付 75 澳元认养小企鹅，认养费用计入基金会。

3.1.4　经营数据和财务数据

公园主营业务收入来源是门票、活动、餐饮和纪念品，营业外收入有政府拨款、NGO 捐款、企鹅基金会接受的捐款。

2013-2014 年公园财报，菲利普岛自然公园共接待游客量 126.1 万人，比上年度增长 3%，其中参加企鹅观看活动的游客增长率为 5.6%；游览收费景点的游客 94.4 万人和游览免费景点的游客 31.7 万人，付费游客占总游客量的 74.5%；菲利普岛自然公园接待的海外游客量占比为 58%，来自中国的游客数量增长最快，增长率高达 21.3%。

菲利普岛自然公园的财务健康运营，保持较快增长。2014-2015 年度的主营业务收入为 1.19 亿元，增长率为 9.3%，净利润为 1 195 万元。该年度的收入增长主要来自国际市场，尤其是中国市场的收入增长。

3.2　菲利普岛生态旅游案例分析

该公园的生态效益、经济效益和社会效益均取到了卓越成绩。

生态效益：2015 年公园投入 1 792 万元及近 4 000 小时的员工工时到本岛的生态保护、生态教育和生态研究领域。2015 年日平均上岛归巢的小企鹅数量为 969 只，高于之前的平均水平 850 只，并且是 1996

年该公园成立之时的两倍。

经济效益：2015 年，公园共接待了 126 万人次的游客量，其中 58% 是海外游客，国际化程度高；收入达到 1.19 亿元，收入增长率为 9.3%，高于全球平均水平两倍；利润为 1 195 万元；该公园为维多利亚州间接贡献了 20 亿元。

社会效益：该公园积极雇佣本岛居民作为员工，是该岛最大的企业，并为维多利亚州间接提供了 1 753 个就业岗位。2015 年，公园为个人或企业志愿者提供了 6 272 小时志愿者服务时间；并且每年举办社区开放日，邀请当地居民免费参观园区，研究人员和大家交流，2015 年该岛有 2 000 人参加开放日活动。

根据生态旅游分类的定义，菲利普岛实行的是中等的生态旅游开发模式。

首先，公园控制游客量。每天观看企鹅归巢活动的游客量最多不超过 4 000 人，每天开展的海狮游艇之旅的次数也有严格的限制。

其次，公园实施分区管理。岛上的居民住宅在岛的东侧，小企鹅和海狮的保护区处于岛的西南角的夏之地半岛。对保护区的海岸线有严格的划定范围，对居民的遛狗行为有严格的时间和地点规定，对飞机的飞行区域和高度均有具体限定。

再次，公园有生态环境保护措施。1985 年，维多利亚州政府将夏之地半岛的产权赎回，此时该半岛有 183 处居民住房，1 处宾馆和 1 处博物馆，由于人类的活动、动物天敌的威胁和火灾等原因，小企鹅的数量下降较多。公园将居民和宾馆、博物馆搬离保护区，每年有计划地消灭小企鹅的天敌—狐狸，严密控制火灾等自然灾害，限制对环境有影响的人类活动，控制参观保护区的人数等。

最后，因为保护区的景点有临时或永久的接待设施，所以保护区不能称为严格的生态旅游开发模式，而是中等的生态旅游开发模式。

4 结论

菲利普岛的生态旅游开发采用中等的生态旅游开发模式，既为游客提供了真正的生态旅游产品，又取得了卓越的生态、经济和社会综合效益，值得我们学习。

第一，菲利普岛自然公园有非常清晰的指导思想，其愿景是成为世界一流的生态保护区，并提供卓越、真正的生态旅游体验。在开发过程中，生态环境保护放在首位，注重生态旅游资源的可持续利用，关注当地社区的可持续发展。建立了专职动物学专家学者团队，进行科研工作，研究成果指导环境保护、生态补偿、生态教育、生态营销、生态产品开发等工作。同时，使用太阳能等技术节约能源使用。与社区、大学和研究机构、组织、志愿者、政府建立良好沟通互动关系，使各方积极支持公园的发展工作。

第二，菲利普岛自然公园对政府、大学、基金会、社区、游客等利益相关方的管理做得非常优秀。以和社区的关系管理为例，菲利普岛自然公园的措施包括：

（1）与土著部落的长者和有地位人士保持密切接触，经常拜访及征求意见；

（2）每年设立社区开放日，本岛居民或本岛土地所有者持有效证件就可以到公园的景点免费游玩（除海狮游艇等高级项目外），并且可以和公园专家学者、保育员及工作人员自由沟通；

（3）公园的任何规划均邀请社区代表进行开会，征求意见；

（4）公园邀请本岛的居民参加志愿者活动；

（5）公园雇佣本岛居民作为员工。

第三，菲利普岛的生态旅游体系完善。该岛拥有世界上珍贵的小企鹅资源，并且加以很好的利用和保护，生态旅游产品受到世界各地游客欢迎。其完善的生态旅游体系，包括多产品线体系、保护区管理规定、生态教育体系、企鹅基金会等，值得学习和借鉴。

第四，公园注重社区贡献。公园的生态旅游管理委员会部分成员是社区居民，保护区的工作人员也尽量多的使用本地社区居民，是菲利普岛的最大企业。公园带动了全岛的旅游业发展，如岛上其他景点及住宿、餐饮。

第五，生态旅游的成功标准应该是达到经济、社会和生态的可持续发展，并且三者的综合效益最高，海岛生态旅游开发成功的关键要素如下：

（1）旅游吸引物要彻底原生态，包括自然和文化资源；

（2）对于海岛生态系统的承载力进行调查，在规划期就明确旅游项目的人数限制策略和生态补偿策略；

（3）满足利益相关方的需求，生态旅游开发是系统工程，同时可能会危及既有利益方的利益，后期的生态维护又需要政府、科研机构、NGO、当地社区、游客等利益方的参与，需要平衡各方利益；

（4）政府要参与并支持。澳大利亚的生态旅游发展得健康有序，与其健全的法律法规、严格的生态旅游标准和认证体系相关很大。现阶段国内生态旅游行业存在一些法规、政策和标准的空白区，需要策略性的规划和使用过渡措施；

（5）保障旅游参与者的安全性。行业安全是任何开发主体都需要关注的，尤其是生态旅游的活动多发生在户外、海洋、船只上等较为危险的区域，需要特别关注游客和员工的安全问题；

（6）可达性，加强岛和大陆、岛与岛间的交通可达性，规划时间短和受气候影响小的交通方案。

国内海岛实施以海洋野生动物为核心的生态旅游带动海岛自然旅游的旅游战略，既能促进当地经济、社会和生态的可持续发展，又能以差异化的海岛旅游开发模式取得市场的先发优势，获得新市场和高利润。

新海上丝绸之路视域下南海旅游开发初探

范士陈[1]

（1. 海南大学 旅游学院，海南 海口 570228）

摘要：解读新海上丝绸之路战略构想，确定新海上丝绸之路战略背景下南海旅游资源开发应遵循的原则和开发的重点，提出新海上丝绸之路战略背景下南海旅游资源开发的策略。

关键词：新海上丝绸之路；南海；旅游开发；重点；策略

2013 年 10 月，习近平总书记在访问东盟国家时提出 "21 世纪海上丝绸之路" 的重大战略构想。"21 世纪海上丝绸之路" 是基于区域经济一体化和经济全球化的新形势下的跨区域合作创新模式，是新时代下对古老海上丝绸之路的复兴[1-2]。南海作为 "海上丝绸之路" 通往南亚、东南亚等地的主要通道，其经济开发对 "21 世纪海上丝绸之路" 建设具有重要的战略意义。同时，新海上丝绸之路建设，将是南海经济发展的重大机遇。南海旅游资源开发因其条件不充分，尤其是政治条件受限，进展极其缓慢。借势于 "21 世纪海上丝绸之路"，南海旅游开发将迎来政治经贸条件方面的春风。如何利用好 "21 世纪海上丝绸之路" 的契机，推动南海旅游资源开发进程，是一件需要研究推进的事。

1 新海上丝绸之路战略解读

2013 年 10 月，中国国家主席习近平在印度尼西亚国会演讲时提出："中国愿同东盟国家加强海上合作，使用好中国政府设立的中国—东盟海上合作基金，发展好海洋合作伙伴关系，共同建设 '21 世纪海上丝绸之路'。" 2013 年 11 月，党的十八届三中全会审议通过的《中共中央关于全面深化改革若干重大问题的决定》和 2013 年中央经济工作会议都把建设 "21 世纪海上丝绸之路" 作为重大战略提了出来[3]。建设 "21 世纪海上丝绸之路" 已成为我国面向东盟开放合作的重大战略和开发发展的重要任务。

回顾中华文明发展与对外交往历史，可以认为中国提出建设 "21 世纪海上丝绸之路"，是基于中华文化互惠包容、共谋发展的核心精髓，适应经济全球化新形势，扩大与沿线国家的利益汇合点，与相关国家共同打造政治互信、经济融合、文化包容、互联互通的利益共同体和命运共同体，实现地区各国的共同发展、共同繁荣，破解人类生存与发展困境的极富远见的战略探索。"21 世纪海上丝绸之路" 建设，将以海洋为载体，进一步串联、拓展和寻求中国与沿线国家之间的利益交汇点，激发各方的发展活力和潜在动力，构建更广阔领域的互利共赢关系[4]。

2 新海上丝绸之路视域下南海旅游开发的原则

南海旅游资源开发是一项长期的系统工程，该工程涉及利益面广、建设难度大，既要循序渐进又要开拓创新，既要统筹兼顾又要有所侧重。在新海上丝绸之路建设背景下，南海旅游资源开发又有了新的特点。开发过程中，应始终坚持以下原则。

基金项目：国家旅游局旅游业青年专家培养计划资助项目（TYETP201337）；海南省哲学社会科学规划课题（HNSK（YB）15-45）；海南省教育厅高校科学研究专项（Hnkyzx2014-03）。

作者简介：范士陈（1976—），男，安徽省怀远县人，博士，教授，主要研究方向为旅游开发与规划。E-mail：fansc1230@163.com

（1）安全第一原则

目前南海局势相对紧张，各利益方围绕南海主权、能源等问题展开政治角逐。没有政治安全保障，旅游开发将无从下手。维护南海政治与军事安全是"新海上丝绸之路"的建设目标之一。南海旅游开发必须在"新海上丝绸之路"的安全合作框架下展开，旅游开发尽量不触及政治敏感问题，甚至让位于政治利益。同时，也要注意防范自然灾害、开发中人为失误造成的安全问题。

（2）包容互惠原则

南海周边国家政治、经济、文化差异较大，且在主权问题认识上存在较大的分歧，实现求同存异、共同发展必须坚持包容互惠的原则。南海旅游开发作为一个触及周边多个国家和地区利益的系统工程，需要一个"政治沟通、贸易畅通、民心相通"的环境，该环境的营造需要建立在包容分歧、实现共同利益的基础之上。另外，南海旅游开发也是建设"新海上丝绸之路"的路径之一，旅游开发中包容互惠的实现，将推动"新海上丝绸之路"的建设进程。

（3）创新驱动原则

南海旅游资源禀赋很好、市场需求大、开发程度低，旅游开发必须开拓创新，充分利用南海旅游资源的独特性，开发出高品质、创新性旅游产品，实现旅游产品创新。另一方面，南海南沙等岛屿远离大陆，土地、淡水资源奇缺，生态脆弱，建设难度大，旅游开发条件与其他地区差异较大，必须坚持创新驱动，实现开发方式创新。除此之外，南海旅游涉及地域范围广，地区局势复杂，必须协调各方利益，实现开发模式创新。

（4）循序渐进原则

与"丝绸之路经济带"的总体思路"以点带面，从线到片，逐步形成区域大合作"相协同，南海旅游开发也要遵循一定的时序。南海各区域由于自然、区位、政治、经济等条件不同，呈现出不同的开发难度。南海旅游开发作为一个系统工程应该由易到难、循序渐进，依据点轴理论，有重点、有选择地开发。旅游资源开发从规划建设到运营管理都要有阶段、分区规划，明确资源层次、地域结构建立的时序，建立滚动开发目标。

（5）三效兼顾原则

南海区域受资源条件限制，产业单一，经济发展难度较大，旅游开发可以为南海岛屿及周边地区带来较高的经济效益。在追求经济效益的同时，不可忽视社会效益和生态效益。南海生态环境脆弱，一旦破坏很难恢复，因而尤其要重视旅游开发的生态效益，把它作为基础效益。同时，要发挥南海旅游开发对南海海域及周边居民在民生改善、聚落建设优化、科教文卫发展等方面的带动作用，把社会效益放在重要地位。南海旅游开发必须做到三大效益统筹兼顾、协调发展。

3 新海上丝绸之路视域下南海旅游开发的重点

（1）政治环境的保障

南海周边政治环境复杂，旅游开发囿于政治安全问题而进展缓慢。"新海上丝绸之路"把"好邻居，好朋友，好伙伴"作为战略发展目标，积极推进中国—东盟安全领域合作，将大大缓解该区域局势。在"新海上丝绸之路"与"2+7合作框架"之下，寻求实现该区域政治互信、政治与经济互动的路径，将为南海旅游开发奠定基础和基本保障。

（2）商贸环境的优化

南海旅游开发受地缘因素影响，必将同周边国家进行旅游投资与贸易往来。商贸环境的优化将减少旅游投资贸易的阻力。"中国—东盟自贸区"的建设，在商贸环境的优化上已取得了较大的成就。在21世纪"海上丝绸之路"新的战略构想背景下，中国与南海周边国家还要继续加强在海关、交通运输、进出口检验检疫、金融、信息交流等功能领域的交流合作，为南海旅游开发构建畅通的商贸环境。

（3）合作机制的构建

南海区域的经济开发活动，必将引起周边国家的广泛关注，南海旅游要想健康持续发展，必须建立在各方利益趋同的基础之上，要秉着包容互惠的原则与各方加强合作。南海旅游开发应树立区域旅游合作理念，实现各方互利共赢。要协调各方利益，建立旅游合作机制，加强与南海周边国家在区域旅游规划、区域旅游管理、旅游线路开发、旅游联合营销、旅游人才智库、旅游招商等众多领域的合作。

（4）基础设施的建设

基础设施是发展旅游业的硬件保障，南海海域因远离大陆，开发程度较低，基础设施建设极不完善，旅游服务设施欠缺。由于土地、淡水等资源缺乏，开发过程中依赖于大陆长距离的物资补给，施工难度大。此外，南海海域生态环境脆弱，建设过程中要考虑生态环保，还要重视对自然灾害的防御，这又进一步增加了工程量。南海基础设施建设施工量大、回收期长，可由政府牵头，优先处理好交通、通信、供水等设施建设。

（5）生态环境的保护

南海生态环境是旅游开发的资源与保障，然而南海海域生态环境脆弱，一旦破坏很难恢复，所以在开发过程中尤其要注意对生态环境的保护，贯彻生态环保理念，发展生态旅游。虽然南海区域人类人文活动相对就少，但并不是文化沙漠，一些文化景观如祭祀兄弟公、深（浅）海潜水捕捞技术等都极具特色，南海旅游资源开发必须保护并挖掘文化旅游资源。另外，南海当地居民社区文化在与外地旅游者文化对比中处于弱势地位，开发过程中要注意削弱外来文化对本土文化的涵化作用。

4 新海上丝绸之路视域下南海旅游开发的策略

（1）文化铺垫

深度理解中华文化互惠包容、共谋发展的核心精髓，调整文化交流方向和重点，加强跟新海上丝绸之路沿线国家或地区，尤其南海周边国家或地区的文化交流与合作，重构以中华文化为核心的东南亚文明圈。夯实南海旅游开发与合作发展以及新海上丝绸之路战略实施的文化氛围和文化认同。

（2）政治互信

中国—东盟自由贸易区的建立，为"搁置争议，共同开发"的中国南海共同开发策略提供了实现条件。但随着南海局势复杂化，该区域旅游开发不可避免地与政治紧密相关，比如之前中国在西沙区域进行的旅游开发尝试就曾被越南说三道四，南海旅游健康持续发展必须建立在政治互信的基础之上。在新海上丝绸之路的战略构想之下，中国对周边国家应采取"好邻居、好朋友、好伙伴"的原则和精神，加强政策沟通与协调，增进理解和互信，缓和南海局势，进一步加强双方在经贸领域合作、交流，使双方沿着正确的路线建立互信。

（3）国际合作

南海旅游合作开发必须在充分论证的基础上，有步骤、有层次、由初级合作到高级合作逐步推进。政府在合作开发中发挥关键的主导作用，企业在合作开发中进行市场运作和项目的具体实施[5]。合作内容方面，要推进"21世纪海上丝绸之路"操作层面的旅游合作体制、机制建设，着重加强在区域总体规划、旅游国际大通道、旅游线路开发、联合营销、旅游招商引资、旅游合作发展基金、旅游人力资源等方面的合作。

（4）政府扶持

要发挥政府在南海旅游开发方面的主导作用，在政策、资金、项目安排等方面加大对南海旅游业的支持力度，提高管理和服务水平，切实帮助海洋旅游企业解决在发展中面临的基础设施缺乏、配套服务不完善等困难和问题，改善投资环境。理顺海洋旅游行政管理体制，整合海洋旅游行政管理资源，提高政府在海洋旅游业发展中管理和服务能力。完善投融资体制机制，鼓励民营资本参与发展南海海洋旅游业，形成政府、企业、社会共同投资发展南海旅游业的多元化投资格局。

（5）点线推进

南海区域范围广大，可投入南海的资金、技术、人力是有限的，所以得相对集中地、有重点、有步骤地开发。首先，把海南岛作为南海旅游开发的战略基地，为南海旅游开发提供物资、人力补给，构建南海旅游开发的后方保障。其次，选择旅游资源优、开发条件好、争议较小的西沙区域作为优先开发区域，使其成为南海旅游开发的战略支撑点。再者，根据南海局势发展，结合"21世纪海上丝绸之路"建设进展，谨慎地在中沙、南沙群岛区域选择优势区域与周边国家进行旅游合作开发。形成"以点带面，从线到片"的开发阵容，逐渐向南海深区拓展。

（6）设施先行

以支持海洋旅游产品发展、保护海滨环境为导向，加强海滨基础设施建设，主要包括海洋旅游发展地的给排水、废物处理、交通、能源、通信与信息网络系统等基础设施建设。首先是交通基础设施建设，旅游地交通建设要加强机场、海运等外部交通设施的规划建设，提高旅游地的可进入性，同时完善旅游地内部交通网。其次是能源基础设施建设，为了海洋旅游的可持续发展，要加强海洋能源基础设施的建设，合理调整能源结构，避免能源耗费，减少海洋旅游污染，营造良好的海洋环境。再次是给排水设施建设，要兴修水利，合理规划铺设能源及给排水管线，给排水设施要求保证旅游地水资源充足、稳定的供应，循环利用水资源，节约水资源。此外，要加强通信与信息网络设施、废弃物处理设施等的建设。

（7）生态保护

贯彻可持续发展的理念，建立从规划建设到运营管理全面的生态环保监管体系。要充分借鉴和利用国际先进的科学技术、管理经验加强环境保护管理，建立生态环境评估指标体系，实施严格的生态环境问责制，建立生态环境保护的信息公开制度。发展生态旅游，建立国家公园，实现保护式开发。除了自然生态保护之外，还要注意文化生态建设。规划建设环节要合理挖掘当地文化旅游资源，保护旅游"后台"社区文化本真性，对相关人文景观进行申遗保护，发展以"21世纪海上丝绸之路"为主线的海洋旅游文化。

5　结语

"21世纪海上丝绸之路"的战略构想是实现南海旅游资源开发的一次重大机遇，抓住该机遇，必须把南海旅游资源开发放在"21世纪海上丝绸之路"的战略框架之下，并与该战略保持协同配合。要以"21世纪海上丝绸之路"的建设契机为南海旅游资源开发构建政治互信、商贸畅通的发展环境，为南海旅游开发合作创造条件。同时要依据南海旅游资源和开发条件的独特性，有重点、有步骤地开发，做到统筹兼顾、开拓创新。

参考文献：

[1] 何茂春,张冀兵. 新丝绸之路经济带的国家战略分析——中国的历史机遇、潜在挑战与应对策略[J]. 人民论坛·学术前沿,2013(23):6-13.

[2] 吕余生. 深化中国—东盟合作,共同建设21世纪海上丝绸之路[J]. 学术论坛,2013(12):29-35.

[3] 赵龙跃. 新丝绸之路:从战略构想到现实规则[J]. 人民论坛·学术前沿,2014(13):82-89,95.

[4] 刘赐贵. 发展海洋合作伙伴关系 推进21世纪海上丝绸之路建设的若干思考[J]. 国际问题研究,2014(4):1-8,131.

[5] 陈惠平."海上丝绸之路"的文化特质及其当代意义[J]. 中共福建省委党校学报,2005(2):68-72.

发展南沙旅游：21世纪海上丝绸之路建设的海南行动

陈扬乐[1]

（1. 海南大学旅游学院，海南 海口 570228）

摘要：海南国际旅游岛建设面临国际游客持续减少和国内旅游发展不乐观等困境，21世纪海上丝绸之路建设给海南的发展尤其是海洋旅游发展带来了重大机遇，海南旅游要跳出 3.52 万平方千米的海岛，更要面向 200 万平方千米的海洋。旅游业理应成为南沙的先导产业，南沙也具有发展旅游业的先天资源优势。南沙问题是南海问题的根本所在，通过发展南沙旅游，对维护南海岛礁及其周边海域主权具有重大意义。要明确南沙旅游发展目标，确定南沙旅游发展路径，并落实南沙旅游发展的关键举措，推进南沙旅游快速健康发展。

关键词：南沙旅游；21世纪海上丝绸之路；海南行动

1 引言

南海是当今世界关注的热点和焦点海域。尽管周边国家时不时骚扰我国西沙群岛和中沙群岛及其周边海域，但总体上，东沙群岛由我国台湾省实际控制，中沙群岛和西沙群岛由我国大陆实际控制，并由海南省实际管辖。然而，南沙群岛及其周边海域的维权形势比较严峻，在南沙群岛的众多岛礁中，越南侵占了29个，菲律宾侵占了9个，马来西亚侵占了5个，文莱对2个岛礁提出主权要求，我国（含台湾省）实际控制的岛礁数量仅为9个。可见，南海问题的根本在于南沙问题，而南沙问题的本质是岛礁主权争端和海域划分争议。我国在南沙群岛及其周边海域面临如此尴尬局面的重要原因之一是我国在南沙群岛的民事存在严重不足。因此，大力推进南沙旅游发展，增强我国在南沙群岛及其周边海域的民事存在，不仅能满足广大游客的旅游需求，促进海南国际旅游岛建设，而且能够有效维护我国的南沙群岛及其周边海域的主权。

2 海南旅游国际旅游岛建设面临困境

2.1 国际游客持续减少

2015年海南接待入境过夜游客 60.84 万人次，比上年减少 8.01%，呈现出自 2013 年以来过夜入境游客接待量持续减少的状态，其中香港游客和台湾游客较上年略有增加，而外国游客从 2014 年的 42.15 万人次减少到 2015 年的 35.59 万人次，减少了 15.56%，连续两年都超过了 15% 的递减速度。在外国游客中，欧洲游客几乎减少了 40%。俄罗斯游客减少是 2015 年来琼外国游客减少的最直接原因，来琼俄罗斯游客从 2014 年的 93 319 人次减少到 2015 年的 37 446 人次，减幅达到 59.87%。

需要指出，在外国游客数量快速减少的同时，外国游客的来源也越来越分散，2014 年赫芬达尔-赫希

基金项目：国家社会科学基金项目（15DGL123）。

作者简介：陈扬乐（1965—），男，湖南省隆回县人，博士，教授，副院长，主要从事海洋旅游、旅游规划、人口迁移与城市化等研究。

E-mail：335435456@qq.com

曼指数（HHI）① 为 0.114 6，而 2015 年该指数下降到 0.073 1。客源国过于分散不利于集中营销。

国际游客减少的原因是多方面的，首先是世界经济复苏疲软，导致各国人们的国际旅游消费能力下降；其次是俄罗斯国民经济急速下行，卢布贬值严重，俄罗斯人们的旅游消费能力快速降低，作为多年来海南的最大客源国，俄罗斯旅游消费能力降低无疑会对海南入境旅游产生极大负面作用；第三是旅游产品吸引力有待提高，需要从实现旅游产品的国际接轨、大力开发海洋旅游产品、不断创新旅游产品体系、大力提高旅游服务质量和水平等角度努力；第四是旅游营销需要创新。

2.2 国内旅游发展不乐观

首先，从总量来看，海南省国内旅游体量很小，在泛珠三角区域各省区中是最小的。其中 2015 年海南国内游客规模仅相当于广东省的 7.1% 和福建省的 20.2%，国内旅游收入仅相当于广东省的 5.1% 和福建省的 18.9%。

其次，从人均情况看，海南国内旅游发展状况与泛珠三角区域其他省区相比也是比较差的。2015 年，按常住人口计算的人均国内游客接待量，海南在泛珠三角区域各省区中最少，仅 5.79 人，远低于贵州省的 10.62 人，而人均国内旅游收入海南仅略高于湖南省。

最后，从国内旅游环比增速考察看，海南省国内旅游与泛珠三角区域其他省区相比形势依然不乐观。在泛珠三角区域各省区中，2015 年海南国内游客接待量的环比增速为 11.7%，仅高于四川省的 9.2%，远低于江西省的 23.3% 和贵州省的 17.1%；而海南省国内旅游收入的环比增速为 12.7%，仅高于国内旅游收入总量最高的广东省的 11.8%，远低于江西省的 37.7% 和四川省的 26.9%。

3 21 世纪海上丝绸之路建设为南沙旅游发展带来契机

2013 年 10 月 3 日，习近平主席在印度尼西亚国会发表演讲时明确提出，中国致力于加强同东盟国家的互联互通建设，愿同东盟国家发展好海洋合作伙伴关系，共同建设"21 世纪海上丝绸之路"。

21 世纪海上丝绸之路建设为海南带来了两大重要发展机遇：一是海洋资源开发和海洋经济发展，由此推进海南发展空间的观念上的转变，即跳出 3.52 万平方千米的海岛，而面向 200 万平方千米海洋，逐步将海南建设成为海洋强省，成为海洋强国建设的重要平台和载体；二是扩大对外开发和加强国际合作，从而推进更加开放、更具活力的国际旅游岛的建设，将海南建设成为海南人民的幸福家园和中外游客的度假天堂。

发展海洋旅游迎合了发展海洋经济与加强国际合作的双重机遇，因而是 21 世纪海上丝绸之路建设背景下海南行动的重要内涵。南沙群岛及其周边海域是海南管辖海域的重要构成部分，是海南省发展海洋旅游的重要空间资源和载体，因而推进南沙旅游发展是促进海南省海洋旅游发展的重要手段，也是 21 世纪海上丝绸之路建设背景下海南行动的基本要义。

建设 21 世纪海上丝绸之路的目的之一是，通过扩大与东盟国家在各领域的务实合作，实现共同发展和繁荣。因此，国际合作共赢是 21 世纪海上丝绸之路建设的重要特征。南沙群岛及其周边海域是一个十分特殊的区域——地缘政治复杂，维权形势严峻；常住人口极少，基础设施匮乏；岛屿面积狭小，生态环境脆弱；海洋资源丰富，开发潜力巨大；地处交通要冲，战略地位突出。在这里发展旅游业，有必要开展国际合作，没有国际合作就很难开展旅游活动。要充分发挥各国的优势，在大型基础设施建设、海上综合救援体系建设、海洋生态环境保护和修复等方面开展双（多）边合作，实现双（多）边共赢。可见，南沙旅游发展的国际合作将对 21 世纪海上丝绸之路建设起到示范和引领作用，有望成为 21 世纪海上丝绸之路建设的亮点。

反过来，21 世纪海上丝绸之路建设不仅可为南沙旅游发展提供优惠政策，带来资金支持，而且能为

---

①   计算公式为：$HHI = \sum_{i=1}^{k} \left(\dfrac{Q_i}{\sum Q_i} \right)^2$。

南沙旅游发展搭建国际合作平台。

4 旅游业应成为南沙开发的先导产业

旅游业是产业关联性很强的民生产业、和平产业与绿色产业。

首先，旅游业是产业关联性很强的产业。研究表明，旅游业与120多个产业直接或间接相关，在南沙发展旅游业能带动环保产业、基础设施产业等相关产业的发展。

其次，旅游业是民生产业。旅游活动已成为人们日常生活的基本构成要素，发展旅游业的重要目的之一是使人民群众过得更加有尊严，为了让人民群众更加满意。旅游业作为民生产业，可以充分利用南沙的资源和环境开发富有吸引力的旅游产品，吸引大量的旅游者前往南沙旅游，因而能很好地增强我国对南沙群岛及其周边海域的实际使用，增加我国在南沙群岛的民事存在，这对维护我国的南沙主权具有重要的积极意义。

再次，旅游业是和平产业。旅游活动可以跨越国界，海洋旅游开发的国际合作已有许多成功案例，如地中海地区及加勒比地区都是典型的海洋旅游开发国际合作的成功典范。跨国旅游与旅游开发的国际合作也是世界旅游活动和旅游产业发展的趋势和潮流。海洋旅游，尤其是邮轮旅游，通常是来自不同国家和地区的游客集聚在一定的空间内，欣赏自然风光，领略异域风情，体验他乡民俗，感悟人生真谛，增进相互了解……因而是和平使用海洋资源的理想选择。

最后，旅游业是绿色产业。鉴于南沙岛礁面积狭小，岛礁生态环境脆弱，在南沙岛礁及其周边海域发展旅游业，首选旅游活动载体是邮轮，游客的食、宿、行、游、购、娱等旅游需求基本上在邮轮上得到满足，所产生的废弃物也由邮轮带回游轮母港进行无害化处理，因此，在南沙群岛发展海洋旅游业对海洋环境的影响相对较小，是符合可持续发展理念的绿色产业。

由于地缘政治形势比较复杂和生态环境比较脆弱等原因，南沙群岛及其周边海域的开发要以可持续发展思想为指导，本着"重视实际使用、加强国际合作、实现和平共赢"的原则，科学选择产业体系与结构，实现有序良性发展。旅游业的上述特点决定了其将成为南沙群岛及其周边海域开放开发的先导产业。

5 南沙具有发展旅游业的先天资源优势

南沙群岛及其周边海域的旅游资源主要有以岛（礁、沙、洲、滩）为代表的陆域旅游资源、以广阔海域为基础的海水资源、以珊瑚礁及其生态系统为典型的独特生态旅游资源、以鱿鱼和金枪鱼等为代表的海洋休闲渔业旅游资源、以日出和日落为代表的天象旅游资源、以古代沉船和深海养殖为典型的人文旅游资源，以及宽阔的空间资源。概括起来，这里的旅游资源具有以下几个显著特征和优势。

一是神秘性。这里远离大陆和海南岛，目前没有民用机场，也没有邮轮（游艇）航线，只有海监船、渔监船、补给船、渔船和货运船等，旅游通达性很差。正因为如此，这里很少有人问津，非常神秘，其旅游资源具有很强的垄断性。

二是体量大。具体表现在空间资源大、旅游资源单体多和旅游资源类型丰富等方面。南沙群岛位于 $3°50′\sim11°30′N$ 和 $109°30′\sim117°50′E$ 之间，有 230 多个岛屿、礁滩和沙洲，东西长约 905 km，南北宽约 887 km，海域面积为 88.6 万平方千米，这为发展旅游业提供了良好的空间平台。

三是爱国情结性。南沙群岛是扼守马六甲海峡、巴士海峡、巴林塘海峡和巴拉巴克海峡的关键区域，位于越南金兰湾基地和菲律宾苏比克湾基地之间，是重要的战略要冲。尽管我国对南沙群岛的主权主张具有历史依据，也有联合国海洋公约等法理基础，然而，越南、菲律宾等周边国家和地区也对这一区域提出了部分主权声索。因此，爱国情结性既表现为我国游客对这一海域的主权宣示和捍卫，也表现为周边国家游客的爱国情结。通过发展旅游来增强对该区域岛礁资源及其周边海域的实际占有和使用，是弘扬爱国情结、增强主权意识的重要选择。

四是国际关注度高。一方面，自 20 世纪 70 年代以来，南海部分周边国家一改过去承认中国对南沙的主权的态度，对南沙群岛的部分岛礁及其周边海域提出了主权声索，甚至强行侵占我国南沙岛礁资源，强行在我国南沙群岛海域开采油气资源和进行海洋渔业捕捞，特别是菲律宾单方面提起"南海仲裁"，为菲律宾单方面提请仲裁而临时设立的非法仲裁庭甚至做出了相应的"仲裁"，尽管我国对此不接受、不承认，但还是引起了国际社会的普遍关注；另一方面，自21世纪以来，尤其是近年来，以美国为首的域外大国也改变"不选边"的态度，强行干预南沙海域的和平发展，凡是菲律宾等国家的主张，美国等域外大国全部支持，相反，抵制我国的相关主张，抗议我国的行动，甚至不惜同时派出两个航母编队在南沙海域进行武力威胁。

因此，尽管南沙群岛也有受军事管制、基础设施滞后、海洋灾害较多以及岛礁面积狭小等旅游业发展的制约因素，然而，神秘、爱国情结和高度国际关注的旅游资源不仅为南沙旅游发展打下了很好的资源依托基础，而且对客源市场具有很强的吸引力，拥有良好的市场开发潜力。可通过市场对西沙旅游的需求来侧面反映南沙旅游需求。"椰香公主"号共航行了约90个航次，接待游客15 000多人次，启航码头从海口迁至三亚后，每个航次基本满员。这种业绩是建立在三亚—西沙旅游航线存在很大的改进空间的基础上的，例如，邮轮档次很低（客货滚装船，马上退役，仅9 000余吨，载客量260左右），价格虚高（1等D舱每人7 100~7 300元，三等舱最低3 500元左右，而"丽星"号三亚—越南下龙湾航线最低仅1 000元，一等舱仅2 000多元），船上活动很少（受场地限制，仅有夜间表演、用餐后在餐厅的KTV），游览活动内容少（在短短的两天内出现了重复活动安排），服务质量不高（例如，居然安排船上管家与游客同住船舱）等。即便如此，游客对三亚—西沙旅游航线的满意度还是很高的，在旅游旺季，如果不提前预订，肯定是没有床位的。

6　高规格建设南沙旅游区

南沙群岛及其周边海域的旅游资源具有垄断性和不可替代性，这一区域也具有很高的国际关注度，再加之市场需求层次不断提升，南沙旅游区的建设从一开始就应该是高规格和高水平的。

6.1　明确发展目标

力争到2030年，基本建成旅游产业体系完善、综合效益突出、"主题"岛礁开发成效明显、管理运营模式超前、海洋生态建设领先、对中国海洋旅游发展发挥先行示范和龙头带动作用的"世界海洋旅游的新圣地"、"世界海洋旅游国际合作新高地"和"国家海洋旅游创新基地"。

可以分3个发展阶段。第一个阶段为南沙旅游起步阶段（2016—2020年）。政府主导、企业参与、军地企融合，形成三沙旅游发展合力。省委省政府达成共识，早做决断，积极争取党中央、国务院和军委的支持和扶持的同时，出台相关政策，编制相关规划，加快招商引资，培育开发主体。第二个阶段为南沙旅游成规模阶段（2021—2025年）。依托国内重点邮轮停靠城市或母港城市，面向国内市场，开通上海—西沙—中沙—南沙等邮轮旅游航线，并在黄岩岛和美济礁、永暑礁等岛礁建设旅游接待设施。试行开展南沙旅游包机业务，实现南沙旅游发展的"陆海对接"和"海海对接"。第三个阶段为南沙旅游繁荣期（2026—2030年）。推进邮轮旅游国际化，按照国际重要海洋旅游目的地的要求和标准，进行全方位建设，使邮轮旅游产品不断精品化，产业体系逐渐国际化，实现南海旅游发展的"洋洋对接"。

6.2　确定发展路径

首先，实施以海为本战略。以海为本是指在南沙旅游发展中，要以海洋生态环境保护和修复为前提和基础，在保护中开发，在开发中优化。良好的海洋生态环境是南沙旅游业发展赖以存在和发展的基础和依托，保护好海洋生态环境，尤其是保护好珊瑚礁及其生态系统，既是南沙经济社会发展的必然要求，也是建设海洋强国和海洋强省的必由之路。

其次，实施无缝对接战略。无缝对接包含以下几方面含义：（1）军地协调共同推进南沙旅游业发展。大力发展旅游业既是发挥南沙比较优势、推进南沙经济社会可持续发展的必要途径，也是增加我国在南沙的民事存在、利用产业活动宣示和维护南沙岛礁及其周边海域主权的重要手段，因而是军地共同的目标；

（2）产业融合构筑以旅游业为龙头的南沙特色经济结构。南沙的优势资源主要有空间资源、海洋旅游资源、油气资源、海洋交通运输资源、海洋渔业资源，由此出发，南沙未来应该重点发展海洋旅游业、海洋交通运输业、海洋油气开采业和海洋渔业等产业。在环境问题日益引起人们高度关注和南海局势成为焦点等背景下，旅游业自然会成为先导产业和支柱产业。要通过海洋旅游业的发展，提升海洋渔业和海洋交通运输业的附加值，延长海洋渔业和海洋交通运输业的产业链；（3）部门齐心协力共促南沙旅游迈上新台阶。一方面，国家发改委、外交部、国家海洋局和海南省委省政府等要统一思想，站在全国乃至世界的角度，从建设海洋强国和践行"一带一路"倡议的高度，充分认识到发展南沙旅游业的重大意义，从高层给予南沙旅游业发展以足够的支持和指导；另一方面，省委省政府各职能部门、三沙市委市政府以及相关企业等，要深刻领会中央相关文件的精神，用足用活中央及相关部委给予的优惠政策，积极主动地创新体制机制，以时不我待、只争朝夕的精神，协力促进南沙旅游业迈上更高台阶；（4）区域统筹将南沙打造为国际海洋旅游新高地。一方面，以三亚或文昌为后勤保障基地和客源集散地，以"主题"岛礁及其周边海域为目的地，实现陆海统筹；另一方面，以西沙群岛为三沙市旅游核心区或集散区或龙头，以中沙群岛和南沙群岛为"双轮"或"双翼"，逐步形成一心多轴的三沙旅游空间格局。

再次，实施重点突破战略。一是空间上实现重点突破。南沙岛礁面积狭小且比较分散，为提升游客的旅游经历价值，也为了避免重复建设，实现集约开发，要将有限的资金和精力投入到重点区域，尤其是南沙旅游发展的早期，要将旅游投资集中在美济礁等岛礁上，使美济礁成为南沙旅游集散中心。二是产品上实现重点突破。南沙岛礁面积狭小，生态环境脆弱，登岛旅游受到一定的空间和生态上的制约，为实现南沙旅游的可持续发展，要以邮轮旅游为重点，登岛逗留为辅，充分发挥漂浮的旅游目的地的作用，形成世界邮轮旅游新高地。三是市场上实现重点突破。南沙旅游具有宣示主权和开展爱国主义教育等重要功能，尤其在当前菲律宾单方面提起"南海仲裁"和美国等域外大国强势介入南海问题等背景下，更需要突出该功能。因此，在市场选择上，在近期，要以国内游客为重点，在条件未成熟前，暂时不允许外国游客进入。

最后，实施精品锻造战略。随着游客的旅游消费能力的持续增强，对旅游产品的质量需求也越来越高。因此，锻造旅游精品，既是发挥区域比较优势的要求，更是满足市场需求的要求。要规划引导，在《全国海洋功能区划》和《海南国际旅游岛建设发展规划纲要》等的基础上，科学编制和严格执行《三沙市旅游发展总体规划》，每个"主题"岛礁要按照相关要求编制总体规划、详细规划、修建性规划和环境影响评价，并严格执行。要规范疏导，出台《三沙市旅游管理条例》，编制出台并认真落实《三沙市邮轮旅游规范》、《三沙市游艇旅游规范》和《三沙市垂钓旅游规范》等系列规范性文件。要利益诱导，在成立三沙市旅游投资控股公司的同时，鼓励民间资本积极参与南沙旅游开发，要对参与南沙旅游发展的企业给予适当资金扶持。要监管督导，加大监督管理力度，开展定期不定期检查监督，并根据相关规章严厉处罚违规者。要质量前导，质量是旅游业的生命线，要以提升游客的旅游经历价值和游客满意度为出发点，打造特色旅游产品，提供优质旅游服务。

6.3　落实关键举措

首先，制定南沙旅游开放政策。南沙因特殊的地理位置而实行半军事化管理，这是保障国防安全的需要。为保障南沙旅游的快速健康发展，需要制定海域、空域、人群和资本等开放政策。

要开放旅游海域。按照"先划区、后划界"的原则，推动军地划界工作，明确旅游开放区域。综合考虑军事国防、旅游开发、渔业生产和能源开采等方面的需要，将南沙海域划定为封闭区、半开放区和完全开放区，即军事管制区、军民共用区和民用开放区。旅游活动基本上限于民用开放区，军事管制区严禁外来人员（包括游客）进入，军民共用区在获得部队允许后方可进入。在民用开放区开展旅游活动，包括游客的旅游活动和开发商的旅游开发和经营活动，不需要获得部队的批准，只需要获得三沙市或省政府的批准。但要协调好旅游、渔业和能源等产业功能分区，以及海上基础设施共建。

要开放旅游核心区空域。南沙远离海南岛，旅游交通和海上快速综合救援是南沙旅游开放开发的难点和重点。适时开放永暑礁机场和美济礁机场的民用功能，开通海口、三亚和北京、上海等中心城市与这些机场之间的航线，构建南沙旅游空中通道。同时，开放低空航权，利用海上飞机、直升机、三角翼等开发低空旅游产品。

要逐步放开旅游人群。三沙市海洋旅游从推出期到成熟期是一个循序渐进的过程。鉴于三沙市的特殊地理位置和旅游开发所面临的困难和挑战，建议制定"先国内、后国际"的旅游开放人群政策，实行"分期开放、分类管控"的措施。近期（2015—2020 年），采用身份登记制，对大陆居民全面开放；中期（2021—2025 年），采取身份登记制，开放人群在大陆居民的基础上扩大到港、澳、台同胞；远期（2026—2030 年），实行完全开发，即在中期开放人群的基础上，对海南国际旅游岛的免签国家公民，实行免签和身份登记制度，对其他国家的公民，参照我国边境地区的旅游签证政策，采取"二次签证"政策。

要分类开放融资渠道。南沙旅游开发面临的环境复杂、政策性强、基础设施薄弱、技术难度大、生态保护要求高等问题和困难，制定合理的融资渠道开放政策，促进南沙海洋旅游健康良性发展。

其次，加强多领域的南沙旅游国际合作。在旅游市场的互送和联合营销、邮轮旅游的一程多站线路串联、重大旅游基础设施的联合建设与共赏、海上联合救援平台共建与共享、海上通讯平台共建与共享以及海洋生态环境的共同修复与保护等方面，与越南、菲律宾、马来西亚、文莱等国家之间的国际合作，形成南海旅游国际合作局面。

再次，开发邮轮旅游产品。3 年内，建造 3 艘左右 3 万吨左右的邮轮，并按照国际惯例设计邮轮旅游产品。3 年内，主要考虑到国际旅游岛建设期只有 5 年了。3 万吨左右，一是主要考虑到西沙海域航道限制，吨位太大的邮轮无法通行，二是考虑到西沙群岛的岛屿面积小，每个岛的瞬时游客承载量大约为 500 人。3 艘左右，主要是考虑到三沙旅游需要维持一定的垄断性以及三沙旅游生态承载量较低，因此每天最多一个航次，比较理想的隔天一个航次。

最后，建设海洋旅游人才支撑系统。加快海洋旅游人才的培养和引进；加快现有旅游人才的海洋旅游转型。要创新三沙户籍制度，允许在三沙市工作一年以上的旅游从业人员获得三沙市户籍，以此吸引和留住优秀旅游人才。

海南省海洋旅游产品的创新理念研究

郭强[1]，范晓楠[1*]

（1. 海南大学，海南 海口 570228）

摘要：通过运用文献归纳法和实地田野考察，对海洋旅游产品的概念和相关研究做简要的梳理，然后分析海南省的海洋旅游产品开发类型和现状，其次讨论其产品存在的主要症结点。在综合分析的基础上，提出关于海南海洋旅游产品的创新发展和培育的几个理念：开发海洋休闲综合旅游产品，创造海洋旅游新景观；打造海洋旅游装备，创新旅游体验；创新海洋文化旅游资源，满足海洋旅游新动机；推动海洋旅游融合发展，增加海洋牧场的建设；对其开展联合海上、陆域和空中的立体式开发。

关键词：海洋旅游；海洋旅游产品；创新；海南省

1 引言

当下由于陆地资源的开拓而造成其资本短缺情况日趋严峻，人类的生存发展非常需要海洋能够创造新空间。海洋旅游是整个海洋产业的重要组成部分，日益受到世界各地旅游目的地的重视。中国把"滨海旅游"列为新兴的支柱性海洋业并支持重点发展，这在《中国海洋 21 世纪议程》以及《全国海洋经济发展规划纲要》中曾多次强调，还把海洋强国战略提上重要日程，推进海洋旅游的崛起。

海南在这方面的资源优势显著，一直都在求索如何深度拓展海洋旅游。2016 年，省政府通过了《关于提升旅游业发展质量与水平的若干意见》，提出要打造海洋旅游新标杆。海南的海洋旅游资源丰富，热带岛屿风光吸引着众多国内外游客前往，目前海南省的海洋旅游发展较为全面，然而"海"旅游发展较好，"洋"旅游涉及不足，邮轮旅游相对而言国际竞争力较弱，海南省的海洋旅游产品仍有很多问题和限制因素。当今海洋旅游需要转型升级，要体验新型方式、追求快乐享受、创造新的模式，要发展全方位、复合性、大视野、深层次的海洋旅游，将海洋主题旅游与新时代主题旅游创新性结合，海洋自然景观与人文景观结合。本文通过梳理相关文献寻找经验，分析海南省海洋旅游产品培育的现状和类别，在掌握该资源的情况下对其海洋旅游产品的症结进行分析，从而提出一些创新理念。

海洋旅游产品是指通过对海洋相关的旅游资源进行保护性开发，包装设计，也可以与其他类似的主题旅游产品相结合，而构成的对游客具有吸引力的消费活动以及各类吸引物。

产品的开发优化研究已有所触及。如潘海颖以长三角城市为例，对其实际状况和市场条件进行剖析，论述了海洋旅游产品的成长思路[1]。张延运用 Logistic 离散选择回归模型对中日海洋旅游产品的选择进行对比，总结归纳出了影响中外游客选择海洋旅游产品的重要因素[2]。周国忠以海洋旅游产品的调整优化为主题开展调研，为当地提出构建海洋旅游区域格局的优化政策[3]。胡卫伟则研究了舟山地区的海洋旅游品牌的建立及策略[4]。

上述论文以产品依托条件和现状为出发点开展剖析，对海洋旅游产品的开发优化开展了不同角度的探

基金项目：海南省社会科学项目（HNSK（YB）15-10）。

作者简介：郭强（1972—），男，安徽省合肥市人，博士，教授，从事旅游企业管理研究。E-mail：raymondguohot@163.com

*通信作者：范晓楠，女，河北省邯郸市人，本科，从事旅游管理研究。E-mail：18389795800@163.com

究，使其产品理论的成果更加丰硕，然而总体上研究成绩欠佳，对海洋旅游产品创新的理念探讨尚是一篇空白领域。

2　海南省的海洋旅游产品现状

目前各省市的海洋旅游产品分类标准不一，按照海南省海洋旅游活动的内容对产品进行系统归纳，可以归纳为海洋运动、近海休闲度假、探索海文化、相关主题活动[5]。海洋亲水活动内容包括：海上休闲运动（水上飞机、帆板、滑翔、动力伞、冲浪），海底休闲探秘（海底潜水、潜艇观光、海底村庄、人工岛礁），热带滨海与浴场，盐场旅行，盐水浴等。滨海观光度假包括：近海、岛屿度假，海岛、远洋、海上参观等。海洋文化体验包括：海滨生态，海洋工艺纪念品，海产品生产基地，海洋宗教祈福，海洋科学考察，渔家乐，海鲜美食，热带雨林，热带海滨城市，黎苗民族风情，海洋爱国主义教育等。海洋主题活动包括：海上游乐园，海洋体育比赛，海洋民俗节日庆典，邮轮游艇，海景购房旅行等。

对海南省主推的海洋旅游产品进行归类，有滨海度假产品、玩海运动产品和环海南岛深度游产品。温馨浪漫的滨海度假产品有，三亚的小月湾提供便利的滨海资源，比如提篓抓蟹，海边影院；在亚龙湾体验海底观赏珊瑚礁等各类海上休闲活动；搭乘万宁石梅湾的豪华游艇出海逍遥，尽享私密空间；在海棠湾的高品质酒店里舒适度假，尽享精致奢华；游艇等高端度假产品，是海南旅游真正从"海"走向"洋"的代表，就海洋旅游生态的脆弱性而言，高端、环保和个性化的游艇旅游产品是较好的选择，现在已建成了亚龙湾、半山半岛等5个国际标准码头，上千个泊位可供停靠；海洋婚庆旅游产品也是滨海度假产品中的重要组成部分，三亚的"椰梦长廊"和蜈支洲岛等景点都是海洋婚庆的重要依托。

环海南岛深度游产品有七洲列岛的探奇游、原始礁岛三沙之旅，东海岸线上的热带滩涂森林景观红树林，海尾湿地公园，铺前镇海底村庄，峨蔓火山海岸，洋浦的千年古盐田，三亚的祈福胜地海上观音，千年渔港潭门港，海棠湾的穆斯林古墓群，港门的，崖州古城建筑，原始古村落澄迈罗驿村，陵水海产干货等。

海南的海洋旅游发展前景广阔，尽显优势，但与国内外其他海洋旅游相比，产品竞争力较低，其海洋旅游产品还存在一些其他问题。

2.1　产品线深度欠缺，缺乏创造性和延伸性

海南海洋旅游资源丰富多样，但不同主题下的产品链长度不足，难以达到市场的多元化需求，对创新性和外延性的海洋旅游产品开发留有空缺。这种产品结构上的不合理导致了海南的农家乐、渔家乐这些海洋旅游延伸资源没有配套的旅游设施，很难融入常规的海洋旅游路线之中，海洋旅游新产品也难以进入。

2.2　产品文化内涵缺乏，体验深度不足

旅游目的地会体现历史传承下来的本地的生活方式、语言、服饰、房屋建筑等传统文化，是旅游地具有竞争力的核心特色；同时，旅游地的文化又具有包容性，可引进消化异地旅游文化，所以文化和旅游产品是互相影响，共同发展的关系。对比之下，海南省整体的海洋旅游文化内涵尚未得到充分挖掘，缺乏文化性的产品，可参与性的娱乐活动以及具有地方特色的民俗娱乐活动太少，且对自身的文化优势利用不够。因此在海洋旅游产品开发中难以将海南的地方文化特色的深刻内涵主动地呈现在旅游者面前[6]。

2.3　产品缺乏区域联动

海南的旅游规划和发展郁于各市县被行政管理体制和财政管理体制条块型分割，整体规划形成软约束，难以避免地造成各个地方的重复建设和产品同质化的问题。各市县的海洋旅游要素与海洋腹地联系程度低，基本上停滞在市内相联的层面，尚未形成与其他城镇的相关产品联合的局面，造成集体发展失衡。

3　海南海洋旅游产品的培育创新理念

旅游业与创新的关系可谓难解难分，而旅游文化现象恰好是人类创新活动的产品，并且始终以创新的

景象在成长变革着。跟随创新时代步调，旅游业也迈进"旅游创新的新时期"，其标志为：旅游者趋于青年人增多，越来越多游客需要特制的产品；旅游者更注重心理经历、注重参与。

3.1 开发海洋休闲综合旅游产品，创造海洋旅游新景观

产品的开拓升级不应该只凭借海南特有的海洋资源，更应该是以目标群体的需求为导向的创意战略。所以，集科学技术、趣味化、融入性为整体的度假休闲产品契合当代人寻求精神和身体休养生息的旅游新需求，这是最有开发潜力的旅游产品，更能够成为海南海洋旅游的成长方向。

比如正在规划建设中的博鳌国际医疗城（抗癌中心）提供医患康复配套，包括功能检测、住宿疗养、健康康复三大部分，以医疗养生和休闲度假为核心要素建设医疗旅游综合区。以商务旅游为主题的凤凰岛有七大综合项目，超星级酒店、国际养生度假中心、商务会所、奥运主题酒店、国际游艇会所、饮食购物商业街、国际邮轮港。这种高端海洋休闲综合旅游产品借助海南的气候条件、海水能见度、海湾资源和本身积累的高端消费人群，为海洋高端旅游产品的开发提供了良好条件，越来越能够满足多样化需求的海洋旅游者。

3.2 打造海洋旅游装备，创新旅游体验

创新海洋旅游装备的制造是海洋运动和海洋观光活动的核心要素，以增加休闲项目体验化与冒险性为出发点，以"寰岛蛟龙"观光潜水器、地效翼船、海上巴士等新型产品为例进行开拓，是海南应该着力打造的新兴产品。"寰岛蛟龙"型载客潜水器是我国所承制的国内首型全通透观光潜水器，可在40 m水深以内自由航行，而地效翼船由于拥有贴水飞行、高升阻比、具有垫升力和地效力等的特性，所以这类海洋旅游装备更具有安全性、舒适性、高速性、适航性等方面的优势。如果将这类型的潜水器和海船投入旅游观光中，游客会以更快的速度、更宽广的视野、更新的体验进行观光游览。

3.3 创新海洋文化旅游资源，满足海洋旅游新动机

海南需要挖掘独特的地域文化，注意培养城乡之间的异质文化产品，实现历史、遗产、艺术与文化的融合，进一步不间断地开展文化与海洋旅游的深度联合，形成可消费的海洋文化的旅游产品。特别要注意挖掘古盐文化、南山佛教文化、蛋家鱼排文化、商埠文化、黎苗风情和船型屋文化、天涯石和鹿回头代表的浪漫爱情文化、海南特有的老爸茶和夜市文化等。借助文化的技术化、创新化，达到文化的再次百花齐放，开拓各类的海洋文化旅游产品满足全球旅行者的需要，也可以弥补海洋旅游自有的局限性。合理高效、持久地输出打造海南海洋化旅游的核心价值观和品牌识别，要重视采用产业链形态的文化旅游品种塑造方式，让世界各地的游客积极深入地体验和接受海南的海洋文化传播和沟通活动，持久地青睐海洋文化的旅游产品。

比如增加南海古船博物馆或是以古船为主题的海底游览，满足海洋旅游者的科考、求知需求。目前有海上旅游观光仿古船"永乐01号"，一次可搭载300余名游客出海观光，是海南唯一以"海上丝绸之路"为主题背景的海上仿古文化旅游项目。

3.4 推动海洋旅游融合发展，增加海洋牧场的建设

融合发展是旅游业重要创新方式，创造路径往往是借助改造其他产业，添加海洋旅游产品功能、增添旅游的附加价值来实现。进一步对各类旅游要素展开新的结合，深化并拉长产业链创造海燕旅游新需要。最大限度发挥旅游关联性强的优势，把海南的海洋旅游与工业、农业、医疗、文化、体育、生态相结合，创造新的海洋旅游吸引物。打造出各种海洋商务旅行、海洋美食免税购物、海洋婚庆蜜月旅行、银发医疗避寒游、海洋节庆活动、海底考古探秘、渔村风情滨海红树林生态保护游等专项旅游产品。

增加海洋牧场的建设，通过人工环境改造和渔业资源增殖放流等措施，保护热带海洋生态环境和扩大热带渔业资源的同时，开展热带海洋生态观光和海上垂钓等活动，建成国内外一流的具有热带海洋特色的

休闲渔业项目。

3.5 对其开展联合海上、陆域和空中的立体式开发

从空间入手拓展海洋旅游产品，以空间创新带动产品创新，包括低空、海平面、海底。利用海南的岛屿资源优势，开拓远岸岛屿及其海域空，积极建立海绵船只、空中飞机相结合的海洋交通网络，通过多样化的船舶、水上飞机和地面飞机，全方位拓展产品类型，增强海陆之间、岛屿之间的交通联系，形成海面游、滨海游、海空观览、岛屿游相结合的立体式海洋旅游产品系列。除此之外，以热带雨林、内河漂流、陆上水湖水库、风情小镇为骨干，加强与三亚的海洋旅游的呼应联合，着重开发以古色村庄、热带森林、陆上亲水活动，与海洋旅游构成补充整体的作用，整体构建海南天海互动、海陆、城市与海洋互相融合的旅游模式。

4 结论

通过对海南省海洋旅游产品的现状、症结点展开讨论，对海南的海洋旅游产品培育提出以下创新理念：开发海洋休闲综合旅游产品，创造海洋旅游新景观；打造海洋旅游装备，创新旅游体验；创新海洋文化旅游资源，满足海洋旅游新动机；推动海洋旅游融合发展，增加海洋牧场的建设；对其开展联合海上、陆域和空中的立体式开发。通过落实以上的措施可以解决目前海南海洋旅游产品中存在的弊病，推动海南海洋旅游业高质量发展。

参考文献：

[1] 潘海颖. 浙江省海洋旅游产品定位与开发[J]. 经济论坛, 2007, 7: 17-19.

[2] 张延. 基于离散选择回归模型的中日海洋旅游产品选择对比研究[J]. 经济地理, 2011, 31(3):504-508.

[3] 周国忠. 海洋旅游产品调整优化研究——以浙江省为例[J]. 经济地理, 2006, 26(5): 875-878.

[4] 胡卫伟, 李隆, 王湖滨. 浙江舟山海洋旅游品牌构建与发展对策[J]. 经济理论研究, 2007(7): 9-12.

[5] 李红波, 李悦铮. 海南省海洋旅游发展探析[J]. 海洋开发与管理, 2008, 25(10):109-112.

[6] 李卉妍, 王浩. 三亚市旅游产品创新策略研究[C]//Proceedings of 2013 3rd International Conference on Applied Social Science (ICASS 2013 V3). 2013.

山东省海冰灾害特征分析及防灾减灾对策

袁本坤[1]，商杰[1]，曹丛华[1]

（1. 国家海洋局北海预报中心 山东省海洋生态环境与防灾减灾重点实验室，山东 青岛 266061）

摘要：山东省所辖海域尤其是北部的渤海海域每年冬季都会出现不同程度的海水结冰现象，对各类海洋经济活动以及沿岸群众生产生活等造成影响和危害。通过对岸基、卫星遥感、航空、船舶等海冰监测和调研、调访等方式所获取的各类冰情和灾害资料进行综合分析，总结出了山东省所辖海域的冰情基本状况和海冰灾害基本特征；同时，对山东省的海冰防灾减灾形势进行了科学分析，认为山东省所辖海域发生严重或比较严重海冰灾害的可能性依然存在，并具有一定的客观规律。本着尊重海冰灾害自然变异规律的基本原则，结合山东省海冰防灾减灾实际要求，提出了具体的海冰防灾减灾对策与建议。

关键词：山东省；海冰；冰情特征；海冰灾害；分析；防灾减灾；对策

1 引言

作为我国的海洋大省，山东省近海海域面积 17×10^4 km²，占渤海和黄海总面积的 37%，海岸线全长 3 345 km[1]，约占全国大陆海岸线的 1/6，仅次于广东省，居全国第二位[2]。山东省海洋资源丰富，海洋经济发达。其中，海洋渔业、盐业和盐化工业、海洋港口运输业、海洋科研教育等在全国具有举足轻重的地位，海洋经济总量多年来位居全国前列。近年来，山东省海洋经济保持持续健康发展，已基本形成现代海洋产业体系。2015 年，全省海洋生产总值达到 1.1 万亿元，位居全国第二[3]。随着《黄河三角洲高效生态经济区发展规划》和《山东半岛蓝色经济区发展规划》等国家战略和"海上粮仓"建设进一步推进，山东省的海洋经济必将得到更加快速的发展。

但是，山东省所辖海域也是各类海洋灾害频发的区域，海冰灾害便是其中之一[4]，几乎每年都有不同程度的海冰灾害发生，并造成损失。其中仅 2009/2010 年冬季，山东省因海冰灾害造成的直接经济损失就高达 26.76 亿元[5]。因此，充分了解和掌握山东省的海冰灾害基本特征，防御灾害和减轻灾害造成的损失，对于促进和保障山东省海洋经济发展具有十分重要的意义。

2 资料来源

本文所用资料主要来源于国家海洋局北海预报中心历年常规海冰监测资料（包括岸基、航空、卫星遥感、船舶等监测资料）和各类专项监测、应急监测所获取的冰情资料。同时，还通过调研、调访等方式搜集了部分涉海部门或单位获取的冰情监测资料和灾害资料。此外，为了更加准确地分析山东省所辖海域的冰情状况和灾害特征，本文还引用和参考了部分已有研究成果或文献给出的数据。

基金项目：海洋公益性行业科研专项经费项目（201105016）。

作者简介：袁本坤（1960—），男，山东省青岛市人，研究员，主要从事海冰预报减灾研究。E-mail：yuanbenkun@163.com

3 海冰灾害特征分析

3.1 冰情基本状况

山东省所辖海域的海冰主要分布在蓬莱角以西的渤海湾和莱州湾沿岸及附近海域。蓬莱角以东的渤海海峡沿岸海域以及山东半岛东部、南部的黄海沿岸海域仅在部分河口、浅滩和半封闭性海湾（如胶州湾[6]等）有一定结冰现象。

3.1.1 常冰年冰情

（1）大口河至小清河段

大口河至小清河段主要为渤海湾和莱州湾西部沿岸海域。常冰年该段海域冰情最严重，每年12月上、中旬开始结冰，翌年2月下旬或3月上旬海冰消失，冰期约为3个月，其中1月下旬至2月中旬大约1个月时间为严重冰期。严重冰期内，海上浮冰最大外缘线离岸15~25 n mile，渤海湾沿岸海域，浮冰外缘线大约沿15 m等深线分布，莱州湾沿岸海域，浮冰外缘线通常位于10~15 m等深线之间。固定冰宽度一般为1 000~3 000 m，河口浅滩附近可达10 000 m左右（图1）。

图1 常冰年大口河至小清河段海冰卫星遥感影像图（2012年1月25日）

（2）小清河口至屺姆岛段

小清河口至屺姆岛段主要为莱州湾南部和东部沿岸海域。常冰年该段海域每年12月上旬至12月下旬开始结冰，翌年2月下旬至3月上旬海冰消失，冰期为2.5~3个月，其中1月下旬至2月中旬近1个月时间为严重冰期。严重冰期内，海上浮冰最大外缘线离莱州湾南岸一般在15~25 n mile，离东岸一般在10 n mile左右。固定冰宽度一般在500 m以内，莱州湾南岸河口浅滩附近可达2 000~5 000 m（图2）。

（3）屺姆岛至蓬莱角段

屺姆岛至蓬莱角段主要为渤海海峡南部沿岸海域。常冰年该段海域仅在近岸海域有少量浮冰分布，基本无固定冰，严重冰期一般出现在每年的1月下旬至2月中旬。严重冰期内，浮冰最大外缘线一般小于3 n mile。

（4）蓬莱角至日照绣针河口段

蓬莱角至日照绣针河口段主要为渤海海峡及黄海北部、黄海中部沿岸海域。常冰年该段大部分海域及其沿岸几乎没有结冰现象。仅在隆冬季节，上述区域的部分河口、浅滩以及半封闭性的海湾（如胶州湾、

图 2 常冰年小清河口至屺姆岛段海冰卫星遥感影像图（2012 年 1 月 25 日）

鳌山湾等）会出现结冰现象，但通常持续时间较短。严重冰期内，上述区域的浮冰最大外缘线离岸一般不超过 3 n mile，固定冰宽度一般在 500 m 以内，最大 1 000 m 左右。

3.1.2 异常年份冰情

（1）轻冰年冰情

轻冰年山东省所辖海域仅在渤海湾和莱州湾西部、南部近岸海域有少量海冰出现，浮冰最大外缘线一般在 5 n mile 以内；莱州湾东部除个别半封闭性海湾外，一般没有海冰出现。

（2）重冰年冰情

在重冰年甚至偏重冰年，山东北部海域及其沿岸尤其是渤海湾、莱州湾海域及其沿岸通常会出现严重冰情，甚至发生冰封。据记载，20 世纪 30 年代以来，包括山东北部海域在内的渤海曾发生过 3 次严重冰封（1936 年，1947 年和 1969 年）。渤海发生严重冰封时，包括渤海湾、莱州湾在内的渤海海域超过七成以上的海面被海冰覆盖。

3.2 海冰灾害基本特征

3.2.1 历史灾害概况

历史上，山东省所辖海域曾经多次发生严重或比较严重的海冰灾害，并造成重大损失：

1957 年 1—2 月，青岛小港一般冰厚 15~20 cm，最厚达 30 cm；中港完全被冰封，船只无法进出；大港入口处被冰堵塞，1~6 号码头全部冰封，交通运输中断。大港航道上的 5~11 号、14 号浮标或被海冰割断飘走，或被海冰挟持移位、搁浅；原青岛台西渔业社在棉花石一带海区养殖的 240 亩海带，因缆绳被流冰割断而损失一半，造成 10 余万元的经济损失。

1966 年 2 月 21—25 日，渤海湾和莱州湾沿岸发生了一次返冻现象。返冻时，沿海 10~20 km 范围内布满 15~35 cm 厚的冰，浮冰离岸 8 n mile，将出海捕鱼的 400 多条渔船（船上有 1 500 余名船员）全部冻在海上，经奋力抢救，仍有 5 名船员被严重冻伤，两艘渔船被冰划破船舷。

1968 年 1 月 12 日，龙口港封冻，3 000 t 的货轮不能出港。港湾布满 40~50 cm 厚的冰块，涨潮时，冰块涌上码头，龙口港码头西端长约 300 m 的围墙全被推倒。

1969 年，渤海发生大冰封，山东北部沿海几乎所有港口处于瘫痪状态；建于渤海湾的海上石油平台"海二井"（包括生活平台、设备平台和钻井平台）被海冰推倒，"海一井"平台支座拉筋被海冰割断，造成巨大损失[7]。

1980 年 1 月 4 日，龙口港封冻，"津海 105"号万吨货轮在港湾口被海冰夹住 4 大，之后由破冰船破冰引航方脱险；该年度海冰给海水养殖等涉海行业造成严重危害，直接经济损失 200 多万元。其中，仅 2 月上旬威海田村公社就有约 60 亩海带被海冰破坏。

2005 年 12 月 5 日至翌年 1 月 7 日，莱州湾胶莱河口至刁龙嘴沿岸约 100 km 的海岸线，出现纵深约 2 km 的沿岸固定冰，固定冰厚度一般为 20～30 cm，最大为 50 cm 左右。沿岸多个港口被冰封住，港口功能处于瘫痪状态。严重冰情给当地海上交通运输、海岸工程和水产养殖等行业造成严重危害和较大经济损失。先后有 40 多艘受渔船被困海上，处境危险，在抢险船的救援下才得以脱险；数千亩扇贝遭到灭顶之灾，造成 200 多万元的直接经济损失。

2010 年 1 月中下旬，渤海及黄海北部发生近 30 年来同期最严重冰情。期间，山东省各海区也相继出现严重冰情。这次海冰灾害持续时间之长、范围之广、冰层之厚，是山东省各海区 40 年来最严重的一次。据统计，山东省受灾人口 5.65 万人，船只损毁 6 032 艘，港口及码头封冻 30 个，水产养殖受损面积 148.36×10³ hm²，全省因灾直接经济损失 26.76 亿元。

3.2.2 发生频率和影响程度

根据资料统计分析，山东省所辖海域严重和比较严重的海冰灾害大致每 5～6 a 发生一次，而局部海区几乎年年都有不同程度的海冰灾害发生。

一般说来，在轻冰年，甚至偏轻冰年，山东省结冰海区的海冰不会对海上活动产生明显影响，或者只对渤海湾、莱州湾沿岸的部分港口产生一些影响。而在常冰年及其以上尤其是重冰年则会造成严重灾害甚至灾难。表 1 给出了 2008—2014 年冬季山东省海冰灾害损失情况统计。

表 1　2008—2014 年冬季山东省海冰灾害损失统计

年份	损毁船只/艘	海水养殖损失		直接经济损失 /亿元
		受灾面积/10³ hm²	数量/10⁴ t	
2008/2009	11	—	—	0.02
2009/2010	6 032	148.36	19.34	26.76
2010/2011	3	46.05	4.36	6.68
2011/2012	0	38.00	—	1.54
2012/2013	—	—	—	—
2013/2014	0	8	0	0.09

3.2.3 灾害特点

通过对山东省历史海冰灾害资料进行分析，可以归纳出山东省所辖海域及其沿岸的海冰灾害具有以下特点：

（1）山东省海冰灾害的大小与冰情轻重程度并不完全一致，重冰年和轻冰年都有灾情发生。例如，1994 年尽管冰情等级为轻冰年，但仍然导致一艘 2 000 t 级外籍油轮受海冰的碰撞沉没，造成 4 人死亡的重大海难事故。

（2）海冰灾害的主要承灾体是山东省沿岸尤其是渤海湾、莱州湾沿岸的港口、船只以及海水养殖等。

（3）经济损失程度总体呈逐年上升的态势。造成这种事实的客观原因，主要是山东省沿海地区经济发展尤其是海洋经济发展迅速，使得山东省结冰海区的开发活动越来越多，沿岸经济社会财富程度急剧提高所致；此外，过去许多年份发生灾害情况，尤其是经济损失情况的调查、统计、汇总等工作非常不健全，是出现这种事实的一个主观原因。另一方面，海冰毕竟不同于其他灾害，通常来说它持续时间长、发展相对比较缓慢，之所以造成冰情轻重与灾害大小不完全一致的现实，从某种意义上说，很大程度上存在人为因素，例如思想麻痹、侥幸心理等。

4　海冰防灾减灾形势分析

海冰可以破坏海洋工程建筑和各种海上设施，挤压损坏舰船，封锁港口和航道，破坏海水养殖设施和场地等[8]，从而形成灾害。实际上，即便在常冰年或者偏轻冰年，山东省所辖海域几乎每年都有海冰灾害发生，只是程度不同而已。

据统计，我国渤海严重和比较严重的海冰灾害大致 5~6 a 发生一次[9]，而山东省所辖海域的结冰海区主要分布在渤海，其发生频率和渤海大致相同。近年来，受全球气候变暖等大背景影响，山东省所辖海域的冰情总体上呈现偏轻的趋势。但由于影响冰情的气候、天气等因素的变化具有非常大的不确定性，出现严重或比较严重冰情的概率依然较大。关于这一点，2009/2010 年冬季发生的近 30 年来最严重冰情和2015/2016 年冬季出现的短时偏重冰情等都是很好的例证。

海冰是一种自然现象，海冰灾害则是海冰作用于人类海上活动所产生的危害[10-12]。随着《黄河三角洲高效生态经济区发展规划》、《山东半岛蓝色经济区发展规划》两大国家战略和山东省《省会城市群经济圈发展规划》以及《西部经济隆起带建设发展规划》等发展战略的深入实施，依托海洋资源并以海洋产业为支撑的复合性地域经济发展速度必将进一步加快。这使得山东省所辖海域的功能必将更加增强，各类海上经济活动也必将更加频繁，一旦出现严重或比较严重冰情，其灾害损失程度无疑将大幅提高。因此，海冰防灾减灾依然是山东省今后进一步开发利用海洋资源所面临的重大课题之一。

5 防灾减灾对策

海冰灾害是山东省所辖海域尤其是山东半岛北部海域的主要海洋灾害之一，其对海洋渔业、海上交通运输、海洋（岸）工程以及海上油气开发等均能造成显著影响。为科学应对海冰灾害，最大程度地减轻海冰造成的损失，必须加强海冰防灾减灾工作。而海冰灾害与其他自然灾害一样，其成因具有自然属性和社会属性两个方面。所以，制定海冰防灾减灾对策，应当在尊重自然变异规律的前提下，采取科学、有效的综合防御措施。

（1）建立行政领导责任制

建立行之有效的行政领导责任制，提高结冰海区各级政府对海冰灾害应急处置工作的指挥和协调能力。

（2）建立海冰防灾减灾长效机制

结冰海区沿岸各地均应编制本地区包括海冰灾害在内的海洋防灾减灾规划并将其纳入国民经济和社会发展规划中。建立海冰防灾减灾长效机制，有计划、有步骤、有针对性地开展海冰防灾减灾工作。

（3）加强法制建设

各级政府要结合实际制定或修订包括海冰在内的海洋防灾减灾工作地方性法规和政府规章，逐步建立以国家专业法为主，地方性法规规章为补充的防灾减灾法规体系，为山东省的海冰防灾减灾工作提供法律保障。

（4）加强海冰监测、预报和海冰灾害预警工作

海冰监测不仅可以为海冰预报、海冰灾害预警提供准确可靠的冰情数据，同时还可以为进一步开展山东省的海冰研究等提供基础资料。而海冰预报和海冰灾害预警，则可以使各级政府、企（事）业单位以及社会公众及时了解和掌握冰情变化信息，并为各级政府提供决策依据。因此，必须切实加强海冰监测、预报及海冰灾害预警工作。

（5）建立海冰灾害应急体系

建立海冰灾害应急组织指挥体系，并按规定制订或修订、完善海冰灾害应急预案；建立适应海冰防灾减灾工作需要的专业人才队伍，包括解放军、武警、公安、消防、民兵预备役以及社会公益组织和志愿者团体等。

（6）开展不同尺度的海冰灾害风险评估和区划

通过开展不同尺度的海冰灾害风险评估和区划，不仅可以为结冰海区沿岸发展规划、防灾减灾、工程设计及选址等提供科学依据，还可以对各级政府的海洋灾害应急预案制（修）订及实施等提供理论指导，并对灾害应急期间的政府决策提供技术支撑。

（7）提高抗冰能力和标准

海洋工程设施在施工之前首先要充分考虑海上结构物的抗冰能力；要结合海冰监测数据和历史冰情资料以及使用要求，合理选择各类海上结构物的海冰设计参数，提高各类结构物的抗冰标准；对于在冰期承担海上运输及施工的船舶，在建造时应考虑具有一定的破冰能力；切实加强各类海水养殖、渔船、渔港（码头）等的海冰防灾减灾工作，并积极开展相应的海冰防灾减灾技术服务。

（8）配备相应的破冰船只

建议有关部门配备相应的专业破冰船。这类船只可以设计为双重用途，即在冰期内待命执行航道疏通，冰区抢险、港口运营和海冰专项监测等任务；而在冰期外可以根据破冰船的最初设计，执行其他海上任务。

（9）加强宣传教育工作

要充分利用以新闻媒体为主的各种途径，加强海冰防灾减灾的宣传教育工作，使社会公众广泛认识到防御海冰灾害的必要性和重要性，提高社会大众的海冰防灾减灾意识和基本技能。

6 结论与讨论

本文利用各类历史资料，对山东省所辖海域的冰情基本状况、海冰灾害特征以及海冰防灾减灾形势和防灾减灾对策等进行了综合分析研究。得出如下结论：

（1）山东省所辖海域每年冬季都有不同程度的结冰现象，冰情较重的海区主要集中在北部的渤海海域。

（2）海冰灾害是山东省所辖海域尤其是北部海区的主要海洋灾害之一，几乎每年都有不同程度的海冰灾害发生。

（3）尽管近年来山东省所辖海域的冰情总体呈减轻趋势，但发生严重冰情或比较严重冰情的可能性依然存在。因此，海冰防灾减灾依然是山东省今后进一步开发利用海洋资源所面临的重大课题之一。

（4）只有在尊重自然变异规律的前提下，采取综合防御措施，才能最大程度地减轻海冰造成的损失。

参考文献：

[1] 山东省海岸带编制组. 山东省海岸带(上册)[M]. 北京:海洋出版社,2011.

[2] 山东省海洋功能区划编制组. 山东省海洋功能区划报告[M]. 北京:海洋出版社,2004.

[3] 宋京伟. 2015 年山东海洋生产总值 1.1 万亿 稳居全国第二位[EB/OL]. http://news. iqilu. com/shandong/yuanchuang/2016/0115/2666130. shtml,2016-01-15.

[4] 袁本坤,江崇波,李兆新,等. 山东省海洋灾害特征分析及防御对策探讨[J]. 防灾科技学院学报,2012,14(1):1-6

[5] 国家海洋局. 2010 年中国海洋灾害公报[EB/OL]. http://www.soa.gov.cn/zwgk/hygb/zghyhzgb/2010nzghyhzgb/201212/t20121207_21451. html,2011-04-22/2016-08-10.

[6] 袁本坤,曹丛华,商杰,等. 胶州湾的海冰及其防御对策研究[J]. 海洋开发与管理,2015,33(8):35-38.

[7] 杨华庭,田素珍,叶琳,等. 中国海洋灾害四十年资料汇编(1949-1990)[M]. 北京:海洋出版社,1993.

[8] 季顺迎,岳前进. 工程海冰数值模型及应用[M]. 北京:科学出版社,2011.

[9] 王相玉,袁本坤,商杰,等. 渤黄海海冰灾害与防御对策[J]. 海岸工程,2011,30(4):45-55.

[10] 丁德文. 工程海冰学概论[M]. 北京:海洋出版社,1999.

[11] 袁本坤,曹丛华,江崇波,等. 我国海冰灾害风险评估和区划研究[J]. 灾害学,2016,31(2):43-46.

[12] 李志军. 渤海海冰灾害和人类活动之间的关系[J]. 海洋预报,2010,27(1):8-12.

南海中部海域台风"格美"过境前后海洋流场变化特征的诊断分析

鲍森亮[1]

（1. 解放军理工大学 气象海洋学院，江苏 南京 211101）

摘要： 南海是台风的频发海区，经常有台风在其开阔海域发生或经过，对我国在南海军事活动和经济生产作业造成巨大的影响。本文利用布放在南海中部海域的潜标系统在 1220 号台风"格美"经过前后过程中海流实测资料，对流场随深度和时间的变化进行重点研究，研究表明：台风过境后，南海上层流场迅速反应，流场随时间周期性顺时针旋转；下层海水约两天后流场开始反应，流场随深度顺时针旋转，台风影响深度逐渐增大，最大影响深度达 400 m 左右。上层海水流场对台风响应主要以近惯性运动特征为主，海水运动的频率峰值略高于当地的惯性振荡频率，海水近惯性振荡过程持续约 8~10 d。

关键词： 南海；台风；ADCP；海洋流场；近惯性振荡

1 引言

台风是西北太平洋强大的热带气旋，是源自海洋的灾害性天气系统。台风的影响不仅表现在陆地和沿海，在开阔海域台风同样引发强烈的海洋响应[1]。对海洋而言，台风是强烈的局地扰动源，在移动中向海洋输送动量和涡度并带走热量，从而在短期内造成海洋中不同模态的显著的动力和热力变异。

上层海洋对台风的响应可分为"受迫"和"弛豫（relaxation）"，前者发生在台风过境期间，基本上是局地的，后者发生在合风过后，本质上是非局地的四维响应[2]。在受迫阶段海洋的响应主要包括台风中心附近表层和上混合层台风流的发展[3]、垂向混合和混合层底卷吸加强所引起的混合层水温急剧下降以及 Ekman 抽吸所造成的等温线抬升等。1983 年 Cornillon 等发现在宽阔洋面上台风可以引起海表面温度（SST）降低 1~6℃，基于更先进的观测手段，发现有更大幅度的降温（11℃）[4]。台风过境后，海洋进入弛豫阶段，海洋上混合层的台风流能量弥散，形成不断扩张的台风尾迹，尾迹中存在强烈的近惯性运动，流速可达 1 m/s 以上。前人的观测表明，弛豫阶段一般维持 5~10 d[5]。

南海是台风的频发海区，经常有台风在其开阔海域发生或经过，对我国在南海军事活动和经济生产作业造成巨大的影响，所以南海海域台风过境期间海流的调整过程的研究受到相关学者的关注。Chu 等使用 POM 模式研究 1996 年台风 Ernie 过境后上层流场反应，结果显示存在近惯性频率的辐散流[6]。朱大勇和李立通过对台风 Wayne 过后尾迹的分析，发现海水以惯性振荡运动特征为主，海水运动的频率峰值接近当地惯性振荡频率[7]。Chen 和 Du 利用布置在吕宋海峡的两个 ADCP 资料，从中得到表层流场落后于台风过境一天才反应，存在强烈的 Ekman 辐散[8]。Sun 等分析南海在 1998 台风 Faith 过境后海流的近惯性振荡，得到台风过境会增加近惯性频率的动能，在混合层和温跃层有能量最大值，能量向下传播并且穿过温跃层进入更深层的海水[9]。

综上可知，台风过境对海洋上层流场有着巨大的影响。然而由于在台风极端天气下船上观测的困难限制了对台风过境上层海洋响应过程数据的研究，相关学者对于南海海域，大部分是利用海洋模式模拟分析

作者简介： 鲍森亮（1992—），男，浙江省永嘉县人，主要从事盐度卫星资料分析处理研究。E-mail：13655178638@163.com

台风过境前后海洋流场时空变化规律[10-11]。本文通过布置在越南东部海域的潜标测得实测资料分析 1220 号台风"格美"过境前后海洋流场时空变化规律，以期进一步揭示南海海域在台风影响下的流场特征变化，为我国在南海正常的军事活动、经济生产作业，提供强有力的保障。

2 数据和方法

2.1 台风数据

本文使用的台风轨迹数据是从 http：//agora. ex. nii. ac. jp digital － typhoon/summary/wnp/l/ 201220. html. en 下载得到。2012 年 10 月 1 日 20 时 1220 号热带风暴"格美"在南海中部生成，如图 1 所示。而后以 5 km/h 速度向东南方移动，强度缓慢加强。3 日 17 时在南海中部海面上加强为强热带风暴，其中心位于 15.6°N，117.9°E，此时中心附近最大风力 10 级，中心最低气压为 985 hPa，而后以 10 km/h 速度转向偏西方向移动，强度有所加强。4 日 5 时在南海中部减弱为热带风暴，此时中心附近最大风力 8 级，中心为 992 hPa，而后向偏西方移动，强度变化不大。最后于 6 号 19 时前后在越南南部富安省绥和市附近沿海登陆后，渐渐减弱消失。

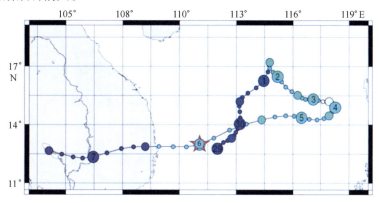

图 1 台风"格美"的中心路径（红星示意潜标所在位置）

2.2 潜标

本次潜标布置于越南东侧的海域，位于 13°N，111.2°E，台风"格美"大约在 6 日 00 时移过本潜标。如图 2 所示潜标上的仪器主要为两个声学多普勒流速剖面仪 ADCP，布置于 200 m 主浮体的上下两侧，分别从所在深度向上和向下测量海流。采样间隔为 1 h，垂直间隔为每层 8 m，测量盲区为 10 m，即向上 ADCP 所得第一层海流数据为距离 ADCP 所在深度 10 m 处的海流数据即为 190 m 处的海流，向下 ADCP 第一层测量为 210 m 处的海流。

2.3 方法

根据潮流理论，台风海流的计算按以下方法进行：

（1）根据 45 d 实测海流资料进行调和分析，利用 47 个分潮进行预报，得到不考虑台风影响的海流流速、流向（东、北分量）；

（2）把实测资料分解成东、北分量，并与预报海流相减；

（3）把剩余的东、北分量合成，得到台风海流流速、流向。

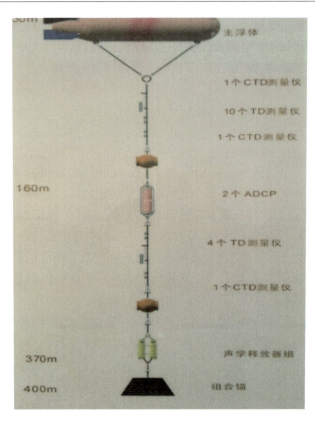

图 2　潜标示意图

3　台风对海洋流场的影响

3.1　流场随时间的变化

图 3 显示了 2012 年 10 月潜标上 ADCP 测量的 30～190 m 海流的时间序列。图 4 显示了 2012 年 10 月潜标上 ADCP 测量的 220～440 m 海流的时间序列。我们发现在 10 月 5 日台风过境前所有深度的海流以西北流为主，6 日凌晨前后台风过境时 30～80 m 表层海水流速迅速减少，流速几乎为零，80 m 以下海水流速变化不大。然而，在 6 日凌晨台风过境后，30～126 m 表层海水约 2 h 后便开始周期性顺时针旋转。从 6 日 4 时至 7 日 0 时，30～126 m 表层海水流向从西南转向西北，流速缓缓变大，7 日 0 时流速达最大值；7 日 0 时至 8 日 0 时，30～126 m 表层海水流向从西北转向东南，流速变小，8 日 0 时流速最小，几乎为零；8 日 0 时至 8 日 10 时，流向从东南又回到西南，流速变大，完成一个完整周期旋转。而后几天的 30～126 m 表层海水变化规律大体类似。

126～190 m 层海水在 6 日至 8 日流速和流向几乎没有变化。8 日 0 时至 9 日 0 时，126～190 m 层海水开始轻微旋转，流向由西南转向西北，流速变化不大；9 日 0 时至 10 日 0 时，126～190 m 层海水流速先减少后增大，流向变化不大；10 日起 126～190 m 层海水同 30～126 m 表层海水开始周期性顺时针旋转。

由于以 126 m 为界的上下层海水开始旋转时间不同，如图 5 所示，9—11 日，126 m 上下层海水流向相反。126 m 以上流场流向以偏西为主，126 m 以下流场流向以偏东为主。

220～316 m 次表层海水同 30～126 m 表层海水在台风过境后便开始周期性顺势针旋转。316～440 m 层海水同 126～190 m 层海水有相似变化，9 日前海水流速流向变化不大，而后开始周期性顺时针旋转。所以由于以 316 m 为界的上下层海水开始旋转时间不同，如图 6 所示，11 日 316 m 上下层海水流向相反。

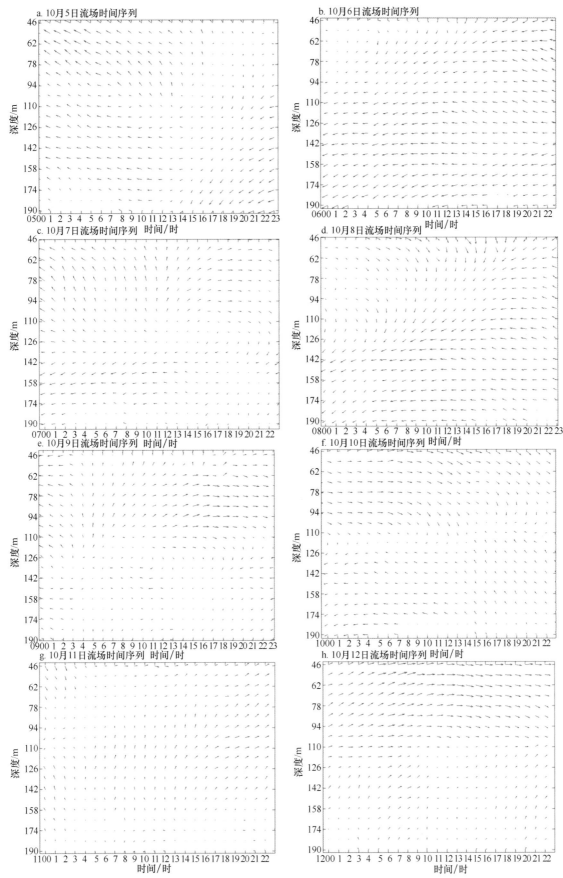

图3 台风过境前后30~190 m海流时间序列

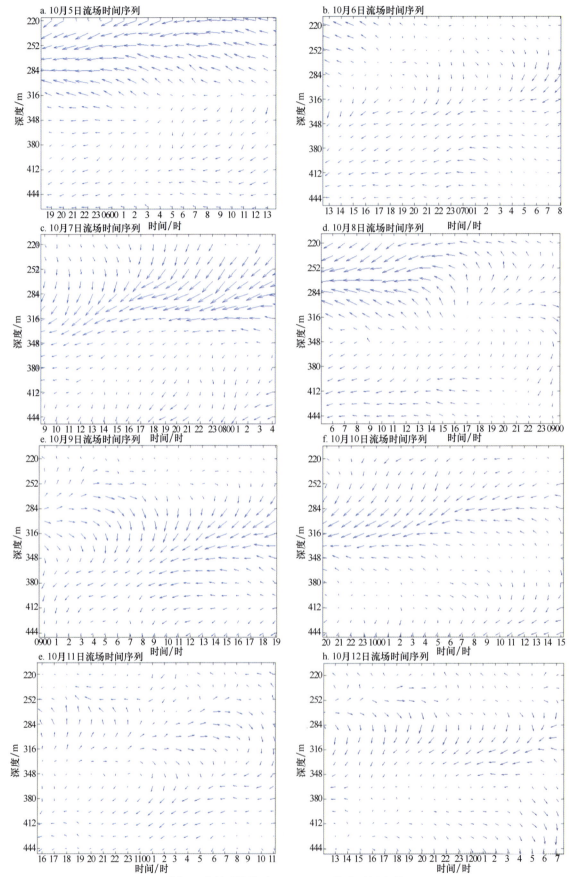

图 4　台风过境前后 220~444 m 海流时间序列

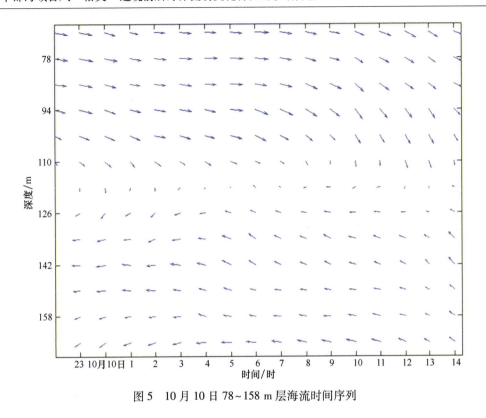

图5　10月10日78~158 m层海流时间序列

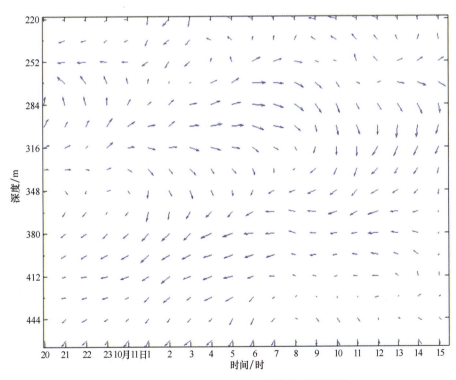

图6　10月11日220~444 m层海流时间序列

3.2　流场随深度的变化

10月5日台风过境前海流流向几乎不变，以西北流为主，流速逐渐减小。6日凌晨台风过境时30~80 m层海水流速几乎为零。80 m以下海水海流随深度变化不大，说明台风过境时影响水深约80 m。在6

日台风过境后，30~190 m 层海水随深度流向先顺时针旋转，流速变化不大，到了 130 m 上下流向随深度逆时针旋转。8 日后，30~190 m 层海水随深度顺时针旋转；250~440 m 层海水随深度流向先顺时针旋转，流速变化不大，到了水深 316 m 上下流向几乎不变，9 日后，250~440 m 层海水随深度顺时针旋转，这说明台风过境后的影响深度逐渐增大，最后约达 400 m。

3.3　流场近惯性振荡特征

为了进一步揭示整层水柱的流场变化，分别计算各层海水 u、v 分量的能量密度功率谱，结果由图 7 显示。从图 7 可以看出，海水能量密度的最大值处于惯性振荡周期的周围（当地的惯性振荡周期为 53.2 h），30~440 m 层海水观测频率接近当地理论惯性频率，但略高于它，表明在台风过境观测中最为显著的海水运动形式为近惯性振荡。而且，图 7 显示了海水 u、v 分量的能量密度功率谱上存在两个最大值。第一个功率最大值位于 50 m 处，第二个功率最大值出现 280 m 处，两者功率近似为 8×10^5 cm²/（s²·Hz），其余各层功率随深度逐渐减小，这表明台风激发的近惯性流的位相随深度增加，这与能量向下传播一致。

我们对各层海水 u、v 分量进行带通滤波分析来突出流场近惯性振荡。图 8 显示了近惯性 u、v 分量带通滤波时间序列图。从图 8 可以看出，流场有着明显的近惯性振荡信号，持续了大约 8~10 d。

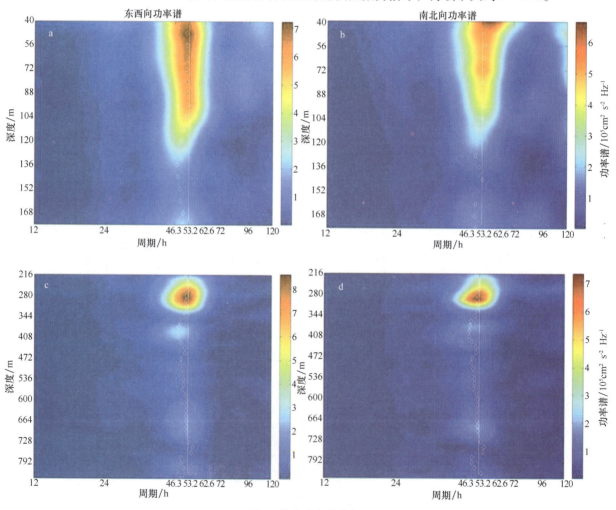

图 7　海流功率谱分析

a、c 为 u 分量；b、d 为 v 分量；a、b 为 40~190 m 层海流；b、d 为 216~792 m 层海流

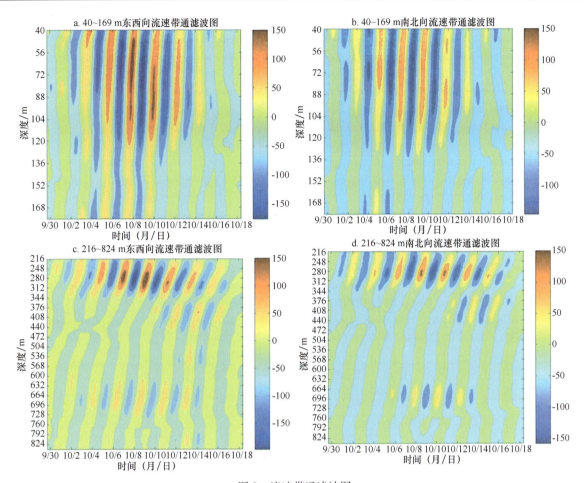

图 8　流速带通滤波图

a、c 为 u 分量；b、d 为 v 分量；a、b 为 40~190 m 层海流；b、d 为 216~824 m 层海流

4　结论

本文利用 1220 号台风"格美"期间布放在南海中部海域的潜标系统测得的流场资料，分析了台风过境后，海洋流场随时间和深度的变化特征，得到如下结论：

（1）台风过境后，南海上层流场迅速反应，流场随时间周期性顺时针旋转；下层海水约两天后流场开始反应，流场随深度顺时针旋转，台风影响深度逐渐增大，最大影响深度达 400 m 左右。

（2）上层海水流场对台风响应主要以近惯性运动特征为主，海水运动的频率峰值接近当地的惯性振荡频率，海水近惯性振荡过程持续约 8~10 d，为我国在南海正常的军事活动、经济生产作业，提供相应的保障。

需要说明的是，文中选取的仅是经过南海中部的台风，具有显著的地域性和鲜明的季节性，因此本文分析具有一定局限性，下一步将深化不同地域和不同季节台风影响下流场响应研究工作。

参考文献：

［1］　Ginis I. Ocean response to tropical cyclones［C］//Elsberry R L ed. Global Perspectives on Tropical Cyclones；Rep. TCP-38. World Meteorological Organization，1995：198-260.

［2］　Price J F，Sanford T B，Forristall G Z. Forced stage response to a moving hurricane［J］. Journal of Physical Oceanography，1994，24：233-259.

［3］　Sanford T B，Black P G，Hausterin J R，et al. Ocean response to a hurricane，Part I：Observations［J］. Journal of Physical Oceanography，1987，

17:2065-2083.

[4] Cornillon P, Stramma L, Price J F. Satellite measurements of sea surface cooling during hurricane Gloria[J]. Nature, 1987, 326:373-375.

[5] Price J F. Internal wave wake of a moving storm Part I. Scales, energy budget and observations[J]. Journal of Physical Oceanography, 1983, 13: 949-965.

[6] Chu Peter C, Veneziano J M, Fan C W, et al. Response of the South China Sea to tropical cyclone Ernie[J]. Journal of Geophysical Research, 2000, 5(C6):13991-14009.

[7] 朱大勇, 李立. 台风 Wayne 过后南海北部海域陆架海域的近惯性振荡[J]. 热带海洋学报, 2007, 26(4):10-18.

[8] Chen Fei, Du Yan. Response of upper ocean currents to typhoons at two ADCP moorings west of the Luzon Strait[J]. Chinese Journal of Oceanology and Limnology, 2010, 28: 1002-1011.

[9] Sun Lu, Zheng Quan'an, Tang Tswen-Yung, et al. Upper ocean near-inertial response to 1998 Typhoon Faith in the South China Sea[J]. Acta Oceanologica Sinica, 2012, 31(2):25-32.

[10] Boutin J, Martin N, Reverdin G, et al. Sea surface freshening inferred from SMOS and Argo salinity: Impact of rain[J]. Ocean Science Discussions, 2012, 9(5):3331-3357.

[11] Umbert M, Hoareau N, Turiel A, et al. New blending algorithm to synergize ocean variables: The case of SMOS sea surface salinity maps[J]. Remote Sensing of Environment, 2013, 146(5):172-187.

[12] Köhler J, Sena Martins M, Serra N, et al. Quality assessment of spaceborne sea surface salinity observations over the northern North Atlantic[J]. Journal of Geophysical Research: Oceans, 2015, 120(1): 94-112.

[13] Good S A, Martin M J, Rayner N A. EN4: quality controlled ocean temperature and salinity profiles and monthly objective analyses with uncertainty estimates[J]. Journal of Geophysical Research: Oceans, 2013, 118(12): 6704-6716.

广西北海涠洲岛东海岸地质遗迹及其新认识

卢进林[1]，岑博雄[2]，江日光[1]，潘永强[1]，罗继志[3]，许虹[3]

(1. 广西海洋地质调查研究院，广西 北海 536000；2. 广西北海市旅游发展委员会，广西 北海 536000；3. 广西北海市涠洲岛旅游区管理委员会，广西 北海 536000)

摘要：调查发现在涠洲岛形成过程中，以火山喷发和火山沉积物为基础，在海洋动力作用下，在涠洲岛东海岸保存有丰富多彩、极具科学研究、旅游观赏的地层、构造、地貌、地质灾害和矿产等5大类8个亚类地质遗迹。分析表明，涠洲岛火山地质遗迹和冰后期海洋地质遗迹类型很多、保存完整、特征鲜明，从地质遗迹研究中可以进一步认识涠洲岛地质历史演变的特点，具有重要的保护价值和旅游开发价值。

关键词：地质遗迹；火山活动；冰后期；海洋动力作用；重要保护；涠洲岛

1 引言

涠洲岛是我国最大和最年轻的火山岛，位于广西北海市南面北部湾海域中，距北海市21海里。涠洲岛总体形状为一椭圆形，岛屿南北长约6 km，东西最宽约5 km，陆地面积为24.98 km²，潮间带面积约3.47 km²，南部为一海湾凹进，地势总体南高北低，最高点西拱手海拔78.95 m。通过前人的工作，特别是鳄鱼山地质遗迹调查评价、涠洲岛国家火山地质公园的申报成功和旅游开发，使人们对涠洲岛的火山地质遗迹有了较为充分的认识。经2016年详细调查，发现涠洲岛东海岸地质遗迹丰富多彩，极具科研、科普和旅游观赏价值。

2 涠洲岛地质概况

2.1 地层岩性及其分布特征

涠洲岛出露的地层有：

中更新统石峁岭组（Qp_2s）：为一套基性火山及火山沉积岩系。下部未出露，岩性为灰绿、深灰、紫色玄武质沉凝灰岩、凝灰质砂岩、凝灰岩、火山角砾岩、灰黑色橄榄玄武岩、气孔状玄武岩，厚11~105 m；上部见于南湾、西角北、北港北、石角咀、横岭东等地的崖脚或潮间带内，岩性为灰黑色橄榄玄武岩、橄榄粗玄岩，厚3~27 m，顶部为一层风化红土，最厚达8 m。与下伏下更新统湛江组呈平行不整合接触，局部为喷发不整合接触。

晚更新统湖光岩组（Qp_3h）：出露地表，岩性为一套基性火山及火山沉积岩系，厚度大于200 m。与下伏地层中更新统石峁岭组呈平行不整合接触。据岩性组合和火山活动特点，可分上、下两段。

下段：下部和上部岩性以玄武质沉凝灰岩为主，次为玄武质沉凝灰火山角砾岩；中部为玄武质火山角砾岩，局部夹集块岩，厚4~204 m。

上段：岩性为灰黑色橄榄玄武岩、橄榄玄武玢岩、橄榄奥长玄武岩。厚0.5~31 m。

上更新统—下全新统（Qp_3—Qh_1）：广泛分布在岛内地表，为湖光岩组风化而成，岩性为红褐、暗红

作者简介：卢进林（1964—），男，广西壮族自治区容县人，高级工程师，主要从事海洋地质方面的调查与研究工作。E-mail：ljl96@163.com

色砂质黏土或黏土，厚 0.4~6.7 m，与下伏地层为整合接触。

下全新统（Qh_1）：分布岛北部的牛角坑、西角及东部沿岸。上部岩性为土黄、棕黄色含生物碎屑细—中砂，局部弱胶结成岩，一般厚 4~8 m；下部岩性为以棕红色含生物碎屑黏土质砂为主，厚约 6 m，与下伏地层为整合接触。

中全新统（Qh_2）：主要分布于涠洲岛西角—后背塘—北港—牛角坑—公山背一带的沙堤及古潟湖中，岩性为灰白色含生物碎屑细—中砂、生物碎屑海滩岩、生物碎屑海滩砂岩、海滩砂岩等。最大厚度 40.8 m，一般 4.0~8.0 m。其与下伏地层下全新统海相沉积层呈整合接触，局部以平行不整合覆盖于较其老的第四系之上。

上全新统（Qh_3）：主要分布于涠洲岛沿岸新沙堤、海滩、潟湖中，岩性较杂，有砂质沉积、砂质泥沉积、泥质砂沉积、淤泥沉积、珊瑚碎屑沉积、生物碎屑沉积等。

2.2　地质遗迹主要类型

目前发现涠洲岛东海岸地质遗迹类型包括地层遗迹、构造遗迹、地貌遗迹、地质灾害遗迹和矿产遗迹等 5 大类 8 个亚类 22 型（表 1）。

表 1　涠洲岛主要地质遗迹类型

大类	亚类	型
地层遗迹	层型（典型）剖面	海滩岩层型剖面
		火山沉积岩剖面
	地质事件剖面	冰后期海侵事件剖面
矿产遗迹	采矿遗址	火山沉积岩采矿遗迹、海滩岩采矿遗迹
构造遗迹	火山机构	火山口、火山弹、负荷构造、冲击坑、海蚀盆、海蚀墩
地貌遗迹	海蚀地貌	死海蚀崖、活海蚀崖、海蚀阶地、海蚀洞、海蚀平台、岩滩、海蚀陡坎
	海积地貌	沙坝潟湖海岸：古沙坝-古潟湖；现代沙坝-潟湖
		松散堆积海岸：古海滩、现代海滩
	生物地貌	生物海岸：珊瑚礁、海滩岩
地质灾害遗迹	崩塌/滑坡	崩塌、倒石堆

3　地质遗迹特征

3.1　地层遗迹

3.1.1　海滩岩层型剖面

海滩岩层型剖面分布在涠洲岛北部的牛角坑、后背塘等地之古沙坝（堤）、古海滩上。因十几年来禁止开采海滩岩作为建筑材料，早年的采坑已荒芜，所以地表露头差。

1987 年，广西北海地质矿产勘察公司测制了牛角坑剖面和上后背塘柱状剖面。牛角坑剖面虽未揭穿海滩岩层，但采集了其中的海滩岩进行 ^{14}C 测年，结果为距今 6 770±110~1 470±150 a；在上后背塘古沙坝采坑中实测的柱状剖面揭穿了海滩岩层，对近底部海滩岩 ^{14}C 测年结果为距今 6 900±100 a。因此明确涠洲岛海滩岩的形成时期为全新世中晚期，并根据地貌、岩性特征、成因、测年结果等将全新世中期海滩岩定名为牛角坑组。

3.1.2　火山沉积岩剖面

火山沉积岩剖面分布在涠洲岛东南五彩滩景区的海蚀崖上，由上更新统湖光岩组（Qp_3h）沉凝灰岩构成（图1）。据崖面揭露岩性自上而下见表2。

图1　五彩滩火山沉积岩剖面

表2　涠洲岛五彩滩火山沉积岩剖面

层序编号	岩性及其分布特征	厚度
5	灰黄色风化红土	0.5 m
4	灰黄、棕褐色薄层状玄武质沉凝灰岩，水平层理发育。	约1.5 m
3	褐色中层状玄武质沉凝灰岩，波状交错层理发育。	约4.5 m
2	褐色薄层状玄武质沉凝灰岩，水平层理发育。	3.0 m
1	褐色中层状玄武质沉凝灰岩，波状交错层理发育，未见底。	大于2.5 m

　　从下至上，该剖面的层理变化表现为波状交错层理→水平层理→波状交错层理→水平层理，反映地层形成的沉积环境变化为浅水区→深水区→浅水区→深水区。

3.1.3　地质事件遗迹—冰后期海侵事件剖面

　　在印象涠洲度假村一带的海滩上，可以看到全新统珊瑚碎屑海滩岩与中更新统石𡎚岭组玄武岩的不整合接触界面裸露（图2）。

图2　印象涠洲度假村海滩岩与玄武岩接触界面

　　珊瑚碎屑海岩滩：灰白色，因海水浸泡和风化呈灰黑色，成分主要为珊瑚碎块，大小不一，以0.5~10 cm为主，个别达30 cm左右，钙质胶结。

　　橄榄玄武岩：灰黑色，呈大小不一的岩砾状。

　　形成原因分析：①涠洲岛火山活动停息后，全球气候进入冰后期，气温上升，冰川融化，海平面上升，北部湾发生海侵。②距今约7 000 a前，海平面上升到比当今海平面高2~5 m的高海面，涠洲岛周边遭受海水侵蚀；在横岭以北到牛角坑、西角一带，中更新世玄武岩与晚更新世沉凝灰岩的分界面在当今标高的0 m左右，玄武岩的顶部为一层风化红土，而且沉凝灰岩抗侵蚀能力较玄武岩弱得多，因此风化红土及其上的沉凝灰岩被海水侵蚀殆尽，玄武岩直接曝露在海底；同时由于气候温暖，潮下带各种珊瑚大量生长，形成珊瑚礁。③在大风浪的作用下，珊瑚礁遭到破坏、搬运和磨蚀，在合适的部位形成堆积，后经钙质胶结形成海滩岩。④其后，海平面小幅波动降到当今高度，在海水的不断侵蚀下，该不整合接触面曝露于海滩上。

3.2 构造—火山机构遗迹

3.2.1 火山口

在苏牛角坑东偏北向南至上坑仔东一带潮滩出露的中更新世玄武岩中，分布有大量形态各异的火山弹，大小为 10~60 cm（图 3）。上述地点与已知的南湾火山口或横路山火山口，距离在 2 400 m 以上，因此推测在上述海岸附近存在中更新世玄武岩浆喷发的火山口。

图 3　下牛栏山岩滩上的火山弹

3.2.2 火山弹

除上述形成于中更新世的火山弹外，在五彩滩沿岸多有晚更新世的火山弹分布，形态常为面包状、纺锤形、椭球形、梨形、麻花形、流弹形和不规则形等，原生层圈结构明显，大小差别很大，一般在 5~50 cm 之间。

3.2.3 负荷构造

五彩滩沿岸海蚀崖面上常见有负荷构造（图 4）。负荷构造是火山喷发射出的火山弹或岩块抛落在尚未固结的层状沉积物上，使沉积层承受冲击负荷而向下弯曲变形的现象。

3.2.4 冲击坑

冲击坑是火山弹及火山岩块坠落时对地表沉积层的冲击形成的凹坑，是负荷构造的立体表现。在海浪的侵蚀作用下，坑中的火山弹产生松动、随波浪摆动并在坑内产生旋流，产生向周围及向下的侵蚀，从而形成独特的微地貌（图 5）。

图 4　海蚀崖上的负荷构造

图 5　五彩滩上的冲击坑

3.2.5 海蚀盆、海蚀墩

主要分布在五彩滩海蚀平台上，是负荷构造在平面上的表现。由于火山弹本身温度较高、落下时对沉积层产生冲击，使其周边的沉积层受到烘烤且更密实，成岩后更坚硬，抗侵蚀的能力更强，在后期海水的冲蚀下，这部分岩石往往高出周围的岩石，火山弹被冲走时叫海蚀盆（图6），火山弹还在盆中或只剩下海蚀盆下部时则为海蚀墩（图7）。

图6　五彩滩海蚀盆　　　　　　　　　　　　　　　　图7　五彩滩海蚀墩

3.3　地貌遗迹

3.3.1　海蚀地貌

3.3.1.1　海蚀崖

（1）死海蚀崖和海蚀阶地

死海蚀崖和海蚀阶地断续分布在涠洲岛东海岸东安村至下牛栏山村海岸（图8），长约2.5 km。死海蚀崖和海蚀阶地是地壳运动地面抬升或海平面下降而露出水面，海蚀崖停止发展成为死海蚀崖，而海蚀平台则接受一定的沉积而成为海蚀阶地。

（2）活海蚀崖

活海蚀崖分布在湾仔角至东安村海岸，长约1.5 km，崖壁陡峭，南高北低，高约1~15 m，崖顶海拔一般10~20 m。由晚更新统湖光岩组（Qp_3h）浅褐色玄武质沉凝灰岩构成，顶部为红褐、暗红色砂质黏土或黏土，生长有仙人掌、露兜树、马尾松、灌木丛、杂草等植物（图9）。

3.3.1.2　海蚀洞

分布在五彩滩沿岸的海蚀崖底部，数量多而且集中，宽、高、深一般为5~15 m、3~18 m、13~37m。典型的有三通洞（图9）、Y形洞、通天洞（图10）。

图8　下牛栏山死海蚀崖和海蚀阶地　　　图9　五彩滩活海蚀崖和三通洞

图10　通天洞

3.3.1.3　海蚀平台

分布于湾仔角至下坑仔海岸潮间带，长约3 km，宽100~240 m，由晚更新统湖光岩组（Qp_3h）浅褐色玄武质沉凝灰岩构成。平台面常沿岩石层面发育，向东（海）倾斜，倾角小于5°。五彩滩一带的海蚀平台，表面呈褐、黄、绿、白等多种色彩，非常美观。海蚀平台上微地貌较发育，有海蚀沟槽、古波痕（图11）等，局部形成了象形的微地貌景观，比如海蚀城堡（图12）等，极具观赏价值。

图11　五彩滩海蚀平台上的古波痕　　　　　　　　图12　五彩滩海蚀平台上的海蚀城堡

3.3.1.4　岩滩

根据岩性分为玄武岩岩滩、沉凝灰岩岩滩和海滩岩岩滩。

玄武岩岩滩：见于下牛栏山东以北潮间带，由中更新统石崂岭组玄武岩构成。

沉凝灰岩岩滩：主要分布在石盘滩往北至下坑仔潮间带，横岭东部也有零星分布，由上更新统湖光岩组沉凝灰岩构成，岩滩面较平坦。

珊瑚碎屑海滩岩岩滩：见于横岭东侧（图13）及印象涠洲附近潮间带，由中全新统珊瑚碎屑海滩砂岩和珊瑚碎屑海滩岩构成。

图13　横岭珊瑚碎屑海滩岩

3.3.1.5　海蚀陡坎

在石盘河向北至石化桥长达约10 km的松散堆积海岸线上，断续分布着海蚀陡坎，高0.5~3.0 m。

3.3.2　海积地貌遗迹

3.3.2.1　古沙坝—古潟湖海岸[4]

（1）圣湾古沙坝—古潟湖海岸

圣湾古沙坝—古潟湖海岸由中全新世时期的古沙坝和古潟湖构成（图14）。古沙坝分布于公山背至横岭一带，呈北窄南宽的沙堤状，走向188°，海拔4~16.9 m，长约1 300 m，宽40~250 m，面积约0.194 km²。古潟湖位于古沙坝西侧，平面形态沿溪沟呈4个分叉的树枝状狭长海湾，向海一侧的开口在现沟门村北侧，海拔4~6 m，面积约0.320 km²。

（2）牛角坑古沙坝—古潟湖海岸

牛角坑古沙坝—古潟湖海岸由中全新世时期的古沙坝和古潟湖构成（图15）。古沙坝位于牛角坑北

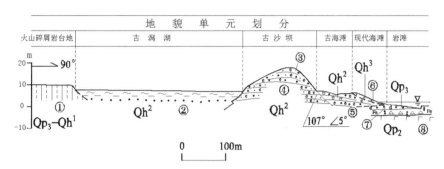

图 14　圣湾古沙坝-古潟湖海貌剖面图
（据广西北海地质矿产勘察公司资料修编，1990）

①红土；②淤泥、黏土及砂；③含生物碎屑中-细砂；④含生物碎屑海滩砂岩、粗粒-
细砾状砂质生物碎屑海滩岩；⑤细-中砾状含砂珊瑚碎屑海滩岩及粗粒-细砾状砂质生物碎
屑海滩岩；⑥砂质生物碎屑和生物碎屑细砂；⑦沉凝灰岩、凝灰质砂岩及褐铁矿化凝灰质
火山角砾岩；⑧玄武岩。

侧，呈条带状，与海岸走向一致，长约 1 400 m，宽 50~200 m，相对高差 1~8 m 由于地表水的冲刷和人类工程活动的破坏，古沙坝形态较为平缓；古潟湖位于苏牛角坑村西南侧，平面形状似牛角，呈南北向南分叉状展布，海拔 4~6 m，面积约 0.388 km²。

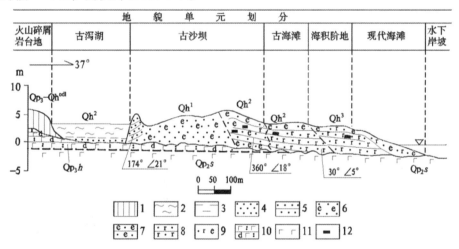

图 15　牛角坑古沙坝-古潟湖海岸地貌剖面图
（据广西北海地质矿产勘察公司资料修编，1990）

1. 红土；2. 淤泥；3. 黏土；4. 砂；5. 海滩砂岩；6. 含生物碎屑砂；7. 生物碎屑海滩岩；
8. 珊瑚碎屑海滩岩；9. 珊瑚、贝壳碎屑砂；10 玄武质沉凝灰岩；11. 玄武岩；12. ¹⁴C 测年

（3）北港古沙坝—古潟湖海岸

北港古沙坝—古潟湖海岸由中全新世时期的古沙坝和古潟湖构成。古沙坝走向为东北—西南向，长约 600 m，宽 100~200 m，高 3~12 m，由于地表水的冲刷和人类工程活动的破坏，古沙坝形态较为平缓；古潟湖分布于北港村南西侧，平面形态为长方形，面积约 0.346 km²，走向为北北东—南南西，长、宽约 700 m×510 m。

（4）后背塘古潟湖—古潟湖海岸

后背塘古沙坝—古潟湖海岸由中全新世时期的古沙坝和古潟湖构成。古沙坝自荔枝山北部向西南延伸至东山角，呈北东—南西向的条带状，形态较为平缓；古潟湖分布于后背塘村南东侧，呈曲尺状，近古沙坝部分北东向延伸，在东山角东部转向南东向延伸，面积约 0.333 km²。

3.3.2.2 现代沙坝—潟湖海岸

在沟门东部一条小溪的入海口，潮滩上部在波浪的作用下形成滩肩—现代沙坝，成分为松散状浅黄色含生物碎屑中砂，宽约 20 m，堵住入海河水，构成现代潟湖地貌（图 16）。潟湖标高约 3 m，比滩肩略低，呈南北向延伸的浅洼地，面积约 489 m^2。

图 16　沟门村东部现代沙坝—潟湖海岸

3.3.2.3 古海滩

古海滩分布在涠洲岛东海岸的横岭和公山背、牛角坑、北港和后背塘等地，呈带状分布，地形较为平坦，微向海倾斜。古海滩长 1 000~3 000 m，宽 100~800 m，海拔 4~6 m，一般低于沙堤 1~2 m。上部岩性为灰白色细砂，下部为生物碎屑海滩岩、珊瑚碎屑海滩岩，具典型的海滩冲洗交错层理。

3.3.2.4 现代海滩

现代海滩指由松散物质组成的潮间带，包括珊瑚碎屑海滩和沙质海滩两种。

沙质海滩：分布于下牛栏山以北潮间带，主要由黄、灰黄色砂粒组成，成分为生物碎屑、玄武岩岩屑及少量石英砂（图 17）。沙质海滩无泥质成份，组成风景独特的景观。

珊瑚碎屑海滩：分布在北港水产站海堤东北侧、北港避风港海堤东侧、牛角坑北部、公山背等地（图 18）的潮间带上部坡度较陡的部位，向海侧为沙质海滩。堆积物中以珊瑚碎屑为主，碎屑大小以 10~40 mm 为主，个别可达 100 mm 以上。长一般 200~700 m，宽一般 10~80 m。

图 17　后背塘北侧潮间带沙质海滩

图 18　北港避风港珊瑚碎屑海滩

3.3.3 生物地貌

3.3.3.1 现代珊瑚礁

主要分布在 0~15 m 的水下岸坡地带，面积约 15.3 km^2。牛角坑东北部分布水深达 20 m，横岭东部等地分布水深可达 35 m，构成了涠洲岛特有的生物地貌海岸—珊瑚礁海岸。据梁文等[5]的研究，北岸和东岸浅海的优势种有松枝鹿角珊瑚、多枝蔷薇珊瑚、中华扁脑珊瑚、叶状牡丹珊瑚（图 19）等，活石珊瑚覆盖率为 12.1%~24.58%。

图 19 涠洲岛东部海域的叶状牡丹珊瑚

3.3.3.2 古珊瑚礁岩

古珊瑚礁岩见于珊瑚碎屑海滩岩岩滩以及古沙坝和古海滩的采坑中。岩滩中的古珊瑚礁岩分布于横岭东部向北至公山背一带；古沙坝和古海滩的采坑，由于停采多年，植物丛生，很难观察其面貌。

3.4 地质灾害遗迹

涠洲岛东海岸地质灾害遗迹主要为崩塌及其堆积体。崩塌分布在五彩滩景区，如五彩滩三通洞顶板岩体崩塌（图 9），崩塌体积约 100 m^3；五彩滩景区入口北侧 700 m 处海蚀凹槽顶板岩体的崩塌，崩塌体积约 70 m^3。

3.5 矿产遗迹

分布在五彩滩沿岸的海蚀崖和海蚀平台、横岭东部岩滩、后背塘向东至苏牛角坑一带的古沙坝和古海滩上，用途均是作为建筑石料或砂料。采矿对象为沉凝灰火山岩和海滩岩。前者在海蚀崖、海蚀平台和岩滩上开采；海滩岩在岩滩、古沙坝和古海滩上开采，保留有开采切割的痕迹，采坑一般深 3~7 m。

4 地质活动的新认识

4.1 火山活动的新认识

目前已确认涠洲岛自第四纪早期以来火山喷发活动可划分为三个火山喷发旋回、五次喷发活动：

第一喷发旋回：火山喷发时代为早更新世，由一次喷发组成，喷发物为厚达 41.24 m 的砂砾状凝灰质砂岩、杏仁状橄榄玄武岩、气孔状玄武岩、火山集块岩、凝灰质砂岩，夹于湛江组沉积层中，未出露地表。

第二喷发旋回：火山喷发时代为中更新世，为第四纪火山活动最活跃、规模最大的一次火山活动期，由两次喷发组成：第一次喷发的喷发物质构成石峁岭组下段火山及火山沉积岩，地表未出露；第二次喷发的喷发物质构成石峁岭组上段火山及火山沉积岩，其上部见于南湾、横岭、牛角坑和北港等地沿岸。

第三喷发旋回：火山喷发时代为晚更新世，由两次喷发组成：第一次喷发的喷发物质构成湖光岩组下段火山及火山沉积岩，广泛出露于地表；第二次喷发的喷发物质构成湖光岩组上段火山及火山沉积岩，出露于涠洲岛北西的青盖岭，面积小于 1 km^2。

目前确认的火山口有位于鳄鱼山公园的南湾火山口和横路山火山口[4]。卢进林认为西部大岭也存在一个火山口[1]。从东海岸分布的玄武岩和大量火山弹来看，在涠洲岛东北近岸海域内也有可能存在火山口，值得今后进一步开展调查验证工作。

4.2 地质演化的新认识

更新世的火山喷发及沉积活动造就了涠洲岛的物质基础，而冰后期（全新世）的北部湾大海侵及其后海平面升降运动所导致的海洋地质作用，塑造了涠洲岛当今的面貌。第四纪时期我国海平面的变化，据王宝灿[6]的研究，中更新世末期至晚更新世初期的庐山冰期（与欧洲的里斯冰期相当），冰期低海面大致在现海面下 50~60 m 等深线附近；晚更新世中期的庐山—大理间冰期，海面又复回升；晚更新世后期的大理冰期（与欧洲的玉木冰期相当），世界各地沿海发生大规模的海退现象，冰期低海面的位置，大致在现海面以下 100~130 m 海底附近；距今 10 000 年左右的全新世早期，大理冰期消退，海面从现在海平面以下 100~120 m 等深线附近回升，上升幅度达 100~120 m 左右，冰后期海侵至距今 6 000 a 左右达到最大范围。根据涠洲岛的形成和发展所经历的海平面变化，初步获得以下认识：

（1）分布在东岸的全新统珊瑚碎屑海滩岩与下伏中更新统石峁岭组玄武岩的不整合接触界面，是冰后期北部湾大海侵的重要证据。现有资料表明，北部湾地区冰后期的大海侵，在距今约 7 000 a 前海平面上升到比当今海平面高 2~5 m 的高海面，这一时间比王宝灿的研究成果早了约 1 000 a，并塑造了涠洲岛南湾街沿岸、东部东安村至牛栏山村海岸的死海蚀崖和海蚀阶地，东部和北部沿岸的古沙坝-古潟湖海岸。

（2）冰后期海侵事件剖面和分布在东岸和北岸的沙坝—潟湖海岸遗迹，非常完整的反映了北部湾地区冰后期的海洋地质作用过程。

（3）分布在南部海岸带海蚀崖上的火山沉积岩剖面，和海滩岩采石坑中揭露的海滩岩层型剖面，层理发育，非常美观，是研究涠洲岛形成环境和发展演化的重要场所。

（4）涠洲岛更新世的每一次火山喷发活动环境与海平面高低密切相关，是滨浅海或河流湖泊或是陆上环境，值得进一步深入研究。

由此可见，非常值得进一步开展该岛地质历史演变研究，必将取得更有价值的研究成果，对海岛开发利用与保护均有重大意义。

5 地质遗迹的潜质分析

5.1 地质科学研究价值

涠洲岛东海岸上的火山口、火山弹、负荷构造、火山沉积岩剖面等火山地质遗迹，是第四纪火山喷发活动过程和喷发特征的重要实物证据；冰后期海侵事件剖面、海蚀崖、海蚀平台、沙坝—潟湖海岸、现代珊瑚礁等海洋地质遗迹，完整地记录了广西北部湾地区冰后期的海洋地质作用过程。这两类地质遗迹，是广西区内保存和出露最好、最完整的地质遗迹，国内少见，具有很高的科学研究价值。

5.2 地质科普教育价值

涠洲岛是由三个喷发旋回五次火山喷发及沉积活动形成的火山岛。第二喷发旋回第二次火山喷发活动形成的玄武岩和火山弹等遗迹，在南湾街沿岸和东部牛栏山以北沿岸，多有出露；第三喷发旋回的火山活动形成的火山口、火山弹、火山沉积岩剖面等遗迹，直接展现在东海岸地表或沿岸的海蚀崖和海蚀平台上，火山沉积剖面在海蚀崖上露头好，且完整地保留了古沉积环境特征。涠洲岛上的冰后期海洋地质作用遗迹，特别是海岸侵蚀地貌、海岸堆积地貌种类较完整，特征鲜明的冰后期海侵事件剖面，海蚀崖、海蚀阶地、海蚀平台、古沙坝—古潟湖海岸等海洋地质遗迹的发育完美呈现了地壳升降运动或海平面变化的结果。因此，涠洲岛东海岸是一本天然的、内容丰富的第四纪地质科学教科书，具有很高的地质科普价值。

5.3 海岛地质旅游价值

涠洲岛火山口景观场面壮观，棕红、红褐、深褐色的火山熔岩和火山弹高温特征显著；东海岸海蚀洞、海蚀崖等千奇百怪；海蚀崖上的层理和负荷构造，是火山喷发活动强弱和喷发环境的真实写照；五彩斑斓、色彩绚丽的五彩滩海蚀平台由沉凝灰岩组成，平坦开阔，表面凹凸有致，别具诗情画意、独具美感；东海岸的冰后期海侵事件剖面、火山弹、玄武岩岩滩、海滩岩岩滩镶嵌在现代沙滩之上，别具一种

"火水天成"的美感；东岸和北岸的沙坝—潟湖海岸，沙坝连绵起伏，潟湖则低洼平坦开阔，呈现的是一种高低有致的海岸画面；水下的现代珊瑚礁区，珊瑚种类众多，姿态万千，各种鱼类穿游其间，是水下探险的绝佳场所。总之，涠洲岛东海岸火山地质遗迹和海洋地质遗迹类型多样，地质旅游资源丰富，在保护地质遗迹的基础上进行旅游资源开发，具有很大的潜力。

参考文献：

[1] 卢进林. 北海市涠洲岛火山喷发活动特征[J]. 广西地质, 1993,6(3)：53-58.

[2] 刘敬合,黎广钊,农华琼,等. 涠洲岛地貌与第四纪地质特征[J]. 广西科学院学报, 1991,7(1)：27-36.

[3] 卢进林. 涠洲岛和斜阳岛火山岩的新认识[J]. 地层学杂志, 1993, 17(2)：135-140,153.

[4] 蒋健民,钟国葵,陈润荣,等. 北海市区域综合地质调查报告[R]. 北海：广西壮族自治区北海地质矿产勘察公司,1989.

[5] 梁文,黎广钊,范航清,等. 广西涠洲岛造礁石珊瑚属种组成及其分布特征[J]. 广西科学,2010,17(1)：93-96.

[6] 王宝灿. 第四纪时期海平面变化与我国海岸线变迁的探讨[J]. 华东师范大学学报(自然科学版),1978(1)：62-75.

基于既定损失分级和历史数据的港口自然灾害指标权重研究

姜德良[1],张韧[1*],白成祖[1],杨孟倩[1],宋晨阳[1],王哲[1],闫恒乾[1]

(1. 解放军理工大学 气象海洋学院,江苏 南京 211101)

摘要:针对风险评估中现有指标定权方法主观性较强的问题,本文从风险和权重的概念出发,以港口自然灾害风险的危险性指标为例,设定损失分级和对应的指标损失程度范围;提出"损失期望"概念,基于可获得的历史资料数据,引入防范因子进行指标的分样本客观定权,提高权重计算方法的准确性。

关键词:风险评估;损失期望;分样本定权

1 研究意义

指标风险隶属度,即指标的权重[1],这一因素的确定方法,往往是进行风险评估量化的关键环节。一些常见的风险评估方法,例如模糊分析方法[2],以及近年来兴起的云模型算法[3]、贝叶斯网络模型[4]等,均需要事先确定指标的风险隶属度,进而代入算法进行量化评估。常用指标定权方法有德尔菲法、层次分析法[5]等,都是基于专家经验人为地进行打分而获得初始信息,继而提取权重。从群决策和犹豫偏好出发而衍生出的犹豫层次分析法[6]等,虽然提高了群信息的融合性和定权客观性,但根本上还是通过专家打分获得初始偏好信息。

另一方面,现阶段使用的评估模型,往往对不同样本的各类指标使用同一权重进行度量,这一方法虽然有利于最终评估结果的对比性,但忽略了不同样本之间致险因子变异强度的差异。因此,提高定权的客观性,减少这一过程中的主观性,并体现不同样本之间的差异性,是提高风险评估结果可靠性的重要途径。

根据国内外的相关研究[1,7-8],风险评估的指标构建通常分为危险性、脆弱性和防范能力3个部分。在自然灾害的危险性评估指标方面,由于各类气象水文要素的观测方法日趋成熟,观测时空尺度相对较大,长期积累的观测资料在各要素的变化周期方面具备平稳性和各态历经性,因此,不同于以往的首先人为确定权重再导入数据进行量化评估并对量化结果分级,本文在可获得的长期观测资料基础上,从风险理论和权重的概念和定义出发,选取港口的3类典型危险性指标作为范例,搭建不同指标的相同损失程度的既定分级,并引入防范因子计算权重。通过完全基于客观资料的危险性指标定权,不同港口的危险性指标权重均不相同,提高了评估同类对象不同样本情况下的具体性和权重获取的客观性,并为与其他评价方法的结合和评估效果的提高提供可行途径。

2 以港口危险性指标为例的分样本客观定权

港口是人类活动由陆地向海洋延伸的关键衔接点,由于沿海岸线分布,受雾、台风影响较大[9],因此本文选取了沿岸港口的3种典型危险性指标:强风、风暴潮以及海雾,作为范例进行定权计算。

基金项目:气象水文预先研究项目(41276088)。

作者简介:姜德良(1992—),男,山东省德州市人,硕士研究生,从事军事海洋环境保障与评估研究。E-mail:yixiaoduanchang@126.com

*通信作者:张韧(1963—),男,教授,博士生导师,从事海气相互作用及海洋灾害风险评估等方向研究。E-mail:zrpaper@163.com

2.1 损失程度分级

风险的定义是多角度的,如 Kolluru 等[10]认为风险是给定时间内非期望事件发生的可能性;而目前学术界比较主流的风险定义不仅强调风险发生的可能性,而且强调风险造成的损失,如 Lowrance[11]定义风险为不利事件或影响发生的概率和严重程度的一种度量。同时,权重可以认定为各指标对评价对象的影响程度[12]。因此,基于风险损失理论和权重概念,首先将 3 个危险指标对不同港口的影响统一反映为致险因子变异危险强度[13]对承险体造成的损失后果,并对损失程度进行分级(表1)。

表 1 港口损失程度分级

港口损失程度分级	损失情况
较小损失	港口部分功能关闭,渔船入港停歇
一般损失	港口全部功能关闭,机帆船入港停歇
重大损失	港口大型装卸机械易损坏,通信中断,船只易发生碰撞

不同强度的致险因子变异程度对港口造成的影响不同,对于本文选取的 3 个指标,沿用国际上标准作为依据。对于港口而言,过强的风速会导致船只翻沉和装卸设备的损坏。根据预报服务单位的反馈信息,当海上风力达 7 级时,将停止海上工程作业。而根据新修订的《热带气旋等级》国家标准(GB/T 19201—2006),按底层近中心最大风力对热带气旋进行等级划分和标注如表 2 所示。

表 2 热带气旋等级划分

等级标记	热带气旋等级	底层近中心最大风速/m·s^{-1}	底层近中心最大风力(级)
1	热带低压(TD)	10.8~17.1	6~7
2	热带风暴(TS)	17.2~24.4	8~9
3	强热带风暴(STS)	24.5~32.6	10~11
4	台风(TY)	32.7~41.1	12~13
5	强台风(STY)	41.5~50.9	14~15
6	超强台风(Super TY)	≥51.0	≥16

风暴潮灾害主要是由高潮水位引起的局部猛烈增水,易使港口的物资、工程设施发生浸泡、损坏。许小峰等[14]对其进行了强度等级划分,如表 3 所示。

表 3 风暴潮强度等级划分

等级标记	名称	增水/cm
0	轻风暴潮	30~50
1	小风暴潮	51~100
2	一般风暴潮	101~150
3	较大风暴潮	151~200
4	大风暴潮	201~300
5	特大风暴潮	301~450
6	罕见特大风暴潮	>450

大雾对港口的危害性主要体现在其造成的能见度下降严重影响航运和船舶停靠港,突然的能见度剧烈下降甚至可以引起船体航行时碰撞,造成巨大损失。因此在低能见度天气中,各港口一般根据内外港区的划分、易燃化学品等运载货物和船舶吨位的不同,以及能见度的具体大小,采取不同的限航规定[15],以保证通航和停靠泊安全,但这也造成一定的经济损失。

把3类指标权重统一定义为可能造成港口的损失程度,则通过对历史数据的相关统计处理方法,将3类指标限定在同一种损失程度的分级上进行计算,得出的无量纲结果在三者之间具备可比较性,从而得出致险因子对承险体的影响大小。因此,根据以上所述的各类国际通用的危险性指标等级划分,以及部分国内外关于港口通航、防灾[16-17]的要求,参考了不同能见度下通航要求、港口危险水位划分以及港口大型装卸器械规范[18]等工程指标,按照致险因子在对于港口可能造成不同损失等级,将各因子的范围规定如表4所示。

表4 致险因子损失程度等级范围划分

致险因子	1. 风暴潮	2. 强风	3. 大雾
	增水/cm	风速/m·s^{-1}	能见度/km
1. 重大损失	>250	>35	<0.5
2. 一般损失	150~250	20.9~35	0.5~1
3. 较小损失	80~150	10.8~20.8	1~1.5

2.2 损失期望计算

通过对历史数据的统计,可以得到各致险因子在不同等级内的分布集合 $U_{ij}(a_1,a_2,\cdots,a_n)$,其中,i 表示划分等级标号,j 表示致险因子标号(标号见表4),a_n 表示各致险因子的统计资料值。在本次试验中 i、j 的取值范围均为 $1\sim3$,n 的取值范围视统计资料样本个数而定。为保证最后所得权重的可比较性,首先对所获取的数据进行标准化处理,使指标样本转化为取值区间在 $0\sim1$ 的无量纲数据。同时,考虑到最后的量化结果在所取得区间范围两端必须是收敛的,因此选取 Z 型极值法,其计算方法如式(1)所示。

$$\mu = \begin{cases} 0 & x > b \\ 2\left(\dfrac{x-b}{a-b}\right)^2 & b > x > \dfrac{a+b}{2} \\ 1-2\left(\dfrac{x-b}{a-b}\right)^2 & \dfrac{a+b}{2} \geqslant x > a \\ 1 & x < a \end{cases} , \tag{1}$$

式中,a、b 为各指标的上下临界值,由于已有既定的损失分级,因此本次实验中 a、b 即为损失分级的上、下临界值。通过指标的标准化计算,得到的处理后的集合 $U_{ij}(\mu_1,\mu_2,\cdots,\mu_n \mid p_{ij})$,其中,p_{ij} 表示某一标号为 j 的致险因子在标号为 i 的等级中的年均样本个数,其计算公式为:

$$p_{ij} = N_{ij}/m , \tag{2}$$

式中,N_{ij} 为第 j 个指标第 i 个等级中总的样本个数,m 为资料序列长度(年)。

借鉴期望数学定义:设 ξ 为一离散型随机变量,它取值 $x_1,x_2,\cdots$ 对应的概率,$p_1,p_2,\cdots$,如果级数 $\sum_{i=1}^{\infty} x_i p_i$ 绝对收敛,则称它为 ξ 的数学期望[19]。由于风险理论中致险因子自身的不确定性[20],以及使用 Z 型极差法而保证标准化数据在取值区间两端是收敛的,因此满足这一定义的基本条件。同时,Smith[21] 和 Nath 等[22] 在1996年分别提出了风险表达式:

$$风险度 = 概率 \times 损失 , \tag{3}$$

$$风险度 = 概率 \times 潜在损失 . \tag{4}$$

这两个表达式进一步表现了风险的本质,将灾害发生的概率和潜在损失有机结合起来。因此,根据数学期望和风险损失理论,综合以上研究,本文提出"损失期望"的概念,其定义具体表达如下:

1)将致险因子对承险体可能造成的总损失大小以期望的形式表达:

$$损失期望 = 概率 \times 损失程度 . \tag{5}$$

2)根据既定的损失分级,每一级的损失程度以这一级致险因子的标准化均值来表示,既消除了不同指标间的量纲差异,又体现了同一损失等级下由于样本分别不同导致的差异。例如,对于 A、B 两个港口而言,假设一段时间内造成一般损失的强风次数相同,即概率大小一致,但极大可能两个港口每次的风速不同,因此,只考虑次数而不考虑致险因子的大小,无法体现不同评价样本之间的差异。此时,均值是体现其总体分布特征的较好选择。

综上,在本次实验中。损失期望的计算公式如式(6)所示:

$$E_j = \sum_{i=1}^{3} \left(\frac{1}{n} \sum_{m=1}^{n} \mu_m^{(i)} \right) p_i^{(j)} \quad (i = 1,2,3; j = 1,2,3; m = 1,2,\cdots,n) \tag{6}$$

式中,角标 i,j 表示损失分级和致险因子标号。

2.3 防范能力因子引入

在风险理论中,防范能力代表了风险承担者用以应对各类风险的各类行为、政策、措施的总称[23]。考虑到港口自身的设计和建筑物自身所具备的减灾防灾能力,且本文所计算的权重是基于风险损失理论的损失期望之上,承险体的防范能力必将在不同程度上减少损失,因此有必要将这一性质体现于最终结果之中。但是,使用传统的评估方法,将危险性指标和防范能力指标分别打分将会再次引入主观经验。Davidson 和 Lamber[24]在 2001 年提出了灾害风险评价指数方法,即:

$$风险指数 = 危险性 \times 脆弱性 \times (1-区域防灾减灾能力) . \tag{7}$$

因此,在这一方法的基础上,若不考虑承险体脆弱性,且各致险因子可以找到相对应的防范能力指标并线性表达,则指标权重可用公式(8)表示:

$$指标权重 = 指标损失期望 \times (1-指标对应防范能力) . \tag{8}$$

对于港口而言,风暴潮增水对港口的影响主要体现在过高的水位会对海岸工程造成威胁[17]。所以,港口自身的地面高程决定了对急剧上升水位的减灾能力。因此,引入地面高程指数[1]作为风暴潮灾害的防范因子,具体计算方法如式(9)所示:

$$R1 = \begin{cases} 0,1 & h \leq 0 \\ 0.3 & 0 < h \leq \Delta h \\ 0.6 & T < h \leq \Delta h + T \\ 0.7 & T_{max} < h \leq \Delta h + T_{max} \\ 0.8 & \Delta h + T_{max} < h \leq \Delta h + T_{max} + 10 \\ 0.9 & h > \Delta h + T_{max} + 10 \end{cases} , \tag{9}$$

式中,h 为海拔高程;Δh 为评估时段相对海平面升高;T 为该评估单元的常见潮位,本次试验中以平均潮位代替;T_{max} 为该评估单元历史最高增水。将 10 m 设为海拔高程脆弱性的临界值。

强风对港口的威胁,除了其引起的强风浪和风暴潮增水外。主要是过强的风载荷容易引起大型起重和装卸设备的偏移、脱落甚至损坏。因此,装卸设备的自重和稳定性决定了其对强风的防范能力。引入港口卸船机的 35 m/s 设计防风能力(t)作为防范能力指标[18],其表达形式如式(10)所示:

$$R2 = \begin{cases} 0.1 & f < 50 \\ 0.3 & 50 < f < 100 \\ 0.5 & 100 < f < 150 \\ 0.7 & 150 < f < 200 \\ 0.9 & f > 200 \end{cases} . \tag{10}$$

由于低能见度条件下只能以通航和避港技术规范指导船只操作进行规避,无法实现物理技术上的防雾措施,因此本文对于这一危险性指标未量化防范能力(即 R3＝0),而是以损失期望直接作为隶属度计算。

此时得到的权重,可以称之为"初始权重"。由于使用的历史数据和时间序列相同,不同港口同一指标间的初始权重具备可比较性,可以用来描述这一致险因子对评估对象的影响程度。如果想要得到可用于各类评估模型的权重,则需要对同一评估对象不同指标的初始权重进行归一化。综上,本次实验的指标权重计算如式(11)所示:

$$W_j = E_j(1 - R_j) \Big/ \sum_{j=1}^{3} E_j(1 - R_j) \quad (j = 1,2,3). \tag{11}$$

3 案例计算

基于历史数据和既定损失分级,在提出"损失期望"概念的基础之上,引入指标对应防范因子,对标准化的数据进行处理计算得到指标权重。

3.1 数据来源与处理

按照 2.2、2.3 节中提到的公式(1)~(11),根据可获得的气象水文要素资料,确定我国 10 个主要港口为样本,进行定权计算。10 个港口分别为:大连港,天津港,青岛港,上海港,宁波港,温州港,厦门港,深圳港,广州港,海口港。其数据来源如表 5 所示。

表 5 数据来源

要素	数据来源
风暴潮增水水位	《中国风暴潮灾害史料集》
	《中国气象灾害大典》
台风底层近中心风速港口能见度	NOAA-NCDC(national climate data center)
海平面上升速率	《2016 年中国海平面公报》
港口高程	etopo 海底地形数据
各港口卸船机 35 m/s	
抗风能力	各港口自然地理公报、官网
港口常见潮位	各港口自然地理公报、官网

为保证的最终结果的可对比性,对表 5 中数据的整理应当遵循以下要求:

(1)资料的时间序列相同;

(2)若资料的采样时次不同,应当在计算中进行统一换算。本次实验中,能见度与风速数据为逐 3 h 观测资料,风暴潮增水数据为逐样本观测资料,因此对前两者采样时次换算为逐年资料计算频率。

3.2 计算结果

分别计算出各港口指标的损失期望、防范能力、初始权重与最终所得归一化权重,得到的结果如表 6 所示。

表 6　各港口指标权重计算结果

港口	强风				风暴潮				大雾	
	损失期望	防范能力	初始权重	归一化权重	损失期望	防范能力	初始权重	归一化权重	损失期望/初始权重	归一化权重
大连港	0.583 6	0.3	0.408 52	0.054	0.149 6	0.1	0.134 64	0.018	6.959 9	0.928
天津港	0.887 1	0.1	0.798 39	0.204	0.227 2	0.1	0.204 48	0.052	2.920 1	0.744
青岛港	6.493 8	0.5	3.246 9	0.191	0.259 4	0.3	0.181 58	0.011	13.534 8	0.798
上海港	4.414 4	0.5	2.207 2	0.201	0.531 7	0.3	0.372 19	0.034	8.380 1	0.765
宁波港	0.114 9	0.1	0.103 41	0.029	0.575 3	0.1	0.517 77	0.147	2.898 9	0.824
温州港	0.049 2	0.1	0.044 28	0.023	0.620 1	0.5	0.310 05	0.162	1.558 7	0.815
厦门港	0.123 0	0.3	0.086 1	0.021	0.605	0.3	0.423 5	0.103	3.603	0.876
深圳港	0.070 4	0.1	0.063 36	0.045	0.688 9	0.1	0.620 01	0.438	0.731 1	0.517
广州港	2.527 1	0.3	1.768 97	0.562	0.723	0.3	0.506 1	0.161	0.873 3	0.277
海口港	0.082 9	0.5	0.041 45	0.012	0.726	0.5	0.363	0.108	2.953 7	0.88

4　结论

　　从风险和权重的概念出发,将权重定义各指标对评价对象的影响程度。根据现有的港口防灾和设计规范,对致险因子导致港口的损失程度进行分级,继而选取 3 种典型自然灾害指标进行损失程度的等级范围划分,并提出损失期望的概念。引入指标的防范因子,基于选取我国 10 个港口可获得的历史数据,结合损失期望计算初始权重并归一化,得到完全基于自然历史数据的分样本指标权重。相较于以往通过集成专家经验的打分定权方法,消除了主观经验的影响,解决了不同样本使用同一权重的评价粗糙性问题,大大提高了权重计算的客观性。

　　通过初始权重之间的比对,风暴潮对港口的影响程度大体随纬度的减小而增大;大雾的影响程度则在青岛港、上海港等黄、东海沿岸数值较大,其中尤以青岛港最为显著;强风影响则以青岛港、上海港和广州港较为突出。通过对各港口自身归一化权重的对比,除广州港和海口港的强风影响显著外,其他 8 个港口的大雾权重均大于 0.74,影响明显。

参考文献:

[1]　张韧,葛珊珊,洪梅,等. 气候变化与国家海洋战略——影响与风险评估[M]. 北京:气象出版社,2013.

[2]　杜栋,庞庆华,吴炎. 现代综合管理评价方法与案例精选[M]. 北京:清华大学出版社,2008.

[3]　张仕斌,许春香,安宇俊. 基于云模型的风险评估方法研究[J]. 电子科技大学学报,2013,42(1):886-890.

[4]　杨理智,张韧,白成祖,等. 基于贝叶斯网络的我国海上能源通道海盗袭击风险分析与实验评估[J]. 指挥控制与仿真,2014,36(2):51-57.

[5]　赵焕臣,许树柏,何金生. 层次分析法——一种简易的新决策方法[M]. 北京:科学出版社,1986.

[6]　朱斌. 基于偏好关系决策方法及应用研究[D]. 南京:东南大学,2014.

[7]　ISDR. Living with Risk: A Global Review of Disaster Reduction Initiatives[OL]. http://www.unisder.org, 2004-11-23.

[8]　李爽. 大型社会活动安全风险评估指标研究[J]. 中国安全科学学报,2008,18(9):147-151.

[9]　王静静,刘敏,权瑞松,等. 沿海港口自然灾害风险评价[J]. 地理科学,2012,32(4):516-520.

[10]　Kolluru R V, Bartell S M, Pitblado R M, et al. Risk assessment and management handbook[S]. New York: McGraw-Hill Inc,1996.

[11]　Lowrance W. Acceptable risk-science and the determination of safety[M]. Los Altos, CA: William Kaufmann Inc,1976.

[12]　张韧,等. 海洋环境特征诊断与海上军事活动风险评估[M]. 北京:北京师范大学出版社,2012.

[13]　黄崇福. 自然灾害风险分析[M]. 北京:北京师范大学出版社,2001.

[14]　许小峰,顾建峰,李永平. 海洋气象灾害[M]. 北京:气象出版社,2009.

［15］ 王龙涛. 海雾对青岛港通航和效应的影响及对策研究［D］. 大连：大连海事大学，2014.

［16］ Maritime Coastguard Agency. Council Harbourmasters of Vessels［S］. Southampton，2008.

［17］ 黄静. 沿海重要港口风暴潮灾害危险性研究——以上海洋山深水港为例［D］. 上海：华东师范大学，2012.

［18］ 周玉忠，胡玉良. 港口起重机工作状态防风能力现状与对策［J］. 宝钢技术，2007（1）：41-44.

［19］ 李贤平. 概率论基础［M］. 北京：高等教育出版社，1996.

［20］ Haimes Y Y. On the complex definition of risk：a system-based approach［J］. Risk Analysis，2009，29（12）：1647-1654.

［21］ Smith K. Environmental hazards：assessing risk and reducing disater［M］. London：Routledge，1996：1-389.

［22］ Nath B，Hens L，Compton P，et al. Environmental Management［M］. Beijing：Chinese Environmental Science Publishing House，1996.

［23］ 黄崇福，杨军民，庞西磊. 风险分析的主要方法［C］//长春：中国视角的风险分析和危机反应——中国灾害防御协会风险分析专业委员会第四届年会论文集，2010：51-58.

［24］ Davidson R A，Lamber K B. Comparing the hurricane disaster risk of U. S. Coastal counties［J］. Natural Hazards Review，2001（8）：132-142.

大连市沿岸警戒位值在防灾减灾工作中的应用

陈燕珍[1]，袁丁[1*]，刘玉令[1]

（1. 国家海洋局 大连海洋环境监测中心站，辽宁 大连 116015）

摘要： 本文结合大连市防风暴潮能力现状和辽宁省警戒潮位大连市岸段核定工作中的实际情况，提出在开展防风暴潮工作中，应关注海平面上升，有效掌握潮汐变化规律，不能过分依赖波浪数值计算结论并充分了解警戒潮位核定值的局限性，同时应加强防潮和观测设施的建设，加大宣传力度。

关键词： 大连市；警戒潮位值；防灾减灾；应用

1 引言

警戒潮位是一种潮位值，防护区沿岸可能出现险情或潮灾，需进入戒备或救灾状态的潮位既定值，它的高低与当地防潮工程紧密相关，当潮位达到这一既定值时，标志着防护区沿岸可能出现险情，须进入戒备状态，预防潮灾的发生，当地政府和有关部门开始进入防御潮灾的警戒状态，采取一切应急措施，最大限度地减轻这一海洋灾害造成的损失。警戒潮位的设定是做好风暴潮灾害监测、预报、警报的基础工作，能够为各级政府开展防灾减灾工作提供决策支持和科学依据。

国家海洋局大连海洋环境监测中心站根据《警戒潮位核定规范》（GB/T 17839-2011）的要求，自2013 年开始开展了辽宁省沿海各县（市、区）19 个岸段的警戒潮位核定工作，其中大连市有 12 个岸段，确定涵盖各地沿海岸段的警戒潮位值，并编制警戒潮位核定技术报告，为风暴潮预警和沿岸堤防、工程建设提供科学依据，对于提升辽宁省沿海的海洋灾害预警报水平，提高辽宁省的防潮决策技术支持能力，积极应对海洋灾害可能带来的损失具有十分重要的意义。然而在防灾减灾、城建规划和防潮设施建设中生搬硬套每个岸段的警戒潮位值并不能对海洋防灾减灾保障起到促进作用，因此如何科学合理地将警戒潮位核定值运用到风暴潮预警报工作和沿岸防灾减灾应急体系中显得尤为重要。

2 大连市防风暴潮能力现状

2.1 大连市概况

大连位于北半球的暖温带地区，全市总面积 12 574 km²，其中老市区面积 2 415 km²，海岸线总长 2 211 km，自然海岸线占大连市大陆海岸线总长度的 28.7%。这里具有海洋性特点的暖温带大陆性季风气候，主要风暴潮灾是由台风引起的台风风暴潮和温带气旋与冷空气共同影响的温带风暴潮，海上形成的风暴潮靠近和过境时都会造成严重灾害。

大连的港口众多，有大连港、大连湾港、旅顺羊头洼港、香炉礁港、大孤山港区、北良港、大窑湾港区、长兴岛港区等。

作者简介：陈燕珍（1963—），女，福建省福州市人，本科，高级工程师，研究方向为海洋环境污染监测与评价、海洋防灾减灾等。E-mail：cyanzhen@hotmail.com

*通信作者：袁丁（1966—），男，辽宁省瓦房店市人，本科，教授级高工，研究方向为海洋环境预报、海洋防灾减灾等。E-mail：yuanding1966@163.com

2.2　防风暴潮能力现状分析

大连市主城区的填海造地工程中都设有护坝，这些护坝比较坚固且高程较高，但个别主城区岸段自然高程较低；沿岸海湾建有防护堤；重点项目如红沿河核电站厂区和建设中的大连机场项目的永久护岸，设计标准为 100 年一遇；有些县市存在工程险段。

大部分港口码头设计标准为 50 年一遇；渔港码头防潮能力参差不齐，规模较大的渔港有正规的防浪堤和混凝土码头，而位于小海湾处的小型渔港结构各不相同。

滩涂养殖区主要分布于大连市的北部沿岸和海岛，多数护坝都比较简易，防潮能力较差。

大连市沿岸的自然岸段虽然以陡坡岸为主，这些陡坡岸不容易受到风暴潮的袭击，但低洼处防潮能力弱。

2.3　大连市风暴潮预警机制现状

大连市政府制定了《大连市风暴潮、海啸、海冰、赤潮灾害应急预案》，应急指挥成员单位包括市发展改革委、市经委、市建委、大连市各局、各区市县政府和大连军分区等，指挥部在大连市海洋与渔业局下设了办公室。

大连市风暴潮预警报工作由大连市海洋预报台承担，预警报以传真、电话和电子邮件等形式发往大连市政府的有关部门、沿海部门防汛指挥部、大连电视台等，由大连市政府组织实施应急措施，预警报产品在向大连市政府及有关部门提供的同时，还通过大连电视台、报纸和网络向社会公众发布[1]。

3　大连市警戒潮位核定情况

2013—2016 年，国家海洋局大连海洋环境监测中心站根据《警戒潮位核定规范》（GB/T 17839-2011）等技术规范和标准，以潮位资料为基础，以潮灾发生规律为依据，从实际防御能力出发，以重要岸段为主，兼顾一般岸段，同时考虑区域规划，对大连市西岗区、中山区、甘井子区、旅顺口区、金州区和红沿河镇等岸段进行了警戒潮位核定。

3.1　警戒潮位计算方法

根据按照《警戒潮位核定规范》（GB/T 17838-2011）的要求，新修订的警戒潮位值要与正在执行的《风暴潮、海浪、海啸和海冰应急预案》相联系，由于核定出的红色警戒潮位和蓝色警戒潮位核定值之差小于 50 cm，为了与海洋灾害应急预案相衔接，不设立黄色和橙色警戒潮位[2]。

3.1.1　蓝色警戒潮位的核定

蓝色警戒潮位（H_b）由以下公式计算：

$$H_b = H_s + \Delta h_b , \tag{1}$$

式中，H_b 为蓝色警戒潮位，单位：cm；H_s 为 2~5 年重现期高潮位，单位：cm；Δh_b 为修正值，单位：cm。H_s 由核定岸段实际防御能力来确定。有堤坝岸段的防御能力为堤坝实际防潮标准，可通过计算岸段内实际防潮标准最低的海堤的实际高程所对应的重现期；无堤坝岸段的防御能力以岸顶高度对应的防潮标准，计算岸段实际防御能力对应的重现期。H_s 对应的重现期取值见表 1。

表 1　H_s 对应重现期取值（单位：年）

核定岸段实际防御能力对应的潮位重现期	H_s 对应的重现期
(0, 50]	2
(50, 100]	3
(100, 200)	4
≥200	5

Δh_b 的核定应综合分析历次潮灾的风、浪、潮等自然因子、实际防潮能力及社会、经济等情况。

蓝色警戒潮位修正值（Δh_b）的核定主要考虑防潮设施受浪程度、堤坝顶高（或岸顶高程）与 H_s 的差值和核定岸段的重要程度三项要素，计算公式为：

$$\Delta h_b = h_1 + h_2 + h_3 , \tag{2}$$

式中，Δh_b 为蓝色警戒潮位修正值，单位：cm；h_1 为防潮设施受浪程度调整值，单位：cm；h_2 为防潮设施建设标准调整值，单位：cm；h_3 为岸段重要程度调整值，单位：cm。

（1）防潮设施受浪程度调整值的计算

防潮设施受浪程度取决于岸堤迎浪程度、堤底处水深和堤底处向岸波浪高度。调整值 h_1 可取核定岸段两年一遇堤前波浪爬高 R 的 0~15%，取值方法见表 2。

表 2　h_1 取值（单位：cm）

受浪程度	严重	较重	一般	轻微
两年一遇波浪爬高 R	≥150	[100, 150)	[50, 100)	<50
h_1	−15% R	−15% R ~ −10% R	−10% R ~ −5% R	−5% R ~ 0

（2）防潮设施建设标准调整值的计算

防潮能力与堤坝建设标准密切相关，堤坝顶高（或岸顶高程）与 H_s 的差值可基本反映该岸段堤坝的防潮能力。防潮设施堤坝标准对警戒潮位调整值 h_2 的计算法见表 3。

表 3　h_2 取值（单位：cm）

防波堤	△≤1.24 m；砂土堤或自然低平海岸	△ = 1.25~1.99 m；半坡石块护坡堤	△ = 2.00~2.99 m；石堤或构件护坡堤	△>3.0 m；水泥浇筑堤
h_2	[−20, −10)	[−10, 0)	[0, 10)	[10, 20]

注："△"为堤坝顶高（或岸顶高程）与 H_s 的差值。

（3）岸段重要程度调整值的计算

岸段重要程度对警戒潮位调整值 h_3 取值方法见表 4。

表 4　h_3 取值（单位：cm）

岸段等级	特别重要	重要	较重要	一般
h_3	[−20, −10)	[−10, 0)	[0, 10)	[10, 20]

3.1.2　红色警戒潮位的核定

（1）有堤坝岸段

有堤坝岸段红色警戒潮位（H_r）主要由核定岸段防潮海堤的实际防潮标准来核定。实际防潮标准可通过计算岸段内实际防潮标准最低的海堤的实际高程所对应的重现期。计算公式如下：

$$H_r = H_d + \Delta h_r , \tag{3}$$

式中，H_r 为红色警戒潮位值，单位：cm；H_d 为核定岸段所有防潮海堤的实际防潮标准所对应重现期极值潮位的最小值，单位：cm；Δh_r 为修正值，单位：cm。

Δh_r 的核定应综合分析历次潮灾的风、浪、潮等自然因子、实际防潮能力及社会、经济等情况。

（2）无堤坝的岸段

无堤坝岸段红色警戒潮位取核定岸段历次重大风暴潮灾害期间高潮位的最低值。重大风暴潮灾害判断依据参照《海洋灾害调查技术规程》。

红色警戒潮位修正值（Δh_r）的核定主要考虑防潮设施受浪程度、堤坝顶高（或岸顶高程）与 H_d 的差值和核定岸段的重要程度 3 项要素。计算方法同上文蓝色警戒潮位核定值，其中计算 h_2 时"$\triangle$"为堤坝顶高（或岸顶高程）与 H_d 的差值。

3.2 警戒潮位核定工作的开展情况

为了满足上述计算方法的要求，相关人员开展了以下几方面的工作。

3.2.1 了解掌握核定区域概况

对核定岸段的社会经济及地理概况、自然概况（地形地貌、海洋环境、水文状况、气候、潮汐、河流）、当地发展规划、海洋产业状况等信息进行实地调研，并通过各种渠道获得有可靠依据的数据，同时对核定岸段进行了高程测量，并根据各岸段的社会经济、人口密度和港口等资料，划分了各岸段的重要程度。

3.2.2 资料收集与整理

主要收集的资料有：自然因子中的气象资料（气候、风况、风向频率统计、降水）、海洋水文资料（潮汐类型、波浪资料分析）、各岸段港口、码头、护坝及功能区等防潮能力现状、原用警戒潮位与社会发展需求的适应情况和历史潮灾情况等。

3.2.3 资料统计与分析

（1）潮位

统计历史多年年平均海平面和各月海平面高度变化；利用观测站历史资料分析当地潮汐性质与潮汐特征值；计算理论最高潮位、未来 20 年最高天文潮位、高潮位年极值和不同重现期极值高潮位。

（2）波浪

分析波高的年变化和各向波高的分布、各向各级波高的分布、波浪周期的年变化和各向周期的分布；进行海浪数值模拟，设置海浪模型，计算出两年一遇极值波高分布；按照《警戒潮位核定规范（GB/T 17839-2011）》进行波浪爬高计算。

（3）潮灾分析

对历史潮灾的移动路径和天气特征等进行了统计特征分析，并对潮灾发生的原因天文潮因素、气象因素、海浪因素和海岸防护工程进行了分析。

3.3 警戒潮位的确定与检验

按照 3.1 的方法对各岸段的警戒潮位进行了计算，确定出警戒潮位值，并对所核定的警戒潮位值进行了检验。检验的原则是依据历史潮位资料，对历史潮位的高潮值与新核定的警戒潮位值进行对比分析，以判断新核定的值是否合适。

4 在防灾减灾工作中应用警戒潮位需要注意的问题

4.1 关注海平面上升

由于海平面上升是由气候变暖引起，虽然这个问题已得到各方面专家和人士所公认，但未来的上升速度不易准确估计。海平面上升不致在短期内造成明显后果，但长期的影响是显著的，应引起广泛关注。

由图 1 老虎滩海洋站年平均海平面及拟合曲线可看出，海平面呈上涨趋势，预计 30 年后，老虎滩沿海海平面将比 2014 年上升 6.3 cm 左右[3]。

4.2 合理考虑潮汐性质

黄、渤海海区由于潮波系统比较复杂导致潮汐性质变化急剧，全日潮、半日潮、混合潮一应俱全。在

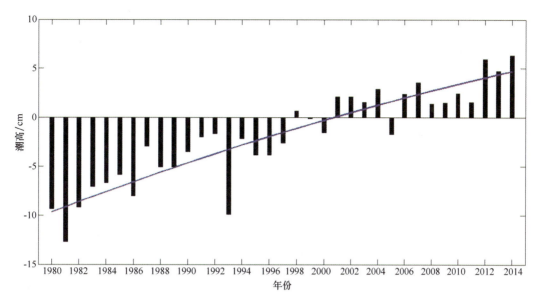

图1　老虎滩海洋站1980—2014年年平均海平面（85高程）及拟合曲线

辽宁海域，从鸭绿江沿辽宁海岸到大连老铁山为正规半日潮；由老铁山以北，经长兴岛、营口为不正规半日潮，在辽东湾底，从营口往西至横沟段近岸海域表现为正规半日潮性质，由横沟沿海岸经葫芦岛、止锚湾到团山角为不正规半日潮，团山岛至山海关老龙头为不正规全日潮（图2）。

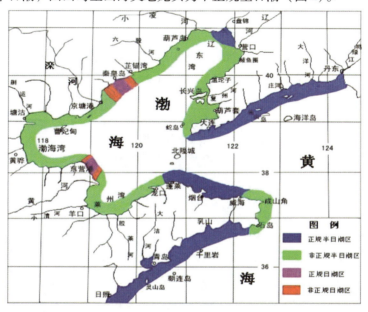

图2　黄海、渤海沿岸潮汐性质分布

渤海的潮差在中央及湾口较小，中部最大不超过2 m，辽东湾顶部较大，最大在5 m以上。黄海北部的潮差沿岸大，中央小，沿岸一般为2~5 m，其中丹东东港市最大潮差可达7 m左右，为辽宁省潮差最大的海域，辽东湾底沿岸岸段的潮差次之，辽南沿岸的潮差最小。

各具体位置的最高潮位和平均潮位又有不同的差值，图3是老虎滩站月最高潮位和平均潮位。

同一风暴潮过程对不同潮汐性质的地区可能造成不同的影响，因此，有效掌握潮汐变化规律对开展海洋预警报和应急响应工作具有重要意义。

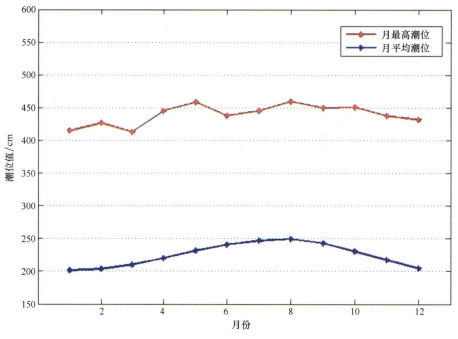

图3 老虎滩站月最高潮位和平均潮位

4.3 不可过分依赖波浪数值计算结论

在警戒潮位核定过程中，波浪资料是重要的基础资料，有固定观测站点的岸段，经过对各项历史资料的统计分析，均给出了实用的技术指标。而有限的观测站点资料无法满足全岸段的资料需求，因此，核定工作中对辽宁省沿岸两年一遇极值波高进行了数值计算（图4），这些利用模型输出的核定点的两年一遇极值波高被用于波浪爬高这项重要技术指标的计算。

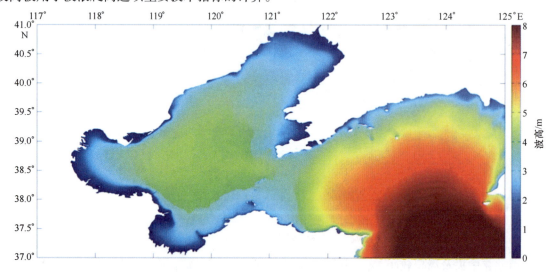

图4 辽宁省海域两年一遇极值波高分布

数值计算结果与实测值可能存在一定的偏差，而且计算结果没有考虑到沿岸防潮状况，例如在修建了防波堤的局部地区，计算波高大大高于实际情况。虽然在警戒潮位核定过程中经过实地调研和走访进行了订正，但获取客观准确数据的唯一途径是建设现场观测站点。

4.4　了解警戒潮位值的局限性

警戒潮位值是根据《警戒潮位核定规范》（GB/T 17839-2011）的要求、综合考虑段岸的整体情况并结合应急响应机制确定的，每个岸段所核定的数值涵盖整个岸段。由于同一岸段内防潮能力上的差异，有的防潮设施防潮能力100年一遇或以上，有的由于修筑年代久远、损坏严重不能正常发挥作用，也有海岸没有防潮堤或防潮堤高程较低、在风暴潮来临时极易造成灾害，因此，在实际防灾减灾工作中，机械照搬这一核定值，不仅会降低工作效率，甚至有时会产生灾难性后果。

5　结论与建议

5.1　结论

根据大连市防风暴潮能力的实际情况，结合警戒潮位核定的工作开展情况，在开展防风暴潮工作中，应关注海平面上升、有效掌握潮汐变化规律、不可过分依赖波浪数值计算结论并充分了解警戒潮位核定值的局限性。

5.2　建议

5.2.1　加强防潮设施的建设

加强城市主城区等人口密集区沿岸防护坝的建设，对海堤工程进行全面排查，掌握已损坏的海堤以及存在风险的岸段情况，开展海堤工程统一规划建设。

5.2.2　加强验潮设施和波浪观测设施的建设

增加验潮站和波浪观测站的数量，利用已有的各部门的资料，加强资料的共享，提高灾害信息采集能力。

5.2.3　加强宣传工作

在警戒潮位用于风暴潮防灾减灾工作的过程中，加大宣传力度是非常重要的，应在风暴潮多发区和潜在风险区，针对不同群体开展各类培训。

参考文献：

[1]　陈燕珍,袁丁,刘玉令.大连市防风暴潮能力现状与防灾减灾建议[J].海洋开发与管理,2016,33(3):39-42.
[2]　警戒潮位核定规范(GB/T 17839-2011)[S].北京:中国标准出版社,2011.
[3]　袁丁,李锡华,刘玉令,等.辽宁省警戒潮位核定技术报告[R].大连:国家海洋局大连海洋环境监测中心站,2016.

四点长基线深海定位模型建立方法及精度分析

林冠英[1]，刘蔚[1]，周保成[1]

(1. 国家海洋局南海调查技术中心，广东 广州 510300)

摘要： 在海洋工程开发和水下机器人作业过程中，水下定位的精度决定了水下作业的难度和工程的技术含量。目前应用于海洋工程的大多是超短基线定位技术，该方法操作简单但定位精度不高。长基线定位方法目前还处在研究测试阶段。本文研究了长基线定位的几种方法，选择理论效果较好的双曲线模型作为基础，根据声波在水中传输路径所遵循的射线理论，通过建立模型的方法仿真该定位系统的性能。在一个边长为 10 km 的正方形内，模拟信号源在该范围内水下 4 000 m 深处的观测数据，通过双曲面定位方法解算该信号源的理论位置，通过设定位置与计算位置的比较，得出该仿真区域范围内水平误差和垂直误差分布图，从而分析该长基线定位模型的性能。通过仿真结果显示，该模型在水平方向定位误差大部分都小于 4 m，垂直方向误差大部分都小于 10 m。越靠近仿真区域的中心位置，误差越小。

关键词： 长基线；深海定位；双曲面模型；定位精度

1 引言

在陆地上的精准定位，可以通过全球定位系统（GPS）实现，但是卫星信号在水中不能传播，因此 GPS 系统无法实现水下定位。通过研究发现，声波可以在水中传播，特别是低频声波可以传播上百千米。因此，可以模仿 GPS 在空气中传播的结构，在水面布放能精准定位的智能浮标作为基点，类似空中 GPS 卫星的功能，通过其搭载的声学通信机与水下设备通信，从而将陆地上的 GPS 定位系统延伸至水下，达到水上水下公用一个定位坐标系的效果。这就是水下长基线定位的基本原理。

国外在水下定位技术方面的研究起步较早，目前在这方面应用较为成熟的国家是英国和法国。最为典型的是法国 IXBULE 公司生产的 POSIDONIA6000 定位系统，该系统是基于超短基线的方法，最深可以定位 6 000 m。而国内方面，中国科学研究院声学研究所、哈尔滨工程技术大学、国家海洋局海洋技术研究所等单位在水下定位技术方面都进行过多种理论研究[1-2]。但国内的研究水平与国外还是有很大的差距，定位误差较大，而且大部分还停留在浅水研究试验阶段，在深海资源探测等定位应用中，目前仍然依靠购买国外的设备。

随着人类社会和技术的向前发展，人们的生产活动从陆地延伸到了海洋。特别是石油开采、海底资源开发等都需要对水下设备进行精准定位，因此精准的水下定位系统研制成为推进海洋工程发展的重要方法。但由于深海定位难度较大，受到技术、资金等方面的局限，为了能研究基于长基线的深海定位系统，本文将海水介质分成许多水平的均匀薄层，在每层中可以近似认为声速对于深度是线性变化关系，根据射线在水中传播的理论提出了基于智能浮标的长基线定位系统模型，并通过计算机仿真的方法模拟了 4 000 m 水深的定位性能，并对此进行了分析讨论。

2 水下定位原理

水下声学定位技术是在声呐技术之后才开始出现，其原理是通过声波在信标与目标之间的传播时间、

作者简介： 林冠英（1986—），男，广东省雷州市人，硕士，工程师，主要从事海洋调查与监测研究。E-mail：linguanying@smst. gz. cn

相位变化等计算出距离，再根据定位模型算出三维坐标，从而实现定位。按照基线的长短，通常把水下定位系统分为 3 类[3]：超短基线定位系统（USBL）、短基线定位系统（SBL）和长基线定位系统（LBL），具体参数如表 1 所示。

表 1 传统水声定位系统分类表

定位类型	基线长度/m	简称	定位精度	适用距离	操作便捷性
超短基线	<1	USBL	差	短距离	简单
短基线	1~50	SBL	较高	中距离	较复杂
长基线	100~6 000	LBL	高	长距离	复杂

USBL 一般是用 3~4 个相距几厘米且相互垂直的接收单元组成接收阵列，通过计算信号到达各接收单元之间的相位差以及信号源与接收阵列的斜距，从而对水下信号源进行定位，该方法主要用于短程定位，长距离定位时误差较大[4]。SBL 一般是在船底相距几十米的位置安装几个水听器，水听器之间的距离和夹角已知，通过测量水下信号源信号到达各水听器之间的时间差和相位差，计算出水下信号源的坐标，该方法主要用来定位中等距离的目标，目前比较少用。LBL 是在海底已知位置布放 3 个以上的定位信标，利用声学换能器进行通信，通过计算水下定位目标与信标之间的距离进行定位[5]，用于长距离的定位，定位精度比其他两种方式的都高，但需要事先在海底布放位置已知的信标。本文主要针对深海定位系统模型进行研究，因此选用长基线的定位方法。传统长基线定位方法需要在海底布设信标，而且需要对信标位置进行校准，实现起来较为复杂。因此本文采用水面 GPS 智能浮标代替水下固定信标，定位原理相同，但与传统长基线定位系统相比操作便捷，可快速安装，无须对信标进行校准，如图 1 所示。

水下 GPS 定位系统主要有两种定位模型：球面模型和双曲面模型。球面模型是通过测量水下目标与多个水面浮标之间的距离，通过空间交汇的方法，计算出水下目标的坐标[6]。该模式需要测量水下信号的发射时刻，所有水下目标的时钟需要与浮标系统的时钟同步，时钟同步的误差将直接影响测量精度，同时增加系统的复杂度。而双曲面模型相比于球面模型，最大的优点是通过差分的方式消除了时间变量，从而避免了同性误差对定位精度的影响，因此不需要在水下目标中安装精准的原子钟。只需要利用 GPS 授时的原理，对各浮标进行系统同步即可。因此本文采用双曲面模型作为长基线深海定位模型进行仿真与分析，该模型表达式为：

$$v_{s,j}t_j - v_{s,i}t_i = \sqrt{(x_j - x)^2 + (y_j - y)^2 + (z_j - z)^2} - \sqrt{(x_i - x)^2 + (y_i - y)^2 + (z_i - z)^2}, \quad (1)$$

式中，$v_{s,i}$、$v_{s,j}$ 分别表示水下目标信号到达第 i 号和第 j 号水面接收器（GPS 浮标）所经路径上的平均声速，t_i、t_j 为信号经相应路径到达接收器的时间，(x_i, y_i, z_i)、(x_j, y_j, z_j) 为 i 号和 j 号水面 GPS 浮标的坐标，(x, y, z) 是水下信号源的坐标。该式子中含有 x、y、z 三个未知量，因此需要至少 4 个浮标组成的方程组才能计算出水下目标坐标。

3 模型建立方法

根据观测方程，可以通过建立数学模型，求算射线在水中的传输路径。

3.1 已知条件与未知量求解方法

在双曲面定位模型中，水面浮标的位置是实时可测的。在智能浮标中安装 GPS 接收机，其工作在 RTK 模式，定位精度在厘米级[7]。当要求水下目标的定位精度在米级水平，采用 RTK 模式，浮标的虚拟基线的误差可以认为忽略不计。

由式（1）可知，需要解算水下声源的坐标，还需要知道该海域的水声传播速度和声线在水中的传播时间。射线在水中的传播遵循斯涅尔定律，因此射线路径跟声速相关。信号发射角为垂直水平面的法线与射线的夹角，用 θ 表示。将海水假设成由很多薄薄的平行层组成，每层为均匀层，并且射线在传播过程中

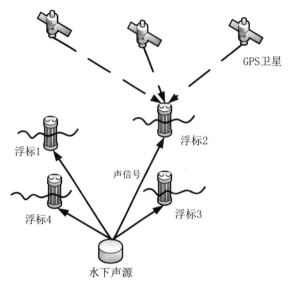

图 1　深海长基线定位系统示意图

层与层之间只有折射没有反射。用 1，2，…，n，$n+1$…来表示各层，设第 n 和 $n+1$ 层的声速为 c_n 和 c_{n+1}，则在它们的分界面上有[8]：

$$\frac{\sin\theta_{n+1}}{c_{n+1}} = \frac{\sin\theta_n}{c_n}. \tag{2}$$

将海水分成 n 个等声速层，每层厚度为 $\mathrm{d}h$，各层内以固定声速传播，即有射线经过的水平距离 S、实际路径长 ρ、传播总时间 t 分别为：

$$S = \sum_{i=1}^{n} \tan\theta_i \mathrm{d}h, \tag{3}$$

$$\rho = \sum_{i=1}^{n} \frac{\mathrm{d}h}{\cos\theta_i}, \tag{4}$$

$$t = \sum_{i=1}^{n} \frac{\mathrm{d}h}{c_i \cdot \cos\theta_i}, \tag{5}$$

式中，第 i 层的声速表示为 c_i，其信号发射角表示为 θ_i。因此，只要知道声速资料，就可以通过射线追踪的方式，模拟出该海域的定位数据。

3.2　声速剖面计算

海水的声速，可以通过声速剖面仪直接测量，也可以根据海水的温度、盐度及水深等参数，按照声速计算的经典公式求得，比较常见的有：Wilson，Leroy，Chen and Millero，Del Grosso，Mackenzie，Medwin 等公式[9]。图 2 是根据中国南海某海域实测温盐深资料利用 Mackenzie 公式计算出的声速剖面图。其中超过 1 500 m 深度的声速值是根据声速随深度变化的理论公式计算得到的，该剖面符合深海典型声速剖面形式。

3.3　建模步骤

把海水假设成有很多均匀的薄层组成，因此射线在水中的传播符合斯涅尔定律。将水面上的任意一点设为原点 O，以垂直水面向上的方向为 z 轴，x 轴与 y 轴相互垂直，且处于水平面上。x 轴、y 轴与 z 轴符合右手定则。那么，如果水深已知，便可以通过射线追踪的方式模拟出该水深的定位观测数据，步骤如下：

（1）利用声速剖面仪，测量出该区域的声速剖面资料；或者通过查海水的温盐深资料，通过经典公式

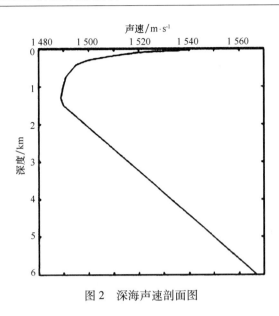

图 2　深海声速剖面图

计算出声速剖面数据。

（2）设定浮标坐标 (x, y, z)、水下信号源初始坐标 (X, Y, Z)。

（3）通过公式 $D=\sqrt{(x-X)^2+(y-Y)^2}$，求出信号源与水面浮标的水平距离。

（4）设信号源的初始发射角为 θ，按公式（3）计算信号射出水面时的坐标点与信号源之间的水平距离 D'。

（5）比较两距离差 $d=D'-D$，给定一阈值 $\varepsilon>0$。若 $|d|<\varepsilon$，转到第（7）步；若 $|d|>\varepsilon$，转到第6步。

（6）若 $d>\varepsilon$，则减小发射角度 θ；若 $d<-\varepsilon$，则增大发射角度 θ。重新设置初始发射角后，转到第（4）步继续运行。

（7）退出循环，得此时信号初始发射角为 θ，由此发射角根据公式（4）、（5）便可以求出声线路径 ρ 和信号传播时间 t。计算声线平均声速：$V=\rho/t$。

（8）给定多个浮标 (x_i, y_i, z_i)（$i=1, 2, \cdots, n$），根据以上步骤继续分别求出它们的线传播时间 t_i 及平均声速 V_i，便可以模拟出该定位系统的所有观测数据。

4　定位精度分析

同一精度水平的水声传播误差，在不同形状的水下空间网的作用下，对水下定位误差的影响不同。浮标网形的布设多种多样，实际应用中也很不规则，为了研究方便常把其规则化。常用的浮标布站方式有菱形、星形（Y形）和倒三角形。薛树强[10]在研究中对星形网的定位精度作了肯定。在此，也选用星形网进行相关分析。

已知声速剖面资料的情况下，根据上述的建模步骤，将门限设为 $\varepsilon=0.0001$，在 $x, y \in$ [-5000 m, 5000 m] 范围中布放4个已知坐标的浮标，按照 200 m×200 m 的分辨率模拟了该海域的定位观测数据。如果信号源的设置位置是真值，那么将模型计算出的定位结果与其比较便得定位精度，水平误差和垂直误差分布如图3、图4所示。图中+为浮标，中心+为参考浮标，图3中线分辨率0.2 m，图4中线分辨率为0.5 m。各浮标坐标如表2。

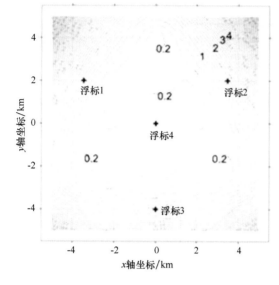

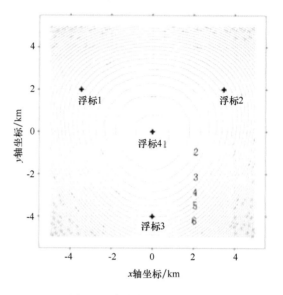

图 3　水平定位误差等值线图　　　　　　　　　　　图 4　垂直定位误差等值线图

表 2　四枚浮标在网形中的坐标

浮标	x/m	y/m	z/m
1	−3 464.1	2 000	0
2	3 464.1	2 000	0
3	0	−4 000	0
4	0	0	0

根据结果分析如下：

（1）精度大小

该浮标布设模式下，目标离中间浮标距离越近定位精度越高，随着距离的增大其定位精度逐渐下降，中间一枚浮标正下方的点位精度最高，水平定位几乎无误差，垂直定位精度可达 0.2 m。浮标网形所构成的倒三角范围内水平定位误差优于 1 m。网形外围区域随着距离的加大精度越来越差，但大部分区域实时外符合定位精度优于 4 m；其垂直定位精度优于 10 m，相对于水深的精度优于 $2.5 \times 10^{-3} H$（H 为水深）。

（2）精度的分布

水平定位精度分布：中间一定区域声线距离差较小，浮标的影响较大，精度等值线向外部三枚浮标方向凸起，随着某个或某些声线方向上的距离差增大，声线弯曲的影响增大，离浮标较近处定位精度下降，而在无浮标方向上由于这种距离差通过差分的形式在一定程度上得以较大削弱，得到了较高的定位精度，其定位精度等值线呈以无浮标方向为顶点的三角形。

垂直定位精度分布：垂直定位精度受浮标的影响较大，离浮标越近定位精度越高，其精度等值线始终呈现以浮标为顶点的三角形。

5　结论

本文根据射线在水中的传播理论，在声速已知的情况下，通过积分的方法计算了水下 4 000 m 水深信号源发出的信号在水中传播的路径和传播时间，模拟仿真了 x，y [−5 000 m，5 000 m] 范围内 4 个浮标组成的双曲面模型在水平方向和垂直方向的定位误差分布情况。通过结果得知，水平误差绝大部分都小于 4 m。垂直误差大部分小于 10 m。在中心位置定位精度最高，可以得到亚米级。该结论不但证明了长基线双曲面定位模型的优越性，同时说明了只需要 4 个智能浮标便可以形成最小系统，为下一步的定位设备研制提供参考数据。

参考文献：

[1] 王泽民,罗建国,陈琴仙,等. 水下高精度立体定位导航系统[J]. 声学与电子工程,2005(2):1-3.

[2] 王权,程鹏飞,章传银,等. 差分 GPS 水下立体定位系统[J]. 测绘科学,2006(5):18-21.

[3] 田坦. 水下定位于导航技术[M]. 北京:国防工业出版社,2007.

[4] 王燕,梁国龙. 一种适用于长基线水声定位系统的声线修正方法[J]. 哈尔滨工程大学学报,2002,23(5):32-34.

[5] 孙树民,李悦. 浅谈水下定位技术的发展[J]. 广东造船,2006(4):19-24.

[6] 蔡艳辉,程鹏飞,李夕银. GPS 伪距改正及精密动态单点定位精度分析[J]. 全球定位系统,2004(2):11-15.

[7] 布列霍夫斯基赫. 海洋声学基础[M]. 朱伯贤,金国亮,译. 北京:海洋出版社,1985.

[8] 周丰年,赵建虎,周才扬. 多波束测深系统最优声速公式的确定[J]. 台湾海峡,2001,20(4):411-419.

[9] 陈红霞,吕连港,华峰,等. 三种常用声速算法的比较[J]. 海洋科学进展,2005,23(3):359-362.

[10] 薛树强. 矩阵体积及其在网形设计中的应用[D]. 北京:中国测绘科学研究院,2007.

建设产学研相结合的海洋观测网

高艳波[1]，王祎[1]，李芝凤[1]

(1. 国家海洋技术中心，天津 300112)

摘要： 本文论述了建设产学研相结合的海洋观测网的意义，总结了我国海洋观测网的发展现状及美国和欧洲海洋观测网建设案例，对今后我国海洋观测网的建设提出了几点建议。

关键词： 海洋观测网；案例；建议

1 引言

《国民经济和社会发展第十三个五年规划纲要》把建设"全球海洋立体观测网"列为国家海洋重大工程之一，提出"统筹规划国家海洋观（监）测网布局，推进国家海洋环境实时在线监控系统和海外观（监）测站点建设，逐步形成全球海洋立体观（监）测系统，加强对海洋生态、洋流、海洋气象等观测研究"。建设产学研相结合的海洋观测网，对推动全球海洋立体观测网建设意义重大，

2 我国海洋观测网发展现状

目前，我国的海洋观测网建设基本都是由国家财政经费资助建设的，基本形成了对我国近岸和近海的海洋观测能力，大洋与极地观测以科学考察为主，海底观测近乎空白，海洋卫星数量少。

国家海洋局领导建设了岸基海洋站（点）100 多个，地方基本海洋站（点）30 多个，高频地波雷达观测站 10 多个，X 波段测波雷达 20 多个，海上观测平台不到 10 座，海啸预警宽频地震台 20 多个，在近海布放浮标 50 多套，拥有海洋标准断面调查站位 119 个及近百艘近海志愿观测船，近岸近海观测能力不断提升；中国气象局建设了近 300 个海岛自动气象站、近 40 个船舶自动气象站、几部地波雷达、几个风暴潮站等海洋气象装备；交通部海事、港口、航道部门管理的海洋观测站点近 20 个，中国海洋石油总公司等涉海企业管理的海洋观测站点近 20 个，中国科学院管理的海洋观测研究站有 5 个。

大洋与极地以海洋科学、气候变化、海气相互作用等为观测重点，"大洋一号"科学考察船执行了 34 次大洋科学考察任务（1995 年至今）；我国在印度洋、西北太平洋进行了浮标、潜标布放；南极科学考察每年一次（1981 年至今）、北极科学考察每 1～2 年一次（近年来）；建成了南极长城站（1985 年）、中山站（1989 年）与昆仑站（2014 年），北极黄河站（2004 年）。

海底观测能力不足，只在东海和南海开展了一些试验性海底观测网建设工作；发射了 3 颗海洋卫星，目前在轨卫星 2 颗，搭载海洋红外、可见光和多种微波传感器，可进行海水温度、水色和海洋动力环境要素等的遥感观测，还不具备卫星全球观测能力。

3 国外海洋观测网建设案例

美国海洋观测网项目，一般来说也是由政府资助的。一些新启动的专项，部分经费来源于产业部门，这是一种新的经费筹措方式，对促进产业部门在海洋观测中发挥更大的作用，减轻政府的财政问题有很现实的意义。

作者简介： 高艳波（1965—），辽宁省庄河市人，女，硕士，研究员，研究方向：海洋观测技术战略研究。E-mail：hypopoding@163.com

在美国，联邦政府支持的海洋观测专项有两个，一是集成的海洋观测系统（Integrated Ocean Observing System，IOOS）；二是海洋观测站网启动计划（Ocean Observatories Initiative，OOI）。IOOS 由多机构资助，以数据产品开发、服务和业务化为导向，致力于使成员机构所产生的数据用途和效果最佳化。OOI 则是由美国自然科学基金会（National Science Foundation，NSF）资助的，以研究和提供有效解决最重要的科学研究问题所需要的仪器为导向。NSF 意识到产业加入的重要性，于 2007 年发起了名为"产业在 IOOS 与 OOI 中的作用"的研讨会，尝试建立有益于国家—私人合作的环境。

OOI 致力于近海区域性和全球性长期海洋观测站的基础建设工作。其具体目标和目的是为气候变化、海洋食物链和生物地球化学循环、近海海洋动力学和生态系统、全球尺度的和板块尺度的地质动力学、湍流混合和生物物理学相互作用、流体—岩石相互作用和次海底生物圈等研究领域的进展提供必要的基础设施。

OOI 主要有 4 部分：区域尺度的光电缆化观测站网、近海和全球尺度观测站网以及把这 3 部分观测站连起来的"计算机控制结构"。联合海洋研究院（Joint Oceanographic Institutions，JOI）作为 OOI 项目办公室，管理资金和监督 OOI 的发展。2007 年起，引入竞争机制，几个"执行部门"进入工作，一是牵头单位华盛顿大学负责主要子系统的研发，进行区域观测站工作；二是加利福尼亚圣地亚哥大学负责"计算机控制结构"部分工作；三是伍兹霍尔海洋研究所负责近海和全球海洋观测站工作。

在项目实施的早期，就确定了产业部门在 OOI 中的作用。只有非赢利的教育机构或研究所有资格投标 OOI 的合同，领导组织实施。虽然有这些限制，在 OOI 的早期阶段，仍有许多产业部门签署了意向书，表示愿意参加 OOI 项目，贡献其资源和专长。产业部门最终的目的是在市场中获取竞争优势。例子之一是可伸展拖曳平台（extended draft platform，EDP）。EDP 是法国 Technip 公司为近海石油的勘探和开发而研制的。在 OOI 的早期设计中，该公司提供了全套的海上布放和试验技术。反过来，OOI 把 Technip 公司的 EDP 技术用在全球尺度海洋观测网建设中，OOI 对 EDP 的进一步使用为 Technip 公司提供了业务化、真实海况下的数据。不足的是，由于匹配资金的限制，需要减缩范围，导致 EDP 不能在大西洋中部布放。

因为资金渠道原因，OOI 开展的项目比其他大多数的海洋观测项目好。迄今为止，OOI 计划的所有工作都在进行，虽然仍离不开 NSF 的资助。

IOOS 是美国对海洋观测网有贡献的另一个重要项目，和 OOI 不同的是，IOOS 是把单个观测站获取的数据和产品以集成协作的方式运作。另外明显不同的是，OOI 是由联邦机构专有的，而 IOOS 是多个机构协作的结果。IOOS 由来自政府、学术界和产业界的科学家、工程师和管理员组成的 Ocean US（中心计划办公室）来管理。但 Ocean US 不管理资金。由于联邦资金大幅减少，IOOS 进展缓慢。

国家海洋大气管理局（National Oceanic and Atmospheric Administration，NOAA）是联邦机构的牵头单位，也是 IOOS 的项目办，项目办的重点工作是组织实施。IOOS 的项目经费主要来源于国会拨款和总统请求，国会对 IOOS 的拨款逐年减少。与 OOI 的情况类似，IOOS 也有一些与产业合作成功的例子。2008 年上半年，NOAA 和壳牌公司签署了合作协议，以加强墨西哥湾的气象和海洋观测。在这项合作中，壳牌公司购买仪器安装在 5 个离岸平台和 3 个近海站上。NOAA 提供高频雷达（High Frequency Radar，HFR）专项技术，数据格式、数据分发、数据质量保证和控制技术。这项合作作为美国 IOOS 开发项目的一部分，被视为大气和海洋学数据采集、处理和分发长期合作的未来发展方向。合作的目的是提高海洋的观测数量、质量和多样性，在提高业务化预报和了解墨西哥湾环境中[1]，双方共同受益。

欧洲多学科海底观测研究系统（European Multidisciplinary Seafloor Observatories Research Infrastructure，EMSO）与美国 IOOS 一样，EMSO 的目的是把现有的独立的观测站联系在一起，组成集成系统。欧洲观测站网将促进海底地质学、生态系统和海底生物环境学知识产生重大的科学发展。这样的业务化网络在评估和监测欧洲南海岸带的地质灾害中会起到重要的作用，因为欧洲南海岸是地震多发地带。2005 年 11 月联合国教科文组织的政府间海委会（UNESCO-IOC）在罗马召开的东北大西洋、地中海和相邻海域海啸早期预警系统政府间协调组（Intergovernmental Coordination Group for the Tsunami Early Warning System in the North Eastern Atlantic, the Mediterranean and Connected Seas）第一次会议提出，有缆观测站提供的实时记录和报告有利于对地震与海啸等突发事件的快速反应。

EMSO 将与其他的观测网，如法国牵头的欧洲海洋观测站卓越网（French-led European Seas Observatory，Network of Excellence，ESONET-NoE）密切合作，实施 EMSO 和 ESONET-NoE 工程预算（包括电缆路线勘察、布放电缆和连接盒）的总额为 5 亿美元，此预算与美国 IOOS 的评估相似。EMSO 至关重要的理念是学术界和产业之间的共同合作。目前其正在积极寻求与大型企业以及中小企业（Small and Medium-sized Enterprises，SMEs）之间的合作，以成立互惠联盟。

国外海洋观测网与产业合作的例子一般都是与近海石油和天然气业的合作。为支持近海石油的勘探和开发，国际 CSnet 公司（计算机科学网络公司）布放和运行了国际海底网，这个国际海底网既可以为科学机构服务也可提供通讯主干网。壳牌公司与 IOOS 的合作是在平台上安装和使用传感器包。其目的是在钻探和开发中，实时采集和报告海流和环境数据。2008 年美国海洋矿务局（Marine Minerals Service，MMS）租赁通告也要求在开始某些工作之前，从一些近海租赁平台上采集每年的环境数据记录。欧联盟的要求更严格，这就产生了一个潜在的市场：商业化运营的近海通讯主干网（Offshore Communication Backbones，OCB），既可为科学机构服务，也可支持近海能源企业——从勘探前的环境基线测量，到勘探、钻进、生产，直到最终退役。国际 CSnet 公司，工作重点主要在非洲、中东和欧洲近海，在这些地方近海石油和科学机构同时受益。在地中海东部地区，OCB 作为地质灾害—海啸早期预警网有很直接的益处，这也是国家—私人合作的一个实例[2]。

4 我国海洋观测网建设的几点建议

（1）建立跨部门的领导协调机制。海洋观测网建设涉及的学科和技术门类众多，学科间高度交叉，技术综合性强，需要在国家层面进行综合的管理协调与科学决策。海洋科技发达国家均有在国家层面进行管理协调的组织和机构，以有效地协调和实施海洋观测网建设。美国集成海洋观测系统（Integrated Ocean Observing System，IOOS）是国会决定交由美国海洋大气管理局（NOAA）负责，联合有关政府部门（现在已达 11 个）合作建设，而出来经办管理的不是 NOAA，而是非政府、非盈利、通过董事会领导的组织"海洋发展领导联盟"。我国海洋观测网的组织管理应借鉴有关经验，成立国家层面的组织协调机构，如国家海洋观测工作指导委员会，由科研、教育、行业、军方等涉海相关政府部门和研发机构共同参与，指导并协调国家海洋观测网建设和运行。

（2）加强海洋观测网建设的产学研用真正的结合。上述例子证明，美国和很多国家已普遍认识到技术集中的海洋观测网的成功实施，需要研究部门和产业部门的真正的合作。我国应制定长期稳定的激励政策，扶持我国海洋观测网和装备制造业的发展，尤其对深水海底观测技术研发等高风险性的产业活动给予税收政策的倾斜和支持，鼓励企业走向深水和外海，建立并推动我国海洋观测网产业的发展与壮大。建立有利于自主创新技术及研发设备的机制，开发有自主知识产权的海洋观测核心技术，使我国海洋观测网达到国际同步领先水平。

（3）加强技术队伍建设。结合海洋观测重大项目实施以及重点学科建设，培养和吸引急需紧缺的关键技术人才，政策支持和稳定优秀的技术人才、科学工程技术骨干和公共技术平台负责人，激励高技能人才不断提高技术水平，建成一支面向世界海洋观测科技前沿的高素质的技术支撑和技术研发人才队伍。坚持以人为本，营造有利于鼓励创新的研究环境；加强人才培养和引进力度，设立技术人才培养与引进专项经费；实施国外海洋技术研发人才引进战略，制定高端海洋技术人才引进与培训计划；推动海洋观测网优秀创新人才和创新团队的形成与发展，力争在国际海洋观测网基础研究和高技术研究领域，造就一批高水平的科技专家。

参考文献：

[1] 同济大学海洋科技中心海底观测组．美国的两大海洋观测系统：OOI 与 IOOS[J]．地球科学进展，2011，26(6)：650-654.

[2] Clark A M. Ocean observing systems: science plus industry— A formula for success[J]. Marine Technology Society，2008，42(1)：6-8.

全球视野下的海洋信息化技术构架研究

林波[1]

（1. 国家海洋环境预报中心，北京 100081）

摘要：作者根据多年的海洋信息工作实践体会，通过对世界信息化学科前沿跟踪学习认知，提出了全球视野下的海洋信息化技术构架设想；并运用自己掌握的专业基础理论和应用技术知识，对海洋信息化的三个核心构件（网络海洋、数字海洋、智慧海洋）进行了较深入的研究。文章着重阐述了网络海洋的推进维向是深海、远海、大洋和极地，关键是抗极限或超极限的高（精、尖）端海洋观（监、探）测装备制造及相应的网络互联技术研究，目标是抢占海洋信息资源获取制高点；数字海洋的建设面向是国民经济、公共事业和国家安全各个领域，瓶颈是购置高性能计算机系统、建设超级计算中心和各级各类数字平台及用户终端系统所需的巨额资金问题，目标是促成国家现代信息产业体系建立；智慧海洋的愿景则是：融入人类命运共同体，共建高度物质文明与高度精神文明的和谐海洋，为我国在全球海洋信息化方面争取话语权并参与世界海洋治理体系建设提供强有力的辅助决策支持，从而更好地为全人类服务。

关键词：全球视野；海洋信息化；技术构架；研究

1 引言

国务院最近发布的《"十三五"国家科技创新规划》，在强调要加快实施已部署的"国家科技重大专项"的基础上，又部署启动了"科技创新 2030-重大项目"，[1]并推出一大批具有国际竞争力的现代产业、高新精尖技术、面向国家重大战略任务重点部署的基础研究、战略性前瞻性重大科学问题探索及攻克核心技术关键技术颠覆性技术的项目名单，其中包括很多涉海项目与涉海技术，这些涉海项目与涉海技术的研发，将对我国的海洋信息化起巨大的推动作用，但同时它们又反过来对海洋信息化提出了更高更深更远的要求。

2 全球视野下的海洋信息化技术构架

2.1 构建基于"立体同步的海洋观测体系"的网络海洋

构建立体同步的海洋观测体系，是我国国家创新驱动发展的战略性任务[2]，这一观测体系包括现有的海洋观（监、探）测网及其相应的信息传输和处理系统网络，例如由海洋站、浮标、潜标、船舶等组成的海洋水文观测网，由卫星、遥感、雷达、自动站等组成的海洋气象监测网，以及海洋化学调查网、海洋生物生态监测网、海底地形地貌调查网等，还有如已经或正在或将要陆续加入的极地考察站、深潜器、海底车、深海空间站。网络海洋承载着海洋信息化所需的全部原始的观（监、探）测数据和第一手资料。当今世界，信息资源日益成为重要的生产要素和社会财富，信息掌握的多寡、信息能力的强弱成为衡量国

作者简介：林波（1982—），男，浙江省绍兴市人，硕士，海洋信息工程师、国家注册信息安全工程师、国家信息系统项目管理师（计算机与软件高级工程师），中国计算机学会高级会员，研究领域：海洋信息与高性能计算、计算机网络与信息安全。E-mail：linb@nmefc.gov.cn

家竞争力的重要标志[3]。所以，我们必须尽快抢占海洋信息资源获取制高点，在整合、集成、改造、升级现有分散的、另碎的海洋观（监、探）测网的基础上，着力扩大、外延、拓展、加密编织面向深海、远海、大洋、极地的立体同步大海洋观（监、探）测网络，在广度上、深度上、密度上全面深入地挖掘海洋信息资源，源源不断地提供我国海洋信息化所需的多维度、多样化、多用途可信海洋数据，为打造海洋强国奠定坚实基础。

2.2 构建基于"云计算与大数据综合平台"的数字海洋

数字海洋是指借用海洋观（监、探）测、计算机、互联网等技术，把有关海洋上每一点的相关信息，按海洋的地理坐标加以整理，然后构成一个区域海洋或全球海洋的信息模型（便于人们快速、形象、完整地了解海洋里任何点位、任何方面的信息）[4]。数字海洋是由海量、多分辨率、多时相、多类型空间对海洋观（监、探）测数据及其分析算法和模型构建而成的虚拟海洋世界。如果把海洋观（监、探）测基础信息比喻为是数字海洋的一条腿，那么数字海洋的另一条腿就是超级计算能力与数据处理水平。数字海洋的关键之一是建立云计算与大数据综合平台。云计算是一种能够便捷地按需访问共享可配制计算资源池（如网络、服务器、存储、应用、服务）的服务模式，并且是只需要很少的管理工作或很少的服务交互即可快速提供和发布这些服务的方式[5]。云计算并非新技术，它是随新技术（IT技术、DT技术）出现而产生的先进思维方式。大数据是指需要新处理模式才能具有更强的决策力、洞察力和流程优化能力的海量、高增长率和多样化的信息资产[6]。它是一种运用技术、管理及其互信机制对海量数据进行智能化处理和决策的复合型新技术。

2.3 构建基于"物质文明+精神文明"的可持续智慧海洋

智慧海洋分两步走，第一步是科学技术即物质文明层面的，又称智能海洋，就是把感应器嵌入和装备到海洋里（包括岛屿、海面、水中、海底）的各种物体中，并且被普遍连接，形成所谓的"物联网"，然后将其与现有的互联网整合起来，实现人类社会与（海洋）物理系统的融合[7-8]。第二步是人文社会即精神文明层面的，或叫文明海洋（和谐海洋），它涵盖所有人类现代文明，如海洋政治文明、海洋军事文明、海洋经济文明、海洋科技文明、海洋生态文明、海洋环境文明、海洋安全文明、海洋生活文明、海洋生产与开发文明、海洋外交与交流文明等。海洋面积占地球表面积约70%，是人类命运共同体重要组成部分，在陆地上人满为患、资源日益枯竭、生态环境恶化的景况下，人们纷纷将视角转向浩瀚的海洋，现实海洋问题和未来发展预测都告诉我们，21世纪确实将是一个"海洋的世纪"。智慧海洋是海洋信息化的理想目标，如果说网络海洋的受众主要是海洋专业机构及相关技术人员、数字海洋的受众主要是管理机关及其他利益需求群体的话，那么，一个开放、透明、动态、绿色、人性化和可控的智慧海洋，其受众应当是整个全人类。

3 结论

海洋信息化亟待解决的问题：第一，网络海洋建设目标是要覆盖远海、大洋、深海、极地，因此须优先研制与之相匹配的抗极限或超极限的多样性现代化海洋观（监、探）测装备；为使这些分布在不同海区、不同深度的观（监、探）测装备能全部连接，又需要跟踪研究可适应海洋这个特殊环境的新型网络互联技术。第二，数字海洋建设虽技术难点较多，但首当其冲的却是资金问题，例如：购置或升级高性能计算机系统，组建大规模超级计算中心；建立各级各类标准化数字化平台、构设四通八达的互联网络和数以万计的用户终端系统等，都需要巨额资金。第三，对于智慧海洋建设，其核心要件则是尽快设立专门的海洋信息化协调机构、建立高效的海洋信息化管理体系、打造综合多元的海洋信息化人才队伍、营造全社会浓厚的海洋信息化科学普及氛围。

参考文献：

［1］ 国务院."十三五"国家科技创新规划.［EB/OL］.https://www.gov.cn,2016-08-08.

［2］ 中共中央、国务院.国家创新驱动发展战略纲要.［EB/OL］.https:// www.gov.cn,2016-05.

［3］ 中共中央办公厅、国务院办公厅.国家信息化发展战略纲要［EB/OL］.https://www.gov.cn,2016-07-27.

［4］ 中国科学院遥感与数字地球研究所.《数字地球概念》［EB/OL］.https:// www.ceode.ac.cn,2013-01-05.

［5］ （澳）布亚.深入理解云计算——基本原理和应用程序编程技术［M］.北京:机械工业出版社,2015.

［6］ 孟海东,宋宇辰.大数据挖掘技术与应用［M］.北京:冶金工业出版社,2014.

［7］ 彭明盛.智慧地球［EB/OL］.https:// www.ibm.com,2013-01-05.

［8］ 詹国华.物联网概论［M］.北京:清华大学出版社,2016.

基于区间多属性决策的舰载机起降安全性风险评估

宋晨阳[1]，张韧[1,2*]，侯太平[1]，陈符森[3]

（1. 解放军理工大学 气象海洋学院，江苏 南京 211101；2. 南京信息工程大学 气象灾害预报预警与评估协同创新中心，江苏 南京 210044；3. 解放军91431部队，广东 湛江 574000）

摘要：针对复杂气象水文条件下舰载机起降安全的高风险及常规气象保障中存在的难以客观定量评价天气状况问题，从风险分析角度提出了舰载机起降环境风险评估概念模型，为解决风险评估建模时决策者难以有效判别的情况和多种气象水文要素可能存在的不确定信息，构建了犹豫层次分析法和改进的区间多属性决策相结合的舰载机起降安全性风险评估模型，并进行了分析验证。以舰载直升机为例进行了起降环境安全性量化评估，旨在为海上军事行动中的气象水文保障提供决策咨询。

关键词：舰载机；风险评估；犹豫层次分析法；区间多属性决策；气象水文保障

1 引言

舰载机是指以航空母舰或其他军舰为基地的海军飞机。用于攻击空中、水面、水下和地面目标，并进行预警、侦察、巡逻、护航、布雷、扫雷和垂直登陆等任务。它是海军航空兵的主要作战手段之一，是在海洋战场上夺取和保持制空权、制海权的重要力量。不同于陆基飞机，舰载机在执行任务时，受大气、海洋环境的影响极大，对气象、水文保障提出了更高的要求，其中风、浪、降水和能见度等是直接影响舰载机起降安全的主要气象水文要素[1]。因此，如何快速、定量评估气象水文因素对舰载机起降安全的影响，成为军事气象水文保障的重要任务。

目前气象水文保障仍以具体要素预报为主[2]，决策建议一般是定性描述且阐述模糊。当天气状况处于临界天气条件或存在区间不确定性时，仅仅依靠保障人员的主观意识和经验知识，不同程度的夹杂着个人的主观倾向，缺乏客观、量化的评估决策方式，很难作出科学合理的保障决策。对于海上军事活动，特别是海上联合军事行动，往往涉及不同类型的舰艇、飞机的协同行动，情况更复杂、需决策的目标信息更多[3]。因此，常规的保障方法和决策思想已难以适应信息化条件下的海上军事活动客观、定量的保障要求。同时，由于国内对于气象水文要素对舰载机起降影响的研究还刚刚起步[4]，尚未形成有效、系统的评估体系。张韧等引入信息扩散理论对气象水文要素影响舰载导弹的效能进行了小样本数据的信息扩散及相应的评估建模[5]；庞云峰等运用层次分析理论探讨了大气海洋环境对武器效能的影响机理和评估技术[6]；彭鹏等基于益损分析开展了海洋水文环境影响鱼雷效能评估研究[7]。上述研究从不同角度揭示了气象水文要素对武器装备效能和安全的影响，但对于决策者做判断时犹豫不决的情况及如何处理区间型不确定信息，仍没有较好的解决。针对上述问题，深入研究气象水文要素对舰载机起降的影响机理，建立科学合理的评估指标体系，提供客观、定量的评估结果，具有重要的军事意义和应用价值。

现实决策问题中，由于决策问题的复杂性以及决策者自身的知识和经验不足等因素，致使决策者常常

基金项目：气象水文预先研究项目（41276088）；唐山市曹妃甸工业区专项（CQZ-2014001）。

作者简介：宋晨阳（1993—），男，河北省承德市人，硕士研究生，从事气候变化影响评估研究。E-mail：910038613@qq.com
*通信作者：张韧（1963—），男，教授，博士生导师，从事海气相互作用及海洋灾害风险评估等方向研究。E-mail：zrpaper@163.com

难以判别决断。朱斌及徐泽水和达庆利基于传统的层次分析法（Analytic Hierarchy Process，AHP），引入犹豫偏好的概念，用概率分布描述犹豫偏好，并将其运用到层次分析法中，提出犹豫层次分析法（H-AHP）[8-9]。它适用于决策者做判断时犹豫不决的情况，可描述决策者提供的有多个可能值的偏好信息，且这些可能值不需要集成或修改，提高了准确度和决策者对最终方案排序结果的满意程度。针对实际应用中存在的区间型不确定决策信息，徐泽水和达庆利提出一种改进的区间型多属性决策方法[9]，该方法首先定义了区间型理想点以及决策方案在区间型理想点上的投影等概念，无需对区间数进行比较和排序，所需计算量较小，具有简洁、直观、便于应用等特点。

为此，本文引入犹豫层次分析法和区间型多属性决策相结合的研究思想和方法，对影响舰载机起降安全的气象水文要素进行风险评估。该研究的核心是利用基于犹豫层次分析法（H-AHP），建立气象水文要素对舰载机起降安全的风险指标体系，并计算各指标的权重；然后将指标权重和各评估单元的规范化决策矩阵相结合，形成加权规范化决策矩阵；确定区间型理想点，求出各方案在区间型理想点上的投影，并以此进行排序和优选。

2 评估指标体系的构建与权重赋值

本文以舰载直升机起降为例，其环境影响因子众多，主要包括：风、浪、能见度和低云等。尾风对直升机起飞影响最大，而横风一般情况下对直升机起降无太大影响（但不能超出一定限度）；浪可引起舰艇摇摆和上下升、降，使直升机的预定着舰点处于随机运动之中，若无准确的引导，着舰将十分困难，尤其是中、小型舰艇在大风浪中摇摆剧烈，易使飞机滑落海中；在低能见度的条件下，直升机的起飞和降落都非常困难，影响海面能见度的因素有许多，如雾、霾、雨、雪等，而雾和降水是影响海面能见度最常见的因子；低云影响直升机的降落，如果飞机出云后离着舰的高度很低，且未对准着舰点，则飞行员往往来不及修正，容易造成复飞，有时操作不妥，还会引起事故。

综上分析，参考已有相关文献，建立气象海洋要素对舰载机起降安全影响的风险评估模型，见图1。

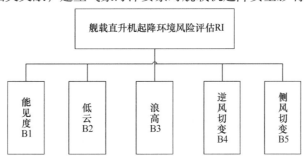

图1 舰载直升机起降环境风险评估指标体系

本文采用犹豫层次分析法（H-AHP）确定各评估指标的权重。犹豫层次分析法（H-AHP）适用于解决实际风险评价中的模糊性和犹豫不决的情况，可最大限度地保留决策者提供的有多个可能值的偏好信息，提高最终方案排序的可信度。具体计算步骤如下：

2.1 构造概率型犹豫积型偏好关系（Probabilistic Hesitant Multiplicative Preference Relation，P-HMPR）

对于一个控制属性，将决策问题分解，构造从上到下的结构层次，包括控制层、属性层和方案层。每一层次还可包含子层次。对于一个集合 $X = \{x_1, x_2, \cdots, x_n\}$，假设决策者对 X 中的元素进行两两比较，然后给出概率型犹豫偏好信息，根据专家意见构造概率型犹豫积型偏好关系（P-HMPR）$Y = (y_{ij})_{n \times n}$，其中 $y_{ij} = (y_{ij}^{(l)} (p_{ij}^{(l)}) \mid l = 1, \cdots, |y_{ij}|)$，$|y|$ 是 y 中可能值的数量，y_{ij} 表示 x_i 对 x_j 的偏好度，且满足

$$y_{ij}^{\rho^{(l)}} y_{ji}^{\rho^{(l)}} = 1, \quad y_{ii} = 1, \quad |y_{ij}| = |y_{ji}|, \quad p_{ij}^{\rho^{(l)}} = p_{ji}^{\rho^{(l)}} \quad (i, j = 1, 2, \cdots, n) \tag{1}$$

$$y_{ij}^{\rho(l)} \leqslant y_{ij}^{\rho(l+1)} \qquad (i < j), \tag{2}$$

式中，$y_{ij}^{\rho(l)}$ 是 y_{ij} 的第 ρ 个可能值，$p_{ij}^{\rho(l)}$ 是 $y_{ij}^{\rho(l)}$ 的概率。

根据气象海洋要素对舰载机起降安全影响的风险评估模型（图1），结合相关领域专家评估结果，构造 P-HMPR（表1）。

表 1　概率型犹豫偏好关系

	B1	B2	B3	B4	B5
B1	1	(2, 3)	1/5	1/3	1/4
B2	(1/2, 1/3)	1	1/6	1/4	1/5
B3	5	6	1	(3, 4)	2
B4	3	4	(1/3, 1/4)	1	1/2
B5	4	5	1/2	2	1

2.2　对 P-HMPR 进行一致性检验

基于概率分布 p_{ij}，从 y_{ij} 中随机选择 $y_{ij}^{(l)}$，可得一个 $MPRY^{(l)} = (y_{ij}^{(l)})_{n \times n}$。$Y^{(l)}$ 的几何一致性指标，表示为 $GCI_{Y(l)}$。根据 Crawford 和 Williams 提出的行几何平均法[10]（RGMM），对于 $MPRY^{(l)} = (y_{ij}^{(l)})_{n \times n}$，方案 x_i 的排序值 ω_i 为 $Y^{(l)}$ 中行元素的几何平均数：

$$\omega_i = \frac{\left(\prod_{j=1}^{n} y_{ij}^{(l)}\right)^{\frac{1}{n}}}{\sum_{i=1}^{n}\left(\prod_{j=1}^{n} a_{ij}\right)^{\frac{1}{n}}}. \tag{3}$$

基于排序值 ω_i，Aguaron 等提出了几何一致性指标（GCI）用于检验 $Y^{(l)}$ 的一致性水平：

$$GCI_{Y(l)} = \frac{2}{(n-1)(n-2)} \sum_{i<j} \ln^2 e_{ij}, \tag{4}$$

其中，$e_{ij} = y_{ij}^{(l)} \omega_j / \omega_i$。

令 Y 为一个犹豫偏好空间，那么 Y 的期望集合一致性指标可以定义为：

$$E(GCI)_Y = \left(\prod_{i,j=1}^{n} \frac{1}{|y_{ij}|}\right) \sum_{Y} GCI_{Y(l)}. \tag{5}$$

$E(GCI)_Y$ 的计算基于蒙特卡洛模拟。与 Aguaron 等提出的可接受一致性临界值相同，如表2所示，若 $E(GCI)_Y \leqslant \overline{GCI}^{(n)}$，那么 Y 是满足可接受一致性的。如未经过一致性检验，则必须进行改进。因为犹豫偏好可以认为是随机偏好的一种特殊情况，所以可以用随机的方法改进一致性。具体方法如下：

令参数 $\lambda = 0.1$，从 Y 中随机得到一个 $MPRY^{(l)}$，计算其最大特征向量 $\lambda_{\max}(Y^{(l)})$ 和特征向量 $\boldsymbol{\omega} = (\omega_1, \omega_2, \cdots, \omega_n)$。计算 $CR_A = (\lambda_{\max} - n)/((n-1)RI)$，$RI$ 的取值如表3所示。若 $CR_A < 0.1$ 则退出；否则令 $Y'^{(l)} = (a'_{ij})$，其中 $(a'_{ij}) = (a_{ij})^\lambda (\omega_i/\omega_j)^{1-\lambda}$。用 $Y'^{(l)}$ 替换 $Y^{(l)}$。

经计算，表1中的 P-HMPR 的 $E(GCI)_Y = 0.1216$，满足可接受一致性。

表 2　不同维数 Y 的 GCI 可接受临界值

n	3	4	>4
$GCI^{(n)}$	0.3174	0.3526	0.370

表 3　不同维数 Y 的 RI 平均值

n	1	2	3	4	5	6	7	8
RI	0	0	0.52	0.89	1.12	1.26	1.36	1.41

2.3　计算各指标权重

基于行几何平均法（RGMM），应用蒙特卡洛模拟的方法，计算同一层次相应元素对于上一层次某元素相对重要性的排序权值。再从结构的底层开始，对于上一层次中元素，集成方案的排序权值，直到获得方案对于控制属性的综合排序权值，即各相关指标的权重。经计算可知，$W = (0.078\,9,\ 0.048,\ 0.434\,5,\ 0.166\,7,\ 0.271\,9)$。

基于犹豫层次分析法的评估结果可知：舰载直升机的起降安全受浪高的影响最大；其次是逆风切变和侧风切变的影响；再次是能见度和低云。这个评估结果比较符合日常保障经验。

3　评估建模与实验仿真

鉴于大气、海洋环境对舰载直升机起降过程的影响机理非常复杂，很难直接给出具有明确物理意义的评价函数，且相关保障样本数据和资料获取困难，因此，本文根据舰载直升机起降环境风险评估指标体系的特点及评价的内容，针对气象水文条件可能存在的区间型不确定信息，采用犹豫层次分析法和多属性决策相结合的舰载直升机起降风险评估方法。

在确定各指标权重的基础上，应用区间型多属性决策方法计算舰载直升机起降安全风险。区间型多属性决策方法的核心思想是通过定义区间型理想点，得出决策方案在区间型理想点上的投影，以此作为评价各方案的依据。

3.1　构建决策矩阵

令 $M = \{1, 2, \cdots, m\}$，$N = \{1, 2, \cdots, n\}$ 设参与评价的多属性决策问题的方案集为 $X = \{x_1, x_2, \cdots, x_n\}$，属性集为 $U = \{u_1, u_2, \cdots u_n\}$，属性的权重向量为 $\mathbf{w} = \{w_1, w_2, \cdots w_n\}$，其中 $w_j \geqslant 0$，$j \in M$，$\sum_{j=1}^{m} w_j = 1$。对于方案 x_i，按属性 u_j 进行测度，得到 x_i 关于属性 u_j 的属性值为区间数 $\overline{a_{ij}}$，$\overline{a_{ij}} = [a_{ij}^L, a_{ij}^U]$，从而构成决策矩阵 $\overline{\mathbf{A}} = (\overline{a_{ij}})_{n \times m}$。

本文以某次军事演习中的气象水文要素数据为例，构建决策矩阵 $\overline{A}$。

方案	B1/km	B2/m	B3/m	B4/m · s⁻¹ (30 m)⁻¹	B5/m · s⁻¹ (30 m)⁻¹
x_1	[4 ~ 6]	[1 200 ~ 1 500]	[8 ~ 10]	[2.3 ~ 2.5]	[2.5 ~ 2.7]
x_2	[8 ~ 10]	[600 ~ 800]	[10 ~ 12]	[2.7 ~ 3.0]	[2.5 ~ 2.7]
x_3	[2 ~ 4]	[800 ~ 1 000]	[8 ~ 10]	[3.0 ~ 3.5]	[2.8 ~ 3.0]
x_4	[8 ~ 10]	[1 000 ~ 1 200]	[6 ~ 8]	[2.3 ~ 2.5]	[2.2 ~ 2.5]

3.2　决策矩阵规范化

为了消除不同物理量纲对决策结果的影响，需要对决策矩阵进行无量纲化处理，将决策矩阵 $\overline{A}$ 转化为规范化矩阵 $\mathbf{R} = (\overline{r_{ij}})_{n \times m}$，其中，$\overline{r_{ij}} = [r_{ij}^L, r_{ij}^U]$，且

对于值越大风险越大型指标：

$$\overline{r_{ij}} = \frac{1/\overline{a_{ij}}}{\sqrt{\sum_{i=1}^{n}\left(\frac{1}{\overline{a_{ij}}}\right)^2}} . \tag{6}$$

对于值越小风险越大型指标：

$$\overline{r_{ij}} = \frac{\overline{a_{ij}}}{\sqrt{\sum_{i=1}^{n}\overline{a_{ij}}^2}} . \tag{7}$$

根据区间数的运算法则，把式（1）和（2）写为：

$$\begin{cases} r_{ij}^L = \dfrac{1/a_{ij}^U}{\sqrt{\sum_{i=1}^{n}(1/a_{ij}^L)^2}} \\ r_{ij}^U = \dfrac{1/a_{ij}^L}{\sqrt{\sum_{i=1}^{n}(1/a_{ij}^U)^2}} \end{cases} . \tag{8}$$

$$\begin{cases} r_{ij}^L = \dfrac{a_{ij}^L}{\sqrt{\sum_{i=1}^{n}(a_{ij}^U)^2}} \\ r_{ij}^U = \dfrac{a_{ij}^U}{\sqrt{\sum_{i=1}^{n}(a_{ij}^L)^2}} \end{cases} . \tag{9}$$

按上式将决策矩阵 $\overline{\mathbf{A}}$ 转化为规范化决策矩阵 $\mathbf{R} = (\overline{r_{ij}})_{n\times m}$，即

$$\mathbf{R} = \begin{bmatrix} [0.252, 0.493] & [0.520, 0.809] & [0.169, 0.606] & [0.506, 0.607] & [0.458, 0.541] \\ [0.504, 0.820] & [0.260, 0.431] & [0.141, 0.485] & [0.421, 0.517] & [0.458, 0.541] \\ [0.176, 0.328] & [0.347, 0.539] & [0.169, 0.606] & [0.361, 0.466] & [0.412, 0.483] \\ [0.504, 0.820] & [0.433, 0.647] & [0.211, 0.808] & [0.506, 0.607] & [0.494, 0.615] \end{bmatrix} . \tag{10}$$

3.3 构建加权规范化决策矩阵

构造加权规范化决策矩阵 $\mathbf{Z} = (\overline{z_{ij}})_{n\times m}$，其中，$\overline{z_{ij}} = [z_{ij}^L, z_{ij}^U]$，且 $\overline{z_{ij}} = w_j\overline{r_{ij}}$，$i \in N$，$j \in M$，各属性权重 $W = \{w_1, w_2, \cdots, w_n\}^T$ 由上文中犹豫层次分析法确定，则

$$\mathbf{Z} = \begin{bmatrix} [0.0199, 0.0389] & [0.0250, 0.0388] & [0.0734, 0.2633] & [0.0844, 0.1012] & [0.1245, 0.1471] \\ [0.0398, 0.0647] & [0.0125, 0.0207] & [0.0613, 0.2107] & [0.0702, 0.0862] & [0.1245, 0.1471] \\ [0.0139, 0.0259] & [0.0167, 0.0259] & [0.0734, 0.2633] & [0.0602, 0.0777] & [0.1120, 0.1313] \\ [0.0398, 0.0647] & [0.0208, 0.0311] & [0.0917, 0.3511] & [0.0844, 0.1012] & [0.1343, 0.1672] \end{bmatrix} . \tag{11}$$

3.4 确定区间型理想点

定义 $\overline{z}^+ = \{\overline{z_1}^+, \overline{z_2}^+, \cdots \overline{z_m}^+\}^T$ 为区间型理想点，其中 $\overline{z_j}^+ = [z_j^{+L}, z_j^{+U}] = [\max_i z_{ij}^L, \max_i z_{ij}^U]$，$j \in M$ (5)

由此可确定区间型理想点为 $\overline{z_j}^+ = \{[0.039\ 8, 0.064\ 7], [0.025\ 0, 0.038\ 8], [0.091\ 7, 0.351\ 1], [0.084\ 4,$

$0.101\ 2]$，$[0.134\ 3,\ 0.167\ 2]\}^{\mathrm{T}}$.

3.5　计算方案在区间型理想点上的投影

设 $\alpha = \{\alpha_1,\ \alpha_2,\ \cdots,\ \alpha_m\}^{\mathrm{T}}$ 和 $\beta = \{\beta_1,\ \beta_2,\ \cdots,\ \beta_m\}^{\mathrm{T}}$，定义

$$P_{\beta}(\alpha) = \frac{\sum\limits_{j=1}^{m} \alpha_j \beta_j}{\sqrt{\sum\limits_{j=1}^{m} \alpha_j^2}\sqrt{\sum\limits_{j=1}^{m} \beta_j^2}}\sqrt{\sum\limits_{j=1}^{m} \alpha_j^2} = \frac{\sum\limits_{j=1}^{m} \alpha_j \beta_j}{\sqrt{\sum\limits_{j=1}^{m} \beta_j^2}},\tag{12}$$

为 α 在 β 上的投影，一般来说，$P_{\beta}(\alpha)$ 值越大，表明向量 α 和 β 之间越接近。令

$$P_z^+(\bar{z}_i) = \frac{\sum\limits_{j=1}^{m} (z_{ij}^L z_j^{+L} + z_{ij}^U z_j^{+U})}{\sqrt{\sum\limits_{j=1}^{m} [(z_j^{+L})^2 + (z_j^{+U})^2]}},\tag{13}$$

式中，$\bar{z}_i = \{\bar{z}_{i1},\ \bar{z}_{i2},\ \cdots,\ \bar{z}_{im}\}^{\mathrm{T}}$，$i \in N$。

显然，$P_z^+(\bar{z}_i)$ 值越大，表明方案 x_i 越接近区间型理想点 $\bar{z}^+$。利用式（13）求出方案 $x_i(i = 1,\ 2,\ 3,\ 4)$ 在区间型理想点上的投影，即 $P_z^+(\bar{z}_1) = 0.362\ 5$，$P_z^+(\bar{z}_2) = 0.316\ 2$，$P_z^+(\bar{z}_3) = 0.339\ 1$，$P_z^+(\bar{z}_4) = 0.449\ 6$。由此对方案进行排序：$x_4 > x_1 > x_3 > x_2$，故最优方案为 x_4，即当气象水文条件为方案 x_4 时，最适合舰载直升机起降。

4　结论

针对气象水文要素对舰载机起降安全的重要影响及可能存在的区间型不确定信息，本文以舰载直升机为例，基于气象水文条件对舰载直升机起降安全风险的讨论，通过犹豫层次分析法和改进的多属性决策相结合的方法，建立了舰载直升机起降环境风险评估指标体系，并进行了实例分析，实现了舰载直升机起降安全风险的量化评估，为复杂条件下气象水文保障提供了客观、定量的决策依据。本文评估方法的主要优点有：（1）较好地解决决策者做判断时犹豫不决的情况，提高了决策者的满意程度；（2）对于气象水文要素存在的模糊性，利用区间数定量化处理了指标存在的区间型不确定信息；（3）克服了传统方法对区间数进行比较和排序的问题，所需计算量较少。

但是，由于舰载机起降安全涉及飞行员的因素和气象水文环境的综合影响，该模型的评估效果还需要更多实验数据支持验证。此外，各气象水文要素相互影响和作用的机理仍有进一步探讨的空间。

参考文献：

[1]　张建荣. 气象条件对飞机及飞行的影响分析[J]. 航空科学技术,2014(25):54-56.

[2]　郭超,邵利民,李昌荣. 复杂海面电磁环境下舰艇的气象保障问题研究[J]. 装备环境工程,2009(6):59-63.

[3]　胡建华,韩米田,李振奎. 信息化条件下反潜作战体系探讨[J]. 海军兵种学术,2010(5):5-6.

[4]　张继权,李宁. 主要气象灾害风险评价与管理的数量化方法及其应用[M]. 北京:北京师范大学出版社,2007.

[5]　张韧,徐志升. 基于不完备数据样本的联合作战大气-海洋环境风险决策[J]. 军事运筹与系统工程,2009(23):48-52.

[6]　庞云峰,张韧,黄志松,等. 大气-海洋环境对舰载雷达探测效能的影响评估[J]. 指挥控制与仿真,2009,32(4):65-71.

[7]　彭鹏,张韧,李佳讯. 基于益损分析的鱼雷战术效能的海洋环境影响评估[J]. 指挥控制与仿真,2010,32(3):54-61.

[8]　朱斌. 基于偏好关系决策方法及应用研究[D]. 南京:东南大学,2014.

[9]　徐泽水,达庆利. 区间型多属性决策的一种新方法[J]. 东南大学学报,2003,33(4):498-502.

[10]　Crawford G, Williams C. A note on the analysis of subjective judgment matrices[J]. Journal of Mathematical Psychology,1985,29(4):387-405.

基于贝叶斯网络的北极通航可行性评估建模技术

汪杨骏[1]，张韧[1,2*]，葛珊珊[1]，申双[2]，胡正华[2]

（1. 解放军理工大学 气象海洋学院，江苏 南京 211101；2. 南京信息工程大学 气象灾害预报预警与评估协同创新中心，江苏 南京 210044）

摘要： 全球气候变暖的背景下，北极航道的开发和利用对传统航道形成了巨大的冲击。相比于传统航道，北极航道既存在航道距离短、海运成本低、地缘政治简单、海盗袭击风险低的优势，又面临着基础设施不完善、应急响应及救援能力差、生态环境脆弱等劣势。显然，北极通航的可行性分析是一个复杂的工程，具有大量的、动态的信息，会随着气候、市场及突发事件的影响而发生改变。本文采用贝叶斯网络，将客观定量模型与专家主观定性知识相结合，旨在比较北极航道与传统航道的综合效益，对北极通航可行性进行综合评估。以东北航道为例，本文首先建立了航道综合效益模型，以该模型中的各个变量作为贝叶斯网络的节点构建贝叶斯网络，将当前状态作为基准（中），把各个变量的取值划分为高、中、低3个状态，利用蒙特卡洛方法在模型中随机抽取若干样本代入网络中，通过 EM 算法获得各个节点间先验分布的条件概率表。其次，结合专家知识，对网络进行训练与更新。最后，采用该网络对未来可能情景进行了分析与讨论。

关键词： 北极航道；可行性分析；贝叶斯网络；综合效益模型；蒙特卡洛方法

1 引言

北极航道，通常指穿过北冰洋，连接太平洋和大西洋的海上通道[1]。主要分为 3 条航道：东北航道，西北航道以及中央航道。其中，东北航道从北欧出发，途经北冰洋的巴伦支海、喀拉海、拉普捷夫海、穿过新西伯利亚海和楚科奇海，抵达白令海峡；西北航道从白令海峡出发，沿阿拉斯加北岸，加拿大北极群岛，抵达戴维斯海峡；中央航道从白令海峡出发，直接穿越北冰洋中心区域抵达格陵兰海和挪威海（图 1）。

20 世纪 80 年代初，Young 等提出了"北极的生命周期"概念，强调了北极地区的战略重要性[2]。21 世纪以来，全球气候显著变暖，北极海冰快速融化，伴随造船和航海技术的进步，使得北极航道通航成为了可能。相比于马六甲海峡、苏伊士运河、巴拿马运河等传统航道所面临着的通行能力饱和、航道拥堵、海盗猖獗、地缘政治复杂等问题，开通北极航道可以有效缩短航道距离、缓解传统航道压力、降低海运成本、提升战略物资的航运安全。但由于北极航道特殊的地理环境，航行速度受海面浮冰及天气条件影响大，对船舶的技术要求高；同时，北极航道上面临着基础设施不完备、应急响应及救援能力差、生态环境脆弱等问题[3-7]。因此对于北极航道的使用成本与风险进行有效的综合评估显得十分重要。当前，国内外众多学者都对此进行了研究，研究成果主要有两类，一类是从宏观角度综合研究北极航道问题。Valsson 和 Ulfarsson 等针对北极海冰融化的情景，分析了世界航运业格局的变

基金项目： 国家自然科学基金项目（41276088）。

作者简介： 汪杨骏（1990—），男，浙江省湖州市人，硕士研究生，从事海洋环境风险评估研究。E-mail：492670449@qq.com

*通信作者：张韧（1963—），男，教授、博士生导师，从事海洋环境影响评估与决策研究。E-mail：zrpaper@163.com

图 1　北极航道示意图

化[8]；戴晋对东北航道的发展前景进行了预测，分析了东北航道开通后我国航运业的机遇与挑战[9]；Hong 分析了北极航道开通对中国海运的影响及相关对策[10]。另一类是从经济成本、海冰条件等要素出发，研究其对北极航道的影响，Stroeve 等基于 CMIP5、CMIP3 及观测数据，分析了北极地区海冰的年代际变化趋势及季节性变化规律，为研究北极通航提供了丰富的海洋数据[11]；挪威船级社基于北极当前气候条件，对未来北极地区船舶活动量及 CO_2 的排放量进行了预测[12]；Somanathan 等分析了不同情景下船只通过西北航道和巴拿马运河时的运费率和航行成本[13]；Liu 和 Kronbak 比较了干散货运输在东北航道和苏伊士运河的经济效益[14]；Way 等采用概率方法对不同航速下通过北极航道与苏伊士运河的经济成本进行了模拟，分析得到最优的航行速度[15]。

　　综上所述，对于北极航道的宏观分析主要以定性描述为主；而对于定量分析，主要集中在对海冰条件的模拟，海运经济成本的测算等若干个单要素的分析上，没有综合分析其他方面的影响。因此本文基于贝叶斯网络，提出了一个客观定量的综合效益模型，并结合专家定性知识对航道的使用成本及风险进行综合分析。最后采用情景分析方法，对东北航道的可行性进行了分析。

2　方法综述

　　北极通航的可行性分析是一个复杂的工程，具有大量的、动态的信息，会随着气候、市场及突发事件的影响而发生改变。传统的评估方法不足以完成对此复杂系统的有效评估，而贝叶斯网络方法则能很好的处理这些问题。贝叶斯网络基于主观贝叶斯方法概率推理模型发展而来，通过确定的先验知识构建起以变量为节点，变量间概率关系为边的推理模型，并及时吸收新的证据，以严密的推理算法对网络其余节点参数进行更新，实现对动态信息的评估及突发事件的快速评价[16]。因此，本文采用贝叶斯推理模型，将客观定量模型与专家主观定性知识相结合，旨在比较北极航道与传统航道的综合效益，对北极通航可行性进行综合评估。以东北航道为例，本文首先建立了航道综合效益模型，以该模型中的各个变量作为贝叶斯网络的节点构建贝叶斯网络，将当前状态作为基准（中），把各个变量的取值划分为高、中、低 3 个状态，利用蒙特卡洛方法在模型中随机抽取若干样本代入网络中，通过 EM 算法获得各个节点间先验分布的条件概率表。其次结合专家知识，对网络进行训练与更新。最后，采用模型对未来可能情景进行分析与讨论。其中，贝叶斯网络的构建基于 Netica 软件实现。

3 航道综合效益模型

航道综合效益模型主要由经济效益、环境效益和海盗风险损失及突发事件4个方面决定，具体技术路线见图2。

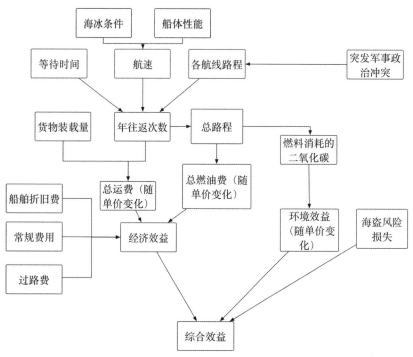

图2 航道综合效益模型

3.1 经济效益

经济效益从运费、燃油费、船舶折旧费、常规费用及过路费5个方面进行评定[17]。

$$经济效益 = 运费 + 燃油费 + 船舶折旧费 + 常规费用 + 过路费. \tag{1}$$

其中，运费由货物装载量及在不同航道次年往返次数所决定。不同航道中的往返次数又与通过各航道的等待时间、船速及不同航道的路程所决定。北极海域海冰条件决定了北极航道的通航时间及航道积冰情况，与船舶性能共同决定了航速的快慢，从而影响航道总的航行路程和年往返次数。各要素计算方法如下：

$$船速 = \begin{cases} v_1 & 有冰 \\ v_2 & 无冰 \end{cases}, \tag{2}$$

$$年往返次数 = \frac{365}{[（各航线路程/船速）×2+等待时间]}, \tag{3}$$

$$运费 = 载货量×年往返次数×运费单价. \tag{4}$$

总燃油费由航行中燃油消耗量与燃油单价共同决定，其中燃油消耗量是船速和航行总路程的函数。关系表达如下：

$$燃油消耗量 = \sum_{i=1}^{N} F(船速，各航线路程), \tag{5}$$

式中，N为年往返次数。

$$总燃油费 = 燃油消耗量×燃油单价. \tag{6}$$

船舶折旧费是指船舶在使用过程中的年折损费用。常规费用是指船舶航行过程中的管理维修费用、保险费用及人工费用。而过路费是指通过不同航道所需缴纳的费用，如经过东北航道要缴纳破冰费，而经过苏伊士运河也要缴纳一定的过路费。

3.2 环境效益

环境效益，在船舶航行过程中排放的二氧化碳引起全球气候变暖，减少这一部分二氧化碳排放所需要投入的资金作为环境效益。

$$环境效益 = 减排成本 \times 二氧化碳排放量 . \tag{7}$$

此外，由于溢油等突发事件造成的航道所在地区的生态环境遭受破坏而造成的损失，则在常规费用的保险中计算。

3.3 海盗风险损失

当前海盗活动日益猖獗，威胁航行船舶的运输安全和船员人身安全。20 世纪末至今，海盗袭击事件大量发生，虽然全球的保险公司和保险协会出台了一些保险业务（如航运特别战争险、绑架赎金险等）来减少海盗袭击对船舶及船上的人员、货物造成的损失，但目前国际上对于营救费用和赎金的赔付问题存在较大争议[18]，由此本文将海盗袭击时的损失计入混合效益，用期望定义海盗风险损失，即

$$海盗风险损失 = \sum_{i=1}^{N} 海盗袭击率 \times 海盗袭击损失 , \tag{8}$$

式中，N 为年往返次数。

3.4 突发军事政治冲突

不同地区的突发军事政治冲突，同样是决定航道能否通行的关键因素。如苏伊士运河地区常常是各国博弈的中心，若该地区爆发军事政治冲突，则该航道有关闭的风险，必须绕道好望角或选择其他航道[19]。

综上所述，最终得到的综合效益为：

$$综合效益 = 经济效益 - 环境效益 - 海盗风险损失 . \tag{9}$$

4 基准状态的确定

本文以 4 500TEU 的集装箱船从上海—鹿特丹为例，比较混合航道（在北极海况条件允许下选择东北航道，海况条件不允许时选择传统航道）和单独使用传统航道（苏伊士运河或绕道好望角）之间的综合效益。上海—鹿特丹通过东北航道、苏伊士运河、好望角的航程分别为 7 931 n mile、10 525 n mile 及 13 843 n mile。该船舶在有冰条件下航行速度为 10 kn/h，无冰条件下船速为 18 kn/h。本文所涉及到的情景及描述详见表 1。

表 1 本文情景及描述

	海冰 1	海冰 2	海冰 3	海冰 4
不安全	传统航道：苏伊士运河关闭，绕道好望角。航道距离为 13 843 n mile。东北航道：有 91 天可航行，航道距离为 7 931 n mile，无冰距离为 7 027 n mile。	传统航道：苏伊士运河关闭，绕道好望角。航道距离为 13 843 n mile。东北航道：有 182 天可航行，航道距离为 7 931 n mile，无冰距离为 7 328 n mile。	传统航道：苏伊士运河关闭，绕道好望角。航道距离为 13 843 n mile。东北航道有 274 天可航行，航道距离为 7 931 n mile，无冰距离为 7 631 n mile。	传统航道：苏伊士运河关闭，绕道好望角。航道距离为 13 843 n mile。苏伊士运河关闭，东北航道全年皆可航行。
安全	传统航道：经过苏伊士运河。航道距离为 10 525 n mile。东北航道：有 91 天可航行，航道距离为 7 931 n mile，无冰距离为 7 027 n mile。	传统航道：经过苏伊士运河。航道距离为 10 525 n mile。东北航道：有 182 天可航行，航道距离为 7 931 n mile，无冰距离为 7 328 n mile。	传统航道：经过苏伊士运河。航道距离为 10 525 n mile。东北航道有 274 天可航行，航道距离为 7 931 n mile，无冰距离为 7 631 n mile。	传统航道：经过苏伊士运河。航道距离为 10 525 n mile。苏伊士运河关闭，东北航道全年皆可航行。

4.1　经济效益计算

4.1.1　运费的计算

运费按照 1 000 美元/TEU 计算，在本文给定的不同情景下，根据公式（3）、（4）可得不同航道年往返次数及运费情况见表 2。

表 2　不同情景下各航道年往返次数和运费情况

		海冰 1		海冰 2		海冰 3		海冰 4	
		混合航道（东北航道）	传统航道	混合航道（东北航道）	传统航道	混合航道（东北航道）	传统航道	混合航道（东北航道）	传统航道
不安全	年往返次数	7.47（2.27）	5.70	8.14（4.67）	5.70	8.97（7.24）	5.70	9.94（9.94）	5.70
	运费/百万美元	29.46	25.63	33.88	25.63	38.99	25.63	44.74	25.63
安全	年往返次数	6.55（2.27）	6.92	7.53（4.67）	6.92	8.66（7.24）	6.92	9.94（9.94）	6.92
	运费/百万美元	33.61	31.15	36.64	31.15	40.36	31.15	44.74	31.15

注：运费根据运费查询网 http://www.yunfei89.com/yp-list-14-0-7365--1.html 数据计算得出。

4.1.2　燃油费的计算

船舶的燃油消耗量与航行海况有一定联系，可大概估计在无冰时，燃油消耗为 0.3 吨/海里；有冰时，燃油消耗为 0.5 吨/海里。燃油价格为 200 美元/吨。则不同情景下，各航道燃油费见表 3。

表 3　不同情景下各航道燃油费

		海冰 1		海冰 2		海冰 3		海冰 4	
		混合航道	传统航道	混合航道	传统航道	混合航道	传统航道	混合航道	传统航道
不安全	燃油费/百万美元	6.22	7.88	6.60	7.88	7.15	7.88	7.88	7.88
安全	燃油费/百万美元	7.19	7.29	7.25	7.29	7.47	7.29	7.88	7.29

注：燃油单价根据世界燃油价格网数据 http://shipandbunker.com/prices 数据计算得出。

4.1.3　其他费用的计算

4 500TEU 的集装箱船造价为 4 500 万美元[①]，冰区加强型船的造价按该船型造价的 120% 计算，船舶折旧费以 10 年折旧期计算。苏伊士运河与东北航道的过路费根据 Liu 和 Kronbak 的研究数据[14]。常规费用采用 Consultans 的研究数据确定[20]。不同航道的船舶折旧费、常规费用及过路费详见表 4。

表 4　不同航道其他费用对比

	东北航道	苏伊士运河	好望角
船舶折旧费/百万美元·年$^{-1}$	5.4	4.5	4.5
常规费用/美元·天$^{-1}$	8 925	6 100	6 100
过路费/百万美元·次$^{-1}$	1.15	0.24	0

---

①　造船数据来源于英国克拉克松公司。

综上，不同情景下各航道经济效益见表 5。

表 5　不同情景下各航道经济效益

		海冰 1		海冰 2		海冰 3		海冰 4	
		混合航道	传统航道	混合航道	传统航道	混合航道	传统航道	混合航道	传统航道
不安全	经济效益/百万美元	6.27	7.68	5.89	7.68	5.65	7.68	5.58	7.68
安全	经济效益/百万美元	4.35	4.61	4.61	4.61	5.01	4.61	5.58	4.61

4.2　环境效益计算

各航道的环境效益可由公式（7）计算得到，其中 CO_2 排放量根据由 IMO 报告中的数据决定[21]。减排成本由尹红鑫的数据确定[22]，不同情景下各航道环境效益结果见表 6。

表 6　不同情景下各航道环境效益

		海冰 1		海冰 2		海冰 3		海冰 4	
		混合航道	传统航道	混合航道	传统航道	混合航道	传统航道	混合航道	传统航道
不安全	环境效益/万美元	25.00	27.12	25.31	27.12	26.01	27.12	27.12	27.12
安全	环境效益/万美元	26.55	25.06	26.34	25.06	26.52	25.06	27.12	25.06

4.3　海盗风险损失计算

各航道海盗风险损失可由公式（8）计算得到，其中全球海盗分布、海盗袭击率及海盗袭击损失基于 IMO 国际海事组织官网 http：//www.imo.org/en/Pages/Default.aspx 数据得到，具体结果见表 7。

表 7　不同情景下各航道海盗风险损失

		海冰 1		海冰 2		海冰 3		海冰 4	
		混合航道	传统航道	混合航道	传统航道	混合航道	传统航道	混合航道	传统航道
不安全	海盗袭击成功率/%	0	0	0	0	0	0	0	0
	海盗风险损失/美元	0	0	0	0	0	0	0	0
安全	海盗袭击成功率/%	0.07	0.1	0.04	0.1	0.02	0.1	0	0.1
	海盗风险损失/美元	14.20	18.92	9.49	18.92	4.72	18.92	0	9.46

4.4　综合效益计算

不同情景下，各航道综合效益由公式（9）计算得到，见图 2。结果显示，不同情景下各条航道的综合效益有明显的区别。主要来看有以下几点：

（1）纵向对比来看，安全条件下的传统航道综合收益高于不安全条件下的传统航道综合收益。而安全条件下的混合航道综合收益高于不安全条件下混合航道综合收益。

（2）横向对比来看，安全条件下的混合航道随着东北航道可航行日数的增多综合效益逐渐下降。而不安全条件下的混合航道综合效益随着东北航道可航行日数的增多综合效益逐渐上升。

（3）综合来看，安全条件下，各海冰条件下传统航道比混合航道综合效益都要高，这主要是由于东北航道当前条件下高昂的破冰费用造成的。而不安全条件下，海冰条件 1、2 下，传统航道综合效益高；海冰条件 3、4 下，混合航道综合效益高。

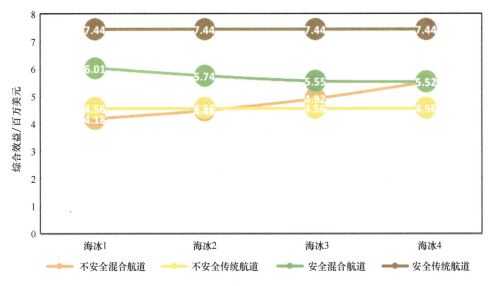

图 2　当前状态下不同情景下各航道综合效益

5　贝叶斯网络建立

5.1　先验的确定

将航道综合效益模型的各个变量作为贝叶斯网络的节点在 Netica 中构建贝叶斯网络，以上节结果作为基准状态（中）。为把专家知识引入以进行信念的更新，需要通过聚类方法把各个变量的取值抽象为高、中、低 3 个状态，利用蒙特卡洛方法在模型中随机抽取 1 000 个样本代入 Netica 中，通过 EM 算法获得各个节点间先验分布的条件概率表。其中贝叶斯推理模型见图 3，经蒙特卡洛方法测试得到先验模型精度为 75.1%，见表 8。

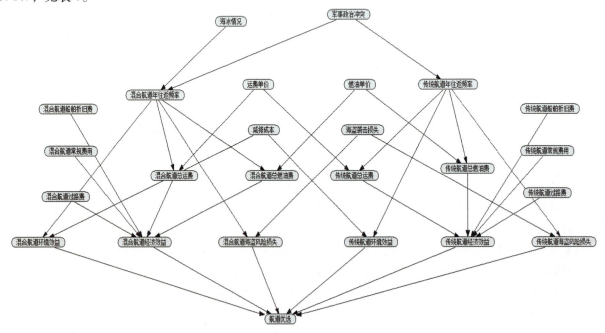

图 3　基于 Netica 的航道优选贝叶斯网络

表 8　先验模型检验结果

mix	trd	实际结果
677	102	mix
147	74	trd
准确率：	75.1%	

5.2　信念的更新

由于上述建立的贝叶斯推理模型是基于客观定量模型的基础上，但客观定量模型其实是真实情况的简化，因而存在不可避免的误差和偏差。为改进这一方面的误差和偏差，本文通过阅读文献资料、征询相关领域专家意见，引入了专家知识对原始贝叶斯网络进行信念更新。专家调查问卷及结果见表9，信念更新后的模型精度上升到89.8%（表10）。利用此模型对情景进行推演，见图4。

表 9　专家调查问卷及结果

相关变量（基准状态）	高/%	中/%	低/%
苏伊士运河突发军事政治冲突的可能性	28.6	0	71.4
混合航道船舶折旧费（5.4百万美元/年）	50	50	0
传统航道船舶折旧费（4.5百万美元/年）	0	100	0
东北航道常规费用（8 925美元/天）	16.7	83.3	0
传统航道常规费用（6 100美元/天）	50	50	0
东北航道破冰费（1.15百万美元/次）	33.4	50	16.7
苏伊士航道过路费（0.24百万美元/次）	50	50	0
运费单价（1 000美元/集装箱/次）	66.6	33.4	
燃油单价（200美元/吨）	0	16.7	83.3
减排成本（8 910美元/吨）	66.7	16.7	16.7
海盗袭击损失（27.33百万美元）	83.7	16.7	0
航道选择	混合航道	66.7	
	传统航道	33.3	

表 10　综合模型检验结果

mix	trd	实际结果
677	102	mix
0	221	trd
准确率：	89.8%	

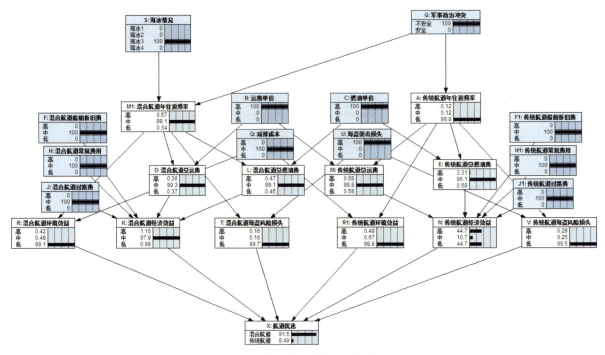

图4　某一情景下的推理结果

6　结论

本文通过贝叶斯网络建立了对航道综合效益的推理模型，用以比较不同航道之间的优劣，从而对北极航道可行性进行评估。本文构建的贝叶斯网络将客观定量模型与专家主观定性知识相结合，既拥有定量模型的客观性，又可以改善客观模型，缩小其与真实状态之间的误差。根据建立的贝叶斯网络进行推理得到如下结论：（1）通过建模得到航道综合效益模型为当前不同海冰条件与地区政治军事安全条件下的航道优选提供了基准（先验知识）：在地区政治军事安全条件下，各海冰条件下传统航道比混合航道综合效益高。而不安全条件下，海冰条件1、2时，传统航道综合效益高，而海冰条件3、4时，混合航道综合效益高。（2）若降低经过东北航道所收取的破冰费，则无论地区政治军事冲突发生与否，在各海冰条件下均选择混合航道。（3）若燃油供需平衡打破，造成燃油费用升高，则在地区政治军事安全条件下，选择传统航道，但若在苏伊士运河地区发生政治军事冲突，则改选混合航道。（4）若未来海盗袭击更加猖獗，则无论地区政治军事冲突发生与否，在海冰条件1、2下均选择传统航道，海冰条件3、4下选择混合航道。

参考文献：

[1]　郭培清. 北极航道的国际问题研究[M]. 北京：海洋出版社，2009.

[2]　Young O R. The Age of the Arctic[J]. Foreign Policy，1986，61：160-179.

[3]　李娜. 北极航道通航对我国航运业的影响研究[D]. 大连：大连海事大学，2012.

[4]　王丹，李振福，张燕. 北极航道开通对我国航运业发展的影响[J]. 中国航海，2014，37（1）：141-145.

[5]　Winther M，Christensen J H，Plejdrup M S，et al. Emission inventories for ships in the arctic based on satellite sampled AIS data[J]. Atmospheric Environment，2014，91（7）：1-14.

[6]　Nsr Information Office. Search and Rescue（Northern Sea Route Information Office）[EB/OL]. http：//www. arcticlio. com/nsr_searchandrescue

[7]　Authors C L，Brigham L，Mccalla R，et al. Arctic marine shipping assessment 2009 report[R]. Cambridge：Cambridge University Press，2009.

[8]　Valsson T，Ulfarsson G F. Future changes in activity structures of the globe under a receding Arctic ice scenario[J]. Futures，2011，43（4）：450-459.

［9］　戴晋．浅谈东北航道对我国航运业的影响［J］．中国远洋航务，2010（4）：70-71．

［10］　Hong N. The melting Arctic and its impact on China's maritime transport［J］. Research in Transportation Economics，2012，35（1）：50-57.

［11］　Stroeve J C，Kattsov V，Barrett A，et al. Trends in Arctic sea ice extent from CMIP5，CMIP3 and observations［J］. Geophysical Research Letters，2012，39（16）：L1605.

［12］　DNV. Shipping across the Arctic Ocean：A feasible option in 2030-2050 as a result of global warming［J］. Ocean & Coastal Management，1998（41）：175-207.

［13］　Somanathan S，Flynn P，Szymanski J. The northwest passage：a simulation［J］. Transportation Research Part A：Policy and Practice，2009，43（2）：127-135.

［14］　Liu M，Kronbak J. The potential economic viability of using the Northern Sea Route（NSR）as an alternative route between Asia and Europe［J］. Journal of Transport Geography，2010，18（3）：434-444.

［15］　Way B，Khan F，Veitch B. The Northern Sea Route vs the Suez Canal Route：An Economic Analysis Incorporating Probabilistic Simulation Optimization of Vessel Speed［C］// ASME 2015 34th International Conference on Ocean，Offshore and Arctic Engineering. American Society of Mechanical Engineers，2015：V008T07A010-V008T07A010.

［16］　杨理智，张韧，白成祖，等．基于贝叶斯网络的我国海上能源通道海盗袭击风险分析与实验评估［J］．指挥控制与仿真，2014（2）：51-57.

［17］　Liu M，Kronbak J. The potential economic viability of using the Northern Sea Route（NSR）as an alternative route between Asia and Europe［J］. Journal of Transport Geography，2010，18（3）：434-444.

［18］　谢春林．航运特别战争险和绑架赎金险解析［J］．水运管理，2010，32（5）：1-3.

［19］　史春林，李秀英．苏伊士运河与航运安全——兼论中国的通航对策［J］．太平洋学报，2014（10）：79-90.

［20］　Consultants D S. Ship operating costs：annual review and forecast［M］. Drewry：Drewry Shipping Consultans Ltd，2010.

［21］　Smith T W P，Jalkanen J P，Anderson B A，et al. Third IMO GHG study 2014［OL］. http://www. iadc. org/wp-content/uploads/2014/02/MEPC-67-6-INF3-2014-Final-Report-complete. pdf，2014.

［22］　尹红鑫．船舶大型化对航运业碳排放影响研究［D］．大连：大连海事大学，2015.

基于组件式地理信息系统的南海区基础 GIS 系统平台设计与开发

齐腊[1]

(1. 国家海洋局南海信息中心，广东 广州 510000)

摘要： 为给海洋主管部门提供使用于海区综合管理的空间信息支持，基于组件式地理信息系统（ComGIS）技术，利用面向对象的可视化编程语言，设计开发了南海区基础 GIS 系统平台。该平台具有较强的多源异构数据的管理模式，整合了南海区海图、环保、海底电缆管道、海域使用、倾废、油气田、海岛等多种类型的海洋数据。通过建立统一的空间数据库系统平台，可以实现对平台内的各类海洋数据进行叠加分析、快速查询统计、数据安全、数据专题定制等服务，为海区的业务管理提供可视化、智能化、高集成度的数据支撑和软件支持。

关键词： 组件式 GIS；多源异构数据；海洋专题数据；系统平台

1 引言

在科技兴海规划指导下，大力发展海洋信息建设，提升资源共享共用能力，迫切需要建设一个拓展性强、基本功能完备的 GIS 管理系统平台，对各类海洋专题数据进行综合管理[1]。

组件式 GIS（ComGIS）是采用面向对象技术和组件式技术构建的 GIS 系统，把 GIS 的各大功能模块划分为几个组件，每个组件完成不同的功能[2-3]。各 GIS 组件之间，以及 GIS 组件与其他非 GIS 组件之间，都可以方便的通过可视化的软件开发工具集成起来，形成最终的 GIS 基础平台和应用系统。它具有语言无关性、直接嵌入 MIS 开发工具、可重用性、进程透明性、升级方便等优点[4-5]。为后续的系统扩展、升级维护提供了技术基础。

本文利用组件式地理信息系统技术，结合可视化编程工具，设计开发了南海区基础 GIS 系统平台，较好的实现了多来源、多格式、多标准的海洋数据集成。在共用一套基础地理信息功能、安全权限和标准体系的基础上，扩展开发海洋专题数据的特殊功能，通过海洋专题数据的叠加分析、交叉查询，为海区的综合管理提供数据服务。

2 系统平台总体设计

南海区基础 GIS 系统以实现南海区信息综合管理为目的，对海域使用、海图、海底电缆管道、倾废、海岛、功能区划、环境保护和多媒体等资料进行数据融合和管理。

2.1 系统总体功能设计

目前，将不同来源的空间数据进行集成通常包括 4 种实现模式：数据格式转换、直接数据访问、数据互操作与空间数据共享平台[6]。由于本文的数据量庞大，且多以数据库的方式存储，因此，上述数据集成方法操作繁琐，容易造成信息丢失。采用组件式地理信息系统技术，设计开发了南海区基础 GIS 系统平

基金项目： 中国"数字海洋"信息基础框架构建南海分局节点建设（908-03-05-05）。

作者简介： 齐腊（1982—），女，河南省淮滨县人，博士，工程师，研究方向为海洋地理信息系统。E-mail：qila2013@ scsb. gov. cn

台，根据南海区海洋数据的特点，组合利用多种集成方式，可以最大限度的保证数据的完整性、标准性和准确性。

系统功能设计主要包括基础地理信息功能、海图管理、海洋专题数据管理、自建数据管理、数据统计查询、权限设置、组织架构和系统帮助等。

2.2　数据管理设计

根据不同的集成方式，将海区数据划分为底图数据、海洋专题数据和自建数据 3 种类型。

2.2.1　底图数据

底图数据包括海图数据和一些矢量数据，其中海图数据涵盖了 1 : 1 万、1 : 2.5 万、1 : 5 万、1 : 25 万、1 : 100 万 5 种比例尺，约 200 幅纸制地图矢量化入库。该类数据以点线面简单数据集的方式存储，配置成一张图的工作空间进行浏览、读取和查询。

2.2.2　海洋专题数据

海洋专题数据包括功能区划、海域使用、海底电缆管道、油气田、倾废区和海岛等海洋数据，对单独一个专题数据而言，可能包括空间数据、文档、图片、表格等多种形式。将空间数据由 Super Map 软件以数据源、数据集、图层等方式进行组织管理，将文档、图片、表格等作为单独的关系数据库管理。为避免数据格式转换造成的信息损失，GIS 系统平台通过程序接口与外部数据库进行集成。集成后的海洋专题数据库主要包括矢量文件自带的属性数据库和外部输入的 SQL Server 数据库（.mdb）[7]。两个相关数据库之间有关键字连接，可以根据查询需要，选择只查询属性信息和联合查询，或者直接选取图中某一地理实体显示相关的详细信息。

2.2.3　自建数据

自建数据是用户自定义的数据，存储在自建图层库中，采用 Super Map 复合数据集进行管理，通过自建图层对象查询进行属性查询和空间查询。

2.3　质量控制设计

为保证系统内容的准确性、完整性、精密性，最大限度的保证系统数据的价值和可用性，需要对 GIS 系统平台的建设进行质量控制设计。本文中采用的质量控制方法主要包括以下 4 个方面。

（1）系统分析、设计与实现采取开放路线，遵循国际软件工程的标准、规范，并尽可能采用国际主流产品，以确保系统集成的可行性、良好的可扩充性。建立系统日志，对系统的登陆、退出和运行状况进行记录。

（2）采用复合数据集对海洋专题数据进行空间管理，按照海洋专题数据图式图例规程等，对复合数据集中的文字、点、线、面等图层的风格样式进行统一设置。确保入库的数据符合标准规范。

（3）采用 SQL Server 对海洋专题数据进行业务管理，严格按照标准规范对业务数据的结构、内容和格式进行定义和约束。对业务数据创建数据字典，实现对数据准确有效的管理和维护。

（4）针对空间数据的特点，对宗海的内部结构进行研究和构建。设计开发了合并多边性（属性合并图形不合并）、分解多边形、构建带孔多边形等多种空间关系，真实再现了宗海使用的内部结构状况。

2.4　系统平台结构框架

南海区基础 GIS 系统平台建设主要围绕数据管理和功能实现开展的。系统的结构框架总体上可分为数据服务层、逻辑事务处理层和表现层 3 部分，如图 1 所示。

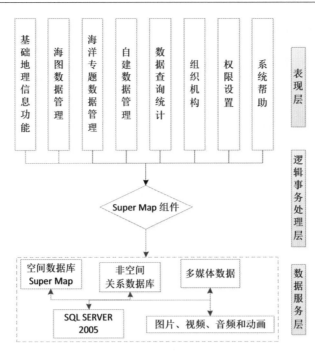

图 1   系统平台结构框架图

3   组件实现结果

3.1   系统界面

整个系统界面是以图形处理为主要框架，在图形的基础上实现图与文的结合。图形模式下，可以通过不同的方式对相关的图形进行定位，或直接选取图中某一实体显示相关的详细信息，并且可以通过对图的操作实现各种功能。系统界面可分为图形输出区、功能操作区、输出显示区和状态显示区，如图 2 所示。

3.2   功能实现

整个 GIS 系统平台功能包括基础地理信息功能、查询统计功能和业务管理功能。

3.2.1   基础地理信息功能

基础地理信息功能包括绘制图形、地图浏览、量算和地图操作等一些常见的 GIS 功能（表 1）。

表 1   基础地理信息功能

名称	具体内容
绘制图形	点、线、折线、弧、三点画弧、多段线、平行线、矩形、圆角矩形、平行四边形、两点画圆、三点画圆、椭圆、多边形、创建自定义折线、创建自定义面、创建自定义点、创建自定义圆。
地图浏览	点选、多边形选择、圆选、矩形选择、放大、缩小、自由缩放、漫游、全幅显示。
量算	量算距离、量算面积、量算角度。
地图操作	隐藏所有图层、显示所有图层、恢复原始图层顺序、图层控制、捕捉、地图属性设置、输出地图和坐标定位等。

3.2.2   查询统计功能

根据查询对象的类型不同，系统提供了多种查询统计方案，针对底图矢量数据，系统提供了模糊查询和空间模糊查询两种方式。模糊查询是指用户自己输入查询条件，查询感兴趣的地物的空间位置和该地物

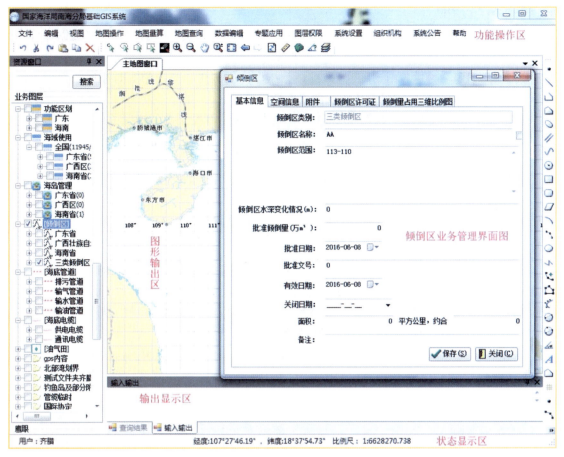

图 2 系统界面图

所有属性信息，并在地图窗口高亮显示。空间模糊查询则是设置空间图形过滤器（绘制圆、矩形、多边形等），在选定的区域内进行要素查询。本质上都是查找属性数据库中的数据，实现对空间地物位置的查找。

由于海洋专题数据内容包括空间数据、与空间数据对应的属性数据和业务属性数据。其中业务属性数据结构复杂，包含了大量信息，是查询和统计的主要对象。因此，海洋专题数据查询统计涉及到数据库之间的访问和互操作，通过系统关键字实现业务属性数据的查询统计和空间实体的定位。

针对自建数据，系统平台提供了自建图层模糊查询。

3.2.3 业务管理功能

业务管理包括业务属性信息、业务空间信息和业务附件信息的管理。图层创建后，即可录入业务数据的属性信息、空间信息和附件。图 2 中提供了倾倒区专题数据的业务管理界面。

3.3 系统设置

系统设置包括系统组织架构、权限管理和系统帮助。组织架构主要实现对系统用户及其角色的管理功能；权限管理主要实现系统管理员对系统菜单、系统功能和系统数据的开放程度进行管理的功能；系统帮助是初学者使用系统的帮助文件。通过系统设置，加强了管理员对系统管理和维护的功能，总体上保证了系统的安全稳定。

4 结语

本文构建的是一个基于 GIS 的海洋信息管理平台，系统以 GIS 图形界面为基本框架。在系统平台的搭建过程中，需要注意以下两点。

（1）在整个系统中必须保证数据的关联性和一致性，利用关系数据库的特点，将数据存放于数据库表，用连接关键字合成必要的数据视图，实现了数据的全局统一。

（2）做好详细的接口设计，保证用户与数据，数据库之间调用和交换的实时准确。保证系统良好的可扩展性和可操作性，提升系统的标准性和人性化水平。

系统平台的设计充分利用了组件式 GIS 的优点，结合可视化开发工具，体现了海洋特色和特点，达到对海区专题数据进行综合管理的目的。

参考文献：

[1] 郭伟，李书恒，朱大奎. 地理信息系统在海岸海洋地貌研究中的应用[J]. 海洋学报，2008，30(4):63-70.

[2] 刘玉卿，徐中民，李玉文. 基于组件式 GIS 的张掖市社会经济信息系统的设计与实现[J]. 遥感技术与应用，2008，23(5):600-603.

[3] 芦倩，张建军，闫秀婧，等. 基于组件式 GIS 的水文生态数据管理系统[J]. 计算机与现代化，2010(6):44-47.

[4] 尹毅，毛庆文，王静，等. 基于组件式 GIS 的南海热带气旋风、浪场分析系统[J]. 热带海洋学报，2008，27(5):78-83.

[5] 刘艳，顾春艳. 基于组件式 GIS 的机载航图辅助导航系统[J]. 测绘与空间地理信息，2009，32(6):87-89.

[6] 王寿彪，杨桃，谭海峰，等. 多源图像情报空间数据集成管理模型研究与原型建立[J]. 国土资源遥感，2013，25(2):174-179.

[7] 李卫国，李正金，李花. 基于组件式 GIS 的冬小麦遥感估产系统的开发研究[J]. 麦类作物学报，2011，31(2):318-323.

"征服者"无人测量船系统及其在路由勘察中的应用

林旭波[1]，王方旗[1*]，董立峰[1]，陶常飞[1]，刘森波[1]

（1. 国家海洋局第一海洋研究所，山东 青岛 266061）

摘要："征服者"是一款自主研发的致力于解决礁石区、浅滩区、养殖和捕捞区及高污染区等复杂水域的水下地形测量难题的无人测量船系统。系统主要由水上无人测量船系统和岸基监控/遥控系统两大部分组成，配备了高精度差分 GPS 定位系统和高集成度、小型化的单波束测深仪，其定位精度和测深精度满足相关海洋调查规范的要求。通过在蓬莱某路由勘察中的实际应用，结果表明：该无人测量船能够提供高精度的水深地形信息，具有实用性强、效率高、成本低、功耗低、可靠性高等特点，能够实现近岸复杂海域的水深地形测量。

关键词：无人测量船；USV；水深测量；单波束；复杂海域

1 引言

无人船（Unmanned Surface Vehicle，简称 USV）是一种通过远程遥控或自主驾驶，借助精准卫星定位实现水面航行并搭载多种高集成化仪器设备执行水上既定任务的智能机器人。近十几年以来，国际上无人船得到了如火如荼的发展：1996 年，美国麻省理工学院研发了自动测量船（autonomous surface craft）进行滨海区水深测量[1]，2005 年，他们又研发出了可执行海底地貌探测等多种水上任务的无人船平台"SCOUT"[2]；2007 年，葡萄牙波尔图大学 Silva 等研制了"Zarco"无人船用于河流坝区和河口区的环境调查[3]；2008 年，英国普利茅斯大学 Naeem 等开发了用于环境监测的"Springer"无人船[4-5]；2009 年，美国路易斯安那州立大学 Li 和 Weeks 采用搭载 ADCP 的无人船测量了潮汐入口的小型漩涡的流速分布[6]；2010 年，Brown 等公开了他们研发的用于测深和配合 AUV 协同作业的"Bathy Boat"[7]；2013 年，美国海洋科学小组的 McDonald 博士采用"Z-Boat 1800"遥控无人船测量了尾矿池的水深[8]。

国内在无人船领域的研究虽然起步较晚，但也取得了一些突破性进展：2010 年，冯大伟和沈鑫研发了用于水质采样的小型无人船[9]；2011 年，致力于环保领域无人船研发的云洲智能科技公开了首款用于监测水质的无人船，2014 年，他们又推出了一款通用化海洋高速无人船平台"领航者"，可应用于环保监测、科研勘探、水下测绘、搜索救援、安防巡逻乃至军事应用领域；2016 年，黄国良等设计了内河无人航道测量船系统，并进行了自动驾驶和测深精度的测试[10]。

近年来，随着港口、码头、海底油气管道、海底电缆、光缆等海洋工程设施的不断增多，高精度近岸海底地形测绘获得了越来越多的需求。一般来说，在水深 2 m 以深的区域常规的测量手段是 GPS 导航定位系统与测深仪组合搭载在小型调查船上进行，而在水深 2 m 以浅的区域则要趁低潮时采用高危性和低效性的人工滩涂测量的笨办法。但是，由于近岸海区往往"海况"非常复杂，如礁石区、浅滩区、渔业养殖设施、捕捞设施、高污染区等，致使常规调查船无法进入测区，滩涂测量存在较大的人员安全隐患，使得测量无法进行。为了克服这些困难，满足近岸复杂海域水深测量的需求，我们自主研发了"征服者"

基金项目：国家海洋局基本科研业务费（GY0215T07）；海洋公益性行业科研项目（201305034）。

作者简介：林旭波（1980—），男，山东省莱州市人，工程师，主要从事海洋测绘方面的研究。E-mail：linxb@ fio. org. cn

*通信作者：王方旗（1981—），男，山东省诸城市人，工程师，主要从事海洋地球物理调查技术的研究。E-mail：sdhdwfq0317@ fio. org. cn

无人测量船系统。

2　系统介绍

　　"征服者"无人测量船系统致力于常规测量船无法进入和滩涂测量无法实施的困难海域的水深地形测量，因此它体积非常小，重量轻，是一款小型便携式的无人测量船（图1），其主要技术性能指标见表1。

图1　"征服者"船体照片

表1　"征服者"主要技术性能指标

参数名称	性能指标
长度	1.5 m
宽度	0.6 m
吃水	0.3 m
设计时速	0~6 kn
续航能力	5~10 n mile
遥控半径	5~10 n mile
通讯方式	400 MHz 半双工无线数传
动力系统	四冲程汽油发动机
定位精度	优于1 m
测深仪频率	200 kHz
水深测量精度	±5 cm
水深测量范围	0.4~100 m

2.1　基本原理

　　无人船根据船载高精度DGPS实时提供的定位信息确定船体的位置，并将坐标信息和所获取的测量数据通过船载电台发送到岸台控制端（同时无人船也自动记录测量数据）；岸台控制端电台接收到无人船发送的坐标信息和测量数据后，首先将测量数据进行保存，同时将无人船的坐标传送到导航监视系统并显示出来，根据实际船体位置与预设测线位置的比较结果，操作人员利用遥控手柄对无人船进行位置修正和速度控制。

2.2 系统构成

"征服者"无人测量船系统主要由水上无人测量船系统和岸基监控/遥控系统两大部分组成，其系统组成框图见图2。

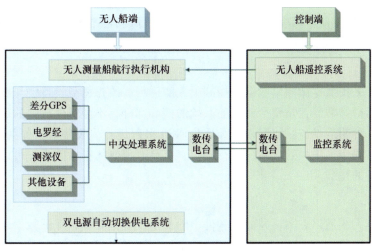

图 2 系统组成框图

无人船端主要由6部分组成：双电源供电系统、中央处理系统、动力系统、船只航行执行机构、搭载仪器设备和船载电台。控制端主要由3部分组成：导航监视系统、无人船遥控系统和岸基电台，操作人员根据实时导航监控系统显示的数据，对无人船发送控制指令，调整船体的实际运行姿态和运行速度。

2.2.1 DGPS

系统设计定位精度为亚米级，需要配备信标差分定位设备。由于船体较小，空间和负载有限，对船载设备的集成度要求比较高，市场上的现有产品难以符合配备到无人船上的设备。因此，研发了基于板卡的高集成度信标差分机，其体积仅相当于常规信标机的天线大小，可提供1~5 Hz的亚米级精度定位数据的输出。

为了评价该信标差分机的定位精度，进行了超过1 h的静态定位测试（图3），接收频率为1 Hz，共采集数据点3 885个，其中误差不大于1 m数据点3 791个，亚米级精度点比例为97.6%，满足设计要求。

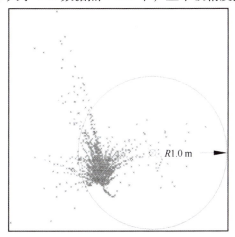

图 3 信标差分机静态测试展点图

2.2.2　单波束测深仪

海洋测绘广泛使用的单波束测深仪换能器盲区一般为 0.5~0.6 m，加上换能器安装时需要一定的吃水深度，因此当测区水深小于 1 m 时，常规单波束测深仪就无法得到稳定的测量结果。而无人测量船主要工作于浅水甚至极浅水区域，为最大化的扩大其测深有效范围，自主研发了极小盲区的单波束测深仪，测深仪除了盲区极小之外，还具有体积小、集成度高、可以进行远程控制等特性，非常适用于搭载到无人船上。

2.2.3　中央处理系统

中央处理系统用于采集及存储测量数据、控制无人船运行、监控船载设备、与岸基监控端进行实时通讯、监控并回传船只运行参数等，是整个无人船系统的核心部件，不但需要较强的运算能力，而且需要具备丰富的接口以接驳各种船载设备。将嵌入式无风扇 X86 平台进行研发集成，作为"征服者"的中央处理系统。在实际使用过程中，中央处理系统运行稳定，且具有很好的扩展能力，可以在短时间内完成系统的功能升级以及新设备的挂载。

2.2.4　数据传输系统

采取自容式点对点无线通讯方案，并辅以软件上的加密及容错算法，保证数据在无线传输过程中的安全、通畅和实时性。在频段选取方面，由于各频段通讯性能互有优劣，可根据无人船系统的通讯距离、所需带宽等实际应用情况，灵活换用不同频段的无线数传方案，"征服者"采用了 400 MHz 无线数传方案，该频段具备传输距离较远、绕过障碍物能力强等优点，在数传性能测试中取得了良好的效果，经过测试，实际海上传输距离可达 15 km 以上。

2.2.5　岸基监视系统

岸基监视系统主要由数传电台和监视系统组成。监视系统软件是基于 Lab VIEW 图形化程序开发环境进行自主开发的，实现了高斯投影坐标转换、PID 控制等算法，其主要功能有全双工实时通讯、测量数据实时显示及存储、无人船运行状态显示及实时控制等。同时，该软件支持将回传数据以兼容格式输出，可以接入 HYPACK 等国际通用导航软件（图 4）。

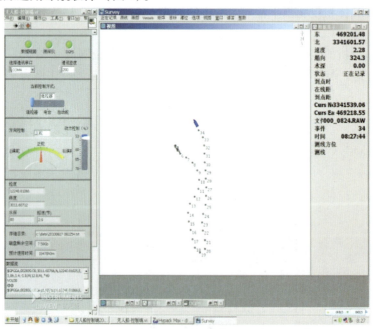

图 4　岸基监视系统界面

3 应用实例

海底石油和天然气管道、海底输水管道、海底通讯光缆和输电电缆、海底隧道及跨海大桥等的近岸工程设计、施工及后期的安全维护检测等都要求对其路由区进行详细的勘测，特别是近岸段更是要进行大比例尺的水深地形测量。在近岸段，由于礁石区、浅滩区、渔业养殖设施和捕捞设施等的存在，常规测量船往往无法进入测量完成任务，而人工滩涂测量费时费力，更有些近岸高污染区对工作人员具有重大的人身威胁，因此，在这些区域只有小型无人测量船可堪此大任。

拟建工程路由区位于渤海海峡南部、山东半岛北岸的烟台市蓬莱市，属于基岩型海岸地貌和潮控岛间冲刷侵蚀堆积地貌组合。共有两段路由：I 南长岛—庙岛段和 II 蓬莱—南长岛段。

2015 年 9 月，采用常规测量船搭载单波束、侧扫声呐和浅地层剖面仪等海洋地球物理调查仪器分别对这两段路由区进行了水深地形测量、海底地貌探测和浅地层剖面探测。但是，由于路由 I 的庙岛登陆端（A）和路由 II 的蓬莱登陆端（C）和南长岛登陆端（B）海域都有大量的渔业养殖设施和暗礁、浅滩（图5，图6），常规测量船无法完成既定任务，进行全覆盖测量。因此，同年 10 月，采用"征服者"无人测量船对这 3 处登陆端进行了水深地形补充测量，有效补充了水深数据（图7）。

图 5 "征服者"养殖区作业照片

图 6 "征服者"浅滩区作业照片

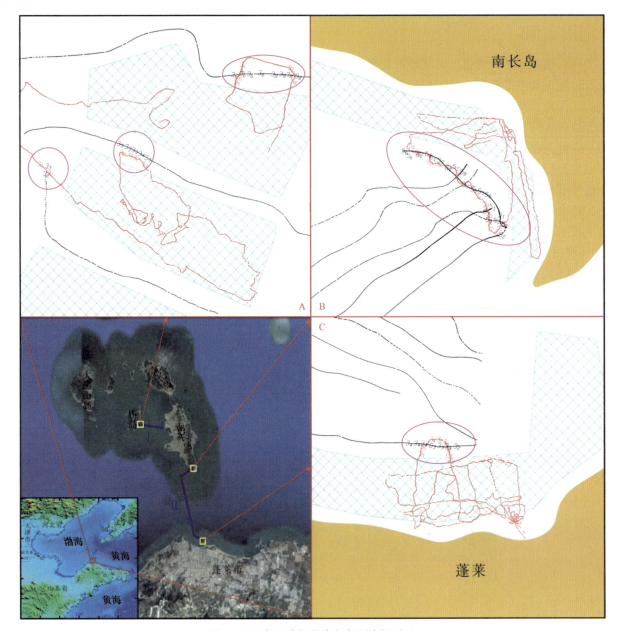

图 7 无人船测水深与常规船测水深对比

A 为庙岛登陆端，B 为南长岛登陆端，C 为蓬莱登陆端；黑色曲线为常规测量船航迹，红色曲线为无人船测量航迹；
黑色水深值为重合点处常规测量值，红色水深值为重合点处无人船测量值

在常规测量船与无人船测量的重合处，将实测水深进行潮汐改正后的数据进行了对比（表 2），结果表明：在所有 3 处登陆端的 19 个重合点中，常规船测的水深数据与"征服者"无人船测的水深数据相差最大为 0.3 m（仅有 1 处，其他均小于此），能够满足规范的要求，符合率达 100%，证明了系统的可靠性。

表 2　重合处水深对比结果

登陆端	常规船测水深/m	无人船测水深/m	相差/m
A	3.2	3.2	0
	3.3	3.1	0.2
	3.3	3.3	0
	3.2	3.4	0.2
	3.3	3.3	0
	3.2	3.3	0.1
	3.6	3.5	0.1
	3.8	3.9	0.1
B	6.0	5.8	0.2
	6.0	5.8	0.2
	6.0	5.7	0.3
	5.8	5.8	0
	5.7	5.7	0
	5.5	5.5	0
	5.3	5.1	0.2
	5.2	5.0	0.2
C	3.4	3.5	0.1
	3.3	3.5	0.2
	3.3	3.3	0

4　结论与展望

通过在山东蓬莱海缆路由区实际工程中的测量应用，得出以下结论：总结多年海洋测绘技术及经验，基于实际工程需求研发的"征服者"无人测量船系统具有实用性强、效率高、成本低、功耗低、可靠性高等特点，特别适用于礁石区、浅滩区、养殖区和捕捞区及高污染区等复杂海域的水深测量，也可以用于内陆航道、水库、湖泊、河流等水域的高精度低成本水下地形测量。

基于多次的海试和实际工程应用积累的数据和经验，下一步研发工作除围绕船载设备的小型化和集成化以外，还将进行以下改进：

（1）搭载双频（L1+L2）高精度 RTK GPS 接收机，能够进一步提高定位精度的同时，还可采用 GPS RTK 技术计算潮位，省去了人工验潮的繁琐步骤，同时减少了误差来源；

（2）搭载自驾系统，使无人船可根据预设航线自主进行航行和测量，在较开阔水域处作业时可以省去人工遥控操作；

（3）搭载避障前视声呐和实时图像传输系统，在自驾模式下，有效识别和避让水面上存在的船只、浮标、渔网等障碍物，以增强在复杂海域作业的适应性，保证无人船系统的安全。

参考文献：

[1]　Rodriguez-Ortiz C D. Automated bathymetry mapping using an autonomous surface craft[J]. Massachusetts Institute of Technology, 1996, 43 (4)：407-417.

[2]　Curcio J, Leonard J, Patrikalakis A. SCOUT-a low cost autonomous surface platform for research in cooperative autonomy[C]//Proceedings of OCEANS 2005 MTS/IEEE, 2005：725-729.

［3］ Silva S O D, Matos A, Cunha S, et al. Zarco-An Autonomous Craft for Underwater Surveys［C］//Proceedings of the 7th Geomatic Week, 2007：1-8.

［4］ Naeem W, Xu T, Sutton R, et al. The design of a navigation, guidance, and control system for an unmanned surface vehicle for environmental monitoring［J］. Proceedings of the Institution of Mechanical Engineers Part M：Journal of Engineering for the Maritime Environment, 2008, 222(2)：67-79.

［5］ Motwani A, Sharma S K, Sutton R, et al. Interval Kalman Filtering in Navigation System Design for an Uninhabited Surface Vehicle［J］. Journal of Navigation, 2013, 66(5)：639-652.

［6］ Li C, Weeks E. Measurements of a small scale eddy at a tidal inlet using an unmanned automated boat［J］. Journal of Marine Systems, 2009, 75(1/2)：150-162.

［7］ Brown H C, Jenkins L K, Meadows G A, et al. Bathy Boat：An autonomous surface vessel for stand-alone survey and underwater vehicle network supervision［J］. Marine Technology Society Journal, 2010, 44(4)：20-29.

［8］ McDonald A. The Application of a Remotely-Operated Hydrographic Survey Boat for Tailings Facility Bathymetry［C］//Tailings 2013, Santiago, Chile, 2013：1-9.

［9］ 冯大伟, 沈鑫. 小型无人自动测量船水质采样及在线监测系统［J］. 油气田地面工程, 2010, 29(2)：93-94.

［10］ 黄国良, 徐恒, 熊波, 等. 内河无人航道测量船系统设计［J］. 水运工程, 2016(1)：162-168.

海水自适应型水中可见光无线通信系统

林新[1]

(1. 日本中川研究所 研究开发部，东京 1300026)

摘要： 海中近距离大容量数据通信是海洋资源开发和信息处理的重要课题之一。与无线电波相比，声波对海水有较低的衰减率，且平均传送距离通常在 10 km 以上，因此超声波是现阶段最成熟有效的海中无线探测和通信的载波。但随着各种传送数据的图象化，声波固有的低速性妨碍了它成为现代水中高速大容量通信的理想载波。波长 380~780 nm 的可见光波，在水中具有较稳定的高透过性和低衰减性，且由于其可见性、传播方向和范围等的控制都比较容易。可见光固有的高速性可以很好地弥补超声波在通信容量和稳定性上的不足，是值得期待的水中高速通信载波。但由于可见光在海水中的传播是随着海水浊度的时空间变化而呈现分光衰减的，为此，本研究提出了海水浊度变化自适应型的水中可见光无线通信方式。

关键词： 海中无线通信；可见光；自适应；分光衰减；浊度

1 引言

随着现代海洋环境调查开发，各种资源信息的图像化和相互共有化，高速大容量的水中数字无线通信技术，成为有效地取得和处理海洋环境尤其是深海环境资源信息的重要手段[1]。所谓"有效"，包含有技术性和社会性两个层面的含义。技术性，要求资源信息取得和传送系统具有高速、可靠和高效率低成本的特性；社会性，则意味着应该尽可能地避免由于海洋资源的开发给海洋生态环境造成不良的影响。

声波在水中是以折射的形式向远方传递的，因此传递距离比在陆地上要远，通常可以达到 10 km 以上。因此从第二次世界大战起，为了探测敌方的潜水艇，多数国家的海军都装备了以超声波为载波的水中声呐装置。发展至今，声波已成为现阶段最成熟有效的海中无线探测和通信的载波。图 1 是两台搭载有超声波通信设备的自律型无人水中机器人（Autonomous Underwater Vehicle，AUV），同时从水平和垂直两个方向回收和处理海底数据的示意图。

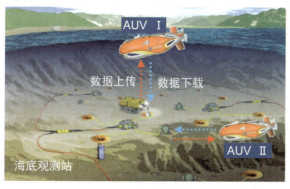

图 1　AUV 传送海底数据示意图

基金项目： 日本国土交通省"海洋资源开发关联技术开发支援事业"基金项目。

作者简介： 林新，女，博士，主任研究员，光无线通信和光信息处理。E-mail：x. lin@ optinformation. com

　　因为声波的水中折射，形成了音域不可到达的通信盲区。落在盲区中的信息，即便距离很近，也无法探测。另外，虽然水中音速会根据水压和水温的不同比陆地高 4~5 倍，但最大平均只能达到 1 500 m/s[2]。且因为这种固有的低速性，使得当通信系统处于动态时，将产生明显的多普勒效应，从而严重地影响通信质量和数据传送的稳定性。

　　超低频（Very Low Frequency, VLF, 约 10 kHz）带域的电磁波（无线电波）对纯水有较低的衰减率。因海水是盐的电解液，它对海水的衰减率明显的比对纯水要高很多，因此无线电波很难成为海中无线通信的理想载波，如图 2a 所示[3]。

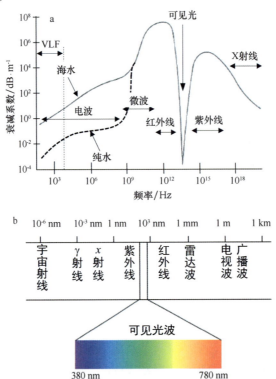

图 2　海中电磁波的衰减特性（a）和可见光光谱（b）

　　因此，无论是在水中发展较成熟的声波无线技术，还是在陆地上作为主流的电波无线技术，都因为其固有的物理局限，而难以在技术上实现有效的海洋资源开发。

　　如图 2 所示，频率在 10^14 Hz（波长 380~780 nm）附近的可见光，无论对纯水还是海水都具有十分明显的低衰减，是理想的海水透过窗口。而它固有的高速性可以很好地弥补超声波在通信容量和稳定性方面的不足。光的直线传播性还可以有效地分割空间，以保证在近距离多点通信时不会产生干涉，是值得期待的水中高速通信载波。特别是可见光 LED（Light Emitting Diode）发出的非相干光，既不会像激光那样损伤海中生物，又不失光波固有的高速性，同时还可以作为海中作业的照明器具。在理论上可以"有效"地用于海洋资源开发。表 1 是电波、声波、光波作为水中无线通信载波时的特性。

表 1　电、声、光波的水中载波特性

	电波	声波	可见光
距离	1 m 以下（VLF 波段）	10 km 以上（远于陆地）	依据海水浊度 15~100 m
速度	超低速	低速（依据水压，最大 1 500 m/s）	高速大容量
问题	低速→难于利用陆上技术	低速→多普勒效应显著	分光衰减

　　因海水是自然水，它的浊度、色度、透明度都随时空而变化。可见光对自然海水的透过和衰减率也是

随着这些物理参数的改变而呈现出分光特性。为此，本研究提出了海水浊度变化自适应型水中可见光无线通信系统。

2 海中光无线通信方式

海中无线信息传送系统通常有"模拟会话"[4]和"数字通信"[5]两种方式。本文研究的数字通信方式如图3所示，主要包括送收信装置间的通信链、海中信道、调制方式和误码检查等几个方面的研究内容。

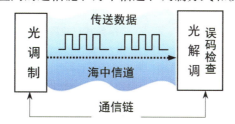

图 3 海中光无线数字通信方式

2.1 送收信装置间的通信链

用非相干的 LED 作为光源的水中光无线通信系统的链路模型[6]如表 2 所示。

表 2 送收信装置间的链路模型

LOS 扩散（Line of Sight）	反射扩散（Non-LOS）	反射率调制

表 2 中 3 种链路各有特点和优劣。由于第一种链路（LOS 扩散）结构简单，数据传送效率高，光能损失相对少，是目前用途最广，也是本系统采用的方式；第二种链路（反射扩散）由于有一定的光能损失，所以只用于对障碍物回避要求较高的特殊场合；第三种链路（反射率调制）适用于有低消费电力要求的双方向通信，特别是对于建立水中传感器网络是值得期待的方式。

2.2 海中无线信道

海中无线信道的研究是以海洋环境光学为基础。光在海水中的放射传送有"海面传送"和"海中传送"两种形式。海面是海洋和大气间物质和能量相互交换的衔接区域，光在这个区间的传送往往伴随有反射、折射、偏振、透过等多种过程，因此"海面"信道的数理模型是复杂的多元动态系统。本系统主要考虑用于海中行走或作业的机器人，或用来构造海底无线网络，所以信道模型的基础是"海中光传送"。

图 4 是海中光信道的物理模型。由于各种悬浮粒子影响了海水的透明度，因此海水是物理意义上的半透明体。光进入海水后，分别受到海水分子和海中粒子的吸收和散乱两个物理过程的作用，其结果使得空间光能量随时间逐渐扩散衰减，最终消散。

假设用 I_0 和 I_t 分别表示入射和出射光强度，λ 是光波长，L 是光传送距离，则同一深度层的海中光传送数学模型可以由式（1）表示，

$$I_t(\lambda,\ L) = I_0(\lambda)\exp(K(\lambda)L). \tag{1}$$

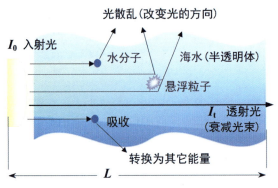

图4　海中光传送过程

式中，$K(\lambda)$ 是光的海中消散系数（衰减率）。如果 $a(\lambda)$ 和 $b(\lambda)$ 分别是吸收和散乱系数，则：

$$K(\lambda) = a(\lambda) + b(\lambda),\qquad(2)$$

其中，

$$a(\lambda) = a_m(\lambda) + a_p(\lambda),\qquad(3)$$
$$b(\lambda) = b_m(\lambda) + b_p(\lambda),\qquad(4)$$

式中，a_m 和 b_m 分别是水分子，a_p 和 b_p 分别是悬浮粒子的吸收和散乱系数。

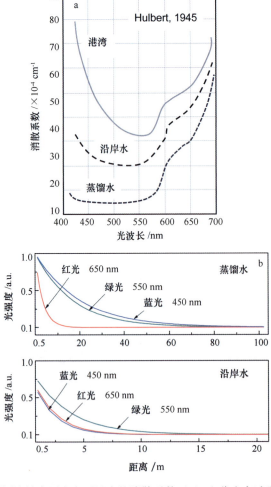

图5　不同海域水平方向可见光的消散系数（a）和分光衰减强度（b）

由此可知，海中可见光在水平方向传送时，其消散系数（衰减量）不仅与传送距离有关，也是光波长的函数。且不同的海域具有不同的波长依存性（图5）。由图5可知，对于水平方向的传送，在近似蒸馏水的很少悬浮粒子的纯净海水中，短波长的蓝光透过性能最佳。而在港湾或沿岸悬浮粒子较多的浑浊海水中，理论上长波长的红光对悬浮粒子透过率最强，但结合对水分子的透过效果，波长向短波方向略有偏移，其结果黄绿光具有最佳的透过率。

Jerlov[7]的研究表明，消散系数还与垂直方向的海水深度有关（图6）。由图6可知，光在垂直方向的传送，随深度而迅速衰减，其衰减速度与光波长有关。光的透过率与水平方向类似，纯净海水中450 nm附近的蓝光最强，浑浊海水中550 nm附近的黄绿光最强。

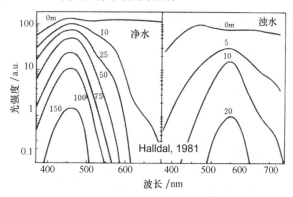

图6　不同海域垂直方向可见光的分光衰减

如果一个海中通信系统需要在水平和垂直两个方向传送数据时（图1），其信道的数学模型将是一个多维的空间函数。

图7　日本相模湾深海的海洋雪

另外在深度小于200 m的浅海，可见光信道还将遭遇来自太阳光的环境噪音的影响。而对于200 m以下的深海信道，虽然太阳光的干扰可以忽略，但海洋雪噪音会妨碍光的传送。海洋雪是一种肉眼可以观察到的海中大颗粒悬浮粒子。尤其是河流和都市等附近的海域会产生许多有机浮游物质。这些物质形成的海洋雪会对光产生遮蔽效果从而影响通信质量的稳定性。图7是日本的海洋环境科学研究者在日本相模湾深海实拍的海洋雪。

2.3　LED光源的水中传送实验

水中透过光传送特性的测定原理如图8所示。为了研究海水的分光特性，分别使用了"RGB（红绿蓝）多芯片"和"蓝色单一芯片+黄色荧光体"的两种可见光发光二极管（LED）作为发光光源。其光谱分布如图8b所示。在光接收端，为了确保测量的稳定性，设置有多个光电二极管（PD），进行多点检测。

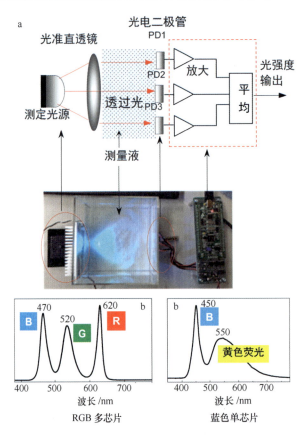

图 8　LED 水中透过光传送测定系统原理（a）和光源光谱（b）

可见光在海中的衰减不仅受到来自如图 8b 所示的传送光源波长的影响，更与海水浊度、浊水粒子大小等因素相关。因此水中光传送实验的一个重要方面是用粒径已知的散乱颗粒生成具有一定浊度的光学水型（optical water type）。在实际海水中，产生 Mie 散射（前向散射[6]）效果的粒径为 2~3 μm 的粒子约占 80%~90%；海洋雪粒子的粒径通常大于可见光长波的波长（约大于 0.7 μm）。鉴于以上两点，本实验选择了平均粒径约 2.5 μm 的白沙粉末作为生成光学水型（浊水）的散乱体。图 9 是用电子显微镜观察的白沙粉末的粒径大小和它在水中散射的分布原理。

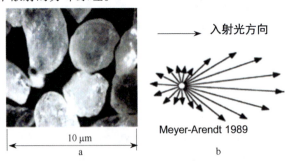

图 9　浊水发生粒子粒径（a）和 Mie 散射（b）模型

图 10 是用浸没型浊度计测得的用于本实验的光学水型在大约 30 min 内的浊度变化，水温为 21.6℃，测量间隔为 20 s。结果表明，其浊度在 5.5~6.5 NTU 之间变化。变化的主要原因是大粒径的粉末随着时间的迁移逐渐向实验水槽底部下沉。

图 11 是 LED 水中透过光传送测定的结果。

由实验结果可以得到以下结论：

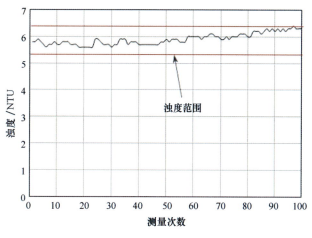

图 10　实验水的浊度

（1）可见光的水中传送具有波长依从性；
（2）蓝（B）光和白光的纯水透过率高于空气；
（3）短波长的光，纯水和浊水的透过性相差显著；
（4）对于白光光源，荧光体会降低水中透过性。

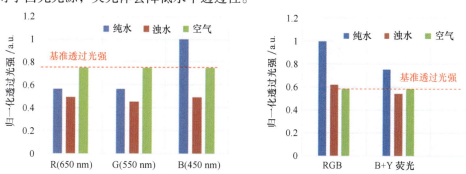

图 11　LED 水中透过单色光（a）和白光（b）传送测定实验结果

2.4　调制方式和误码检查

与陆上的可见光无线同样，水中光无线数字通信主要采用强度调制方式。常用的有两种：一种是用所传送的数字信号直接调制光强度的"基带强度调制"（Baseband Intensity Modulation，BIM）方式，另一种是先用电载波信号调制光强度，然后再用所传送的数字信号调制具有电载波信号的光强度的"副载波强度调制"（Subcarrier Intensity Modulation，SIM）方式。

表 3 给出了常用的两种 BIM 方式 OOK-NRZ（On-Off Keying with No Return to Zero）和 L-PPM（Pulse Position modulation with L levels）在达到一定信噪比（Signal-to-Noise Ratio，SNR）条件下所需要的信号占有带域和平均接收功率[8]。

表 3　BIM 方式的性能比较

调制方式	带域需求	功率需求
OOK-NRZ	$R_b/2$（比特率）	P（平均接收功率）
L-PPM	$\left(\dfrac{R_b}{2}\right)\left(\dfrac{L}{\log_2 L}\right)$	$\dfrac{P}{\sqrt{\dfrac{L(\log_2 L)}{2}}}$

OOK-NRZ 和 4-PPM 的符号方式和信号占有带域的说明如图 12 所示。例如，通信系统数据传送的比特率 R_b = 10 Mbps，则 OOK-NRZ 的带域需求为：$R_b/2$ = 5 MHz，4-PPM 的带域需求为（$R_b/2$）（$4/\log_2 4$）= 10 MHz。

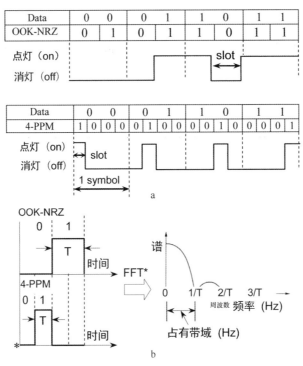

图 12　BIM 符号，OOK-NRZ（a）和 4-PPM（b）占有带域

FFT：高速傅里叶变换

对于陆上的光无线系统，OFDM（Orthogonal Frequency Division Multiplexing）是一个有效的 SIM 方式。OFDM 方式的主要目的是通过扩散传送信号脉冲幅来实现高速通信。但光的强度只能取正值，也就是只有偶数的副载波可以被利用，这样光能量将有一半被损失。这对于能量损失严重的水中通信是极为不利的。所以水中光无线高速化的有效手段通常是采用分离多重（Discrete Multi-tone，DMT）技术。

另外，Simpson 的研究[9] 表明，可以采用适当的误码订正符号，例如 LDPC（Low Density Parity Check）码、Turbo 码、RS（Reed Solomon）码等来改善水中光传送衰减引起的低信噪比。但由于解码需要复杂的算法来处理，所以难以实现实时的高速通信。

3　自适应型光无线通信方式

图 13 是本研究提出的自适应型海中光无线通信系统的原理。自适应控制是指当动态系统的环境参数（海洋环境的浊度、海水的温度或盐度梯度、海底/海面的分光反射等）发生变化时，被控制对象（通信系统）可以自动调整自身的参数（速度、波长等）使其与变动的环境参数相适应，从而达到最佳动作效果。本提案主要从速度和波长两个方面对海水的浊度变化进行自适应控制。

3.1　通信速度自适应控制

2.4 节中所述的 L-PPM 调制方式的传送速度（比特率）可以用 $R_b = \log_2 L/LT$ 表示。如果脉冲宽度 T 一定，则 L 越大，达到既定的误码率所需要的信噪比就越低。因此对于高浊度海水的通信路，可以通过对 L 值的自适应控制来确保系统的通信质量。但要注意，大的 L 值会导致系统的通信速度降低。图 14 是 L = 2，4，8，16 时误码率和信噪比的关系。

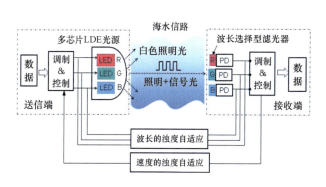

图 13   自适应型海中可见光无线通信系统

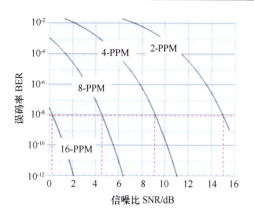

图 14   L-PPM 方式的误码率和信噪比的关系

3.2   光波长自适应控制

送信端采用 RGB（红绿蓝）3 芯片混光型的 LED 作为载波光源，以便于光波长对海水的自适应控制。图 15 是可用于波长自动切换的 LED 组件和它的发光原理。每一种芯片所发出的色光都作为 1 个独立的信道来传送数据，以适应海水的分光衰减特性。由于 RGB 三色混光后发出的是白色光，所以送信端的装置可以在通信的同时作为照明器具使用，以达到节能的效果。

接收端采用可见光波段全通型的光电接收器件（PD）。对于接收到的来自不同信道的可见光信号，选择海水透过率最佳的信道进行数据传送。为了防止非信号光的干扰，也可以在 PD 的光敏窗前设置波长选择型光学滤光器，将各信道的光分离后接收。图 16 是光敏范围从可见光到近红外的高速宽带光电接收器。

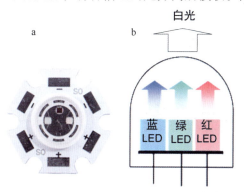

图 15   波长可切换的多芯片式白光 LED，
组件（a）和发光原理（b）

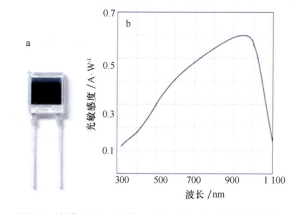

图 16   宽带光电二极管，组件（a）和光敏范围（b）

3.3   波长自适应海中通信装置

图 17 是用于本研究的波长自适应型海中无线通信系统的原理和试作装置[10]。系统分透过率（浊度）测量和数字通信两个控制模块。测量模块采用图 8 的原理，通信模块采用图 13 的原理。两者皆使用图 15 所示的 LED 作为光源。RGB 三波段同时连续测量并比较，透过率最佳的波段用于通信。接收器使用图 16 所示的光电二极管。模块基板、光源、光电接收器组装后放入用高透过率（对可见光平均透过率为 93%）树脂制作的防水耐压容器中，再将容器放入实验水槽（长/宽/高：600 mm/450 mm/550 mm）中进行通信实验。水槽中的光学水型与 2.3 节中使用的水型相同，并且加水流器生成了动态流水。

图 18 是用不同波长的混色光在浊度为 5.5~6.5 NTU 的动态流水中图像传送（640×480 像素）的实验

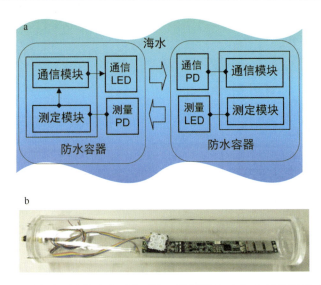

图 17　波长自适应海中光通信系统，控制原理（a）和试作装置（b）

和结果。系统单一信道的稳定数据传送率为 2 Mbps。远高于主流的水中超声波通信装置的稳定速度（约 20 kbps）[11]。

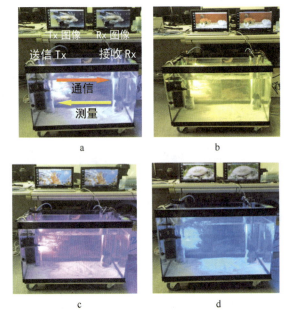

图 18　不同色光的水中数据传送实验，白（RGB）光（a），黄（RG）光（b），紫（RB）光（c），青（GB）光（d）

　　另外，白色光水中通信的成功具有特殊的意义。它意味着一般的水中 LED 投光器、LED 照明器都可以用作水中通信装置的光源。

4　海中光无线通信的应用

　　对于"有效地进行海洋资源开发"的研究目的，所开发的系统有以下两个方面的应用。

　　（1）搭建海中光无线传感器网络[1]

　　海洋资源开发包括对海洋物理、海洋化学、海洋生物等各种现象的观测和解析。而这些不同领域的信息之间是彼此相关的。因此希望在海底也能建立像陆上那样的无线传感器网络，以便各观测仪器间的数据可以相互利用和参考。

    如图19所示，各副节点，即观测仪器之间用光无线链路链接。可见光的空间分割性和可视性可以确保各点的相互独立和可辨认。这些副节点的数据经由1个主节点用光纤远距离传送给陆上基地局。

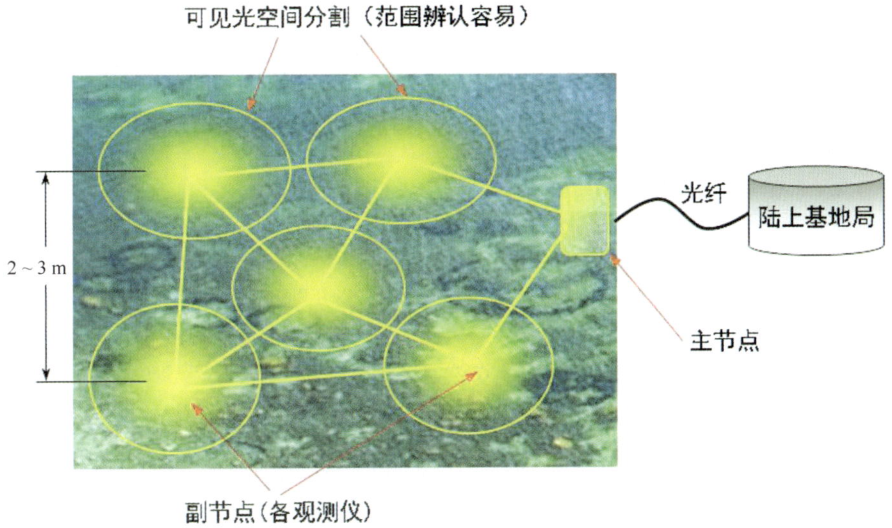

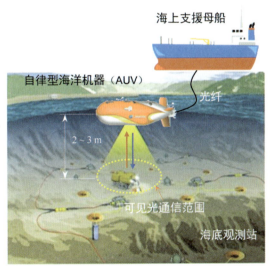

图19   海中光无线传感器网络

（2）海洋机器人和海底资源观测仪器间的短距离高速数据传送[12]

    如图20所示，海中机器人和海上支援母船之间的长距离通信用光有线，即光纤。机器人和海底观测仪器之间的光纤搭载困难的最后2~3 m用光无线。

图20   海洋机器人和海底观测站之间的光无线数据传送

5   结论

    本研究旨在为有效地开发海洋资源而提供有效的技术手段。

    由于现行的水中超声波通信存在有低速和频率不稳定等现象，因此本研究提出了用可见光作为载波的，用于短距离的，高速稳定的海中无线通信方式，以弥补水中超声波通信的不足。由于采用的是非相干的LED光源，因此既不会伤害海洋生物，还可以用作照明的海中投光器。

    另外，为了对应海洋环境的时空间变化，本研究在对海水信道和海中光传送特性解析的基础上，提出了对海水具有自适应控制功能的光无线通信手段。最后用实验验证了所提出方法的有效性。

参考文献：

［1］ Lin X, Sawa T. Wavelength-adaptation technique for LED-based underwater data communications using visible light［J］. JAMSTEC Report of Research and Development, 2014, 19(9)：11-18.

［2］ 日本音响学会. 声音小辞典［M］. BLUE BACKS, 讲谈社,1996.

［3］ 中尾定彦. 水中电磁波的衰减［J］. 防卫技术, 1987(9)：22-30.

［4］ Uema H, Matsumura T, Saito S, et al. Research & development on underwater visible light communication system［J］. Electronics and Communications in Japan,2013, 133(2)：1-4.

［5］ Ghelardoni L, Ghio A, Anguita D. Smart underwater wireless sensor network［R］. IEEE 27th Convention of Electrical and Electronics Engineers in Israel, 2012：1-5.

［6］ Johnson L J, Jasman F, Green R J, et al. Recent advances in underwater optical wireless communications［J］. Underwater Technology, 2014, 32 (3)：167-175.

［7］ Jerlov N G. Classication of sea water in terms of quanta irradiance［J］. ICES Journal of Marine Science, 1997, 37(3)：281-287.

［8］ Manea V. OOK and PPM modulations effects on bit error rate in terrestrial laser transmissions［J］. Telecomunicatii, 2011(2)：55-61.

［9］ Simpson J A, Cox W C, Krier J R, et al. 5Mbps optical wireless communication with error correction coding for underwater sensor nodes［C］// IEEE Oceans Conference, Seattle, WA, 2010.

［10］ Lin X. Visible-light wireless communications technique using LED lighting［R］. IEICE Technical Report,2015：63-68.

［11］ 越智宽. 使用声波的海中高速通信［J］. Blue Earth, 2011, 111(1)：28-31.

［12］ Sawa T, Lin X. Research of underwater optical wireless robust communication［J］. Japanese Journal of Optics, 2014, 45(2)：55-61.

产品价值创新模型建立及在水族馆中的运用

张军英

（1. 北京海洋馆，北京 100081）

摘要： 本文提出的《产品价值创新模型》和《产品创新矩阵》，是一种新的产品价值创新思路、模式与操作方法，是以模型为平台，以产品价值的要素梳理、重组、优化为核心，通过模型各维度间的要素与要素、要素与阶段、阶段与阶段的移动、跨界、碰撞、比较，完成产品使用价值要素内涵的相互借鉴、引入、融合、延展、改变，来实现要素内涵的结构重组与优化，进而达到产品创新的目的。本文介绍了模型建立、使用、思考和操作的步骤与方法，并以水族馆行业为例，对其操作运用方法进行了解读。

关键词： 产品价值；产品购买使用周期；要素；跨界；比较与优化；创新

1　引言

产品创新是国家科技创新体系中技术创新体系部分的主要内容。产品创新的目的是实现产品价值的提升和改变，以满足社会发展和人们不断提高、变化的需求。为实现产品创新，人们始终进行着创新规律、方法的探索和总结。

2002 年 4 月，王革非先生编著的《企业决策工具与方法：欧美工商管理经典工具的解析、使用与操作》刊载了著名学者 Kim 与 Mauborgne 博士在《哈佛商业评论》中发表的创新方法研究成果——"产品战略性创新分析工具"[1]，2006 年林伟贤先生出版了《创新中国》[2]一书。他们都从不同的角度，对创新思想和创新操作技术，进行了相关论述。

2015 年，全国人民代表大会十二届三次会议从战略高度提出了"互联网+"创新思想，得到全社会的高度关注和响应。

产品创新需要系统的思考路径和可操作的方法支撑。受"互联网+"思想和上述创新研究成果启发，本研究借助矩阵的模式，提出一套由《产品价值创新模型》和《产品创新矩阵》组成的创新模型框架。该模型从"产品价值与价格"、"产品购买使用周期"、"产品史"、"产品价值跨界"四个维度和各维度梳理出的"产品价值要素"出发，通过多维度间的要素移动、碰撞、比较、重组与优化，探索产品创新方向，整合新的价值要素，从而完成产品的系统创新思考与设计。模型可直接助力"互联网+"创新思想的实践。

文中示例以中国水族馆等场馆产品为对象，对创新操作方法进行了解读。

2　《产品价值创新模型》的建立

2.1　模型及其构建

2.1.1　《产品价值创新模型》

产品价值创新模型如图 1 所示，产品价值创新模型由 3 个维度构成：

作者简介：张军英（1957—），男，北京市人，主要从事水族馆管理和标准化与企业规范研究。E-mail：461191292@qq.com

（1）竖轴表示产品的价值与价格，由产品价值本身所具有的各种要素组成；

（2）横轴表示产品购买使用周期，周期过程由各个阶段构成；

（3）纵轴表示产品史，由产品历史延续期间所形成的产品特色价值要素组成。

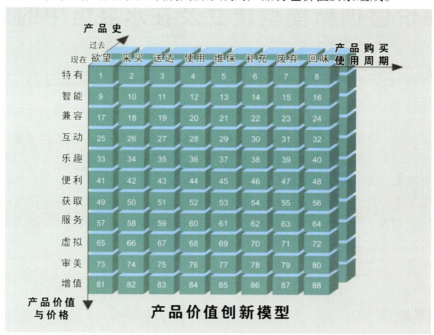

图 1　产品价值创新模型

2.1.2　产品价值创新模型要素

产品价值创新模型要素（图 2）由产品价值要素、产品价值的价格、产品购买使用周期各阶段和产品史 4 个要素方面构成。

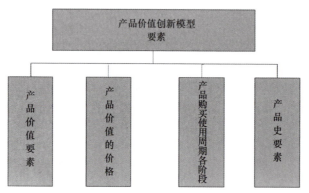

图 2　产品价值创新模型要素构成

（1）产品价值要素

"产品价值"[3]是由产品所具有的外形、质量、功能、商标和包装等特征构成，并对顾客产生吸引力。创新模型将产品价值的诸方面因素冠以"产品价值要素"（简称"要素"）名义，创新活动的重点是从产品功能要素的改变与优化展开。

要素划分："产品价值要素"划分为"产品特有要素"和"产品共有要素"两类，目的是方便产品间要素的对比和分析。

1）产品特有要素：产品独具的特征，其效用与功能是区别产品彼此差别的主要标志。产品不同，

"特有要素"不同。如，旅游产品价值的"特有要素"主要是吃、住、行、游、娱、购和文化；水族馆的"特有要素"是水生物展演、娱乐、科普和保育等。

2）产品共有要素：产品除具有"特有要素"外，所具有的产品其他共同特征。通过对一般性产品效用与功能价值要素内涵的梳理、归纳，模型提出如下"共有要素"并做解读：

a）智能：产品的数据处理、智慧服务提供和网络运用能力。

b）兼容：本产品同其他产品的相互组合与兼容能力。

c）互动：产品与使用者之间的人机交互和使用者对产品的多层面分享。

d）乐趣：产品使客户获得陶怡和正负刺激的能力。

e）便利：产品操作使用方便的程度。

f）获取：客户采买产品的难易程度。

g）服务：在提升产品满意度过程中，所提供的人性化服务能力。

h）虚拟：产品依托某种技术载体或网络，持久留存、传播及与客户的互动能力。

i）审美：满足客户不断增长和变化的精神需求的能力。

j）增值：产品可持续提供的其他价值等。

以上仅是"共有要素"的尝试性罗列和解读。提出"共有要素"概念的目的，是提示在产品创新环节，注意对现代社会需求和最新通用技术的运用。随着社会进步和技术提升，会有更多的"共有要素"助力产品价值的丰富，如"智能"、"虚拟"、工业 3.0/4.0 概念等，既可助力产品升级，又可对接"互联网+"经济发展新形态。

产品是丰富多彩的，上述所列要素大多是比较宏观的概念。创新中，要素数量不受限，要素项越多，创新方向与创新点的选择余地就越多。操作时，还可对每个要素再细化分解，这会对产品价值创新产生更多的启发。

（2）产品价值的价格

价格是产品价值要素的价值体现。每个创新点的价格，均应随要素价值的变化而变化。价格要素是产品创新的内在驱动力和引起顾客关注的重要因素，每种产品创新，都应考虑到要在一个合理的价格上，为顾客提供想象不到的使用价值。

模型将梳理归纳出的价值与价格要素排列在"产品价值与价格"轴上。为凸显产品特征，模型按"特有要素"、"共有要素"的顺序排列。

（3）产品购买使用周期

产品购买使用周期是指采买、使用、维护、废弃等一系列相互联系的过程，不同行业的产品购买使用周期不尽相同，对周期各阶段的划分，应从产品纳入顾客视野开始，直至产品彻底离开购买者关注视野止。"产品购买使用周期"（图3），大致可划分成 8 个阶段。

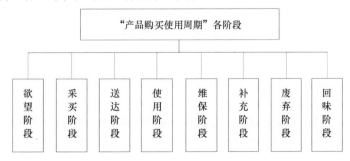

图 3 "产品购买使用周期"各阶段

下面做梳理、罗列和解读。

a）欲望：客户购买产品前的思考启发阶段。

b）采买：客户购买产品的阶段。

c）送达：产品送到客户手中的阶段。

d）使用：客户实际使用产品的阶段。

e）维保：产品使用中的维护与保养阶段。

f）补充：产品由生产商提供升级换代、补充完善、再提高使用层次的阶段。

g）废弃：产品已有功能停止使用、被销毁，或转移新使用者或新环境的阶段。

h）回味：产品使用终止后，使用者对产品回味，引发再次购买欲望的阶段。

每种产品都希望购买使用周期更长。精细创新时，上述各阶段的再细化，对产品价值的运用与创新，不仅有启发意义，还会使产品生命周期更长。模型中，产品购买使用周期各阶段都可以再分解，分解的数量不受限。

（4）产品史要素

产品都有存续的历史，每个时期产品都有相互的关联，产品史要素是不同时期产品价值要素状态的反映。梳理重点是：在相关点位列明传统优势要素内容，这将助力创新思考。

2.1.3　模型编号

模型方格内的编号代表各轴要素在矩阵内交汇、比较时信息点的坐标位置。每个编号都是产品价值创新的一个点，是创新成果所在。标注编号数字越多，表达的价值创新点越多，价值创新成功的概率就越大。

编号还具有便于创新操作和信息持续跟踪、管理的价值。

2.1.4　模型构建

（1）模型要素的梳理

模型中，要素的梳理与选择过程是要素优化与重新配置的过程，十分重要。

1）产品价值要素梳理

对自身产品价值要素的梳理，是创新模型构建最重要的步骤。梳理方法：

a）尽可能多而全的列出自有产品价值要素，要素的数量无限制。

b）对要素核心内涵做简明、清晰的描述，为新内涵的引入与区分，做好铺垫。

c）将列出的要素按"特有要素"和"共有要素"归类，明确各要素的轻、重及从属关系。

d）分析、筛取、选择重要要素，并给予排序。

2）产品购买使用周期梳理

对产品购买使用周期的每个阶段做细致划分，以清晰产品在购买使用周期每个阶段中对顾客的价值所在。

a）对产品购买使用周期的各阶段进行划分。

b）对各阶段及边界做出简明、清晰描述。

c）各阶段按时序排序。

d）在精细创新时，每一个阶段都可再做细分。

3）产品史要素梳理

对产品史要素的梳理，关注点应放在传统、特色、廉价、实用、卖点等富有生命力的要素梳理上。方法同"产品价值要素梳理"。

（2）绘制模型

将各轴及要素信息汇集，制成三维模型。

（3）编号

在模型方格内，填入编号。标注编号数字越多，表明对产品价值内涵的梳理、划分越细，产品整体创新就会精准。编号少，创新点的思考会比较宏观。

至此，《产品价值创新模型》建立完成。

在精准创新思考时，所有要素均可独立设计出小的三维架构，这将使创新操作进入到更精细的领域。

2.2 《产品价值创新模型》的应用

2.2.1 模型运用思路

《产品价值创新模型》设计、应用的思维活动过程用流程图（图4）表示，其中梳理产品价值要素，要素的移动与碰撞，要素优势资源组合是重点思考部分。

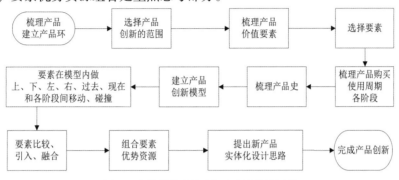

图4 产品价值创新模型运用整体思路

2.2.2 模型建立、应用步骤

步骤一：梳理产品，建立产品环

对自身领域产品做系统梳理是建模的前提，因此应先制作出自身产品的产品环（或产品链），目的是从宏观层面审视自身产品的价值，厘清优势，寻找缺陷，明确创新着力点。

步骤二：对产品价值要素与价格、产品购买使用周期、产品史进行梳理。

步骤三：按照模型建立的方法，制作具体产品的《产品价值创新模型》。

步骤四：运用模型

（1）要素的移动、碰撞。引导诸要素在模型中做上、下、左、右、过去和现在之间的移动，目的是进行要素与要素、要素与阶段、阶段与阶段间的信息碰撞。

（2）要素的比较与优化。进行两种或两种以上要素的相互比较；要素在每个阶段中运用的比较；过程与过程的比较。通过比较，寻找关联、差异和亮点，而后引入优势或特色内涵，完成要素的优化乃至颠覆。

（3）可借鉴的创新理念与操作技术

a）引入—消化—再创新：先引进，博采众长，消化与融合，在此基础上，再深度开发。

b）基础创新：以基础研究为核心对产品内涵实施创新。这是建立在对事物本质研究基础上，通过揭示事物本来规律，所做的创新。

c）要素内涵整合：为要素增加一项或者几项新内涵，其他内涵维持不变。

d）要素内涵权重调整：调整要素内涵中各功能重要程度的权重关系，突出新选定的内涵。

e）取代[4]：改变或去除要素或要素原内涵中的某一项或者几项功能，引入或仿效其他要素的某些特质与功能，赋予要素新的价值内涵。

f）去除[4]："把产品的一项或者几项要素直接去掉"或隐含在其他要素中。

g）逆向思考：从结论倒推，对产品的某一项或几项要素做出逆向思考，寻找价值创新点。

h）精细化：质量精细化是创新活动的一种有效方法，可以大大改变顾客对产品的认知。

i）量变到质变。量的追求，在某种程度上会引发质的变化。

j）赋予概念：赋予产品内涵以超前的概念。

k）TRIZ 方法：原苏联发明家根里奇·阿奇舒勒提出的发明问题的解决理论。

通过要素的比较与优化，完成要素新内涵的引入、融合、延伸、改变，实现要素内涵优势资源的重新整合，这是本步骤思考的核心。

步骤五：价值评估。对创新思考结果做出价值评估。价值评估是多角度的，价值评估的目的主要是从产品创意、社会价值、市场价值、品牌价值、顾客反响、经济效益与收益预期诸角度，评价本次产品创新的思考成果是否使产品产生了新价值，并具有可操作性，是否可以给顾客带来意想不到的感受和收获。

步骤六：完成实体产品的创新操作。

3　《产品创新矩阵》的建立

3.1　矩阵构建

《产品创新矩阵》（图 5）建立在《产品价值创新模型》基础上，是由多个《产品价值创新模型》组合成的多维矩阵。此矩阵适用于产品创新的跨界思考。

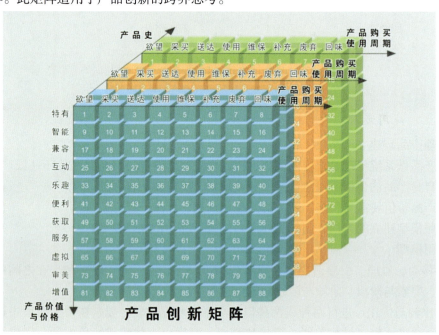

图 5　产品系统创新矩阵

矩阵建立过程：

3.1.1　建立不同领域产品的创新模型

（1）确定拟涉猎的产品领域；

（2）梳理各领域产品的相关要素；

（3）分别建立各领域《产品价值创新模型》，操作方法同"《产品价值创新模型》建立"。

3.1.2　建立产品系统创新矩阵

将建立后的多个《产品价值创新模型》组合在一起，以"产品史"轴贯穿，形成《产品创新矩阵》。

3.2　《产品创新矩阵》的应用

步骤一：建立自身领域产品/涉猎领域产品的创新模型。

步骤二：组建创新矩阵。组建由各《产品价值创新模型》组成的矩阵。矩阵内模型数量不限，要素数量不限。

步骤三：运用矩阵。

（1）按照《产品价值创新模型》应用思路，审视自身产品，寻找创新路径，方法同《产品价值创新模型》的运用。重点审视：产品要素的价值是否都得到开发？价格杠杆运用能力是否已尽？产品史所列优势是否得到充分发挥？产品购买使用周期各阶段是否能再延长？据此设定创新路径与创新着力点。

（2）在矩阵内，要素跨界任意移动、碰撞、比较，寻找其关联、差异和亮点，通过要素资源的重新整合与优化配置，使原产品价值要素获得新的价值内涵。

步骤四：对创新思考结果做出价值评估。

步骤五：提出新产品实体化设计思路，完成产品创新具体操作。

4 示例：水族馆产品创新模型和矩阵的建立与运用

4.1 建立水族馆产品和相关领域产品的创新模型

水族馆是水生生物饲养、繁育、展演、科普教育、资源保护和科学研究的场所，是新兴的人造景观。中国的水族馆已经走过 80 多年的路程。20 世纪 90 年代后，水族馆"大部分的展示形式都以大而著称，大水体、隧道式、洄游槽等"[6]。展示内容丰富多彩，展示物种都以一个个单元为主题，游客从中不仅了解了水生物物种，而且学到了与物种栖息相关的生态知识。但总体上看，依然是以鱼类展示和水生动物展演为主，并加入部分科普展示和娱乐、游艺内容。21 世纪以来，新建水族馆众多，水族馆总量已突破百家，但相互间复制很多。水族馆相互比较的主要是建筑规模、水体量、水生物种数量、动物的个体大小，展演手段不多。水族馆如何创新，已成为业内高度关注的话题。本示例尝试建立《水族馆产品价值创新模型》，对创新工作进行探讨。

4.1.1 建立《水族馆产品价值创新模型》

（1）建立产品环

系统梳理产品，用产品环形式描述主要产品全貌。目的是形成企业产品的整体概念，方便对自身产品的宏观审视和创新切入点的选择。下面，以北京海洋馆 2014 年产品基础信息为例，以产品环形式，绘制北京海洋馆产品示意图（图6）。

（2）搭建《水族馆产品价值创新模型》

1）梳理水族馆"产品价值与价格"要素。

a）产品"特有要素"：展演、娱乐、体验、探奇、科普、保育、商品、餐饮、服务。

b）产品"共有要素"：服务、智能、兼容、互动、便利、获取、虚拟、审美、增值。

c）"价格"因素：略。

2）梳理"产品购买使用周期"各阶段：欲望、购票、观赏、参与、离开、回味、创作。

3）梳理产品史要素：对不同历史时期产品的要素状态做出梳理（略）。

4）搭建《水族馆产品价值创新模型》。

5）在模型内编号。《水族馆产品价值创新模型》所编号为119，表示24个要素在模型内移动、比较时，至少有119个交汇点可激发出创新灵感。

至此，《水族馆产品价值创新模型》（图7）搭建完成。

4.1.2 建立《科技馆产品价值创新模型》

（1）梳理科技馆"产品价值"要素

a）产品"特有要素"：娱乐、展览、培训、实验、记录、传播、科技探索、科学生活、科学指南；

b）产品"共有要素"：智能、兼容、互动、便利、获取、虚拟、审美、增值。

（2）梳理"产品购买使用周期"各阶段：欲望、购票、观赏、参与、离开、回味、创作。

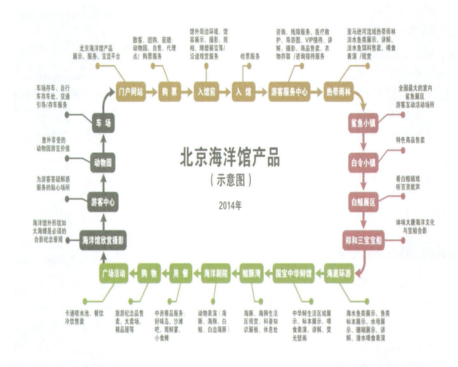

图 6　北京海洋馆产品示意图

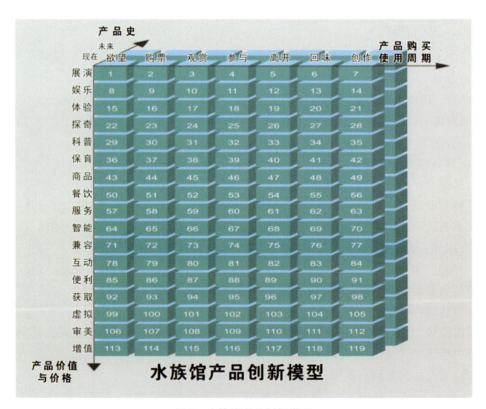

图 7　水族馆产品创新模型

示例《水族馆产品创新模型》所列要素，是宏观状态下梳理的结果。如利用模型精细创新，
模型每个要素细分后，都可以建立起独立的模型，这将使创新空间不断细化、放大。

（3）梳理产品史要素。

建立《科技馆产品价值创新模型》形成要素 24 个，交汇点 119 个。

（说明：所列科技馆产品"特有要素"及要素数量，仅为示意，模型图略。）

4.1.3 建立《地质馆产品价值创新模型》

（1）梳理地质馆"产品价值"要素

a）产品"特有要素"：娱乐、探奇、地质、矿物、宝石、化石、地学、馆藏、鉴赏；

b）产品"共有要素"：智能、兼容、互动、便利、获取、虚拟、审美、增值。

（2）梳理"产品购买使用周期"各阶段：欲望、购票、观赏、参与、离开、回味、创作。

（3）梳理"产品史"要素。

建立《地质馆产品价值创新模型》形成要素 24 个，交汇点 119 个。

（说明：模型所列地质馆产品"特有要素"及要素数量，仅为示意，模型图略。）

4.2 组建水族馆产品创新矩阵

将水族馆、科技馆、地质馆《产品价值创新模型》组合在一起，以产品史为轴贯穿，就形成了《水族馆产品创新矩阵》（图 8），编号数量达到 357 个，表示矩阵内要素在移动、比较时，至少有 357 个交汇点可用来激发创新灵感。

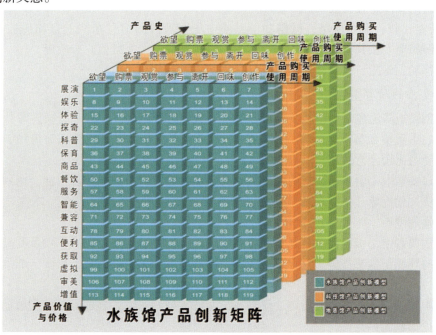

图 8　水族馆产品创新矩阵

使用矩阵创新，建模最重要。操作中，只要是自身产品希望涉足的领域，都可尝试设立
模型，并组合在矩阵中。如数字游戏行业、游乐场行业、玩具行业等。

4.3 运用矩阵

4.3.1 水族馆产品创新模型运用思考

以北京海洋馆为例：

创新思考从宏观到微观，核心产品到一般产品展开。"展演"要素是水族馆的核心产品，"展演"要素还包括动物表演、鱼类展示、虾蟹展示、珊瑚展示、水母展示、标本展示、生态环境展示、生物知识展示等。将每类展示再向下细分：鱼类展示→海淡水洄游性鱼类展示→中华鲟展示。中华鲟是保护物种，如果仅做一般性的生物展示，太狭隘。运用矩阵做"展演"要素的移动、碰撞、比较与分析，会使展示更有深度和感召力。

a）展演↔保育比较：展品中华鲟是国家一级珍稀濒危保护物种。2005 年初，北京海洋馆对一尾在长江中产后受伤的中华鲟进行救助和迁地保护性展示宣传。这是国内水族馆首次将一般性鱼类展示，提升到对国家珍稀濒危水生物种的保护、救助与展示、科普相结合的高度，展演理念完全发生改变，展演层次得到质的提升，从而引发媒体和社会广泛关注。此种做法，推动了中国水族馆行业对国家珍稀濒危水生生物保护工作的关注与开展。

b）展演↔娱乐↔科普比较：将中华鲟水下喂食活动的日常养殖操作展示节目化，使平淡的喂鱼具有了娱乐与科普色彩，既传播了国家珍稀濒危水生生物保护的知识，又受到游客的喜爱。

c）展演↔探奇比较：组织小朋友开展夜间科普探奇活动，帐篷搭在中华鲟展窗前，孩子们守护着中华鲟而眠，神奇、梦幻与保护责任，将成为孩提时代重要的记忆。

d）展演↔餐饮比较：水族馆之夜，鲟鱼展窗前，设置"观鲟宴"，客人餐中，既欣赏中华鲟游动的风采，也听到了中华鲟的故事，知晓了珍稀动物保护与人类文明进程的关系，使餐饮文化增添了新内涵。

e）展演↔商品比较：以中华鲟形象为基本素材，演绎、制作各种玩具、图书绘本、科普读物、卡通形象，受到游客的喜爱。

f）展演↔虚拟比较：设计中华鲟卡通形象，编绘出虚拟场景下的中华鲟故事，在网络环境中播放，扩大了保护中华鲟的宣传途径与效果。

g）展演↔智能比较：利用网络、微信功能，使中华鲟展演的信息在网上自动传播；游客现场观看时，还能将中华鲟与美人鱼共舞的信息在至爱亲朋间快速分享，产生微信广告效应。

其他要素的移动、碰撞、比较，依此而行。

4.3.2　矩阵内要素的跨界移动、碰撞和比较思考

水族馆产品创新矩阵汇集了大量相关要素，通过要素的跨界移动、比较和分析，寻找关联、差异和亮点，做要素资源的重新整合与优化配置，建立要素的新内涵。下面利用各类场馆模型，依旧以"展演"要素为例，做移动与比较分析的演示。

在水族馆展演要素中，引入科技馆的展览教育与互动体验方式：通过改善内涵，达到有知识普及、有特色说明、有历史文化传导、有故事情节演绎、有科学道理与方法传授、有交互体验过程、展品动态有声、场景堪比实景的境界。

在水族馆展演要素中，引入地质馆展示的各海域地质、地貌、生态和海底矿物及开发等要素内涵，引入地质演变导致的环境、生态与生物变化，会使展演物品信息释放更加客观、科学、准确、新奇、与人类活动息息相关。

展演要素在水族馆矩阵中的跨界运用，仅涉及了两种类型的场馆，若加入更多领域场馆的模型，展演要素的视野将会更加放大：

引入天文馆的四季星空与风雨雷电模拟；引入自然博物馆的生命与标本知识的科普描写和出神入化的展陈形式；引入古动物馆的动物起源及其进化史展示手法；引入湿地馆的野生自然环境再现；引入影视场馆的声、像、光、电等多媒体展示手段；引入影视博物馆的故事情节演绎；引入场馆运动橄榄球竞技，娱乐水生生物喂食情节；引入历史博物馆的人物和不同民族的海洋文化及国家海洋疆域概念等各种水族馆界不曾引入或不曾使用过的产品价值内涵与形式。

如此引入，水族馆"展演"效果就会更加真实、自然、唯美、艺术且有内涵，就会极大丰富水族馆展演产品的时间、空间与特色感和视野高度。

在展演要素跨界创新中，展演与科研活动相比较、相融合，产生了许多有价值的效果：如水族养殖师对中华鲟日常饲养保育展示做全过程的观察记录，相关数据资料，既服务日常鱼类养殖技术分析，又助力水产科研机构现有养殖硬件条件的某些短板，助力水生生物保护的科学研究。2005 年海洋馆在生物保护理念的引领下，开展中华鲟保护性展示、科普与科学研究，大大提升了海洋馆的影响力，取得了许多值得

总结和推广运用成果。

在展演要素跨界创新中，珊瑚展融合了海底场景模拟、海洋植物造景；鲨鱼展融合了建筑造型设计、水下背景绘画设计、卡通造型设计；虾蟹展则以生物展示、中国传统文化《西游记》故事主题、动漫绘画设计等，这些要素跨界组合，推出了一幕幕具有影响力的展示，受到旅游市场的追捧。海洋馆与影视结合，拍摄的《相约海洋馆》电视连续剧，更是大大提升了水族馆知名度和影响力。

本步骤所列内容的讨论与联想都是比较宏观的，示例也仅集中在展演要素内涵的比较与优化上。实际创新操作中，应细化模型并选好切入点，这样创新，将会点点有戏。

4.3.3 组合价值要素新内涵

对矩阵内要素的跨界比较所产生的要素新内涵进行梳理、整合，使产品要素的价值得到改变和优化，特色优势得到巩固，产品购买使用周期各阶段获得延长，价格杠杆运用到极致。

4.4 价值评估

从水族馆产品整体创意的角度进行价值评估：根据矩阵跨界理念设计的水族馆，可让海洋、江河、水生生物的活体展示、动物展演、人物表演、生态与水生生物保护知识、海洋知识、海洋科技、国家资源权益等各种知识、艺术、技术诸要素有机地跨界、融合，一个有特色、智慧型，融海洋生态展示、娱乐、教育、科技于一体，可传播知识与梦想的综合性海洋娱乐活动场馆，就会展现在我们面前。产品将会更加引人、娱乐、可视、自然，更有广度、深度、特色和文化内涵。（其他评估：略）

小小水族馆无边大世界，不仅能带给游客无数的意想不到，也会使企业看到巨大的创新空间和价值空间。

4.5 提出新产品实体化设计思路；完成产品创新具体操作。

以上示例是从宏观层面对水族馆产品创新方法的介绍。

总之，创新是从系统思考开始，由要素梳理、比较产生话题，通过创新切入点实现要素质的改变与提升，最后完成产品创新操作的一个过程。

产品创新活动的启动，标志着产品正在赢得更多的终端消费者，赢得市场。

5 结论

《产品价值创新模型》和《产品创新矩阵》提出的是一种系统的创新思考模式。研究的重点是要素资源的重新整合与优化。模型使用效果取决于要素种类、数量和涉及的行业数量。操作中强调要素在多维间的移动、碰撞、比较、重组与优化；强调对在自身领域不曾出现事物的尝试、借鉴；强调敢于跨界，不拘一格，异想天开，持续改变。

致谢：创新模型编写，先后得到北京海洋馆总经理胡维勇、中国科学院水生生物研究所研究员张先锋、中国自然科学博物馆协会前理事长徐善衍、国家旅游局监督管理司标准化处处长汪黎明、企业管理出版社总编迟惠玲、泰山财产保险公司副书记牟文军、北京市旅游发展委员会行业管理处李辉、农业部渔业生态环境监测中心/中国水产科学研究院研究员樊恩源等多位领导、专家的精心指导和帮助。在此一并致谢。

参考文献：

[1] 王革非. 企业决策工具与方法:欧美工商管理经典工具的解析、使用与操作[M]. 北京:机械工业出版社,2002.

[2] 林伟贤. 创新中国[M]. 北京:北京大学出版社,2006.

[3] 产品价值[EB/OL]. http://baike.baidu.com/subview/280539/280539.htm,2016-07-28.

[4] 张先锋,王士莉. 中国水族馆[M]. 北京:海洋出版社,2009:28.

China's observation of dissolved oxygen in polar waters as a hydrological parameter

Liu Na[1], Lin Li'na[1]*, Wang Yingjie[1], Kong Bin[1,2], He Yan[1]

(1. The First Institute of Oceanography, State Oceanic Administration, Qingdao 266061, China; 2. Tongji University, Shanghai 200092, China)

Abstract: Dissolved oxygen is a crucial indicator in water mass and circulation research, but it has not been given due emphasis in Chinese polar physical oceanographic observation and research. This article comprehensively discusses the observation of dissolved oxygen in polar waters as a hydrological parameter by Chinese researchers, aiming to introduce the observation of dissolved oxygen as part of regular polar hydrological investigation to enrich the hydrological data library. In this paper, we first introduce the significance of dissolved oxygen in hydrological observation. Then, China's observation and research status of dissolved oxygen in polar waters are summarized. Finally, some suggestions are provided for improving Chinese in situ observation and research of dissolved oxygen in polar waters, involving the acquisition of dissolved oxygen data by in situ observation, data post-processing and data correction.

Key words: Chinese polar hydrological observation; dissolved oxygen observation; review

1　Significance of dissolved oxygen observation

Dissolved oxygen refers to the oxygen present in water due to water-atomosphere exchange or biological and chemical reactions. Oxygen is essential for majority of ocean organisms, except for a handful of photosynthetic and chemosynthetic bacteria. Dissolved oxygen is a crucial, fundamental substance in marine ecosystems. As a basic parameter of oceanographic research, the close relationship between dissolved oxygen and various biological and chemical reactions in the ocean has long been the emphasis of dissolved oxygen research. Actually, besides influencing marine biological and chemical reactions, dissolved oxygen is also a key element for exploring physical oceanographic processes and studying water masses and ocean circulations.

1. 1　Application of dissolved oxygen observation data in physical oceanographic research in China

Dissolved oxygen is an important chemical parameter in the ocean, and belongs to non-conservative substance. Actually, dissolved oxygen is highly conservative below 150 m, especially at the intermediate depth, because of the lack of light and considerably less biological activities. Since the transport of dissolved oxygen occurs

Foundation item: Fundamental Research Funds for the Basic Research Operating Funds of the First Institute of Oceanography, State Oceanic Administration under contact Nos. 2014T02 and 2014G02; Chinese Polar Environment Comprehensive Investigation and Assessment Programmes, State Oceanic Administration under contact Nos. CHINARE2016-03-01 and CHINARE2016-04-03; the Public Science and Technology Research Funds Projects of Ocean under contact No. 201205007.

About the author: Liu Na (1977-), female, born in Zouping County, Shandong, PhD, associate professor, engaged in the research on polar oceanography and climate changes. E-mail: liun@ fio. org. cn

* **Corresponding author**: Lin Li'na, research assistant. E-mail: linln@ fio. org. cn

along with the movement of micro water masses, dissolved oxygen plays an important role in the classification of water masses and analysis of water mass properties. To some extent, it can be used to trace the variation of water masses [1] and to calculate the depth of winter oceanic mixed layer [2]. The distribution of dissolved oxygen presents a close relationship with circulations [3]. In addition, the dissolved oxygen situation in the middle-scale time span can reveal the relationship between ocean and climate change [4-5], and has a certain correlation with the global carbon cycle [6].

Many studies concerning the dissolved oxygen in China's coastal waters have been carried out. Li [7-8] investigated the correlation between the distribution characteristics of dissolved oxygen and each water mass in the Yellow Sea and the East China Sea in late spring. He found that the dissolved oxygen content in each water mass was related to the temperature-salinity characteristics of water mass and varying biogeochemical processes happening to the water mass, and that dissolved oxygen can be utilized to identify the subsurface water of the East China Sea and various water masses below the Kuroshio subsurface layer. Xiang et al. [9] indicated that the principal axis of dissolved oxygen contour had the same orientation as the Kuroshio axis, serving as an auxiliary judgment index of the Kuroshio water. Jiang [10] found that the distribution of dissolved oxygen was closely correlated to circulation systems in the East China Sea in winter, and that there was an obvious gradient of dissolved oxygen concentration at junctions of different water masses. Sheng et al. [11] analyzed the spatial distribution characteristics of dissolved oxygen in the Kuroshio region in the East China Sea. They found that the distribution characteristics could be used to preliminarily determine boundaries of each water system in this region in spring and the location of mixed water in the central East China Sea. Studies on the western Taiwan Strait indicated that there is upwelling in this area in summer [12], and that the distribution of oxygen saturation can be used as a criterion to judge the existence of coastal upwelling [13]. Moreover, the upwelling velocity in this area has been calculated with local dissolved oxygen data [14]. Liu [15] introduced the dissolved oxygen content into the physical oceanographic research on water masses in the South China Sea, to trace characteristic water bodies. Vertically, the dissolved oxygen contents in subsurface and intermediate water masses can be well differentiated. And the dissolved oxygen contour can distinguish these two types of water masses, better than those of temperature and salinity.

1. 2   Application of dissolved oxygen observation data in the research on polar physical oceanography

In the research on polar physical oceanography, the properties of water mass have always been a key issue and dissolved oxygen is an important parameter of polar bottom water and deep water research. Gordon [16] found a clear correspondence between potential temperature and dissolved oxygen in the Southern Ocean bottom water, i. e. , the lower the potential temperature, the higher the dissolved oxygen content. The distribution characteristics of potential temperature and dissolved oxygen are strongly linked to the flow field of bottom and near-bottom waters. Jacobs [17] analyzed the hydrological characteristics of the Ross Sea and the formation of its bottom water using the data of temperature, salinity and dissolved oxygen, revealing the sharp temperature decline and surging of dissolved oxygen in the bottom water of continental slopes. Taking the distribution characteristics of potential temperature-salinity and potential temperature-dissolved oxygen as criteria, Gordon [18] classified different water masses of the Weddell Sea and the Scotia Sea and identified their sources. Further, he discussed the transportation characteristics of deep and bottom waters in the Weddell Sea.

The Antarctic bottom water, the typical water mass in the Southern Ocean, is the water mass with the largest density and the widest distribution on the Earth. The Antarctic bottom water contributes much to global overturning circulations, and is also important sinks of heat and CO_2 [19]. So far, five waters have been identified as the regions generating the Antarctic bottom water, including the Weddell Sea, the Ross Sea, Adelie coast, Cape Darnley, and Vincennes Bay [20-24]. Prydz Bay is the third largest bay in Antarctica and adjacent to the Amery Ice Shelf. It is regarded as a powerful candidate of the place for the origin of Antarctic bottom water as it possesses similar conditions as the Weddell Sea and the Ross Sea. In the recent years, seeking for convincing evidence to verify that Prydz Bay is one of the places generating Antarctic bottom water has become a hot topic of polar oceanographic research. China's Antarctic expedition pays much emphasis on Prydz Bay and its adjacent waters and carries out multi-disciplinary investigations there every summer. However, biochemical elements such as dissolved oxygen have not been applied to the research on the Prydz Bay bottom water. We believe that only by combining elements of multiple aspects can a breakthrough be made in polar oceanographic research.

2　China's status of dissolved oxygen research and observation in polar waters

2.1　Introduction of China's polar expeditions

China launched its own Antarctic expedition and research in the 1980s. In 1980, Chinese scientists Dong Zhaoqian and Zhang Qingsong were sent to participate in the Australian Antarctic expedition for organizing China's expedition in future. China acceded to the Antarctic Treaty in 1983. China's first Antarctic expedition team set off in October 1984; and Antarctic Great Wall Station and Zhongshan Station were set up in 1985 and 1989, respectively. China began to carry out Arctic expedition and research in the 1990s and founded its first Arctic Station——Yellow River Station——in 2004. In January 2009, Kunlun Station, the first Antarctic inland research base of China, was built. Thus, a support system of China's polar expedition and research based on Great Wall Station, Zhongshan Station, Kunlun Station, Yellow River Station, and " Snow Dragon" icebreaker was established. The support system enables China to perform one Antarctic expedition every year, one Arctic expedition every two years, and to collect consecutive observations at the above-mentioned stations, laying a solid foundation for polar studies.

2.2　China's research status of dissolved oxygen in polar waters

Up to now, China has conducted six Arctic expeditions and 31 Antarctic expeditions. Using the in situ data collected from these expeditions, Chinese scholars have studied the dissolved oxygen in polar waters. Li [25] used the seawater data from China's first Southern Ocean expedition to analyze the dissolved oxygen content in the area north of the South Shetland Islands. He found that the depth where the dissolved oxygen content declined obviously accorded with the pycnocline depth on the whole. The layer with the lowest dissolved oxygen content was below the inverted thermocline, and the horizontal distribution of dissolved oxygen was closely related to the circumpolar deep water in Antarctica. There was a low-oxygen-water layer gradually thinning from west to east below the layer with the lowest dissolved oxygen content. Wang et al. [26] indicated that in the area with stable seawater, the dissolved oxygen content is a function of temperature and salinity, and varies with nutrient contents above the thermocline to some extent. Ren et al. [27] studied the vertical distribution of dissolved oxygen in Antarctic Prydz Bay, revealing close correlations among water temperature, pycnocline intensity and the highest dissolved oxygen content. They also found that the temporal-spatial distribution of sea ice influenced the distribution of dissolved oxygen in the surface seawater. Through the analysis on sampling data from China's first Arctic expedition, Jin [28] found that in the north and central Bering Sea the oxygen-rich layer formed by the exchange of cold air and seawater in winter was above the potential-temperature minimum layer; at 150 m below the sea level, the reduction of dissolved oxygen was usually accompanied by the increase of some nutrients, which also occurred between two layers of seawater or in the mixed layer of two water masses. According to the difference in dissolved oxygen content of seawater in each season, Gao et al. [29] divided the surface waters of the Bering Sea into two secondary water masses, i.e., summer water and winter water. Using the observation data of temperature, salinity and dissolved oxygen of the Southern Ocean, Pu et al. [30] found that the range of low-oxygen water above the circumpolar deep water expanded from west to east. The horizontal gradient of peak values of dissolved oxygen at polar front and sub-Antarctic front attenuated from west to east, and the contours of dissolved oxygen near the frontal surface were almost vertical. Han et al. [31] further indicated that there was a tendency of less nutrients in the surface water but more nutrients in deep layer at each station of the Prydz Bay shelf region, which was opposite to the distribution feature of dissolved oxygen. Within 100 m of the surface, the dissolved oxygen had a high saturation and sharply declined with depth; below the depth of 100 m, the decline of dissolved oxygen slowed down. In Sun's survey [32] over the Bering Sea shelf, the dissolved oxygen in summer gradually declined from north to south, with the maximum found in the surface seawater. Below the depth of 200 m, the oxygen content dramatically decreased until reaching its minimum at 500–1000 m. Then, the oxygen content increased with depth.

Relatively, Chinese observation and research on the dissolved oxygen in polar waters as a hydrological element are still in their infancy stages, and dissolved oxygen waters as a hydrological element has not been fully utilized. Restricted by investigation conditions, China fails to observe the dissolved oxygen consecutively and normatively.

2.3 China's observation status of dissolved oxygen in polar waters

Currently, China observes the dissolved oxygen in polar waters in the following two main ways.

1) Profiling at fixed points by SBE 911Plus CTD

The hydrological investigation in polar expedition adopts the SBE 911Plus CTD system, which consists of pressure, temperature and salinity sensors, as well as SBE43 dissolved oxygen sensor. The SBE43 sensor determines the dissolved oxygen level using dissolved oxygen membrane and limiting diffusion current (polarography). To be specific, the sensor is to determine the number of oxygen molecules in seawater, which go through the dissolved oxygen membrane and reach the working electrode. Electrochemical reaction will occur when seawater contacts the electrode, i. e., the cathode of the electrode will continuously release electrons to react with oxygen molecules, thus producing hydroxide ions. One oxygen molecule consumes four electrons in the complete reaction. Thus, the sensor can quantify oxygen molecules by calculating the number of electrons (i. e., current) released every second in the reaction process. With known flow rate of dissolved oxygen and volume of diffusion path, the dissolved oxygen concentration in the environment can be calculated. The SBE43 dissolved oxygen sensor transforms the current into 0–5 V output voltage. The 911Plus CTD records the voltage value and converts it into the dissolved oxygen concentration with the corresponding formula. The dissolved oxygen permeability of the dissolved oxygen membrane is a function of temperature and pressure [33].

Regrettably, Chinese researchers regard the data obtained from the dissolved oxygen sensor in previous polar expeditions as a reference for polar biochemical studies, having not recognized their values in hydrological studies. In addition, the dissolved oxygen data received no correction, comparison and quality assessment after each voyage as temperature and salinity data did.

2) Laboratory determination of dissolved oxygen of water samples collected from typical seawater layers

The laboratory determination of dissolved oxygen includes two main steps, sampling and laboratory determination.

Water samples are collected with the sequential sampling method, which forbids opening water sample bottle before sampling. The air tightness of the water sample bottle should be examined first. Before opening the bottle's air valve, the water outlet should be opened first. If water flows out, it means that there is an air leakage and the water in the bottle may be contaminated. It should be recorded that the data from this sample are unreliable. If no water flows out, it means that the bottle is airtight and the sample remains valid. After examining the air tightness, a sampling tube is connected to the water outlet and an appropriate amount of water is discharged with the air valve open. With the mouth pointing upward, the sampling tube is flicked to eliminate bubbles and then the bottle and its cap are rinsed with seawater sample 2−3 times (the seawater consumed each time should be saved as much as possible). During sampling, the sampling tube is put at the bottom of the biochemical oxygen demand (BOD) test bottle. After the sampling bottle fills up with seawater (flowing slowly), the seawater continues to flow until it spills by at least half of the bottle volume. Then, the sampling tube is slowly lifted to flush the bottle cap. Into the water sample bottle 0.5 mL of $MnCl_2$ and NaI are separately added with a quantitative pipette, after which the bottle is lidded gently. In the whole process, the generation of bubbles should be avoided. Subsequently, the bottle is turned upside down at least 20 times, followed by flushing the bottle's outside surface with fresh water. At last, the bottle is placed in the shade for complete reaction [34-39].

Laboratory determination is conducted according to the Specification for Oceanographic Survey−Observations of Chemical Parameters in Sea Water (GB12763.4−01), a national standard of China. Iodometry (the 1st−4th Arctic Expedition [34-37]) and spectrophotometry (the 5th−6th Arctic Expedition [38-39]) were employed. The iodometry is implemented as follows. After the sampling bottle stands for 1h, H_2SO_4 solution is added to dissolve the precipitate. In the presence of iodide, the oxidized manganese will be reduced to the divalent state. Meanwhile, the iodine molecules of the same mole number as dissolved oxygen atoms will be separated out. Then, these iodine molecules are titrated with $Na_2S_2O_3$ solution, so as to calculate the dissolved oxygen concentration of the seawater sample [36]. Spectrophotometry quantifies the dissolved oxygen in seawater [40] according to the principle that the oxygen in seawater sample can oxidize iodine ions into iodine molecules to a scale. Thus, the concentration of oxygen molecules can be calculated using the concentration of iodine molecules determined by spectrophotometry. Specifically, dissolved oxygen reacts with Mn (II) OH in the strongly alkaline condition, thereby forming brown MnO (OH)$_2$ participate. During determination, the sample needs to be acidized to pH 1.0−2.5, after which the participate will be dissolved to release Mn (III). Mn (III) is capable of oxidizing iodine ions in the fixative into iodine molecules, and then brownish yellow I_3−complex will be formed by iodine ions and molecules. At last, the dissolved oxygen concentration can be known by detecting the I3−concentration with spectrophotometry. This detection must be completed within two hours after the water sampling.

3　Suggestions for China's observation and research of dissolved oxygen in polar waters

Although dissolved oxygen is an important parameter in the research on polar water masses and circulations, it has not received much attention in Chinese polar physical oceanographic studies. How to effectively introduce this parameter to the polar hydrological survey and how to further enrich the hydrological data library under the present observation condition based on " Snow Dragon" icebreaker are the main targets of further research. Therefore, it is especially crucial to solve the following three issues: 1) improving hardware facilities for observing dissolved oxygen in polar waters; 2) exploring new method for calibrating in situ dissolved oxygen data; and 3) training and guiding members of the hydrological survey team to independently accomplish seawater sampling, laboratory determination of dissolved oxygen and data collection.

3.1　Hardware updating for dissolved oxygen observation in polar waters

Excellent and accurate instruments are the foundation in ocean investigation. Hence, to replace and backup the dissolved oxygen sensor in the SBE 911Plus CTD system loaded on " Snow Dragon" icebreaker is the premise for improving the observation of dissolved oxygen in polar waters and guaranteeing consecutive and accurate observations.

The SBE43 dissolved oxygen sensor configured for the SBE 911Plus CTD system belongs to Clark polarographic membrane sensor. Its detailed technical indices are listed in Table 1. The oxygen measurement standard of the sensor is set by the ocean research standard, and the sensor's performance and stability are in the internationally leading position.

Table 1   Technical indices of SBE43 sensor

Range of measurement	120% of surface saturation
Initial accuracy	2% of saturation
Typical stability	5%/1000 hours (clean membrane)
Input voltage	6. 5–24VDC, 60mW
Housing	7000m titanium housing

3. 2   Exploration of collection methods for in situ dissolved oxygen data

1. Preliminary data calibration using calibration file and the data processing software built in the instrument

The SBE 911Plus CTD system loaded on " Snow Dragon" icebreaker is sent back to its producer, Sea-Bird Electronics, every year for calibration, after which a calibration file will be obtained. The system has been installed with a software for raw data processing, i. e. , SBEDataProcessing. These provide basic conditions for the acquisition of SBE911 data, sensor features, drift and calibration, as well as the data post-processing based on the calibration file. The dissolved oxygen data from SBE43 sensor and laboratory determination in previous expeditions need to be collected and sorted out in future research. In addition, a preliminary correction of SBE911CTD raw data should be performed with software and file based on the comprehensive summarization of previous research achievements on dissolved oxygen data correction.

2. Validation and correction of SBE43 data using dissolved oxygen data determined in laboratory

The dissolved oxygen sensor presents more serious drift than other sensors (pressure, temperature and conductance sensor) in the CTD system because of the restriction by its structure. Its drift is attributed to internal chemical reactions and the pollution of dissolved oxygen membrane. Along with the technical progress, the drift induced by the sensor's internal chemical reactions has been reduced to a large extent. Keeping the dissolved oxygen membrane clean, the drift rate of a sensor running for over 1, 000 hours is less than 0. 5%. Therefore, the membrane pollution caused by seawater contributes most to the sensor drift, wherein organism adhesion and water pollution (e. g. , oil leakage) are the main causes of membrane pollution. Such drift has a linear feature, so the accuracy of dissolved oxygen data can be improved through correction.

As for the sensor drift due to environmental factors, sensor data need to be validated and corrected using noncontinuous dissolved oxygen data of typical layers determined in the laboratory, in order to reduce the error. The basic idea is to calculate data deviation and obtain a new correction coefficient using the data from laboratory determination, and then recalculation is performed by using the new coefficient. This requires to master the working principle of the dissolved oxygen sensor and calculation formula of dissolved oxygen concentration, and to determine potential influence factors of the sensor drift. Based on the comprehensive analysis of all factors, the data of previous expeditions should be utilized to study the calculation method of correction coefficient and solutions for other possible factors.

3. 3   Capacity of independently determining dissolved oxygen of hydrological survey team

At present, the polar chemical survey is faced with huge workloads but a lack of hands. Undoubtedly, the tasks of data comparison and correction will aggravate the burden on the survey team. To acquire high quality in situ dissolved oxygen data, special hydrological observers should be arranged to independently accomplish the collection of water samples at typical layers and perform laboratory determination of dissolved oxygen in these samples, and correct the sensor data with the laboratory determined data. To achieve this goal, professional chemical analysts should be invited to guide and train the hydrological observers who join in a polar expedition. After training, these hydrological observers should be acquainted with the procedure of water sampling and laboratory determination for dissolved oxygen data, and relevant precautionary matters. In addition, they should be able to observe dissolved oxygen independently and guarantee data accuracy and integrity. During training, much attention should be paid to factors directly influencing data quality, such as bubble quantity in samples and reagent proportion. These procedures links should be exercised repeatedly, so as to reach the professional level of dissolved oxygen observation.

4   Conclusions

Considering the crucial role of dissolved oxygen in polar physical oceanographic research, the status of in situ dissolved oxygen observation in China's polar expeditions needs to be improved in future. Based on the hardware updating for dissolved oxygen observation in polar waters, we should actively explore how to utilize the data of water samples determined in laboratory to correct the sensor data, and determine the difference of correction coefficient in the special polar environment. Furthermore, polar hydrological observers should be capable of independently accomplishing in situ determination of dissolved oxygen at a high accuracy after the training and guidance of chemical analysts. They should master a complete set of dissolved oxygen observation method, including water sampling, laboratory determination and data correction.

In polar hydrological survey, dissolved oxygen should be promoted to the same status as temperature and salinity. As a valuable parameter for polar hydrological survey, it will facilitate the exploration on water mass properties and bottom-water formation in polar regions.

参考文献:

[1]   Millero F J. Chemical Oceanography (2nd ed.) [M]. Florida: CRC Press, 1996: 93-96.

[2]   Reid J L. On the use of dissolved oxygen concentration as an indicator of winter convection[J]. Naval Research Reviews, 1982, 34: 28-38.

[3]   Wyrtki K. The oxygen minima in relation to ocean circulation[C]//Deep Sea Research and Oceanographic Abstracts. Elsevier, 1962, 9(1): 11 -23.

[4]   Garcia H E, Boyer T P, Levitus S, et al. On the variability of dissolved oxygen andapparent oxygen utilization content for the upper world ocean: 1955 to 1998[J]. Geophysical Research Letters, 2005, 32 (9): 1-4.

[5]   Keeling R, Garcia H. The change in oceanic O_2 inventory associated with recent global warming[J]. Proceedings of the National Academy of Sciences, 2002, 99(12): 7848-7853.

[6]   Joos F, Plattner G K, Stocker T F, et al. Trends in marine dissolved oxygen: Implications for ocean circulation changes and the carbon budget[J]. Eos Trans. AGU, 2003, 84(21):197-201.

[7]   Li F R. Study on the relationship between dissolved oxygen distribution and water masses in the Yellow Sea and East China Sea in late spring[J]. Oceanologia et Limnologia Sinica (S), 1995, 26 (5): 47-53.

[8]   Li F R. On the relationship between the distribution of dissolved oxygen and water masses in the Yellow Sea and East China Sea late in spring[J]. Journal of Ocean University of Qingdao, 1995, 25(2): 255-263.

[9]   Xiang Y T, Zheng X J, Tang G P. Distribution feature of dissolved oxygen in Kuroshio area of the East China Sea[J]. Marine Environmental Science, 1988, 7(4): 32-38.

[10]   Jiang G C, Wang Y H. Dissolved oxygen and nutrient distribution in circulations of the East China Sea in winter [J]. Marine Science Bulletin, 1990, 9(5): 25-32.

[11]   Sheng T Q, Xu Y Z. Distribution of dissolved oxygen and pH in Kuroshio area of East China Sea [J]. Marine Science Bulletin, 1993, 12(4): 55-62.

[12]   Chen S T, Ruan W Q. Characteristics of dissolved oxygen in summer at upwelling areas of Taiwan Strait [J]. Tropic Oceanography, 1992, 11 (3): 29-36.

[13] Chen S T, Ruan W Q. Summer upwelling and saturation dissolved oxygen distribution in the Central and Northern Taiwan Strait [J]. Journal of Oceanography in Taiwan Strait, 1991, 10 (1): 16-23.

[14] Lin J P. Calculating the velocity of coastal upwelling off Zhejiang Province using dissolved oxygen data [J]. Marine Sciences, 1985, 9 (1): 24-28.

[15] Liu Y. Study on the Structures and the Kinetics Characteristics for the Subsurface and Intermediate Water Masses in the South China Sea [D]. Qingdao: Ocean University of China, 2010.

[16] Gordon A L. Potential temperature, oxygen and circulation of bottom water in the Southern Ocean[C]//Deep Sea Research and Oceanographic Abstracts. Elsevier, 1966, 13(6): 1125-1138.

[17] Jacobs S S, Amos A F, Bruchhausen P M. Ross Sea oceanography and Antarctic bottom water formation[C]//Deep Sea Research and Oceanographic Abstracts. Elsevier, 1970, 17(6): 935-962.

[18] Gordon A L, Visbeck M, Huber B. Export of Weddell Sea deep and bottom water[J]. Journal of Geophysical Research: Oceans (1978-2012), 2001, 106(C5): 9005-9017.

[19] Orsi A H, Methie W M, Bullister J L. On the total input of Antarctic waters to the deep ocean: A preliminary estimate from chlorofluorocarbon measurements [J]. Journal of Geophysical Research: Oceans (1978-2012), 2002, 107(C8): 31.

[20] Jacobs S S, Amos A F, Bruchhausen P M. Ross Sea oceanography and Antarctic bottom water formation [C]//Deep Sea Research and Oceanographic Abstracts. Elsevier, 1970, 17(6): 935-962.

[21] Foster T D, Carmack E C. Frontal zone mixing and Antarctic Bottom Water formation in the southern Weddell Sea [C]//Deep Sea Research and Oceanographic Abstracts. Elsevier, 1976, 23(4): 301-317.

[22] Williams G D, Bindoff N L, Marsland S J, et al. Formation and export of dense shelf water from the Adélie Depression, East Antarctica [J]. Journal of Geophysical Research, 2008, 113(C4): C4039.

[23] Ohshima K I, Fukamachi Y, Williams G D, et al. Antarctic Bottom Water production by intense sea-ice formation in the Cape Darnley polynya [J]. Nature Geoscience, 2013, 6(3): 235-240.

[24] Kitade Y, Shimada K, Tamura T, et al. Antarctic Bottom Water production from the Vincennes Bay Polynya, East Antarctica[J]. Geophysical Research Letters, 2014, 41(10): 3528-3534.

[25] Li F R. Distribution of oxygen-minimum layer and factors controlling on it in areas adjacent to South Shetlands and North of Adelaide, Antarctica, in summer [J]. Chinese Journal of Polar Research, 1989 (4): 21-27.

[26] Wang Y H, Dong H L, Ren D Y. The chemical characteristics of seawater in the Prydz Bay, Antarctica [J]. Antarctic Research (Chinese edition), 1993, 5(4):83-89.

[27] Ren D Y. The maximum value of O_2 in the Prize Bay and its adjacent sea area [J]. Donghai Marine Science, 1995, 13(1): 53-60.

[28] Jin M M, Lin Y A, Lu Y, et al. Vertical features of nutrient and dissolved oxygen of the Bering basin in July 1999 [J]. Chinese Journal of Polar Research, 2015(4): 37-45.

[29] Gao G P, Dong Z Q, Shi M C. Water properties of the seas surveyed by Chinese first Arctic research expedition in summer, 1999 [J]. Chinese Journal of Polar Research, 2003, 15(1): 11-20.

[30] Pu S Z, Dong Z Q, Yu W D, et al. Features and spatial distributions of circumpolar deep water in the Southern Indian Ocean and effects of Antarctic circumpolar current [J]. Advances in Marine Science, 2007, 25(1): 1-8.

[31] Han Z B, Pan J M, Hu Z Y, et al. Decomposition of organic carbon and inorganic carbon beneath euphotic zone in Prydz Bay, Antarctica[J]. Chinese Journal of Polar Research, 2010, 22(3): 254-261.

[32] Sun X, Lin C, Chen Y, et al. Distribution of dissolved oxygen and causes of maximum concentration in the Bering Sea in July 2010[J]. Acta Oceanologica Sinica, 2014, 33(6): 20-27.

[33] Ge R F, Yu F, Guo B H, et al. Discussion on the correction method for dissolved oxygen data observed by 911Plus CTD System[J]. Advances in Marine Science, 2003, 21(3): 336-341.

[34] Chen L Q. The report of First Chinese Arctic Research Expedition (in Chinese)[M]. Beijing: China Ocean Press, 2000.

[35] Zhang Z H. The report of Second Chinese Arctic Research Expedition (in Chinese) [M]. Beijing: China Ocean Press, 2004.

[36] Zhang H S. The report of Third Chinese Arctic Research Expedition (in Chinese)[M]. Beijing: China Ocean Press, 2009.

[37] Yu X G. The report of Fourth Chinese Arctic Research Expedition (in Chinese)[M]. Beijing: China Ocean Press, 2011.

[38] Ma D Y. The report of Fifth Chinese Arctic Research Expedition (in Chinese) [M]. Beijing: China Ocean Press, 2013.

[39] Pan Z D. The report of Sixth Chinese Arctic Research Expedition (in Chinese) [M]. Beijing: China Ocean Press, 2016.

[40] Liu Q Y, Liu J, Guo J L. Determination of dissolved oxygen by spectrophotometry [J]. Environmental Engineering, 2008, 26(5): 92-94.